普通高等教育"十三五"规划教材·油气储运工程专业

天然气 集输

主 编 肖荣鸽 姚培芬

主 审 王遇冬 刘春江

中国石化出版社

内容提要

本书主要内容包括油气田生产过程中天然气收集、处理加工和输送储存，涵盖天然气集输基础知识以及天然气集气、天然气脱硫脱碳、天然气脱水、硫黄回收及尾气处理、天然气凝液回收、液化天然气与压缩天然气生产、天然气管道输送和天然气集输安全的基本原理、工艺技术、工艺计算，力求呈现天然气集输技术的新进展，反映了近年来国内外天然气集输领域的新技术、新工艺和新方法。

本书可作为普通高等院校油气储运工程专业的本科教材，也可作为相关专业研究生、专业培训的参考资料，还可作为从事天然气集输、加工处理系统工艺设计、生产管理技术人员的参考用书。

图书在版编目（CIP）数据

天然气集输 / 肖荣鸽，姚培芬主编. —北京：中国石化出版社，2019. 9
普通高等教育“十三五”规划教材
ISBN 978-7-5114-5518-5

Ⅰ. ①天… Ⅱ. ①肖… ②姚… Ⅲ. ①天然气-油气集输-高等学校-教材 Ⅳ. ①TE86

中国版本图书馆 CIP 数据核字（2019）第 187373 号

中国石化出版社出版发行

地址:北京市东城区安定门外大街 58 号
邮编:100011　电话:(010)57512500
发行部电话:(010)57512575
http://www.sinopec-press.com
E-mail:press@sinopec.com
北京科信印刷有限公司印刷
全国各地新华书店经销

*

787×1092 毫米 16 开本 23.25 印张 584 千字
2019 年 9 月第 1 版　2019 年 9 月第 1 次印刷
定价:58.00 元

前言

PREFACE

近几十年来，随着我国天然气工业的快速发展，天然气集输工艺和技术水平有了很大提高。天然气集输是继油气藏勘探、开发和开采之后非常重要的生产环节。天然气集输是从井口开始，将天然气通过管网收集起来，经过处理加工，使其成为合格产品，然后外输至用户或者储存的整个生产过程。

为做好"天然气集输"这门面向油气储运工程专业开设的选修课的教学工作，也为适应天然气快速发展的大好形势，特编写此书，以供广大从事天然气集输设计、科研、生产和教学的工程技术人员和师生全面了解天然气集输系统的工艺、原理和技术。

本书由西安石油大学肖荣鸽、姚培芬主编。本书编写人员都是长期从事天然气集输科研和教学的教师，强调理论联系实际，注意把基本知识、基本原理与工艺技术和生产过程结合起来，从我国天然气集输工艺实际情况出发，侧重介绍了国内外天然气集输系统的新进展和成就。书中列举的国内实例中，反映了我国塔里木、川渝、长庆和青海气区以及其他油气田天然气集气技术的近况和成就。因此，本书不仅可作为从事天然气集输工程设计、科研、生产等工程技术人员的参考书，也可作为普通高等院校油气储运工程专业的教学用书，也可用作石油工程、化工工艺和燃气工程等有关专业参考用书。

全书共十章，包括基本知识、天然气性质、天然气集气、天然气脱硫脱碳、天然气脱水、硫黄回收及尾气处理、天然气凝液回收、液化天然气与压缩天然气生产、天然气管道输送和天然气集输安全。其中，第一章、第二章、第九章以及第十章由姚培芬编写，其余各章节由肖荣鸽编写。全书由肖荣鸽统稿，王遇冬、刘春江审稿。

本书在编写过程中得到中国石油大学（华东）曹学文教授、西安长庆科技工程有限公司王遇冬教授、西安庆港洁能科技有限公司刘春江高级工程师、广东石油化工学院黄凯亦老师、西安石油大学石油工程学院一些教师的大力协助，研究生孙乐园、李凯、邢鹏、祝月、高旭、张宴玮、赵佳丽进行了部分资料的收集和整理工作，在此谨向他们表示衷心的感谢！

由于编者水平有限，本书在内容的广度、深度和编排上难免有疏漏和不足，敬请各位专家、同行和广大读者批评指正。

目录

CONTENTS

第一章　天然气基本知识

天然气泛指自然界存在的一切气体，包括大气圈、水圈和岩石圈中各种自然过程形成的气体(包括油田气、气田气、泥火山气、煤层气和生物声称气等)。而人们长期以来通用的“天然气”的定义，是从能量角度出发的狭义定义，是指天然蕴藏于地层中的烃类和非烃类气体的混合物。在石油地质学中，通常指油田气和气田气。其组成以烃类为主，并含有非烃气体。目前世界上大规模开发并为人们广泛利用的可燃气体是成因与原油相同，与原油共生成或单独存在的可燃气体。

本书以下提及的天然气主要是指在地下储集层中以气相天然气存在的，并且在常温和常压仍为气相(或有若干凝液析出)，或在地下储集层中溶解在原油内，在常温和常压下从原油中分离出来时又呈气相的那部分石油。

第一节　世界天然气生产和发展

一、天然气是低碳、清洁、绿色、多元的“三可”能源

天然气是“三可”能源，即“可靠的”(Reliable)、“可承受的”(Affordable)和“可持续的”(Sustainable)，天然气正在改变着人类的生活方式，可满足全球天然气市场长期消费需求。

（一）天然气是未来的主体能源之一

天然气作为“三可”能源的内涵包括：“可靠的”指资源的可靠性；“可承受的”指成本的可接受性；“可持续的”指适用 LNG 发展和环保要求的可持续性，见图 1-1。

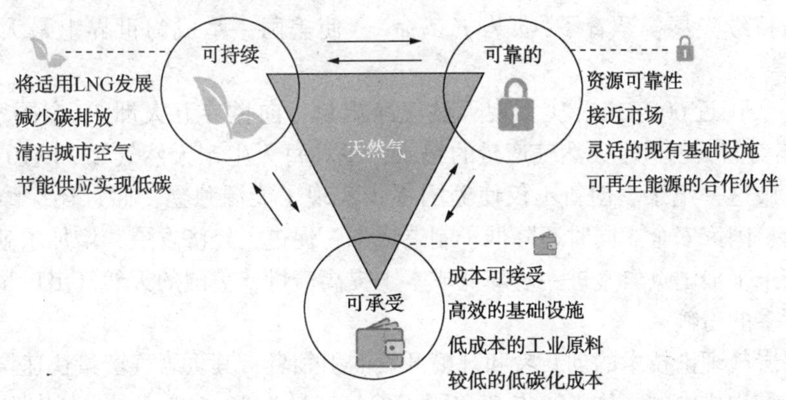

图 1-1　天然气的三大优势示意图

要作为未来的主体能源，需要满足以下 3 个条件：① 全球人口在 2050 年将达到 90 亿的高峰，未来需要储量丰富的能源；② 全球 20%以上的人口由于贫困，尚无电可用，要求未来能源必须经济、廉价；③ 各国的发展具有不平衡的特性，能源供需矛盾较大，要求未来能源便于交易。天然气资源完全满足以上要求，因而可作为未来的主要能源。

（二）天然气在能源结构中的重要性

全球天然气可采资源量介于$783\times10^{12}\sim900\times10^{12}m^3$，与煤炭资源量相当，可供开采235年，目前已累计探明天然气储量$186.9\times10^{12}m^3$，非常规气与常规气资源量基本相当。全球天然气资源的开采成本有望控制在北美地区平均水平3美元/MMBtu(相当于0.69元/m^3，其中MMBtu表示百万英热单位)以下，天然气可以成为被社会广泛接受的清洁能源。

天然气在全球能源消费结构中的比重2010~2016年一直稳定在22%，未来将长期持续增长。这主要归功于美国页岩气持续高产和液化设施的不断完备、中东和亚洲地区天然气市场的发展以及运输等行业天然气利用率的增长。

根据国际能源署(IEA)最新发布的《2018年天然气报告》显示，到2022年，全球天然气年产量将超过$4\times10^{12}m^3$，而到2023年预测期之间的年平均增长率有望达到1.6%，预计2023年全球天然气产量增量将达$3600\times10^8m^3$左右，美国将占到其中的45%，全球LNG出口增量的75%也将来自于美国。中东多国、中国、埃及等发展中国家的天然气产量增量将绝大多数被用于本国消费。受政策的影响，欧洲将可能出现天然气产量负增长。

挪威船级社对业内813位资深专业人士的调查结果表明，绝大多数人(占比86%)都认为，在未来10年内，天然气将在全球能源结构中发挥越来越重要的作用。天然气将在2035年超越石油成为全球第二大能源，在能源结构中的占比将超过24%。

二、页岩气是天然气增长的主体

依靠技术创新，开发技术进一步升级换代，大幅度降低作业成本，全球天然气产业快速发展，供应量将持续增长，天然气市场呈现出相对宽松的态势，非常规气特别是页岩气将是未来天然气产量增长的主体。

（一）页岩气对美国天然气生产的帮助

与30年前相比，世界能源版图发生了巨变，如今美国不仅是世界第一大天然气消费国，而且还成为了世界第一大天然气生产国。推动这种转变的关键在于创新，水平井与水力压裂技术的创新与持续发展，孕育了“页岩气革命”，使美国一举成为世界上最大的天然气生产国。

2017年，美国近60年来首次实现天然气净出口，向世界五大洲30个国家出口LNG。2018年上半年美国又创造了天然气产量的纪录，平均每天生产天然气$23.4\times10^8m^3$，未来还有可能继续打破这一纪录。创新不仅使美国逐步实现了能源独立，而且还保障了其能源安全、经济安全、国家安全。同时还降低了制造成本，促进了经济发展，增加了就业率，改善了环境。随着未来美国页岩气进一步降低成本、提高产量，美国的天然气出口量将在世界能源市场占据更多的份额。

美国是页岩气理论技术的创新者和规模开发的引领者，其页岩气产量快速增长，已成为美国天然气产量构成中的主体。2017年美国天然气产量为$7345\times10^8m^3$，其中页岩气达$4740\times10^8m^3$(占64.5%)。据美国能源信息署(EIA)2016年的预测，2040年美国页岩气产量可达$8000\times10^8m^3$，其中Marcellus、Utica和Haynesville地区的页岩气增长潜力为最大，合计将占全美页岩气产量增长率的75%。

（二）我国页岩气技术的发展

2017年我国天然气产量为$1478\times10^8m^3$，消费量达$2373\times10^8m^3$，天然气对外依存度达到

39.4%。预计2020年我国天然气消费量将达到$3200\times10^8m^3$，2030年将达到$5000\times10^8m^3$。天然气需求量的攀升，助推了页岩气勘探开发业务的快速发展。

经过10年的努力，我国页岩气已经进入了规模开发阶段，目前探明页岩气储量超过$1\times10^{12}m^3$，建成了涪陵、威远、长宁、昭通等4个国家级示范区。2017年页岩气产量为$90\times10^8m^3$，并形成了3500m以浅的配套开发技术，预计2020年页岩气产量将达到$300\times10^8m^3$，2030年将达到$(800\sim1000)\times10^8m^3$。

（三）阿根廷页岩气产量状况

阿根廷是继美国、中国之后的世界第三大页岩气资源国，目前正在和道达尔、埃尼、埃克森美孚、阿纳达科等公司洽谈合作开发页岩气资源。阿根廷内乌肯(Neuquen)盆地巴卡穆埃尔塔(Vaca Muerta)页岩气资源量为802 Tcf(相当于$22.9\times10^{12}m^3$，其中Tcf表示万亿立方英尺)，可以通过大规模投资在未来几十年内实现大规模商业开发。阿根廷正努力在国际天然气舞台提高竞争力和话语权，近期正致力于降低成本。其天然气开发成本不断降低，从2016年的4.4美元/MMBtu(1.01元/m^3)下降到现在最低的1.7美元/MMBtu(0.39元/m^3)，但仍然比美国二叠盆地高出约25%。

阿根廷通过开放市场不断降低成本，目前有17个项目在运行，2017年页岩气年产量为$20\times10^8m^3$，致密气产量为$50\times10^8m^3$，主要来自内乌肯盆地。根据阿根廷的页岩气储量情况，预计可以使用200~300年。随着页岩气项目的快速推进，按照现有的政策，预计2025年阿根廷的页岩气产量将介于$(250\sim300)\times10^8m^3$，2030~2040年将达到$700\times10^8m^3$。

阿根廷未来的天然气出口对象主要为南美的智利、巴西、玻利维亚等国家。阿根廷页岩气的发展也同样面临着季节性需求量与供应量、进口量与出口量不均衡的问题。

三、LNG是目前世界天然气发展的重点

LNG产能拓展空间巨大，市场竞争力和发展格局主要受控于未来非常规天然气供应潜力和前景，贸易方式呈现出长期协议和短期贸易并存的态势。资源国迫切地向国际市场输出LNG，将进一步重塑天然气市场的格局。

全球LNG贸易量持续增长，是目前世界天然气工业发展的焦点，产能拓展空间乐观。IGU的《2018年世界LNG报告》显示，全球LNG贸易量在2017年连续第3年增长，达到2.93×10^8t，同比增长12%(增长量为3520×10^4t)，连续3年打破行业纪录。这一显著增长在很大程度上归因于澳大利亚和美国新增的LNG供应量。澳大利亚太平洋LNG公司(Australia Pacific LNG)、高更LNG公司(Gorgon LNG)在2017年增加了1190×10^4t的产量；美国萨宾帕斯LNG公司(SabinePass LNG)增加了1020×10^4t的产量。

截至2018年3月底，全球LNG液化总能力已达到3.69×10^8t/年，开机负荷率达到84%，同比增长7%，建设中的LNG液化能力达到9200×10^4t/年，增长量主要来自于澳大利亚和美国。正在提议建设或完成预可研的LNG液化总能力已达8.76×10^8t/年，其中美国为3.36×10^8t/年、加拿大为2.55×10^8t/年。

全球LNG液化能力持续增长。IEA预计到2023年，全球LNG液化总能力将增长28%，其中，美国在“页岩气革命”所带来的巨大天然气产量增量的驱使下，未来5年中其天然气液化能力增长将超过200%。

除计划建设的阿拉斯加 2000×10^4t/年的 LNG 加工厂外，美国其余的绝大多数 LNG 加工厂都位于墨西哥湾。加拿大的大部分 LNG 加工厂都将建在西海岸的英属哥伦比亚区。

随着经济的持续增长以及相关政策的推出，我国将成为全球最大的天然气进口国，需求量年增长约 8%，占全球天然气需求增长总量的 1/3，其中工业用量将取代发电成为消费主体。

美国将成为全球天然气出口增量最大的国家，澳大利亚和俄罗斯分列第二、第三位。美国 LNG 出口对象主要为中国和欧洲，未来美国能否在中国和欧洲天然气市场抗衡俄罗斯成为业界关注的焦点，并将成为未来地缘政治深刻变化的推手。

四、甲烷泄漏与排放逐渐成为关注的焦点

天然气的大量利用降低了二氧化碳的排放量，但随着天然气产销量的逐步增加、市场和应用范围的不断扩大，天然气中的主要成分——甲烷泄漏也成为业界关注的焦点。全球每年的天然气产量中有 7%左右在生产过程中被泄漏到大气当中，对环境和经济造成双重负面影响。进入天然气的“黄金时代”就必须减少其泄漏量，有效降低甲烷回收及防止泄漏技术的成本，使天然气成为名副其实的清洁能源。

（一）甲烷泄漏对环境和经济造的影响

根据 IEA 和美国环保基金会所提供的数据，全球天然气上游业务的甲烷泄漏率为 1.8%左右，由于甲烷在 100 年内的升温作用是二氧化碳的 28 倍，温室效应显著，全球天然气甲烷排放所产生的升温效应，已抵消了天然气替代煤炭所产生的清洁减排作用。因此能源业内关于天然气是否属于清洁能源的争议一直没有间断，直接影响了民众对天然气的接受程度，部分国家和地区的居民用气业务开始萎缩，甲烷排放已成为制约天然气行业发展的瓶颈因素。

美国环境保护基金会对甲烷排放量进行了更精确地测量，结果表明，美国油气行业排放的甲烷比目前联邦能源监管部门测算的数据多出了将近 60%，每年泄漏到大气中的甲烷量是非洲天然气消费量的 2 倍。另一项来自对 400 多口气井为期 6 年的统计数据则表明，美国每年有价值 20 亿美元的天然气泄漏。

（二）甲烷泄漏监测技术的重要性

油气公司通过提高减排意识、加强生产管理等措施，可降低目前甲烷泄漏量 50%以上，从而大幅度提升天然气的全产业链价值和清洁性。2017 年埃克森美孚公司启动了减少甲烷泄漏项目，通过管理提升、泄漏监测与检测、新技术开发、员工培训等一系列措施，有效降低了甲烷泄漏量，同时承诺 2020 年之前其甲烷泄漏总量将减少 15%。BP 公司已将甲烷泄漏率控制在 0.2%以内。其他各大公司也正在积极采取措施，以期有效减少甲烷的泄漏量。

五、天然气成为可再生能源的互补搭档

天然气将在能源格局中扮演更加重要的角色，在能源转型中发挥核心作用，天然气的灵活性、碳捕集封存技术和碳排放定价机制促使天然气与可再生能源由对手变为伙伴。

（一）天然气与可再生能源的结合

受技术和成本等因素的限制，核能、风能、太阳能等可再生能源将无法撼动化石能源的主导地位。据 IEA 预计，到 2035 年可再生能源在一次能源中所占比例将保持在 10%左右的

水平。总体而言，可再生能源虽然在二氧化碳减排等方面具有一定的优势，但考虑到其发展受到的种种约束，未来很长一段时间内将无法成为能源供应的主体，天然气等化石能源仍将担任能源供应的主力军。

2018~2022 年天然气消费量将维持 1.6%的增长速度，但也存在着一定的不确定性，主要受制于全球天然气的价格走势以及其与可再生能源的竞争结果。同时天然气行业并非与煤炭等其他化石能源展开竞争，而是转变为与可再生能源业务的竞争并逐渐融合。BP 首席执行官戴德立认为，天然气不仅仅是通向更加低碳未来的桥梁，而且也是符合碳排放要求并可与风能、太阳能等可再生能源互补的重要资源，正在深度影响着全球的能源格局。

天然气与可再生能源协同发展，可打造稳定绿色的能源系统。风能、潮汐能、太阳能等间歇性发电技术在使用期间需要有后备电源来供能，而天然气发电启停迅速、运行灵活、便于调峰，是不二首选。建立气电与可再生能源互补的联合机组，充分发挥不同能源的优势，可以提升发电机组的总输出水平和电网运行的可靠性，实现天然气与可再生能源的协同发展。

当今世界面临着在满足全球人口增长和改善生活水平愿望的同时，减少经济活动带来的气候变化的挑战。可再生能源将在应对这一挑战中发挥越来越大的作用，从长远来看，储能技术能解决上述问题，但远水不解近渴。而天然气发电在灵活性和减排方面具有明显优势。全球著名能源咨询公司 IHS 评估了在特定的市场环境下天然气与可再生能源联合使用的互补优势，结果表明，天然气发电可以和可再生能源发电互为补充，无论是从经济性还是环保效果来说都是最佳的发电组合。

（二）天然气与可再生能源结合的影响因素

可再生能源发展的多项难题都可以通过与天然气协同发展来加以解决。风能、太阳能等可再生能源发电输入与输出的不稳定性是制约其发展水平的重要因素，如何解决现有电网对可再生能源发电的消纳问题是一个关键。天然气发电功率容易控制，具有较强的灵活性，天然气发电与可再生能源发电紧密配合，可以保证发电输出的稳定性。

在天然气全产业链中，上游业务(即从生产井口到处理厂外输端口，含试采气排放)是主要碳排放源，只有将上游碳排放率控制在 0.2%以内，才能满足《巴黎协议》规定的 2℃控温目标的要求、消除业内和民众对天然气清洁能源属性的质疑、提升天然气在全球能源结构中的清洁能源价值。

碳排放定价机制的建立及完善，将加大煤炭、石油等高碳化石能源的消费成本，天然气和可再生能源消费将得到促进。天然气的优点包括高加热强度和高效率，低排放量和几乎没有污染，同时可以为几乎任何用途提供能源。这些特性使天然气作为一种丰富、灵活和具有成本效益的燃料而具有独特性，它还可以解决城市环境中的环保挑战。日益增长的城市化趋势，为天然气需求量的持续增长提供了重大机遇。

未来天然气的用途之一就是从其中提取出氢气，用于发电厂发电，所产生的二氧化碳则被捕获并储存起来。挪威石油公司正尝试将荷兰燃气发电厂由燃烧天然气改变为氢气，并辅以二氧化碳捕获储存工艺(CCS)。

六、全球天然气竞争性定价模式

全球天然气竞争性定价模式已成趋势，不同区域天然气价格差异较大，气源竞价机制仍将是主流。

（一）美国对全球现有天然气定价体系产生的冲击

全球天然气市场发展受限于地理上的区域分割，天然气国际贸易大多数是通过管线或船运达成交易，地理上的限制与昂贵的运输费用都在不同程度上限制了区域之间的贸易往来，使得天然气市场具有区域特性，形成了多个相互独立的天然气定价体系。

由于页岩气技术的革命性突破，美国天然气产量大幅度增长，成为全球第一大天然气生产国，而且低成本开采技术促使这一地区天然气的供应量转瞬之间扩大。这带来了天然气供应市场与消费市场价格的两极分化。

美国将亨利港(Henry Hub，简称 HH)天然气期货从美国本土天然气市场作价引入全球 LNG 贸易，逐渐演变为国际天然气价格基准。使世界 LNG 贸易的定价基础从原来的原油、英国国家平衡点(NBP)作价，丰富到 HH 作价和油价、HH 混合计价，增强了全球 LNG 市场的关联性。未来美国通过出口提高天然气价值，美国 LNG 出口的两个目的地分别是欧洲和亚洲。

目前亚洲和欧洲的天然气价格依然坚挺，导致其价格远高于美国市场价格。北海地区的天然气生产为欧盟提供了大量的本土供应，为其与俄罗斯的谈判提供了议价筹码。若不考虑贸易壁垒等因素，单从价格来讲，北美和亚洲之间的天然气存在着巨大的套利空间。这也是北美天然气出口亚洲的主要驱动因素。天然气市场“亚洲溢价”折射出亚洲天然气进口国在国际天然气定价权中缺乏话语权。

预计到 2024 年，日韩市场(JKM)价格和 NBP 价格差距将大幅度扩大，全球新增 LNG 需求量超过了美国新增 LNG 产能，同时卡塔尔 LNG 产能不断减少，由此造成气价上升。

（二）天然气定价类型的多样性

IGU 在《2018 年全球天然气价格报告》中指出，目前世界天然气定价方式可以分为 4 类：① 油价渐进(OPE)：气价通常通过一个基准价和价格调整条款与竞争燃料价格相关联，典型的就是同原油、柴油和燃料油价格相关联，在某些情境下也可以通过煤炭价格来定价，在全球范围内，采用油价渐进方式定价的有 59 个国家，占比约为 19.5%；② 气间竞争(GOG)：按照交易中心的现货和期货定价，2005 年以来，气间竞争定价方式的占比逐渐上升，2017 年其在全球占比达到 46%；③ 双边垄断(BIM)：气价由大买方和大卖方的双边协议来决定，价格设定一个固定期，通常是 1 年；④管制成本(RCS)：价格由一个监管机构或一个部门决定或批准，该价格覆盖“服务成本”，包括投资的回收和合理的回报率，管制定价方式占比约为 30%。

分地区来看，2005 年以来，随着气源更充足、买家越来越多，欧洲地区逐渐由油价渐进为主的天然气定价方式转向以气间竞争定价为主，目前气间竞争方式占比高达 70%左右；而亚洲地区油价渐进方式的占比则日趋上升，由 2005 年的 35%上升为 2017 年的 69%，主要受中国 LNG 和管道气进口量不断增长的影响。

（三）油价对天然气价格的影响

尽管目前全球 LNG 供给国与需求国都大量增加、LNG 贸易路线愈发丰富、定价机制更为透明、与油价指数脱钩的呼声大量出现，但从近期的研究结果来看，全球尚未形成统一的天然气市场。

各国的天然气价格指数关联度较低，唯一关联度较高的为美国、加拿大以及部分欧洲国家；与过去 10 年相比，目前全球各国天然气价格关联系数并没有实质性的增长，甚至还略有下降；运输距离依然阻碍着全球天然气市场的协同发展；油价比天然气价格关联度更高，这意味着油价依然是天然气价格的重要影响因素。

第二节　我国天然气的生产和发展

一、天然气需求

1. 天然气消费保持强劲增长

2018 年，我国宏观经济平稳运行，环保政策助力天然气市场蓬勃发展。国家出台多项环保政策，持续推进大气污染防治工作，强化重点地区的民用、采暖、工业等行业煤改气，全国天然气消费量快速增长。估计全年天然气消费量为 $2766\times10^8m^3$，年增量超 $390\times10^8m^3$，增速为 16.6%，占一次能源总消费量的 7.8%。全年天然气消费淡季不淡特点突出。2019 年，国内天然气市场持续快速发展，预计全国天然气消费量为 $3080\times10^8m^3$，同比增长 11.4%。

2. 发电、城市燃气、工业用气显著增长，化工用气下降

2018 年，估计城市燃气用气量为 $990\times10^8m^3$，增幅为 16.2%；工业用气量为 $911\times10^8m^3$，增幅为 20.0%；发电用气量为 $615\times10^8m^3$，增幅为 23.4%；化工用气由升转降，用气量为 $250\times10^8m^3$，降幅为 5.1%。在用气结构中，城市燃气占 36.0%，工业燃料占 33.8%，发电用气占 21.9%，化工用气占 8.3%。

3. 中东部地区消费量高速增长，西部地区增长较慢

2018 年，河北、江苏、广东等省天然气消费量呈阶梯增长，年增量均超过 $30\times10^8m^3$。分区域来看，环渤海地区消费量为 $590\times10^8m^3$，远高于其他地区，增速为 22.9%；长三角地区消费量为 $480\times10^8m^3$，同比增长 20.0%；中南地区消费量为 $290\times10^8m^3$，增速达 19.3%；东南沿海、东北、西南和中西部地区天然气消费量增速分别为 16.7%、16.3%、12.1% 和 11.2%；西北地区天然气消费增长较慢，增速为 6.7%。

二、天然气供应

1. 国内天然气产量稳步增加

2018 年，全年天然气产量约为 $1573\times10^8m^3$（不含地方企业煤层气），同比增长 6.7%，远低于消费增速。其中，煤制气产量为 $23\times10^8m^3$，同比增长 4.5%；煤层气产量为 $50\times10^8m^3$，同比增长 6.7%；页岩气产量超过 $110\times10^8m^3$，同比增长 22.2%。

2. 天然气进口量增长显著，对外依存度大幅攀升

我国天然气进口量持续高速增长，2018 年超过日本成为全球第一大天然气进口国。估计全年天然气进口量为 $1254\times10^8m^3$，同比增长 31.7%，高于 2017 年的 24.7%，对外依存度升至 45.3%。

3. 管道气进口量快速增加

估计全年管道气进口量为 $520\times10^8m^3$，同比增长 20.6%，增量主要来自哈萨克斯坦和乌兹别克斯坦，2018 年两国进口气在我国管道气进口中占比 25%，较上年提升 15 个百分点。

4. LNG 进口量高速增长

受市场需求增加以及新 LNG 接收站投运、新 LNG 合同进入窗口期等因素影响，全年

LNG 进口量为 5400 万吨，同比增长 41.1%。

5. 天然气市场供需偏紧，季节性供需紧张缓解

2018 年，我国天然气供应量快速增长，但市场需求增长超出预期，全年资源供应总体偏紧。估计全年供应量为 $2827\times10^8m^3$，同比增长 16.4%。天然气市场季节性供需紧张有所缓解。

6. 国内天然气产量稳定增加，页岩气产量保持较快增速

2018 年国内天然气产量(含煤制气)为 $1708\times10^8m^3$，同比增长 8.6%，在供应结构中占比 53.5%。

7. 进口量保持快速增长

中俄东线投产、哈萨克斯坦进口管道气量增加将带动管道气进口量稳步增长。进口气价格方面，预计 2019 年进口管道气和进口 LNG 价格将小幅下跌。

三、天然气储运发展状况

1. 管道建设稳步推进

2018 年年底，我国天然气长输管道总里程近 7.6×10^4km。鄂安沧输气管道一期、蒙西管道一期、中缅管道支干线楚雄至攀枝花天然气管道投产，加上中俄东线、潜江-韶关天然气管道已部分完工，估计全年建成跨省干线管道 1540km。此外，南川水江-涪陵白涛国家重点天然气管道工程开工建设，计划 2019 年 10 月投运，建成后将有利于涪陵页岩气外输。区域管网建设持续推进，广东天然气管网粤东、粤西、粤北三地 6 个主干管网项目动工，计划 2020 年年底建成。

2. LNG 接收站加快投产

截至 2018 年年底，我国 LNG 接收站总接卸能力达 6695×10^4t/年。我国在建 LNG 接收站 7 座，一期接收能力为 1620×10^4t/年。另外，唐山、青岛、如东等 LNG 接收站开启扩建工程，投产后接收能力将显著提升。

3. 储气库工作气量显著提升，多储气库项目准备启动

2018 年，我国已建储气库达容扩容稳步推进，国内第一座民营储气库——港华燃气金坛储气库一期投产，中国石油顾辛庄储气库投运，中国石化文 23 储气库初步完工。截至 2018 年年底，我国累计建成 26 座地下储气库，调峰能力达 $130\times10^8m^3$。

4. 天然气基础设施互联互通工程顺利推进

2018 年 2 月，国家发改委发布《关于加快推进 2018 年天然气基础设施互联互通重点工程有关事项的通知》，部署了十大互联互通重点工程。截至 2018 年年底，中国海油蒙西管道一期与天津管网、中国石油大港油田滨海分输站与中国石化天津 LNG 接收站、中缅管道与北海 LNG 接收站等互联互通工程已经完工投运。川气东送管道与西气东输一线联络线工程即将投产，新奥舟山 LNG 接收站外输管道与浙江省管网预计 2019 年建成。

四、天然气发展状况

1. 增强国内常规和非常规天然气勘探开发力度

未来我国将致力于解决空气污染和推动能源转型，将推动民用、工业、发电和交通运输大规模、高效地使用天然气。在实现这一能源结构转型升级的过程中，天然气的作用不可替

代。预计到 2021 年前，我国将替代 1.5×10^8t 散煤，天然气将占到我国一次能源消费结构的 10%。

因此加大对国内天然气的勘探开发力度、提高天然气的自我供给能力，是争得市场主动、保障国家能源安全的重要战略手段。天然气战略布局应立足于我国天然气资源的特点，坚持勘探开发理论和技术创新，持续推进上游加快发展，夯实天然气供应体系，保障天然气供给安全。

我国的非常规天然气资源(如煤层气、页岩气和天然气水合物等)十分丰富。我国煤层埋深 2000m 以浅的煤层气总资源量为 $36.81\times10^{12}m^3$，其中埋深 1500m 以浅的煤层气可采资源量为 $10.87\times10^{12}m^3$，范围包括我国东部、中部、西部、南方和青藏 5 个大区，鄂尔多斯、沁水、准噶尔、滇东黔西、二连、吐哈、塔里木、天山和海拉尔等 42 个含气盆地(群)、121 个含气区带。不仅如此，我国煤层气资源在区域分布、埋藏深度上也有利于规划开发。“西气东输”“陕京”输气管道经过沁水盆地和鄂尔多斯盆地东缘多个煤层气富集区，这就为煤层气的开发提供了输送条件。2009 年 9 月山西沁水盆地煤层气田樊庄区块产能建设($6\times10^8m^3$/年)和煤层气中央处理厂一期工程(总规模为 $30\times10^8m^3$/年，其中一期 $10\times10^8m^3$/年)的投产，以及郑庄区块产能建设(总规模为 $17\times10^8m^3$/年，其中一期 $9\times10^8m^3$/年)和中央处理厂二期工程($10\times10^8m^3$/年)的相继建设，标志着我国煤层气的开发利用已进入了大发展时期。在沁水盆地和鄂尔多斯盆地东缘建成两大煤层气产业化基地，已有产区稳产增产，新建产区增加储量、扩大产能，配套完善基础设施，实现产量快速增长。根据我国《煤层气(煤矿瓦斯)开发利用“十三五”规划》，“十三五”期间，新增煤层气探明地质储量 $4200\times10^8m^3$/年，建成2~3个煤层气产业化基地。2020 年，煤层气(煤矿瓦斯)抽采量达到 $240\times10^8m^3$/年，其中地面煤层气产量 $100\times10^8m^3$/年，利用率 90%以上；煤矿瓦斯抽采 $140\times10^8m^3$/年，利用率 50%以上。因此，煤层气将是我国常规天然气的重要补充。

2. 页岩气、可燃冰等可能成为天然气的接替资源

我国页岩气的主要产区集中在四川盆地周围的四川、重庆、云南区域内，目前国家划出的页岩气重点产能区域为涪陵、长宁、威远、昭通、富顺-永川五个页岩气勘探开发区。2017 年，重庆涪陵页岩气田累计探明储量 $6008\times10^8m^3$，产量 $60.04\times10^8m^3$，产能 $100\times10^8m^3$/年，成为全球除北美之外最大的页岩气田；长宁与威远勘探开发区整体被评为长宁-威远国家级页岩气示范区，2017 年产气 $24.73\times10^8m^3$；滇黔北昭通国家级页岩气示范区，2017 年产气 $5\times10^8m^3$。根据我国《页岩气发展规划(2016~2020 年)》，到 2020 年，完善成熟 3500m 以浅海相页岩气勘探开发技术，突破 3500m 以深海相页岩气、陆相和海陆过渡相页岩气勘探开发技术；力争实现页岩气产量 $300\times10^8m^3$。到 2030 年，海相、陆相及海陆过渡相页岩气开发均获得突破，新发现一批大型页岩气田，并实现规模有效开发，实现页岩气产量$(800\sim1000)\times10^8m^3$。

2017 年 5 月 18 日，我国在南海北部神狐海域进行天然气水合物试采获得成功。采气点位于 1266m 深海底以下的 203~277m 的海床中，连续 8 天稳定产气共 $12\times10^4m^3$，试采单日的最高气产量达到 $3.5\times10^4m^3$，甲烷含量达 99.5%，标志着我国成为全球首个成功实现在海域天然气水合物试开采中获得连续稳定产气的国家，也实现了难度最大的泥质粉砂型天然气水合物安全可控开采。目前，我国探明的天然气水合物主要分布在南海和青藏高原，海域和陆地预测远景资源量分别可达 744 亿吨和 350 亿吨油当量，若天然气水合物开采技术实现规

模化应用，将显著优化我国的能源结构。

3. 加强技术与管理创新，降低天然气开发成本

技术创新和技术进步对于推进天然气勘探开发尤为重要，理论技术进步推动了天然气资源的大发现，奠定了国内较大的天然气储量、产量基础。自主高效的高精度储层描述、深海钻完井、超深层钻完井、长水平段水平井钻完井和水平井分段压裂等技术是天然气勘探开发的核心技术；LNG、甲烷泄漏监测和地下储气库等技术是影响天然气输配和可持续发展的关键技术。

需要开展天然气数字化、大数据、云计算、智能井下机器人、储层高精度描述技术、深海钻完井、超深层钻完井、超长水平段水平井钻完井和分段压裂、井间接替和成本控制等技术攻关。通过技术引进和自主研发，实现 LNG 技术的国产化，实现对甲烷泄漏的有效监测，提高国内天然气勘探开发核心技术的竞争力。

4. 统筹考虑天然气上下游业务，实现产供储销的一体化

天然气进口环节体现了整个上、中、下游产业链的配合联动。LNG 接收站建设需要锁定资源和确定市场范围。设施建设具有投资大、投资同步性高的特点，需要结合管网的分布，科学合理地加快建设 LNG 接收站和地下储气库，保证 LNG 的进口量和储备量，同时配套建设天然气利用设施和升级换代，跟上天然气发展的步伐。

此外，跨国天然气进口不只是一个简单的贸易问题，因而需要将上游天然气储量资源、中间运输管道、下游消费市场等都有效地衔接起来。

5. 加强对甲烷泄漏管控，提升天然气综合利用水平

全球天然气甲烷排放所产生的升温效应，已抵消了天然气替代煤所产生的清洁减排作用，关于天然气是否属于清洁能源的争议不断，直接影响了民众对天然气的接受程度，部分国家和地区的居民用气业务开始萎缩，甲烷泄漏已成为制约天然气行业发展的瓶颈因素。

欧美国家已开始重视和应对甲烷泄漏带来的环境污染和对天然气能源的负面影响问题，并已取得了一些积极成效。国内在这方面尚未起步，需要通过加强生产管理和提高减排意识，加大全业务链甲烷泄漏的监管和防治力度。

6. 适应国际天然气新格局，实现资源的合理布局

LNG 成为我国天然气供应的重要组成部分已是不争的事实。为此需要科学预测世界 LNG 供应能力和价格趋势，准确把握我国 LNG 的发展前景，确定灵活多变的引进机制。同时立项研究美国 LNG 出口相关政策法规，以最大限度地规避资源、技术和价格风险。

第三节　天然气的分类与组成

一、天然气分类

天然气的分类方法目前尚不统一，各国都有自己的习惯分法。常见的分法如下：

（一）按产状分类

可分为游离气和溶解气。游离气即气藏气，溶解气即油溶气和气溶气、固态水合物气以及致密岩石中的气等。

（二）按经济价值分类

可分为常规天然气和非常规天然气。常规天然气指在目前技术经济条件下可以进行工业

开采的天然气，主要指油田伴生气（也称油田气、油藏气）、气藏气和凝析气。非常规天然气指煤层气（煤层甲烷气）、页岩气、水溶气、致密岩石中的气及固态水合物气等。其中，除煤层气和页岩气外，其他非常规天然气由于目前技术经济条件的限制尚未投入工业开采。

（三）按来源分类

可分为与油有关的气（包括油田伴生气、气顶气）和与煤有关的气；天然沼气即由微生物作用产生的气；深源气即来自地幔挥发性物质的气；化合物气即指地球形成时残留地壳中的气，如陆上冻土带和深海海底等的固态水合物气等。

（四）按烃类组成分类

按烃类组成分类可分为干气和湿气、贫气和富气。对于由气井井口采出的，或由油气田矿场分离器分出的天然气而言，其划分方法为：

1. 干气

在储集层中呈气态，采出后一般在地面设备和管线的温度、压力下中不析出液烃的天然气。按 C_5 界定法是指每立方米（指 20℃，101.325kPa 参比条件下的体积，下同）气中 C_5^+ 以上液烃含量按液态计小于 $13.5cm^3$ 的天然气。

2. 湿气

在储集层中呈气态，采出后一般在地面设备和管线的温度、压力下有液烃析出的天然气。按 C_5 界定法是指每立方米气中 C_5^+ 以上烃液含量按液态计大于 $13.5cm^3$ 的天然气。

3. 贫气

每立方米气中丙烷及以上烃类（C_3^+）含量按液态计小于 $100cm^3$ 的天然气。

4. 富气

每立方米气中丙烷及以上烃类（C_3^+）含量按液态计大于 $100cm^3$ 的天然气。

通常，人们还习惯将脱水（脱除水蒸气）前的天然气称为湿气，脱水后水露点降低符合输送要求的天然气称为干气；将回收天然气凝液前的天然气称为富气，回收天然气凝液后的天然气称为贫气。此外，也有人将干气与贫气、湿气与富气相提并论。由此可见，它们之间的划分并不是十分严格的。因此，本书以下提到的贫气与干气、富气与湿气也没有严格的区别。

（五）按矿藏特点分类

1. 纯气藏天然气（气藏气）

在开采的任何阶段，储集层流体均呈气态，但随组成不同，采到地面后在分离器或管线中则可能有少量液烃析出。

2. 凝析气藏天然气（凝析气）

储集层流体在原始状态下呈气态，但开采到一定阶段，随储集层压力下降，流体状态进入露点线内的反凝析区，部分烃类在储集层及井筒中呈液态（凝析油）析出。

3. 油田伴生气（伴生气）

在储集层中与原油共存，采油过程中与原油同时被采出，经油气分离后所得的天然气。

（六）按硫化氢、二氧化碳含量分类

1. 净气（甜气）

通常也称无硫天然气，指硫化氢和二氧化碳等含量甚微或不含有，不需脱除即可符合输送要求或达到商品气有关质量要求的天然气。

2. 酸气

通常也称含硫天然气，指硫化氢和二氧化碳等含量超过有关质量要求，需经脱除才能符合输送要求或成为商品气的天然气。

二、天然气组成

天然气是指自然生成，以烃类为主的可燃气体。大多数天然气的主要成分是烃类，此外还含有少量非烃类。天然气中的烃类基本上是烷烃，通常以甲烷为主，还有乙烷、丙烷、丁烷、戊烷以及少量的己烷以上烃类(C_6^+)。在C_6^+中有时还含有极少量的环烷烃(如甲基环戊烷、环己烷)及芳香烃(如苯、甲苯)。天然气中的非烃类气体，一般为少量的氮气、氢气、氧气、二氧化碳、硫化氢、水蒸气以及微量的惰性气体如氦、氩、氙等。

当然，天然气的组成并非固定不变，不仅不同地区油、气藏中采出的天然气组成差别很大，甚至同一油、气藏的不同生产井采出的天然气组成也会有区别。

国外部分气田的气藏气和油田伴生气的组成分别见表1-1及表1-2，我国主要气田和凝析气田的天然气组成见表1-3。

表1-1　国外部分气田的天然气组成(体积分数)　　%

国名	产地	甲烷	乙烷	丙烷	丁烷	戊烷	C_6^+	CO_2	N_2	H_2S
美国	Louisiana	92.18	3.33	1.48	0.79	0.25	0.05	0.9	1.02	
	Texas	57.69	6.24	4.46	2.44	0.56	0.11	6.0	7.5	15
加拿大	Alberta	64.4	1.2	0.7	0.8	0.7	0.7	4.8	0.7	26.3
委内瑞拉	San Joaquin	76.7	9.79	6.69	3.26	0.94	0.72	1.9		
荷兰	Goningen	81.4	2.9	0.37	0.14	0.04	0.04	0.8	14.26	
英国	Leman	95	2.76	0.49	0.20	0.06	0.15	0.04	1.3	
法国	Lacq	69.4	2.9	0.9	0.6	0.3	0.4	10		15.5
俄罗斯	Дащавское	98.9	0.3					0.2		
	Саратовское	94.7	1.8	0.2	0.1			0.2		
	Щебелийнское	93.6	4.0	0.6	0.7	0.25	0.15	0.1	0.6	
	Оренбургское	84.86	3.86	1.52	0.68	0.4	0.18	0.58	6.3	1.65
	Астраханское	52.83	2.12	0.82	0.53	0.51		13.96	0.4	25.37
哈萨克斯坦	Карачаганакское	82.3	5.24	2.07	0.74	0.31	0.13	5.3	0.85	3.07

表1-2　部分国家油田伴生气的组成(体积分数)　　%

国名	甲烷	乙烷	丙烷	丁烷	戊烷	C_6^+	CO_2	N_2	H_2S
印度尼西亚	71.89	5.64	2.57	1.44	2.5	1.09	14.51	0.35	0.01
沙特阿拉伯	51.0	18.5	11.5	4.4	1.2	0.9	9.7	0.5	2.2
科威特	78.2	12.6	5.1	0.6	0.6	0.2	1.6		0.1
阿联酋	55.66	16.63	11.65	5.41	2.81	1.0	5.5	0.55	0.79
伊朗	74.9	13.0	7.2	3.1	1.1	0.4	0.3		
利比亚	66.8	19.4	9.1	3.5	1.52				
卡塔尔	55.49	13.29	9.69	5.63	3.82	1.0	7.02	11.2	2.93
阿尔及利亚	83.44	7.0	2.1	0.87	0.36		0.21	5.83	

表 1-3　我国主要气田和凝析气田的天然气组成(体积分数)　%

气田名称		甲烷	乙烷	丙烷	异丁烷	正丁烷	异戊烷	正戊烷	C_6^+	C_7^+	CO_2	N_2	H_2S
长庆气田	靖边	93.89	0.62	0.08	0.01	0.01	0.001	0.002			5.14	0.16	0.048
	榆林	94.31	3.41	0.50	0.08	0.07	0.013	0.041			1.20	0.33	
	苏里格	92.54	4.5	0.93	0.124	0.161	0.066	0.027	0.083	0.76	0.775		
中原气田	气田气	94.42	2.12	0.41	0.15	0.18	0.09	0.09	0.26		1.25		
	凝析气	85.14	5.62	3.41	0.75	1.35	0.54	0.59	0.67		0.84		
塔里木气田	克拉 2	98.02	0.51	0.04	0.01	0.01	0	0	0.04	0.01	0.58	0.70	
	牙哈	84.29	7.18	2.09									
海南崖13-1气田		83.87	3.83	1.47	0.40	0.38	0.17	0.10	1.11		7.56	1.02	70.7 mg/m³
青海气田	台南	99.20		0.02								0.79	
	涩北-1	99.90										0.10	
	涩北-2	99.69	0.08	0.02								0.2	
凝析气田	东海平湖	81.30	7.49	4.07	1.02	0.83	0.29	0.19	0.20	0.09	3.87	0.66	
	新疆柯克亚	82.69	8.14	2.47	0.38	0.84	0.15	0.32	0.2	0.14	0.26	4.44	
	华北苏桥	78.58	8.26	3.13	1.43 (异丁烷+正丁烷)		0.55 (异戊烷+正戊烷)		0.39	5.45	1.41	0.8	
川中油气矿	磨溪	96.48	0.19								0.546	1.02	1.767
	八角场	88.19	6.33	2.48	0.36	0.64	0.70 (异戊烷+正戊烷)				0.26	1.04	
川西北气矿	中坝 1	91.00	5.80	1.59	0.13	0.35	0.1	0.28			0.47	0.19	
	中坝 2	84.84	2.05	0.47	0.281	0.102					4.13	1.71	6.32
川东北气矿	铁山坡	77.12	0.05	0.01							6.32	1.01	15.00
	渡口河	75.84	0.05	0.03							6.59	0.91	16.50
重庆气矿	卧龙河 1	93.72	0.88	0.21	0.05						0.54	0.49	4.00
	罗家寨	83.23	0.07	0.02							5.65	0.70	10.08
蜀南气矿	付家庙	95.77	1.10	0.37	0.16 (异丁烷+正丁烷)						0.08	2.24	
	兴隆场	96.74	1.07	0.32	0.07	0.09	0.075 (异戊烷+正戊烷)				0.045	1.54	
	威远	86.47	0.11								4.437	8.100	0.879
山西煤层气	樊庄	97.69	0.04								0.43	1.34	
	郑庄	97.21									1.46	1.33	

此外，天然气中还可能含有以胶溶态粒子形态存在的沥青质，以及可能含有极微量的元素汞及汞化物。

世界上也有少数的天然气中含有大量的非烃类气体，甚至其主要成分是非烃类气体。例如，我国河北省赵兰庄、加拿大艾伯塔省 Bearberry 及美国南得克萨斯气田的天然气中，硫化氢含量均高达 90%以上。我国广东沙头圩气田天然气中二氧化碳含量高达 99.6%。美国北达科他州内松气田天然气中氮含量高达 97.4%，亚利桑那州平塔丘气田天然气中氦含量高达 9.8%。

三、非常规天然气

（一）煤层气

煤层气(Coalbed methane，CBM)俗称“瓦斯”或“煤矿瓦斯”，是煤矿的伴生气体，易燃易爆。准确地讲，是一种附存于煤层其主要成分为甲烷(CH_4)的混合气体。高位发热量在 34.3~37.1MJ/m^3，是一种高效、优质、清洁的新能源。

煤层气属于非常规天然气，其释义众说不一。例如有的文献提出，煤层气是指与煤炭伴生、赋存于煤层及围岩中，以甲烷为主要成分的混合气体；有的文献则提出，煤层甲烷气是煤层在地质史中漫长的煤化过程中所生成的以甲烷为主的天然气，它储集在煤层中，包括煤层基质表面的吸附气，煤层裂缝与割理中的游离气，煤层水中的溶解气和煤层间常规薄储层的游离气等四大组成部分等。目前比较统一的说法是《煤层气排采技术规范》(Q/SY 1272—2010)提出的：“煤层气是赋存在煤层中以甲烷(CH_4)为主要成分的烃类气体和少量非烃类气体，主要以吸附形式存在于煤基质表面，少量以游离形式存在于煤孔隙、裂隙空间或溶解于煤层水中”，或《煤层气集输与处理运行规范》(SY/T 6829—2011)提出的：“吸附于煤层基质表面的气体，也包括煤层水中的溶解气和游离气”。

（二）天然气水合物

在水的冰点以上和一定压力下，水和天然气中某些小分子气体可以形成外形像冰，但晶体结构与冰不同的固体水合物。水合物的密度一般为 0.8~1.0g/cm^3，轻于水，重于天然气凝液。除热膨胀和热传导性质外，其光谱性质、力学性质和传递性质与冰相似。在天然气和天然气凝液中形成的水合物会堵塞管道、设备和仪器，抑制或中断流体的流动。

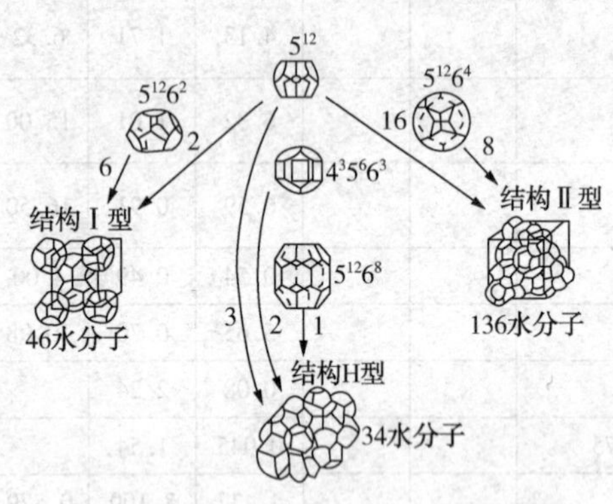

图 1-2　天然气水合物的三种单晶结构

天然气水合物(Natual Gas Hydrate，简称 NGH)是一种非化学计量型晶体，即水分子(主体分子)借氢键形成具有空间点阵结构(笼形空腔)的晶格，气体分子(客体分子)则在与水分子之间的范德华力作用下填充于点阵结构的空腔(晶穴)中。

目前公认的天然气水合物结构有结构Ⅰ型、结构Ⅱ型和结构 H 型三种，见图 1-2。客体分子尺寸是决定其能否形成水合物、形成何种结构的水合物，以及水合物的组成和稳定性的的关键因素。客体分子尺寸和晶穴尺寸吻合时最容易形成水合物，且其稳定性也较好。客体分子太大则无法进入晶穴，太小则范德华力太弱，也无法形成稳定的水合物。但是，在与气体水合物形成体系各相平衡共存的水合物相中，只可能有一种结构的固体水合物存在。

结构Ⅰ型水合物单晶是体心立方结构，包含 46 个水分子，由 2 个小晶穴(五边形十二面体，表示为 5^{12})和 6 个大晶穴(由 12 个五边形和 2 个六边形组成的十四面体，表示为 $5^{12}6^2$)组成，其结构分子式为 $2(5^{12})6(5^{12}6^2)\cdot 46H_2O$，所有晶穴都被客体分子占据时的理想分子

式为 $8M \cdot 46H_2O$（M 表示客体分子）。天然气中相对分子质量较小的烃类分子 CH_4、C_2H_6以及非烃类分子如 N_2、H_2S 和 CO_2等可形成稳定的结构Ⅰ型水合物。

结构Ⅱ型水合物单晶是菱形（金刚石结构）立方结构，包含 136 个水分子，由 16 个小晶穴（5^{12}）和 8 个大晶穴（由 12 个五边形和 4 个六边形组成的立方对称准球形十六面体，表示为 $5^{12}6^4$）组成，其结构分子式为 $16(5^{12})8(5^{12}6^4) \cdot 136H_2O$，所有晶穴都被客体分子占据时的理想分子式为 $24M \cdot 136H_2O$。除可容纳 CH_4、C_2H_6等小分子外，较大的晶穴还可容纳 C_3H_8、$i\text{-}C_4H_{10}$和 $n\text{-}C_4H_{10}$等相对分子质量较大的烃类分子。

比 $n\text{-}C_4H_{10}$更大的正构烷烃不会形成结构Ⅰ型和Ⅱ型水合物，因为它们的分子太大不能使晶格稳定。然而，一些比戊烷更大的异构烷烃和环烷烃却能形成结构 H 型水合物。结构 H 型水合物单晶是简单六方结构，包含 34 个水分子，由 3 个 5^{12}晶穴、2 个 $4^35^66^3$晶穴（扁球形十二面体）和 1 个 $5^{12}6^8$晶穴（椭圆球形二十面体）组成，其结构分子式为 $3(5^{12})2(4^35^66^3)1(5^{12}6^8) \cdot 34H_2O$，理想分子式为 $6M \cdot 34H_2O$。

天然气的组成决定了其水合物结构类型。实际上，结构类型并不影响水合物的外观、物性或因水合物产生的其他问题。然而，结构类型会对水合物的形成温度、压力有明显影响。结构Ⅱ型水合物远比结构Ⅰ型水合物稳定。这就是含有 C_3H_8和 $i\text{-}C_4H_{10}$的气体混合物形成水合物的温度，为何比不含这些组分的类似气体混合物形成水合物温度高的原因。

（三）页岩气

页岩气是指赋存于以富有机质页岩为主的储集岩系中的非常规天然气，是连续生成的生物化学成因气、热成因气或二者的混合，可以游离态存在于天然裂缝和孔隙中，以吸附态存在于干酪根、黏土颗粒表面，还有极少量以溶解状态储存于干酪根和沥青质中，游离气比例一般在 20%～85%。成分以甲烷为主，是一种清洁、高效的能源资源和化工原料，主要用于居民燃气、城市供热、发电、汽车燃料和化工生产等，用途广泛。页岩气生产过程中一般无需排水，生产周期长，一般为 30～50 年，勘探开发成功率高，具有较高的工业经济价值。

页岩气的形成和富集有着自身独特的特点，往往分布在盆地内厚度较大、分布广的页岩烃源岩地层中。较常规天然气相比，页岩气开发具有开采寿命长和生产周期长的优点，大部分产区页岩气分布范围广、厚度大，且普遍含气，这使得页岩气井能够长期地以稳定的速率产气。

第四节　天然气产品质量要求

一、进入天然气长输管道的气体质量要求

经气井生产出的天然气往往含有硫化氢、二氧化碳、游离水、凝液以及机械粉尘等成分，为了保证生产和利用的安全，规定了管道输送民用天然气中有害物质的最高允许含量。

《进入天然气长输管道的气体质量要求》（GB/T 37124—2018）规定了进入天然气长输管道气体的质量要求、试验方法和检验规则。适用于经过处理的通过天然气长输管道进行输送的常规天然气、煤层气、页岩气、致密砂岩气及煤制合成天然气。气质指标见表 1-4。

表 1-4 进入天然气长输管道气体的质量要求

项目		指标
高位发热量①,②/(MJ/m³)	≥	34.0
总硫含量(以硫计)①/(mg/m³)	≤	20
硫化氢含量①/(mg/m³)	≤	6
二氧化碳摩尔分数/%	≤	3.0
一氧化碳摩尔分数/%	≤	0.1
氢气摩尔分数/%	≤	3.0
氧气摩尔分数/%	≤	0.1
水露点③,④/℃	≤	水露点应比输送条件下最低环境温度低 5℃

注：① 本标准中气体体积的标准参比条件是 101.325kPa，20℃。

② 高位发热量以干基计。

③ 在输送条件下，当管道管顶埋地温度为 0℃时，水露点应不高于-5℃。

④ 进入天然气长输管道的气体，水露点的压力应是进气处的管道设计最高输送压力。

二、商品天然气气质标准

商品天然气气质标准一般包括发热量、硫化氢含量、总硫含量、二氧化碳含量和水露点 5 项技术指标。在这些指标中，除发热量外其他 4 项均为健康、安全和环境保护方面的指标。因此，商品天然气的气质标准是根据健康、安全、环境保护和经济效益等要求综合制定的。不同国家，甚至同一国家不同地区、不同用途的商品天然气质量要求均不相同，因此，不可能以一个标准来统一。此外，由于商品天然气多通过管道输往用户，又因用户不同，对气体的质量要求也不同。

国外对天然气中氧含量有规定的国家不多。例如，欧洲气体能量交换合理化协会(EASEE-gas)规定的“统一跨国输送的天然气气质”将确定氧含量≤0.01%(摩尔分数)，德国的商品天然气标准规定氧含量不超过 1%(体积分数)，俄罗斯国家标准(ГОСТ5542)也规定不超过 1%(体积分数)，但全俄行业标准 ГОСТ51.40 则规定在温暖地区应不超过 0.5%(体积分数)。《天然气长输管道气质要求》(Q/SY 30-2002)则规定输气管道中天然气中的氧含量应小于 0.5%(体积分数)。

表 1-5 国外商品天然气质量要求

国家	H_2S/(mg/m³)	总硫/(mg/m³)	CO_2/%	水露点/(℃/MPa)	高位发热量/(MJ/m³)
英国	5	50	2.0	夏 4.4/6.9 冬-9.4/6.9	38.84~42.85
加拿大	6	23	2.0	64mg/m³	36.5
	23	115		-10/操作压力	36
美国	5.7	22.9	3.0	110mg/m³	43.6~44.3
俄罗斯	7.0	16.0①	—	夏-3/(-10) 冬-5(-20)②	32.5~36.1

注：① 硫醇。

② 括弧外为温带地区，括弧内为寒冷地区。

表 1-5 为国外商品天然气质量要求。表 1-6 则给出了欧洲气体能量交换合理化协会(EASEE-gas)的“统一跨国输送的天然气气质”。EASEE-gas 是由欧洲六家大型输气公司于

2002 年联合成立的一个组织。该组织在对二十多个国家的 73 个天然气贸易交接点进行气质调查后于 2005 年提出一份“统一天然气气质”报告，对欧洲影响较大，并被国际标准《ISO 13686—2013》作为一个新的资料性附录引用，即欧洲 H 类“统一跨国输送的天然气气质”资料。

表 1-6　欧洲 H 类天然气统一跨国输送气质指标

项目	最小值	最大值	推荐执行日期
高沃泊指数/(MJ/m^3)	[48.96]	56.92	1/10/2010
相对密度	0.555	0.700	1/10/2010
总硫/(mg/m^3)	—	30	1/10/2006
硫化氢和羰基硫/(mg/m^3)	—	5	1/10/2006
硫醇/(mg/m^3)	—	6	1/10/2006
氧气/%(摩尔分数)	—	[0.01]①	1/10/2010
二氧化碳/%(摩尔分数)	—	2.5	1/10/2010
水露点(7MPa，绝对压力)/℃	—	−8	见注②
烃露点(0.1~7MPa，绝对压力)/℃	—	−2	1/10/2006

注：① EASEE-gas 通过对天然气中氧含量的调查，将确定氧含量限定的最大值≤0.01%(摩尔分数)。

② 针对某些交接点可以不严格遵守公共商务准则(CBP)的规定，相关生产、销售和运输方可另行规定水露点，各方也应共同研究如何适应 CBP 规定的气质指标问题，以满足长期需要。对于其他交接点，此规定值可从 2006 年 10 月 1 日开始执行。

表 1-7 则是我国《天然气》(GB 17820—2018)中的商品天然气的质量指标。该标准于 2019 年 6 月开始实施。

表 1-7　我国商品天然气质量指标(GB 17820—2018)

项　目		一类	二类
高位发热量①,②/(MJ/m^3)	≥	34.0	31.4
总硫(以硫计)①/(mg/m^3)	≤	20	100
硫化氢①/(mg/m^3)	≤	6	20
二氧化碳摩尔分数/%	≤	3.0	4.0

注：① 本标准中使用的标准参比条件是 101.325 kPa，20℃；

② 高位发热量以干基计。

1. 在天然气交接点的压力和温度条件下，天然气中应不存在液态水和液态烃。
2. 进入长输管道的天然气应符合一类气的质量要求。
3. 作为民用燃气的天然气，应具有可以察觉的臭味。民用燃气的加臭应符合 GB 50494 的规定作为燃气的天然气，应符合 GB/Z 33440 对于燃气互换性的要求。

三、天然气主要产品及其质量要求

典型的天然气及其产品组分见表 1-8。

表 1-8　典型的天然气及其产品组分

组成 名称	He 等	N_2	CO_2	H_2S	C_1	C_2	C_3	iC_4	nC_4	iC_5	nC_5	C_6	C_7^+
天然气	▲	▲	▲	▲	▲	▲	▲	▲	▲	▲	▲	▲	▲
惰性气体	▲	▲	▲										
酸性气体			▲	▲									
液化天然气		▲			▲	▲	▲	▲	▲				
天然气凝液						▲	▲	▲	▲	▲	▲	▲	▲
液化石油气						▲	▲	▲	▲				
天然汽油							▲	▲	▲	▲	▲	▲	▲
稳定凝析油								▲	▲	▲	▲	▲	▲

（一）液化天然气

液化天然气(Liquefied natural gas，LNG)是由天然气液化制取的，以甲烷为主的液烃混合物。其摩尔组成约为：C_1 80%~95%，C_2 3%~10%，C_3 0%~5%，C_4 0%~3%，C_5^+微量。一般是在常压下将天然气冷冻到约-162℃使其变为液体。

根据生产目的不同，液化天然气可以由油气田原料天然气，或由来自输气管道的商品天然气经处理、液化得到。

由于液化天然气的体积约为其气体体积的 1/625，故有利于输送和储存。随着液化天然气运输船及储罐制造技术的进步，将天然气液化几乎是目前跨越海洋运输天然气的主要方法，并广泛用于天然气的储存和民用燃气调峰。此外，LNG 不仅可作为石油产品的清洁替代燃料，也可用来生产甲醇、氨及其他化工产品。LNG 在汽化时的蒸发相变焓(旧称蒸发潜热，-161.5℃时约为 511kJ/kg)还可供制冷、冷藏等行业使用。LNG 的主要物理性质见表1-9。

表 1-9　LNG 的主要物理性质

气体相对密度(空气=1)	沸点/℃(常压下)	液态密度/(g/L)(沸点下)	高位发热量/(MJ/$m^3$①)	颜色
0.60~0.70	约-162	430~460	41.5~45.3	无色透明

注：① 指 101.325kPa，15.6℃状态下的气体体积。

（二）天然气凝液

天然气凝液(Natural gas liquids，NGLs 或 NGL)也称为天然气液，简称凝液，我国习惯称为轻烃。天然气凝液是指从天然气中回收到的液烃混合物，包括乙烷、丙烷、丁烷及戊烷以上烃类等，有时广义地说，从气井井场及天然气处理厂得到的凝析油均属天然气凝液。天然气凝液可直接作为产品，也可进一步分离出乙烷、丙烷、丁烷或丙丁烷混合物和天然汽油等。天然气凝液及由其得到的乙烷、丙烷、丁烷等烃类是制取乙烯的主要原料。此外，丙烷，丁烷或丙、丁烷混合物不仅是发热量很高(约 83.7~125.6MJ/m^3)、输送及储存方便、硫含量低的民用燃料，还是汽车的清洁替代燃料，其质量指标见《车用液化石油气》(GB 19159—2012)的有关规定。

（三）液化石油气

液化石油气(Liquefied Petroleum gas，LPG)也称为液化气，是指主要由碳三和碳四烃类组成并在常温和压力下处于液态的石油产品。按其来源分为炼厂液化石油气和油气田液化石油气两种。炼厂液化石油气是由炼油厂的二次加工过程所得，主要由丙烷、丙烯、丁烷和丁烯等组成。油气田液化石油气则是由天然气处理过程所得到的，通常又可分为商品丙烷、商品丁烷和商品丙丁烷混合物等。商品丙烷主要由丙烷和少量丁烷及微量乙烷组成，适用于要求高挥发性产品的场合。商品丁烷主要由丁烷和少量丙烷及微量戊烷组成，适用于要求低挥发性产品的场合。商品丙、丁烷主要由丙烷、丁烷和少量乙烷、戊烷组成，适用于要求中挥发性产品的场合。油气田液化石油气不含烯烃。我国液化石油气的技术要求和实验方法见表1-10。

表 1-10　液化石油气的技术要求和试验方法(GB 11174—2011)

项目		质量指标			试验方法
		商品丙烷	商品丙丁烷混合物	商品丁烷	
密度(15℃)/(kg/m^3)		报告			SH/T 0221①
蒸气压(37.8℃)/kPa	不大于	1430	1380	485	GB/T 12576
组分②					SH/T 0230
C_3 烃类组分(体积分数)/%	不小于	95	—	—	
C_4 及 C_4 以上烃类组分(体积分数)/%	不大于	2.5	—	—	
(C_3+C_4)烃类组分(体积分数)/%	不小于	—	95	95	
C_5 及 C_5 以上烃类组分(体积分数)/%	不大于	—	3.0	2.0	
残留物					SY/T 7509
蒸发残留物/(mL/100mL)	不大于	0.05			
油渍观察		通过③			
铜片腐蚀(40℃，1h)/级	不大于	1			SH/T 0232
总硫含量/(mg/m^3)	不大于	343			SH/T 0222
硫化氢(需满足下列要求之一)：					
乙酸铅法		无			SH/T 0125
层析法/(mg/m^3)	不大于	10			SH/T 0231
游离水		无			目测④

注：① 密度也可用 GB/T 12576 方法计算，有争议时以 SH/T 0221 为仲裁方法。

② 液化石油气中不允许人为加入除加臭剂以外的非烃类化合物。

③ 按 SY/T 7509 方法所述，每次以 0.1mL 的增量将 0.3mL 溶剂-残留物混合液滴到滤纸上，2min 后在日光下观察，无持久不退的油环为通过。

④ 有争议时，采用 SH/T 0221 的仪器及试验条件目测是否存在游离水。

（四）天然汽油

天然汽油也称为气体汽油或凝析汽油，是指天然气凝液经过稳定后得到的，以戊烷及更重烃类为主的液态石油产品。我国习惯上称为稳定轻烃，国外也将其称为稳定凝析油。我国将天然汽油按其蒸气压分为两种牌号，其代号为 1 号和 2 号。1 号产品可作为石油化工原料；2 号产品除作为石油化工原料外，也可用作车用汽油调和原料。它们的技术要求和试验方法见表 1-11。

表 1-11 稳定轻烃技术要求和试验方法(GB 9053-2013)

项目		质量指标		试验方法
		1号	2号	
饱和蒸气压/kPa		74~200	夏[①] < 74，冬[②] < 88	GB/T 8017
馏程				GB/T 6536
10%蒸发温度/℃	不低于	—	35	
90%蒸发温度/℃	不高于	135	150	
终馏点/℃	不高于	190	190	
60℃蒸发率(体积分数)/%		实测	—	
硫含量[③]/%	不大于	0.05	0.10	SH/T 0689
机械杂质及水分		无	无	目测[④]
铜片腐蚀/级	不大于	1	1	GB/T 5096
塞波特颜色号	不低于	+25	—	GB/T 3555

注：① 夏季从5月1日~10月31日。

② 冬季从11月1日~4月30日。

③ 硫含量允许采用GB/T 17040和SH/T 0253进行测定，但仲裁试验应采用SH/T 0689。

④ 将试样注入100mL的玻璃量筒中观察，应当透明，没有悬浮与沉降的机械杂质及水分。

(五) 压缩天然气

压缩天然气(Compressed natural gas，CNG)是指压缩至设定压力的天然气，其主要成分是甲烷。通常多以城镇燃气管网的商品天然气为原料气，经脱硫(如果需要)、脱水和压缩而成。由于它不仅抗爆性能(甲烷的研究法辛烷值约为108，马达法辛烷值约为140)和燃烧性能好，燃烧产物中的温室气体及其他有害物质含量很少，而且生产成本较低，因而是一种很有发展前途的汽车清洁替代燃料。目前，大多灌装在20~25MPa的气瓶中，除一部分送至城镇燃气管网未能到达的居民小区供作燃气外，主要作为汽车燃料，称为车用压缩天然气(Compressed natural gas for vehicle)，其技术指标见表1-12。车用压缩天然气一般采用甲烷值(Methane number，MN)表示点燃式发动机燃料抗爆性的约定数值。

表 1-12 车用压缩天然气的技术指标(GB 18047-2017)

项 目		技术指标
高位发热量[①]/(MJ/m^3)	不低于	31.4
总硫(以硫计)[①]/(mg/m^3)	不高于	100
硫化氢[①]/(mg/m^3)	不高于	15
二氧化碳 mol : mol/%	不高于	3.0
氧气 mol : mol/%	不高于	0.5
水[①]/(mg/m^3)		在汽车驾驶的特定地理区域内，在压力不大于25MPa和环境温度不低于-13℃的条件下，水的质量浓度应不大于30mg/m^3
水露点/℃		在汽车驾驶的特定地理区域内，在压力不大于25MPa和环境温度低于-13℃的条件下，水露点应比最低环境温度低5℃

注：①本标准中气体体积的标准参比条件是101.325kPa，20℃。

由于车用压缩天然气在气瓶中的储存压力很高，为防止因硫化氢分压高而产生腐蚀，要求其硫化氢含量≤15mg/m³。这也是以城镇燃气管网的商品天然气(二类气质，硫化氢含量≤20mg/m³)为原料气，有时需要进一步脱硫的原因所在。

应该指出的是，上述各标准不仅规定了有关产品的质量指标，也同时规定了国内已有标准可依的测定方法，在进行商品贸易和质量仲裁时务必遵照执行。

第五节 天然气计量

天然气是一种在管道中流动的，成分复杂多变，流动压力、温度不固定的流体物质，其流量测量采用多种方法。

一、天然气流量测量方法

天然气流量测量有 3 种方法可供选择：体积流量测量、质量流量测量和能量流量测量。上述 3 种测量方法可分为间接测量方式和直接测量方式。按照上述 3 种方法制造的流量仪表有数 10 种之多。每一种仪表都有其特定使用对象和使用范围。

（一）体积流量测量方法

目前天然气工业中采用的主要测量方法是体积流量测量。由于气体具有可压缩性，所以它受温度和压力的影响。

1. 间接式体积流量测量仪表

这类仪表是通过流体的相关参数，通过它们之间的关系计算出体积流量，具有大口径、高压、大流量的特点。典型的流量仪表：孔板流量计，结构简单、维护方便、寿命长、成本低廉及无需标定就能直接使用；涡轮流量计，精度高、重复性好、量程宽且能作为标准仪表使用；新近发展的超声波流量计，最大特点是无转动部件、无压损、量程宽，其缺点是影响计量精度因素较多，受物性影响需进行补偿修正。

2. 直接式体积流量测量仪表

这类仪表有腰轮、伺服、湿式 3 种体积流量计。由于是利用精密的标准容积对流体进行连续测量，具有准确可靠、量程比较宽、无严格的直管段要求等特点。其不足之处是带有转动部件，在测量小流量和低黏度流体时误差较大，易受污物影响。一般需在上游装过滤器，造成附加压损，难于适应大口径、高压场合使用。

（二）质量流量测量方法

1. 间接式质量流量测量仪表

这类间接测量仪表在工业上应用较为普遍，通常有差压计和密度计组合的质量仪表。间接式质量流量测量应用中存在如下问题：由于密度计的结构及元件特性的限制，高可靠性的密度计制作较困难；采用温度、压力补偿式质量流量计，对于高压气体，温度、压力和组分变化大，则不宜采用；对瞬变流(或脉动)，它检测的时间平均密度和速度，会产生较大的误差。

2. 直接式质量流量测量仪表

由检测元件直接显示质量流量的仪表。这类质量流量仪表有动量式、惯性式和美国 1979 年推出的科里奥利(Coriolis)力原理制成的质量流量计。

3. 能量流量测量方法

能量流量计应用的关键是能实时、准确地检测出天然气中组分的含量，通过计算可获得准确可靠的能量流量数值(MJ/m^3)。

二、天然气体积计量的参比条件

天然气作为商品进行贸易交接必须计量。天然气流量计量的结果值可以是体积流量、质量流量和能量(发热量)流量。其中，体积计量是天然气各种流量计量的基础。

天然气的体积具有压缩性，随温度、压力条件而变。为了便于比较和计算，须把不同压力、温度下的天然气体积折算成相同压力、温度下的体积。或者说，均以此相同压力、温度下的体积单位(工程上通常是1m^3)作为天然气体积的计量单位，此压力、温度条件称为标准参比条件，简称体积参比条件或参比条件，以往则称为标准状态条件。

(一) 体积计量的参比条件

目前，国内外采用的体积参比条件并不统一。一种是采用0℃和101.325kPa作为天然气体积计量的参比条件，在此条件计量的1m^3天然气体积称为1标准立方米，简称1标方。我国以往习惯写成1Nm^3，由于“N”现为力的单位“牛顿”的符号，故1标方目前均应写为1m^3。另一种是采用20℃或15.6℃(60°F)和101.325kPa作为天然气体积计量的参比条件。其中，我国天然气工业的气体体积计量参比条件采用20℃，英、美等国则多采用15.6℃。为与前一种参比条件区别，我国以往称为基准状态，而将此条件下计量的1m^3称为1基准立方米，简称1基方或1方，通常也写成1m^3。英、美等国有时则写成1Stdm^3或1m^3。

由于天然气采用这三种参比条件计量的体积单位我国目前均写为1m^3，为便于区别，故本书在需要说明之处将参比条件采用0℃和101.325kPa计量的体积单位写成“m^3(0℃)”，参比条件采用20℃及101.325kPa计量的体积单位写成“m^3”，而参比条件采用15.6℃及101.325kPa计量的体积单位则写成“m^3(15.6℃)”或“m^3(15℃)”。必要时，在体积单位之前或后注明其参比条件。

(二) 国内采用的天然气体积计量参比条件

目前，国内天然气生产、经营管理及使用部门采用的天然气体积计量参比条件也不统一，因此，在计量商品天然气体积以及采用与体积有关的性质(例如密度、发热量、硫化氢含量等)时要特别注意其体积参比条件。

中国石油天然气集团公司采用的天然气体积单位“m^3”为20℃、101.325kPa条件下的体积。在《天然气》(GB 17820—2018)和《车用压缩天然气》(GB 18047—2017)中注明所采用的标准参比条件均为20℃、101.325kPa。

我国城镇燃气(包括天然气)设计、经营管理部门通常采用0℃、101.325kPa为体积计量参比条件。例如，在《城镇燃气设计规范》(GB 50028—2006)中注明燃气体积流量计量条件为0℃、101.325kPa。

此外，在《城镇燃气分类和基本特性》(GB/T 13611—2018)中则采用15℃及101.325kPa为体积参比条件。

随着我国天然气工业的迅速发展，目前国内已有越来越多的城镇采用天然气作为民用燃料。对于民用(居民及商业)用户，通常采用隔膜式或罗茨式气表计量天然气体积流量。此时的体积计量条件则为用户气表安装处的大气温度与压力，一般不再进行温度、压力校正。

由此可见，我国天然气生产、经营管理及使用部门的天然气体积计量的参比条件是不同的。此外，凡涉及天然气体积的一些性质(例如密度、体积发热量等)均有同样情况存在，在引用时请务必注意。

（三）我国今后贸易交接计量的发展方向

近年来我国越来越多的城镇已经实现天然气多元化供应，其气源包括管道天然气和煤层气、压缩天然气和液化天然气等，这些不同来源的天然气其发热量则有较大差别。

例如，北京目前来自长庆气区的管道天然气低位发热量约为35.0MJ/m^3，来自华北油田的管道天然气低位发热量约为36.3 MJ/m^3，而今后来自国外进口的液化天然气低位发热量则为37~40MJ/m^3。但是，多年来我国天然气贸易交接一直按体积计量，并未考虑发热量因素，显然有欠公平合理。目前，欧美等国普遍采用天然气的发热量作为贸易交接的计量单位。这种计量方法对贸易双方都公平合理，代表天然气贸易交接计量的发展方向。因此，采用能量(发热量)计量是今后我国天然气贸易交接时应该认真考虑的计量方法。

2019年5月24日，《油气管网设施公平开放监管办法》印发，其中规定于本方法施行之日起24个月内建立天然气能量计量计价体系，由原来的体积计量改为能量计量。这一计价方式旨在建立更加公平的天然气计量办法。

三、天然气流量计检定

（一）国内天然气流量计量检定机构状况

目前，国内具有原级标准装置及溯源能力，可开展高压、大口径天然气流量计检定的计量检定站仅有国家石油天然气大流量计量站成都天然气分站和国家石油天然气大流量计量站南京天然气分站两家。此外，重庆还有一套以天然气介质的PNT装置，适用于低压小流量天然气流量计量检测工作，装置工作压力1.2MPa，最大流量2150m^3/h，不确定度0.35%。此外国内还有多套移动式天然气流量计量标准装置。

1. 国家原油大流量计量站成都天然气分站

为了适应我国天然气工业的发展，20世纪90年代中期，我国在四川华阳建立了国家原油大流量计量站成都天然气流量分站。

国家原油大流量计量站成都天然气分站在华阳建有一套mt法天然气流量原级标准装置，次级标准(工作标准)采用13个并联安装的临界流喷嘴，这些喷嘴在原级标准上检定，该装置的天然气来源于四川气田工作压力为2.5MPa的中压环路，经检定回路后再回到工作压力为1.0MPa的低压环路，其工作压力可以在1.0~2.5MPa之间选择。

该站目前只能进行中低压的天然气流量实流检定，气源压力稳定时间长，检定周期长，并且大量时间用于科研任务，用户计量仪表无法及时得到检定。

2. 国家石油天然气大流量计量站南京天然气分站

随着西气东输天然气管道工程的建设，依托西气东输天然气管道工程，2006年国家筹建了西气东输南京天然气分站。南京天然气分站原级也是采用mt法天然气流量标准装置，流量测量不确定度为0.1%，该中心有不同工作压力的输气支线可供排气，其最大工作压力约为9.6MPa，流量上限为12000m^3/h，测试流量计口径为*DN*50~400。该站还有一套车载式工作标准装置，装置不确定度0.4%。

（二）国外天然气流量计量校准机构状况

近几年来，国外天然气流量计的检定从重视干标法逐步过渡到实流检定，即重视量值溯源与量值传递工作，以管输的实际天然气介质及在接近实际运行工况等条件下对流量的分参数，如压力、温度、气质组分和流量总量进行动态量值溯源，相继出现许多实流检定实验室，如荷兰国家计量研究院(NMI)、加拿大输气校准公司(TCC)、德国(Pigsar)、美国科罗拉多工程实验室(CEESI)、美国西南研究院(SWRI)的气体研究所(GRI)、英国国家工程实验室(NEL)、法国燃气公司(Gdf)等。天然气高压大流量检定装置一般都建在天然气管道上，并有一个大的用户(如发电厂)，工作级标准装置大多为涡轮流量计。

1. 荷兰主要的天然气流量检测技术机构

荷兰国家计量研究院(NMI)是负责荷兰国家量值溯源等任务的机构，该院与德国国家物理技术研究院(PTB)同属欧洲两个最大的天然气流量检测技术机构，欧洲各国的天然气工作I标准都在这两个机构进行校准。NMI的低压动态置换气体原级标准装置是荷兰的国家基准，虽然只提供1~4m^3/h的流量，但由于小流量易于控制，不确定度可达0.01%。NMI通过传递标准装置把量值传至高压大流量工作级标准装置。

荷兰计量技术研究院(NMI)是负责荷兰国家量值溯源等任务，其低压动态置换气体原级标准装置是荷兰的国家基准，它采用了以下技术：

(1) 严格控制环境温度，使环境温度的变化不影响测量准确度。实验室温度变化每天控制在±2℃，每小时在±0.1℃内。

(2) 使用500L的钟罩提供气源，加之高精度的调压系统，保证校准时气流的稳定性。

(3) 由气体置换稳定油，而后称量油的重量而获得体积的方法，克服了PVT法中温度压力变化对容器体积影响所带来的误差以及mt法中称量气体重量对高精度天平的要求和温度压力对称量容器体积改变而影响称量结果。

2. 德国主要的天然气流量检测技术机构

Pigsar检定站(隶属于德国Ruhrgas燃气公司)建于20世纪90年代末，是德国最大的天然气流量检测技术机构，其天然气流量检测和校准由德国国家物理技术研究院(PTB)授权并监督。它采用高压体积管作为原级标准装置，工作级标准装置为4台G1000、4台G250和1台G100气体涡轮流量计，工作压力在1.6~5.0MPa内，对用户工况下测量的体积流量在8~6500m^3/h范围，不确定度为0.16%。其涡轮工作标准有3条检测管路，每年检测900次被检表(流量计)。

① 压力范围：15~50bar；

② 温度范围：8~20℃；

③ 流量范围：8~6500m^3/h；

④ 原级的不确定度：0.06%；

⑤ 工作级不确定度：0.16%；

⑥ 管径范围：*DN*80~400。

在Pigsar建有原级标准、次级标准和工作标准。原级标准是活塞式体积管，其内径和长度用激光长度来确定，体积管的标准容积值可以溯源到长度基准；次级标准涡轮流量计用活塞式体积管原级标准进行校准；通过上述一系列量值传递，把用长度和时间基准复现的流量值传递到工作流量计上。或者说，Pigsar流量量值传递和溯源链短。直接用高压天然气为介质进行量值传递，测量的天然气的流量量值可溯源到长度和时间基准。

3. 美国主要的天然气流量检测技术机构

美国西南研究院(SWRI)所属的气体研究所(GRI)是世界著名的流量检测和研究技术机

构，它拥有高低压两套环路原级标准和民用气测试标准 DTS。检测方法标准是称重法，介量为天然气或氮气，DTS 也可用空气，不确定度为 0.1%~0.25%。GRI 与 CEESI 的量值溯源方法简单明了，其原级标准装置的量值直接溯源至美国国家标准技术研究院(NIST)。

4. 加拿大输气校准公司的天然气流量检定装置

加拿大输气校准公司(TTC)是由 6 台直径 *DN*400 与 2 台直径为 *DN*200 气体涡轮流量计组成其主要标准表，每台涡轮流量计的上游串联一台超声流量计作为次要标准表，以 10 台腰轮流量计作为核查标准(传递标准)，并定期地对标准表进行检查，以保证标准表可靠地使用。TCC 装置的工作压力为 6.5MPa，温度为 18~38℃，流量为 0~50000m^3/h，装置总不确定度小于 0.3%。标准表采用荷兰 Instromet 公司的 SM－RI－X 型气体涡轮流量计和 Q. sonic-5S、Q. sonic-3S 气体超声流量计，传递标准为 IRM － DUO 型腰轮流量计，装置溯源至 NMI 和 PTB 标准。该站位于一座气体压缩机站下游，管道压力在 6.2~7.0MPa 范围内，气体输送时的流量大于 $2.4\times10^6 m^3/h$，检定后的气体回到压气站的上游管道。

参 考 文 献

[1] 宋世昌，李光，杜丽民．天然气地面工程设计：上、下卷[M]．北京：中国石化出版社，2014.

[2] 王遇冬．天然气处理原理与工艺：第 3 版[M]．北京：中国石化出版社，2016.

[3] 王开岳．天然气净化工艺：脱硫脱碳、脱水、硫磺回收及尾气处理[M]．北京：石油工业出版社，2005.

[4] 常宏岗．天然气气质管理与能量计量[M]．北京：石油工业出版社，2008.

[5] Speight，J G．Shale Gas Production Processes[M]．Gulf Professional Publishing，2013.

[6] 罗勤，陈赓良．天然气国家标准实施指南[M]．北京：中国标准出版社，2006.

[7] GPSA－Engineering Data Book（14th Ed）SI，2016.

[8] 徐文渊．天然气利用手册：第 2 版[M]．北京：中国石化出版社，2006.

[9] 王红霞，陶永，杨艳．沁水盆地煤层气田与苏里格气田的集输工艺对比[J]．天然气工业，2009，29(11).

[10] 孙延祚．国际流量计量学术动态及发展趋势[J]．天然气工业，2003，23(1)：84-88.

[11] 中国天然气大发展——中国石油工业的二次创业[J]．天然气工业，2009，29(10)：1-4.

[12] 李新景，胡素云，程克明．北美裂缝性页岩气勘探开发的启示[J]．石油勘探与开发，2007，34(4)：392-400.

[13] 陈赓良，李劲．管输天然气的质量指标及其标准化[J]．石油工业技术监督，2005(5)：17-19.

[14] 罗勤，李晓红，许文晓．国际标准《ISO 13686 天然气质量指标》修订浅析[J]．石油与天然汽化工，2010，39(1)：68-69.

[15]李鹭光，王红岩，刘合，等．天然气助力未来世界发展——第 27 届世界天然气大会(WGC)综述[J]．天然气工业，2018，38(09)：7-15.

[16]王富平，周娟，段小浪，等．我国如何实行天然气能量计量和计价[J]．天然气工业，2018，38(10)：134-140.

第二章　天然气性质

第一节　气体混合物组成的表示

天然气是一种多组分气体混合物或混合气体，其物理性质决定于天然气组成和各组分的性质。

气体混合物组成有三种表示方法：体积组成、摩尔组成和质量组成。

体积分数：混合气体在相同的 p、T 下，各组分的体积分别为 V_1，V_2，……，V_n，则总体积

$$V = \sum_{i=1}^{n} V_i \tag{2-1}$$

某组分体积与总体积之比为体积分数，用 y_i 表示。

$$y_i = \frac{V_i}{V} = \frac{V_i}{\sum V_i} \tag{2-2}$$

$$\sum y_i = 1 \tag{2-3}$$

摩尔分数：i 组分的摩尔数 n_i 与混合物摩尔数 n 之比为摩尔分数，用 y'_i 表示。

$$y'_i = \frac{n_i}{n} = \frac{n_i}{\sum n_i} \tag{2-4}$$

$$\sum y'_i = 1 \tag{2-5}$$

由分容定律

$$pV_i = n_i R_m T \tag{2-6}$$

对整个混合气体

$$pV = nR_m T \tag{2-7}$$

$$y_i = \frac{V_i}{V} = \frac{n_i}{n} = y'_i \tag{2-8}$$

说明理想气体混合物的体积分数和摩尔分数相等，以后不再区分两者，都用 y_i 表示。

质量分数：i 组分的质量为 m_i 与气体混合物总质量 m 之比为 i 组分的质量分数 x_i。

$$x_i = \frac{m_i}{m} = \frac{m_i}{\sum m_i} \tag{2-9}$$

（2-10）

两边同乘：$\frac{M}{M_i}$

$$\frac{M}{M_i} x_i = \frac{\frac{m_i}{M_i}}{\frac{m}{M}} = \frac{n_i}{n} = y_i \tag{2-11}$$

则

$$x_i = y_i \frac{M_i}{M} \tag{2-12}$$

$$\sum x_i = \frac{1}{M}\sum y_i M_i = 1 \tag{2-13}$$

式中 V——气体的总体积，m^3；

V_i——i 组分的体积，m^3；

y_i——i 组分的体积分数；

x_i——i 组分的质量分数；

m_i——i 组分的质量，kg；

m——混合气体的总质量，kg；

M——混合气体的平均摩尔质量，kg/kmol；

M_i——i 组分摩尔质量，kg/kmol。

第二节　天然气分子量、密度、相对密度和比体积

对于已知化学分子式的纯物质，可根据分子式得知其相对分子质量(以下简称“分子量”)。但天然气是多组分组成的气体混合物，不可能写出一个分子式，也就不能像纯物质那样由分子式算出其恒定分子量。天然气的分子量在数值上等于在标准状态下1mol天然气的质量。显然，天然气的分子量是一种人们假想的分子量，故称为视分子量。同时，由于天然气的分子量随组成的不同而变化，没有一个恒定的数值，因此又称为“平均分子量”。通常，多将上述数值简称为天然气的分子量。

一、天然气的分子量

常用的计算方法是当已知天然气中各组分 i 的摩尔组成 y_i、组分数和分子量 M_i后，天然气的分子量由下式求得

$$M = \sum_{i=1}^{n}(y_i M_i) \tag{2-14}$$

式中 M——天然气分子量；

y_i、n——天然气组分 i 的摩尔组成和组分数；

M_i——组分 i 的分子量。

二、天然气密度

天然气的密度定义为单位体积天然气的质量。在理想条件下，可用下式

$$\rho_g = \frac{m}{V} = \frac{pM}{RT} \tag{2-15}$$

式中 ρ_g——气体密度，kg/m^3；

m——气体质量，kg；

V——气体体积，m^3；

p——绝对压力，MPa；

T——绝对温度，K；

M——气体摩尔质量，kg/kmol；

R——气体常数，0.008314 $\frac{\text{MPa}\cdot\text{m}^3}{\text{kmol}\cdot\text{K}}$。

对于理想气体混合物，用混合气体的视分子量 MW_g 代替单组分气体的分子量 M，得到混合气体的密度方程为

$$\rho_g = \frac{pMW_g}{RT} \tag{2-16}$$

三、天然气相对密度

天然气相对密度定义为：在相同温度、压力下，天然气的密度与空气密度之比。天然气相对密度是一无因次量，常用符号 Δ 表示，则

$$\Delta = \rho_g/\rho_a \tag{2-17}$$

式中 ρ_g——天然气密度；

ρ_a——空气密度。

因为空气的分子量为28.96，故有

$$\Delta = M/28.96 \tag{2-18}$$

一般天然气的相对密度在0.5~0.7之间，个别含重烃多的油田或其他非烃类组分多的天然气相对密度可能大于1。

假设，混合气和空气的性质都可用理想气体状态方程描述，则可用式(2-19)表示天然气的相对密度：

$$\Delta_g = \frac{\frac{pMW_g}{RT}}{\frac{pMW_a}{RT}} = \frac{MW_g}{MW_a} = \frac{MW_g}{28.96} \tag{2-19}$$

式中 Δ_g——天然气相对密度；

ρ_a——空气密度；

MW_a——空气视分子量；

MW_g——天然气视分子量。

四、天然气的比体积

天然气的比体积定义为天然气单位质量所占据的体积。在理想条件下，可写成

$$\upsilon = \frac{V}{m} = \frac{RT}{p\cdot MW_g} = \frac{1}{\rho_g} \tag{2-20}$$

式中 υ——比体积，m^3/kg。

【例2-1】 由表2-1所列的理想气体性质，求在6.89MPa和311.1K条件下：①视分子量；②气体相对密度；③气体密度；④气体比体积。

解：①

$$MW_g = \sum_{i=1}^{n} y_i \cdot MW_i = 26.14$$

②应用方程式(2-19)求 Δ_g 为

$$\Delta_g = \frac{26.14}{28.96} = 0.903$$

③应用方程式(2-16)求气体密度为

$$\rho_g = \frac{6.89 \times 26.14}{0.008314 \times 311.1} = 69.62\text{kg/m}^3$$

④应用方程式(2-20)求比体积为

$$v = \frac{1}{69.62} = 0.0144\text{m}^3/\text{kg}$$

表 2-1 理想气体性质

组　分	摩尔分数 y_i	相对分子质量 MW_i	视分子量 $y_i \cdot MW_i$
C_1	0.75	16.04	12.030
C_2	0.07	30.07	2.105
C_3	0.05	44.10	2.205
C_4	0.04	58.12	2.325
C_5	0.04	72.15	2.886
C_6	0.03	86.18	2.585
C_7	0.02	100.21	2.004

对于真实气体，可应用气体偏差系数 Z 修正因气体压力、温度和组分的影响，用真实气体定律结合分子量，可得出真实气体密度的关系式为

$$\rho_g = \frac{1}{v} = \frac{pMW_g}{ZRT} \tag{2-21}$$

$$\Delta_g = \frac{MW_g}{28.96} \tag{2-22}$$

$$v = \frac{v}{m} = \frac{ZTR}{pMW_g} \tag{2-23}$$

第三节　天然气偏差系数的确定

天然气偏差系数又称压缩因子，是指在相同温度、压力下，真实气体所占体积与相同量理想气体所占体积的比值。天然气的偏差系数随气体组分的不同及压力和温度的变化而变化。天然气偏差系数的确定除了 pVT 实验法外，还有若干不同的计算关系式。在低压下，天然气也密切遵循理想气体定律。但是，当气体压力上升，尤其当气体接近临界温度时，其真实体积和理想气体之间就产生很大的偏离，这种偏差称之为偏差系数，用符号 Z 表示。换言之，某压力 p 和温度 T 时，n 摩尔气体的实际体积除以在相同压力 p 和温度 T 时 n 摩尔气体的理想体积之商，即为该天然气的偏差系数。

$$Z = \frac{\text{在某压 } p \text{ 和温度 } T \text{ 时 } n \text{ 摩尔气体的实际体}}{\text{在相同压相 } p \text{ 和温度 } T \text{ 时 } n \text{ 摩尔气体的理想体}} \tag{2-24}$$

范德华对应状态原理说明，一种物质的物理参数是它对应临界点物性参数的函数。因此，表示真实气体与理想气体性质偏差的气体偏差系数是相应压力(p)和温度(T)的对比压力(p_r)和对比温度(T_r)的函数，用公式表示为

$$Z = f(p_r, T_r) \tag{2-25}$$

式中 p_r——对比压力，指气体的绝对工作压力 p 与临界压力 p_c 之比，即 $p_r = p/p_c$；

T_r——对比温度，指气体的绝对工作温度 T 与临界温度 T_c 之比，即 $T_r = T/T_c$。

对天然气混合物，工程上常应用拟对比压力 p_{pr} 和拟对比温度 T_{pr} 表示，将混合气体视为“纯”气体，利用对应状态原理，就可求得 Z 值。拟对比参数定义如下：

拟对比压力：气体的绝对工作压力 p 与拟临界压力 p_{pc} 之比，即

$$p_{pr} = p/p_{pc} = p/\sum y_i \cdot p_{ci} \tag{2-26}$$

拟对比温度：气体的绝对工作温度 T 与拟临界温度 T_{pc} 之比，即

$$T_{pr} = T/T_{pc} = T/\sum y_i \cdot T_{ci} \tag{2-27}$$

以临界压力和临界温度下的偏差系数 Z_c 作为基础的 Z 系数关系式已应用了相当长的时间，对不同的 Z_c 值用人工计算制作了各种计算图表，它能给出良好的精度。求取 Z 值的方程很多，下面介绍几种常用方法。

一、Standing-Katz 偏差系数图

图 2-1 表示不含 H_2S 和 CO_2 天然气的 Z 对 p_{pr} 和 T_{pr} 函数的相关图，只要知道天然气的 p_{pr} 和 T_{pr} 就能从图中的对应曲线上查出 Z 值。对含有微量非烃类，如含 N_2 的无硫气，一般来说这种计算图是可靠的，对于含 H_2S 和 CO_2 的天然气，求其 Z 值有很多校正方法。

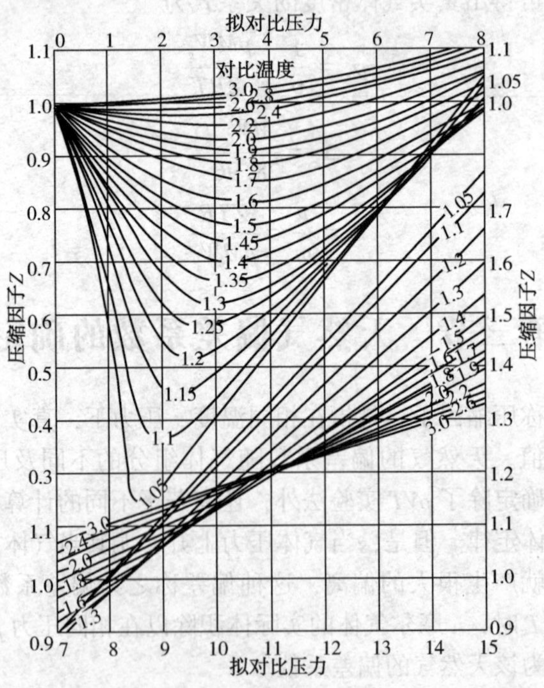

图 2-1 天然气的气体偏差系数(压缩因子)图(引自 Standing 和 Katz)

二、应用状态方程求偏差系数 Z

Yarborough 和 Hall 应用 Starling-Carnahan 状态方程得到以下关系式

$$Z = 0.06125(p_{pr}/\rho_r T_{pr})exp[-1.2(1-1/T_{pr}^2)] \tag{2-28}$$

式中，p_r 为对比密度，用试凑法从下列方程中求得。

$$\frac{\rho_r+\rho_r^2+\rho_r^3-\rho_r^4}{(1-\rho_r)^3}-(14.76/T_{pr}-9.76/T_{pr}^2+4.58/T_{pr}^3)\rho_r^2+$$
$$(90.7/T_{pr}-242.2/T_{pr}^3+42.4/T_{pr}^3)\rho_r^{(2.18+2.82/T_{pr})}$$
$$=0.06152(p_{pr}/T_{pr})\exp[-1.2(^1-1/T_{pr})2] \tag{2-29}$$

三、应用经验公式求偏差系数 Z

1. Sarem 法

使用最小二乘法拟合 $Z=f(p_r,\ T_r)$ 关系式，用 Legeadre 多项式将方程写成

$$Z=\sum_{m=0}^{5}\sum_{n=0}^{5}A_{mn}p_m(x)p_n(y) \tag{2-30}$$

式中，常数 A_{mn} 是已知数，$p_m(x)$、$p_n(y)$ 分别为 Legendre 多项式的 p_r 和 T_r。

此关系式的应用范围是：$1.05\leqslant T_r\leqslant 2.95$；$0.1\leqslant p_r\leqslant 14.9$。

2. Papay 法

用这种方法计算 Z 系数的方程为

$$Z=1-\frac{3.52p_r}{10^{0.9813T_r}}+\frac{0.274p_r^2}{10^{0.8157T_r}} \tag{2-31}$$

3. Leung 法

用最小二乘法近似拟合 Standing-Katz 偏差系数图，其应用公式为混合幂多项式

$$Z=\sum_{i=1}^{4}\sum_{j=1}^{4}B_{ji}p_r^{(i-1)}T_r^{(1-j)} \tag{2-32}$$

此式的应用范围是：$1.1\leqslant T_r\leqslant 2.6$；$0.5\leqslant p_r\leqslant 11.0$。

4. Carlie—Gillett 法

等温的 Z 系数图可用拟对比压力多项式描述。不同对比温度的多项式就是不同的次数，但不超过 8 次。它们的基本方程可写成

$$Z=a_0+a_1p_r+a_2p_r^2+\cdots\cdots a_np_r^n \tag{2-33}$$

当 $n\leqslant 8$ 时，T_r = 常数。

系数 a_i 由原 17 条不同的等温线确定。此外，高对比压力的原始等温线为一直线段。为了模拟全部曲线，必须给出 17 个线性方程。要取得所有这些结果，就有 100 多个系数。

使用这种方法计算 Z 系数的应用范围是：$1.2\leqslant T_r\leqslant 3.0$；$0.0\leqslant p_r\leqslant 15.0$。

5. Burnett 法

美国天然气协会(AGA)的偏差系数值由下式求得近似值

$$Z=1+(Z'-1)(\sin 90p_r/p'_r)^N \tag{2-34}$$

式中，Z'、p'_r 和 N 是 T_r 和 p_r 的函数。

这种非迭代计算可应用的范围是：$1.3\leqslant T_r\leqslant 3.0$；$0.2\leqslant p_r\leqslant 4.0$。

6. Papp 法

偏差系数由下列方程描述

$$Z = 1 + R_1 p_r + R_2 p_r^2 - W R_3 p_r / (p_r^2 + R_5 p_r + R_6) \quad (2-35)$$

式中，参数 R_i 和 W 是拟对比温度的函数。

在应用中，温度为常数，这些值只需计算 1 次，这样就提高 Z 的计算速度。

此式的应用范围：$1.2 \leqslant T_r \leqslant 3.0$；$0.0 \leqslant p_r \leqslant 15.0$。

此外，还有 Hankinson-Thomas-Phillips 法、Brill 法和 Gopal 法等。

【例 2-2】 天然气组分如表 2-2 所示，应用 Standing-Katz 的 Z 系数图求在 13.78MPa 和 366.48K 条件下的 Z 系数。

表 2-2　天然气组分

组　分	摩尔分数 y_i	分子量 M_i	临界压力 p_{ci} /MPa	临界温度 T_{ci} /K
C_1	0.9300	16.043	4.604	190.6
C_2	0.0329	30.070	4.880	305.4
C_3	0.0136	44.097	4.249	369.8
nC_4	0.0037	58.124	3.796	425.2
iC_4	0.0023	58.124	3.648	408.2
nC_5	0.0010	72.151	3.368	469.7
iC_5	0.0012	72.151	3.381	460.4
C_6	0.0008	86.178	3.012	507.4
C_7^+	0.0005	128.259	2.289	594.7
H_2	0.0140	28.013	3.399	126.3

解：

$$M = \sum y_i M_i = 17.54$$

$$\gamma_g = 17.54/28.97 = 0.6050$$

$$p_{pc} = \sum y_i p_{ci} = 4.58\text{MPa}$$

$$T_{pc} = \sum y_i T_{ci} = 198.3\text{K}$$

因此

$$p_{pr} = 13.78/4.58 = 3.01$$

$$T_{pr} = 366.48/198.29 = 1.848$$

由图 2-1 查得，$Z = 0.905$。

第四节　天然气的等温压缩系数

在气藏工程计算中，特别是当考虑气藏弹性储量大小时，随着压力的改变，气体体积变化的大小也是必要的参数。为此，引入了在地层等温条件下，气体等温压缩系数的概念。

天然气等温压缩系数(一般简称为压缩系数或弹性系数)是指：在等温条件下，天然气随压力变化的体积变化率，数学表达式为

$$C_g = -\frac{1}{V}\left(\frac{\partial V}{\partial p}\right)_T \tag{2-36}$$

根据定义，只要能找出天然气的 p-V 关系，即可求出 C_g 来。气体体积与压力的关系可按真实气体状态方程表示为

$$V = nRT\frac{Z}{p} \tag{2-37}$$

$$\left[\frac{\partial V}{\partial p}\right]_T = nRT\frac{p\dfrac{\partial Z}{\partial p} - Z}{p^2} \tag{2-38}$$

将上面二式代入式(2-36)，则可得

$$\begin{aligned} C_g &= -\frac{1}{V}\left(\frac{\partial V}{\partial p}\right)_T = \left[-\frac{p}{ZnRT}\right]\left[\frac{nRT}{p^2}\left(p\frac{\partial Z}{\partial p} - Z\right)\right] \\ &= \frac{1}{p} - \frac{1}{Z}\frac{\partial Z}{\partial p} \end{aligned} \tag{2-39}$$

这就是 C_g-p 关系式。式中，$\frac{\partial Z}{\partial p}$可由相应温度下的 Z-p 图在相应的压力 Z-p 曲线上求出该点的 Z 值和相应的斜率 $\Delta Z/\Delta p$，代入上式即可求出压力 p 下的 C_g 值。

在不同压力下，$\frac{\partial Z}{\partial p}$值很不相同，可为正值，也可为负值。如低压时，压缩系数 Z 随压力的增加而减少，故$\frac{\partial Z}{\partial p}$为负，因而 C_g 比理想气体大；在高压时，Z 随 p 的增加而增加，故$\frac{\partial Z}{\partial p}$为正，因而 C_g 比较理想气体小。对于理想气体：

$$V = \frac{nRT}{p} \tag{2-40}$$

则

$$\left(\frac{\partial Z}{\partial p}\right)_T = -\frac{nRT}{p^2} \tag{2-41}$$

因此

$$C_g = -\left(\frac{p}{nRT}\right)\left(-\frac{nRT}{p^2}\right) = \frac{1}{p} \tag{2-42}$$

在实际应用中，一般不直接用式(2-42)计算 C_g 值，而表示为拟对比压力和拟对比温度的函数，用 $p_{pc}p_{pr}$代替 p，用以表达式(2-43)，即

$$C_g = \frac{1}{p_{pc}p_{pr}} - \frac{1}{Z}\left[\frac{\partial Z}{\partial(p_{pc}p_{pr})}\right]_{T_{pr}} \tag{2-43}$$

用 p_{pc}乘以上式，得

$$C_g p_{pc} = C_{pr} = \frac{1}{p_{pr}} - \frac{1}{Z}\left[\frac{\partial Z}{\partial p_{pr}}\right]_{T_{pr}} \tag{2-44}$$

C_{pr} 项为等温拟对比压力压缩系数，定义为

$$C_{pr} = C_g p_{pc} \text{ 或 } C_g = C_{pr}/p_{pc} \tag{2-45}$$

根据图2-1计算偏差系数 Z 和 T_{pr} 等温线上的切线斜率 $(\partial Z/\partial p_{pr})_{T_{pr}}$ 用式(2-44)和式(2-45)可求出 C_g 值。

第五节 天然气的体积系数和膨胀系数

天然气的体积系数是指天然气在地层条件下所占体积与其在地面条件下的体积之比。

$$B_g = \frac{V}{V_{sc}} \tag{2-46}$$

式中 B_g——天然气体积系数；

V_{sc}——天然气在标准状况下的体积；

V——同数量天然气在地下的体积。

天然气体积系数的倒数称之为天然气的膨胀系数，用符号 E_g 表示为

$$E_g = 1/B_g \tag{2-47}$$

一般规定在地面标准状况下，气体体积可按理想气体状态方程来表述，即

$$V_{sc} = \frac{nRT_{sc}}{p_{sc}} \tag{2-48}$$

上式中的 p_{sc}、V_{sc}、T_{sc} 分别代表标准状况下天然气的压力、体积和温度。在油藏压力为 p、温度为 T 条件下，则同样数量的天然气所占的体积 V 可按真实气体状态方程求出，即

$$V = \frac{ZnRT}{p} \tag{2-49}$$

将上面两式代入式(2-46)，可得

$$B_g = \frac{V}{V_{sc}} = \frac{ZTp_{sc}}{T_{sc}p} = Z\frac{(273+t)}{293}\frac{p_{sc}}{p} \tag{2-50}$$

式中，B_g 的单位是 m^3/m^3，即可视为无因次量。

因此，在标准条件下

$$B_g = 3.458 \times 10^{-4} ZT/p \tag{2-51}$$

天然气体积系数 B_g，实质上表示了天然气在气藏条件下所占的体积与同等数量的气体在标准状况下所占的体积之比。因此，B_g 描述了当其气体质量不变时，由于从地下到地面的压力、温度的改变所引起的体积膨胀大小。气藏中随着气体的不断采出，气藏压力在不断降低，而地下气藏的温度可视为常数。此时，可将 B_g 视为仅是气藏压力的函数，即

$$B_g = C \cdot Z/p \tag{2-52}$$

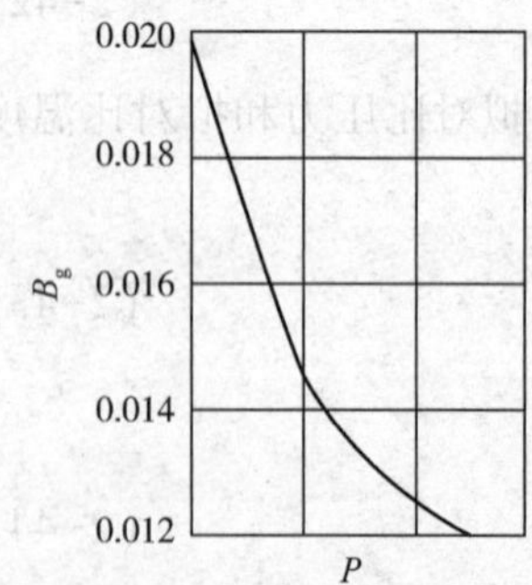

图2-2 B_g 与压力的关系曲线

在实际气藏中，由于地面压力远远低于地层压力，而地面与地下温度相差不大，故天然气由地下采到地面后会发生几十倍、几百倍的膨胀，致使这一数值 B_g 远小于1。根据不同的压力值，可作出 B_g-p 关系曲线，如图2-2所示。有了这样的关系曲线后，当进行有关气藏储量计算时，就可按实际气藏压力变化值的大小，由图中曲线上求得相应的 B_g 值。

【例2-3】 地层压力 $p = 16.548\text{MPa}$，地层温度 $T = 138.9℃$，干气相对密度 $\Delta_g = 0.64$，烃孔隙体积 $V_{hc} = 1\times10^8 m^3$，求干气储量。

解：

经计算 $Z=0.923$；

① $B_g = 3.458 \times 10^{-4} \dfrac{ZT}{p} = 3.458 \times 10^{-4} \dfrac{0.923 \times 411.9}{16.548} = 0.007945(m^3/m^3)$

$$E_g = 2891.7 \times \frac{p}{ZT} = 2891.7 \times \frac{16.548}{0.923 \times 411.9} = 125.865(m^3/m^3)$$

或

② 干气储量 $V_{sc} = \dfrac{1 \times 10^8}{B_g''} = \dfrac{1 \times 10^8}{0.007945} = 125.87 \times 10^8(m^3)$

第六节 天然气的黏度

一、黏度的定义

黏度是流体抵抗剪切作用能力的一种量度。牛顿流体的动力黏度 μ 定义为

$$\mu = -\tau_{xy}/(\partial u_x/\partial y) \tag{2-53}$$

式中 τ_{xy}——剪切应力；

u_x——在施加剪应力的 x 方向上的流体速度；

$\partial u_x/\partial y$——在与 x 垂直的 y 方向上的速度 u_x 梯度。

对纯流体，黏度是温度、压力和分子类型的函数；对于混合物，除了温度、压力外，还与混合物的组成有关。对于非牛顿流体，黏度同时是局部速度梯度的函数。

式(2-53)定义的黏度称为绝对黏度，也称动力黏度。动力黏度的单位，由式(2-53)可导出，是 Pa · s。

此外，流体的黏度还可以用运动黏度来表示。运动黏度定义为绝对黏度 μ 与同温、同压下该流体密度 ρ 的比值

$$\nu = \frac{\mu}{\rho} \tag{2-54}$$

式中 ν——运动黏度，mm^2/s；

μ——绝对(动力)黏度，mPa · s；

ρ——真空密度，kg/m^3。

除了上述两种黏度外，石油产品规格中还有赛氏黏度、雷氏黏度以及恩氏黏度，它们均为条件黏度，是用特定仪器在规定条件下测定的。不同黏度计所测定的黏度，其单位和表示方法各不相同。

二、天然气黏度的确定

确定气体黏度唯一精确的方法是实验法。然而，应用实验法确定黏度较困难，而且时间很长。通常是应用与黏度有关的相关式来确定。下面介绍预测天然气黏度应用最广泛的几种方法。

1. Carr 黏度图板方法

Carr 等人(1954)的关系式只需气体相对密度或分子量，就可确定气体黏度。这种关系是以曲线图形式表示的，如图 2-3 和图 2-4 所示，是确定天然气黏度最广泛的方法。

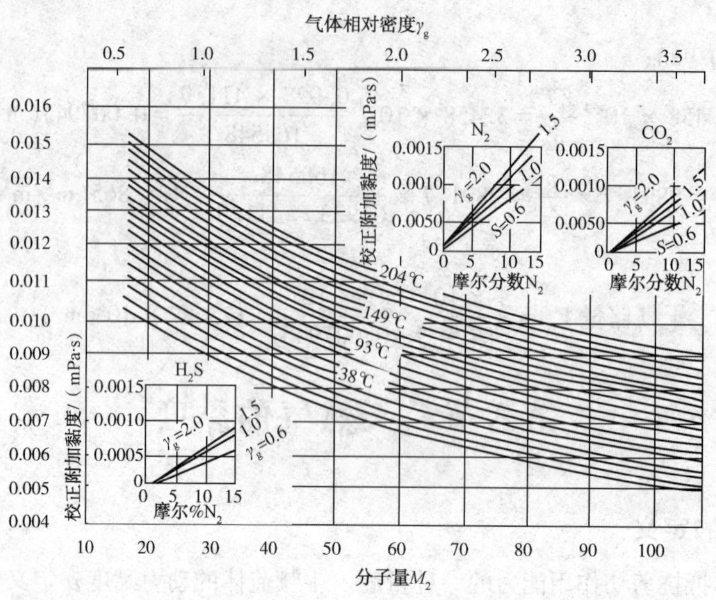

图 2-3　在大气压下天然气黏度和相对分子质量关系图

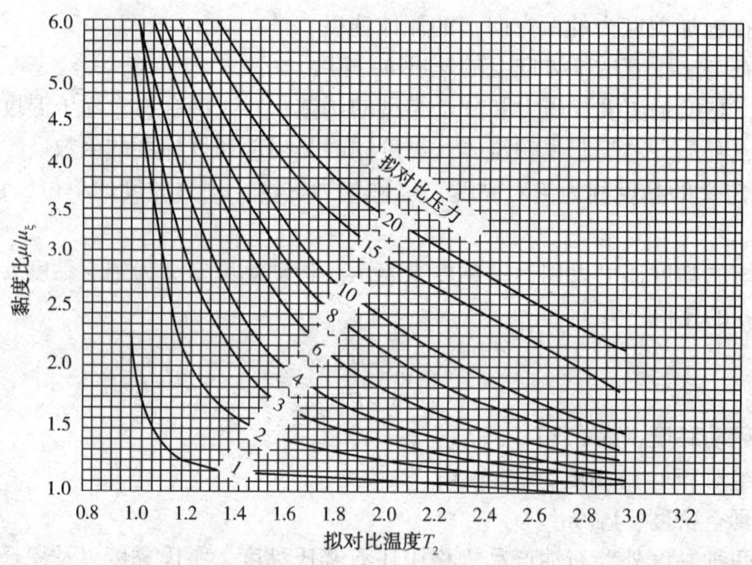

图 2-4　地层条件下的黏度与大气压下黏度之比对拟对比温度关系图

为了求得地层条件下的天然气黏度，引入下列关系式

$$\mu_1 = (\mu_1)_{un} + (\Delta\mu)_{N_2} + (\Delta\mu)_{CO_2} + (\Delta\mu)_{H_2S} \tag{2-55}$$

式中　μ_1——在大气压和任意温度下“校正”了的天然气黏度；

$(\mu_1)_{un}$——μ_1 未经校正的天然气黏度；

$(\Delta\mu)_{N_2}$——存在有 N_2气时的黏度校正值；

$(\Delta\mu)_{CO_2}$——存在有 CO_2气时的黏度校正值；

$(\Delta\mu)_{H_2S}$——存在有 H_2S 气时的黏度校正值。

2. 从单组分数据中确定低压混合气黏度

若已有天然气单组分的分析数据，就可应用 Herning 和 Zipperer 混合定律确定混合气的黏度

$$\mu_1 = \frac{\sum_{i=1}^{n} \mu_{gi} Y_i M_i^{0.5}}{\sum_{i=1}^{n} Y_i M_i^{0.5}} \tag{2-56}$$

式中 μ_{gi}——在 1 个大气压和给定温度下单组分气体黏度；

M_i——气体单组分 i 分子量；

Y_i——混合气中某组分 i 的摩尔分数。

3. Lee-Gonzalez 半经验法

Lee 和 Gonzaler 等人 1966 年提出了计算天然气黏度的一种方程式。不包括对非烃类气体的校正，对纯烃类气体计算的黏度值允许的标准偏差为±3%，最大偏差约 10%。对大多数气藏工程的计算具有足够的精度，Lee 等人的分析式，是根据 4 个石油公司提供的 8 个天然气样品，在温度 37. 8~171. 2℃和压力 0. 1013~55. 158MPa 的条件下，进行黏度和密度实验测定，得到下列相关经验方程

$$\mu_g = 10^{-4} K \exp(X_\rho Y_g) \tag{2-57}$$

$$K = \frac{2.6832 \times 10^{-2}(470 + MW_g)T^{1.5}}{116.1111 + 10.5556MW_g + T} \tag{2-58}$$

其中

$$X = 0.01\left(350 + \frac{54777.7}{T} + MW_g\right) \tag{2-59}$$

$$Y = 2.4 - 0.2X \tag{2-60}$$

式中 μ_g——天然气在 p 和 T 条件下的黏度，mPa · s；

p——地层压力，MPa；

T——地层温度，K；

MW_g——混合气拟摩尔质量，kg/kmol；

R——气体常数，MPa · m^3/(kmol · K)。

天然气在高压下的黏度不同于在低压下的黏度。在接近大气压时，天然气的黏度几乎与压力无关，它随温度的升高而增大；在高压下，它将随压力的增加而增加，随温度的增加而减小，同时随分子量的增加而增加。

第七节 天然气含水量和溶解度

大多数气田属气-水两相系统。天然气在地下长期与水接触的过程中，一部分天然气溶解在水中，同时一部分水蒸气进入天然气中。因此，从井内采出的天然气中，一般都含有饱和水蒸气(饱和水)或简称含水。

一、天然气的水露点和烃露点

天然气的水露点是指在一定压力下与天然气的饱和水蒸气量对应的温度；天然气的烃露

点是指在一定压力下，气相中析出第一滴“微小”的烃类液体的平衡温度。天然气的水露点可以用测量得到，也可由天然气的水含量数据查表得到。天然气的烃露点可由仪器测量得到，也可由天然气烃组成的延伸分析数据计算得到。与一般气体不同的是天然气的烃露点还取决于压力与组成，组成中尤以天然气中较高碳数组分的含量对烃露点影响最大。

二、天然气的发热量

1. 气体的高位发热量

这是在恒定压力 101. 325kPa 和恒定温度 T 下，单位体积气体与空气完全燃烧所放出的热量。燃烧反应生成水，在温度 T 下全部冷凝为液体。用符号 H_s 表示。

2. 气体的低位发热量

这是在恒定压力 101. 325kPa 和恒定温度 T 下，单位体积气体与空气完全燃烧所放出的热量。燃烧反应生成水，在温度 T 下始终保持为气相。用符号为 H_i。

三、天然气中的含水量

天然气中水蒸气含量的多少与下列因素有关：

(1) 含水蒸气量随压力增加而降低；

(2) 含水蒸气量随温度增加而增加；

(3) 在气藏中，与天然气相平衡的自由水中盐溶解度有关，随含盐量的增加，天然气中含水量降低；

(4) 高密度的天然气组分中，含水量就小。

描述天然气中含水量的多少，统一用绝对湿度和相对湿度(水蒸气的饱和度)表示，即每 1m^{3}的湿天然气所含水蒸气的质量称为绝对湿度，其关系式为

$$X = \frac{W}{V} = \frac{p_{vw}}{R_W T} \tag{2-61}$$

式中 X——绝对湿度，kg/m^3；

W——水蒸气的质量，kg；

V——湿天然气的体积，m^3；

p_{vw}——水蒸气的分压，kgf/m^2；

T——湿天然气的绝对温度，K；

R_W——水蒸气的体积常数，R_W =47. 1kg · m/(kg · K)。

若湿天然气中水蒸气的分压达到饱和蒸气压，则饱和绝对温度可写成

$$X_s = \frac{p_{sw}}{R_W T} \tag{2-62}$$

式中 X_s——饱和绝对湿度，kg/m^3；

p_{sw}——水蒸气的饱和蒸气压，kg/m^2。

饱和绝对湿度是指在某一温度下，天然气中含有最大的水蒸气量。在同样温度下，绝对湿度与饱和绝对湿度之比，称为相对湿度度 φ ，它们的关系可写成

$$\varphi = \frac{X}{X_s} = \frac{p_{vw}}{p_{sw}} \tag{2-63}$$

绝对干燥的天然气，$p_{vw}=0$，则 $\varphi=0$；当湿天然气达到饱和时，$p_{vw}=p_{sw}$，则 $\varphi=1$，一般湿天然气，$0<\varphi<1$。

计算天然气中水蒸气含量的方法可分为三类：①分压法；②实验曲线；③状态方程。

天然气水蒸气含量可由下列方程求得

$$W=W_o\times G_g\times C_s \tag{2-64}$$

式中 W——天然气蒸气含水量；

W_o——相对密度为0.6的天然气含水蒸气量；

G_g——相对密度校正系数，等于 W/W_o；

C_s——含盐量校正系数，等于天然气与盐水接触时的水蒸气含量和与纯水接触时的水蒸气含量之比。

四、天然气的溶解度

天然气的溶解度定义为：在一定压力下，单位体积石油或水中所溶解的天然气量。溶解度主要取决于温度和压力，同时也与油、水的性质和天然气的组分有关。天然气的溶解度通常用溶解系数 α 与压力表示

$$R_s=\alpha p \tag{2-65}$$

式中 R_s——天然气在油或水中的溶解度，m^3/m^3；

α——天然气溶解系数，在一定温度下，压力每增加一单位值，单位体积石油或水中溶解的气量；

p——压力，MPa。

硫化氢和二氧化碳易溶于水中，比烃类气体的溶解度大数十倍，它们随温度升高，溶解度减小；随压力增加，溶解度减小。烃类气体在水中的溶解度随压力增加而迅速增加。如温度为344K、压力为7.9MPa时，甲烷在蒸馏水中的溶解度为1.17m^3/m^3；当压力增加1倍时，溶解度增至2.0m^3/m^3；当压力增加3倍，溶解度增至3.13m^3/m^3。在更高的温度时，随压力升高，甲烷的溶解度增加更快。但随着水中含气饱和度升高，温度对增加气体溶解度的作用减小。

地下水多数为含不同程度盐量的水，为便于研究，先求得清洁水中气的溶解度，可从图2-5中查出，然后再用式(2-65)对含盐量进行校正

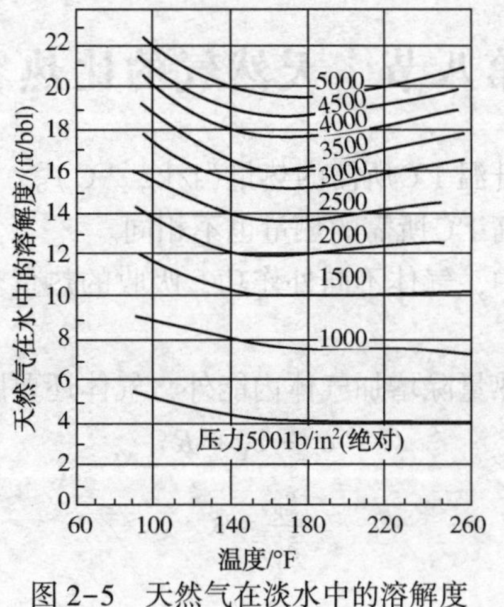

图2-5 天然气在淡水中的溶解度

$$R_S = \alpha(1 - XY/10000) \tag{2-66}$$

式中 R_S——天然气在盐水中的溶解度，m^3/m^3；

α_1——在 $1m^3$ 淡水中的含气量，m^3；

X——校正系数，见表 2-3；

Y——水中含盐量，mg/L。

表 2-3 地层水含盐量校正系数

温度		X
K	℃	
313	40	0.072
333	60	0.055
363	90	0.045
393	120	0.033

关于天然气在石油中的溶解度的测定和计算方法很多，可详见相关文献。

由上述可知，天然气具有溶解于水和石油中的性质，因此在自然界中往往形成溶解气藏。众所周知，天然气在生成、运移、聚集、气藏的形成与保存，以及开采过程中，都与地下水组成了一个统一的流体系统。地下水以支水、底水、上层水和下层水的形成分布在气藏中。

天然气在水中的溶解度比油在水中的溶解度大得多。溶解于地下水中自天然气与地下水一起运移，在水流停滞带形成水溶性气藏。这种水溶性气藏与油、气田的存在有直接关系。低压水溶气藏含气量一般仅有 $1 \sim 5m^3/m^3$ 水，不宜单独开采。高压或异常高压带下的地层水，可溶解大量的天然气，如美国东德克萨州伍德宾砂岩层中溶解气的含量为 $595 \sim 2179m^3/m^3$ 水，苏联西西伯利亚盆地塔左夫科耶地区地层水中含气量达 $3500m^3/m^3$ 水。我国鄂尔多斯、江汉、苏北、华北和四川盆地中广泛分布着水溶性天然气资源。据统计，世界地下水圈沉积层中水溶气量达 $33697 \times 10^{12} m^3$，超过常规天然气储量。目前，日本是开采水溶气最多的国家。水溶气的富集与地层水的压力有密切关系，而异常高压区及构造圈闭条件是形成水溶气的地质条件。

第八节 天然气的比热容

比热容为单位质量气体升温 1℃所需的热量(J/kg · ℃)。

气体加热过程不同，升高 1℃所需的热量也不相同。

定容过程：在加热过程中，气体不向外作功，吸收的热量全部用于增加气体内能，也就是升高温度。

定压过程：加给气体的热量除增加气体内能外，气体还要膨胀，对外作功。

对理想气体：

$$c_p - c_V = R \tag{2-67}$$

$$\frac{c_p}{c_V} = K \tag{2-68}$$

式中　c_p——定压摩尔热容，kJ/(kmol · K)；

c_V——定容摩尔热容，kJ/(kmol · K)；

R——气体常数，kJ/(kmol · K)；

K——比热容比。

但对真实际气体来说，定压热容和定容热容之间的差并不是常数。气体混合物在低压下的定压摩尔热容 c_p^0 为：

$$c_p^0 = \sum y_i c_{pi}^0 \tag{2-69}$$

式中　c_{pi}^0 ——组分 i 在低压下的摩尔定压比热容；

y_i ——组分 i 的摩尔分数。

同一温度下高压比热容与低压比热容的关系式为

$$c_p = c_p^0 + \Delta c_p \tag{2-70}$$

这一关系对单一组分和气体混合物均适用。

Δc_p 可根据对比参数由图 2-6 和图 2-7 查得。

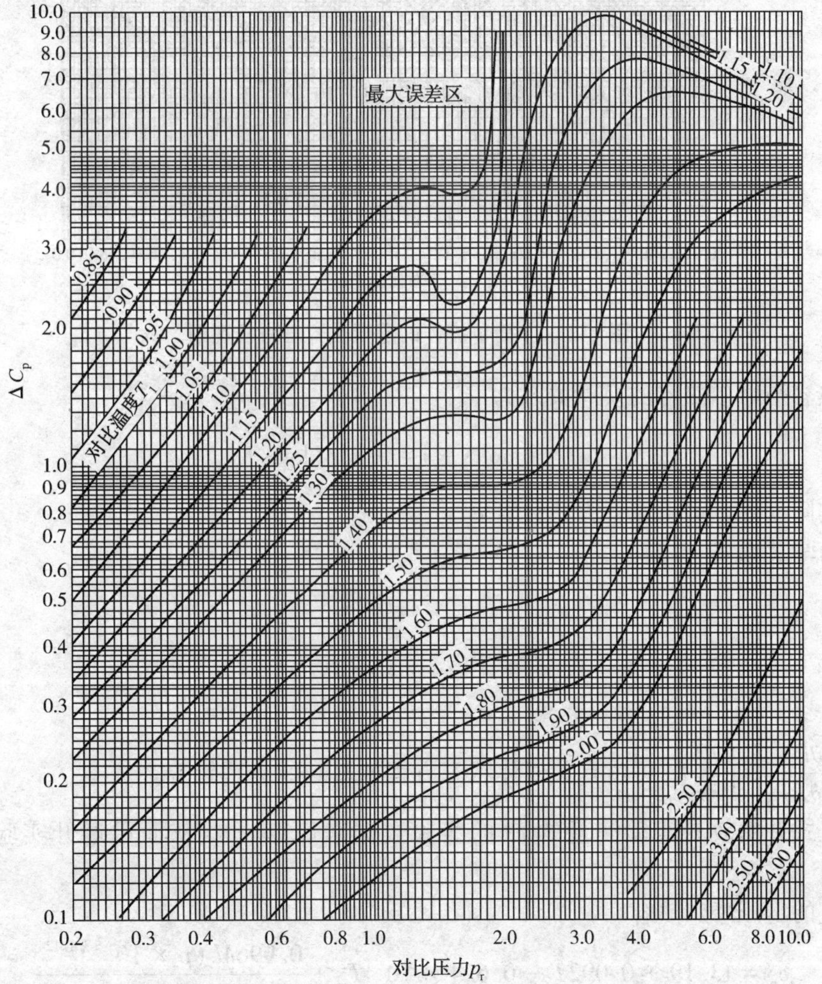

图 2-6　简单流体的定压热容压力校正图

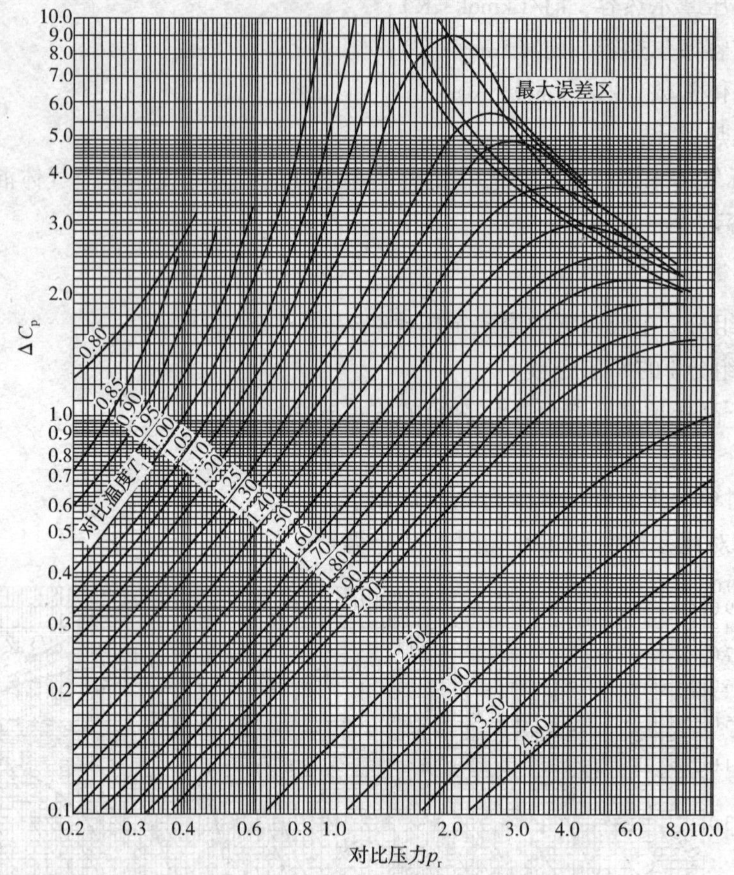

图 2-7　非简单流体的定压热容压力校正图

质量热容与摩尔热容的换算关系为

$$1\text{kJ}/(\text{kmol}\cdot\text{K})=\frac{1}{\mu}\text{kJ}/(\text{kg}\cdot\text{K}) \tag{2-71}$$

对于实际气体，可由以下方法计算 c_v。

由热力学关系式有

$$c_p-c_V=\frac{T}{\rho^2}\frac{\left(\frac{\partial P}{\partial T}\right)_\rho^2}{\left(\frac{\partial P}{\partial \rho}\right)_T} \tag{2-72}$$

其中 $\left(\frac{\partial P}{\partial T}\right)_\rho$、$\left(\frac{\partial P}{\partial \rho}\right)_T$ 可由有关气体状态方程如 BWRS 方程计算。

利用上式并由较易实验测量的 c_p 的实验数据来计算 c_V，从而可避开实验测量 c_V 的困难。

天然气的定压摩尔热容：

$$c_p=13.19+0.092T-0.624\times10^{-4}T^2+\frac{0.996M\,(p\times10^{-5})^{1.124}}{\left(\frac{T}{100}\right)^{5.08}} \tag{2-73}$$

式中　p——压力，Pa；

M——天然气的平均分子量；

T——热力学温度，K。

c_p 的单位为 kJ/(kmol·K)。

第九节　天然气的节流效应

气体通过突然缩小的断面，如针形阀、孔板等，由于局部阻力损失，使气体压力降低的现象，称节流，节流引起的气体状态变化称节流效应或焦-汤效应(图 2-8)。

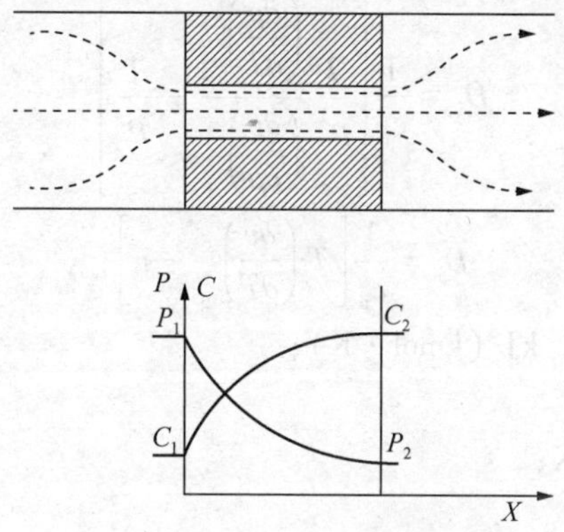

图 2-8　焦耳-汤姆逊实验示意图

由于节流前后与外界的换热很小，可忽略不计，当作绝热过程，取节流前后两个处于平衡状态的断面，利用稳定流动的能量方程，可得出：

$$h_1 + \frac{C_1^{\ 2}}{2} = h_2 + \frac{C_2^{\ 2}}{2} \tag{2-74}$$

节流以后，流速增大，但总的说来，动能变化不大，且与焓值相比，动能较小，可近似忽略，因此可认为节流前后气体的焓值不变，即

$$h_1 = h_2 \tag{2-75}$$

式中　h_1、h_2——节流前后气体的焓值；

C_1、C_2——节流前后气体的流速。

但节流不是等焓过程。

虽然节流起终点焓值基本不变，但气体的压力恢复不到原来的压力，$p_2<p_1$，即气体具有的能量的品质降低了，作功能力减少了，是不可逆过程。

对于理想气体，焓是温度的单值函数 $h=f(T)$，故 $T_1=T_2$

实际气体，节流后不但压力下降，温度也会变化，焓不变时，温度随压力的变化称焦耳-汤姆逊微分节流效应。

$$D_i = \left(\frac{\partial T}{\partial p}\right)_h \tag{2-76}$$

习惯上把 D_i 称焦—汤系数。其物理意义是：焓不变时，下降单位压力时气体温度的变化，它随气体种类、p、T 临界参数而变，在输气的 p、T 下，节流后温度一般降低。

经验公式：

$$D_i = \frac{4.1868T_c f(p_r, T_r)}{P_c c_p} \quad (2-77)$$

$$f(P_r, T_r) = 2.343T_r^{-2.04} - 0.071(P_r - 0.8) \quad (2-78)$$

式中 D_i——焦耳-汤姆逊效应系数，K/MPa；

C_p——摩尔定压热容，kJ/(kmol·K)；

p_c——拟临界压力，MPa；

T_c——拟临界温度，K。

另外，有热力学关系式可知焦耳-汤姆逊系数的计算式为

$$D_i = \frac{1}{c_p}\left[\frac{T}{\rho^2}\frac{\left(\frac{\partial p}{\partial T}\right)_\rho}{\left(\frac{\partial p}{\partial \rho}\right)_T} - \frac{1}{\rho}\right] \quad (2-79)$$

$$D_i = \frac{1}{c_p}\left[T\left(\frac{\partial v}{\partial T}\right)_p - v\right] \quad (2-80)$$

式中 c_p——质量定压容热，kJ/(kmol·K)；

p——压力，MPa；

T——热力学温度，K；

ρ——密度，kg/m^3；

v——比体积，m^3/kg。

由有关气体状态方程可求得$\left(\frac{\partial p}{\partial T}\right)_\rho$、$\left(\frac{\partial p}{\partial \rho}\right)_T$、$\left(\frac{\partial v}{\partial T}\right)_p$，质量定压热容可以测定，从而由以上公式求出节流效应系数。

第十节 天然气的相特性

相态就是物质的状态(或简称相，也叫物态)，即指一个宏观物理系统所具有的一组状态。一个相态中的物质拥有单纯的化学组成和物理特性(例如密度等)。最常见的物质状态有固态、液态和气态，俗称物质三态。

组成已知的天然气，在不同温度、压力条件下其相态也不相同，即有时是气相或液相，有时则是处于平衡共存的两相(例如气液、液固或气固两相)甚至是平衡共存的更多的相(例如气液固三相)。

天然气的相态特性(相特性)是指某组成已知的天然气在不同温度、压力条件下所存在的相态及其特性，即其是呈气相、液相、气液两相或更多的相及其有关特性。

在天然气生产与利用过程中，经常需要了解组成已知的天然气在一定压力、温度下所存在的相态(经常是气液两相)及其特性，例如其在该压力和温度条件下存在不同相的相图(相态图、相平衡状态图)。同样，还经常需要进行相平衡计算，从而确定组成已知的天然气在该压力、温度下平衡共存各相的量和组成，以及预测其热力学性质。

天然气主要是由烃类以及少量非烃类组成的混合物，其组成各不相同。目前，对其相图描述及相平衡计算大多采用有关软件中热力学模型由计算机完成。但是，对于某些关键相图

(例如，高压凝析气井的井流物)，最好是由实验测出其在较窄压力、温度范围内的数据，再通过热力学性质预测和适当描述相结合，将其延伸到更宽的压力、温度范围，从而完成相图的绘制。

由于天然气中的水蒸气冷凝后会在体系中出现水相，天然气中的二氧化碳在低温下还会形成固体，因此，在天然气生产与利用过程中主要涉及有烃类体系、烃-水体系和烃-二氧化碳体系的相特性。

一、烃类体系相特性

（一）一元物系的相特性

只有一种纯化合物的物系称一元物系(图 2-9)。一元物系的相特性可用 $p-t$、$p-v$ 图表示。$p-t$ 图上有升华曲线 1-2，蒸气压曲线 2-C 和熔解曲线 2-3，将图面分成 5 个区域，即：固相区、液相区、蒸气区、气体区和密相流体区。三相点 2 至临界点 C 之间为纯烃的蒸气压曲线，在曲线左上方的 $p-t$ 条件下物系内为液相，右下方为蒸气相，只有压力和温度条件处于蒸气压曲线上的任一点时，物系内才存在气液两相。

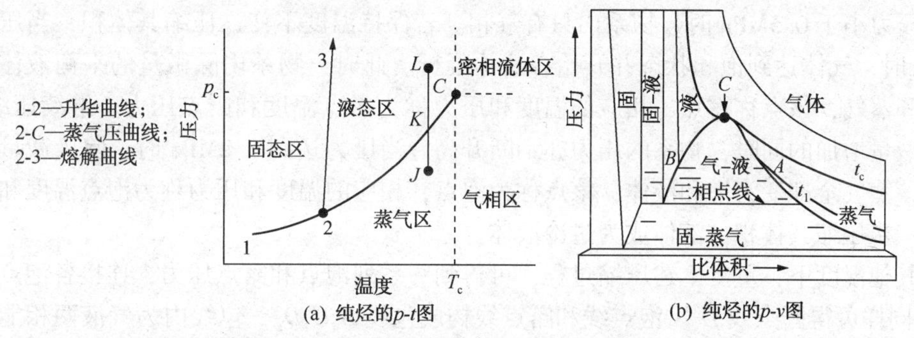

图 2-9 一元物系相特性

气液两相共存并达到平衡状态时，宏观上两相之间没有物质的传递，物系内液相的挥发量与蒸气的凝结量相同，蒸气压力不再变化。这时的气体称为饱和蒸气，液体称为饱和液体，相应压力称为饱和蒸气压。因而，饱和蒸气压既表示液体的挥发能力，又表示蒸气的凝结能力。

在恒温下沿 $p-T$ 图的 $J-K-L$ 线提高物系的压力。开始物系内的纯烃处于过热蒸气区 J 点，压力增至 K 点时蒸气开始凝析，物系内有微量的液体出现。此时，物系压力不变，液体量逐渐增多，直至物系内气体全部凝析。进一步提高压力至图中 L 点时，物系内只有过冷液体。在 $p-v$ 图上表示纯烃的液化过程。若物系内的纯烃开始处于蒸气态，在恒温 t_1 下压缩其体积，随压力上升，气体比体积逐渐减小。当压力增至图中 A 点的压力 P_1 时，物系内开始有液体凝析出来；继续压缩其体积，饱和气体中不断有液体析出，物系压力不变，比体积减小，在 $p-v$ 图的恒温线上出现了恒压水平线段，直至全部纯烃变为液体，如图中 B 点所示。进一步压缩纯烃的体积，由于液体的压缩性很小，压力急剧增加。水平线起点 A 对应的比体积表示气体达到饱和状态开始出现液体时的比体积，称为饱和蒸气比体积；终点 B 所对应的比体积表示纯烃恰好全部液化为液体时的比体积，称为饱和液体的比体积。水平线长度表示饱和蒸气比体积与饱和液体比体积之差，或纯烃气液两相共存的比体积范围。

若在较高温度 t_2 下重复上述压缩过程，由于温度增高，纯烃的饱和蒸气压增大，使饱和蒸气的比体积减小；而饱和液体则由于温度升高、体积膨胀而使其比体积略有增大。这样，饱和蒸气与饱和液体的比体积随着温度升高而互相接近，水平线变短。温度提高至临界温度 t_c 作上述压缩试验时，两相共存区的水平线段消失，在 $p-v$ 图上出现拐点 C，饱和蒸气和饱和液体的比体积相等。高于 t_c 下压缩纯烃气体时，仅是气体压力升高、比体积减小。温度愈高，纯烃气体愈接近理想气体，在 $p-v$ 图上的等温线愈趋近于双曲线。

由上可知，纯烃气体只有在温度低于 t_c 以下才能进行液化。使气体液化的最高温度称临界温度，点 C 称临界点，与该点相对应的压力和比体积称临界压力和临界比体积。

根据实验研究，在临界状态时，不但气液比体积相同，其他性质(如温度、密度、比焓等)亦相同，气液两相变为均匀的一相。在临界点，物质的光学性质亦发生明显变化，光束通过物质时有散射现象，物质呈乳白色并能观察到物质发出的荧光等，据此可确定纯烃的临界点。

（二）二元及多元物系相特性

由两种纯化合物，或称组分，构成的物系称为二元物系。图 2-10 为质量浓度不同的 C_2 和 C_7 构成的二元物系的 $p-t$ 相特性图。最左边和最右边的曲线为纯 C_2 和纯 C_7 的蒸气压曲线。

以图中 C_2 质量浓度 90.22% 的 C_2-C_7 的 $p-t$ 关系为例说明二元物系的相特性。温度为 40℃、压力小于 0.5MPa 时，物系内只有气相。若保持温度不变，压缩其体积，当压力升至 0.5MPa 时，气体达到饱和状态并开始有液体凝析。此时，物系内除微量的平衡液体外，全都是饱和蒸气，该点称露点，相应的温度和压力称为露点温度和露点压力。继续压缩体积，在凝析液量增加的同时，物系的压力亦不断升高。当压力达到 5.2MPa 时，除极微量的平衡气泡外，蒸气全部变为饱和液体，该点称为泡点，相应的温度和压力称为泡点温度和泡点压力。进一步压缩其体积，液体成为过冷液体。

在其他温度下，重复上述压缩过程，可得到一系列泡点和露点压力，连接各泡点得泡点线 B_a，同样可得露点线 D_a。泡点线和露点线构成包线 $B_aC_aD_a$，包线内为气液两相能平衡共存的温度和压力范围。在该范围内，物系的温度压力条件愈接近泡点线，物系内的饱和液体量愈多；愈接近露点线，饱和气体量愈多。

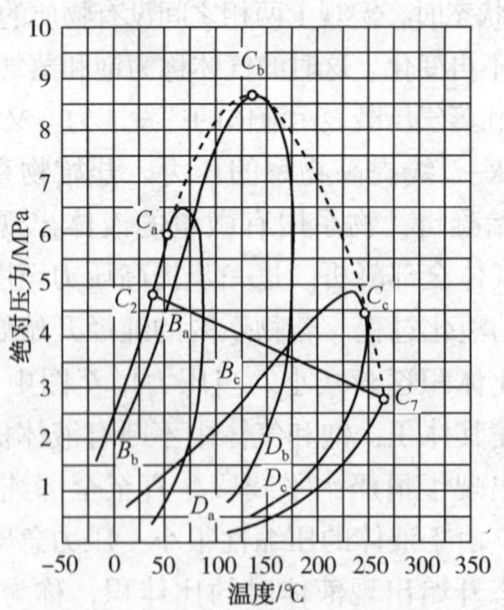

图 2-10　C_2、C_7 混合物的相特性

B—泡点线；C—临界点；D—露点线

下标：2—C_2；7—C_7；a—C_2，90.22%；b—C_2，50.22%；c_2—9.78%

泡点线与露点线的交点为该特定比例 C_2-C_7混合物的临界点。在临界点气液两相的强度性质相同变成均匀的一相。

由上图可知，二元物系的相特性不同于一元物系。一元物系气液两相平衡时，温度和压力有对应的关系，确定任一参数，另一参数就是定值，可由蒸气压曲线求得。二元物系处于气液平衡时，固定任一参数，另一参数可在一定范围内变化。在此范围内的任一点，气液两相保持平衡，只不过气液两相的比例或汽化率不同。因而，二元物系的蒸气压不仅和物系温度有关，还与汽化率有关。如 C_2质量分数为 90.22%的 C_2-C_7混合物温度为 40℃时气液两相平衡的蒸气压随汽化率而变，范围为 0.5~5.2MPa。习惯上把泡点压力称为该混合物的真实蒸气压。

对于一元物系，温度超过临界温度时，气体不能被液化；压力高于临界压力时，物系内不可能有平衡的气液两相。但对二元物系，当物系温度高于临界温度或压力高于临界压力时，只要物系的状态处于包线范围内，物系内就存在平衡的气液两相。由图 2-10 还可以看出：C_2中掺入 C_7构成的二元物系后，在高于 C_2临界温度的条件下，C_2-C_7混合物中 C_2能全部或部分液化。这就解释了在远高于 C_1临界温度的油藏温度下，甲烷能全部或部分液化的现象。

改变物系中的质量浓度，物系的相特性 $p-t$ 曲线和临界点亦随之而变化，如图中 $B_bC_bD_b$和 $B_cC_cD_c$所示。不同组成的 C_2-C_7物系的临界点轨迹称为临界曲线，如图中虚线所示。由图看出，C_2中掺入 C_7后，混合物的临界温度增高，在多数情况下临界压力亦高于组成该物系的各纯组分的临界压力。

通常用一种纯烃的临界点表示二元(或多元)混合物的临界点，该纯烃的挥发性与二元混合物接近，称为二元混合物的视临界点。视临界点是混合物中各组分临界参数的分子平均值，可用下式计算：

$$T_c = \sum_{i=1}^{n} z_i T_{ci}\ ,\ P_c = \sum_{i=i}^{n} z_i p_{ci} \tag{2-81}$$

式中 T_{ci}、P_{ci}——组分的临界温度和临界压力；

z_i——物系中组分的摩尔分数；

n——物系内的组分数。

式(2-80)求出的视临界温度与视临界压力同混合物的真实临界温度、临界压力有一定的偏差，但大多数计算混合物热力学参数的相关式与视临界参数关联，故视临界温度和视临界压力在工程计算中仍有广泛的用途。

两种以上纯化合物构成的物系称为多元物系。多元物系的相特性与二元物系极为相似，它具有二元物系的全部相特性，但多组分混合物的临界压力更高、包络线所围面积更大。

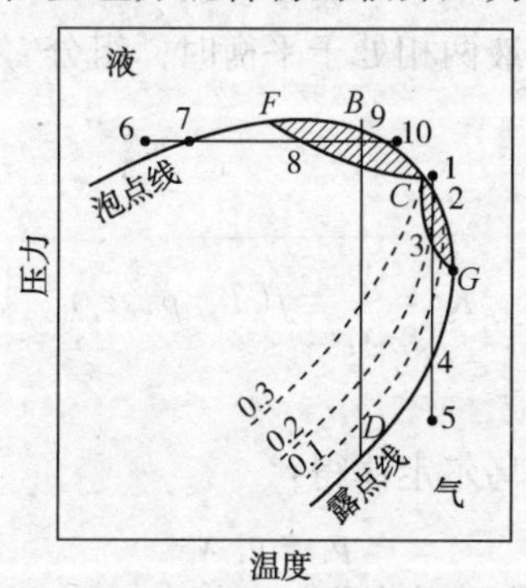

图 2-11 二元、多元物系的反常蒸发和反常凝析

对二元和多元物系 p-t 曲线临界点附近区域进行分析，见图 2-11。C 为临界点，两相区包络线的最高温度和最高压力分别称为临界冷凝温度和临界冷凝压力，以和表示。虚线 0.1、0.2、0.3 等表示平衡状态时液相在物系中所占比例。在临界点 C 的左边，当压力沿恒温线 BD 降低时，物系内将发生由泡点至露点的汽化过程。如起始条件在临界点右侧，如点 1，恒温降低至露点线后，继续降压，物系内部分混合物液化，并在点 3 处物系内液量达到最大。此后，随着压力降低，已液化的混舍物又发生汽化，直至到达下露点 4 为止。在等温条件下，由于压力降低，反常地发生液化的现象称为等温反常冷凝。如上述过程反向进行，由点 4 等温升压，物系内的混合物气体开始出现正常的冷凝，到点 3 物系内的液量达到最大，此后进一步升高压力，液相反而减少，直至上露点 2 又全部变成饱和蒸气，这称为等温反常汽化。

与此相似，当压力在临界压力和临界冷凝压力之间并保持不变，物系温度变化时，可出现等压反常冷凝和汽化现象。反常汽化和反常冷凝是二元和多元物系相特性不同于一元物系的另一特点。这种反常现象只在临界点的右侧(等温反常冷凝和汽化)或上方(等压反常冷凝和汽化)才可能发生。

人们对反常汽化和反常凝析现象的研究还很不充分。克拉克(Clark)认为，在二元和多元物系的蒸气中，不同组分的分子相互掺混，在反常区恒温下降低压力时，轻组分的分子间距率先增大，使重组分分子间的轻组分分子浓度减小，重组分分子相互吸引并夹带少量轻组分分子变成凝析液，这就产生了等温反常凝析。

二、相平衡计算

(一) 相平衡计算内容

① 泡点计算：一定 p(或 T)下，已知液相组成 x，确定泡点 T_b(或 p_b)和平衡的汽相组成 y；

② 露点计算：一定 p(或 T)下，已知汽相组成 y，确定露点 T_d(或 p_d)和平衡的液相组成 x；

③ 等温闪蒸：给定料液的量 F 和组成 zF，计算在一定 p 和 T 下闪蒸得到的汽液两相的量(V、L)和组成(y，x)。

(二) 相平衡常数(Phase Equilibrium Constant)

1. 定义

在一定的 T 和 p 条件下，气液两相处于平衡时，组分 i 在气相中的摩尔分数 y_i 和液相中的摩尔分数 x_i 的比值。

2. 公式

$$K_i = \frac{y_i}{x_i} = f(T,\ p,\ z_i) \tag{2-82}$$

3. 理想平衡常数

对于理想气体和液体，由拉乌尔定律得：

$$p_i = p_i^* x_i \tag{2-83}$$

对于理想气体和液体，由道尔顿定律得

$$p_i = p \times y_i \tag{2-84}$$

由拉乌尔定律和道尔顿定律有

$$y_i p = p_i^* x_i \Rightarrow \frac{y_i}{x_i} = \frac{p_i^*}{p} \tag{2-85}$$

则理想平衡常数为：

$$K_i = \frac{y_i}{x_i} = \frac{p_i^*}{p} \tag{2-86}$$

式中 K_i——第 i 组分气、液两相平衡常数；

y_i——第 i 组分气相体积(摩尔)含量；

x_i——第 i 组分液相体积(摩尔)含量；

P_i——第 i 组的压力，Pa；

p_i^*——第 i 组分在温度 T 下的饱和蒸汽压，Pa；

P——混合物压力，Pa。

适用范围：低压，且远离临界压力。

三、相平衡模型的构成

1. 物料平衡条件

描述气液相组成、物质量及平衡常数之间的关系，见图 2-9。

① 气液量

$$L + V = F \tag{2-87}$$

② 各组分在气液相中量的衡算

$$y_i \times V + x_i \times L = Zi \times F \tag{2-88}$$

③ 气液相组成归一化

$$\sum y_i = 1.0 \qquad \sum x_i = 1.0 \tag{2-89}$$

经处理，可得气、液相组成和物料平衡的基本方程。

平衡组分分配比：

$$K_i = y_i / x_i \tag{2-90}$$

物料的量衡算：

$$y_i \times V + x_i \times L = Z_i \times F \tag{2-91}$$

气相组成方程：

$$y_i = \frac{z_i K_i}{1 + (K_i - 1)e} \tag{2-92}$$

$$e = \frac{V}{F}\ (\text{汽化率}) \tag{2-93}$$

液相组成方程：

$$x_i = \frac{z_i}{1 + (K_i - 1)e} \tag{2-94}$$

式中 Z_i——物料 F 的体积(摩尔)分数；

y_i——气相体积(摩尔)分数；

x_i——液相体积(摩尔)分数；

F——物料的量；

V——气相的量；

L——液相的量；

e——汽化率。

2. 热力学平衡方程

关键在于能否准确确定气液两相达到平衡后各组分的平衡常数 K_i，K_i 一般是 T、p 和组成的函数。

由热力学知识，气相逸度可表示为

$$f_i^{V} = \varphi_i^{V} y_i p \tag{2-95}$$

液相逸度可表示为：

$$f_i^{L} = \varphi_i^{L} x_i p \text{ 或 } f_i^{L} = \gamma_i x_i f_i^{0} \tag{2-96}$$

于是，相平衡常数 K 可表示为

$$K_i = \frac{y_i}{x_i} = \frac{\varphi_i^{L}}{\varphi_i^{V}} = \frac{f_{il}/x_i}{f_{ig}/y_i} \quad \text{（单一模型法）} \tag{2-97}$$

$$K_i = \frac{y_i}{x_i} = \frac{\gamma_i f_i^{0}}{\varphi_i^{V} p} = \frac{\varphi_i^{L}}{\varphi_i^{V}}\gamma_i \quad \text{（双模型法）} \tag{2-98}$$

热力学平衡条件方程组：

$$\begin{cases} F_1(p,\ T,\ x_i,\ y_i) = f_1^{l} - f_1^{g} = 0 \\ F_2(p,\ T,\ x_i,\ y_i) = f_2^{l} - f_2^{g} = 0 \\ \cdots\cdots \\ F_n(p,\ T,\ x_i,\ y_i) = f_n^{l} - f_n^{g} = 0 \end{cases} \tag{2-99}$$

式中　f_i^{L}——液相中组分 i 的逸度；

f_i^{V}——气相中组分 i 的逸度；

f_i^{0}——标准态组分 i 的逸度；

φ_i^{L}——液相混合物中组分 i 在体系温度 T 和体系压力 P 下的逸度系数；

φ_i^{V}——气相混合物中组分 i 在体系温度 T 和体系压力 P 下的逸度系数；

γ_i——液相中组分 i 的活度系数；

第十一节　天然气的燃烧特性和爆炸性

一、发热量

标准状态下单位体积燃料完全燃烧，燃烧产物又冷却至标准状态所放出的热量，称为天然气的发热量，也称为热值。

含氢燃料燃烧时将产生水，若燃烧后水为冷凝液，称高位热值或总热值；若为蒸气称低位热值或静热值。天然气的热值常以 MJ/m^3 为单位，液体燃料以 MJ/kg 为单位。天然气的热值平均达 33 MJ/m^3。

天然气的热值可以用连续计量的热值仪测量。

另一种方法是用气体色谱仪测量气体的组成，按各组分气体的摩尔分数及纯组分气体热值加权求得：

$$HV = \sum y_i HV_i \tag{2-100}$$

对于 C_6^+ 或 C_7^+ 这类组分的热值可取相对分子质量接近烷烃的热值。由于色谱仪测量气体组分简便、并具有较高的准确性，因而分析气体组分、计算气体热值的方法得到广泛的使用。

若不加特殊说明，热值一般指干气的热值。若为湿气应根据干气分压和热值、水的分压和热值加权平均求得，对总热值还应计入水蒸气冷凝成液态释放的汽化潜热。热值还分理想气体热值和真实气体热值，两者关系：

理想气体热值=真实气体热值/标准状态下气体压缩因子。

碳原子数愈多的烷烃其热值愈高。若天然气热值比规定高许多，应控制天然气热值适应燃具的设计值，或从高热值天然气中回收 C_2^+ 组分或与低热值气体掺混后供应用户。

二、燃烧极限

天然气和油品蒸气在空气中易燃易爆的浓度上下限。这种空气和气体混合物，遇到明火发生燃烧，若在容器内由于燃烧后压力升高将发生爆炸。

如果已知组成的气体混合物，其燃烧下限可用式(2-100)计算

$$y \sum \frac{n_i}{N_i} = 100\% \tag{2-101}$$

式中 y——空气中气体混合物燃烧下限的摩尔分数；

n_i——组分 i 在气体混合物内的摩尔分数；

N_i——纯组分 i 的燃烧下限。

气体混合物的物性对燃烧及燃烧极限的影响：

气体的燃烧速度随温度的增高而加快。

气体混合物的压力低于大气压愈多，燃烧的可能性愈小。

混合物内存在的惰性气体(N_2、CO_2)愈多，会提高燃烧极限的上下限。

为了安全起见，应在天然气中加入添味剂，当浓度达 20%燃烧下限时应被操作人员所察觉。

三、偏心因子

用来度量真实流体与简单流体(假定分子为球形、无极性)性质偏差的校正因子。Pitzer 等人在拟合偏差系数 Z 和对比压力、对比温度关系时，引入了无因次参数偏心因子 ω，提高了拟合精度。使用对比压力 p_r、对比温度 T_r 拟合其他如逸度等热力学参数时也有极好效果。偏心因子定义为：

$$\omega = -\lg (p_s/p_c)_{Tr=0.7} - 1 \tag{2-102}$$

式中 p_s——对比温度为 0.7 时流体的饱和蒸气压，MPa；

p_c——视临界压力，MPa。

偏心因子和对比蒸气压曲线斜率有关，简单分子(如氩、氪、氙)偏心因子为 0，非球形分子为极小的正值。

气体混合物的偏心因子为各组分偏心因子的摩尔分数的加和。

四、爆炸性

天然气和空气混合，当天然气浓度在一定范围内时，遇明火就会发生燃烧和爆炸。

燃烧时，燃烧波的传播速度较慢，约0.3~2.4m/s，而爆炸时，会迅即产生高压高温波速达到 1000~3000m/s，对管线和容器的破坏力很大，天然气产生爆炸的浓度范围为5%~15%。

随温度、压力升高，爆炸浓度的上限提高，爆炸范围扩大。例如，50个大气压时，天然气的爆炸浓度范围为6%~30%，设计和生产中应特别注意安全防爆问题，如四川威—成管线曾先后三次发生过气管腐蚀穿孔泄漏后的爆炸起火事故。

习　题

2-1　已知天然气的摩尔分数等数据如表2-4所示，求天然气的分子量，相对密度和在p=4.827MPa、T=47℃时的偏差系数。

表2-4　天然气的组成及相关参数　　%

组　分	摩尔分数 y_i	T_{ci} /K	p_{ci} /MPa
C_1	0.95	190.6	4.604
C_2	0.03	305.4	4.880
C_3	0.02	369.8	4.294

2-2　已知天然气的p_{pr} =3，T_{pr} =1.5，p_{pr} =4.462MPa，求C_g。

2-3　求表2-5天然气组分在366.6K和大气压下混合气的黏度。

表2-5　天然气的组成及相关参数

组分	摩尔分数 Y_i	相对分子质量 M_i	Y_iM_i	$M_i^{1/2}$	$Y_iM_i^{1/2}$	μ_{gi}	$\mu_{gi}M_i^{1/2}$
C_1	0.85	16.04	13.60	4.00	3.40	0.0130	0.0442
C_2	0.09	30.07	2.71	5.48	0.493	0.0112	0.0055
C_3	0.04	44.09	1.76	6.64	0.266	0.0098	0.0026
nC_4	0.02	58.12	1.16	7.62	0.152	0.0091	0.0014

参　考　文　献

[1] 冯叔初．天然气压缩系数的计算方法[J]．油气储运，1986，5(5)：18-21.

[2] Dodson C R，Standing M B. Pressure-volume-temperature and solubility relations for natural-gas-water mixtures[C]//Drilling and production practice. American Petroleum Institute，1944.

[3] 郭天民．多元气-液平衡和精馏[M]．北京：石油工业出版社，2002.

[4] Lawrence，Mark G．The Relationship between Relative Humidity and the Dewpoint Temperature in Moist Air：A Simple Conversion and Applications[J]．Bulletin of the American Meteorological Society，2005，86(2)：225-233.

[5] 冯叔初，李玉星．石油地面工程英汉术语词汇[M]．东营：石油大学出版社，2005.

[6] Zuo Y X，Guo T M. Extension of the Patel—Teja equation of state to the prediction of the solubility of natural gas in formation water[J]．Chemical Engineering Science，1991，46(12)：3251-3258.

[7] 宋世昌，李光，杜丽民．天然气地面工程设计．上、下卷[M]．北京：中国石化出版社，2014.

[8] Beal C. The viscosity of air，water，natural gas，crude oil and its associated gases at oil field temperatures and

pressures[J]. Transactions of the AIME, 1946, 165(01): 94-115.

[9] 冯叔初，郭揆常. 油气集输与矿场加工[M]. 东营：中国石油大学出版社，2006.

[10] Palmer G E, Wright M J. Comparison of methods to compute high-temperature gas viscosity[J]. Journal of Thermophysics and Heat Transfer, 2003, 17(2): 232-239.

[11] 马晓茜. 天然气燃烧特性及其与其它燃气的互换性分析[J]. 冶金能源，2001，20(3)：33-37.

[12] Experimental study on the solubility of natural gas components in water with or without hydrate inhibitor

[13] 张福元，刘惠齐. 天然气物性参数计算[J]. 天然气工业，1992(4)：86-93.

[14] 孙雪松，刘生全. 天然气特性参数的分析与计算[J]. 汽车实用技术，2002(2)：40-42.

[15] Orsino S, WEBER R, Bollettini U. Numerical simulation of combustion of natural gas with high-temperature air[J]. Combustion Science and Technology, 2001, 170(1): 1-34.

第三章　天然气集气

广义地说，天然气集输是指在油气田内，将油气井采出的天然气(包括油田伴生气、气藏气和凝析气)汇集、处理和输送的全过程。由于近年来天然气处理工艺技术发展很快，种类繁多，故目前多用天然气集输与处理来指此全过程。天然气集输系统示意图如图 3-1 所示。

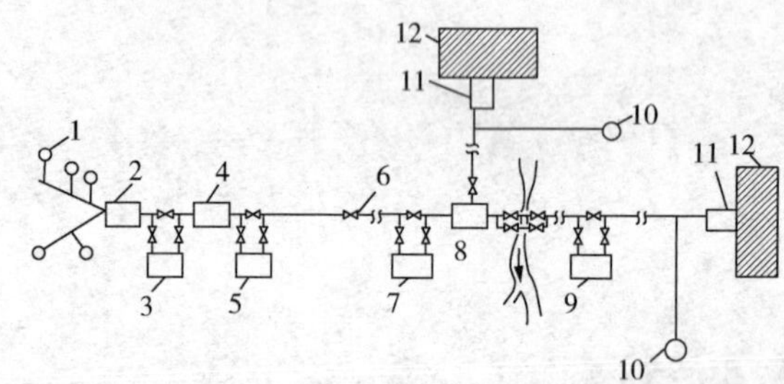

图 3-1　天然气集输系统示意图

1—气井井场；2—集气站；3—增压站；4—天然气处理厂；5—输气首站；6—截断阀室；7—中间压气站；8—分输站；9—终点压气站；10—储气库；11—末站(城镇门站)；12—城镇或工业区

天然气集气是天然气集输与处理过程中的一个重要环节，是从气井采出的天然气在进入处理厂(净化厂)和输配管道之前必不可少的工艺过程，是天然气工业中一个非常主要的组成部分。本章主要介绍气田天然气集气系统有关内容。

第一节　天然气集气系统组成

天然气集气系统包括集气站场和集气管网。集气站场负责对原料天然气进行预处理，满足天然气处理厂原料气的气质要求，保障集气管网中的水力、热力流动性能，并取得气井生产动态数据。集气管网负责井口天然气的收集与输送。集气站场预处理一般有节流降压、分离、计量、加热、注入化学药剂、腐蚀控制、增压等过程。

一、集气站场

集气站场一般包括井场、集气站、增压站、脱水站、阀室、清管站、集配气总站等。

1. 井场

井场是气井进行生产过程的场所，一般由井口装置及相关设备、阀门等组成，具有调控气井产量、生产压力，防止天然气形成水合物等功能。井场按所辖气井井口数量的多少，可分为单井井场和多井井场；按所辖气井的钻井轨迹，可分为直井井场和水平井井场。

从气井产出的物质，除天然气外一般还含有液体和固体物质。液体包括液烃和气田水。其中气田水又包含游离水和凝结水两种。气田开采初期，一般不出现游离水，但少数气田在开采初期也有游离水随着天然气从气井采出。凝结水是天然气在高压、高温的地层中所含有的饱和水蒸气(简称饱和水)，当天然气被采出后，由于压力和温度降低，在天然气中的饱和水蒸气，随着温度和压力的变化而凝结为液体被游离出来。其中液烃也是由于天然气被采出后，随着气-液相态平衡条件的变化，一部分较重的烃也凝结为液体被析出。但对组成属于干气范围的天然气，从气井采出后不析出液烃。固体物质包括岩屑、砂、酸化处理后的残存物等。这些固体物质一般统称为机械杂质。天然气的性质和气田水有无，以及气田水性质和对气田集气流程的制定有密切关系。

气田水分为底水(或边水)和束缚水两类。气藏里与天然气同时存在的水称为气田水。存在于气藏边缘和衬托在天然气底部的气层水称为边水或底水；一部分水因受气层岩粒的附着力或超毛细孔隙作用力的作用，在采气过程中不随气流流动的水称为束缚水。气田水通常有较高的矿化度，一般在10g/L以上。

2. 集气站

集气站是指对气田产天然气进行收集、调压、分离、计量等作业的场所。按所辖气井数的多少分为单井集气站和多井集气站；按气液分离温度的高低分为常温集气站和低温集气站。

单井集气站一般位于井场，多井集气站的布置主要考虑气井产量、气井部署、集气规模、集气工艺、地形条件等的限制。由于采气管道一般采用气液混输工艺，管路的阻力较大，采气管道的最大长度同气体中夹带的液量(气液比)，液体的黏度和密度，地形起伏，管道起点和终点之间的高程差有关。长庆靖边气田平均集气半径一般为5km，地形平坦还可适当延长，个别单井的集气半径达到7km以上；集气站辖井数量为4~16口，集气规模一般为$(10\sim40)\times10^4m^3/d$。长庆苏里格气田采用了井间串接工艺，并大规模采用水平井、丛式井开发，集气半径可达到10km以上，集气站辖井数量最终可达到200~300口，集气规模为$(50\sim200)\times10^4m^3/d$。

3. 增压站

增压站是指对压力低于集气系统运行压力的天然气进行增压的场所，随着气田天然气不断开采，气井天然气压力逐渐降低，当降至低于集气系统压力而无法进入集气管网时，就需设置增压站；低压气田天然气不满足外输要求，初期就需设置增压站。

增压站的设置与气井井口压力、外输压力、压力级制、集气管网、气田面积和压缩机的特性有关。在气田开发井网布置的基础上，根据气田区域的天然气产量、井口压力以及下游压力要求来确定增压站的规模和位置。

常见的有井口增压、阀组增压、集气站增压、区域增压和集中增压方式，目前应用较多的是集气站增压和处理厂集中增压。

长庆气区苏里格气田采用了两次增压模式，第一次在集气站增压，增压站与集气站合建，第二次为集中增压，增压站设置在处理厂内。

川渝气区先后在威远、兴隆场、付家庙、卧龙河等气田建设了增压站。已建的增压站大体可分两种类型：一种是在井场或集气站分散建设(如威远气田)；另一种是在净化装置前集中建较大型增压站(如卧龙河气田)。

4. 脱水站

脱水站是指设置脱水设施脱除天然气中饱和水的场所，其目的是防止天然气形成水合物堵塞管道和设备，以及防止由于冷凝水析出而加剧天然气中H_2S、CO_2等对管道和设备的腐蚀。

脱水站的设置与气田天然气气质特点有关，对于凝析气、不含腐蚀性物质的天然气或煤层气，可以不设置分散的脱水站，采用湿气输送；对于高含硫、高含 CO_2 等腐蚀性物质的天然气，须经脱水后采用干气输送。

脱水站的设置还应与天然气集气、处理系统统筹考虑，符合气田产能建设的总体要求。应充分利用原料气的压力能，压力高的天然气应集中脱水；压力低的天然气应根据供气压力及处理工艺需要，增压后再脱水。脱水站一般与集气站、增压站合建。

5. 阀室

为方便管道的检修，减小放空损失，降低管道发生事故后的危害，在集气管道上，每隔一定的距离要设置截断阀室。在集气干线所经地区，在有用户需要预留接口或有规划纳入该集气干线的气源时，则在该集气干线上选择适当的位置，设置预留阀室或阀井，以利于干线在运行条件下与新接支线连通。

线路截断阀室的间隔距离应根据管道所处地区的重要性和发生事故时可能产生灾害及其后果的严重程度确定；含硫天然气需根据管道地区等级和管道中潜在 H_2S 的释放量计算确定。当管道穿(跨)越河流或铁路干线时，在河流和铁路的两侧，一般应设置截断阀室。

6. 清管站

清管站是指为了清除管道内凝聚物和沉淀物等以提高管道输送效率而设置清管设施的场所。

通常在集气管道的起点设置清管器发送站，终点设置清管器接收站。清管站尽可能与阀室、集气站、增压站和处理厂合建，也有单独设置的清管站。

7. 集配气总站

集配气总站位于集气干线的末端，负责接收各集气干线来气，并进行清管器的接收，原料气的气液分离、计量，干线的紧急放空和进站截断。集气干线采用气液混输工艺时，若管中液量大，应设置液塞捕集器。

目前，集气总站常常与处理厂合建，功能也与处理厂的预处理系统合并，达到简化工艺流程和节约投资的目的。

二、集气系统管网

集气管网是指集气站场之间连接管道的总称，由不同管径、不同壁厚的金属或非金属管道构成的大面积网状管道结构。它覆盖气田区域内所有的气井，为气井产出的天然气提供通向各类站场并最终通向天然气处理厂的流通通道，是天然气集气系统中主要生产设施。按具体用途和输送条件的不同，集气系统的管道可分为以下四类：

1. 采气管线

自采气树至一级气液分离器的天然气管道称为采气管线，其作用是将单井或相邻的一组气井采出的天然气汇集到集气站。

采气管线所输送的是井口产出后未经气液分离的天然气，其中不同程度地含有液相水、重烃凝液、固体颗粒等杂质，还含有 H_2S、CO_2、Cl^-等腐蚀性物质。为了缩小管线和设备的尺寸，节省钢材和利用压力能，整个采气过程又常常是在比较高的工作压力下进行。被输送介质的清洁程度差、压力高、腐蚀性强，管径相对较小和输送距离较短是采气管线工作的一般特点。

2. 集气支线

集气支线是指集气站(或单井站)到集气干线入口的管道，其作用是将在集气站(或单井站)经过预处理的天然气输送至集气干线。

集气支线所输送的是已在集气站(或单井站)经过初步气液分离的天然气，气质条件比采气管道好，通常工作压力也比采气管线低。但除非已在集气站或专门设置的脱水站对天然气进行干燥处理，天然气在一定的压力和温度下分离后仍处于被水饱和的湿状态。集气支线管径一般比采气管线大，输送距离则取决于集气站(或单井站)与集气干线的距离。

3. 集气干线

集气干线的作用是接纳各集气支线输送来的天然气，将它们最终汇集到天然气处理厂。

集气干线的气质条件、工作压力与集气支线基本一致，管径一般在集气管网中为最大。它可以是等直径的，也可以由不同管径的管段组合而成。变径设置时，随进气点数量的增多和流量的增加而加大其管径。

4. 采集气管线

目前，在许多含气面积不大，产量高、气质好的气田，常采用一级布站模式，即没有上述定义的采气管线、集气支线、集气干线，井口天然气通过采集气管道直接进入处理厂。

三、天然气集气系统设计原则

天然气集输系统设计包括天然气从井口产出直至外输的全过程。集输系统采用何种站场布置、管网结构和集气工艺，应根据天然气气质、气井产量、压力、温度和气田构造形态、驱动类型、井网布置、开采年限、逐年产量、产品方案及自然条件等因素，以气田开发的整体经济效益为目标综合确定。具体设计原则如下：

(1) 根据气田开发方案及气质特点的不同，确定合理的建设水平，选择集输系统设计应遵循的技术标准。工程建设水平既要符合工程实际的需要，以实用为主，避免工程建设超高标准所造成的的浪费，又要满足气田长期安全生产和节能环保的要求。

(2) 根据气田开发方案，集输系统的设计应综合考虑整体规划与分步实施的关系，做到既满足气田短中期建设的需要，又兼顾气田中长期发展的需要。气田后期的扩建工程不应与前期工程建设相冲突或因重复建设造成浪费。

(3) 气田集输系统的站场布局应结合井网布置、地形条件、集输方式综合分析比较确定，站场布局应符合集输工艺总流程和产品流向的要求，方便生产管理。

(4) 气田集输系统的设计能力应按气田开发方案中气井的配产确定。考虑到气田开发过程的长期性和不确定性，气田集输系统的设计能力应留有一定的裕量，以满足气田后期发展或工况变化的需要。

(5) 气田集输系统的设计应合理利用气田的压力能量和气田资源，尽量延缓气田增压的时间，以降低企业生产成本。

(6) 气田集输系统的设计应考虑对气田产出水及站场工业废液、废气、废渣进行妥善处理或综合利用，对站场噪声应进行控制，满足国家和地方环保部门的要求。

(7) 对于下游存在多个用户及各用户对天然气气质有不同要求的情况，应考虑对气田天然气分别进行处理的方案。在满足下游用户需求的前提下，通过优化天然气集输方案及处理方案来降低工程投资及天然气处理费用，提高企业经济效益。

(8) 根据新气田的特点，如高酸性气田、页岩气田、煤层气田等，应积极、慎重地采用新工艺、新技术、新设备和新材料。

第二节　天然气集气管网

一、集气管网的结构形式

1. 树枝状结构

沿集气干线两侧分支引出若干集气支线，集气支线又可同样派生下一级的集气支线，各集气支线的末端与集气站或单井站相连，由此形成如图 3-2 所示的树枝状管线网络。灵活和便于扩展，是这类管网结构的特点。当气井在狭长的带状区域内分布时宜采用这种结构。沿产气区长轴方向布置集气干线后，两侧分枝的集气支线易于以距离最短的方式通向集气站(或单井站)，再通过采气管道与集气站所辖的各产气井相连接。但实际生产中完全采用树枝状集气管网的情况并不多，常与后面叙述的其他管网结构方式并用，特别是与放射状管网结构并用。长庆榆林气田长北合作区采用了这种结构。

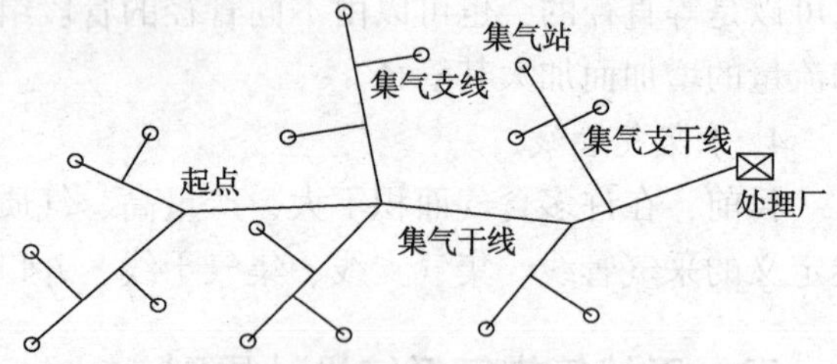

图 3-2　树枝状管网结构示意图

树枝状集气管网的优点：

(1) 单井上进行气液分离，有利于降低管路压损，减缓腐蚀。

(2) 集气支线可就近接入集气干线，有利于缩短管线长度，节省钢材及线路投资。

树枝状集气流程的缺点：

(1) 由于单井均需设置气液分离、计量装置，生产人员较多，不便集中管理，单井站场投资较大。

(2) 气田开发后期需增压采气时，天然气压缩机组只能设在井场，对每口井单独增压，难以集中使用。

2. 放射状结构

从气田中心(处理厂)以向四周辐射的方式引出若干集气干线，再以同样的方式从这些管道的末端引出集气支线。按这种方法形成的，以主辐射点为中心的管线网络结构称为放射状管网结构，如图 3-3 所示。适宜在气井相对集中，气井分布区域的长轴和短轴尺寸相近，气体处理可以在产气区的中心部位处设置时采用。单独依靠这种方式构成集气管网的情况不多，也是常常与树枝状结构并用。长庆靖边气田以这种管网结构为主。

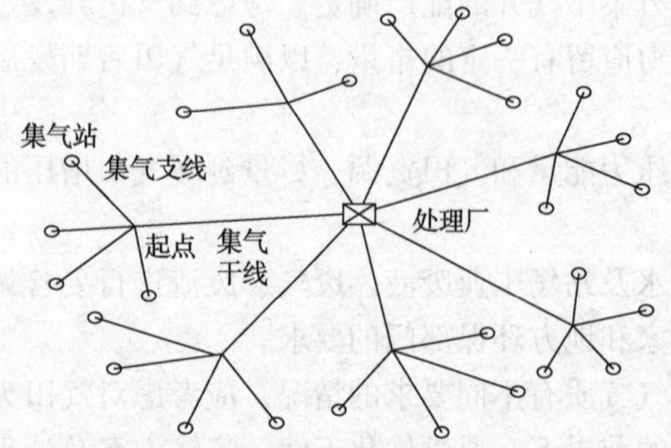

图 3-3　放射状管网结构示意图

放射状集气管网的优点：

(1) 单井装置简化，可考虑无人值守，生产、管理费用低。

(2) 气田开发后期，天然气压缩机组可集中设在集气站上，共同使用，生产成本相对较低，管理方便。

放射状集气流程的缺点：

(1) 采气管道采用气液混输方式，管路压损较高。

(2) 对输送介质为酸性天然气的管道，管内腐蚀较为严重，安全性差。

(3) 采、集气管线总长度较枝状管网长，钢材耗量较多。

3. 环状结构

集气干线在产气区域内首尾相连呈环状，环内和环外的集气站、单井站以距离最短的方式通过集气支线与环状集气干线连接，如图 3-4 所示。这种集气干线设置方式的特有优点是各进气点的进气压力差值不大，而且环管内各点处的流动可以在正、反两个方向进行。川渝气田采用此结构管网。当产气区域的面积大，但长轴和短轴方向的尺寸差异小，且产气井大多沿产气区域周边分布时，采用环状结构管网常常是有利的。它使环状干线上各进气点的压力差值降低，并提高了集气生产过程中向天然气处理厂连续供应原料气的可靠性。

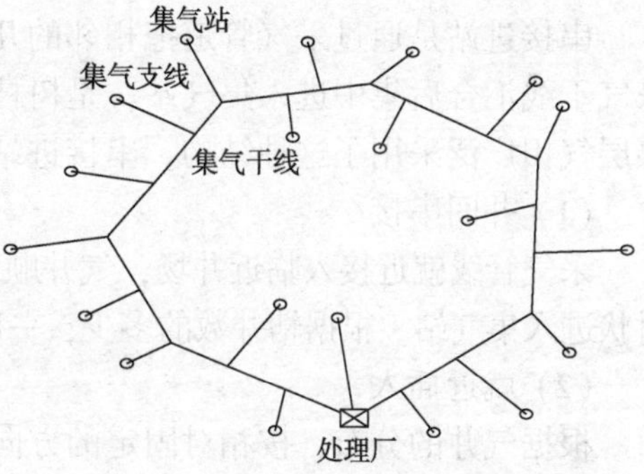

图 3-4 环状管网结构示意图

环状集气管网的优点：

气田内各集气站汇集周边气井来气后可就近通过集气干线与下游净化厂或外输首站相连通，具有的一定灵活性；

环状集气管网的缺点：

工程总投资较大，只适用于区域面积大、气井分布较分散的大型气田开发。

4. 组合式结构

大部分集气管网采用包括树枝状、放射状和环状结构在内的组合结构形式，尤以前两种结构的组合应用最为常见，如长庆苏里格气田、长庆靖边气田采用了这种组合式结构。

二、采气管网的结构形式

采气管线数量比集气管线数量多，与集气管网一样，采气管网也可分为不同的进站结构，主要有单井直接进站、井丛进站、串接进站和阀组进站结构。

1. 直接进站结构

单井直接进站是目前在气田中应用最广泛的模式，是典型的放射状管网，长庆靖边气田采用了单井直接进站的多井集气模式，该模式可以简化井口工艺，其结构示意如图 3-5 所示。

2. 井丛进站结构

在开发部署时，通过钻定向井方式把相邻的几口气井集中布置在 1 个井场，然后把井口采出的天然气汇集后输往集气站。例如，长庆气区榆林气田长北合作区 1 座井丛布置 1~3 口气井，长庆苏里格气田 1 座井场常常布置了 3~18 口气井，其结构也多为放射状，结构示意见图 3-6。

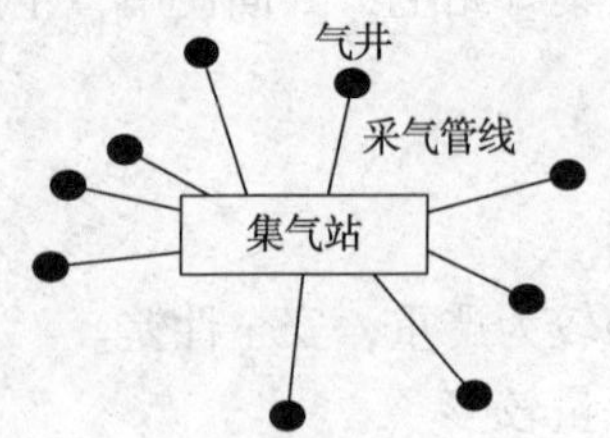

图 3-5　单井直接进站结构示意图

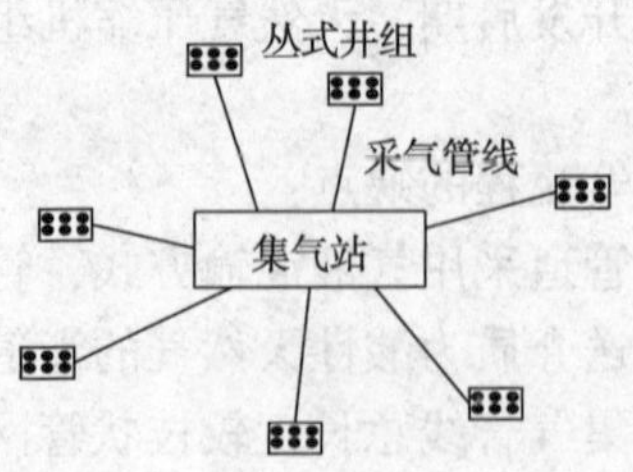

图 3-6　井丛进站结构示意图

3. 串接进站结构

串接进站是通过采气管道把相邻的几口气井(或井丛)采出的天然气(或煤层气)串接到采气干线汇合后集中进入集气站，是树枝状与放射状组合结构，目前长庆苏里格气田、山西煤层气田广泛采用了这种结构。串接进站的结构形式主要有以下四种：

(1) 井间串接

采气管线就近接入临近井场，气井顺序相连，根据气井的布置，采气干线按不同方位呈放射状进入集气站。根据辖井数的多少，一般建设 5~12 条采气干线，其结构示意见图 3-7。

(2) 就近插入

根据气井的分布，按相对固定的方向，敷设采气干线，单井或井丛采气管道以最短的距离垂直就近接入临近的采气干线，其结构示意见图 3-8。

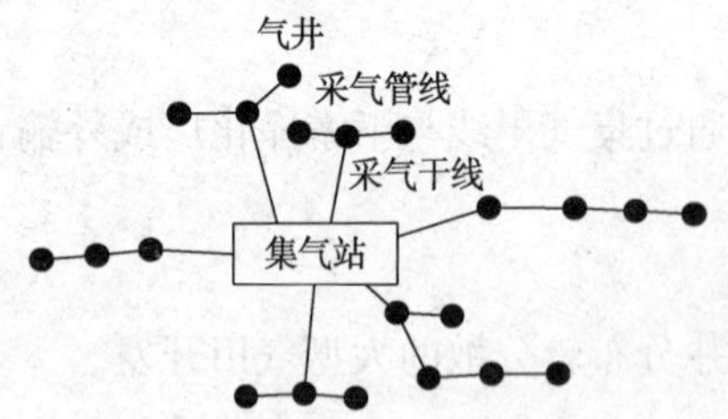

图 3-7　井间串接进站结构示意图

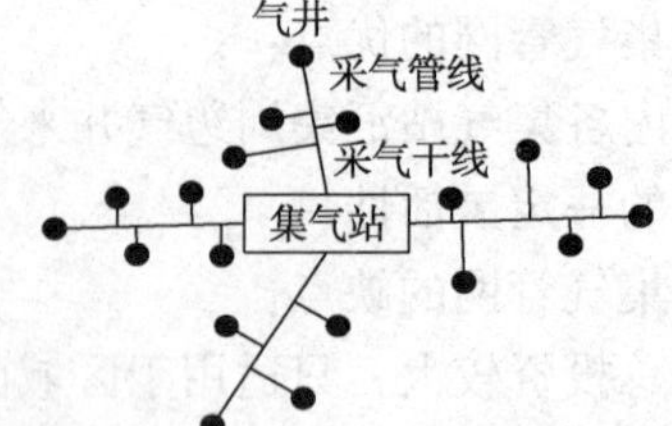

图 3-8　就近插入进站结构示意图

(3)“工、王”形串接

对于水平井整体开发区，井位布置均匀规律，为提高采气管网对地下的适应性、灵活性，采用辐射-枝状组合式采气管网，采气管网由采气支线、采气支干线、采气干线三部分组成：单井、井丛采气管线进入水平采气支干线，水平采气支干线通过采气干线连接，采气干线直接进入集气站；采气干线的端点设置清管设施，定期对管道清管，提高输送效率。目前在长庆苏里格气田东三区水平井整体开发区中应用，其结构示意见图 3-9。

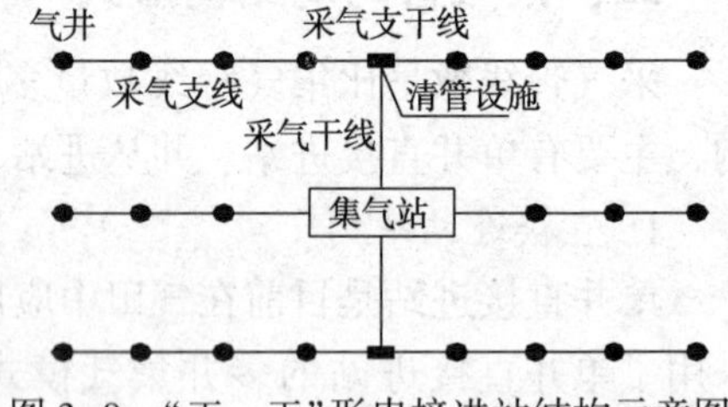

图 3-9　“工、王”形串接进站结构示意图

(4) 井丛串接

对于全丛式井开发的气田，把相邻的 2~3 个丛式井(基本井丛)单独敷设采气管线到距离较近的另外一个丛式井(区域井丛)后，统一汇集后再输送至集气站，是放射状的组合结构。该方式可在区域井丛设置清管系统对采气管道进行清管作业，目前在长庆苏里格南国际合作区中应用，其结构示意见图 3-10。

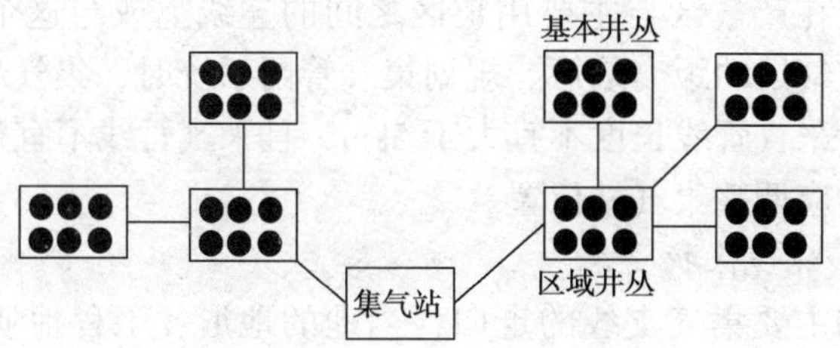

图 3-10 井丛串接进站结构示意图

4. 阀组进站结构

把相邻的几口单井(或井丛)采出的天然气(或煤层气)集中输送至附近阀组，在阀组对天然气进行汇集后再输送至集气站，是放射状的组合结构，目前在长庆苏里格气田和山西煤层气田中有所应用，其结构示意见图 3-11。

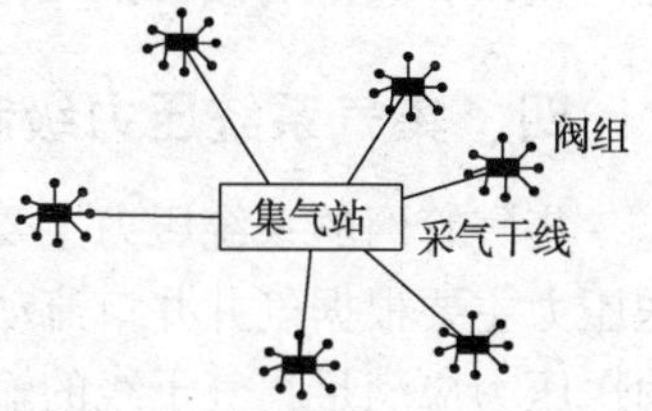

图 3-11 阀组进站结构示意图

三、集气管网的设置原则

1. 满足气田开发方案的要求

(1) 以气田开发方案提供的产气数据为依据

产气区的地理位置、储层的层位和可采储量；开发井的井数、井位；井底和井口的压力和温度参数(包括井口的流动压力和流动温度)；各气井的井流物平均组成及产出量，以上数据是气田开发方案编制的依据，也是集气管网建设所需的基础数据。集输管网的确定应根据气田的具体情况，从技术的可靠性、集输系统的安全性、地面工程投资等方面进行综合对比，确定最优的方案。

(2) 按气田开发方案确定集气管网的建设规模

开发方案根据气田的可采储量、天然气的市场需求和适宜的采气速度，对气田开发的生产规模、开采期、年度采气计划、各气井的日产量、最终的总采气量和采收率作了具体规定。集气管网的建设规模应与气田开发方案确定的生产规模相一致。对于含气面积较大、井口数相对较少、单井产量较高的气田，宜采用枝状集气流程；对于含气面积较小、井口数较多、单井产量较低的气田，宜采用放射状集气流程；对于含气面积大、井口数较多且井网布置较分散、分期开发的气田，宜采用环状集气流程。

2. 与集气站场设置相协调

集气管网的设置与集气工艺技术的应用、集气生产流程的安排和集气站场的合理布置要求密切相关。采用不同的集气工艺和不同的集气站场设置方案会对集气管网设置提出不同的要求，会带来有利和不利的因素，影响到集气管网的总体布置和建设投资。通过优化组合集气管网和站场建设方案可将这两项工程建设的总投资额降到最低。集输管网的选择应结合集气工艺进行确定，如当分离器设在井场时，宜采用枝状管网；当分离器设在集气站时，宜采用辐射-枝状组合管网或辐射-环形组合管网。

3. 天然气总体流向合理

天然气集气管网的最终输送目的地是天然气处理厂，但经处理后的商品天然气最终要输送到天然气用户区。集气管网内的天然气总体流向不但要与产气区到处理厂的方向相一致，还应与产气区到主要用户区的方向相一致。为此要把集气管网设置和天然气处理厂的选址结合起来，把处理厂选址在产气区与主要用户区之间的连线上或与这个连接尽可能接近的区域，并力求处理厂与产气区的距离最短。规划集气管网系统时，集气站的布点与采气管线的长度应相应考虑，一般采气管线长度不宜大于5km，且采气管线不宜敷设在陡峭的山坡地形位置，遇到此类情况，应调整集气站位置。

4. 符合生产安全和环境保护要求

管网中集气干线和主要集气支线的走向与当地的地形、工程地质、公路交通条件相适应。避开大江、大河、湖泊等自然障碍区和不良工程地质段，管道尽可能沿现有公路敷设。远离城镇和其他居民密集区，不进入城镇规划区和其他工业规划区。

四、集气系统压力级制

集气管网的系统压力主要分两级：第一级是采气压力，第二级是集气压力。采气管线输送压力主要根据气井井口流动压力、温度、集气工艺、压力能的利用等条件确定。集气管道输送压力应满足集气干线的输送压力要求及下游天然气处理厂工艺的要求，对于需进行处理的天然气(如含硫含碳、含重烃天然气)，尚需考虑处理厂内部的压力损失。因此，集气系统压力级制的确定主要是根据天然气处理厂工艺、上游气田的供气压力及下游用户的要求，结合气田开发方案及集气工艺方案进行经济技术综合对比确定。

1. 压力级制类型

集气系统压力级制通常分为高压集气、中压集气和低压集气三种。

高压集气的压力在10MPa以上。以前多为井场装置至集气站的采气管道采用，随着高钢级钢管生产工艺的发展，目前已有整装气田从井口至处理厂的整个集气系统压力在10MPa以上。

中压集气的压力在4.0~10.0MPa之间，多为集气站至处理厂的集气管道采用。低压集气的压力在4.0MPa以下。例如一些低渗透气田，井口压力下降很快，不能实现中压和高压集气时，一种为不增压输送，井口压力下降，不能进入输气管道系统，低压集气供给邻近用户；另一种为增压集气，使低压天然气进入较高压力级制的集气管线。部分气田的压力级制见表3-1和表3-2。

表3-1 长庆气区天然气集气系统压力级制 MPa

气田名称	井口压力	采气管线设计压力	集气站出站压力	集输管网设计压力	处理厂进厂压力
靖边气田	20~23	25	≤5.8	6.3	4.9~5.6
苏里格气田	1.3~4.0	4.4	≤3.5	4.0	2.5
山西煤层气气田	0.2~0.5	1.0	≤1.4	1.6	1.0

表3-2 塔里木气区天然气集输系统压力级制 MPa

气田名称	井口压力	井口节流后压力	集输管网设计压力	处理厂进厂压力
牙哈气田	45	12~18	17~20	12
克拉2气田	65~68	12.2~12.5	14	12
迪那气田	65~79	12~14	16	12

2. 压力级制设置方式

集气管网的压力应根据气藏压力、压力递减速度、天然气处理工艺和商品气外输首站压力等因素经技术经济综合对比确定。

对于较单一的气田，宜设一种压力级制的管网，例如川渝龙岗、塔里木迪那 2 气田等均采用了单一集气压力的集气管网。

对于气田内部存在不同气层压力且压力相差较大的情况，设一套管网不经济时，根据实际情况的需要可设置多种压力级制的管网与之相匹配。例如长庆榆林气田长北合作区为保证中央处理厂采用 J-T 阀节流的脱水脱油处理工艺所需的压力差，反推出集气管网的操作压力，并结合先、后投产井的流动压力，将集气管道设计压力确定为 5.6~8.3MPa 等多种压力级制。

一个气田若有多个产层，各产层压力差别较大，设一套压力级制的管网不经济时，可分设高、低压集气管网。

应综合考虑气田开发后期增压开采方案的影响。

五、集气管线流速的确定

天然气集气管线流速的确定需考虑两方面的因素，一方面是管路沿线的压力损失，另一方面则是气体流速对管道冲刷及管内持液量的影响。集输管道的流速越高，管路沿线的压力损失则越大，上游所需供气压力越高，将缩短气田的稳产时间。同时，过高的气流速度也将对管道弯头、三通等管路附件及线路阀门造成严重的冲刷及腐蚀，产生不安全的因素。根据资料介绍，对于采用碳钢的集气管道，天然气的流速应控制在 20m/s 以内，以减缓气体冲刷松造成的冲蚀影响。集输管道的流速过低，则不仅造成集输管道的管径偏大，投资浪费，而且对于气液混输管道，由于气体流速较慢，在管道低洼处易形成积液，局部腐蚀情况将更加严重。因此，合理的流速选择应是对以上两种因素的综合考虑。

对于输送酸性介质的集输管道，需考虑气流速度及流态对腐蚀的影响。从防腐角度考虑，管道中气体呈环流方式是比较理想的，可是凝聚的液体被气流夹带走，但气流速度过高，压降会增加，能耗增加而且对管道的冲蚀加剧。因此，采气管线流速一般宜为 4~6m/s，最小不宜低于 2~3m/s；当输送介质为酸性天然气时，管线流速宜控制在 6~8m/s，集气管线流速宜为 15~20m/s。

六、集气系统的适应性

集气系统的适应性包括根据气田开发方案的要求、满足气田在整个生产周期内的变化情况，以及满足下游用户的变化情况两方面。

气田开发通常是一个长周期的过程，集气系统既要满足气田开发初期的生产状况，又要满足气田开发后期井口压力、产量、温度等参数变化幅度较大的情况。因此集气系统的适应性应从气田的整个生产周期进行考虑，既要合理利用气田的压力能和资源，延缓气田增压采气的时间，又要结合气田后期增压开采的方案，从整个生产周期上考虑降低工程的综合投资及运行费用。由于气田开发方案与实际生产过程中存在偏差或不确定的因素，集气系统应考虑一定的富裕量，通常集气系统的集气能力要达到方案配产的 1.2 倍。对于分期开发建设的气田，集气系统还应具有良好的可扩容性，即集气站、处理厂的部分公用设施以及集气干线等按一次性建设考虑，既可降低工程的一次性投资，又可避免重复建设。

集气系统同时还需要考虑下游用户的变化情况，如冬季用气量大、夏季用气量小，气田生产也将根据用户的用气情况进行调整。

第三节　集气工艺

集气工艺一般包括分离、计量、水合物抑制、气液混输、增压和清管工艺，有的高含硫气田还包括小规模站场脱硫工艺，凝析气田还包括凝析油处理工艺。

一、分离工艺

（一）分离工艺的选择

从气井中采出的天然气不可避免的会带有一部分液体(矿化水、凝析油等)和固体杂质(岩屑、砂粒等)，如果不进行分离，这些液体和固体杂质会对站场设备和集气管道带来严重的影响(磨损设备、堵塞管道)，很可能造成安全事故。因此，在部分井场、集气站和天然气处理厂都需要设置分离器，对天然气进行气-液、气-固的分离，以满足集气和外输的要求。当天然气组成中丙烷及更重的烃类组分较多时，宜进行天然气凝液的回收，并遵循以下原则：

① 每立方米天然气中戊烷及更重的烃类组分按液态计，小于10mL时，宜采用常温分离工艺；大于10mL时，应通过相态平衡工艺模拟计算和技术经济分析后，确定采用常温分离、常温多级分离或低温分离工艺。

② 每立方米天然气中的丙烷及更重的烃类组分按液态计，应通过相态平衡计算和技术经济分析后，小于100mL时，采用常温分离、常温多级分离或低温分离工艺；大于100mL时，采用常温多级分离或低温分离工艺。

1. 常温分离工艺

① 单井常温分离工艺

单井常温分离集气站通常设置在气井井场。气井采出的天然气在井场经加热、节流调压、分离，计量后进入集气管道。其井场集气工艺流程根据天然气、凝液和水量含的不同，集气工艺流程设备选择略有不同。工艺流程见图3-12、图3-13。

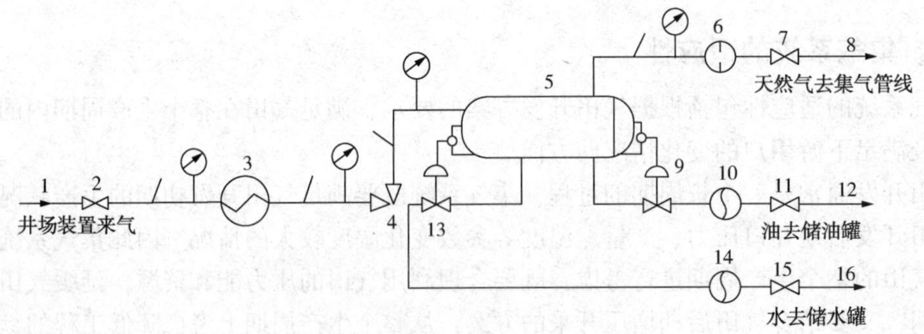

图3-12　常温单井集气工艺流程(一)

1—气井来气；2—天然气进站截断阀；3—加热炉；4—调压节流阀；5—油气水三相分离器；6—孔板计量装置；7—天然气出站截断阀；8—天然气去集气管道；9—凝析油液位控制自动放液阀；10—凝析油流量计；11—凝析油出站截断阀；12—凝析油去储罐；13—采出水液位控制自动排液阀；14—采出水流量计；15—采出水出站截断阀；16—采出水去储罐

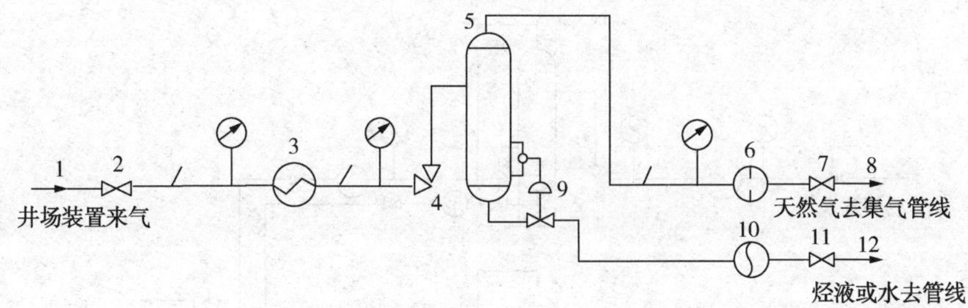

图 3-13 常温单井集气工艺流程(二)

1—气井来气；2—天然气进站截断阀；3—加热炉；4—调压节流阀；5—气液两相分离器；
6—孔板计量装置；7、11—气、油或水出站截断阀；8—天然气集气管道；9—液位控制自动放液阀；
10—流量计；12—液烃或水管道

常温分离单井集气站分离出来的液烃或水，根据量的多少，采用车运或管输方式，送至液烃加工厂或气田水处理厂进行统一处理。常温分离单井集气站通常是设置在气井井场。两种流程不同之处在于分离设备的选型不同，前者为三相分离器，后者为气液分离器，因此其使用条件各不相同。前者适用于天然气中液烃和含水量均较高的气井，后者适用于天然气中只含水或液烃较多和微量水的气井。

单井常温分离集气工艺在井场进行分离除尘，呈单相流进入集气管道。适用于气田建设初期气井少、分散、压力不高、用户近、供气量小、不含硫(或甚微)的单井上使用。缺点是井口需有人值守、定员多、管理分散，采出液不便于集中处理等。对于距集气站远、采气管道长、采用加热仍不能防止水合物形成的边远井，这种集气方式仍是适宜的。如川渝蜀南气矿至今仍保留有这种集气流程。

② 多井常温分离工艺

多井常温分离集气工艺一般设置在集气站。以集气站为中心，所有气井的天然气处理均可集中于集气站内。井场一般仅设井口装置、水合物抑制剂及缓蚀剂注入设施；集气站内经加热、节流调压、分离，计量后进入集气管道。常温分离多井集气站一般有两种类型，如图 3-14和图 3-15 所示。两种流程的不同点在于前者的分离设备是三相分离器，后者的分离设备是气液分离器。两者的适用条件不同。前者适用于天然气中油和水的含量均较高的气田，后者适用于天然气中只有较多水或较多液烃的气田。

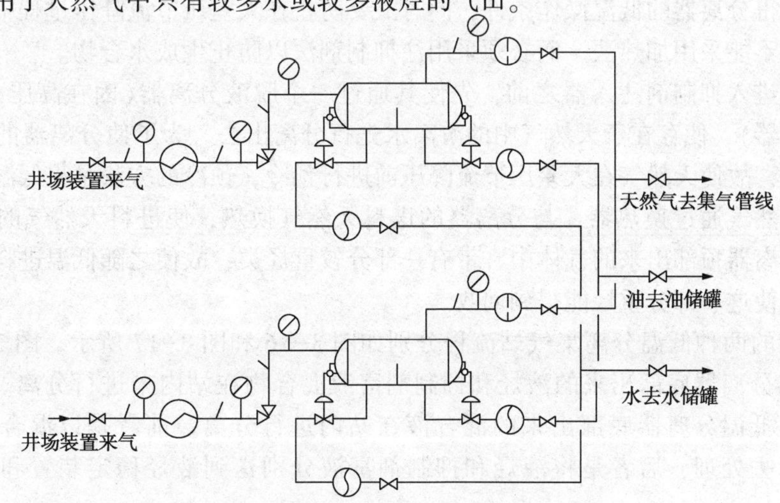

图 3-14 常温分离多井集气站原理流程图(一)

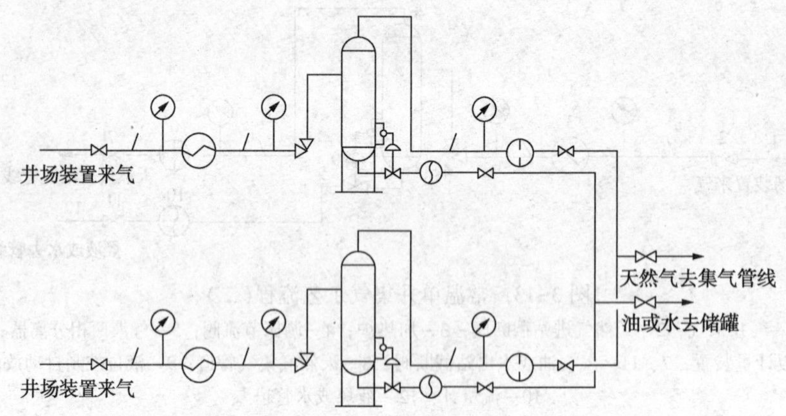

图 3-15 常温分离多井集气站原理流程图(二)

图 3-14 和图 3-15 所示仅为两口气井的常温分离多井集气站。多井集气站的井数取决于气田井网布置的密度，一般采气管线的长度不超过 5km，井数不受限制。以集气站为中心，5km 为半径的面积内，所有气井的天然气处理均可集于集气站内。图 3-14 中管线和设备与图 3-12 相同，图 3-15 中管线和设备与图 3-13 相同。

由于加热节流均在集气站内集中进行，井口无人值守、定期巡回检查。采用多井集气流程，天然气在井场未进行分离处理，直接进入采气管道。与单井集气工艺相比，具有设备和操作人员少、人员集中和便于管理等优点，如长庆气区靖边气田采用这种集气流程。

2. 低温分离工艺

采用低温分离法的主要目的是回收凝液和控制集气站外输天然气水、烃露点。分离器的操作温度在 0℃以下，通常为-4~-20℃。低温分离法一般适用于丙烷及以上组分含量较高的天然气。对于高压凝析气或湿天然气，采用低温分离工艺可同时分出凝液和饱和水，使天然气的水、烃露点符合管输要求，并防止凝液析出而影响管输能力。如果天然气压力较低(例如低压气田、油田伴生气、后期天然气压力衰减等)，无法采用节流膨胀制冷，则可考虑采用冷剂制冷。

为了要取得分离器的低温操作条件，同时又要防止在大差压节流降压过程中天然气生成水合物，因此不能采用加热法，而必须采用注抑制剂法以防止生成水合物。

天然气在进入抑制剂注入器之前，先使其通过一个脱液分离器(因在高压条件下操作，又称高压分离器)，使存在于天然气中的游离水先行分离出去。为了使分离器的操作温度达到更低的程度，故使天然气在大差压节流降压前进行预冷，预冷的方法是将低温分离器顶部出来的低温天然气通过换热器，与分离器的进料天然气换热，使进料天然气的温度先行下降。因闪蒸分离器顶部出来的气体中，带有一部分较重烃类，故使之随低温进料天然气进入低温分离器，使这一部分重烃能得到回收。

比较典型的两种低温分离集气站流程分别如图 3-16 和图 3-17 所示。图 3-16 流程图的特点是低温分离器底部出来的液烃和抑制剂富液混合物在站内未进行分离。图 3-17 流程图的特点是低温分离器底部出来的混合液在站内进行分离。前者是以混合液直接送到液烃稳定装置去处理，后者是将液烃和抑制剂富液分别送到液烃稳定装置和富液再生装置去处理。

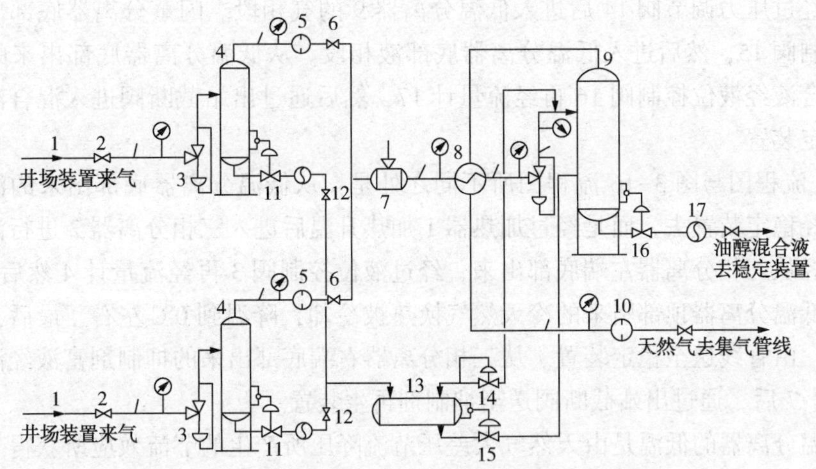

图 3-16 低温分离集气站原理流程图(一)

1—采气管线；2—进站截断阀 3—节流阀；4—高压分离器；5—孔板计量装置；6—装置截断阀；7—抑制剂注入器；8—气-气换热器；9—低温分离器；10—孔板计量装置；11—液位调节阀；12—装置截断阀；13—闪蒸分离器；14—压力调节阀；15—液位控制阀；16—液位控制阀；17—流量计

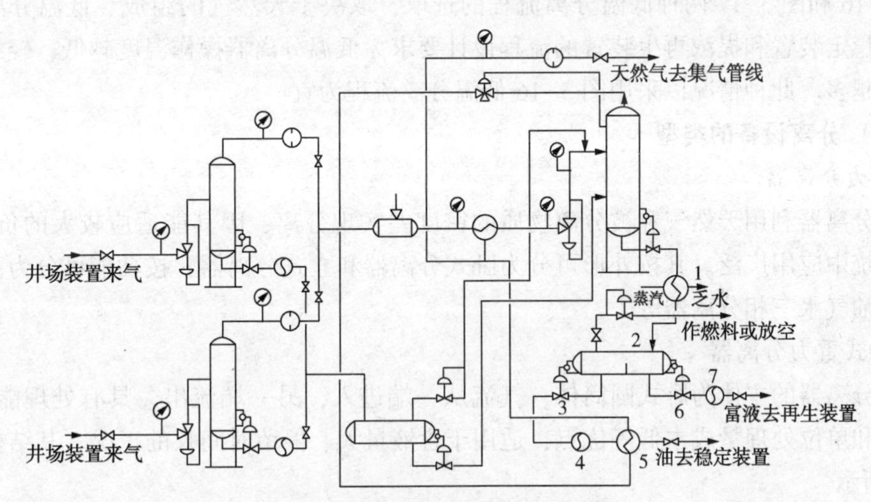

图 3-17 低温分离集气站原理流程图(二)

1—加热器；2—三相分离器；3—液位控制阀；4—流量计；5—气-液换热器；6—液位控制阀；7—流量计

图 3-16 流程图所示：井场装置通过采气管线 1 输来气体经过进站截断阀 2 进入低温站。天然气经过节流阀 3 进行压力调节以符合高压分离器 4 的操作压力要求。脱除液体的天然气经过孔板计量装置 5 进行计量后，再通过装置截断阀 6 进入汇气管。各气井的天然气汇集后进入抑制剂注入器 7，与注入的雾状抑制剂相混合，部分水汽被吸收，使天然气水露点降低，然后进入气-气换热器 8 使天然气预冷。降温后的天然气通过节流阀进行大差压节流降压，使其温度降到低温分离器所要求的温度。从分离器顶部出来的冷天然气通过换热器 8 后温度上升至 0℃以上，经过孔板计量装置 10 计量后进入集气管线。

从高压分离器 4 的底部出来的游离水和少量液烃通过液位调节阀 11 进行液位控制，流出的液体混合物计量后经装置截断阀 12 进入汇液管。汇集的液体进入闪蒸分离器 13，闪蒸出来的气体经过压力调节阀 14 后进入低温分离器 9 的气相段。闪蒸分离器底部出来的液体再经液位控制阀 15，然后进入低温分离器底部液相段。从低温分离器底部出来的液烃和抑制剂富液混合液经液位控制阀 16 再经流量计 17，然后通过出站截断阀进入混合液输送管线送至液烃稳定装置。

图 3-17 流程图与图 3-16 流程图所不同之处是：从低温分离器底部出来的混合液，不直接送到液烃稳定装置去，而是经过加热器 1 加热升温后进入三相分离器 2 进行液烃和抑制剂分离。液烃从三相分离器左端底部出来，经过液位控制阀 3 再经流量计 4 然后通过气-液换热器 5 与低温分离器顶部引来的冷天然气换热被冷却，降温到 0℃左右。最后，液烃通过出站截断阀，由管线送至稳定装置。从三相分离器右端底部出来的抑制剂富液经液位控制阀 6 再经流量计 7 后，通过出站截断阀送至抑制剂再生装置。

因为低温分离器的低温是由天然气大差压节流降压所产生的节流效应所获得。故高压分离器的操作压力是根据低温分离器的操作温度来确定的。操作温度随气井温度和采气管线的输送温度来决定，通常按常温考虑。闪蒸分离器的操作压力随低温分离器的操作压力而定；操作温度则随高压分离器的操作温度而定。三相分离器的操作压力根据稳定塔的操作压力来确定；操作温度则根据稳定塔的液相沸点和最高进料温度来确定。

图 3-16 和图 3-17 两种低温分离流程的选取，取决于天然气的组成、低温分离器的操作温度、稳定装置和提浓再生装置的流程设计要求。低温分离器操作温度越低，轻组分溶入液烃的量越多。此种情况以采用图 3-16 低温分离流程为宜。

（二）分离设备的类型

1. 重力分离器

重力分离器利用天然气和被分离物质的密度差实现分离，因其能适应较大的负荷波动，在集气系统中应用广泛。其按外形可分为卧式分离器和立式分离器，按功能可分为油气两相分离器、油气水三相分离器等。

① 卧式重力分离器

这种分离器的主体为卧式圆筒体，气流从一端进入，另一端流出，具有处理能力较大、安装方便和单位处理量成本低等优点，适用于含液量大、停留时间长的工况。其结构形式如图 3-18 所示。

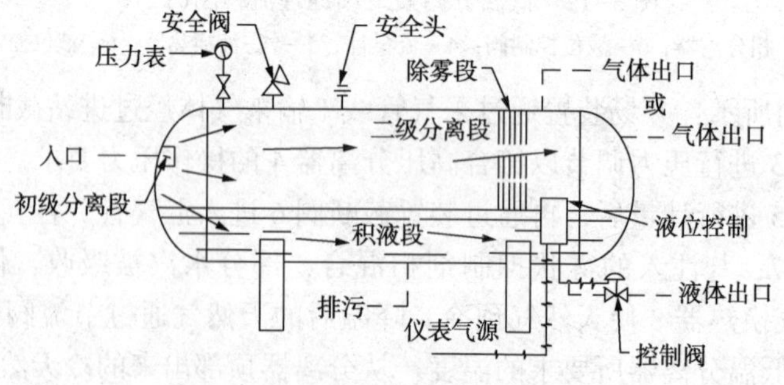

图 3-18 卧式重力分离器结构图

初级分离段：即入口段，在气流入口处设挡板或内旋器，对气液进行一次分离。

二级分离段：即沉降段，此段是气体与液滴实现重力分离的主体，液滴沉降时间和液滴大小是沉降段设计的最主要参数。在卧式重力分离器的沉降段内，气流水平流动与液滴运动的方向成90°夹角，而在立式重力分离器的沉降段内，气流向上流动，液滴向下沉降，两者方向完全相反，因而卧式重力分离器对液滴下降的阻力小于立式重力分离器，通过计算可知卧式重力分离器的气体处理能力比同直径的立式重力分离器处理能力大。为了提高分离效率，通常设有波纹板等分离元件。

除雾段：此段可设置在筒体内，也可设置在筒体上部紧接气流出口处。除雾段设置纤维、金属丝网或专用除雾芯子。

液体储存段：即积液段，此段设计常需考虑液体必须在分离器内的停留时间，一般储存高度按 $D/2$ 考虑。

泥沙储存段：此段在积液段下部，位于水平筒体的底部，由于泥沙等污物有45°~60°的休止角，排污比立式重力分离器困难，通常设有两个以上的排污口。

② 立式重力分离器

这种分离器的主体为立式圆筒体，气流一般从筒体的中段进入，顶部为气流出口，底部为液体出口，也可分为初级分离段、二级分离段、积液段、除雾段。立式重力分离器占地面积小，易于清除筒体内污物，便于实现排污与液位自动控制，适用于含液量小、停留时间短的工况。其结构形式如图3-19所示。

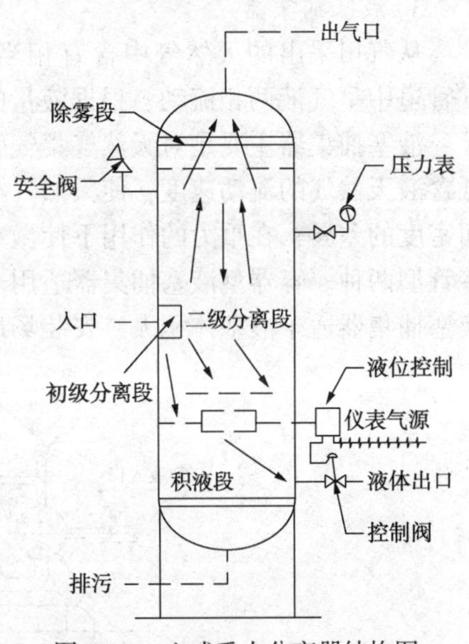

图3-19 立式重力分离器结构图

③ 三相分离器

三相分离器与卧式两相分离器的结构和分离原理大致相同，油水气混合物由进口进入来料腔，经稳流器稳流后进入重力分离段，利用气体和油水密度差将气体分离出来，再经分离元件进一步将气体中夹带的油水分离。油水混合物进入污水腔，密度较小的油经溢流板进入油腔，从而达到油、水分离的目的。该分离器适用于油、气、水三相同时存在，且必须分离的工况，其结构型式如图3-20所示。

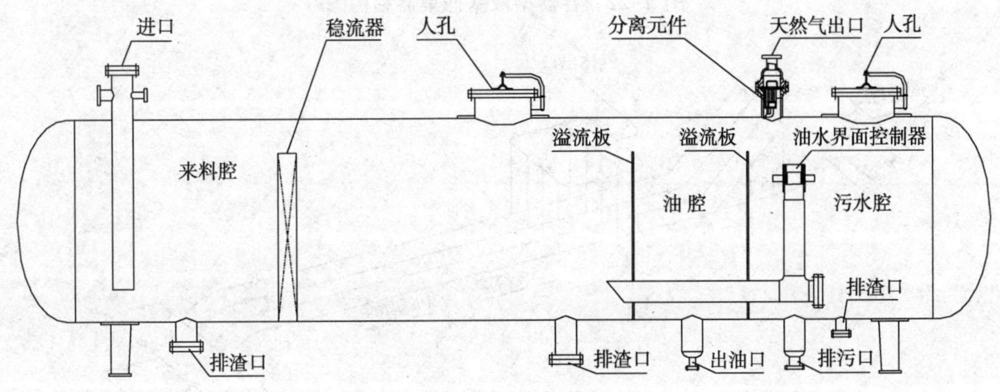

图3-20 三相分离器结构图

2. 气液旋流分离器

气液混合物由切向入口进入旋流分离器后形成的旋流产生了比重力高出许多倍的离心力，由于气液相密度不同，所受的离心力差别很大，重力、离心力和浮力联合作用将气体和液体分离。液体沿径向被推向外侧，并向下由液体出口排出；而气体则运动到中心，并向上由气体出口排出。其结构型式如图 3-21 所示。

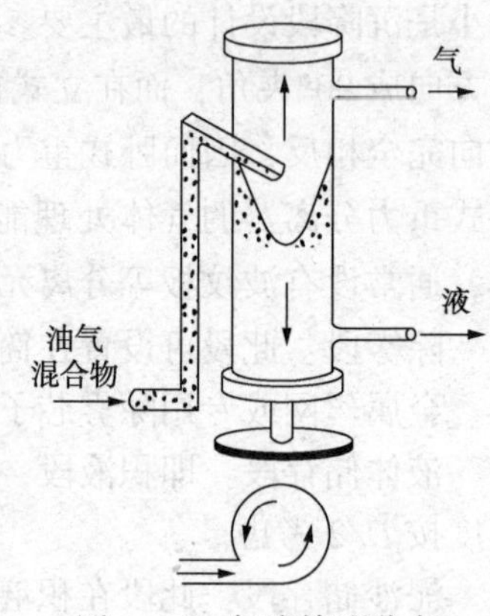

图 3-21 气液旋流分离器结构图

这种分离器与传统容器式分离器相比，具有结构紧凑、重量轻和投资节省等优点。在处理量相同的情况下，其结构尺寸相当于传统立式分离器的 1/2 左右，相当于传统卧式分离器 1/4 左右，是替代传统容器式分离器的新型分离装置。

3. 液塞捕集器

从气田采出的天然气中含有相当部分的水和液烃，在集气管道中呈气液两相流动，根据液量的多少和气液比，管道中可能形成段塞流。

液塞捕集器主要是对天然气集气管道中段塞流的液塞进行收集的设备，其原理是通过降低含液天然气的流动速度，使天然气与液体在入口段达到分层流动，然后利用气体和液体之间密度的差异，在重力的作用下使微小液体沉降而进行分离。液塞捕集器主要包括容器型及多管型两种。容器型液塞捕集器适用于液塞体积小(如 $100m^3$)、安装场地小的场合。多管式液塞捕集器适于液塞体积大、安装场地大的场合。常见结构型式如图 3-22、图 3-23 所示。

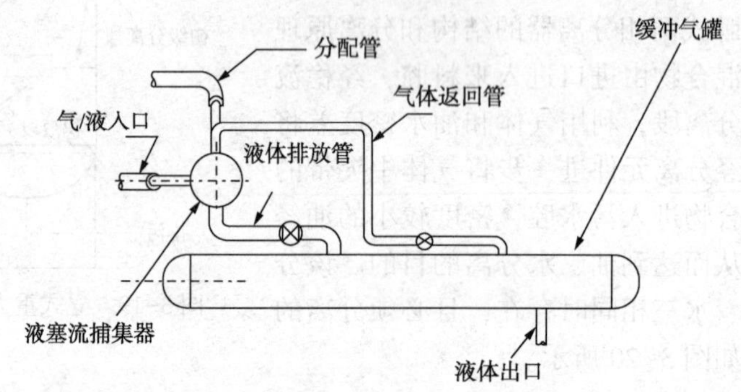

图 3-22 容器型液塞捕集器结构图

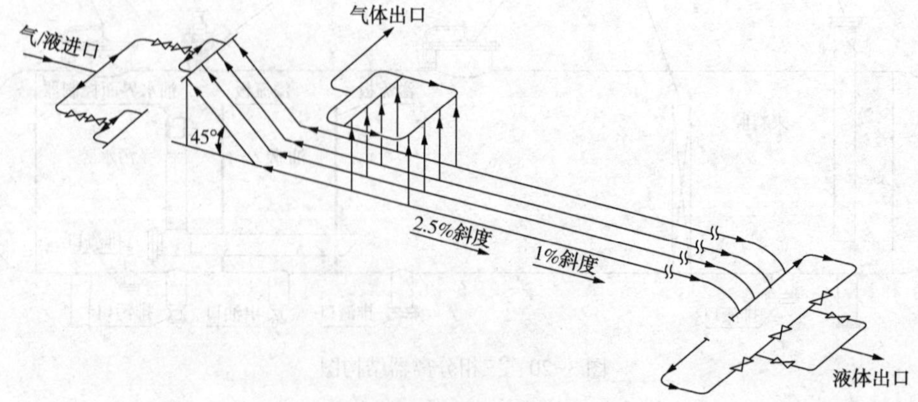

图 3-23 多管型液塞捕集器结构图

4. 过滤分离器

过滤分离器的主要特点是在气体分离的气流通道上加上了过滤介质或者过滤原件，当含微量液体的气流通过过滤介质或过滤原件时，雾状液滴会聚结成较大的液滴并和入口分离室里的液体汇合流入储液罐内。过滤分离器可以脱除100%直径大于2μm的液滴和99%的小到0.5μm以上的液滴，通常用于对气体净化要求较高的场合，如气体处理装置、压缩机站进口管路或涡轮流量计等较精密的仪表之前。过滤器如图3-24所示。

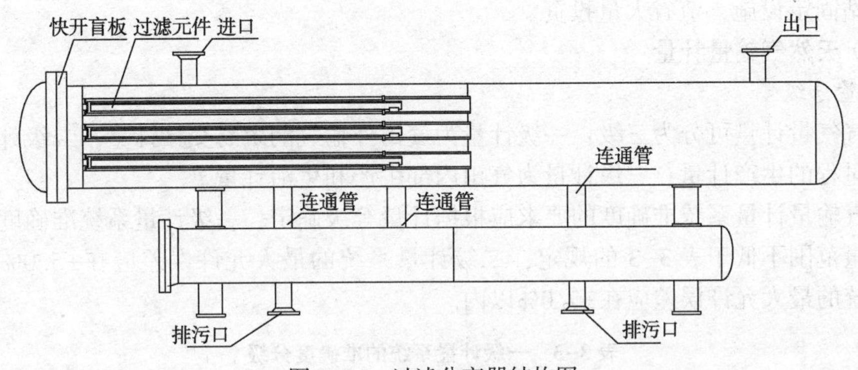

图3-24 过滤分离器结构图

（三）分离设备的选择

气液分离宜采用重力分离器。重力分离器形式选择应根据分离介质的液量及相数确定，在井场装置分离天然气中的岩砂或大量气田水时，应采用重力分离器。液量较少，要求液体在分离器内的停留时间较短时，宜选用立式重力分离器；液量较多，要求液体在分离器内的停留时间较长时，宜选用卧式重力分离器；气、油、水同时存在，并需进行分离时，宜选用三相卧式分离器。在集气站分离天然气中凝液(游离水或天然气液烃)时应采用重力分离器。在气田压气站压缩机进口前天然气的净化，当以分离液体物质为主时，应采用重力分离器；当以分离粉尘物质为主时应采用过滤分离器或干式除尘器。压缩机出口后天然气脱液应采用重力分离器。

分离器宜设在集气站内，对于需要在井口进行多级节流降压的气井、产液量大的气井和距集气站较远的气井，宜设置在井场。连续计量的气井，每口井必须设1台计量分离器且兼作生产分离器之用；周期性计量的气井，计量分离器的数量应根据周期计量的气井数、气井产量、计量周期和每次计量的持续时间确定。生产分离器的数量应根据气井产量及分离器处理能力确定。

二、计量工艺

（一）气井产量计量

为了掌握各气井生产动态，一般要计量每口气井的产气量、产液量，常用以下计量方式：单井连续计量、多井轮换计量、车载移动式计量。

单井连续计量工艺通常在单井站设有两相或三相分离器，将油、气、水分离后分别进行计量。该工艺流程复杂，分离、计量设备多，投资高，常用于气田开发初期的试采井、距集气站较远气井的计量。对于产气量在气田起重要作用的气井，对气田的有代表性的气井，气藏边水、底水活跃的气井和产量不稳定的气井宜采用连续计量。

采用周期性多井轮换计量的气井，计量周期一般为5~10天；每次计量的持续时间不少于24h，且当调整某路气井产量时应优先切换至该路计量。轮换计量仪表的配置应能覆盖每路气井的流量范围。

致密气田、煤层气田、页岩气田由于单井产量低、井数多，一般在井场采用气液混合简易计量，了解各气井生产动态，同时采用移动分离计量工艺，配置车载式移动计量分离器定期对单井的气、液分别计量，计量后的气、液混合后再进入采气管道。该计量工艺简化了井场或集气站固定设施，节省大量投资。

（二）天然气输量计量

1. 计量分级

天然气气量计量可分为三级：一级计量为气田外输气的贸易交接计量；二级计量为气田内部集气过程的生产计量；三级计量为气田内部生产和生活计量。

天然气输量计量系统准确度的要求应根据计量等级确定：一级计量系统准确度可根据天然气的输量范围不低于表3-3的规定，二级计量系统的最大允许误差应在±5.0%以内，三级计量系统的最大允许误差应在±7.0%以内。

表3-3 一级计量系统的准确度分级

标准参比条件下的体积输量 q_{nv}/(m^3/h)	$q_{nv}\geqslant 1000$	$1000<q_{nv}\leqslant 10000$	$10000<q_{nv}\leqslant 100000$	$q_{nv}>100000$
准确度等级	C级(3.0)	B级(2.0)	B级(2.0)或A级(1.0)	A级(1.0)

天然气一级计量系统的流量计及配套仪表，应按现行国家标准《天然气计量系统技术要求》(GB/T 18603—2014)的规定配置，配套仪表的准确度应按表3-3确定。天然气二、三级计量系统配套仪表的准确度，可分别参照表3-4中B级和C级确定。

表3-4 计量系统配套仪表准确度

参数测量	计量系统配套仪表准确度		
	A级(1.0)	B级(2.0)	C级(3.0)
温度	0.5℃①	0.5℃	1.0℃
压力	0.2%	0.5%	1.0%
密度	0.35%	0.7%	1.0%
压缩因子	0.3%	0.3%	0.5%
在线发热量	0.5%	1.0%	1.0%
离线或赋值发热量	0.6%	1.25%	2.0%
工作条件下体积流量	0.7%	1.2%	1.5%
计量结果	1.0%	2.0%	3.0%

注：①当使用超声流量计并计划开展使用中检验时，温度测量不确定度应该优于0.3℃。

2. 计量仪表类型

常用于天然气的计量仪表主要有差压式、速度式和容积式流量计。

① 差压式流量计

差压式流量计是基于伯努利原理和流体连续性方程设计制造的流量计，适用于稳定流。利用流体在压能作用下充满管道流动时，遇到管道的缩颈部件发生节流而产生差压，利用差压与流过的流体量之间的特定关系而测得流量的。差压式流量计具有简单、价廉、易于安装和维修、经久耐用、适应性宽、可操作性强等优点。它的缺点是测量范围较窄，当最大流量与最小流量之间太宽时，差压式流量计不能准确地测量流体流速。差压式流量计有标准型和非标准型，标准型差压式流量计主要包括标准孔板和标准喷嘴两种。

② 速度式流量计

速度式流量计是以直接或间接测量封闭管道中满管流流体流动速度而得到流体流量的流量计。如涡轮流量计、涡街流量计、旋进旋涡流量计和超声波流量计等。

③ 容积式流量计

容积式流量计是直接测量管道中满管流体流过的容积值来测量流体量的方法。从流体中吸收部分能量，利用机械测量元件把流体连续不断地分割成单个已知的体积，根据计量室逐次、重复地充满和排放该体积流体的次数来测量流体体积总量。吸收的能量用来克服测量元件和附件转动的摩擦力，在仪表入口和出口形成压力降。

三、防止水合物形成工艺

天然气水合物是在一定的温度和压力下，天然气和水形成的半稳定固态化合物，可以在0℃以上形成。天然气水合物的存在，会减小管道通过能力，增加输气压降，严重时还会堵塞阀门和管道，影响平稳供气。

（一）天然气水合物的形成条件

影响水合物形成的条件首先要考虑的是：①气体或液体必须处于或低于其水露点，或在饱和条件下；②温度、压力和组成。其次要考虑的是：①处于混合过程；②动力学因素；③晶体形成和聚结的实际场所，例如管子弯头、孔板、温度计套管或管垢等；④盐含量。

通常，当压力增加和温度降低至水合物形成条件时都会形成水合物。

（二）天然气水合物的防止措施

天然气水合物的防止应针对其形成条件，消除形成的物质基础、改变形成物理条件以及抑制其生长发展，可采用脱水法、温度控制法、节流降压（井下节流和地面节流）法及注入抑制剂法等措施。

1. 脱水法

采用脱水法脱除天然气中的饱和水，是抑制水合物生成的最根本途径。该方法多用于含硫天然气，既可防止水合物形成，也可防止集气管道的腐蚀。

2. 温度控制法

对天然气加热，或者敷设平行于采集气管道的热水伴热管道，保证井口节流和采集气过程中天然气最低温度高于水合物形成温度3℃以上。通常在井口或集气站设置水套加热炉，工艺较为简单，站场操作管理方便且运行费用低。对于凝析气田，加热不仅可以防止天然气水合物生成，还可防止管输过程中凝析油的冻堵。

3. 节流降压法

天然气压力越高，水合物形成的温度也越高，即越易达到水合物形成条件；压力越低，水合物形成的温度也越低，即越不容易达到水合物生成条件，所以常常采用节流降压法来防止水合物的生成。节流降压根据节流的位置不同可分为井下节流和地面节流。

井下节流就是采用井下节流器在井筒对天然气节流降压，降低了采集气压力，改变了水合物形成的条件，降低了水合物形成的温度；同时充分利用地温加热，提高井口天然气温度，可减少加热炉的负荷或水合物抑制剂的注入量，甚至可取消加热炉或抑制剂注入系统，不仅降低运行成本，节能降耗效果也十分明显。

地面节流就在井场或集气站利用节流阀对天然气进行节流降压，一般在节流前需要加热或注入抑制剂。

4. 注入抑制剂法

注入抑制剂是目前主要使用的方法。它通过向天然气中注入抑制剂降低水合物生成温度而达到防止水合物生成的目的。根据作用机理的不同，抑制剂可分为热力学抑制剂、动力学抑制剂和防聚剂等。

① 热力学抑制剂

热力学抑制剂是最早开发出来并受到广泛采用的一类抑制剂，其作用原理是因为抑制剂加入天然气中，改变了水分子之间的相互作用，从而降低了水蒸气分压，达到抑制水合物形成的目的。此类抑制剂分为两种：醇类(如甲醇、乙二醇)和电解质(如 $CaCl_2$)。目前，天然气水合物抑制剂广泛使用的主要是乙二醇和甲醇。

甲醇由于沸点较低，温度高时气相损失量大，宜用于温度较低、气量较小的场合，甲醇富液经蒸馏提浓后可循环使用。

乙二醇无毒，沸点较甲醇高，蒸发损失小，一般都可回收，再生后可重复使用，适用于处理气量较大的场所。乙二醇黏度较大，在有凝析油存在时，操作温度过低时会给乙二醇与凝析油的分离带来困难，增加了凝析油中的溶解损失和携带损失。

注入采集气管道的水合物抑制剂一部分与管道中的液态水相溶，另一部分挥发至气相，消耗于前一部分的水合物抑制剂，称为水合物抑制剂的液相用量。进入气相的水合物抑制剂不回收，因而又称气相损失量，水合物抑制剂的实际使用量为二者之和，天然气水合物形成温度降主要决定于水合物抑制剂的液相用量。

② 动力学抑制剂

动力学抑制剂作用机理是通过显著降低水合物的成核速率，延缓乃至阻止临界晶核的生成、干扰水合物晶体的优先生长方向及影响水合物晶体定向稳定性等方式抑制水合物生成。与热力学抑制剂相比，动力学抑制剂具有用量少、效果好和易于操作等优点，使用成本也可降低50%以上，并可大大减小储存体积和注入容量。但动力学抑制剂的适用范围却很有限，只能用于水合物生成温度降不超过6~7℃的情况，当温度非常低或压力非常高时，就不适用。

③ 防聚剂

防聚剂则是由一些聚合物和表面活性剂组成。加入浓度很低，但却能防止水合物晶粒的聚集，使水合物晶体成浆状输送而不堵塞管道，该类试剂尚处于试验中。

(三) 集气系统水合物抑制剂的选择

水合物抑制剂在集气系统上应用时，应满足如下几方面的基本要求：

① 能最大限度地降低水合物形成温度；

② 同天然气组分不发生化学反应，并且不生成固体沉淀物；

③ 不增加气体和燃烧产物的毒性；

④ 不会引起设备和管线的腐蚀；

⑤ 完全溶于水，并且易于再生；

⑥ 蒸气压低；

⑦ 凝固点低；

⑧ 价格低，且易于采购。

实际上完全满足上述要求的抑制剂是不存在的，目前常用的抑制剂只是在某些主要方面满足上述要求。

虽然天然气脱水是防止水合物形成的最好方法，但出自实际情况和经济上原因，仅在含硫天然气中考虑是否应在集气站脱水外，一般是在处理厂(站)内集中脱水。

（四） 井场防止水合物生成工艺

根据不同的水合物防止工艺，比较典型的井场流程有以下四种类型。

1. 加热防止生成水合物的流程

如图 3-25 所示，天然气从针形阀出来后进入井场装置，首先通过加热炉 3 进行加热升温，然后经过第一级节流阀(气井产量调控节流阀)4 进行气量调控和降压，天然气再次通过加热炉 5 进行加热升温，和第二级节流阀(气体输压调控节流阀)6 进行降压以满足采气管道起点压力的要求。该工艺一般适用于单井产量高、地层原始压力高、压力递减慢的气田，川渝气区初期的大多气田采用了该流程。

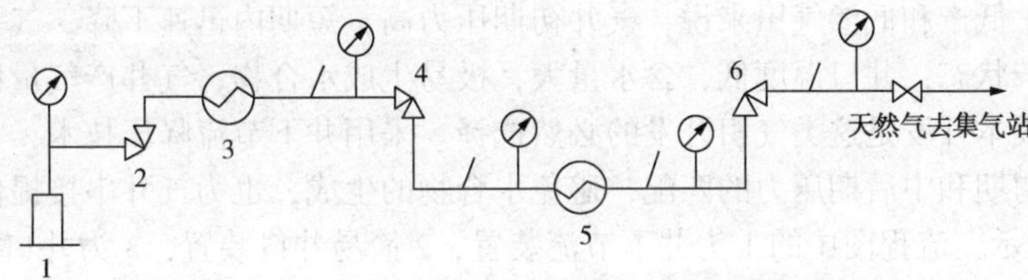

图 3-25 加热法的井场装置原理流程图

1—气井；2—采气树针形阀；3—加热炉；4—气井产量调控节流阀；5—加热炉；6—气体输压调控节流阀

2. 注入抑制剂防止生成水合物的流程

图 3-26 所示，流程图中的抑制剂注入器替换了图 3-25 中的加热炉 3 和 5，流经注入器的天然气与抑制剂相混合，一部分饱和水被吸收下来，天然气的水露点随之降低。经过第一级节流阀(气井产量调控阀)进行气量控制和降压。再经第二级节流阀(气体输压调控阀)进行降压以满足采气管道起点压力的要求。该工艺一般适用于节流压降小、抑制剂注入量小的气田，川渝气区的中坝气田采用了该流程。

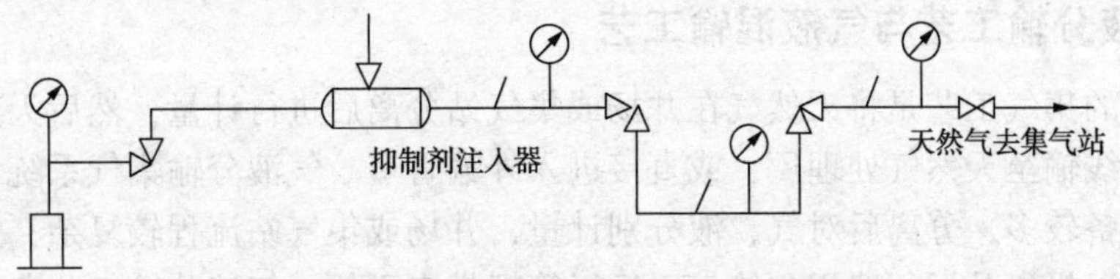

图 3-26 注入抑制剂法的井场装置原理流程图

3. 高压集气的井口工艺流程

天然气在井口不加热、不节流，注入水合物抑制剂，将井口高压天然气输送至集气站。

气井天然气的气量控制和压力调节都在集气站完成，最大程度地简化了井口，实现了井口无人值守。

图 3-27 所示，流程图中的 1 为高压井口装置，2 为可调式井口保护装置，3 为井口针形阀，自集气站来的注醇管道分别给采气管道和井筒注醇。该工艺一般适用于单井产量低、地层原始压力较高、压力递减较慢、集气半径较小的气田，长庆靖边气田、长庆榆林气田采用了该流程。

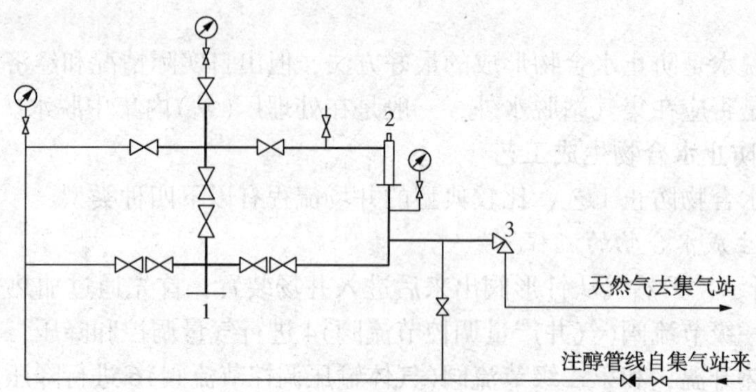

图 3-27　高压集气井口工艺原理流程图

4. 井下节流的中低压集气工艺流程

对于低压、低产和低渗气田来说，气井初期压力高，短期内迅速下降，气井绝大部分时间处于低压生产状态；井口温度低，含水量大，极易生成水合物；气井产气量低，不必进行气量调配；低成本开发是这类气田开发的必然选择。采用井下节流降压技术，充分利用地层的热能，实现初期和中后期压力的匹配，避免水合物的生成，也为气井串接提供了可能。

图 3-28 所示，流程图中的 1 为井下节流装置，2 简易井口装置，3 为井口针形阀，4 为井口高低压紧急关断阀，高低压紧急关断阀前为高压，后为中低压，5 为流量计。该工艺一般适用于低渗透、致密气气田，长庆苏里格气田采用了该流程。

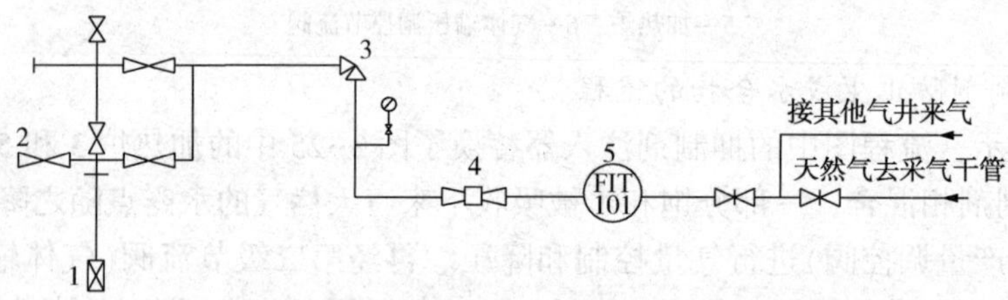

图 3-28　井下节流的中低压集气工艺原理流程图

四、气液分输工艺与气液混输工艺

气田传统的集气工艺是将天然气在井场或集气站分离后进行计量，然后天然气进入集气支线或集气干线输至天然气处理厂，或直接进入外输管道。气液分输集气系统设置的站场数量多，分离设备较多，分离后对气、液分别计量，井场或集气站流程较复杂，并增加分离后液体管输或车运投资及运行费用，给气田运行管理带来不便。气液分输工艺典型井场工艺流程见图 3-29。

随着天然气的开发转移至海洋和沙漠地区，对于凝析气田和低含硫气田普遍采用了气液混输工艺，如在塔里木气区克拉 2 气田、长庆长北气田已成功使用气液混输的集气工艺。

气液混输工艺是含液天然气不分离，直接进入集气支线或集气干线输至天然气处理厂，

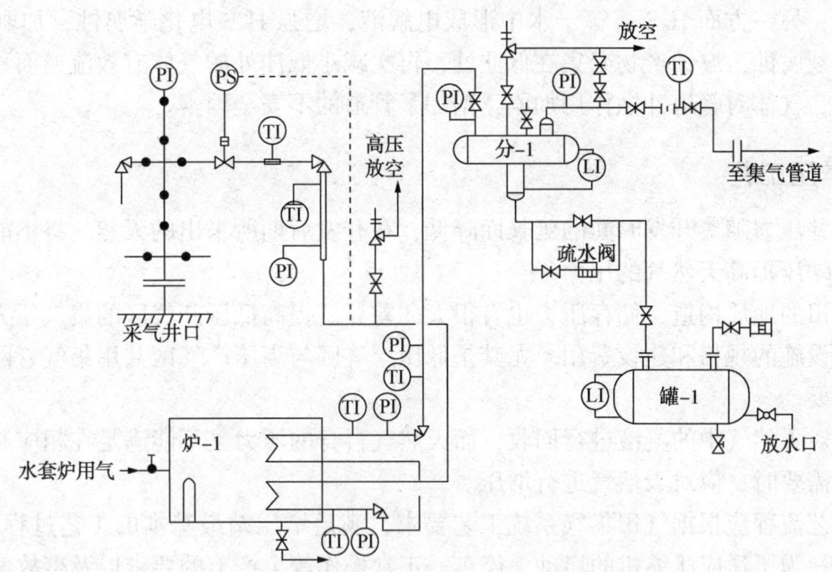

图 3-29 气液分输工艺典型井场工艺流程图

气体含液量较大时，在管道末端设置液塞捕集器，以维持下游处理设施正常运行。该工艺简化集气系统流程，井场流程简单，其主要工艺设施为井口节流阀及相关截断阀，无分离设备，不仅阀门数量少，而且减少了自控仪表和液体储运设施。对于气田来说，站场数量相对气液分输集气工艺的站场少，操作简便，管理方便，节省投资。气液混输工艺的井场工艺流程见图 3-30。

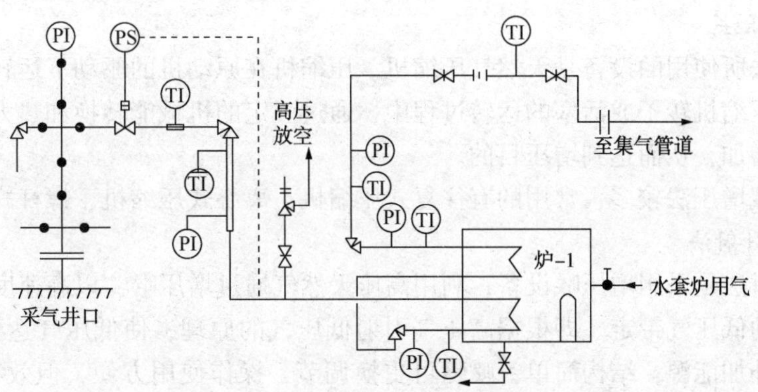

图 3-30 气液混输工艺的井场工艺流程图

对于气液混输两相管路，流型变化多，具有流动不稳定性。若管路起伏较大，不仅显著地影响两相管路中的流型，而且使液相大量聚积在低洼处和上坡管路中，造成较大摩阻损失和滑脱损失。低洼处管道持液率高，清管器上坡运动过程中，清管器下游的液柱产生的压力高，在清管器上游需要较高的压力推动清管器，需要提高集气系统的设计压力，同时清管产生段塞流体积大。段塞流致使大量液体产生冲涌，气体压力波动，导致下游工艺设备稳定问题和分离器的分离效率下降，在集气管道末端需设置液塞捕集器。

因此地形起伏大的地区一般不适宜气液混输工艺。特别是地形起伏大的高含 H_2S 气田更不适宜气液混输工艺，一方面 H_2S 含量高，会提高水合物形成温度，低洼处管道积液使气体通过管道横截面减小，气体通过此处产生节流温降效应，降低气体温度，增加水合物形成的可能性；另一方面 H_2S 溶解于水中形成电解液，增强 H_2S 电化学腐蚀，加剧 H_2S 对管道的应力开裂腐蚀，腐蚀产物聚集在低洼处，再次减小低洼处的气体有效流通面积，此处气体流速增加，气体对管道冲蚀作用加剧，增加了管道的不安全因素。

五、增压工艺

气田气井压力随着开发时间的延长而降低，在开发后期所采出的天然气将不能进入集气管网，故需增压提高天然气的压力。

不同气田的地质构造、储存压力也有很大的差异。提高低压产气区的集气压力，常常可以降低生产设施的规格和建设费用。尤其是低压产气区与高压产气区共用集气管网时，这种增压更为必要。

当需要对天然气中的凝液进行回收，而天然气自身的压力又不能满足在相应制冷温度下凝液回收的需要时，应对天然气进行增压。

增压工艺流程应根据气田集气系统工艺要求，满足增压站最基本的工艺过程，即分离、加压和冷却。为了适应压缩机的启动、停车、正常操作等生产上的要求以及事故停车的可能性，工艺流程还必须考虑天然气的“循环”、调压、计量、安全保护、放空等。此外，还应包括为了保证机组正常运转必不可少的辅助系统，如燃料气系统、自控系统、冷却系统、润滑系统、启动系统等。

（一）增压方法

气田天然气增压的方法一般有机械增压法和增压喉引射法两种。等熵增压法作为新型的增压方式已完成现场试验，具有较好的推广前景。

1. 机械增压法

机械增压法所使用的设备是天然气压缩机。压缩机在原动机的驱动下运转，将天然气引入压缩机，在压缩机转子或活塞的运转过程中，通过一定的机械能转换和热力变换过程，使天然气的压能增加，从而达到增压目的。

天然气机械增压法较多，常用的有往复式压缩机、离心式压缩机、螺杆式压缩机等。

2. 增压喉引射法

增压喉引射法是采用增压喉设备，利用高压天然气通过增压喉，以高速度喷出，并把在增压喉喷嘴前的低压气带走。即根据高压气引射低压气的原理，使低压气达到升压的目的。其特点是不需外加能源，结构简单，喷嘴可更换调节，操作使用方便，但效率低，且需高、低压气层同时存在并同时开采才能使用。

3. 等熵增压法

等熵增压法使用的设备是等熵增压机。等熵增压机是一种利用高、低压气源同时作用于活塞，推动活塞产生往复运动，从而将腔内气体压入系统管网的一种近等熵过程的新型设备，其最大特点就是运行过程腔内气体压入管网的过程几乎没有机械能与气体内能的转化和摩擦力造成的压力能损失，最大限度地利用了高压气体的压力能，实现了“等熵增压”过程。

（二）增压方式和顺序

目前应用较多的增压方式是集气站增压和处理厂集中增压两种。

若采取处理厂集中增压方式，增压装置设在处理装置之前通常简称前增压，增压装置设在处理装置之后则简称后增压。采用何种增压方式，应根据处理厂内工艺装置设置要求经综合比较而定。

采用前增压时，脱油脱水装置运行压力较高，但设备尺寸相应较小，若经综合比较其总投资及凝析油收率后，具有经济优势则采用前增压方式，即增压装置在脱油脱水装置之前。

采用后增压方式，处理装置设备尺寸较大。但是，因天然气已经处理，故压缩机工作条件相对较好，可以提高其运行可靠性。因此，如有低压用户且其用气量较多时，选择后增压方式也是可行的。

（三）气田增压站流程

当增压站采用往复式压缩机进行增压时，工艺流程设计应根据集输系统工艺要求，满足气体除尘、分液、增压、冷却、越站、试运作业和机组的启动、停机、正常操作及安全保护等要求。目前，增压站使用的压缩机均为往复式压缩机组，压缩机的驱动机可选用电动机或燃气机。图 3-31 为气田增压站采用燃气发动机驱动增压的原理流程图。该流程适用于燃气发动机驱动的活塞往复式压缩机组，机组自带冷却系统。如无自带冷却系统，则需增加冷却系统。

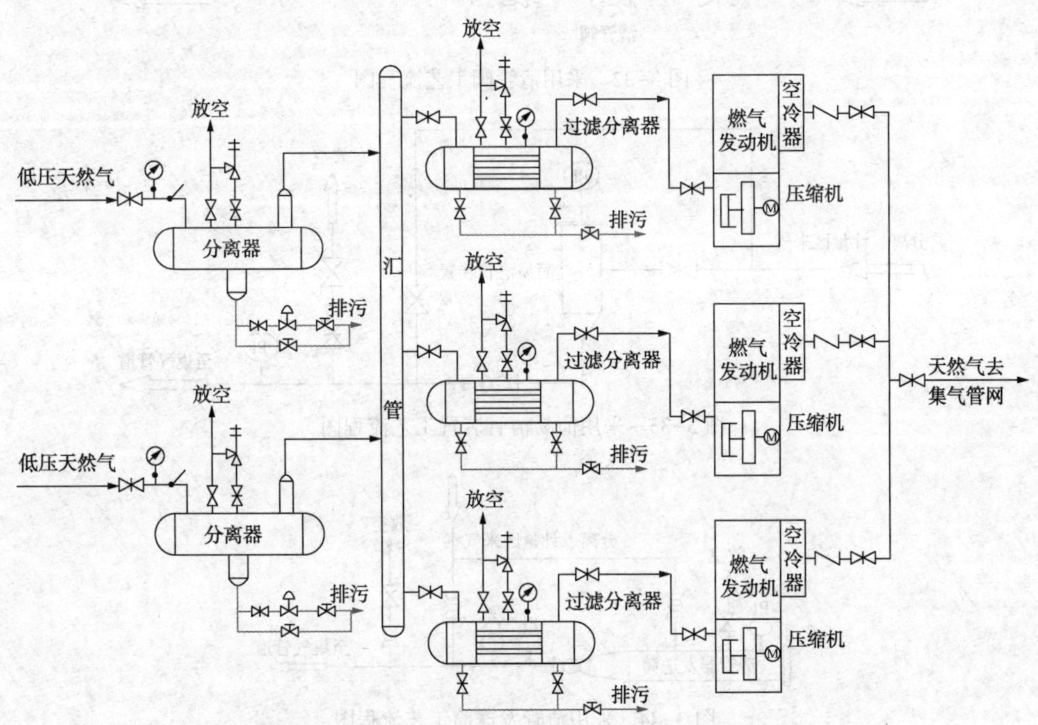

图 3-31　气田天然气增压燃驱站工艺原理流程图

六、清管工艺

新建管道在投产初期会存在水以及施工遗留物，气液混输管道正常运行会产生腐蚀产物，因此需要在管道的起点设置清管器发送装置，在管道的终点设置清管器接收装置。清管器发送装置和清管器接收装置通常与管道的首末站合建，以便于管理和维护。清管器的种类很多，目前在气田上使用最多的是清管球和皮碗清管器。

通常，在集气管线的起点设置清管器发送装置，管线的终点设置清管器接收装置。对于长度大于 50km 的集气干线则应根据集气工艺、气质特点、地形条件、适当考虑线路中间增设发送、接收站的装置。在大型穿、跨越的两端，各设置一套既可接收又可发送的清管装置；这样，一则避免将前端管线所清除的污物流入穿、跨越管段；二则有利于穿、跨越管段的清管。清管作业周期应根据管道内的凝析水量、腐蚀产物量、管输效率以及其他因素综合来确定。

① 当集气管道公称通径≤*DN*100 时，推荐采用清管阀或简易清管装置。

② 当集气管道公称通径>*DN*100 时，可采用清管收发球筒或清管阀。

采用清管阀工艺流程如图 3-32 所示，采用简易清管装置工艺流程如图 3-33 所示；采用清管发球筒工艺流程如图 3-34 所示。

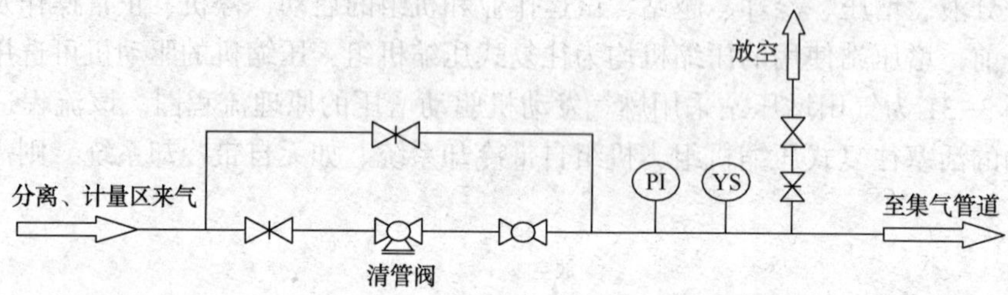

图 3-32　采用清管阀工艺流程图

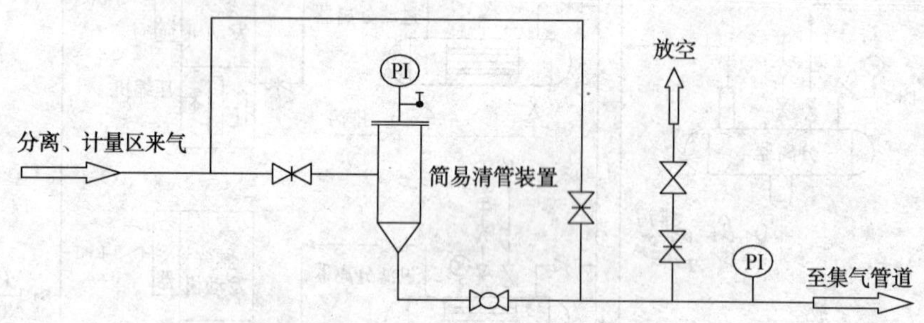

图 3-33　采用简易清管装置工艺流程图

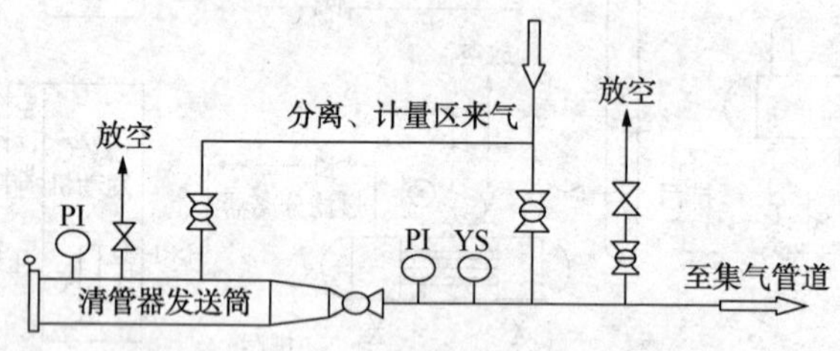

图 3-34　采用清管发球筒工艺流程图

第四节　我国典型气田集气工艺系统

我国气田按区域划分主要有川渝、塔里木、长庆、青海四大气区。由于各气区气田地质、气源条件、开发时期以及建设环境不同，分别形成了适合自身气区气田特点的主体工艺技术。我国煤层气气田开发利用经过十多年的探索与试验，在攻克相关技术难题后，已在山西沁水盆地煤层气气田得以规模开发；页岩气开发与利用也取得长足进展。

一、川渝气区

川渝气区天然气极为丰富，主要分布在重庆、蜀南、川中、川西北、川东北五大油气矿。2004 年川渝天然气产量达到了 $122\times10^8m^3$，成为国内首个产量突破 $100\times10^8m^3$ 的气区。近几年，罗家寨、普光、龙岗等气田的开发，更使川渝气区大型气田与日俱增，2017 年生产天然气 $210.2\times10^8m^3$。

（一）罗家寨气田

罗家寨气田位于四川省宣汉县及重庆市开县境内，地表高差变化较大，地面海拔一般为 400～1000m。该气田采用丛式井组开发，以斜井和水平井为主。

罗家寨气田开发总规模为 $900\times10^4m^3/d$，设计生产井 14 口，集气、脱水站 2 座，集气末站 1 座，$900\times10^4m^3/d$ 天然气净化厂 1 座。天然气中 H_2S 含量为 10.08%（体积分数），CO_2 含量为 7.50%（体积分数），COS（羰基硫）含量为 264mg/m³，有机硫含量为 308mg/m³。

罗家寨气田集气工艺可概括为“单井集气、加热节流、保温输送、采气混输、定期计量、综合抗硫、溶剂脱水、集中处理”。集气站至天然气处理厂之间集气管道采用干气输送工艺，井场至集气站脱水装置前采气管道采用加热保温湿气输送工艺。罗家寨单井工艺集气站流程见图 3-35。

1. 分离

在集气站内，对位于本站的气井设置测试分离器，对其他各井场来气设置气液分离器。为保证进入脱水装置的天然气的气质达到要求，采用了三级分离工艺，即卧式重力气液分离器+过滤分离器+精细分离器，为“粗+中+精”的设备配置模式。

各井场为丛式井组，一般为 3～4 口井。为了对各井的产气量和产水量轮换计量，在井场设置测试分离器。

2. 计量

为获取气井产气和产水量，天然气进入测试分离器分离并进行计量，在分离器下部设置积液计量罐对液量进行计量。

3. 节流加热

对于罗家寨气田的气井，在 100%产量工况下，由于产量大，井口温度高，所以不需要加热炉进行加热。在 50%产量工况下，井口采气树进行一次节流后，需要加热炉进行加热，再节流。因此，罗家寨气田气井的节流加热工艺为“节流-加热-节流”。

对于滚子坪气田的气井，由于产量小，井口温度低，如果采用一级节流和一级加热工艺，加热炉的原料气出口温度较高，进入 CO_2 高腐蚀区，在 100%和 50%产量的工况下，都需要利用加热炉进行两次加热。因此，滚子坪气田气井的节流加热工艺为“加热-节流-加热-节流”。

4. 脱水

集气站采用三甘醇脱水工艺，满足含硫天然气干气集气的需要。

5. 缓蚀剂和水合物抑制剂加注工艺

井口设置缓蚀剂注入系统，连续加注缓蚀剂。根据气藏参数，在开工、恢复生产的过程中和 50%工况下，需要加注水合物抑制剂。缓蚀剂注入泵与井口一一对应，缓蚀剂注入泵根据缓蚀剂的加注量进行选型，采用金属隔膜计量泵。

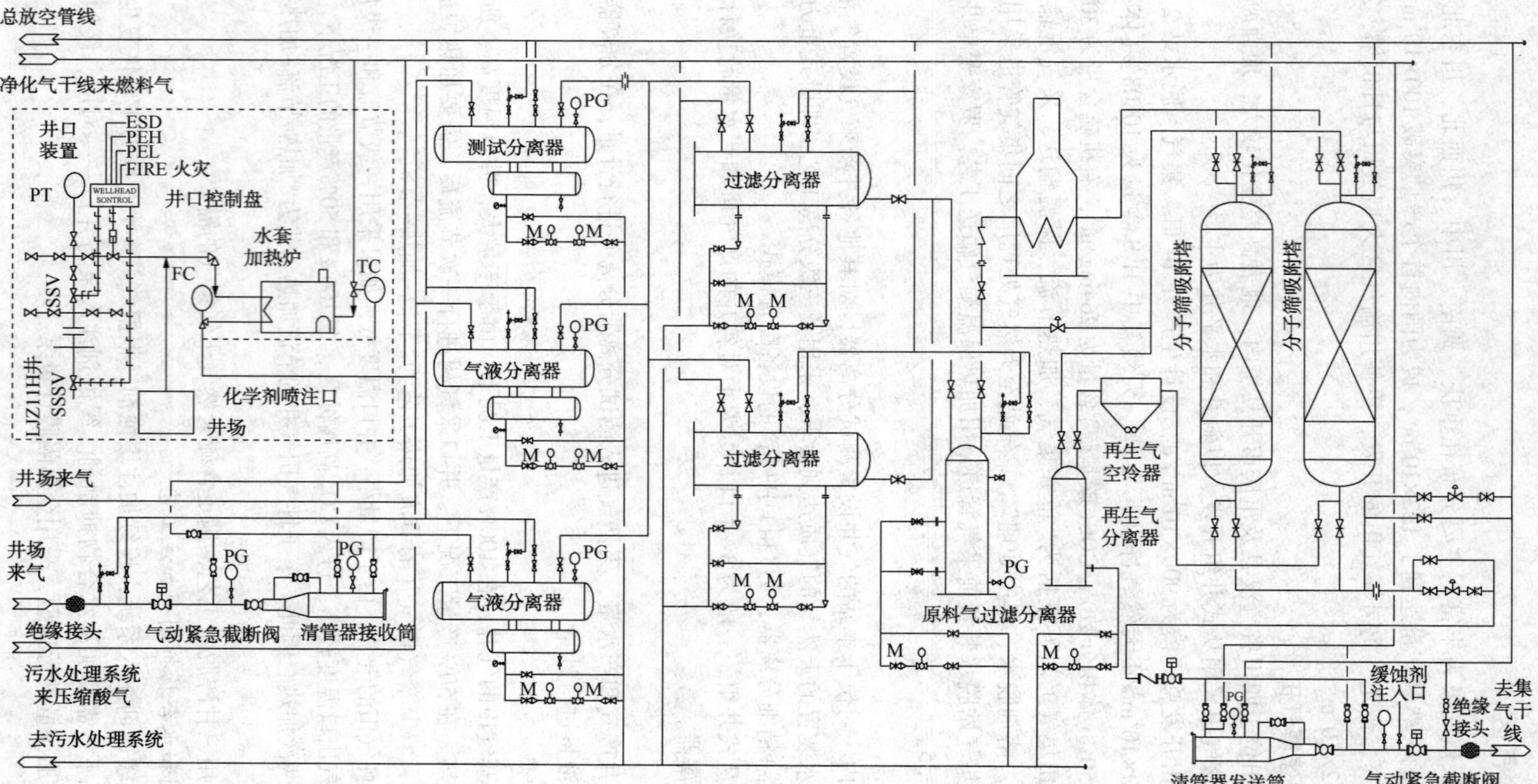

图3-35　川渝气区罗家寨单井工艺集气站流程

6. 防止元素硫形成及处理措施

高含硫气田生产过程中，由于天然气温度和压力的剧烈变化而产生硫元素溶解量的变化，可能会析出元素硫，堵塞管道和设备，加剧对管壁的腐蚀。

在井口节流后的压力、流速突变处，硫元素沉积可能性最大，即一般出现硫沉积的部位可能发生在井筒内、节流阀及分离器底部等位置。当发现元素硫沉积迹象时，可首先通过调整气井产量、降低生产压差预防硫元素的析出；同时注入硫溶剂以消除硫元素沉积。

硫溶剂采用泵注，在地面部分设置硫溶剂注入点；对于井筒内发生的硫元素沉积情况，则需考虑采用高压泵在停产情况向井筒加注，或采用井筒加热方式进行处理。

（二）普光气田

普光气田位于川东北宣汉县境内，建设规模 $105\times10^8m^3/a$，为高含硫天然气，H_2S 含量为 13%～18%(体积分数)，CO_2 含量为 8%～10%(体积分数)。

1. 湿气输送

井口天然气先进入集气站，经加热、节流、计量后外输，采用“加热保温+注缓蚀剂”工艺，经集气支线进入集气干线，然后输往集气末站进行气液分离，生产污水输往污水处理站处理后回注地层，含饱和水的酸性天然气输往净化厂进行净化。采用湿气输送工艺，井站和管网设施简单，无生产分离器、集气站和管网无污水处理和集气设施、无水污染。正常生产情况下，系统局部可能产生少量的凝液，由天然气流直接携带至集气总站，液量多时进行清管作业。

2. 生产监控和数据采集

普光气田的整个 SCADA 系统共分成三部分：过程控制系统(PCS)、安全仪表系统(SIS)和中控室的中心数据处理系统。每个控制节点(站场和阀室)均分别设置两套子系统：过程控制系统(PCS)、安全仪表系统(SIS)，作为一个单独的网络节点，挂在相同的光纤通信子网及 5.8G 无线备用网络上，分别对应实时数据服务器和中心安全仪表系统上传和下载数据。

3. 管道防腐监测

主要使用取样口(W)、腐蚀挂片(CC)、电阻探针(ER)、电指纹(FSM)、管道智能检测等监测技术。

4. 系统腐蚀控制

(1) 采用抗硫化物应力开裂材料

严格按照 GB/T 20972《石油天然气工业油气开采中用于含硫化氢环境的材料》进行选材，并控制好化学成分、硬度、抗拉强度，对焊接区应用适当的热处理，消除内应力。

(2) 工艺控制

通过加热使天然气输送过程中气体温度保持在水合物形成温度之上、加入水合物抑制剂防止水合物形成；选择经济、合理的管径，确保管内气体流速达到 3m/s 以上。减少管道下部的积液，防止水合物堵塞管道，减少管道的腐蚀。

(3) 缓蚀剂及相应的处理工艺

在系统最初启动之前，使用两个清管器之间一定量的油溶性缓蚀剂通过每条管道在管道内进行预涂膜，使缓蚀剂覆盖整个管道内表面，隔离酸气与管道内壁直接接触。在每口井的井口处进行连续加注缓蚀剂，为了加强效果，每月用油溶性缓蚀剂增加一次处理。

（4）管道外防腐

为保证管道长期安全运行，抑制土壤电化学腐蚀，对站外埋地集气干线管道采取涂层及阴极保护的联合保护技术。

5. 泄漏监测

集气站场、阀室设置固定式可燃气体检测、有毒气体检测，并将检测结果上传至站控室、中控室。阀室线路截断阀配置电子防爆管单元，监测管线压力、压降速率变化情况，从而判断管道是否发生泄漏。隧道中设置红外对射可燃气体探测器、在线激光泄漏检测仪和电化学式有毒气体探测器以探测甲烷及硫化氢浓度。

二、塔里木气区

塔里木气区位于塔里木盆地。该盆地是我国最大的含油气盆地，总面积$56\times10^4km^2$，盆地周边被天山、昆仑山和阿尔金山所环绕，中部是塔克拉玛干沙漠。

早在西气东输启动之时，气区投产克拉2、牙哈等气田，建成了年产$128\times10^8m^3$的天然气产能，目前，塔里木气区已形成克拉2、迪拉2、英买力和牙哈、吉拉克、轮古、塔中1号、塔中6号气田，形成“三大五中”8个大中型气田向西气东输管道系统供气的格局，2017年向西气东输供气$211.5\times10^8m^3$。塔里木气区气液混输工艺集气站流程见图3-36。

（一）牙哈凝析气田

牙哈凝析气田位于新疆维吾尔自治区库车县境内，2000年10月投产，是目前已开发的国内陆上第一个采用循环注气保持地层压力开采的整装凝析气田。牙哈凝析气田采用密闭集气，在集中处理站对凝析气和凝析油集中处理，干气集中压缩回注，液化石油气和凝析油等产品管输至火车站装车外运。

除站外阀组、井口设施和铁路装车站设在集中处理站站外，其余所有的工艺设施均布置在集中处理站内，是典型的放射状管网形式。

1. 集气工艺

牙哈凝析气田共有5个产能区块，分布在长80km、宽8km的狭长地带上。凝析气具有“三高一低”的特点，即单井产量高、井口压力高、油气比高、井口温度低，既具有油田特征又具有气田特征。地面凝析油具有“三低两高”的特点，即低密度、低黏度、低含硫、高含蜡、高凝固点。

牙哈凝析气田采用了一级半布站方式，为高压12~18MPa常温集气工艺，采用“单井+阀组”组合进站方式，即在气区中部布置一座集中处理站，气井采出的凝析气在节流后可直接进入集中处理站的则直接进站，不然则采取在站外设置阀组并在集中处理站进行二次节流的方式。

凝析气在集中处理站内进行油气分离、计量，分离出的天然气经节流阀（J-T阀）节流制冷和低温分离回收凝析油后，干天然气去注气压缩机增压后回注地层。由入口油气分离器回收的凝析油经三级闪蒸和提馏稳定得到稳定轻烃（稳定凝析油）；由低温分离器回收到的凝析油经分馏得到液化石油气和稳定轻烃，这些产品通过管道输至铁路装车站外销。集中处理站设计处理凝析气$320\times10^4m^3/d$，凝析油产量为80×10^4t/年，液化石油气产量为2.7×10^4t/年。

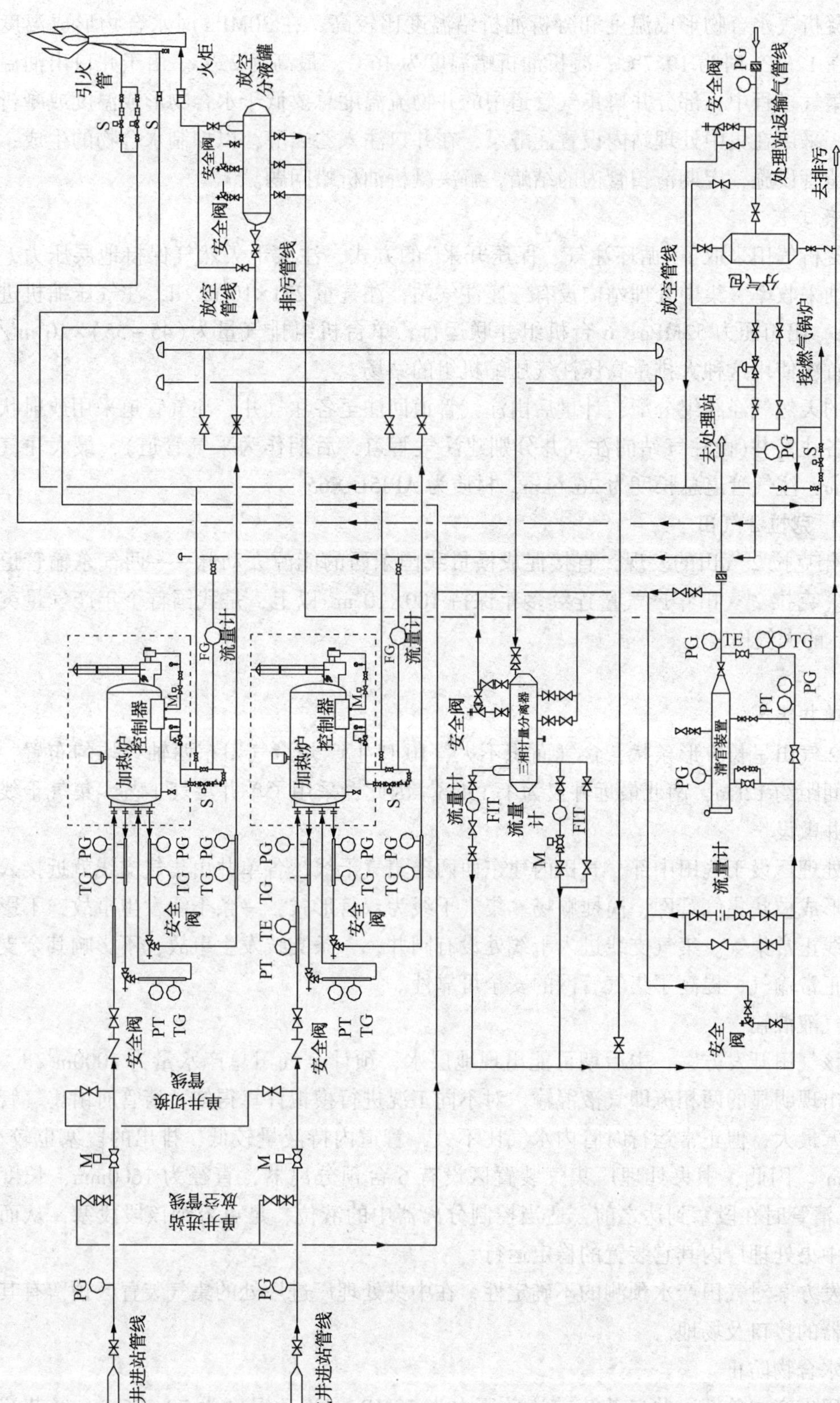

图3-36　塔里木气区气液混输工艺集气站流程

牙哈凝析气水合物形成温度和凝析油析蜡温度比较高，在30MPa时水合物形成温度为24.2℃，在12MPa时为19.7℃；凝析油析蜡温度为16℃，最高为22℃。由于井口出油温度较低，在集气过程中，部分井口集气管道中的井物流温度总要低于水合物形成温度或凝析油析蜡温度。采用在集中处理站内设置注醇泵，在井口注入乙二醇，以抑制水合物的生成；在井口设置清管设施，定期清扫管内的结蜡，解决凝析油析蜡问题。

2. 注气工艺

牙哈凝析气田采取了“循环注气、保压开采”的方式，注入干天然气保持地层压力，以提高凝析油采收率。集中处理站内设有一座注气站，注气量$271\times10^4m^3/d$，注气压缩机进口压力7MPa，出口压力52MPa，6台机组并联运行，单台机组排气量为$(45\sim55)\times10^4m^3/d$，是国内外首次使用这种大排量高压注气压缩机组的站场。

回注的天然气经阀组分配、计量后由注气管道回注至各注气井。注气管道采用放射状管网敷设至各注气井(由注气站向注气井分别建注气管道，后期作为采气管道)，最大注气半径为7.5km，注气管道总长度为26.6km，材质为API5L X65。

（二）克拉2气田

1998年克拉2气田的发现，直接促成横贯我国东西的能源大动脉——西气东输管道工程的建设。克拉2气田年产气量连续多年保持$100\times10^8m^3$以上，是我国首个年产气量突破$100\times10^8m^3$的大气田。

1. 集气工艺

(1) 单井集气

克拉2气田呈长方形条状，含气面积不大，10口生产井沿气田东西轴线均匀布置，东西最远井间距约12km，南北最远井仅为1.15km。因此，采用了单井集气工艺，集气干线尽量靠近单井敷设。

中央处理厂设于气田中部、气田内建东西两条集气干线，各单井由集气支线就近接入集气干线，形成枝状集气管网，简捷顺畅。集气干线为双管形式，一条干线发生事故，不影响另一条干线正常集气。集气支线进入干线处设有阀井，一条支线发生事故，不影响其余支线及干线的正常输气，提高了集气管网的安全可靠性。

(2) 气液混输

根据该气田开发方案，中后期可能出现地层水，预计全气田总产水量为$1000m^3/d$，集气管网将出现明显的两相流即气液混输。对不同工况进行模拟计算得知，清管时由集气管道排出的段塞最大，但正常运行时管内水气比不大，管道内持液量较低，排出的段塞也较小，仅为$8\sim9m^3$。因此，中央处理厂集气装置区设有6台预分离器，直径为1600mm，长度为9000mm，清管时在段塞到达之前，适当控制分离器中的液位，足可容纳该段段塞，从而保证清管时中央处理厂内其它装置的稳定运行。

因开发方案对气田产水预测的不确定性，在中央处理厂进厂处的集气装置区预留有其他液塞捕集器的接口及场地。

(3) 水合物防止

在气田生产中前期，井口节流前流动压力为58MPa，流动温度为70~85℃，经节流至12.2~12.4MPa后，天然气温度为47~48℃，输送至中央处理厂的温度为45~46℃。在气田生产后期，井口天然气流动温度仍高达77℃左右，但井口保持定压开采，压力只有4.0MPa，不需节流，故在井口几乎无温降。因集气管道距离短，到中央处理厂仍可达73℃左右，均远远高于相应压力下的天然气水合物形成温度，因而在气田开采全过程的正常工况下不可能形成水合物。但是，考虑到气井投产及管网停产等非正常工况下有可能形成水合物，仍在井口设有注醇接头，配备了移动式注醇车。

(4) 计量

为了解各气井生产动态，对每口气井的产气量、产液量进行计量。由于采用了单井集气流程，对每口井均可实现连续计量，采用文丘里流量计不分离直接进行气液计量。

(5) 腐蚀控制

克拉2气田天然气中CO_2体积分数虽然仅为0.017%，但因气体压力和温度高，特别在开采中后期，井口节流前流动温度基本不变，随着井口节流压差减小，集气管网中气体温度反而会有所上升，可达70~85℃，故在中后期CO_2腐蚀会更加严重。另外，气田采出水为$CaCl_2$型，Cl^-含量高达100667mg/L水，HCO_3^-含量达800mg/L水，更加剧了腐蚀速率。根据管道腐蚀模拟软件计算，在58MPa、73℃情况下，均匀腐蚀速率达3.4mm/a；在13MPa，80℃情况下，均匀腐蚀速率达0.31mm/a。CO_2及Cl^-腐蚀以点蚀或坑蚀为主，因预测具有不确定性，故腐蚀风险很大。

由于克拉2气田在我国商品天然气生产中占有举足轻重的特殊地位，根据气田开发经济效益情况，为了尽量提高安全供气的可靠性，最终确定集气管网选用22Cr双相不锈钢管材，从材质上解决了抗腐蚀问题。

(6) 井场流程

该气田井场的主要功能为天然气节流降压、计量，设有水合物抑制剂、防蜡剂和阻垢剂的注入接口，还配备了外夹式测砂仪。井口装置安装了地下及地面两重安全紧急截断阀。井场无人值守，设有过程控制系统和ESD系统，由RTU实施数据监测与控制功能，并配备远程工业电视监视系统。

2. 集气系统特点

① 在气田开发中前期，充分利用气田压力能，集气系统运行压力12.2~12.5MPa，气体不增压集气。

② 采用中高压集气、橇装移动注醇、文丘里流量计连续计量、气液混输的集气工艺。

③ 集气管网采用双相不锈钢管。

④ 整个气田建设SCADA系统和光纤传输系统，对生产全过程进行监控、管理、调度、操作及安全保护，设置了完善可靠的ESD系统。

（三）迪那2气田

迪那2凝析气田位于新疆阿克苏地区库车、轮台县境内，于2001年4月29日被发现，由迪那1、迪那2井区组成；气田2009年建成投产，到2015年底气田核实年产凝析油、液化石油气44.09×10^4t，天然气$46.12\times10^8m^3$，是我国最大的凝析气田。

1. 集气工艺

迪那2气田是异常高压高温气田，为确保天然气进处理厂时有较高压力，气田采用长距离高压混输工艺。迪那2气田井场分布呈长条形，分布较散，经过经济对比采用单井集气较为经济。

2. 计量工艺

综合考虑投资及管理，由于单井连续计量所需设备多，投资高，管理难度大，而非连续计量中如果采用孔板计量则需橇装移动设备定期测试，受地形及气候条件限制较大，存在安全隐患，故采用单井非连续计量的“计量管道+清管站内轮换计量”方式。

3. 材质选择

迪那2气田天然气含 CO_2 和 Cl^- 等腐蚀气体和离子，还含有液态水。在高温高压环境中地面管道和设备易产生 CO_2 腐蚀；在高 Cl^- 含量下，容易出现点蚀和氯化物应力腐蚀；单井集气站场及进处理厂前管道采用22Cr双相不锈钢，单井集气支线采用双金属复合钢管，集气干线采用碳钢+防腐剂。

三、长庆气区

长庆气区所在的鄂尔多斯盆地位于我国中部，东起吕梁山，西抵贺兰山，南到秦岭北坡，北达阴山南麓，总面积 $37\times10^4km^2$，横跨陕甘宁蒙晋5省(区)，是我国第二大沉积盆地。在此进行天然气开发的主要有中国石油长庆油田分公司和中国石化华北油田公司，长庆油田分公司目前投入开发的气田包括靖边、苏里格、榆林、子洲米脂、神木等气田，统称为长庆气区；中国石化华北油气分公司开发大牛地气田在此一并进行介绍。

长庆气区具有低渗、低压、低丰度特征，为典型的岩性油气藏，隐蔽性、非均质性强，地质条件复杂，勘探开发难度大。截至2017年底，净化厂5座、处理厂11座，设计净化(处理)能力 $512\times10^8m^3/a$。气区建成11条外输管道，连同西气东输管道，成为中国陆上天然气管网枢纽中心，承担着向北京等十多个大中城市安全稳定供气的重任；2017年天然气产量 $369.4\times10^8m^3$，为国内最大的天然气生产基地。

（一）靖边气田

靖边气田地面建设模式可概括为“三多、三简、两小、四集中”。所谓“三多”是指多井高压集气、多井高压集中注醇、多井加热炉加热节流；“三简”是简化井口、简化计量、简化布站；“两小”是小型橇装脱水、小型发电；“四集中”是集中净化、集中控制、集中甲醇回收、集中污水处理。靖边气田集气站采用多井高压来气→加热→节流→生产分离/计量分离→三甘醇脱水→计量→经集气管网去净化厂的工艺流程，见图3-37。

1. 三多

(1) 多井高压常温集气

多井高压常温集气工艺是指多口气井高压天然气不经过加热和节流，直接通过采气管道去集气站，在集气站内节流降压、气液分离和计量，再经脱水后进入集气管网，然后输至净化厂。一座集气站一般可辖井4~16口。

(2) 多井高压集中注醇

多井高压集中注醇工艺是在集气站设高压注醇泵通过与采气管道同沟敷设的注醇管道向井口和高压采气管道注入甲醇。

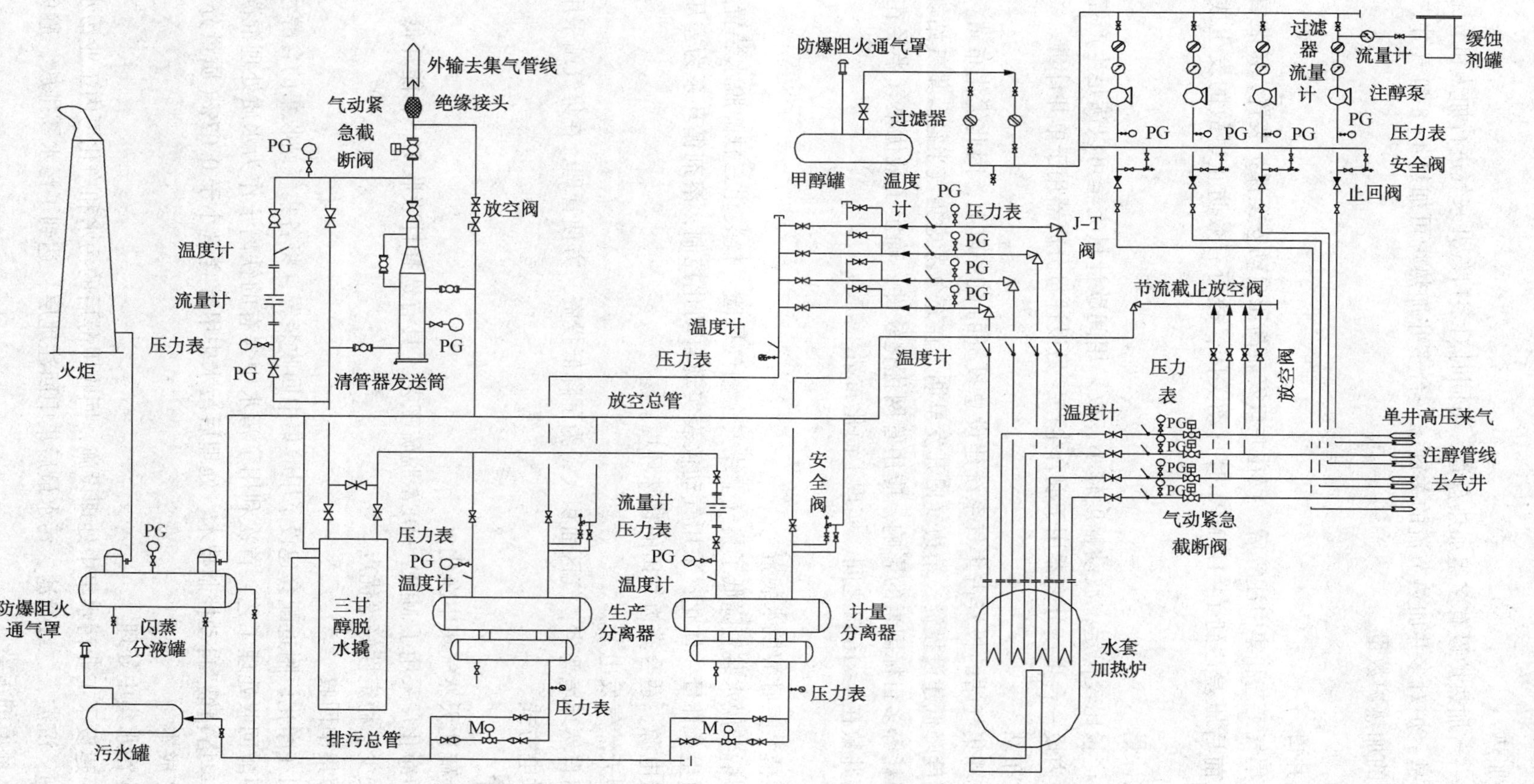

图3-37 靖边气田多井高压集气集气站工艺流程

(3) 多井加热

集气站内一台加热炉设有多组加热盘管，可同时对多口气井来气进行加热和节流。自动温度控制技术是一炉对多井加热节流的关键。一台多井加热炉可加热 4~8 口气井，大幅度减少了集气站的加热炉数量。

2. 三简

(1) 简化井口

采用高压集气工艺和集中注醇后，仅在井口安装高压自动安全保护装置，该装置在采气管道发生事故前后压差达到 1~1.5MPa 时自动关闭，故可有效防止事故的发生或灾害的扩大。

(2) 简化计量

气田单井产量比较稳定，波动幅度较小，故采用间歇计量完全可以满足生产需要。因此，在集气站内设一台生产分离器用于混合生产，另设计量分离器用于单井计量。

(3) 简化布站

采气管道和集气站的投资占集气系统建设总投资的60%以上，因此优化布站、简化集气管网可大幅度降低建设投资。靖边气田开发早期，在充分考虑集气半径、集气站规模、水合物抑制剂消耗等多目标因素的影响，应用管网优化软件，确定了最优集气半径在 6km 以内，集气站辖井数在 4~16 口之间，实现了简化布站。

3. 两小

(1) 小型橇装三甘醇脱水装置

采用小型橇装脱水装置降低了集气干线安全输气风险。橇装化三甘醇脱水装置集加热、脱水、溶剂再生、计量一体化，采用气动仪表实现自动化控制，溶剂循环泵为差压式柱塞泵，不需外接电源，适合靖边气田的特殊环境。

(2) 小型天然气发电

靖边气田自然环境恶劣，气区面积大，为了降低投资，方便管理，在集气站采用小型天然气发电机供电方式。

4. 四集中

(1) 高碳硫比天然气集中净化

靖边气田净化厂采用了 MDEA+DEA 脱硫工艺，具有选择性吸收 H_2S、能耗低、腐蚀轻微、溶剂损失少、稳定性好等优点。

(2) 甲醇集中回收

靖边气田在净化厂附近配套建设了甲醇集中回收装置，将各集气站收集的含醇污水集中回收甲醇。甲醇回收处理工艺，首次利用了污水中含有的铁离子作为水质处理混凝剂的技术；开发了“单塔精馏”自动控制技术，处理后污水中甲醇含量小于 0.02%(质量分数)，降低了气田生产成本。

(3) 工业污水集中处理

在净化厂建设了工业污水集中处理设施，回收甲醇后的污水和净化厂内工业污水混合后经过生化处理，沉淀、二级过滤，污水最后集中回注地层，达到了污水零排放，避免了工业污水对地面水环境的污染。

(4) SCADA 集中监控

靖边气田的自动化数据采集和控制是满足生产要求的关键。控制系统采用三级递阶式控制管理模式。第一级为气田生产调度中心；第二级是各个系统控制中心；第三级是各系统的现场控制单元。

（二）榆林气田

榆林气田分为南区和长北合作区两部分。其中，榆林气田南区由中国石油长庆油田分公司自行开发建设；榆林气田长北合作区(也常称为长北气田)由中国石油天然气集团公司和壳牌中国勘探与生产有限公司(以下简称壳牌公司)合作开发。

1. 榆林气田南区

榆林气田高压天然气在井口不加热、不节流，注入水合物抑制剂将其输送至集气站。气井采出的天然气计量、调压均在集气站进行，因而简化了井口设施，实现了井口无人值守。

榆林气田天然气中基本不含 H_2S、CO_2，但含有少量重烃，故在集气站采用节流制冷的低温分离法脱油脱水，脱油脱水后的干气进入集气管网。集气站采用多井来气→加热节流→低温分离→聚结分离→计量→经集气管网去处理厂的工艺流程，见图 3-38。其中，节流前先加热是为了控制节流后的温度满足低温分离要求。

2. 榆林气田长北合作区

榆林气田长北合作区采用丛式井气液混输集气工艺，井口装置设有加热、节流、计量、注醇和清管等功能，其工艺流程如图 3-39 所示。其主要集气工艺技术可归纳为“单井集气、开工加热、中压集气、气液混输、井口计量、仪表保护、智能清管、低温分离、集中增压”。

(1) 单井集气

采用一级布站，中间不设集气站，单井在井口经过节流、注醇和计量后通过集气管网直接去中央处理厂。

(2) 开工加热、中压集气

投产初期气井放量生产，使井口压力在极短时间内(15 天左右)降至 10MPa 以下，设置移动式井口开工加热装置对气井采出的天然气加热，通过建立背压方法防止降压过大形成水合物及使用低温管材。在井口压力满足运行要求后，调配开工加热装置至其余投产气井。

(3) 气液混输

长北合作区天然气的水气比为 $12m^3$ 水/10^6m^3 气，油气比为 $6.8m^3$ 油/10^6m^3 气。气井采出的天然气不分离，直接进入集气管网，在集气干线设有中间清管站，通过采用分段清管、中央处理厂设置带段塞捕集功能的预分离器等措施，可实现气液混输，满足气田正常运行。

(4) 湿气计量、定期校核

由于该气田水气比与油气比均较小，因此在井口采用孔板计量装置直接进行湿气连续计量。但为了满足对气藏定期测试要求，设置了移动式测试分离器，定期对单井的产气量、产液量进行精确计量。

(5) 加注缓蚀剂

由于天然气中 CO_2 含量为 1.8%左右，存在轻度到中度的 CO_2 腐蚀，并且气田水中 Cl^- 浓度最高达到 21800mg/L，因此还存在一定程度的 Cl^- 腐蚀。由于集气管网选用了碳钢管材，为提高管道抗腐蚀性能，通过加注缓蚀剂，定期腐蚀监测，确保管道防腐效果。

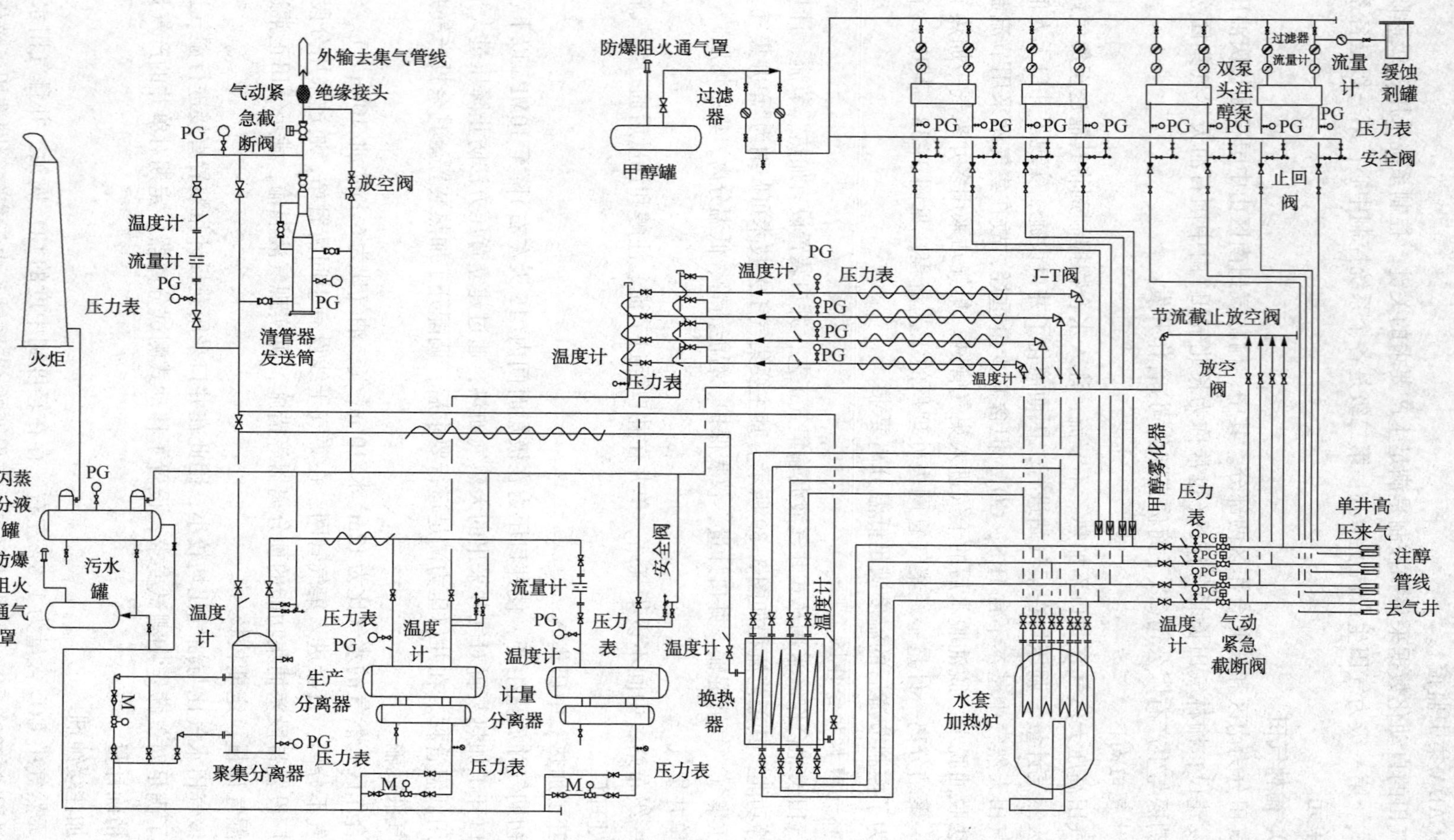

图3-38 榆林气田低温分离集气站工艺流程

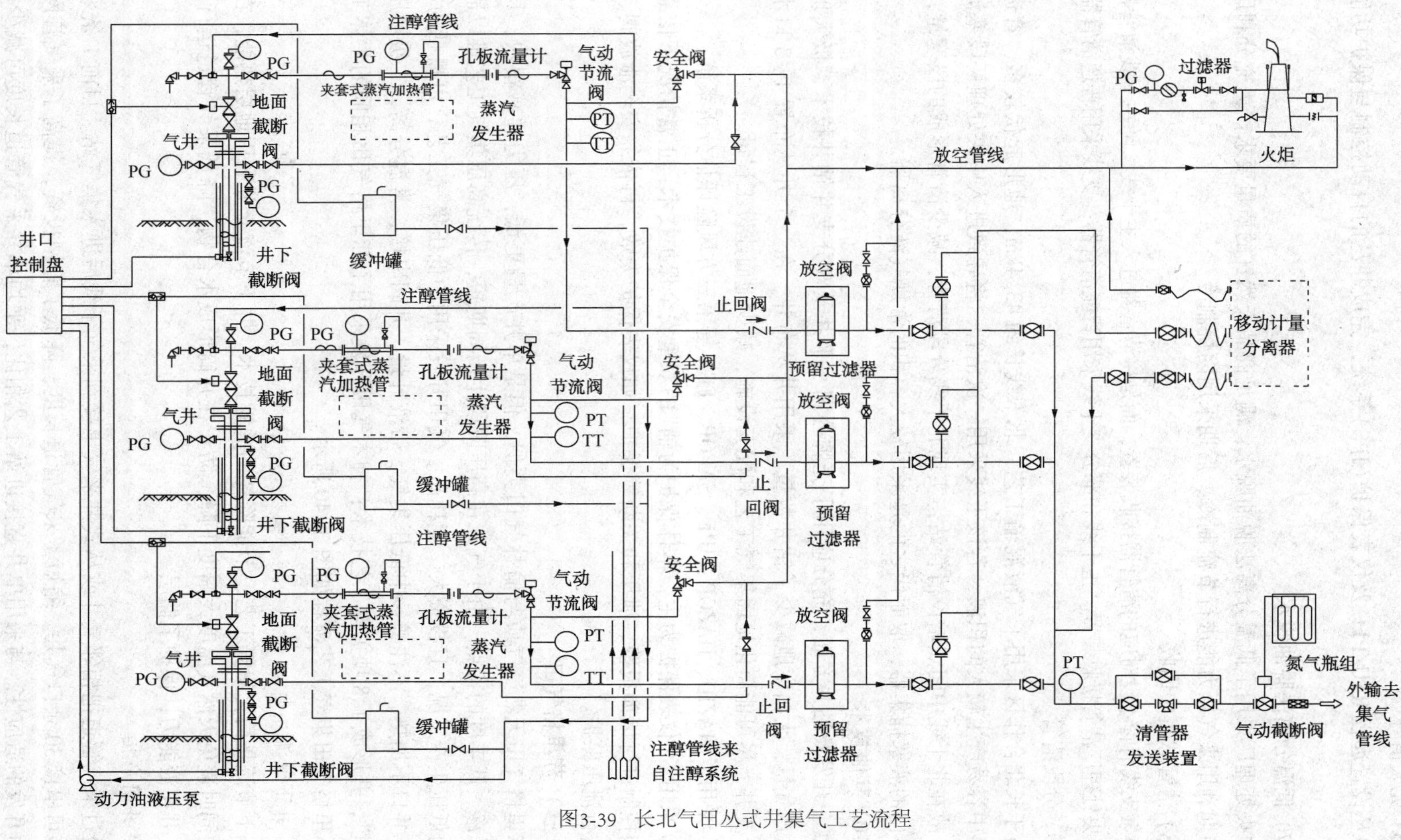

图3-39 长北气田丛式井集气工艺流程

(6) 无人值守

井从设置远程 RTU/PLC 及仪表保护(IPS)系统，完成井丛的自动控制与保护功能，无人值守。

(7) 低温分离法脱油脱水

中央处理厂采用了低温分离法脱油脱水，满足商品天然气的质量要求。为充分利用压力能，初期利用来气压力能进行节流制冷，后期采用丙烷制冷。

(8) 清管球集中回收

集气支线清管不设对应的清管器接收装置，而是将清管器进入主干线，随主干线清管器一起进入中央处理厂清管接收装置。主干线和部分支干线采用智能清管器，支线采用普通清管器。

(9) 分段清管

由于长北合作区采用了气液混输工艺，北干线长约 43.4km，地形起伏较多，管道在生产过程中容易产生较大的积液，若该干线采用一次清管，将导致进入中央处理厂段塞流液量过大，故在北干线中间点增设清管站，实现北干线分段清管，减少清管形成的段塞量，从而取消专门的液塞捕集器，取而代之的是采用较大容积的常规气液分离器。

(10) 其他技术

① 在开发及钻井方面，充分应用了壳牌公司水平井及双分支井钻井技术，极大地提高了单井产气量，大幅度地减少了钻井数量。采用井丛布井，在一个井丛布置 1~3 口水平井或双分支井，尽可能简化地面集气工艺和配套设施，减少地面建设工程量。

② 采用了 HAZID、HAZOP、IPF、SAFOP、FEA 等第三方风险评估分析系统。

③ 采用了“仪表保护为主，本体保护为辅”的双重安全保护技术，正常情况下依靠仪表检测和控制进行诸如报警、泄压和关断等保护，如仪表保护失败，再依靠安全泄放阀、爆破片等进行泄压保护。

(三) 苏里格气田

苏里格气田天然气气质与榆林气田类似，但是单井产量更低，压力递减很快，具有低压、低渗、低丰度的特点。由于气井在高压阶段生产周期短，传统高压集气工艺难以适应长时间的低压生产工况，且投资大，能耗高。气田开发采用中低压集气工艺，可概括为“井下节流，井口不加热、不注醇，中低压集气，带液计量，井间串接，常温分离，二级增压，集中处理”，并形成了 8 项关键工艺技术；神木气田开发采用了苏里格气田相同的主体工艺技术。苏里格气田集气工艺流程如图 3-40 所示。

1. 井下节流

井下节流是简化集气工艺、节能降耗的关键技术。井下节流充分利用地层热能，在节流降压的同时避免天然气温度大幅度下降，防止在井筒形成水合物，降低采气管道运行压力，提高气井携液能力，保护了储层。

2. 井间串接

通过采气管道把相邻气井或丛式井来气串接到采气干线后进入集气站。目前 1 条采气管道最多可串接 30 余口气井。缩短了采气管道长度，降低了管网投资，提高了采气管网对气田滚动开发的适应性。与采用单井直接进站工艺相比，平均单井采气管道长度可减少 36%，节约投资 32%。

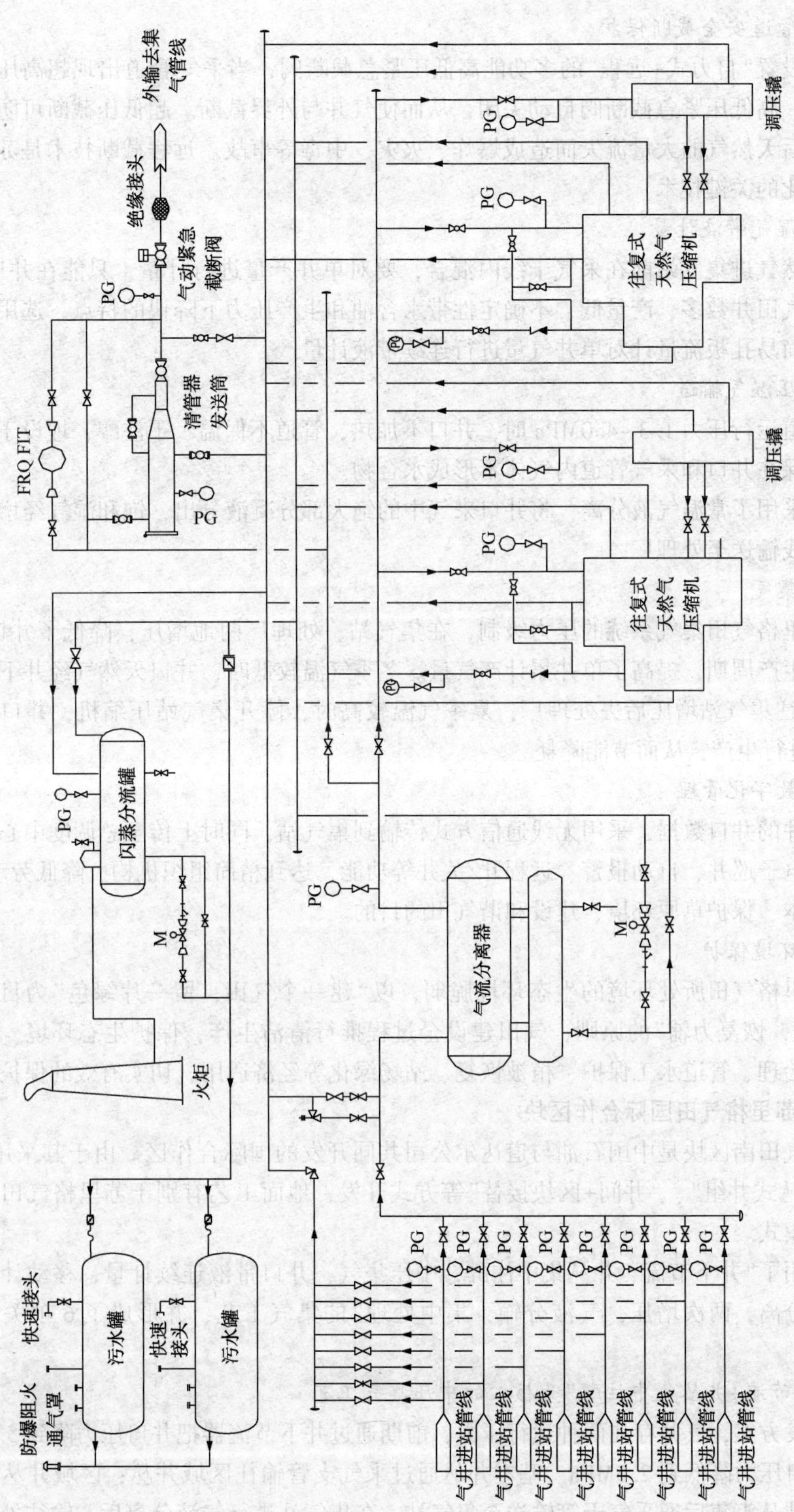

图3-40 苏里格气田中低压集气集气站工艺流程

3. 采气管道安全截断保护

在井口设置“自力式+远程”的多功能高低压紧急截断阀，当采气管道出现超高压或超低压的情况时，高低压紧急截断阀自动关闭，从而使气井与外界截断。超低压截断可防止管道和设备破损后天然气的大量流失而造成爆炸、火灾、中毒等事故。远程截断技术是苏里格气田实现数字化的关键技术。

4. 井口湿气带液计量

单井天然气进集气站前在采气干线内混合，要对单井产量进行计量，只能在井口进行。根据苏里格气田井数多、产量低、不确定性带水含油和生产压力下降快的特点，选用旋进旋涡流量计或简易孔板流量计对单井气量进行连续带液计量。

5. 中低压湿气输送

采气管道运行压力1.3~4.0MPa时，井口不加热，管道不保温、不注醇，埋设于冰冻线以下即可确保在井口和采气管道内气体不形成水合物。

集气站采用了常温气液分离，将井口来气中的绝大部分凝液分出，饱和湿气经增压后进入集气支干线输送至处理厂。

6. 增压集气

根据苏里格气田集气系统的压力级制，在集气站、处理厂两地增压，降低了井口压力，延长了气井生产周期，提高了单井累计产气量。冬季气温较低时，井口天然气经井下节流至1.3MPa，输往集气站增压后去处理厂；夏季气温较高时，停开集气站压缩机，井口压力提高至4MPa进行生产，从而节能降耗。

7. 气田数字化管理

将各单井的井口数据，采用无线通信方式传输到集气站，同时上传至总调度中心，实现数据监控、电子巡井、自动报警、远程开/关井等功能，达到精简组织机构、降低劳动强度、减少操作成本、保护草原环境、建设和谐气田的目的。

8. 生态环境保护

针对苏里格气田所处环境的生态环境脆弱，以“建一个气田，留一片绿色”为目标，按照“保护为主，恢复为辅”的原则，气田建设全过程推行清洁生产，保护生态环境。形成了包括泥浆池治理、管道水工保护、植被恢复、站场绿化等经济适用、切实有效的保护措施。

（四）苏里格气田国际合作区块

苏里格气田南区块是中国石油与道达尔公司共同开发的国际合作区。由于其采用“定压放产”、“大丛式井组”、“井间+区块接替”等方式开发，地面工艺有别于苏里格气田已建地面集气工艺模式。

区块采用了“井下节流、井丛集中注醇，中压集气，井口带液连续计量，移动计量分离测试，常温分离，两次增压，气液分输，集中处理”的集气工艺，并形成了6项关键工艺技术。

1.“井下节流+井丛集中注醇”为核心的中压集气工艺

根据开发方案，气井存在两种运行压力，前期通过井下节流器把井口压力降到5.0MPa，约4年后井口压力降低到2.5MPa。基本井丛通过采气支管输往区域井丛；区域井丛将周边2~3座基本井丛汇集后通采气干管输送至集气站，在集气站进行气液分离后，输往处理厂处理。集气站设置中、低压两套压力系统并行运行，5.0MPa 生产的气井，集气站不增压直接外输，2.5MPa 生产的气井，在集气站增压后外输。沿着采气支管同沟敷设注醇管道，通过注醇泵从区域井丛向各基本井丛注醇，使天然气在输送过程中不形成水合物，确保气田平稳运行。

相对于高压集气工艺，该工艺降低采气、注醇管道运行压力，降低注醇泵功率，减少甲醇注入量，运行成本低；相对于苏里格中低压集气工艺集气站前期不设置压缩机，后期区块增压规模仅为生产规模的 50%，减少了压缩机的装机量，管道中压运行，缩小管径，降低运行、管理成本低。

2. 采气井口双截断保护

在采气井口除设置苏里格气田已经广泛运用的高低压紧急截断阀之外，还在采气树上设置液压控制阀，两台截断阀均具有超压、失压自动截断的功能，也可以远程关闭，避免因井口超压而破坏下游管道和管道泄漏造成的事故。

3. 气井计量测试

采用了丛式气井的计量测试工艺，在井丛出口管道上设置气井测试阀；配置一定数量的三相计量测试车，该测试车可将天然气进行油、气、水三相分离，并分别计量，得到气井准确的生产数据。测试时将需要测试的气井采气树顶部的测试阀与测试车进口相连，测试车出口与井丛出口的测试阀相连，实现了气井不关井测试，测试时不影响其他气井的正常生产，提高了气井的生产时率和生产效率。

4. 数字化集气站

苏里格气田南区块采用了在苏里格气田已经推广运用的数字化集气站技术，采用了“实时动态检测技术、多级远程关断技术、远程自动排液技术、紧急安全放空技术、关键设备自启停技术、全程网络监视技术、智能安防监控技术、报表自动生成技术”等 8 项技术，实现控制中心对数字化集气站的集中监视和控制，控制中心实现“集中监视、事故报警、人工确认、远程操作、应急处理”；集气站实现“站场定期巡检，运行远程监控、事故紧急关断、故障人工排除”，提高了气田管理水平，适应大气田建设、大气田管理的需要。

5. 气液分输

根据预测，达产时区块每天采出水的水量约 400~500m^3，由于产水量大，且集中分布在 4 座集气站内，通过与集气支线、干线同沟敷设的采出水输送管道，将采出水输送到处理厂进行处理。该工艺与汽车拉运相比运行费用低，运行管理方便，输送不受外部条件影响，减少车辆运输的安全风险等优点；与气液混输相比，减少管道的摩阻损失，降低了处理厂的压缩机功率，降低了能耗。

6.“湿气交接、干气分配”的特有贸易计量技术

本区块将与气田其他区块共用处理厂，所以需要进行湿天然气的贸易交接计量，计量、分配采用“分别计量原料气、比例分配商品气”原则进行。

四、青海气区

青海气区位于柴达木盆地，是我国的大型陆相含油气盆地之一，含气面积 5.7×10^4km^2。

涩北气田是青海气区的主力气田，是国内发现的第四大整装天然气气田，包括涩北一号气田、涩北二号气田和台南气田，建成产能超过 $100\times10^8m^3$/年。天然气中甲烷含量在 98%以上，几乎不含 C_4 以上重烃，不含 H_2S，微含 N_2，是典型的非酸性气田。

（一）涩北一号气田

1995 年开始试采，辖 5 座集气站和 1 座集气脱水总站。初期采用低温分离工艺，即井口注醇、高压集气、站内节流、低温分离、三甘醇脱水、加热外输。开发初期井口压力为 20~25MPa，通过站内节流、低温分离满足了水、烃露点要求，不需三甘醇脱水。这种低温分离工艺可很好适应气田开采初期气井压力高、产能规模小、压力递减速度慢等特点。但是，随着气田开采量加大，地层压力递减速度加快。2002 年，井口压力降至 8~15MPa，致使节流制冷效果降低，商品天然气中含水量超标，故又采用三甘醇装置二次脱水。

2003 年以后调整为常温分离工艺，即井口不注醇、高压集气、站内加热节流、三甘醇脱水。根据涩北一号气田水合物形成条件，在 6~15MPa 压力下水合物形成温度在 8~15℃，考虑水中矿化度影响，水合物形成温度在 7.5~12.5℃之间，由于单井采气管道采用 40mm 硬质聚氨酯泡沫保温，一般进站温度都大于该范围，所以不会在采气管道内形成水合物。井口取消了注甲醇装置；加热炉选用了负压式水套加热炉，加热温度为 60~70℃之间，确保节流后不形成水合物。

（二）涩北二号气田

2005 年开始开发，建有 4 座集气站和 1 座集气脱水总站。涩北二号气田采用了常温分离工艺，并在涩北一号气田的基础上对集气工艺进行了改进，实现了集气站无人值守、高低压两套集气管网、集中增压等工艺。涩北二号气田零、一、二、三开发层系单井采气管道强度按关井压力设计，其中零、一层系设计压力 8MPa、10MPa，二、三层系单井采气管道设计压力 14MPa。站内一级节流后高压集气系统设计压力等级为 7.5MPa；低压集气系统设计压力等级为 5.5MPa。在非增压期，高压集气管网可提供满足 6.4MPa 的外输压力，低压集气管网可提供满足 4.5MPa 的外输交气压力。当气藏压力衰减，不足以向下游用户提供高压气时，交气压力统一为 4.5MPa，将天然气送至集中增压站脱水后在 4.5MPa 下外输。

（三）台南气田

台南气田也采用了油套同采、多层同时开采的采气工艺，并率先实现了浅层、同层系气井串联采气，零、一开发层系的直井同时串联 3 口，二、三开发层系的直井同时串联 2 口，其它层系的直井和所有水平井均不采用串联。这是在涩北气田第一次采用气井天然气串联进站方式，为后续气田地面工程提供试验数据及经验。集气系统仍采用了常温分离，集气工艺概括为"单井辐射枝状组合式管网、多井来气进站、集气站加热节流、常温分离、多井轮换计量、高低压两套集气管网、集中脱水、集中增压"。在开发期内，将各层系采出的天然气在各个集气站节流至一种（开发后期两种）压力，通过集气支、干线输至集气站进行集中增压和集中脱水后输至涩北一号气田，统一调配外输。

（四）集气工艺

1. 单井计量

井口计量采用"旋进流量计+移动式计量分离器"方式，距离集气站较近的气井在站内完成单井计量。

2. 水合物抑制

集气系统的湿天然气在一定的压力、温度条件下会形成水合物。该气田主要采取两种防止在采气管道形成水合物的措施：一是对采气管道进行保温(保温采用 40mm 厚聚氨酯泡沫)，并对井口进行保温。以单井分层系、射孔单元、进站距离、集气半径进行分类核算，划分为光管进站、保温进站、保温加井口注醇等多层次水合物防止工艺；二是对部分压力和产量较低的单井实行 2~3 口单井串接进站，以改善采气管道的热力条件，从而防止水合物形成。另外，仍保留移动注醇车井口注醇流程的接口，以便采取临时解冻措施。

3. 天然气脱水

涩北气田天然气脱水采用三甘醇脱水工艺。以台南气田为例，稳产期内的集气能力为 $1230.8\times10^4m^3/d$，采用 3 套 $320\times10^4m^3/d$ 和 2 套 $160\times10^4m^3/d$ 的脱水装置。

4. 天然气增压

台南气田有高、低压两套集气管网，气田外输压力为 5.3MPa，增压站与集气站合建。在开发期内，不能满足外输压力要求的各层系气井天然气在各个集气站节流至同一压力(以压力衰减最快的层系为基准)，通过低压管网至增压站，对低压天然气进行集中增压；高压天然气充分利用地层能量暂不增压。

5. 自控系统

按“无人值守，站场巡检”模式进行建设，实行无人值守数字化集气。将各单井的井口数据，采用无线通信方式传输到集气站，与集气站各点数据同时经 RTU 远传至各气田区域控制中心，然后再上传至涩北气田总调度中心，实行三级 SCADA 网络控制系统，实现数据监控、自动报警等功能。

五、山西沁水盆地煤层气田

煤层气俗称“瓦斯”，是煤矿的伴生气体，也称为煤层甲烷气或非常规天然气。准确地讲，煤层气是指储存在煤层中，以吸附在煤基质颗粒表面为主、部分游离于煤孔隙中或溶解于煤层水中的以甲烷为主的烃类气体总称。

据统计，我国煤层气埋藏于 300~1000m 之间的资源量约占总量的 29.05%，1000~1500m 之间的煤层气占总量的 31.6%，1500~2000m 之间的煤层气占总量的 39.35%。埋深 1500m 以下的适于开发的约占总资源量的 60%。可以说，21 世纪是煤层气大发展的时代，煤层气则是我国常规天然气最现实可靠的替代能源。“十二五”期间，重点开发沁水盆地和鄂尔多斯盆地东缘，建成煤层气产业化基地，已有产区稳产增产，新建产区增加储量、扩大产能，配套完善基础设施，实现产量快速增长。

（一）煤层气与天然气的异同点

1. 相同点

煤层气主要由 95%以上的甲烷组成，其他组分一般是 CO_2 或 N_2；而天然气成分主要也是甲烷，但其他组分变化较大。

此外，由于煤层气和天然气燃烧特性相近，故可相互置换或混输混用。

2. 不同点

① 煤层气基本不含 C_2 以上的重烃，而天然气一般含有含 C_2 以上的重烃。

② 煤层气主要是以大分子团的吸附状态存在于煤层中，而天然气主要是以游离状态存在于砂岩或灰岩中。

③ 生产方式、产量变化情况不同。煤层气是通过排水降低地层压力，使煤层气在煤层中解吸-扩散-流动采出地面，而天然气主要是靠自身压力采出。此外，煤层气初期产量低，但生产周期长，可达20~30年。

④ 煤层气是煤矿生产安全的主要威胁。同时，煤层气资源量又直接与采煤相关，采煤之前如不先采气，随着采煤过程煤层气就会排放到大气中。据有关统计，我国每年随采煤而减少的煤层气资源量在$190\times10^8m^3$以上，而天然气资源量受其他采矿活动影响较小，可以有计划地进行控制。

（二）总工艺流程

煤层气气田具有低渗、低压、低产的特点。以沁水盆地煤层气为例，单井产量一般为$2000\sim5000m^3$，井口压力在0.2~0.5MPa之间、气质条件较好，甲烷含量在96%以上，乙烷和CO_2含量一般在1%以下，不含C_3^+重烃和H_2S。采用了“井口→采气管网→集气站→中央处理厂→外输”的总工艺流程，以及“排水采气、低压集气、井口计量、井间串接、常温分离、两地增压、集中处理”等适合于煤层气开发的地面工艺技术。其工艺流程如图3-41所示。

（三）采、集气和处理工艺

1. 排水采气

煤层气的开采就是先排水后采气的过程。煤层气的产出可分为三个过程：①排采初期煤层主要产水，同时也可能伴随有少量游离气、溶解气产出；②当煤层压力降至临界解吸压力以下时，煤层气迅速解吸，然后扩散到裂隙中，使气体的相对渗透率增加，水的相对渗透率减小，表现为气产量逐渐增大，水产量逐渐减小；③随着采出水量的增加、生产压差的进一步增大，煤层中含水饱和度相对降低，变为以产气为主，并逐渐达到产气高峰，水产量则相对稳定在一个较低的水平上。随着地层能量的衰竭，最后进入气产量缓慢下降阶段。

2. 低压集气

煤层气井口压力较低，一般在0.2~0.5MPa。为充分利用其压力能，采用低压集气工艺，将采集气管道首末点压力损失控制在0.15MPa以内。采出的煤层气不需加热或注入水合物抑制剂，采气管道埋设于最大冻土层以下以防止形成水合物。

3. 单井简易计量

井口智能计量虽可比较准确掌握煤层气的产出规律，但因投资大，维护工作量高，不适合煤层气田的大规模开发。由于旋进流量计现场试验情况较好，且精度可以满足煤层气田单井计量需要，价格也较为便宜，故使用简易旋进流量计作为煤层气单井计量仪表。

4. 多井单管串接

多井单管串接是通过采气支线把相邻的几口单井采出的煤层气串接到采气干线，在采气干线中汇集后集中进入集气站。采用多井单管串接集气工艺，简化了采气管网系统，降低了投资和运行费用。以沁水盆地樊庄区块煤层气田为例，一般每条采气干线串接井数为10~20口，每座集气站辖井数量不少于80口。

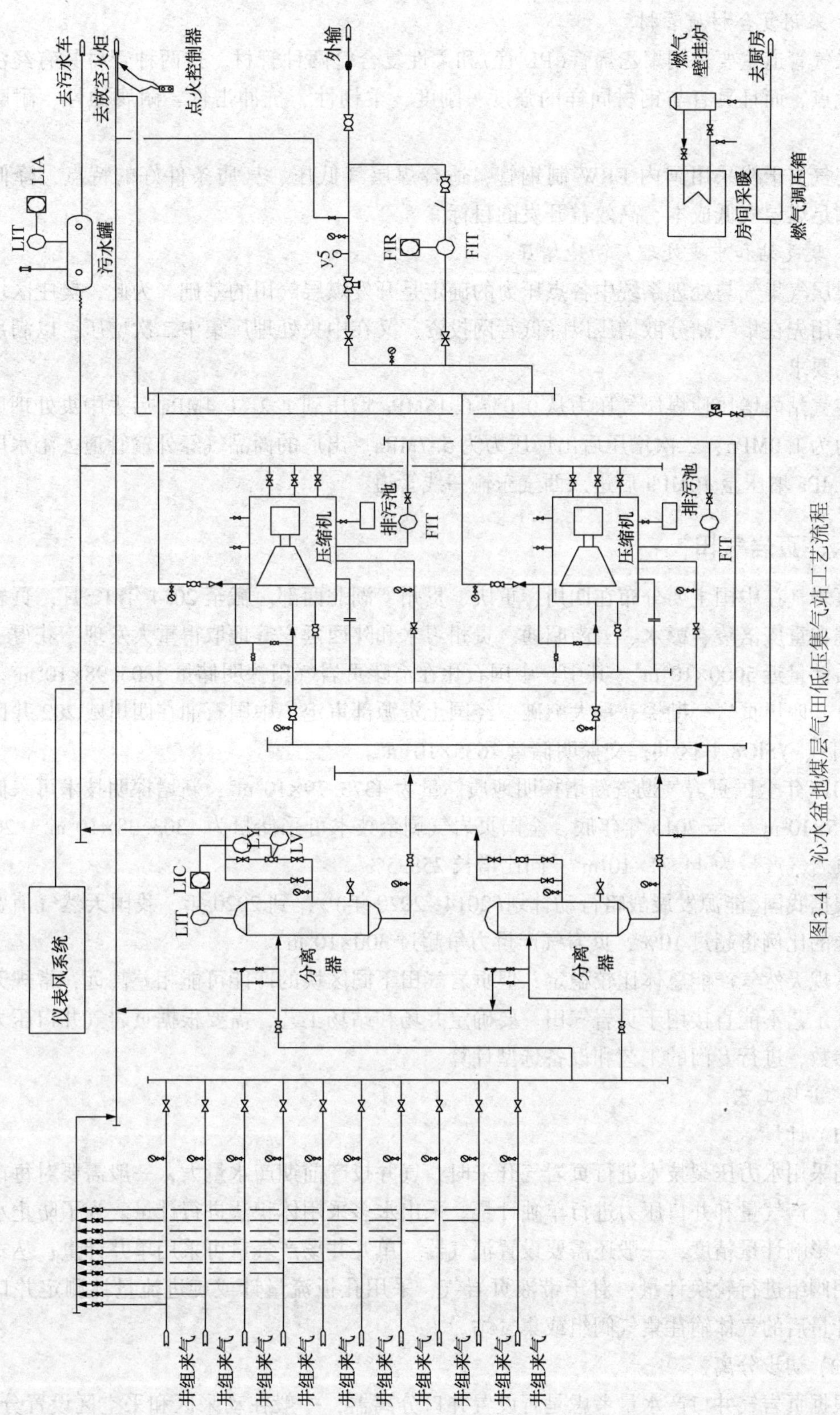

图3-41 沁水盆地煤层气田低压集气站工艺流程

5. 采用复合材质管材

采气管道主要采用聚乙烯管(PE 管)和柔性复合管两种管材。这两种管材具有经济、实用的优点，而且具有与钢材同样的强度、刚度、柔韧性、抗冲击性、耐腐蚀性、耐磨性等性能。

集气支干线采用国内 ERW 制钢管，适合煤层气低压、气质条件好的特点，降低了投资，满足煤层气低成本、高效益开发的目标。

6. 集气站和中央处理厂两地增压

煤层气集气与处理系统中各点压力的确定是开发煤层气田的基础。为此，樊庄区块煤层气田采用先在集气站分散增压以降低管网投资，又在中央处理厂集中二次增压，以满足外输压力的要求。

集气站内增压使煤层气压力从 0. 05~0. 15MPa 增压到 1. 2~1. 4MPa 后去中央处理厂，进厂压力为 1. 0MPa，二次增压后出厂压力为 5. 7MPa。出厂的商品气经外输管道去沁水压气站由 5. 0MPa 增压至 10MPa 后进入西气东输一线管道。

六、页岩气田

页岩气在中国主要分布在四川、重庆、贵州、湖北西部。截至 2014 年 12 月，页岩气勘探相继在重庆涪陵、彭水、云南昭通、贵州习水和陕西延安等地取得重大发现，获得三级探明地质储量近 $5000\times10^8m^3$，其中，中国石化在涪陵页岩气田探明储量 $3805.98\times10^8m^3$。2015 年 8 月，四川页岩气勘探获重大突破，经国土资源部审定，中国石油在四川威 202 井区、宁 201 井区、YSlO8 井区共提交探明储量 $1635\times10^8m^3$。

2015 年全国页岩气勘查新增探明地质储量为 $4373.79\times10^8m^3$，新增探明技术可采储量为 $1093.45\times10^8m^3$。至 2015 年年底，全国页岩气剩余技术可采储量为 $1303.38\times10^8m^3$。2015 年全国页岩气产量为 $44.71\times10^8m^3$，同比增长 258. 5%。

根据我国《能源发展战略行动计划(2014~2020 年)》，到 2020 年，我国天然气消费占一次能源的比例将超过 10%，页岩气产量力争超过 $300\times10^8m^3$。

常规天然气产能总体比较稳定，但页岩气田不同区块的产能可能相差甚远，常规天然气田集气工艺不能直接用于页岩气田。要确定井场和站场工艺，需要根据页岩气井口压力和产量等参数，进行专门的工艺和设备选型计算。

1. 井场工艺

(1) 计量

当采用水力压裂技术进行页岩气开采时，气井投产前期产水量大，一般需要对每口井的产水量、产气量和井口压力进行单独计量。采出水多采用体积法进行计量。为了防止水中所含气体影响计量精度，一般还需要设置消气器。单井井场产气量可采用单井计量；丛式井场多采用阀组进行轮换计量；对于带液页岩气，采用孔板流量计或旋进流量计测定井口产气量，计量后的气体输往集气阀组或集气站。

(2) 初步分离

根据页岩气井口产水量考虑是否设置井口分离器，一般在动采区和采空区设置分离器，以防止冬季出现冻堵现象。若井口产气含液体较少，可不单独设置井口气液分离器。

(3) 除砂

采用水力压裂技术开采页岩气，从井中采出的天然气一般含有泥砂和微小泥等多种固体杂质。为减少随气流通过井筒迁移到地面的固体杂质，井身结构设计要求高。虽然多数气田实施井下固砂、阻砂措施，仍不能完全消除固相颗粒。井口应设置除砂器或高效过滤器，避免固体杂质堵塞阀门及设备，磨损管道和计量仪表等。为方便管理和控制泥砂，井口还应设置专用的分离器阻断装置。页岩气生产初期，在井筒内容易出现三相流的相互冲击，而进料条件急剧变化也对除砂设备提出了高要求。

与常规天然气相比，页岩气除砂设备还需要具备处理量突变以及固体瞬时分离的特性，具备根据井流物调整脱砂材质和机械设计模式的功能，以满足不同页岩气田生产需求。英国Merpro公司已经研发一套集分离、转移、在线洗砂和排砂等功能为一体的除砂处理系统。该系统配备TORESCRUB清洗设备，清洗后的砂粒能达到直接排砂的环保要求，在页岩气田现场有一定的应用前景。

(4) 放空

为防止超压危险，需要考虑对各井口、阀组以及排污池等是否设置放空管。当井口分布密集时，一般考虑在集气阀组处集中放空，对于边远井需要考虑在井口处放空。分离出来的污水被输送到晾水坑或者排污池进行自然蒸发处理时，由于有气体逸出，需要设置放空管将气体引至安全处进行放空。

(5) 预增压

对于分布偏远的页岩气井，其采气管道水力坡降大，需要预增压后再集气输送。对丛式井或井间串接布井的页岩气田，气井产能与压力的不同会引发气井间相互干扰。为不影响气井原产气量，建议采用喷射增压技术，该技术利用高压天然气的势能来提高低压天然气井的压力，实现节能升压。

2. 站场工艺

(1) 增压

当井场压力低于集气管网操作压力或采气管道压力损失过大时，为维持气体正常输送，需要合理选择增压工艺。增压工艺选择、压缩机组选型及基础优化是降低增压系统投资的关键。

由于页岩气压力和产能的不稳定，压缩机组工作点容易偏离设计工况点，造成负荷率过高及润滑油耗量加大。气井采气管道若在高压下设计，气田进入增压开采阶段时，原始的压缩机组不能很好地适用于后期生产条件，需要根据水力压降关系重新对不能满足生产需要的设备进行优化，并调整原增压流程的阻力元件。

(2) 水合物防止

页岩气井投产过程中，井筒内流体的温度一般高于该压力下水合物的形成温度；但投产前和停产后接近地面处井筒内温度可能低于水合物的形成温度，有水合物生成的危险。为了防止冻堵，一般采用向井筒泵注乙二醇或甲醇等水合物抑制剂，根据单井产量、井口温度及压力计算抑制剂注人量。在页岩气井开始投产时，采用橇装式移动注醇设备注入水合物抑制剂。页岩气新井井口压力过高时，井口加注泵及配套阀件选型会有一定困难。最新研究表明，微波技术对阻止水合物形成有一定效果，开展微波技术防治页岩气水合物研究具有长远意义。

(3) 脱水脱烃

目前国内外应用最多的是三甘醇脱水法和低温分离法。页岩气井脱水系统中甘醇泵运转不稳定，三甘醇循环量的波动引起三甘醇与天然气不能充分接触。页岩气脱水量大时，需要设置过滤分离器作为三甘醇脱水系统的入口涤气器，但过滤分离器造价昂贵。当三甘醇溶液循环量比较大时，重沸器热负荷增加，在重沸器内三甘醇停留时间过短，降低了三甘醇再生浓度。在高含酸性气体的页岩气田中，三甘醇溶液容易发泡变质。

低温分离法一般采取丙烷制冷或者节流制冷。在页岩气开发初期，采用J-T阀节流制冷可充分利用管道内的压力，进入开发中后期，采用丙烷制冷进行脱水脱烃。但丙烷制冷中一旦选择预冷换热器不当，容易导致解堵困难，该方法并不适用于含汞的页岩气田。对J—T阀节流制冷，为了避免出现水合物，在原料气被预冷之前需要注入抑制剂。

无论采取何种处理方法，都需要对增压后脱水和脱水后增压进行比选：脱水后增压使得脱水设备负荷和工艺管道直径增加；增压后脱水使得增压设备负荷和脱水装置操作压力增加。页岩气田需要根据天然气进站压力及设备运行参数等条件确定最佳脱水流程。

(4) 脱酸脱汞

国内部分页岩气田含 CO_2、H_2S 和汞等杂质，在水存在的条件下，酸性气体会加剧页岩气管道腐蚀，降低管道输送能力，汞将腐蚀铝制设备，引起天然气中毒及环境污染。井口出来的页岩气需要集中进行脱酸脱汞，以满足管输天然气质量标准。目前，多利用变压吸附法、膜分离法和化学吸收法等脱除页岩气中酸性气体。对于气体组分复杂的页岩气，需要根据原料气温度、压力、酸性气体含量和重烃含量等选择脱酸方法的组合方式。新型的气体分离技术如变压吸附法、膜分离法等具有无污染、自动化程度高的特点，并且页岩气净化装置已实现橇装化，在页岩气田正逐渐推广。美国UOP和ABB等公司研制的橇装式膜组合分离装置已经用于 CO_2 工业化初步脱除。

国外已成功研制了工业化脱汞装置，多以活性炭作为载体。为避免对再生系统投资，我国采用载硫活性炭脱汞，但载硫活性炭具有不可再生性，仅适合小流量及脱汞要求不高的场合。

习　题

3-1 天然气集输系统由哪几部分组成？

3-2 集输管网的分类有哪些？各有什么优缺点？

3-3 怎样确定集输系统的压力和集气管道的流速？

3-4 目前常用的防止生成水合物的方式有哪些？各有什么特点？

3-5 低温冷凝分离的目的是什么？制冷方法分为哪几种？

3-6 矿场增压站设置的目的以及增压方式分别是什么？

参考文献

[1] 汤林，等．天然气集输工程手册[M]．北京：石油工业出版社，2015.

[2] 刘祎．天然气集输与安全[M]．北京：中国石化出版社，2010.

[3] 王遇冬．天然气开发与利用[M]．北京：中国石化出版社，2011.

[4] 王遇冬．天然气处理原理与工艺：第三版[M]．北京：中国石化出版社，2016.
[5] 郭揆常．矿场油气集输与处理[M]．北京：中国石化出版社，2010.
[6] 苏建华，等．天然气矿场集输与处理[M]．北京：石油工业出版社，2004.
[7] 中国石油天然气股份有限公司．天然气工业管理实用手册[M]．北京：石油工业出版社，2005.
[8] 马国光．天然气集输工程[M]．北京：石油工业出版社，2014.
[9] 郑欣．天然气地面工艺技术[M]．北京：中国石化出版社，2019.
[10] 凌心强，等．长庆油田的四化管理模式[J]．油气田地面工程，2011，30(1)：8-10.
[11] 朱天寿，等．苏里格气田数字化集气站建设管理模式[J]．天然气工业，2011，31(2)：9-11.
[12] 王登海，等．苏里格气田橇装设备的开发与应用[J]．天然气工业，2007，27(12)：126-127.
[13] 刘祎，等．苏里格气田地面系统标准化设计[J]．天然气工业，2007.27(12)：124-125.
[14] 刘祎，等．苏里格气田天然气集输工艺技术的优化创新[J]．天然气工业，2007，27(5)：139-141.
[15] 宋世昌，李光，杜丽民．天然气地面工程设计．上卷[M]．北京：中国石化出版社，2014.
[16] 韩建成，等．长庆油田标准化设计、模块化建设技术综述[J]．石油工程建设，2010，36(2)：75-79.
[17] 杨光，等．苏里格气田单井采气管网串接技术[J]．天然气工业，2007，27(12).
[18] 刘银春，等．苏里格气田南区块天然气集输工艺技术[J]．天然气工业，2012，32(6).
[19] 赵勇．苏里格气田地面工艺模式的形成与发展[J]．天然气工业，2011，31(2)：17-19.
[20] 张建国，等．靖边气田增压开采方式优化研究[J]．钻采工艺，2013，36(1)：31-32.
[21] 刘子兵，等．低温分离工艺在榆林气田天然气集输中的应用[J]．天然气工业，2003；23(4)：103-10.
[22] 韩勇．苏里格气田远控紧急截断阀与电磁阀研究[J]．内蒙古石油化工，2010，19：14-16.
[23] 张春．苏里格气田井口电磁阀技术应用研究[J]．长江大学学报：自然科学版，2012，9(6)：90-92.
[24] 韩玉坤，等．普光气田天然气集输关键技术解析[J]．钻采工艺，2012，35(6)：57-60.
[25] 李时宣．长庆低渗透气田地面工艺技术[M]．北京：石油工业出版社，2015.

第四章 天然气脱硫脱碳

从油、气井矿场分离器分出的天然气通常还含有酸性组分、水分、重烃等，需经处理符合商品气质量指标或管道输送要求后方可进入输配管道或用户。天然气处理过程主要有脱硫脱碳(脱酸气)、脱水脱油、硫黄回收、尾气处理、天然气凝液(NGL)回收等。此外，液化天然气和压缩天然气生产一般也属于天然气处理的范畴。

图 4-1 为油气田天然气处理过程示意框图。必须说明的是，并非所有油、气井来的天然气都经过图 4-1 中的各个处理过程。例如，如果天然气中酸性组分含量很少，已经符合商品天然气质量要求，就可不脱酸性气体而直接脱水和脱天然气凝液等。

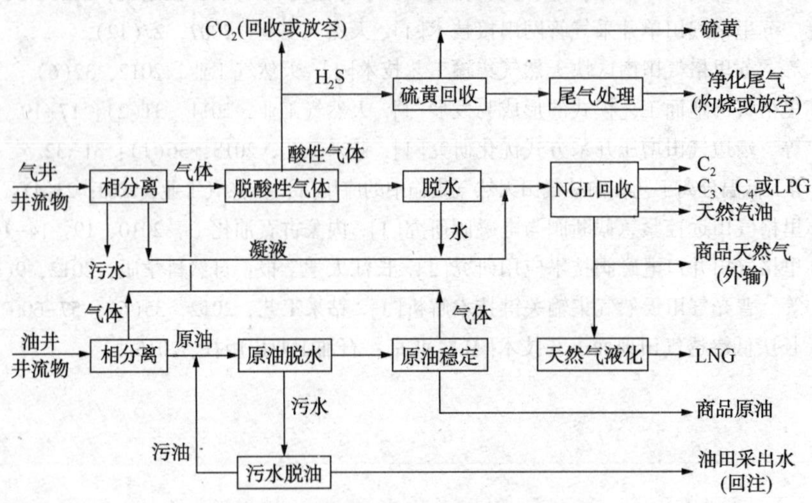

图 4-1 天然气处理过程示意框图

天然气中的酸性组分有硫化氢(H_2S)、二氧化碳(CO_2)、羰基硫(COS)、硫醇(RSH)和二硫化物(*RSSR′*)等。通常，将酸性组分含量超过商品气质量指标或管输要求的天然气称为酸性天然气或含硫天然气。

天然气中含有酸性组分时，不仅在开采、处理和储运过程中会造成设备和管线腐蚀，而且用作燃料时会污染环境，危害用户健康；用作化工原料时会引起催化剂中毒，影响产品收率和质量。此外，天然气中 CO_2 含量过高还会降低其热值。因此，当天然气中酸性组分含量超过商品气质量指标或管输要求时，必须采用合适的方法将其脱除至允许值以内。脱除的这些酸性组分混合物称为酸气，其主要成分是 H_2S、CO_2，并含有水蒸气和少量烃类。从酸性天然气中脱除酸性组分的工艺过程统称为脱硫脱碳或脱酸气。如果此过程主要是脱除 H_2S 和有机硫化物则称之为脱硫；主要是脱除 CO_2 则称之为脱碳。原料气经湿法脱硫脱碳后，还需脱水(有时还需脱油)和脱除其他有害杂质(例如脱汞)。脱硫脱碳、脱水脱油后符合一定质量指标或要求的天然气称为净化气，脱水前的天然气称为湿净化气。脱除的酸气一般还应回收其中的硫元素(硫黄回收)。当回收硫黄后的尾气不符合向大气排放标准时，还应对尾气进行处理。

此外，采用深冷分离方法从天然气中回收天然气凝液(NGL)或生产液化天然气(LNG)时，为防止CO_2在低温下形成固体，故要求气体中的CO_2含量很低，这时就应首先采用深度脱碳的方法使原料气中的CO_2含量符合要求。

第一节 脱硫脱碳方法分类与选择

一、脱硫脱碳方法分类

天然气脱硫脱碳方法很多，这些方法一般可分为化学溶剂法、物理溶剂法、化学-物理溶剂法、直接转化法和其他类型方法等。

1. 化学溶剂法

化学溶剂法系采用碱性溶液与天然气中的酸性组分(主要是H_2S、CO_2)反应生成某种化合物，故也称化学吸收法。吸收了酸性组分的碱性溶液(通常称为富液)在再生时又可将该化合物的酸性组分分解与释放出来。这类方法中最具代表性的是采用有机胺的醇胺(烷醇胺)法以及有时也采用的无机碱法，例如活化热碳酸钾法。

目前，醇胺法是最常用的天然气脱硫脱碳方法。属于此法的有一乙醇胺(MEA)法、二乙醇胺(DEA)法、二甘醇胺(DGA)法、二异丙醇胺(DIPA)法、甲基二乙醇胺(MDEA)法、混合醇胺法、配方醇胺溶液(配方溶液)法以及空间位阻胺法等。

醇胺溶液主要由烷醇胺与水组成。

2. 物理溶剂法

此法系利用某些溶剂对气体中H_2S、CO_2等与烃类的溶解度差别很大而将酸性组分脱除，故也称物理吸收法。物理溶剂法一般在高压和较低温度下进行，适用于酸性组分分压高(大于345kPa)的天然气脱硫脱碳。此外，此法还具有可大量脱除酸性组分，溶剂不易变质，比热容小，腐蚀性小以及可脱除有机硫(COS、CS_2和RSH)等优点。由于物理溶剂对天然气中的重烃有较大的溶解度，故不宜用于重烃含量高的天然气，且多数方法因受再生程度的限制，净化度(即原料气中酸性组分的脱除程度)不如化学溶剂法。当净化度要求很高时，需采用汽提法等再生方法。

目前，常用的物理溶剂法有多乙二醇二甲醚法(Selexol法)、碳酸丙烯酯法(Fluor法)、冷甲醇法(Rectisol法)等。

物理吸收法的溶剂通常采用多级闪蒸、蒸汽加热或汽提法等进行再生，只需很少或不需能量，还可同时使气体脱水。

3. 化学-物理溶剂法

这类方法采用的溶液是醇胺、物理溶剂和水的混合物，兼有化学溶剂法和物理溶剂法的特点，故又称混合溶液法或联合吸收法。目前，典型的化学-物理吸收法为砜胺法(Sulfinol)法，包括DIPA-环丁砜法(Sulfinol-D法，砜胺Ⅱ法)、MDEA-环丁砜法(Sulfinol-M法，砜胺Ⅲ法)。此外，还有Amisol、Selefining、Optisol和Flexsorb混合SE法等。

4. 直接转化法

这类方法以氧化-还原反应为基础，故又称氧化-还原法或湿式氧化法。它借助于溶液中的氧载体将碱性溶液吸收的H_2S氧化为元素硫，然后采用空气使溶液再生，从而使脱硫和硫磺回收合为一体。此法目前虽在天然气工业中应用不多，但在焦炉气、水煤气、合成气等气体脱硫及尾气处理方面却广为应用。由于溶剂的硫容量(即单位质量或体积溶剂能够吸收的硫的质量)较低，故适用于原料气压力较低及处理量不大的场合。属于此法的主要有钒法(ADA-$NaVO_3$ 法、栲胶-$NaVO_3$ 法等)、铁法(Lo-Cat 法、Sulferox 法、EDTA 络合铁法、FD 及铁碱法等)，以及 PDS 等方法。

上述诸法因都采用液体脱硫脱碳，故又统称为湿法。其主导方法是胺法和砜胺法，采用的溶剂主要性质见表 4-1。

表 4-1　主要胺法和砜胺法溶剂性质

溶剂	MEA	DEA	DIPA	MDEA	环丁砜
分子式	$HOC_2H_4NH_2$	$(HOC_2H_4)_2NH$	$(HOC_3H_6)_2NH$	$(HOC_2H_4)_2NH_3$	$CH_2—CH_2$, SO_2, $CH_2—CH_2$ (环状)
相对分子质量	61.08	105.14	133.19	119.17	120.14
相对密度	$d_{20}^{20}=1.0179$	$d_{20}^{20}=1.0919$	$d_{20}^{20}=0.989$	$d_{20}^{20}=1.0418$	$d_{20}^{20}=1.2614$
凝点/℃	10.2	28.0	42.0	-14.6	28.8
沸点/℃	170.4	268.4(分解)	248.7	230.6	285.0
闪点(开杯)/℃	93.3	137.8	123.9	126.7	176.7
折射率(n_D^{20})	1.4539	1.4776	1.4542(45℃)	1.469	1.4820(30℃)
蒸汽压/(20℃/Pa)	28	<1.33	<1.33	<1.33	0.6
黏度/(mPa·s)	24.1(20℃)	380.0(30℃)	198.0(45℃)	101.0(20℃)	10.286(30℃)
比热容/[kJ/(kg·K)]	2.54(20℃)	2.51(15.5℃)	2.89(30℃)	2.24(15.6℃)	1.34(25℃)
热导率/[W/(m·K)]	0.256	0.220		0.275(20℃)	
气比热/(kJ/kg)	1.92(101.3kPa)	1.56(9.73kPa)	1.00	1.21(101.3kPa)	
水中溶解度(20℃)	完全互溶	96.4%	87.0%	完全互溶	完全互溶

5. 其他类型方法

除上述方法外，目前还可采用分子筛法、膜分离法、低温分离法及生物化学法等脱除 H_2S 和有机硫。此外，非再生的固体(例如海绵铁)、液体以及浆液脱硫剂则适用于 H_2S 含量低的天然气脱硫。其中，可以再生的分子筛法等因其要切换操作故又称为间歇法。

膜分离法借助于膜在分离过程中的选择性渗透作用脱除天然气的酸性组分，目前有 AVIR、Cynara、杜邦(DuPont)、Grace 等法，大多用于从 CO_2 含量很高的天然气中分离 CO_2。

上述主要脱硫脱碳方法的工艺性能见表 4-2。

二、脱硫脱碳方法选择

图 4-2 可作为选择脱硫脱碳方法时的一般性指导。由于需要考虑的因素很多，不能只按图 4-2 选择某种脱硫脱碳方法，也许经济因素和局部情况会支配某一方法的选择。

表 4-2 气体脱硫脱碳方法性能比较

方法	脱除 H_2S 至 4×10^{-6} (体积分数)(5.7mg/m^3)	脱除 RSH、COS	选择性脱除 H_2S	溶剂降解(原因)
伯醇胺法	是	部分	否	是(COS、CO_2、CS_2)
仲醇胺法	是	部分	否	一些(COS、CO_2、CS_2)
叔醇胺法	是	部分	是②	否
化学-物理法	是	是	是②	一些(CO_2、CS_2)
物理溶剂法	可能①	略微	是②	否
固体床法	是	是	是②	否
液相氧化还原法	是	否	是	高浓度 CO_2
电化学法	是	部分	是	否

注：①某些条件下可以达到；②部分选择性。

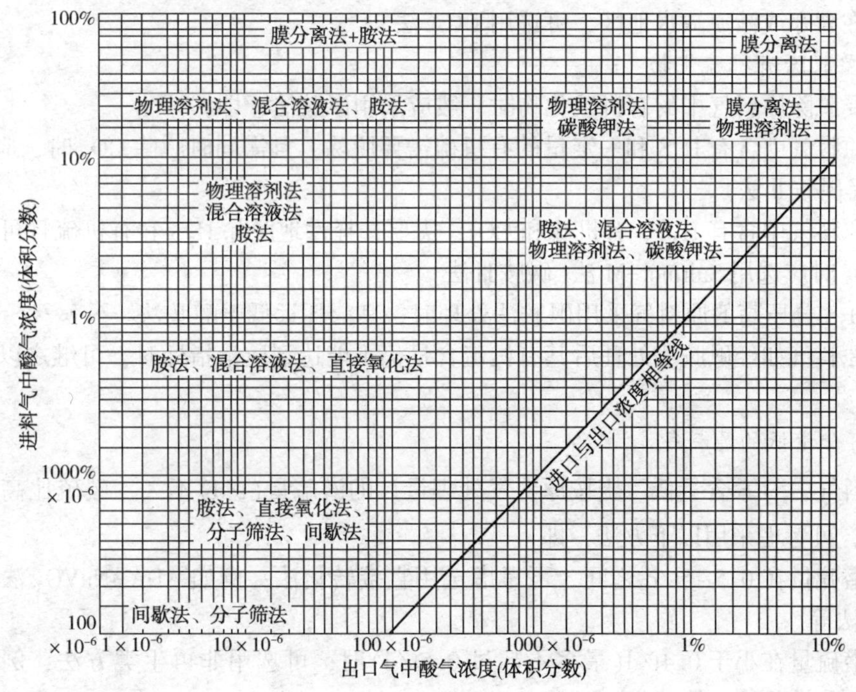

图 4-2 天然气脱硫脱碳方法选择

（一）需要考虑的因素

脱硫脱碳方法的选择会影响整个天然气处理厂的设计，包括酸气排放、硫磺回收、脱水脱油、NGL 回收、分馏和产品处理方法的选择等。在选择脱硫脱碳方法时应主要考虑的因素有：①原料气中酸气组分的类型和含量；②净化气的质量要求；③酸气要求；④酸气温度、压力和净化气的输送温度、压力；⑤原料气处理量和原料气中的烃类含量；⑥脱除酸气所要求的选择性；⑦液体产品(例如 NGL)质量要求；⑧投资、操作、技术专利费用；⑨有害副产物的处理。

（二）选择原则

根据国内外工业实践，以下原则可供选择各种醇胺法和砜胺法脱硫脱碳时参考。

1. 一般情况

对于处理量比较大的脱硫脱碳装置首先应考虑采用醇胺法的可能性，即：

(1) 原料气中碳硫比较高(CO_2/H_2S 摩尔比>6)时，为获得适用于常规克劳斯硫磺回收装置的酸气(酸气中 H_2S 浓度低于 15%时无法进入该装置)而需要选择性脱 H_2S，以及其它可以选择性脱 H_2S 的场合，应选用选择性 MDEA 法。

(2) 原料气中碳硫比较高，在脱除原料气中 H_2S 的同时还需脱除相当量的 CO_2 时，可选用 MDEA 和其他醇胺(例如 DEA)组成的混合醇胺法或合适的配方溶液法等。

(3) 原料气中 H_2S 含量低、CO_2 含量高且需深度脱除 CO_2 时，可选用合适的 MDEA 配方溶液法(包括活化 MDEA 法)。

(4)原料气压力低，净化气的 H_2S 质量指标严格且需同时脱除 CO_2 时，可选用 MEA 法、DEA 法、DGA 法或混合醇胺法。如果净化气的 H_2S 和 CO_2 质量指标都很严格，则可采用 MEA 法、DEA 法或 DGA 法。

(5) 在高寒或沙漠缺水地区，可选用 DGA 法。

2. 需要脱除有机硫化物

当需要脱除原料气中的有机硫化物时一般应采用砜胺法，即：

(1) 原料气中含有 H_2S 和一定量的有机硫需要脱除，且需同时脱除 CO_2 时，应选用 Sulfinol-D 法(砜胺Ⅱ法)。

(2) 原料气中含有 H_2S、有机硫和 CO_2，需要选择性地脱除 H_2S 和有机硫且可保留一定含量的 CO_2 时应选用 Sulfinol-M 法(砜胺Ⅲ法)。

(3) H_2S 分压高的原料气采用砜胺法处理时，其能耗远低于醇胺法。

(4) 原料气如经砜胺法处理后其有机硫含量仍不能达到质量指标时，可继之以分子筛法脱有机硫。

3. H_2S 含量低的原料气

当原料气中 H_2S 含量低、当按原料气处理量计的潜硫量(t/d)不大、碳硫比高且不需脱除 CO_2 时，可考虑采用以下方法，即

(1) 潜硫量在 0.5~5t/d 之间，可考虑选用直接转化法，例如 ADA-$NaVO_3$ 法、络合铁法和 PDS 法等。

(2) 潜硫量在小于 0.4t/d(最多不超过 0.5t/d)时，可选用非再生类方法，例如固体氧化铁法、氧化铁浆液法等。

4. 高压、高酸气含量的原料气

高压、高酸气含量的原料气可能需要在醇胺法和砜胺法之外选用其他方法或者采用几种方法的组合。

(1) 主要脱除 CO_2 时，可考虑选用膜分离法、物理溶剂法或活化 MDEA 法。

(2) 需要同时大量脱除 H_2S 和 CO_2 时，可先选用选择性醇胺法获得富含 H_2S 的酸气去克劳斯装置，再选用混合醇胺法或常规醇胺法以达到净化气质量指标或要求。例如采用 MDEA 溶液串接或 MDEA 溶液和其他醇胺(例如 DEA)溶液串接吸收法。

(3) 需要大量脱除原料气中的 CO_2 且同时有少量 H_2S 也需脱除时，可先选膜分离法，

再选用醇胺法以达到处理要求。

以上只是选择天然气脱硫脱碳方法的一般原则，在实践中还应根据具体情况对几种方案进行技术经济比较后确定某种方案。

第二节 醇胺法脱硫脱碳

醇胺法是目前最常用的天然气脱硫脱碳方法。据统计，20 世纪 90 年代美国采用化学溶剂法的脱硫脱碳装置处理量约占总处理量的 72%，其中又绝大多数是采用醇胺法。目前，主要采用的是 MEA、DEA、DIPA、DGA 和 MDEA 等溶剂。

醇胺法适用于天然气中酸性组分分压低和要求净化气中酸性组分含量低的场合。由于醇胺法使用的是醇胺水溶液，溶液中含水可使被吸收的重烃降低至最少程度，故非常适用于重烃含量高的天然气脱硫脱碳。MDEA 等醇胺溶液还具有在 CO_2 存在下选择性脱除 H_2S 的能力。

醇胺法的缺点是有些醇胺与 COS 和 CS_2 的反应是不可逆的，会造成溶剂的化学降解损失，故不宜用于 COS 和 CS_2 含量高的天然气脱硫脱碳。醇胺还具有腐蚀性，与天然气中的 H_2S 和 CO_2 等会引起设备腐蚀。此外，醇胺作为脱硫脱碳溶剂，其富液(即吸收了天然气中酸性组分后的溶液)在再生时需要加热，不仅能耗较高，而且在高温下再生时也会发生热降解，所以损耗较大。

一、醇胺与 H_2S、CO_2 的主要化学反应

醇胺化合物分子结构特点是其中至少有一个羟基和一个胺基。羟基可降低化合物的蒸气压，并能增加化合物在水中的溶解度，因而可配制成水溶液；而胺基则使化合物水溶液呈碱性，以促进其对酸性组分的吸收。化学吸收法中常用的醇胺化合物有伯醇胺(例如 MEA、DGA，含有伯胺基$-NH_2$)、仲醇胺(例如 DEA、DIPA，含有仲胺基$=NH$)和叔醇胺(例如 MDEA，含有叔胺基$\equiv N$)三类，可分别以 RNH_2、R_2NH 及 $R_2R'N$(或 R_3N)表示。

作为有机碱，上述三类醇胺均可与 H_2S 发生以下反应：

$$2RNH_2(\text{或 } R_2NH,\ R_3N)+H_2S \rightleftharpoons (RNH_3)S[\text{或}(R_2NH_2)_2S,\ (R_3NH)_2S] \tag{4-1}$$

然而，这三类醇胺与 CO_2 的反应则有所不同。伯醇胺和仲醇胺可与 CO_2 发生以下两种反应：

$$2RNH_2(\text{或 } R_2NH)+CO_2 \rightleftharpoons RNHCOONH_3R(\text{或 } R_2NCOONH_2R] \tag{4-2}$$

$$2RNH_2(\text{或 } R_2NH)+CO_2+H_2O \rightleftharpoons (RNH_3)_2CO_3[\text{或}(R_2NH_2)_2CO_3] \tag{4-3}$$

公式(4-2)是主要反应，反应生成氨基甲酸盐；公式(4-3)是次要反应，反应生成碳酸盐。

由于叔胺的$\equiv N$ 上没有活泼氢原子，故仅能生成碳酸盐，而不能生成氨基甲酸盐：

$$2R_2R'N+CO_2+H_2O \rightleftharpoons (R_2R'NH)_2CO_3 \tag{4-4}$$

以上这些反应均是可逆反应，在高压和低温下反应将向右进行，而在低压和高温下反应则向左进行。这正是醇胺作为主要脱硫脱碳溶剂的化学基础。

上述各反应式表示的只是反应的最终结果。实际上，整个化学吸收过程包括了 H_2S 和 CO_2 由气流向溶液中的扩散(溶解)、反应(中间反应及最终反应)等过程。例如，反应

(4-1)的实质是醇胺与 H_2S 离解产生的质子发生的反应，反应(4-2)的实质是 CO_2 与醇胺中活泼氢原子发生的反应，反应(4-4)的实质是酸碱反应，它们都经历了中间反应的历程。

此外，无论伯醇胺、仲醇胺或叔醇胺，它们与 H_2S 的反应都可认为是瞬时反应，而醇胺与 CO_2 的反应则因情况不同而有区别。其中，伯醇胺、仲醇胺与 CO_2 按公式(4-2)发生的反应很快，而叔醇胺与 CO_2 按公式(4-4)发生的酸碱反应，由于 CO_2 在溶液中的水解和生成中间产物碳酸氢胺的时间较长而很缓慢，这也许是叔醇胺在 H_2S 和 CO_2 同时存在下对 H_2S 具有很强选择性的原因。

由于叔胺与与 CO_2 的反应是酸碱反应，再生时从富液中解吸大量 CO_2 所需热量较少，故适用于从高含 CO_2 的气体中经济地脱除大量的 CO_2。

醇胺除与气体中的 H_2S 和 CO_2 反应外，还会与气体中存在的其他硫化物(如 COS、CS_2、RSH)以及一些杂质发生反应。其中，醇胺与 CO_2、漏入系统中空气的 O_2 等还会发生降解反应(严格地说是变质反应，因为降解系指复杂有机化合物分解为简单化合物的反应，而此处醇胺发生的不少反应却是生成更大分子的变质反应)。醇胺的降解不仅造成溶液损失，使醇胺溶液的有效浓度降低，增加了溶剂消耗，而且许多降解产物使溶液腐蚀性增强，容易起泡，以及增加了溶液的黏度。

二、常用醇胺溶剂性能比较

醇胺法特别适用于酸气分压低和要求净化气中酸气含量低的场合。由于采用的是水溶液可以减少重烃的吸收量，故此法更适合富含重烃的气体脱硫脱碳。

通常，MEA 法、DEA 法、DGA 法又称为常规醇胺法，基本上可同时脱除气体中的 H_2S、CO_2；MDEA 法和 DIPA 法又称为选择性醇胺法，其中 MDEA 法是典型的选择性脱 H_2S 法，DIPA 法在常压下也可选择性地脱除 H_2S。此外，配方溶液目前种类繁多，性能各不相同，分别用于选择性脱 H_2S，在深度或不深度脱除 H_2S 的情况下脱除一部分或大部分 CO_2，深度脱除 CO_2，以及脱除 COS 等。

(一) 一乙醇胺(MEA)

MEA 可用于低吸收压力和净化气质量指标严格的场合。

MEA 可从气体中同时脱除 H_2S 和 CO_2，因而没有选择性。净化气中 H_2S 浓度可低达 5.7mg/m³。在中低压情况下 CO_2 浓度可低达 100×10^{-6}(体积分数)。MEA 也可脱除 COS、CS_2，但是需要采用复活釜，否则反应是不可逆的。即就是有复活釜，反应也不能完全可逆，故会导致溶液损失和在溶液中出现降解产物的积累。

MEA 的酸气负荷上限通常为 0.3～0.5mol 酸气/mol MEA，溶液质量浓度一般限定在 15%～20%。如果采用缓蚀剂，则可使溶液浓度和酸气负荷显著提高。由于 MEA 蒸气压在醇胺类中最高，故在吸收塔、再生塔中蒸发损失量大，但可采用水洗的方法降低损失。

(二) 二乙醇胺(DEA)

DEA 不能像 MEA 那样在低压下使气体处理后达到质量指标或管输要求，而且也没有选择性。

如果酸气含量高而且总压高，则可采用具有专利权的 SNPA-DEA 法。此法可用于高压且有较高 H_2S/CO_2 比的高酸气含量气体。专利上所表示的酸气负荷为 0.9～1.3mol 酸气/mol DEA。

尽管所报道的 DEA 酸气负荷高达 0.8~0.9mol 酸气/mol DEA，但大多数常规 DEA 脱硫脱碳装置因为腐蚀问题而在很低的酸气负荷运行。

与 MEA 相比，DEA 的特点为：①DEA 的碱性和腐蚀性较 MEA 弱，故其溶液浓度和酸气负荷较高，溶液循环量、投资和操作费用都较低。典型的 DEA 酸气负荷(0.35~0.8mol 酸气/mol DEA)远高于常用的 MEA 的酸气负荷(0.3~0.4mol 酸气/mol MEA)；②由于 DEA 生成不可再生的降解产物数量较少，故不需要复活釜；③DEA 与 H_2S 和 CO_2 的反应热较小，故溶液再生所需的热量较少；④DEA 与 COS、CS_2 反应生成可再生的化合物，故可在溶液损失很小的情况下部分脱除 COS、CS_2；⑤蒸发损失较少。

（三）二甘醇胺（DGA）

DGA 是伯醇胺，不仅可脱除气体和液体中的 H_2S 和 CO_2，而且可脱除 COS 和 RSH，故广泛用于天然气和炼厂气脱硫脱碳。DGA 可在压力低于 0.86MPa 下将气体中的 H_2S 脱除至 5.7mg/m^3。此外，与 MEA、DEA 相比，DGA 对烯烃、重烃和芳香烃的吸收能力更强。因此，在 DGA 脱硫脱碳装置的设计中应采用合适的活性炭过滤器。

与 MEA 相比，DGA 的特点为：①溶液质量浓度可高达 50%~70%，而 MEA 溶液浓度仅 15%~20%；，②由于溶液浓度高，所以溶液循环量小；③重沸器蒸汽耗量低。

DGA 溶液浓度在 50%(质量分数)时的凝点为-34℃，故可适用于高寒地区。由于降解反应速率大，所以 DGA 系统需要采用复活釜。此外，DGA 与 CO_2、COS 的反应是不可逆的，生成 *N*,*N*-二甘醇脲，通常称为 BHEEU。

（四）甲基二乙醇胺（MDEA）

MDEA 是叔醇胺，可在中、高压下选择性脱除 H_2S 以符合净化气的质量指标或管输要求。但是，如果净化气中的 CO_2 含量超过允许值，则需进一步处理。

选择性脱除 H_2S 的优点：①由于脱除的酸气量减少而使溶液循环量降低；②再生系统的热负荷低；③酸气中的 H_2S/CO_2 摩尔比可高达含硫原料气的 10~15 倍。由于酸气中 H_2S 浓度较高，有利于硫黄回收。

如前所述，由于叔醇胺与 CO_2 的反应是反应热较小的酸碱反应，故再生时需要的热量较少，因而用于大量脱除 CO_2 是很理想的。这也是一些适用于大量脱除 CO_2 的配方溶液(包括活化 MDEA 溶液)的主剂是 MDEA 的原因所在。

采用 MDEA 溶液选择性脱硫不仅由于循环量低而可降低能耗，而且单位体积溶液再生所需蒸汽量也显著低于常规醇胺法。此外，选择性醇胺法因操作的气液比较高而吸收塔的液流强度较低，因而装置的处理量也可提高。

（五）二异丙醇胺（DIPA）

DIPA 是仲胺，对 H_2S 具有一定的选择性，但不如叔胺强，其选择性归因于化学空间位阻效应。DIPA 可用于从液化石油气中脱除 H_2S 和 COS。

（六）配方溶液

配方溶液是一种新的醇胺溶液系列。与大多数醇胺溶液相比，由于采用配方溶液可减少设备尺寸和降低能耗而广为应用，目前常见的配方溶液产品有 Dow 化学公司的 GAS/SPEC™、联碳(Union Carbide)公司的 UCARSOL™、猎人(Huntsman)公司的 TEXTREAT™以及广义地说还有 BASF 公司的活化 MDEA(aMDEA)溶液等。配方溶液通常具有比 MDEA 溶液更好的优越性。有的配方溶液可以选择性地脱除 H_2S 低至 4×10^{-6}(体积分数)，而只脱除

一小部分 CO_2；有的配方溶液则可从气体中深度脱除 CO_2 以符合深冷分离工艺的需要；有的配方溶液还可在选择性脱除 H_2S 低至 4×10^{-6}(体积分数)的同时，将高 CO_2 含量气体中的 CO_2 脱除至2%(体积分数)。

（七）空间位阻胺

埃克森(Exxon)公司在20世纪80年代开发的 Flexsorb 溶剂是一种空间位阻胺。它通过空间位阻效应和碱性来控制醇胺与 CO_2 的反应。目前已有很多型号的空间位阻胺，分别用于不同情况下的天然气脱硫脱碳。

醇胺法脱硫脱碳溶液主要工艺参数见表4-3。表中数据仅供参考，实际设计中还需考虑许多具体因素。表中富液酸气负荷指离开吸收塔底富液中酸性组分含量；贫液残余酸气负荷指离开再生塔底贫液中残余酸性组分含量；酸气负荷则为溶液在吸收塔内所吸收的酸性组分含量，即富液酸气负荷与贫液酸气负荷之差。它们的单位均为 mol(H_2S+CO_2)/mol 胺。酸气负荷是醇胺法脱硫脱碳工艺中一个十分重要的参数，溶液的酸气负荷应根据原料气组成、酸性组分脱除要求、醇胺类型、吸收塔操作条件以及设备和管线材质、腐蚀情况等确定。

表4-3 醇胺法溶液主要工艺参数

项目	MEA	DEA	SNPA-DEA	DGA	Sulfinol	MDEA
酸气负荷/[m^3(GPA)/L，38℃]，正常范围①	0.0230~0.0320	0.0285~0.0375	0.0500~0.0585	0.0350~0.0495	0.030~0.1275	0.022~0.056
酸气负荷/(mol/mol 胺)，正常范围②	0.33~0.40	0.35~0.65	0.72~1.02	0.25~0.3	—	0.2~0.55
贫液残余酸气负荷(mol/mol 胺)，正常范围③	0.12±	0.08±	0.08±	0.10±	—	0.005~0.01
富液酸气负荷/(mol/mol 胺)，正常范围②	0.45~0.52	0.43~0.73	0.8~1.1	0.35~0.40	—	0.4~0.55
溶液质量浓度/%，正常范围	15~25	25~35	25~30	50~70	3种组分，组成可变化	40~50
火管加热重沸器表面平均热流率/(kW/m^2)	25.0~31.9	25.0~31.9	25.0~31.9	25.0~31.9	25.0~31.9	25.0~31.9
重沸器温度④/℃，正常范围	107~127	110~121	110~121	121~127	110~138	110~127
反应热⑤(估计)/(kJ/kg H_2S)	1280~1560	1160~1400	1190	1570	变化/负荷	1040~1210
反应热⑤(估计)/(kJ/kg CO_2)	1445~1630	1350~1515	1520	2000	变化/负荷	1325~1390

注：①取决于酸气分压和溶液浓度。

②取决于酸气分压和溶液腐蚀性，对于腐蚀性系统仅为60%或更低值。

③随再生塔顶部回流比而变，低的贫液残余酸气负荷要求再生塔塔板或回流比更多，并使重沸器热负荷更大。

④重沸器温度取决于溶液浓度、酸气背压和所要求的残余 CO_2 含量，应尽可能采用较低温度。

⑤反应热随酸气负荷、溶液浓度而变化。

必须说明的是，上述酸气(主要是 H_2S、CO_2)负荷的表示方法仅对同时脱硫脱碳的常规醇胺法才是确切的，而对选择性脱除 H_2S 的醇胺法来讲，由于要求 CO_2 远离其平衡负荷，

故应采用 H_2S 负荷才有意义。鉴于目前仍普遍沿用原来的表示方法，故本书在介绍选择性脱除 H_2S 时还引用酸气负荷一词。

三、醇胺法脱硫脱碳工艺技术及应用

醇胺法和砜胺法的典型工艺流程和设备是相同的。

（一）工艺流程

醇胺法脱硫脱碳的典型工艺流程见图 4-3。由图可知，该流程由吸收、闪蒸、换热和再生(汽提)四部分组成。其中，吸收部分是将原料气中的酸性组分脱除至规定指标或要求；闪蒸部分是将富液(即吸收了酸性组分后的溶液)在吸收酸性组分时所吸收的一部分烃类通过闪蒸除去；换热是回收离开再生塔的贫液热量；再生是将富液中吸收的酸性组分解吸出来成为贫液循环使用。

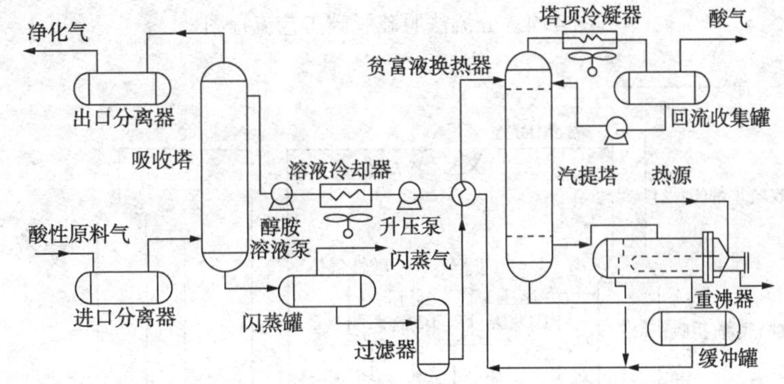

图 4-3　醇胺法和砜胺法脱硫脱碳典型工艺流程图

图 4-3 中，原料气经进口分离器除去游离液体和携带的固体杂质后进入吸收塔底部，与由塔顶自上而下流动的醇胺溶液逆流接触，吸收其中的酸性组分。离开吸收塔顶部的是含饱和水的湿净化气，经出口分离器除去携带的溶液液滴后出装置。通常，都要将此湿净化气脱水后再作为商品气或管输气，或去下游的 NGL 回收装置、LNG 生产装置。

由吸收塔底部流出的富液降压后(当处理量较大时，可设置液力透平回收高压富液能量，用以使贫液增压)进入闪蒸罐，以脱除被醇胺溶液吸收的烃类。然后，富液再经过滤器进贫富液换热器，利用热贫液将其加热后进入在低压下操作的再生塔上部，使一部分酸性组分在再生塔顶部塔板上从富液中闪蒸出来。随着溶液自上而下流至底部，溶液中剩余的酸性组分就会被在重沸器中加热汽化的气体(主要是水蒸气)进一步汽提出来。因此，离开再生塔的是贫液，只含少量未汽提出来的残余酸性气体。此热贫液经贫富液换热器、溶液冷却器冷却(温度降至比塔内气体烃露点约高 5~6℃)和贫液泵(以及液力透平)增压，然后进入吸收塔循环使用。有时，贫液在换热与增压后也经过一个过滤器。

从富液中汽提出来的酸性组分和水蒸气离开再生塔顶，经冷凝器冷却与冷凝后，冷凝水作为回流返回再生塔顶部。由回流罐分出的酸气根据其组成和流量，或去硫黄回收装置，或压缩后回注地层以提高原油采收率，或经处理后去火炬等。

在图 4-3 所示的典型流程基础上，还可根据需要衍生出一些其他流程，例如分流流程(图 4-4)。在图 4-4 中，由再生塔中部引出一部分半贫液(已在塔内汽提出绝大部分酸性组分但尚未在重沸器内进一步汽提的溶液)送至吸收塔的中部，而经过重沸器汽提后的贫液仍送至吸收塔的顶部。此流程虽然增加了一些设备与投资，但对酸性组分含量高的天然气脱硫脱碳装置却可显著降低能耗。

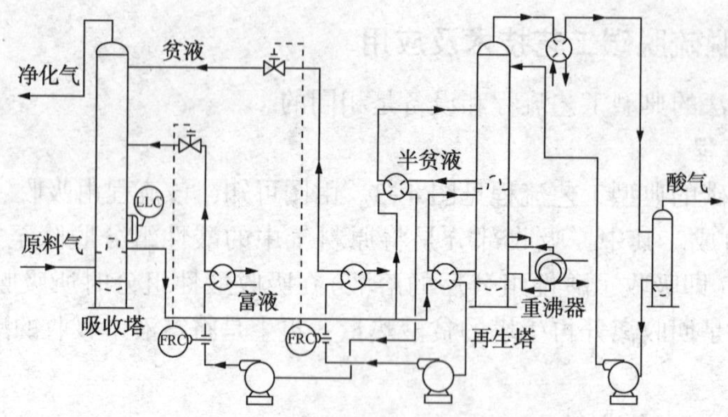

图 4-4　分流法脱硫脱碳工艺流程图

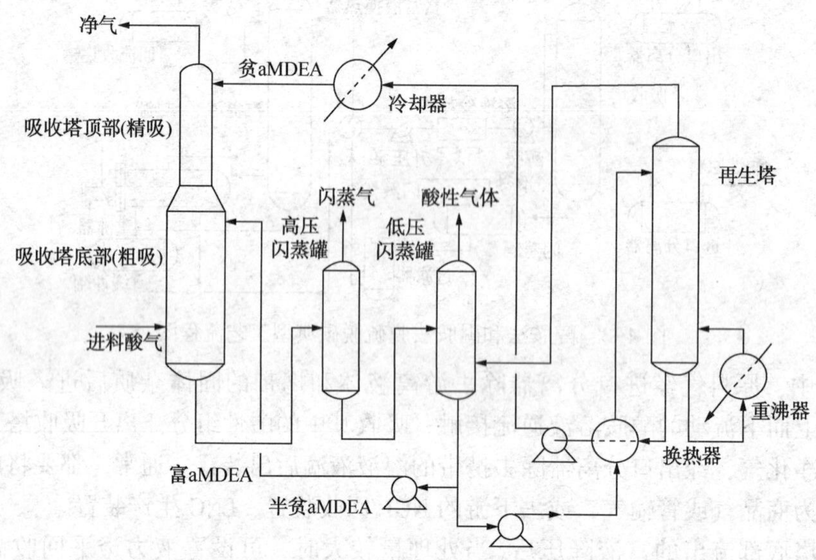

图 4-5　BASF 公司活化 MDEA 溶液分流法脱碳工艺流程图

图 4-5 是 BASF 公司采用活化 MDEA(aMDEA)溶液的分流法脱碳工艺流程。该流程中活化 MDEA 溶液分为两股在不同位置进入吸收塔，即半贫液进入塔的中部，而贫液则进入塔的顶部。从低压闪蒸罐底部流出的是未完全再生好的半贫液，将其送到酸性组分浓度较高的吸收塔中部；而从再生塔底部流出的贫液则进入吸收塔的顶部，与酸性组分浓度很低的气流接触，使湿净化气中的酸性组分含量降低至所要求之值。离开吸收塔的富液先适当降压闪蒸，再在更低压力下进一步闪蒸，然后去再生塔内进行汽提，离开低压闪蒸罐顶部的气体即为所脱除的酸气。此流程的特点是装置处理量可提高，再生能耗较少，主要用于天然气及合成气脱碳。

（二）主要设备

1. 高压吸收系统

高压吸收系统由原料气进口分离器、吸收塔和湿净化气出口分离器等组成。

吸收塔可为填料塔或板式塔，后者常用浮阀塔板。

浮阀塔的塔板数应根据原料气中 H_2S、CO_2 含量、净化气质量指标和对 CO_2 的吸收率经计算确定。通常，其实际塔板数在 14~20 块。对于选择性醇胺法(例如 MDEA 溶液)来讲，适当控制溶液在塔内停留时间(包括调整塔板数、塔板溢流堰高度和溶液循环量)可使其选择性更好。这是由于在达到所需的 H_2S 净化度后，增加吸收塔塔板数实际上几乎只是使溶液多吸收 CO_2，故在选择性脱 H_2S 时塔板应适当少些，而在脱碳时则可适当多些塔板。采用 MDEA 溶液选择性脱 H_2S 时净化气中 H_2S 含量与理论塔板数的关系见图 4-6。

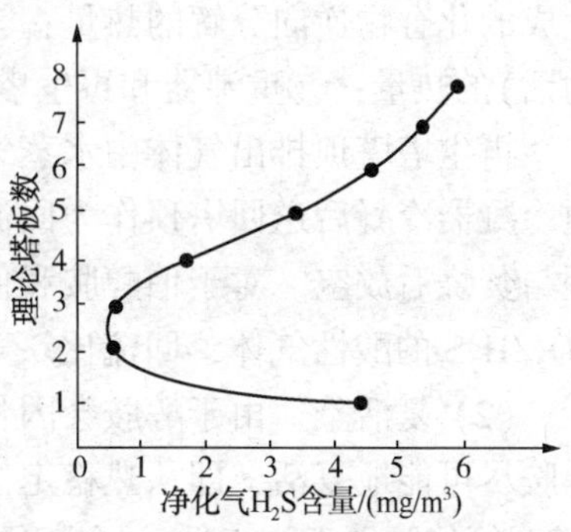

图 4-6 净化气 H_2S 含量与理论塔板数的关系

塔板间距一般为 0.6m，塔顶设有捕雾器，顶部塔板与捕雾器的距离为 0.9~1.2m。吸收塔的最大空塔气速可由 Souders-Brown 公式确定，见式(4-5)。降液管流速一般取 0.08~0.1m/s。

$$v_g = 0.0762\left[(\rho_1 - \rho_g)/\rho_g\right]^{0.5} \tag{4-5}$$

式中 v_g——最大空塔气速，m/s；

ρ_1——醇胺溶液在操作条件下的密度，kg/m³；

ρ_g——气体在操作条件下的密度，kg/m³。

为防止液泛和溶液在塔板上大量起泡，由式(4-5)求出的气速应分别降低 25%~35%和 15%，然后再由降低后的气速计算塔径。

由于 MEA 蒸气压高，所以其吸收塔和再生塔的胺液蒸发损失量大，故在贫液进料口上常设有 2~5 块水洗塔板，用来降低气流中的胺液损失，同时也可用来补充水。但是，采用 MDEA 溶液的脱硫脱碳装置通常则采用向再生塔底部通入水蒸气的方法来补充水。

2. 低压再生系统

低压再生系统由再生塔、重沸器、塔顶冷凝器等组成。此外，对伯醇胺等溶液还有复活釜。

(1) 再生塔 与吸收塔类似，可为填料塔或板式塔，塔径计算方法相似，但应以塔顶和塔底气体流量较大者计算和确定塔径。塔底气体流量为重沸器产生的汽提水蒸气流量(如有补充水蒸气，还应包括其流量)，塔顶气体量为塔顶水蒸气和酸气流量之和。

再生塔的塔板数也应经计算确定。通常，在富液进料口下面约有 20~24 块塔板，板间距一般为 0.6m。有时，在进料口上面还有几块塔板，用于降低气体的雾沫夹带。

再生塔的作用是利用重沸器提供的水蒸气和热量使醇胺和酸性组分生成的化合物逆向分解，从而将酸性组分解吸出来。水蒸气对溶液还有汽提作用，即降低气相中酸性组分的分压，使更多的酸性组分从溶液中解吸，故再生塔也称汽提塔。

汽提蒸汽量取决于所要求的贫液质量(贫液中残余酸气负荷)、醇胺类型和塔板数。蒸汽耗量大致为 0.12~0.18t/t 溶液。小型再生塔的重沸器可采用直接燃烧的加热炉(火管炉)，火管表面热流率为 20.5~26.8kW/m²，以保持管壁温度低于 150℃。大型再生塔的重沸器可采用蒸汽或热媒作热源。对于 MDEA 溶液，重沸器中溶液温度不宜超过 127℃。当采用火管炉时，火管表面平均热流率应小于 35 kW/m²。

重沸器的热负荷包括：①将醇胺溶液加热至所需温度的热量；②将醇胺与酸性组分反应

生成的化合物逆向分解的热量；③将回流液(冷凝水)汽化的热量；④加热补充水(如果采用的话)的热量；⑤重沸器和再生塔的散热损失。通常，还要考虑15%~20%的安全裕量。

再生塔塔顶排出气体中水蒸气摩尔数与酸气摩尔数之比称为该塔的回流比。水蒸气经塔顶冷凝器冷凝后送回塔顶作为回流。含饱和水蒸气的酸气去硫磺回收装置，或去回注或经处理与焚烧后放空。对于伯醇胺和低 CO_2/H_2S 的酸性气体，回流比一般为3；对于叔醇胺和高 CO_2/H_2S 的酸性气体，回流比一般不大于2。

(2) 复活釜　由于醇胺会因化学反应、热分解和缩聚而降解，故而采用复活釜使降解的醇胺尽可能地复活，即从热稳定性的盐类中释放出游离醇胺，并除去不能复活的降解产物。MEA等伯胺由于沸点低，可采用半连续蒸馏的方法，将强碱(例如质量浓度为10%的氢氧化钠或碳酸氢钠溶液)和再生塔重沸器出口的一部分贫液(一般为总溶液循环量的1%~3%)混合(使pH值保持在8~9)送至复活釜内加热，加热后使醇胺和水由复活釜中蒸出。为防止热降解产生，复活釜升温至149℃加热停止。降温后，再将复活釜中剩余的残渣(固体颗粒、溶解的盐类和降解产物)除去。采用MDEA溶液和Sulfinol-M(砜胺Ⅲ)溶液时可不设复活釜。

3. 闪蒸和换热系统

闪蒸和换热系统由富液闪蒸罐、贫富液换热器、溶液冷却器及贫液增压泵等组成。

(1) 贫富液换热器和贫液冷却器　贫富液换热器一般选用管壳式和板式换热器。富液走管程。为了减轻设备腐蚀和减少富液中酸性组分的解吸，富液出换热器的温度不应太高。此外，由于高液体流速能冲刷硫化铁保护层而加快腐蚀速率，故对富液在碳钢管线中的流速也应加以限制。对于MDEA溶液，所有溶液管线内流速应低于1m/s，吸收塔至贫富液换热器管程的流速宜为0.6~0.8m/s；对于砜胺溶液，富液管线内流速宜为0.8~1.0m/s，最大不超过1.5m/s。不锈钢管线由于不易腐蚀，富液流速可取1.5~2.4m/s。

贫液冷却器的作用是将换热后贫液温度进一步降低。一般采用管壳式换热器或空气冷却器。采用管壳式换热器时贫液走壳程，冷却水走管程。

(2) 富液闪蒸罐　富液中溶解有烃类时容易起泡，酸气中含有过多烃类时还会影响克劳斯硫黄回收装置的硫磺质量。为使富液进再生塔前尽可能地解吸出溶解的烃类，可设置一个或几个闪蒸罐。通常采用卧式罐。闪蒸出来的烃类作为燃料使用。当闪蒸气中含有 H_2S 时，可用贫液来吸收。

闪蒸压力越低，温度越高，则闪蒸效果越好。目前吸收塔操作压力在4~6MPa，闪蒸罐压力一般在0.5MPa。富液在闪蒸罐内的停留时间一般在5~30min。对于两相分离(原料气为贫气，富液中只有甲烷、乙烷等)，溶液在罐内停留时间短一些；对于三相分离(原料气为富气，富液中还有较重烃类液体)，溶液在罐内停留时间长一些。

为保证下游克劳斯硫磺回收装置硫黄产品质量，国内石油行业要求采用MDEA溶液时设置的富液闪蒸罐应保证再生塔塔顶排出的酸气中烃类含量不应超过2%(体积分数)；采用砜胺法时，设置的富液闪蒸罐应保证再生塔塔顶排出的酸气中烃类含量不应超过4%(体积分数)。

(三) 工艺参数

1. 溶液循环量

醇胺溶液循环量是醇胺法脱硫脱碳中一个十分重要的参数，它决定了脱硫脱碳装置诸多设备尺寸、投资和装置能耗。

在确定醇胺法溶液循环量时，除了凭借经验估计外，还必须有 H_2S、CO_2 在醇胺溶液中的热力学平衡溶解度数据。

酸性天然气中一般会同时含有 H_2S 和 CO_2，而 H_2S 和 CO_2 与醇胺的反应又会相互影响，即其中一种酸性组分即使有微量存在，也会使另一种酸性组分的平衡分压产生很大差别。只有一种酸性组分（H_2S 或 CO_2）存在时其在醇胺溶液中的平衡溶解度远大于 H_2S 和 CO_2 同时存在时的数值。

目前，包括溶液循环量在内的天然气脱硫脱碳工艺计算普遍采用有关软件由计算机完成。但是，在使用这些软件时应注意其应用范围，如果超出其应用范围进行计算，就无法得出正确的结果，尤其是采用混合醇胺法脱硫脱碳时更需注意。

2. 压力和温度

吸收塔操作压力一般在 4~6MPa，主要取决于原料气进塔压力和净化气外输压力要求。降低吸收压力虽有助于改善溶液选择性，但压力降低也使溶液负荷降低，装置处理能力下降，因而不应采用降低压力的方法来改善选择性。

再生塔一般均在略高于常压下操作，其值视塔顶酸气去向和所要求的背压而定。为避免发生热降解反应，重沸器中溶液温度应尽可能较低，其值取决于溶液浓度、压力和所要求的贫液残余酸气负荷。不同醇胺溶液在重沸器中的正常温度范围见表 4-3。

通常，为避免天然气中的烃类在吸收塔中冷凝，贫液温度应较塔内气体烃露点高 5~6℃，因为烃类的冷凝会使溶液严重起泡。所以，应该核算吸收塔入口和出口条件下的气体烃露点。这是由于脱除酸性组分后，气体的烃露点升高。还应该核算一下，在吸收塔内由于温度升高、压力降低，气体有无反凝析现象。

采用 MDEA 溶液选择性脱 H_2S 时贫液进吸收塔的温度一般不高于 45~50℃。

由于吸收过程是放热的，故富液离开吸收塔底和湿净化气离开吸收塔顶的温度均会高于原料气温度。塔内溶液温度变化曲线与原料气温度和酸性组分含量有关。MDEA 溶液脱硫脱碳时吸收塔内溶液温度变化曲线见图 4-7。由图 4-7 可知，原料气中酸性组分含量低时主要与原料气温度有关，溶液在塔内温度变化不大；原料气中酸性组分含量高时，还与塔内吸收过程的热效应有关。此时，吸收塔内某处将会出现温度最高值。

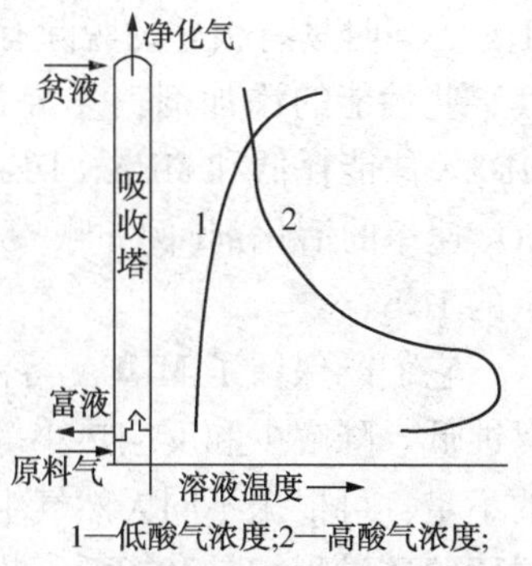

图 4-7 吸收塔内溶液温度曲线

1—低酸气浓度；2—高酸气浓度

对于 MDEA 法来说，塔内溶液温度高低对其吸收 H_2S、CO_2 的影响有两个方面：①溶液黏度随温度变化。温度过低会使溶液黏度增加，易在塔内起泡，从而影响吸收过程中的传质速率；②MDEA 与 H_2S 的反应是瞬间反应，其反应速率很快，故温度主要是影响 H_2S 在溶液中的平衡溶解度，而不是其反应速率。但是，MDEA 与 CO_2 的反应较慢，故温度对其反应速率影响很大。温度升高，MDEA 与 CO_2 的反应速率显著增加。因此，MDEA 溶液用于选择性脱 H_2S 时，宜使用较低的吸收温度；如果用于脱硫脱碳，则应适当提高原料气进吸收塔的温度。这是因为，较低的原料气温度有利于选择性脱除 H_2S，但较高的原料气温度则有利于加速 CO_2 的反应速率。通常，可采用原料气与湿净化气或贫液换热的方法来提高原料气的温度。此外，贫液进塔温度较高有利于 CO_2 的吸收，但

其温度过高时由于 CO_2 在溶液中的溶解度明显下降反而影响 CO_2 的吸收。

3. 气液比

气液比是指单位体积溶液所处理的气体体积量（m^3/m^3），它是影响脱硫脱碳净化度和经济性的重要因素，也是操作中最易调节的工艺参数。

对于采用 MDEA 溶液选择性脱除 H_2S 来讲，提高气液比可以改善其选择性，因而降低了能耗。但是，随着气液比提高，净化气中的 H_2S 含量也会增加，故应以保证 H_2S 的净化度为原则。

4. 溶液浓度

溶液浓度也是操作中可以调节的一个参数。对于采用 MDEA 溶液选择性脱除 H_2S 来讲，在相同气液比时提高溶液浓度可以改善选择性，而当溶液浓度提高并相应提高气液比时，选择性改善更为显著。

但是，溶液浓度过高将会增加溶液的腐蚀性。此外，过高的 MDEA 溶液浓度会使吸收塔底富液温度较高而影响其 H_2S 负荷。通常，采用的 MDEA 溶液浓度一般不大于 50%(质量分数)。

四、国内工业应用

如前所述，MDEA 是一种在 H_2S、CO_2 同时存在于天然气中时可以选择性脱除 H_2S(即在几乎完全脱除 H_2S 的同时仅脱除部分 CO_2)的醇胺。自 20 世纪 80 年代工业化以来，经过 20 多年的发展，目前已形成了以 MDEA 为主剂的不同溶液体系：①MDEA 水溶液，即传统的 MDEA 溶液；②MDEA-环丁砜溶液，即 Sulfinol-M 法或砜胺Ⅲ法溶液，在选择性脱除 H_2S 的同时具有很好的脱除有机硫的能力；③MDEA 配方溶液，即在 MDEA 溶液中加有改善其某些性能的添加剂；④混合醇胺溶液，如 MDEA+MEA 溶液和 MDEA+DEA 溶液，具有 MDEA 法能耗低和 MEA、DEA 法净化度高的能力；⑤活化 MDEA 溶液，加有提高溶液吸收 CO_2 速率的活化剂(例如哌嗪、咪唑或甲基咪唑等)，可用于脱除大量 CO_2，也可同时脱除少量的 H_2S。

它们既保留了 MDEA 溶液选择性强、酸气负荷高、溶液浓度高、化学及热稳定性好、腐蚀低、降解少和反应热小等优点，又克服了单纯 MDEA 溶液在脱除 CO_2 或有机硫等方面的不足，可根据不同天然气组成特点、净化度要求及其他条件有针对性地选用，因而使每一脱硫脱碳过程均具有能耗、投资和溶剂损失低、酸气中 H_2S 浓度高，以及对环境污染少和工艺灵活、适应性强等优点。

目前，这些溶液体系已广泛用于：①天然气及炼厂气选择性脱除 H_2S；②天然气选择性脱除 H_2S 及有机硫；③天然气及合成气脱除 CO_2；④天然气及炼厂气同时脱除 H_2S 、CO_2；⑤硫黄回收尾气选择性脱除 H_2S；⑥酸气中的 H_2S 提浓。

由此可见，以 MDEA 为主剂的溶液体系几乎可以满足不同组成天然气的净化要求，再加上 MDEA 法能耗低、腐蚀性小等优点，使之成为目前广泛应用的脱硫脱碳溶液。

但是，有些情况下采用常规醇胺法仍是合适的。例如，当净化气作为 NGL 回收装置或 LNG 生产装置的原料气时，由于这些装置要求原料气中的 CO_2 含量很低，故必须深度脱除其中的 CO_2。此时，就应考虑采用常规醇胺法脱硫脱碳的可能性。

此外，为了提高酸气中 H_2S 浓度，有时可以采用选择性醇胺和常规醇胺(例如 MDEA

和 DEA)两种溶液串接吸收的脱硫脱碳工艺，即二者不相混合，而按一定组合方式分别吸收。这时，就需对 MDEA 和 DEA 溶液各种组合方式的效果进行比较后才能作出正确选择。

关于采用常规醇胺法脱硫脱碳、选择性醇胺和常规醇胺(MDEA 和 DEA)两种溶液串接吸收法脱硫脱碳的工业应用见有关文献，以下仅以 MDEA 为主剂的溶液体系为例介绍其在国内的工业应用情况。

(一) 选择性 MDEA 法

目前，国内已普遍采用选择性 MDEA 溶液法脱除天然气中的 H_2S。

自 1986 年重庆天然气净化总厂垫江分厂采用 MDEA 溶液进行压力选择性脱硫工业试验取得成功以来，我国陆续有川渝气田的渠县、磨溪、长寿分厂和长庆气区的第一、第二天然气净化厂采用选择性 MDEA 法脱硫的工业装置投产，其运行数据见表 4-4。由这些脱硫装置得到的湿净化气再经三甘醇脱水后作为商品气外输。

由表 4-4 可知，就原料气组成而言，渠县和长寿天然气净化分厂理应选用选择性脱硫的 MDEA 溶液，而磨溪天然气净化厂虽未必需要选用，但仍可取得节能效果。至于长庆气区第一和第二天然气净化厂，由于其原料气中的 H_2S 含量低(但亦需脱除)而 CO_2 含量则较高，故主要目的应该是脱除大量 CO_2 而不是选择性脱除 H_2S，如选用选择性脱硫的 MDEA 溶液就会造成溶液循环量和能耗过高。因此，长庆气区第一天然气净化厂后来新建的 $400\times10^4m^3/d$ 天然气脱硫脱碳装置采用的是 MDEA+DEA 混合醇胺溶液，第三天然气净化厂引进的脱硫脱碳装置采用的是 MDEA 配方溶液，第二天然气净化厂 2 套脱硫脱碳装置在投产后不久也改用 MDEA +DEA 混合醇胺溶液。这些事实充分说明，目前我国天然气脱硫脱碳工艺已经发展到以选择性 MDEA 法脱硫为主，其他 MDEA 法方法兼而有之的新阶段。

表 4-4 国内 MDEA 溶液选择性脱硫装置运行数据

装置位置	重庆天然气净化总厂		川中油气田磨溪天然气净化厂		长庆气区靖边、乌审旗气田	
	渠县	长寿①	引进	基地	一厂	二厂
处理量/($10^4m^3/d$)	405	404.04	44.26	80.35	204.4	373.6
$[H_2S]_{原料气}$/%	0.484	0.218	1.95	1.95	0.03	0.0643
$[CO_2]_{原料气}$/%	1.63	1.880	0.14	0.14	5.19	5.612
溶液质量浓度/%	47.3	39.4	45	40	45	40③
气液比/(m^3/m^3)	4440	4489	1844	1860	5678	2812
吸收压力/MPa	4.2	4.3	4.0	4.0	4.64	5.01
吸收塔板数	14 及 9	8	20	20	13②	14②
原料气温度/℃	19	15	10	10	6	12
贫液温度/℃	32	32	42	40	28.6	44
$[H_2S]_{净化气}$/(mg/m^3)	6.24	6.9	10.74	1.54	4.61	0.38
$[H_2S]_{酸气}$%	43.85	36.3	94	94	4.78	2.33

注：①使用 CT8-5 配方溶液。②主进料板板数。③MDEA 溶液质量浓度一般在 40%~45%，此处按 40%计算有关数据。

此外，我国蜀南气矿荣县天然气净化厂现有两套处理能力为$25×10^4m^3/d$的脱硫脱碳装置，分别于1998年及2000年建成投产。原料气中H_2S含量为1.45%~1.60%(体积分数)，CO_2含量为5.4%~5.9%，采用浓度为45%(质量分数)的MDEA溶液脱硫脱碳。为了进一步提高净化气质量及酸气中H_2S含量，后改用由37%MDEA、8%TBEE(一种为叔丁胺基乙氧基乙醇化合物的空间位阻胺)和55%水复配成的混合胺溶液。在压力为1.03~1.2MPa、温度为36~45℃下采用混合胺溶液脱硫脱碳，溶液循环量为$6\sim9m^3/h$，气液比为1050~1150，经处理后的净化气中H_2S含量≤$10mg/m^3$，脱除率达99.99%，CO_2共吸率≤20%(体积分数)，比原来采用MDEA溶液时降低40%~45%，酸气中H_2S含量由40%提高到45%。

（二）MDEA配方溶液法的应用

MDEA配方溶液是近年来广泛采用的一类气体脱硫脱碳溶液。它以MDEA为主剂，复配有各种不同的添加剂来增加或抑制MDEA吸收CO_2的动力学性能。因此，有的配方溶液可比MDEA具有更好的脱硫选择性，有的配方溶液也可比其他醇胺溶液具有更好的脱除CO_2效果。在溶液中复配的这些化学剂同时也影响着MDEA的反应热和汽提率。

与MDEA和其他醇胺溶液相比，由于采用合适的MDEA配方溶液脱硫脱碳可明显降低溶液循环量和能耗，而且其降解率和腐蚀性也较低，故目前已在国外获得广泛应用。在国内，由于受配方溶液品种、价格等因素影响，在天然气工业中目前仅有重庆天然气净化总厂长寿分厂、忠县天然气净化厂等选用过脱硫选择性更好的MDEA配方溶液(CT8-5)。其中，长寿分厂采用MDEA配方溶液后可使酸气中H_2S含量由采用MDEA溶液时的30.48%(计算值)提高至39.04%。此外，由于长庆气区含硫天然气中酸性组分所具有的特点，要求采用既可大量脱除CO_2，又可深度脱除H_2S的脱硫脱碳溶液，故在第三天然气净化厂由加拿大Propak公司引进的脱硫脱碳装置上采用了配方溶液。

表4-5　长庆第三处理厂脱硫脱碳装置原料气与净化气组成　　　（干基，体积分数%）

组分	C_1	C_2	C_3	C_4	C_5	C_6^+	He	N_2	H_2S	CO_2
原料气①	93.598	0.489	0.057	0.008	0.003	0.002	0.028	0.502	0.028	5.286
原料气②	93.563	0.597	0.047	0.006	0.001	0.000	0.020	0.252	0.025	5.489
净化气	96.573	0.621	0.048	0.006	0.001	0.000	0.021	0.311	0.38③	2.418

注：①设计值；②投产后实测值；③单位为mg/m^3。

该装置已于2003年年底建成投产，设计处理量为$300×10^4m^3/d$，原料气进装置压力为5.5~5.8MPa，温度为3~18℃，其组成见表4-5。

由表4-5可知，第三天然气净化厂原料气中CO_2与H_2S含量分别为5.286%和0.028%，CO_2/H_2S(摩尔比)高达188.8(均为设计值)。其中，CO_2与H_2S含量与已建的第二天然气净化厂原料气相似，如表4-6所示。

表4-6　长庆气区酸性天然气中CO_2、H_2S含量

组分/(体积分数,%)	CO_2	H_2S	CO_2/H_2S(摩尔比)
二厂	5.321	0.065	81.9
三厂	5.286	0.028	188.8

注：均为设计采用值。

由此可知，第三天然气净化厂与第二天然气净化厂原料气中的 CO_2 含量差别不大；H_2S 含量虽略低于二厂，但含量都很低且均处于同一数量级内。因此，可以认为二者原料气中 CO_2、H_2S 含量基本相同。但是，由于已建的二厂脱硫脱碳装置在投产初期采用选择性脱硫的 MDEA 溶液，因而溶液循环量较大，能耗较高。

为了解三厂脱硫脱碳装置在设计能力下的运行情况，2004 年年初对其进行了满负荷性能测试，测试结果的主要数据见表 4-7。为作比较，表 4-7 同时列出有关主要设计数据。

由表 4-7 可知，第三天然气净化厂脱硫脱碳装置在满负荷下测试的溶液循环量与设计值基本相同，但测试得到的吸收塔湿净化气出口温度(55℃)却远比设计值高，分析其原因主要是原料气中的 CO_2 实际含量(一般在 5.49%左右)大于设计值的缘故。这与闪蒸塔的闪蒸气量(125m^3/h)和再生塔的酸气量(3750m^3/h)均大于设计值的结果是一致的。

表 4-7　长庆第三天然气净化厂脱硫脱碳装置主要设计与满负荷性能测试数

部位	原料气			脱硫脱碳塔			闪蒸塔		再生塔		
参数	处理量/(10^4m^3/d)	压力/MPa	温度/℃	溶液循环量/(m^3/h)	净化气温度/℃	贫液进塔温度/℃	闪蒸气量/(m^3/h)	压力/MPa	塔顶温度/℃	塔底温度/℃	酸气量/(m^3/h)
设计	300	5.5	26.6	63.3	43.3	43.3	85.8	0.55	95.8	119.6	3334
测试	300	5.4	27	63.2	55	40	125	0.55	86	122	3750

此外，测试到的净化气中 CO_2 实际含量均小于 2.9%，符合商品气的质量指标。这一结果也表明，在原料气中 CO_2 实际含量大于设计值的情况下，采用与设计值相同的溶液循环量仍可将 CO_2 脱除到 3%以下。

第三天然气净化厂脱硫脱碳装置采用的工艺流程示意图见图 4-8。由图可知，针对天然气脱硫脱碳的特点在工艺流程上也做了一些修改。

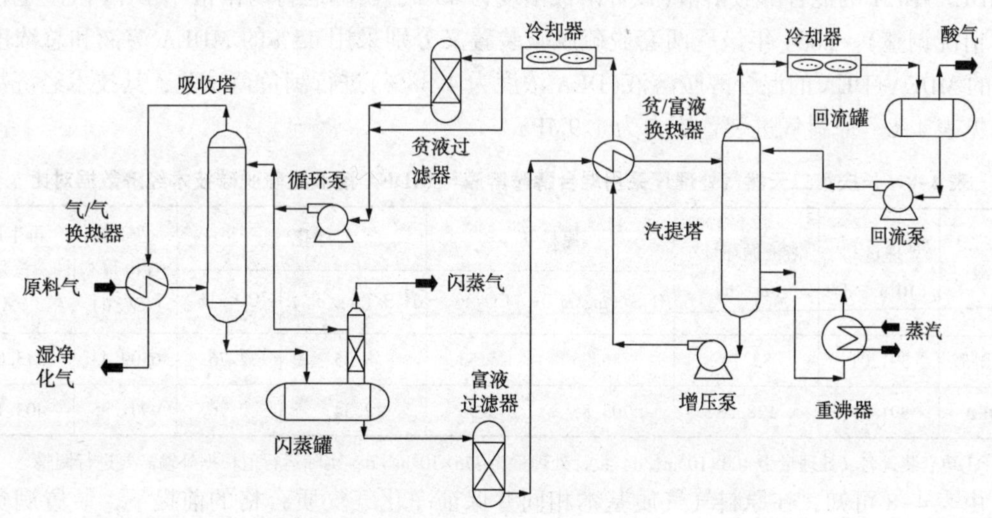

图 4-8　长庆第三天然气净化厂脱硫脱碳装置工艺流程示意图

但是，该装置自投产后也发现有胺液再生系统腐蚀严重、吸收塔内起泡严重导致拦液频繁等问题。溶液腐蚀性严重的主要原因是酸气负荷偏高(设计值为0.496mol/mol，实际值高达0.700mol/mol)，这是因为：①吸收塔塔板溢流堰过高，溶液在塔内停留时间较长；②采用的MDEA配方溶液对酸气的吸收能力强；③原料气中CO_2实际含量(2004年以来在5.70%~6.07%)大于设计值。为此，在2007年时调整了该装置吸收塔塔板的溢流堰高度(由75mm降为66mm)，并将溶液全部更换为质量浓度为50%的国产MDEA溶液，从而使得溶液酸气负荷基本控制在0.52~0.60mol/mol。虽然此酸气负荷仍偏高，但经整改之后吸收塔运行平稳，再生系统腐蚀现象基本消除，装置存在问题基本得以解决。

（三）混合醇胺溶液（MDEA+DEA）法的应用

采用MDEA+DEA混合醇胺溶液的目的是在基本保持溶液低能耗的同时提高其脱除CO_2的能力或解决在低压下运行时的净化度问题。由于可以使用不同的醇胺配比，故混合醇胺法具有较大弹性。

在MDEA溶液中加入一定量的DEA后，不仅DEA自身与CO_2反应生成氨基甲酸盐(其反应速率远高于MDEA与CO_2反应生成碳酸盐的反应速率)，而且据文献报道，在混合醇胺溶液体系中按“穿梭”机理进行反应。即DEA在相界面吸收CO_2生成氨基甲酸盐，进入液相后将CO_2传递给MDEA，“再生”了的DEA又至界面，如此在界面和液相本体间穿梭传递CO_2。此外，对于含DEA的混合溶液，由于具有较低的平衡气相H_2S和CO_2分压，因而可在吸收塔顶达到更好的净化度。

如前所述，由于长庆气区第一和第二天然气净化厂原料气中的H_2S含量低而CO_2含量则较高，脱硫脱碳装置主要目的是脱除大量CO_2而不是选择性脱除H_2S。因此，第一天然气净化厂在原有5套$200\times10^4m^3/d$脱硫脱碳装置投产之后，2003年新建的$400\times10^4m^3/d$脱硫脱碳装置则采用混合醇胺溶液(设计浓度45%MDEA+5%DEA，投产后溶液中DEA浓度根据具体情况调整)，第二天然气净化厂两套脱硫脱碳装置在投产后不久经过室内和现场试验也改用MDEA+DEA的混合醇胺溶液(设计溶液浓度为45%，实际运行时溶液中DEA浓度也根据具体情况调整)。2004年该厂两套脱硫脱碳装置又分别采用45%的MDEA溶液和总浓度为45%的MDEA+DEA的混合醇胺溶液(DEA浓度为4.38%)进行满负荷试验，其技术经济数据对比见表4-8。原料气进装置压力为4.9MPa。

表4-8 长庆第二天然气处理厂采用混合醇胺溶液与MDEA溶液脱硫脱碳技术经济数据对比

溶液	处理量①/($10^4m^3/d$)	溶液循环量/(m^3/h)	原料气		净化气		循环泵耗电量/(kW/d)	再生用蒸汽量/(t/d)
			H_2S/(mg/m^3)	CO_2/%	H_2S/(mg/m^3)	CO_2/%		
混合醇胺	391.01	82.74	756.05	5.53	8.05	2.76	6509.43	343.02
MDEA	391.89	128.23	793.85	5.59	2.34	2.76	9901.86	403.15

注：①单套装置名义处理量为$400\times10^4m^3/d$，设计处理量为$375\times10^4m^3/d$，实际运行值根据外输需要进行调整。

由表4-8可知，在原料气气质基本相同并保证净化气气质合格的前提下，装置满负荷运行时混合醇胺溶液所需循环量约为MDEA溶液循环量的64.5%，溶液循环泵和再生用汽提蒸汽量也相应降低，装置单位能耗($MJ/10^4m^3$天然气)约为MDEA溶液的83.31%。

表 4-9　二厂脱硫脱碳装置工业试验前后技术经济对比数据表

项目		处理量/($10^4m^3/d$)	DEA 浓度/%	循环量/(m^3/h)	净化气 CO_2 含量/%	溶液损耗/($kg/10^4m^3$)	循环泵耗电量/(kW/d)	再生用蒸汽量/(t/d)	备注
试验前		300	4.0~5.0	80	2.4~2.6	>0.30	6432	368	经常拦液
试验后	1套	300	2.5~3.5	80	2.9~3.0	≤0.27	6432	368	运行平稳
	2套	300	2.5~3.5	70	2.8~2.9	≤0.27	5630	322	运行平稳

之后，又通过现场试验对装置运行参数进行优化，进一步确定采用混合醇胺溶液(总浓度为45%)脱硫脱碳的最佳运行条件，试验前后的技术经济数据对比见表 4-9。

试验前后数据表明，当混合醇胺溶液的 DEA 质量浓度高于 4.0%时，装置运行不平稳，经常出现拦液现象。因此，该装置在保证净化气气质的前提下混合醇胺中的 DEA 质量浓度最好控制在 2.5%~3.5%。

一厂、二厂混合醇胺法脱硫脱碳装置的主要设计和实际运行数据见表 4-10。图 4-9 长庆第一天然气净化厂脱硫脱碳装置工艺流程图。

表 4-10　一厂、二厂混合醇胺法脱硫脱碳装置主要设计与实际运行数据

装置位置	数据来源	处理量/($10^4m^3/d$)	溶液浓度/%(质量分数)	溶液循环量/(m^3/h)	净化气酸性组分含量	
					H_2S/(mg/m^3)	CO_2/%
一厂	设计	400	45(MDEA)+5(DEA)	190	≤20	<0.5
	实际	330~380	总浓度 50±2(DEA 为 2.3%①)	110~130	1~5	1.05~2.0
二厂	设计	400②	45(MDEA)	150	≤20	≤3
	实际	200~350②	总浓度 46±2(DEA 为 3.4%①)	80~100	≤1	2.0~2.9

注：①实际运行时溶液中 DEA 浓度根据具体情况调整，表中为 2009 年年初数据。

②单套装置名义处理量，设计处理量为 $375\times10^4m^3/d$，实际运行值根据外输需要进行调整。

实际运行数据表明，在处理量、原料气质、溶液浓度基本相同并保证产品气质合格的前提下，一厂新建采用混合醇胺溶液脱硫脱碳装置和二厂改用混合醇胺溶液脱硫脱碳装置均表现出良好的脱硫脱碳性能及技术经济性。因此，一厂有一套 $200\times10^4m^3/d$ 脱硫脱碳装置也自 2005 年以来改用混合醇胺溶液脱硫脱碳。

此外，二厂在 2008 年 6 月将其一套脱硫脱碳装置吸收塔(共 20 层塔板)进料层下 18 层浮阀塔板全改为径向侧导喷射塔板，最高处理量曾达 $380\times10^4m^3/d$，溶液循环量为 $96.6m^3/h$，装置至今运行平稳，吸收塔内拦液现象明显减少。

需要说明的是，一厂原有 5 套脱硫脱碳装置(处理量均为 $200\times10^4m^3/d$)原料气中 CO_2 含量设计值为 3.03%，但投产后实际大于 5%，故在保证净化气 H_2S 含量符合要求的情况下，净化气的实际 CO_2 含量高达 3.5%~4.0%。为此，之后建设的 $400\times10^4m^3/d$ 天然气脱硫脱碳装置设计要求净化气 CO_2 含量应小于 0.5%，以便与原有 5 套装置的净化气混合后使进入输气管道的商品气中 CO_2 含量小于 3%。虽然新建的 $400\times10^4m^3/d$ 天然气脱硫脱碳装置投产后其净化气中实际 CO_2 含量大于 0.5%，但由于二厂 2 套脱硫脱碳装置(处理量均为 $400\times10^4m^3/d$)已改用混合醇胺溶液，故混合后的外输商品气中 CO_2 含量仍符合要求。

Polasek 等采用 TSWEET 软件对混合醇胺法在高压或低压下脱硫脱碳进行了研究，其条件为：MDEA/MEA 质量分数(%)为 50/0~45/5；MDEA/DEA 质量分数为 50/0~42/8；压力

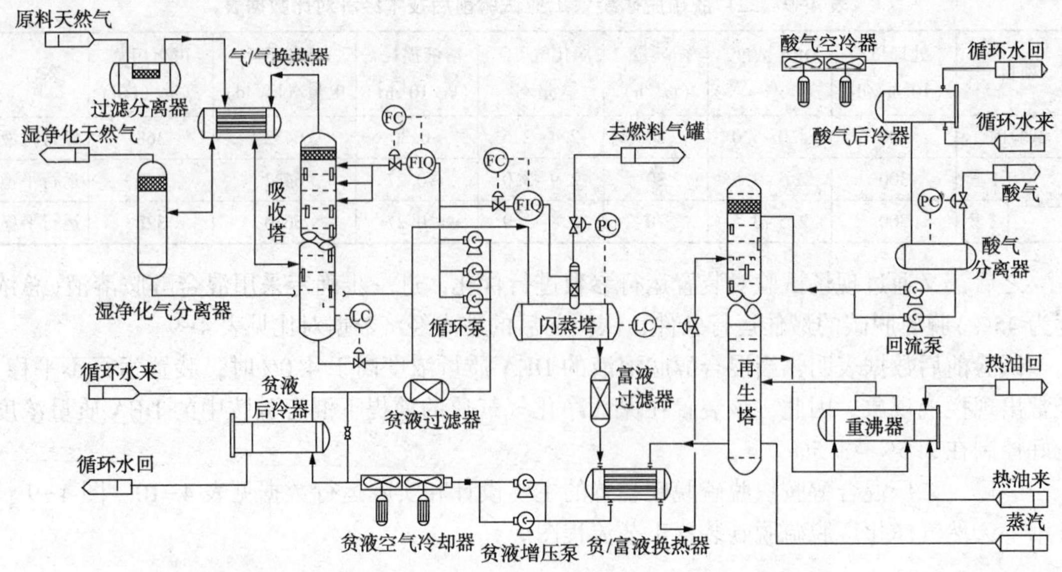

图 4-9　长庆第一天然气净化厂脱硫脱碳装置工艺流程图

为 11.6MPa 和 2.9MPa；H_2S 浓度为 0.1%～1%(体积分数)；CO_2浓度为 5%～10%(体积分数)。计算结果表明，在高压下混合醇胺法较 MDEA 法无明显优势，但随压力下降 MDEA 法可能无法达到所要求的 CO_2指标，在原料气 H_2S 浓度大于 0.1%时，净化气中的 H_2S 浓度也可能不合格。此外，使用混合醇胺法在低压下仍可达到所需的净化度。

(四) 活化 MDEA 法的应用

如前所述，MDEA 作为选择性溶剂是由于其与 CO_2的反应速率较慢，如果用于脱碳则需加入活化剂以提高与 CO_2的反应速率。常用的活化剂有哌嗪、咪唑或甲基咪唑等。

此外，活化 MDEA 法的低能耗特性在于富液中大量的 CO_2可借助于两级或多级闪蒸解吸出来。

我国海洋石油公司湛江分公司东方 1-1 气田陆上终端于 2003 年和 2005 年先后建成 2 套 $8\times10^8m^3/a$ 脱碳装置，采用活化 MDEA 溶液(国产，活化剂为哌嗪)分流法脱除 CO_2。第二套脱碳装置工艺流程图见图 4-10。两套装置的设计参数、原料气组成设计值和运行时实际值分别见表 4-11 和表 4-12。

表 4-11　东方 1-1 气田陆上终端脱碳装置设计参数

装置	规模/(m^3/a)	压力/MPa	温度/℃	原料气 CO_2含量/%	净化气 CO_2含量/%
第一套	8×10^8	4.0	40	19.71	≤1.5
第二套	8×10^8	4.0	40	30.0	≤1.5

表 4-12　东方 1-1 气田陆上终端脱碳装置原料气组成　　%(体积分数，干基)

类别	C_1	C_2	C_3	C_4	C_5	C_6^+	CO_2	H_2S	N_2
第一套设计值	61.97	1.23	0.24	0.06	0.03	0.00	19.71	0.00	16.75
第二套设计值	55.58	0.71	0.24	0.06	0.03	0.00	30.00	0.00	13.78
运行实际值	59.45	0.62	0.19	0.09	0.05	0.11	19.93	0.00	19.56

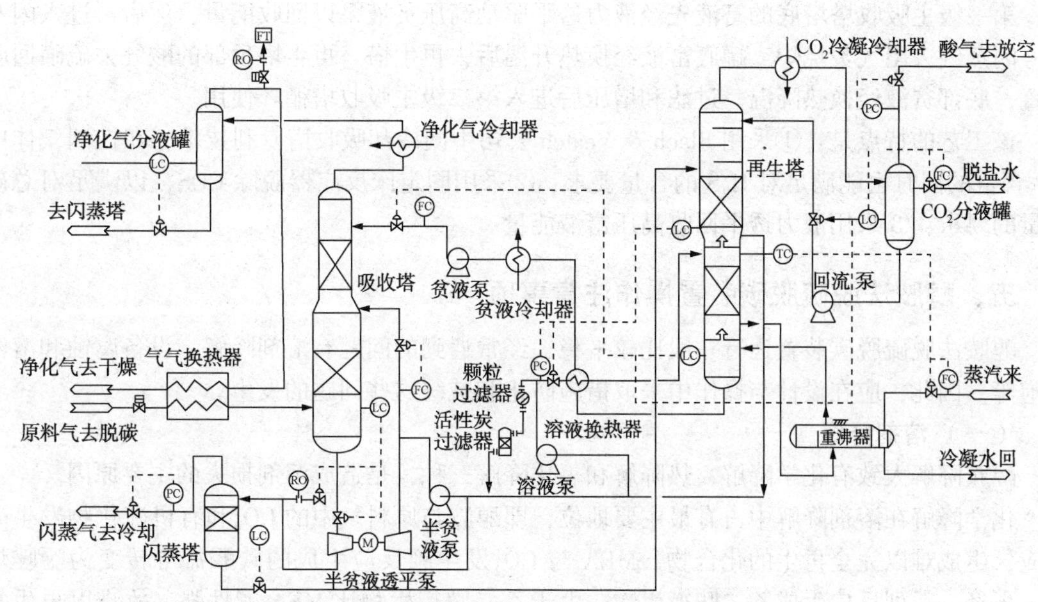

图 4-10　东方终端第二套脱碳装置工艺流程图

第二套脱碳装置自投产以来运行稳定，虽曾出现过溶液系统铁离子浓度持续上升、管线异常振动和半贫液泵严重气蚀等问题，但在 2008 年经过整改后已取得显著改进。

（五）MDEA 溶液串接吸收法的应用

我国川渝气区普光、罗家寨气田天然气均为高含硫天然气。例如，普光气田天然气中 H_2S 含量为 14.14%，CO_2 含量为 8.63%，故采用 MDEA 溶液串接吸收法脱硫脱碳，其工艺流程图见图 4-11。

由图 4-11 可知，来自集气站的原料气进入脱硫脱碳装置经进口分离器脱除游离液和固体杂质后，先去第一级主吸收塔，采用 50%（质量分数）的 MDEA 溶液选择性脱硫。离开塔顶的半净化气先经气液分离和加热升温后进入水解反应器脱除 COS，再经换热降温后进入第二级主吸收塔将 H_2S 脱除至 $6mg/m^3$。第二级主吸收塔塔顶的湿净化气去脱水装置，塔底的 MDEA 溶液经过增压和降温后进入第一级主吸收塔顶部。

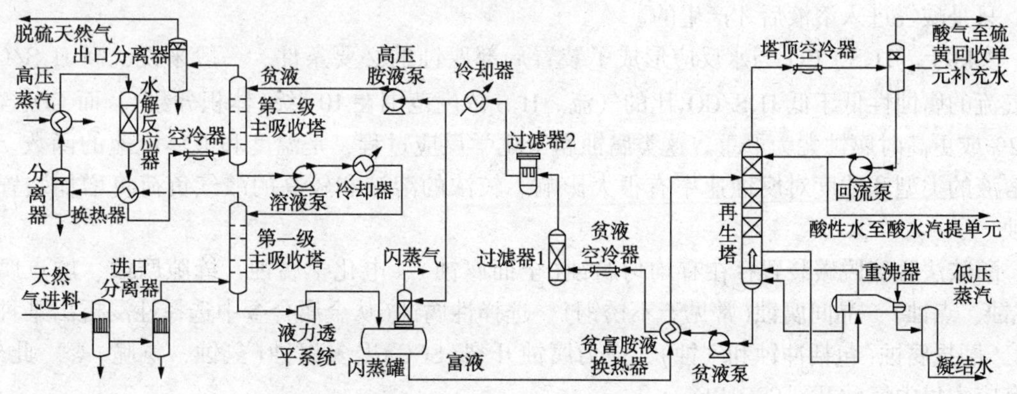

图 4-11　普光气田天然气脱硫脱碳装置工艺流程图

第一级主吸收塔塔底的富液先经液力透平驱动高压贫液泵以回收能量，然后再进入闪蒸罐。闪蒸气去尾气焚烧炉，罐底富液经换热升温后去再生塔。再生塔顶部的酸气去硫磺回收装置，底部贫液经换热降温、过滤和增压后进入第二级主吸收塔循环使用。

该工艺的特点是：①采用 Blach & Veatch 公司中间冷却吸收塔专利技术，在控制气体中 CO_2 含量的同时也能满足对 H_2S 的含量要求；②采用固定床反应器脱除 COS，以满足对总硫含量的要求；③采用液力透平回收高压富液能量。

五、醇胺法脱硫脱碳装置操作注意事项

醇胺法脱硫脱碳装置运行一般比较平稳，经常遇到的问题有溶剂降解、设备腐蚀和溶液起泡等。因此，应在设计与操作中采取措施防止和减缓这些问题的发生。

（一）溶剂降解

醇胺降解大致有化学降解、热降解和氧化降解三种，是造成溶剂损失的主要原因。

化学降解在溶剂降解中占有最主要地位，即醇胺与原料气中的 CO_2 和有机硫化物发生副反应，生成难以完全再生的化合物。MEA 与 CO_2 发生副反应生成的碳酸盐可转变为噁唑烷酮，再经一系列反应生成乙二胺衍生物。由于乙二胺衍生物比 MEA 碱性强，故难以再生复原，从而导致溶剂损失，而且还会加速设备腐蚀。DEA 与 CO_2 发生类似副反应后，溶剂只是部分丧失反应能力。MDEA 是叔胺，不与 CO_2 反应生成噁唑烷酮一类降解产物，也不与 COS、CS_2 等有机硫化物反应，因而基本不存在化学降解问题。

MEA 对热降解是稳定的，但易发生氧化降解。受热情况下，氧可能与气流中的 H_2S 反应生成元素硫，后者进一步和 MEA 反应生成二硫代氨基甲酸盐等热稳定的降解产物。DEA 不会形成很多不可再生的化学降解产物，故不需复活釜。此外，DEA 对热降解不稳定，但对氧化降解的稳定性与 MEA 类似。

避免空气进入系统（例如溶剂罐充氮保护、溶液泵入口保持正压等）及对溶剂进行复活等，都可减少溶剂的降解损失。在 MEA 复活釜中回收的溶剂就是游离的及热稳定性盐中的 MEA。

（二）设备腐蚀

几乎在所有脱硫脱碳装置的腐蚀都是令人关注的问题。醇胺溶液本身对碳钢并无腐蚀性，只是酸气进入溶液后才产生的。

实际上，H_2S、CO_2 与水反应形成了装置局部腐蚀的必要条件。一般来说，高 H_2S/CO_2 比气流的腐蚀性低于低 H_2S/CO_2 比的气流。H_2S 浓度范围在 10^{-6} 级（体积分数），而 CO_2 含量在 2%或更高时腐蚀尤为严重。这类腐蚀属于化学反应过程，是温度和液体流速的函数。脱硫溶液的类型和浓度对腐蚀速率有很大影响。较浓的溶液和较高的酸气负荷将增加装置的腐蚀。

醇胺法脱硫脱碳装置存在有均匀腐蚀（全面腐蚀）、电化学腐蚀、缝隙腐蚀、坑点腐蚀（坑蚀，点蚀）、晶间腐蚀（常见于不锈钢）、选择性腐蚀（从金属合金中选择性浸析出某种元素）、磨损腐蚀（包括冲蚀和气蚀）、应力腐蚀开裂（SCC）及氢腐蚀（氢蚀，氢脆）等。此外，还有应力集中氢致开裂（SOHIC）。

其中可能造成事故甚至是恶性事故的是局部腐蚀，特别是应力腐蚀开裂、氢腐蚀、磨损腐蚀和坑点腐蚀。醇胺法装置容易发生腐蚀的部位有再生塔顶部及其内部构件、贫富液换热

器中的富液侧、换热后的富液管线、有游离酸气和较高温度的重沸器及其附属管线等处。

酸性组分是最主要的腐蚀剂，其次是溶剂的降解产物。溶液中悬浮的固体颗粒(主要是腐蚀产物如硫化铁)对设备、管线的磨损，以及溶液在换热器和管线中流速过快，都会加速硫化铁膜脱落而使腐蚀加快。设备应力腐蚀是由 H_2S、CO_2 和设备焊接后的残余应力共同作用下发生的，在温度高于 90℃的部位更易发生。

为防止或减缓腐蚀，在设计与操作中应考虑以下因素：

① 合理选用材质，即一般部位采用碳钢，但贫富液换热器的富液侧(管程)、富液管线、重沸器、再生塔的内部构件(例如顶部塔板)和酸气回流冷凝器等采用不锈钢。

② 尽量保持最低的重沸器温度。可能的话，最好使用低温热媒，而不使用高温热媒或明火加热。若使用高温热媒或明火加热，应注意加入的热量仅满足再生溶液即可。

③ 将溶液浓度控制在满足净化要求的最低水平。

④ 设置机械过滤器(固体过滤器)和活性炭过滤器，以除去溶液中的固体颗粒、烃类和降解产物。过滤器应除去所有大于 5μm 的颗粒。活性炭过滤器的前后均应设置机械过滤器，推荐富液采用全量过滤器，至少不小于溶液循环量的 25%。有些装置对富液、贫液都进行全量过滤，包括在吸收塔和富液闪蒸罐之间也设置过滤器。

⑤ 对与酸性组分接触的碳钢设备和管线焊接后应进行热处理以消除应力，避免应力腐蚀开裂。

其他，如采用原料气分离器，防止地层水进入醇胺溶液中。因为地层水中的氯离子可加速坑点腐蚀、应力腐蚀开裂和缝间腐蚀；溶液缓冲罐和储罐用惰性气体或净化气保护；再生保持较低压力，尽量避免溶剂热降解；采用去离子水、锅炉冷凝水和水蒸气作补充水等。

（三）溶液起泡

醇胺降解产物、溶液中悬浮的固体颗粒、原料气中携带的游离液(烃或水)、化学剂和润滑油等，都是引起溶液起泡的原因。溶液起泡会使脱硫脱碳效果变坏，甚至使处理量剧降直至停工。因此，在开工和运行中都要保持溶液清洁，除去溶液中的硫化铁、烃类和降解产物等，并且定期进行清洗。新装置通常用碱液和去离子水冲洗，老装置则需用酸液清除铁锈。有时，也可适当加入消泡剂，但这只能作为一种应急措施。根本措施是查明起泡原因并及时排除。

（四）补充水分

由于离开吸收塔的湿净化气和离开再生塔回流冷凝器的湿酸气都含有饱和水蒸气，而且湿净化气离塔温度远高于原料气进塔温度，故需不断向系统中补充水分。小型装置可定期补充即可，而大型装置(尤其是酸气量很大时)则应连续补充水分。补充水可随回流一起打入再生塔，也可打入吸收塔顶的水洗塔板，或者以蒸汽方式通入再生塔底部。

（五）溶剂损耗

醇胺损耗是醇胺法脱硫脱碳装置重要经济指标之一。溶剂损耗主要为蒸发(处理 NGL、LPG 时为溶解)、携带、降解和机械损失等。根据国内外醇胺法天然气脱硫脱碳装置的运行经验，醇胺损耗通常不超过 $50kg/10^6m^3$。

第三节 砜胺法及其他脱硫脱碳方法

在天然气脱硫脱碳过程中，除主要采用醇胺法外，还广泛采用其他方法。例如，物理溶剂法中有 Selexol 等法，化学–物理溶剂法主要是砜胺法，直接转化法中有 Lo–Cat 法，间歇法法中有海绵铁法、分子筛法、微生物法以及膜分离法等。以下仅重点介绍一些常用或有代表性的脱硫脱碳方法。

一、砜胺法(Sulfinol 法)

砜胺法(Sulfinol 法)的脱硫脱碳溶液由环丁砜(物理溶剂)、醇胺(DIPA 或 MDEA 等化学溶剂)和水复配而成，兼有物理溶剂法和化学溶剂法二者的特点。其操作条件和脱硫脱碳效果大致上与相应的醇胺法相当，但物理溶剂的存在使溶液的酸气负荷大大提高，尤其是当原料气中酸性组分分压高时此法更为适用。此外，此法还可脱除有机硫化物。

Sulfinol 法自问世以来，由于能耗低、可脱除有机硫、装置处理能力大、腐蚀轻、不易起泡和溶剂变质少的优点，因而被广为应用，现已成为天然气脱硫脱碳的主要方法之一。砜胺法脱硫脱碳工艺流程和设备与醇胺法相同，见图 4–3。

自 20 世纪 60 年代壳牌公司开发成功 Sulfinol–D 法(砜胺Ⅱ法)后，我国在 70 年代中期即将川渝气田的卧龙河脱硫装置溶液由 MEA–环丁砜溶液(砜胺–Ⅰ法)改为 DIPA–环丁砜溶液(砜胺Ⅱ法)，随后又推广至川西南净化二厂和川西北净化厂。之后，又进一步将引进的脱硫装置溶液由 DIPA–环丁砜溶液改为壳牌公司开发的 MDEA–环丁砜溶液(Sulfinol–M 法，砜胺Ⅲ法)。此外，正在建设的我国宣汉天然气处理厂也采用 Sulfinol–M 法脱硫脱碳。

(一) 川渝气田引进脱硫装置改换溶液前后运行情况比较

引进脱硫装置自 1980 年投产后不久，由于原料气中 H_2S 含量下降和 CO_2 含量上升而带来诸多问题，包括克劳斯装置原料酸气 H_2S 含量下降、装置能耗增加和系统蒸汽难以平衡等。这种趋势如果继续发展将使装置所在整个工厂无法正常运行。

经分析，采用 MDEA–环丁砜溶液代替 DIPA–环丁砜溶液可在一定程度上改善工厂现状，缓解装置面临困难。为此，在一系列侧线试验基础上，拆除吸收塔的部分塔板，更换系统溶液，其运行数据及二者比较见表 4–13。

表 4–13 引进装置两种 Sulfinol 法运行数据比较

方法		Sulfinol–M	Sulfinol–D	
醇胺：环丁砜：水(质量分数)		40：45：15	40：45：15	
原料气	H_2S/%	2.63	2.71	2.67
	CO_2/%	1.04	1.03	1.06
	有机硫(mg/m^3)	647	—	647
净化气	H_2S/(mg/m^3)	5.0	>20	4.0
	CO_2/%	0.51	—	6.6(mg/m^3)
	有机硫(mg/m^3)	183.5	—	109.4
酸气	H_2S/%	79.9	66.7	67.3
	CH_4/%	1.20	1.49	1.60
气液比		877	829	773
吸收塔塔板数		23	35	35
蒸汽耗量/(t/h)		16.0	22.2	22.2

（二）宣汉天然气处理厂脱硫脱碳装置

中国石油宣汉天然气处理厂共设置5列主体生产线，每列规模为$300\times10^4m^3/d$(设计值，下同)。一期工程先建设3列，总规模为$900\times10^4m^3/d$。原料气来自罗家寨和滚子坪气田高含硫天然气，典型组成见表4-14(其中COS含量$264mg/m^3$，有机硫含量$308mg/m^3$)，进厂压力为7.1~7.3MPa，温度为10~35℃。处理后的净化气为$741\times10^4m^3/d$，其质量要求为：H_2S含量≤$20mg/m^3$，总硫含量(以硫计)≤$200mg/m^3$，CO_2含量≤3%(体积分数)，水露点≤-10℃(出厂6.9~7.1MPa条件下)，烃露点<-10℃(出厂6.9~7.1MPa条件下)。此外，该厂的副产品为硫黄，其质量达到工业硫黄质量标准(GB/T 2449—2006)优等品质量指标，硫黄产量为1208.7t/d(40.8×10^4t/年)。

表4-14　宣汉天然气处理厂天然气组成　　%(干基，体积分数)

组分	C_1	C_2	C_3	N_2	H_2	He	H_2S①	$CO_2$②	合计
组成	81.38	0.07	0.02	0.70	0.23	0.02	10.08	7.50	100.00

注：①H_2S含量变化范围为9.5%~11.5%。②CO_2含量变化范围为7.0%~8.0%。

由于宣汉天然气处理厂高含硫天然气中有机硫含量较高($308mg/m^3$)，需要在脱除H_2S的同时也脱除有机硫才能符合商品气对总硫含量的要求，故原料气采用Sulfinol-M法脱硫脱碳。

该厂脱硫脱碳装置采用的Sulfinol-M溶液质量组成为：MDEA50%，环丁砜15%，水35%。溶液循环量为$416m^3/h$，其中约47%为贫液，53%为半贫液，溶液循环泵采用能量回收透平。湿净化天然气送至脱水装置，采用质量浓度为99.7%的TEG脱水。酸气去硫黄回收装置，采用二级转化常规克劳斯(Claus)法，装置硫黄最大产量约460t/d。离开硫黄回收装置的尾气去尾气处理装置，采用串级SCOT法处理，其脱硫吸收塔使用的Sulfinol-M贫液来自上游的脱硫脱碳装置，Sulfinol-M富液(即半贫液)返回脱硫脱碳装置吸收塔中部进一步吸收原料气中的酸性组分。来自脱硫脱碳装置再生塔底部的贫液一部分去吸收塔顶部，另一部分则去尾气处理装置脱硫吸收塔。

（三）国外Sulfinol-M法装置运行情况

荷兰Emmen天然气处理厂脱硫装置采用Sulfinol-M法，其实际运行数据见表4-15。

由表4-15可知，装置所处理的两种原料气的碳硫比(摩尔比)分别为9.66和19.1，虽然CO_2共吸率达到35%~40%，但如果所吸收的H_2S和CO_2在再生时全部解吸出来，所得酸气中H_2S浓度也分别只有20%和10%左右。表中酸气H_2S浓度大于40%是由于将富液在低压下闪蒸解吸出一部分CO_2后再进入再生系统，其流程见图4-12。

表4-15　Emmen天然气处理厂Sulfinol-M法脱硫装置运行数据

处理量/($10^4m^3/d$)	压力/MPa	原料气中酸性组分含量/%(体积分数)		净化气中H_2S含量/(mg/m^3)	共吸率/%	酸气中H_2S含量/%(体积分数)
		H_2S	CO_2			
400	6.5	0.44	4.25	3.7	37.6	>40
400	6.5	0.15	2.87	3.1	39.2	>40

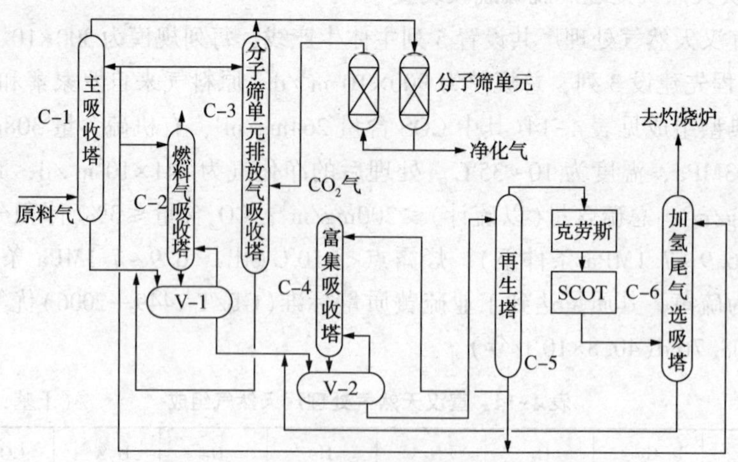

图 4-12　Emmen 天然气处理厂脱硫装置工艺流程示意图

二、多乙二醇二甲醚法(Selexol 法)

物理溶剂法系利用天然气中 H_2S 和 CO_2 等酸性组分与 CH_4 等烃类在溶剂中的溶解度显著不同而实现脱硫脱碳的。与醇胺法相比，其特点是：①传质速率慢，酸气负荷决定于酸气分压；②可以同时脱硫脱碳，也可以选择性脱除 H_2S，对有机硫也有良好的脱除能力；③在脱硫脱碳同时可以脱水；④由于酸气在物理溶剂中的溶解热低于其与化学溶剂的反应热，故溶剂再生的能耗低；⑤对烃类尤其是重烃的溶解能力强，故不宜用于 C_2H_6 以上烃类尤其是重烃含量高的气体；⑥基本上不存在溶剂变质问题。

由此可知，物理溶剂法应用范围虽不可能像醇胺法那样广泛，但在某些条件下也具有一定技术经济优势。

常用的物理溶剂有多乙二醇二甲醚、碳酸丙烯酯、甲醇、*N*-甲基吡咯烷酮和多乙二醇甲基异丙基醚等。其中，多乙二醇二甲醚是物理溶剂中最重要的一种脱硫脱碳溶剂，分子式为 $CH_3(OCH_2CH_2)_nCH_3$。此法是美国 Allied 化学公司首先开发的，其商业名称为 Selexol 法，溶剂分子式中的 n 为 3~9。国内系南京化工研究院开发的 NHD 法，溶剂分子式中的 n 为 2~8。

物理溶剂法一般有两种基本流程，其差别主要在于再生部分。当用于脱除大量 CO_2 时，由于对 CO_2 的净化度要求不高，故可仅靠溶液闪蒸完成再生。如果需要达到较严格的 H_2S 净化度，则在溶液闪蒸后需再汽提或真空闪蒸，汽提气可以是蒸汽、净化气或空气，各有利弊。

（一）德国 NEAG-Ⅱ Selexol 法脱硫装置

该装置用于从 H_2S 和 CO_2 分压高的天然气选择性脱除 H_2S 和有机硫，其工艺流程示意图见图 4-13。原料气中 H_2S 和 CO_2 含量分别为 9.0%和 9.5%，有机硫含量为 230×10^{-6}(体积分数)，脱硫后的净化气中 H_2S 含量为 2×10^{-6}(体积分数)，CO_2 含量为 8.0%，有机硫含量为 70×10^{-6}(体积分数)。

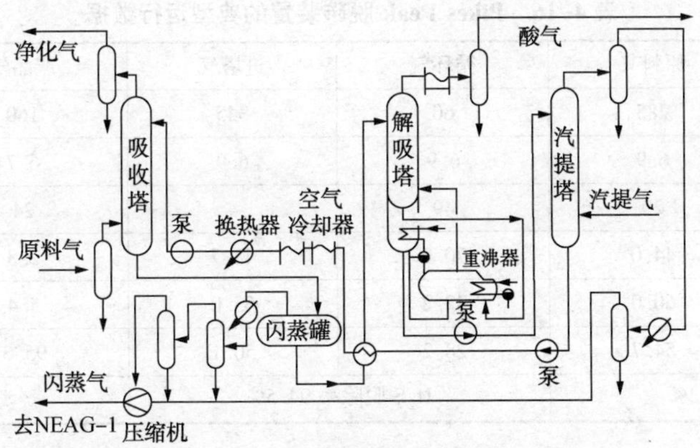

图 4-13　NEAG-ⅡSelexol 法脱硫装置工艺流程示意图

（二）美国 Pikes Peak 脱碳装置

该装置原料气中 CO_2 含量高达 43%（体积分数），H_2S 含量仅 60mL/m³，对管输的净化气要求是 H_2S 含量为 6mL/m³，CO_2 含量为 3%，故实际上是一套脱碳装置，其工艺流程示意图见图 4-14。

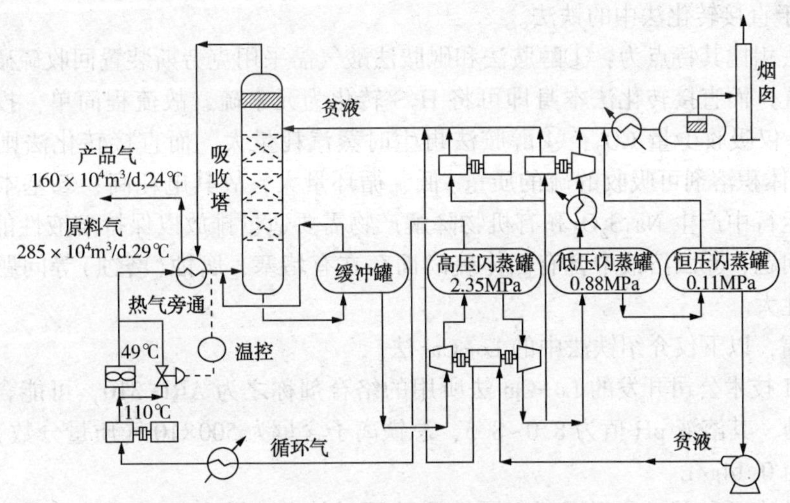

图 4-14　Pikes Peak 脱碳装置工艺流程示意图

由图 4-14 可知，原料气和高压闪蒸气混合后先与净化气换热，温度降至 4℃在进入吸收塔与 Selexol 溶剂逆流接触，脱除 H_2S 和 CO_2后的净化气从塔顶排出。富液经缓冲后先后在高压、中压和低压闪蒸罐内闪蒸出气体。其中，高压闪蒸气中烃类含量多，经压缩后与原料气混合，而中压、低压闪蒸气主要是 CO_2，从烟囱放空。低压闪蒸后的贫液增压后返回吸收塔循环使用。

Pikes Peak 脱碳装置的典型运行数据见表 4-16。

由表 4-16 可知，由于高压闪蒸气中烃类含量多，尽管经压缩后与原料气混合返回吸收塔，但装置的烃类总损失率仍达到 2.72%。因此，烃类损失大是物理溶剂的一个重要缺点。

表 4-16　Pikes Peak 脱碳装置的典型运行数据

物流	原料气	循环气	进塔气	产品气	放空气
流量/(10^4m^3/d)	285	60	345	160	125
压力/MPa	6.9	6.9	6.9	6.7	0.1
温度/℃	29	49	4	24	24
CO_2/%(体积分数)	44.0	70.9	48.7	2.8	96.5
$H_2S/10^{-6}$	60.0	32.2	55.0	5.4	129.3
CH_4/%	54.7	28.2	50.1	95.3	3.0
CO_2脱除率 96.3%		H_2S 脱除率 94.5%		烃类总损失率 2.72%	

三、直接转化法(Lo-Cat 法)

直接转化法采用含氧化剂的碱性溶液脱除气流中的 H_2S 并将其氧化为元素硫，被还原的氧化剂则用空气再生，从而使脱硫和硫磺回收合为一体。由于这种方法采用氧化-还原反应，故又称氧化-还原法或湿式氧化法。

直接转化法可分为以铁离子为氧载体的铁法、以钒离子为氧载体的钒法以及其他方法。Lo-Cat 法属于直接转化法中的铁法。

与醇胺法相比其特点为：①醇胺法和砜胺法酸气需采用克劳斯装置回收硫磺，甚至需要尾气处理装置，而直接转化法本身即可将 H_2S 转化为元素硫，故流程简单，投资低；②主要脱除 H_2S，仅吸收少量 CO_2；④醇胺法再生时蒸汽耗量大，而直接转化法则因溶液硫容(单位质量或体积溶剂可吸收的硫的质量)低、循环量大，故其电耗高；⑤基本无气体污染问题，但因运行中产生 $Na_2S_2O_3$和有机物降解产物需要适量排放以保持溶液性能稳定，故存在废液处理问题；⑥因溶液中含有固体硫磺而存在有堵塞、腐蚀(磨蚀)等问题，出现操作故障的可能性大。

限于篇幅，以下仅介绍铁法中的 Lo-Cat 法。

美国 ARI 技术公司开发的 Lo-Cat 法所用的络合剂称之为 ARI-310，可能含有 EDTA 及一种多醛基醣，其溶液 pH 值为 8.0~8.5，总铁离子含量为 $500×10^{-6}$(质量分数)，按此值计其理论硫容为 0.14g/L。

Lo-Cat 法有两种基本流程用于不同性质的原料气。双塔流程用于处理天然气或其他可燃气脱硫，一塔吸收，一塔再生；单塔流程用于处理废气(例如醇胺法酸气、克劳斯装置加氢尾气等)，其吸收与再生在一个塔内同时进行，称之为“自动循环”的 Lo-Cat 法。目前，第二代工艺 Lo-CatⅡ法主要用于单塔流程。此法适用于含硫天然气压力低于 3MPa、潜硫量在 0.2~10t/d 的酸气处理。图 4-15 为 Lo-CatⅡ法的单塔流程图。

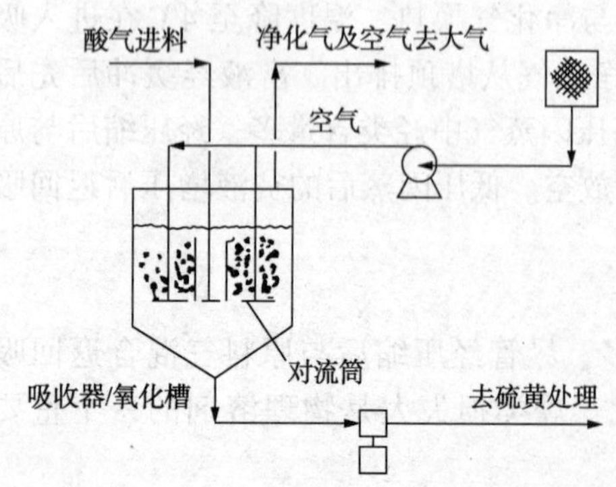

图 4-15　Lo-CatⅡ法的单塔原理流程图

我国蜀南气矿隆昌天然气净化厂由于原料气中 H_2S 含量为 $3g/m^3$，潜硫量略低于 1.2t/d，处于适用 Lo-Cat 法的潜硫量范围内。同时，又因原料气压力为 3MPa，故在 2001 年引进了一套自动循环的 Lo-CatⅡ法装置处理 MDEA 法脱硫装置排出的酸气。所用溶液除含有络和铁浓缩剂 ARI-340 外，还加有 ARI-350 稳定剂、ARI-400 灭菌剂以及促使硫黄聚集沉降的 ARI-600 表面活性剂。此外，在运行初期和必要时还须加入 ARI-360 降解抑制剂。溶液所用碱性物质为 KOH。

图 4-15 中的反应器内溶液的自动循环是靠吸收液与再生液的密度差而实现的。对流筒吸收区中溶液因 H_2S 氧化为元素硫，使其密度增加而下沉，筒外溶液则因空气(其量远多于酸气量)鼓泡而密度降低，不断上升进入对流筒。

装置中采用了不锈钢、硅橡胶、高密度聚乙烯及氯化乙烯等防腐材料。为防止硫黄堵塞，装置定期用空气清扫。

表 4-17 给出了该装置的设计与实际操作参数。

表 4-17 隆昌天然气净化厂 Lo-Cat Ⅱ 法装置参数

项目	酸气量/(m^3/h)	酸气中 H_2S 浓度/%(体积分数)	溶液中铁离子浓度/%(质量分数)	pH 值	溶液电位/mV	排放气中 H_2S 浓度/10^{-6}(体积分数)	硫黄产量/(t/d)
设计	150(90~165)	23	0.050	8~9	-175~-250	10	1.2
实际	60~90	6~10	0.045~0.050	8~9	-150~-250	5	—

四、其他方法

除了上述物理溶剂、化学-物理溶剂脱硫脱碳法外，还有分子筛法、膜分离法和低温分离法等物理方法以及微生物法等。

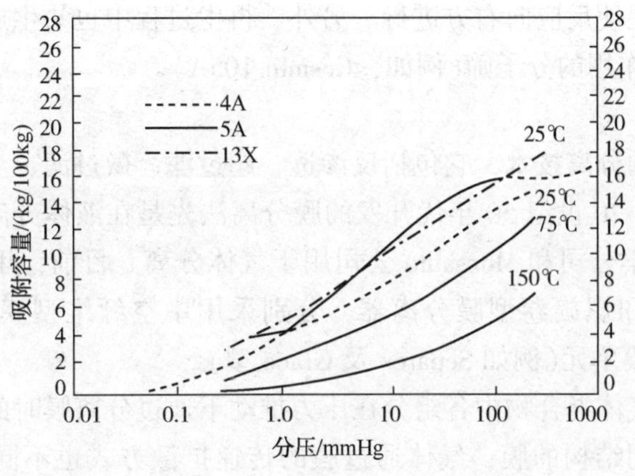

图 4-16 H_2S 在 4A、5A 和 13X 分子筛上的吸附等温线(1mmHg=133.325Pa)

(一) 分子筛法

分子筛对于极性分子即使在低浓度时也有相当高的吸附容量，其对一些化合物的吸附强度按递减顺序：$H_2O>NH_3>CH_3OH>CH_3SH>H_2S>COS>CO_2>CH_4>N_2$。

因此，分子筛也可用来从气体中脱除硫化物。当用于选择性脱除 H_2S 时，可将 H_2S 脱除到 6mg/m^3。分子筛还可用来同时脱水及脱有机硫，或用来脱除 CO_2。

纯 H_2S 在几种类型分子筛上的吸附等温线见图 4-16。如果 H_2S 在混合物中，其吸附容量将会降低。

图 4-17 为分子筛脱硫的综合工艺流程图。由于分子筛床层再生时可使床层上脱附出来

的 H_2S 浓缩到流量较低的再生气流中，故必须将此再生气流进行处理或去火炬排放。在再生过程中，再生气流中的 H_2S 浓度将会出现一个最高值，大约是原料气中 H_2S 浓度的 30 倍。操作时，可将出现 H_2S 高峰值时的再生气流送往火炬，其余的再生气流则可返回原料气中。

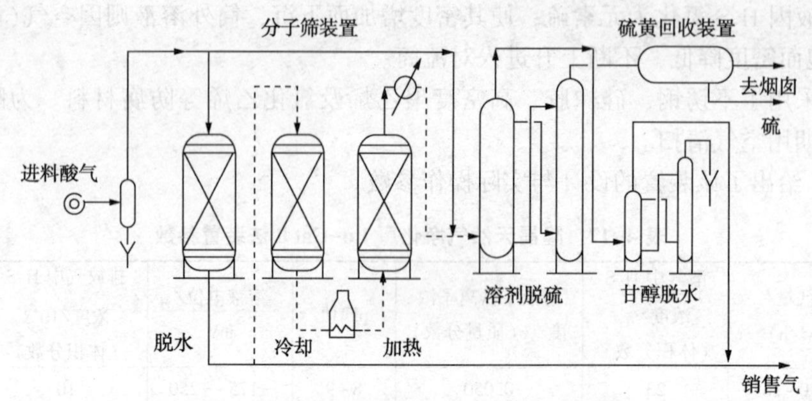

图 4-17　分子筛脱硫的综合工艺流程图

含 CO_2 的气体在分子筛床层上脱硫时可能发生下述反应：

$$CO_2+H_2S \rightleftharpoons COS+H_2O \tag{4-6}$$

此反应是可逆的，即温度和浓度会影响反应平衡。在吸附周期中可生成 COS，较高的温度也有利于 COS 生成。通常，生成 COS 的反应主要发生在气体出口的床层处，因为此处的气体基本不含水，故促使反应向右方进行。另外，再生过程中也易生成 COS。为此，可采用对 COS 生成没有催化作用的分子筛(例如，Cosmin 105A)。

（二）膜分离法

膜分离是一门新的分离技术，它包括反渗透、超过滤、微过滤、渗析、电渗析、过模蒸发及气体的膜分离等。20 世纪 50 年代开发的膜分离法先是在液体分离等工业领域应用，70 年代后开始由 Dow 化学公司和 Monsanto 公司用于气体分离。目前，用于气体分离的主要有中空纤维型膜分离器和螺旋卷型膜分离器，分别采用中空纤维型膜单元(例如 DuPont 及 Prism 型)和螺旋卷型膜单元(例如 Separex 及 Grace 型)。

膜分离法是利用气体混合物中各组分在压力推动下通过分离膜时的传递速率不同，从而达到分离目的。对不同结构的膜，气体通过膜的传递扩散方式也不同，因而分离机理也各异，包括微孔扩散及溶解-扩散两种机理。

目前常用的分离膜有醋酸纤维膜及聚砜膜等，属于非多孔膜，气体通过膜的机理为溶解-扩散机理。

表 4-18 为一些气体在醋酸纤维膜上的相对渗透系数。表中任何两组分相对渗透系数之比即为二者间的分离因子。例如，H_2S 对 CH_4 的分离因子是 50，CO_2 对 CH_4 的分离因子是 30，即 H_2S、CO_2 对 CH_4 均有较大的分离因子，故可利用膜分离法从天然气中分离 H_2S、CO_2。但是，即使分离因子很大时分离也不完全，即通过膜分离单元的渗透气中仍会含有一些残余气组分，而未通过膜分离单元的残余气中也含有一些渗透气组分。膜分离法除可用于脱硫脱碳外，还可用于脱水。

表 4-18 气体在醋酸纤维膜上的相对渗透系数

气体	水蒸气	He	H_2	H_2S	CO_2	O_2	CO	CH_4	N_2	C_2H_6
相对渗透系数	100	15	12	10	6	1	0.3	0.2	0.18	0.10

图 4-18 和图 4-19 分别为中空纤维型膜单元和螺旋卷型膜单元示意图，其性能比较见表 4-19。二者虽各有优缺点，但总起来说螺旋卷型膜单元价格稍贵而性能更好。

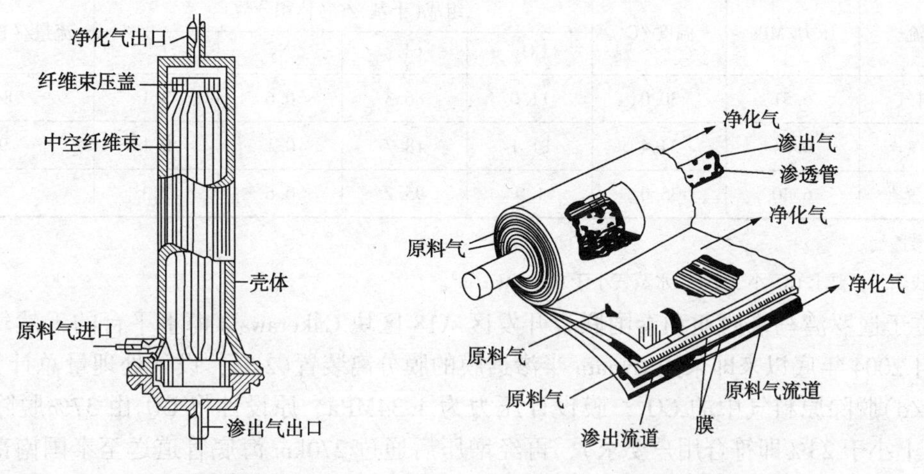

图 4-18 中空纤维型膜单元　　图 4-19 螺旋卷型膜单元

表 4-19 两种膜分离单元性能比较

性能	单位面积价格	需要的膜面积	选择性渗透层厚度	膜的渗透性
中空纤维型	较低	较多	较厚	较差
螺旋卷型	较高	较少	较薄	较好

膜分离法用于气体分离的特点是：①分离过程不发生相变，能耗低，但因少量烃类进入渗透气中而有烃类损失问题；②不使用化学药剂，副反应少，基本上不存在腐蚀问题；③设备简单，占地面积小，操作容易。因此，当原料气中 CO_2 等酸性组分含量越高时，采用膜分离法分离 CO_2 等组分在经济上越有利，故膜分离法对 CO_2 等酸性组分含量高的原料气分离有着广泛的应用前景。

1994 年美国气体研究所(GRI)对膜分离法用于天然气处理的评价表明，采用单级膜分离可将天然气中的 CO_2 浓度由 5% 降低至 2% 以下，同时可将水含量从 1.075g/m^3 降低至 0.1123g/m$_3$以下，从而达到管输指标。但是，烃类损失率(排放气即渗透气中烃类量占原料气中烃类量的分数)较高，约为 10%。

为此，当原料气中 CO_2 含量较高时，由于一级分离难以达到管输指标且烃类损失会更大，此时可采用两级膜分离，即将一级分离所得的渗透气压缩后去二级膜分离。这样，既可提高排放气中的 CO_2浓度，又可回收其中的烃类而降低烃类损失。图 4-20 为美国 1993 年投产的一

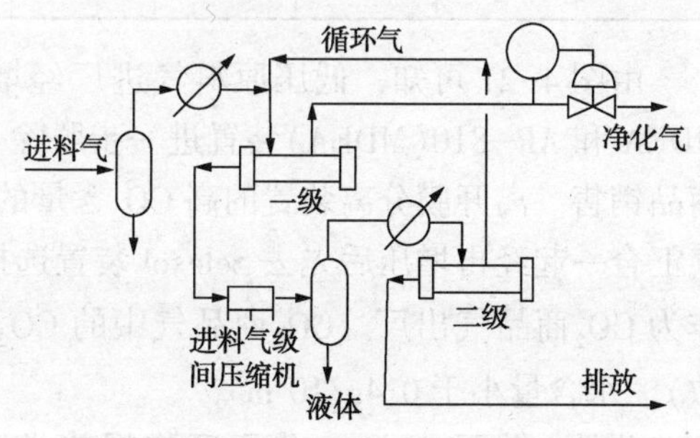

图 4-20 两级膜分离装置工艺流程示意图

套两级膜分离装置的流程示意图。该装置的物流组成和工艺参数见表4-20。

从运行情况看，经过一级膜分离后，烃类损失量约为原料气中烃类含量的24%；经过二级膜分离回收渗透气中的烃类后，平均烃类损失量降至2.06%。同时，由于膜分离装置还具有良好的脱水效果，净化气不需脱水即可管输。

表4-20　两级膜分离装置物流组成和工艺参数

物流	压力/MPa	温度/℃	组成(干基)/%(体积分数)				流量/(10^3m^3/d)
			CO_2	CH_4	N_2	C_2^+	
原料气	6.51	30.0	11.0	86.3	0.6	2.1	845
放空气①	0.04	34.4	81.1	18.7	0.1	0.1	99
净化气②	6.40	35.0	1.9	95.2	0.6	2.3	746

注：①渗透气。

②残余气，要求CO_2小于2%，水蒸气小于0.0644kg/m^3。

位于暹罗湾马来西亚和泰国联合开发区A18区块Cakerawala海上平台的天然气生产设施，自2004年底以来即采用Cynara半渗透膜的膜分离装置(2套，设计处理量总计为1982×10^4m^3/d)脱除原料气中的CO_2，膜设计压力为4.34MPa。原设计将CO_2由37%脱除至15%(实际上小于23%即符合用户要求)，再经增压后通过270km海底管道送至泰国南部，主要用于马来西亚和泰国的发电和化工。之后虽然用户一度又要求商品气中CO_2含量小于10%，但该装置仍可达到。

膜分离法除用于从天然气中脱除CO_2外，还可从天然气中脱除H_2S。但是，对含H_2S的天然气，目前的膜分离特性决定了其净化度不可能很高，故难以达到严格的H_2S质量指标。此时，可采用膜分离法与醇胺法组合流程，先用膜分离法脱除大量的H_2S和CO_2，再用醇胺法脱除残余的H_2S，使其达到指标要求。

例如，美国Occidental Oil & Gas公司在20世纪末期建设的Mallet脱CO_2处理厂即采用了膜分离法与MDEA和AP-810(MDEA)法的组合流程。该厂原料气为CO_2驱油伴生气，压力为0.17MPa，处理量为289×10^4m^3/d，组成见表4-21，全厂工艺流程方框图见图4-21。

表4-21　Mallet处理厂膜分离装置原料气组成(体积分数)　%

组分	CO_2	N_2	H_2S	C_1	C_2	C_3	C_4	C_5	C_6^+	总烃
组成	89.9	0.7	0.3	3.8	1.8	1.5	1.1	0.5	0.4	9.1

由图4-21可知，低压原料气进厂经增压后先去膜分离装置，富含烃类的残余气再经MDEA和AP-810(MDEA)装置进一步脱除H_2S和CO_2，使烃类气体中CO_2小于1.5%后作为商品销售。离开膜分离装置的高CO_2含量的渗透气，以及来自MDEA和AP-MDEA装置的酸气汇合一起经再增压后先去Selexol装置选择性脱除H_2S，然后经TEG装置脱水和再增压后作为CO_2商品气出厂。CO_2商品气中的CO_2含量大于95%，H_2S含量小于100×10^{-6}(体积分数)，水含量小于0.4g/10^3m^3。

此外，美国Separex公司还将螺旋卷型膜单元用于海上开发平台的天然气脱水，在7.8MPa、38℃下脱水后的天然气水露点可达-48℃。

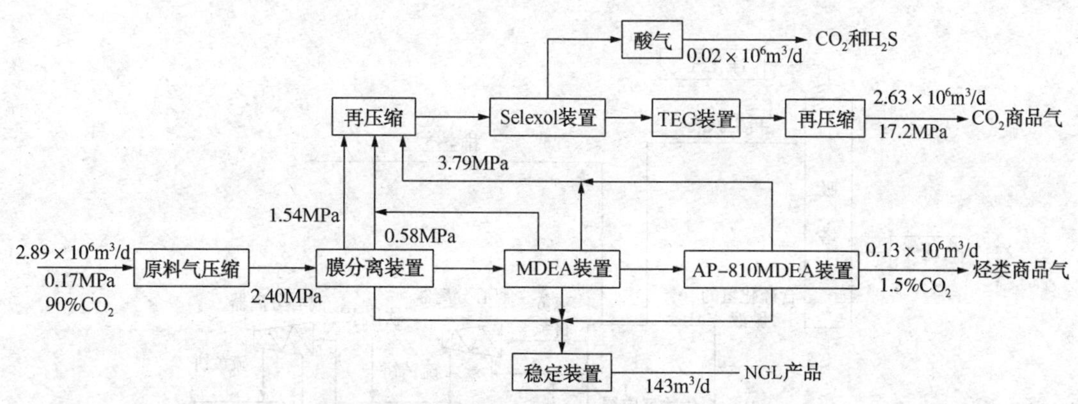

图 4-21 Mallet 脱 CO_2处理厂工艺流程方框图

（三）低温分离法

处理含有大量 H_2S 和 CO_2的气体混合物(例如 CO_2驱油的伴生气)时，需要分离大量酸气并回收天然气凝液。此时，虽然低温分离法能耗很高，但采用该法也可能具有竞争力。通常广泛采用的低温分离法是美国 Koch 工艺系统公司的 Ryan/Holmes 法。

低温分离法的难点是低温系统可能形成固体 CO_2及产生 CO_2-C_2共沸物问题。Ryan/Holmes 法中采用 C_4^+ 凝液作为添加剂的方法妥善解决了这些问题。

表 4-22 Ryan/Holmes 法装置运行数据

项目	流量/($10^4m^3/d$)	组成(体积分数)/%						
		CO_2	H_2S	C_1	C_2	C_3	C_4^+	N_2
原料气	206.3	85.97	0.11	4.96	2.58	2.25	4.06	0.07
燃料气	9.4	1.99	—	96.07	—	0.05	0.35	1.53
CO_2	180.3	98.04	50×10^{-6}	0.64	1.20	0.11	0.01	—
NGL	液 $745m^3/d$	2.75	1.37	—	19.02	26.69	50.18	—

此法有两塔、三塔和四塔流程，用于不同产品结构。表 4-22 为采用 Ryan/Holmes 法的装置在 CO_2驱油高峰年时的运行数据。

（四）微生物法

近年来微生物法(也称生物法)脱硫已有大量报道。由于该法具有成本低、安全、脱硫效率高等特点，在工业上已广为采用，尤其是栖泥绿菌和脱氮硫杆菌是应用最多的脱硫微生物。随着生物工程的发展，目前又已培育出脱硫效率更高的微生物，故微生物法脱硫将会在天然气脱硫中得到广泛采用。

对于规模较小的含硫天然气、炼油厂含硫尾气，当其脱硫酸气采用常规 Claus 法回收硫磺不经济时可考虑微生物法脱硫，其优点是：①；工艺流程简单，设备和控制点少，投资低；②采用自然再生的生物催化剂；③操作人员少、后期操作费和维修费低；④外排量少，更环保；⑤占地面积少。

图 4-22 为加拿大 Bantry 天然气处理厂脱硫装置采用的 Shell-Paques 微生物法工艺流程图。该装置已于 2002 年投产，其设计数据见表 4-23。

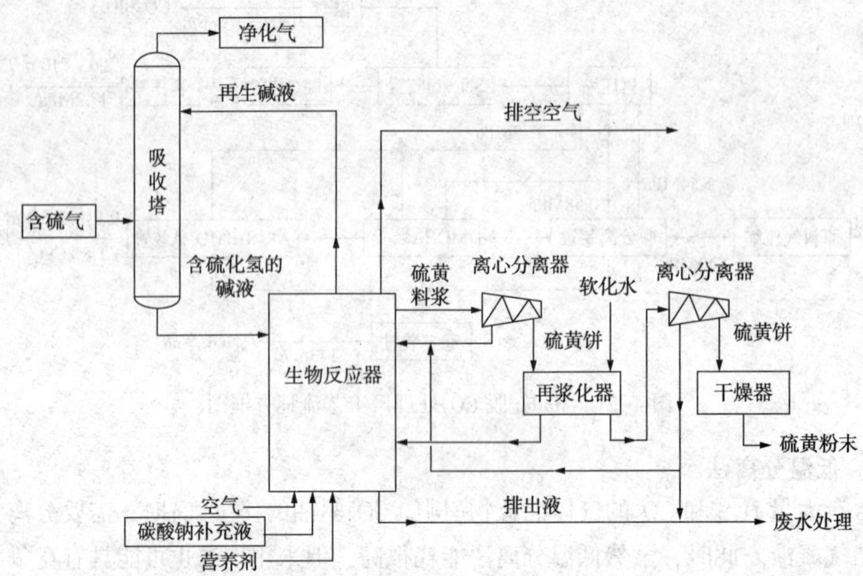

图 4-22 Bantry 天然气处理厂微生物法脱硫工艺流程示意图

含 H_2S 气体在吸收塔内与含硫细菌的碳酸钠水溶液进行接触，H_2S 溶解在碱液中并随碱液进入生物反应器中。在生物反应器的充气环境下，H_2S 被硫杆菌家族的细菌氧化成元素硫，并以料浆形式从生物反应器中析出，进一步干燥成硫黄粉末，或经熔融成为商品硫磺。

表 4-23 Bantry 天然气处理厂微生物法脱硫装置设计数据

项目	原料气				净化气 H_2S 含量/%	产硫量/(t/d)	脱硫率/%
	处理量/(m^3/d)	压力/MPa	温度/℃	H_2S 含量/%			
冬季低压	32.15×10^4	0.59	4	0.202	$<4\times10^{-6}$	1	99.5
夏季高压	32.15×10^4	1.38	10	0.202	$<4\times10^{-6}$	1	99.5

注：表中 H_2S 含量均为体积分数。

据称，Shell-Paques 微生物法脱硫的技术规格为：①含硫天然气中 H_2S 浓度范围为 50×10^{-6}(体积分数，下同)到 100%(处理量小)；②天然气压力为 0.1~10MPa；③生物反应器容积为 5~2000m^3；④产硫量在 30t/d 以下，但在 30~50t/d 时仍有经济效益；⑤净化气中的 H_2S 含量可降至 4×10^{-6}；⑥硫黄回收率可达 99.9%(质量分数)以上，硫磺产品的纯度可达 99.97%(基于可选项的选择)。

五、我国天然气净化厂脱硫脱碳装置简介

我国天然气净化厂脱硫脱碳装置主要分布在川渝气田及长庆气田，见表 4-24。由于表中有些属于备用装置，还有一些因气田气量衰减而低负荷运行甚至停运，故有的净化厂实际处理量小于表中所示的处理能力。

表 4-24 我国天然气净化厂脱硫脱碳装置一览表

地区	厂名	套数	工艺方法	处理能力/($10^4m^3/d$)
四川	蜀南气矿	8+3		
	净化一厂	2	MEA	2×70
	净化二厂	2	MDEA(砜胺-Ⅰ、Ⅱ)	2×70
	隆昌净化厂	1	MDEA	40
	川西北气矿净化厂	1	砜胺-Ⅱ	120
	川中油气矿			
	引进装置	1	MDEA	50
	国内设计装置	1	MDEA	80
	川东北气矿宣汉处理厂	3	砜胺-Ⅲ	3×300(一期)
	川东北中石化普光净化厂	6	MDEA 串级	6×500(分期建设)
	龙岗净化厂	2	MDEA	600×2
重庆	重庆净化总厂	10		
	垫江分厂	1	MDEA(砜胺-Ⅰ、Ⅱ)	400
	引进分厂	1	砜胺-Ⅲ(砜胺-Ⅱ)	400
	引进分厂	1	砜胺-Ⅲ	80
	引进分厂	1	砜胺-Ⅲ	200
	渠县分厂	2	MDEA	2×200
	长寿分厂	2	MDEA 配方	400
	忠县分厂	2	MDEA 配方	2×300
贵州	赤水天然汽化肥厂脱硫分厂	2	ADA-$NaVO_3$	2×100
陕西	长庆油田分公司	9		
	第一净化厂	5	MDEA/(MDEA+DEA)	(4×200)/400
	第一净化厂	1	MDEA+DEA	400
	第三净化厂	1	MDEA	300
内蒙	第二净化厂	2	MDEA+DEA	2×400
湖北	江汉油田分公司利川脱硫装置	1	MDEA	15
海南	东方 1-1 气田陆上终端	2	活化 MDEA	2×250

习 题

4-1 常用的气体脱硫脱碳方法有哪些?

4-2 简述醇胺法脱硫脱碳的原理和适用范围。

4-3 选择脱硫脱碳方法需要考虑的因素有哪些?

4-4　简要介绍醇胺法的工艺流程。

4-5　直接转化法(Lo-Cat 法)与醇胺法相比其特点是什么?

4-6　物理溶剂吸收法的基本原理以及优点分别是什么?

4-7　某一醇胺脱酸气系统发生吸收塔和再生塔效率过低，即处理后天然气含酸气浓度和再生后胺液残余酸气负荷偏高，试分析发生这种非正常工况的可能原因。

4-8　胺装置的操作费由哪几部分组成，可能采取的节能措施。

4-9　若胺装置原料气为水饱和，在接触塔与胺液接触脱酸后成为甜气。与原料气相比，甜气水含量可能有三种情况：即增加、不变和减少，试选择并说明原因。

4-10　归纳常用气体脱酸工艺的使用范围，选用时应考虑的因素。

参 考 文 献

[1] 宋世昌，李光，杜丽民．天然气地面工程设计：上卷[M]．北京：中国石化出版社，2014.

[2] 王遇冬．天然气处理原理与工艺：第3版[M]．北京：中国石化出版社，2016.

[3] 王开岳．天然气脱硫脱碳工艺发展进程的回顾[J]．天然气与石油，2011，29(1)：15~21.

[4] 陈赓良，李劲．天然气脱硫脱碳工艺的选择[J]．天然气与石油，2014，32(6)：29-34.

[5] 韩淑怡，王科，黄勇．醇胺法脱硫脱碳技术研究进展[J]．天然气与石油，2014，32(3).

[6] 党晓峰，等．酸气负荷对脱硫脱碳装置平稳运行的影响分析[J]．天然气工业，2008，28(增刊B)：142~145

[7] 李亚萍，等．MDEA/DEA 脱硫脱碳混合溶液在长庆气区的应用[J]．天然气工业，2009，29(10)：107~110.

[8] 马孟平，等．高含硫天然气净化厂硫磺成型技术方案选择探讨[J]．石油与天然汽化工，37(3)，2008：202~204，217.

[9] Kittel J，Fleury E，Vuillemin B，et al. Corrosion in alkanolamine used for acid gas removal：From natural gas pocessing to CO_2 capture[J]. Materials and Corrosion，2012，63(3)：223-230.

[10] 吴晶．天然气 MDEA 选择性脱硫工艺的建模[D]．北京化工大学，2013.

[11] 于艳秋，等．普光高含硫气田特大型天然气净化厂关键技术解析[J]．天然气工业，2011，31(3)：22~25.

[12] 张楠，陈建华，宋彬．络合铁法脱硫反应器锥段硫磺沉降的数值模拟[J]．石油与天然汽化工，2016(6).

[13] Rezakazemi M，Heydari I，Zhang Z. Hybrid systems：combining membrane and absorption technologies leads to more efficient acid gases (CO_2 and H_2S) removal from natural gas[J]. Journal of CO_2 utilization，2017，18：362-369.

[14] 杜卫军．天然气净化工艺设计要点及优化探讨[J]．中国化工贸易，2013(7)：447-447.

[15] 何玲．高含硫天然气脱硫脱碳技术研究进展[J]．化学工程师，2018，32(4)：62-66.

[16] Peters L，Hussain A，Follmann M，et al. CO_2 removal from natural gas by employing amine absorption and membrane technology—A technical and economical analysis[J]. Chemical Engineering Journal，2011，172(2-3)：952-960.

[17] 李正西，吴锡璋，金亚新．TYTS-2000 脱硫剂在合成气脱硫脱碳中的应用[J]．石油与天然汽化工，2005，34(6)：504-507.

[18] 何云峰．直接转化法在低硫天然气中的应用[J]．石油与天然汽化工，1988(3)：22-27.

[19] 杨婷婷，熊运涛，崔荣华．天然气湿法脱硫技术研究进展[J]．天然气与石油，2013，31(2)：40-42.

第五章 天然气脱水

自储集层采出的天然气和采用湿法脱硫脱碳后的天然气中都含有饱和水蒸气，或者称含有饱和水，通常简称含水，其含量则简称为天然气水含量，而随天然气呈液相存在的水称为游离水或液态水。

此外，自储集层随天然气一起采出的凝液(液烃或凝析油)，以及在天然气脱水前析出的液烃或凝析油，通常也被液态水所饱和，即含有溶解水。

水是天然气中有害无益的组分。这是因为：

① 天然气中水的存在，降低了天然气的热值和管道输送能力。

② 当压力增加或温度降低时，天然气中的水会呈液相析出，不仅在管道和设备中形成积液，增加流动压降，甚至出现段塞流，还会加速天然气中酸性组分对管道和设备的腐蚀。

③ 液态水不仅在冰点时会结冰，而且在天然气温度高于冰点但是压力较高时，液态水和过冷水蒸气还会与天然气中的一些气体组分形成固体水合物，严重时会堵塞井筒、阀门、设备和管道，影响井筒、工艺设备及管道的的正常运行。

因此，预测天然气及其凝液中的水含量和水合物的形成条件是非常重要的。

脱水是指从天然气中脱除饱和水蒸气或从天然气凝液(NGL)中脱除溶解水的过程。脱水的目的是：①防止在处理和储运过程中出现水合物和液态水；②达到天然气产品的水含量(或水露点)质量指标；③防止腐蚀。因此，在天然气露点控制(或脱油脱水)、天然气凝液回收、液化天然气及压缩天然气生产等过程中均需进行脱水。

天然气及其凝液的脱水方法有低温法、吸收法、吸附法、膜分离法、气体汽提法和蒸馏法等。本章着重介绍天然气脱水常用的吸收法、吸附法和低温法。此外，防止天然气水合物形成的方法也在本章中一并介绍。

采用湿法脱硫脱碳时，含硫天然气一般是先脱硫脱碳，然后再脱水。此时，脱水前(即脱硫脱碳后)的天然气中 H_2S 和 CO_2 等酸性组分含量已符合管输要求或商品气质量指标。对于距离天然气处理厂较远的酸性天然气，在管输中可能出现游离水时也可先脱水。

第一节 天然气水合物及防止其形成的方法

防止天然气水合物形成的方法有三种：一是当天然气压力和水含量一定时，将含水的天然气加热，使其加热后的水含量处于不饱和状态。目前在气井井场采用加热法即为此例。但是，当设备或管道必须在低于水合物形成温度以下运行时，就应采用其他两种方法：一种是利用吸收法或吸附法脱水，使天然气露点降低到设备或管道运行温度以下；另一种则是向气流中加入化学剂。目前常用的化学剂是热力学抑制剂，但自 20 世纪 90 年代以来研制开发的动力学抑制剂和防聚剂也日益受到人们的重视与应用。

天然气脱水是防止水合物形成的最好方法，但出自实际情况和经济上考虑，一般应在处理厂(站)内集中进行。否则，则应考虑加热和加入化学剂的方法。

关于脱水法将在下面各节中介绍，本节主要讨论加入化学剂法。

一、天然气水含量

天然气的水含量取决其于压力、温度和组成。压力增加，组成的影响增大，特别是天然气中含有 CO_2、H_2S 时其影响尤为重要。

预测天然气水含量的方法有图解法、热力学模型法和实验法三种：

① 图解法，其中有一类图用于不含酸性组分的贫天然气，即采用基于实验数据的图来查取天然气的水含量。另一类图则用于含酸性组分的天然气。

② 热力学模型法，即采用有关热力学模型由计算机进行三相(气相、富水相和富烃液相)平衡计算来确定各组分(包括水)在三相中的含量。

实际上，准确预测含硫天然气的水含量是一件十分复杂的事情。这里介绍的方法并不能用于严格的工程设计。即使由最完善的状态方程所求得的结果，其准确性也值得怀疑。因此，在大多数情况下最好通过实验数据验证预测的数值。以下仅介绍一些常用的图解法。

（一） 不含酸性组分的天然气（无硫天然气）

不含酸性组分的天然气通常也称无硫天然气。对于含甲烷 70%以上和少量重烃的无硫贫天然气而言，其水含量(或水露点)目前常用图 5-1 查得。图中的气体密度关联方法不能用于含 CO_2、H_2S 的天然气，而且也不适用某些烃类的影响，尤其是压力高于 10MPa 的天然气水含量的预测。此外，该图的水合物形成线是近似的，不能用于预测水合物的形成条件。

应该注意的是，图中采用的是 GPA 的气体体积计量标准状态，即 15.6℃和 101.325kPa。

【例 5-1】试由图 5-1 确定无硫贫天然气在 66℃、6.9MPa(绝)下的水含量。

【解】由图 5-1 的主图查得此天然气在相对密度为 0.6 且不与盐水呈平衡时的水含量 W_1 为

$$W_1 = 3.52\text{kg}/10^3\text{m}^3(\text{GPA})$$

对于相对分子质量为 26(相对密度不为 0.6)的天然气，采用图中相对密度校正附图查得校正系数 $C_g = 0.98$；

对于与 3%盐水呈平衡的天然气，采用图中含盐量校正附图查得校正系数 $C_s = 0.93$；

因此，对于相对分子质量为 26 且与 3%盐水呈平衡的无硫贫天然气，其水含量 W_2 为

$$W_2 = 0.98 \times 0.93 \times 3.52 = 3.27\text{kg}/10^3\text{m}^3(\text{GPA})$$

最后，再将其换算为气体体积计量标准状态为 20℃和 101.325kPa 下的水含量 W_3 为

$$W_3 = 0.985 \times 3.27 = 3.22\text{kg}/10^3\text{m}^3$$

如已知天然气在常压下的水露点，还可由图 5-1 查得在某压力下的水露点，反之亦然。当天然气在常压下的水露点较低(例如，在 CNG 加气站中要求脱水后的天然气水露点在-40~-70℃甚至更低)时，则可由图 5-2 查得某压力下的水露点，反之亦然。

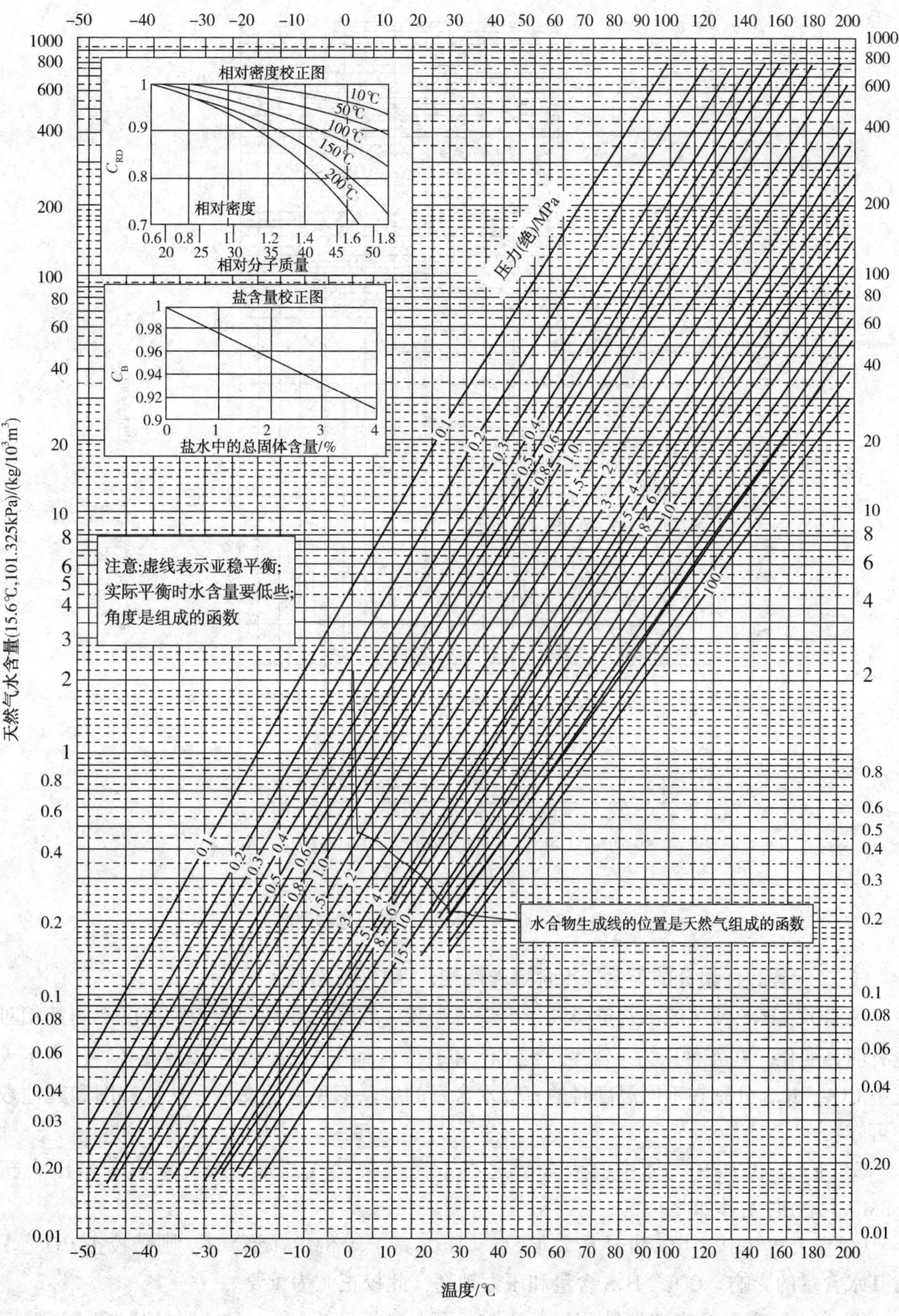

图 5-1 烃类气体的水含量

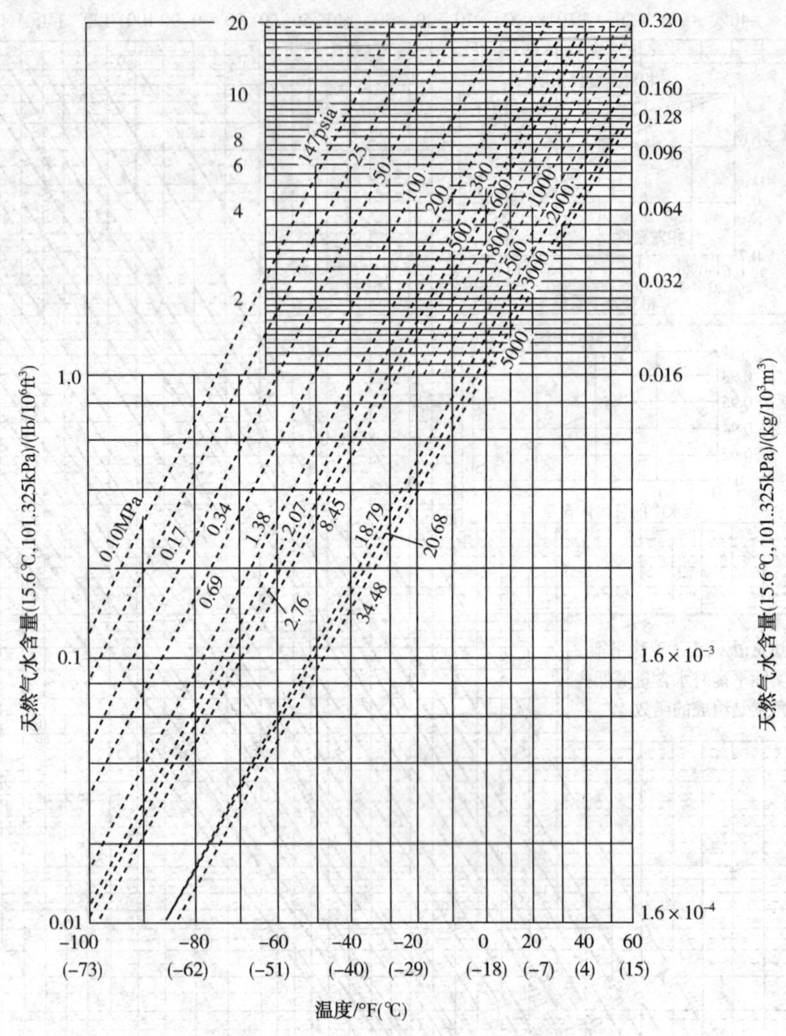

图 5-2　烃类气体的水含量(延伸图)

（二）含酸性组分的天然气（含硫天然气，酸性天然气）

纯 CO_2、H_2S 气体的水含量要高于甲烷或无硫天然气，并且随压力、温度不同其相对值也有明显变化。在各种压力、温度下纯 CO_2 和 H_2S 气体中的水含量，以及在各种压力下天然气中 CO_2、H_2S 分别在不同温度时的有效水含量的关联图见有关文献。从这些图和其他数据中可知：

① 纯 CO_2 和 H_2S 气体中的水含量远高于无硫天然气的水含量，室温下当压力超过 4.8MPa(绝)时尤其如此。

② 当天然气中含 CO_2 和 H_2S 大于 5%，压力高于 4.8MPa(绝)时，则需校正 CO_2、H_2S 对其水含量的影响。CO_2、H_2S 含量和压力越高，此校正尤为重要。

③ 在 CO_2 或 H_2S 中加少量 CH_4 或 N_2 时，其水含量较纯 CO_2、H_2S 明显减少。

因此，当天然气中酸性组分大于 5%，压力高于 4.8MPa(绝)时采用图 5-1 就会出现较大误差。此时，对于酸性组分含量在 40%以下的天然气可用 Campbell 提出的下述公式估计

其水含量

$$W=0.985(y_{HC}W_{HC}+y_{CO_2}W_{CO_2}+y_{H_2S}W_{H_2S}) \tag{5-1}$$

式中 W——含硫天然气水含量，$kg/10^3m^3$；

y_{HC}——含硫天然气中烃类组分的摩尔分数；

y_{CO_2}，y_{H_2S}——含硫天然气中 CO_2 和 H_2S 的摩尔分数；

W_{HC}——由图 5-1 查得的无硫天然气水含量(已用附图校正)，$kg/10^3m^3$(GPA)；

W_{CO_2}，W_{H_2S}——查得的天然气中 CO_2 和 H_2S 的有效水含量，只适用于图 5-1，而且不是纯 CO_2 和 H_2S 的水含量，$kg/10^3m^3$(GPA)。

Campbell 法可用于估计含硫天然气的水含量。

此外，Wichert 等提出了一种确定含硫天然气水含量的图解法。此法由一张无硫天然气水含量图(图 5-1)和一张含硫天然气与无硫天然气水含量的比值图(图 5-3)组成，其适用条件为：压力≤70MPa，温度≤175℃，H_2S 含量(摩尔分数)≤55%。当天然气中含有 CO_2 时，须将其 CO_2 含量乘以 0.75 而成为 H_2S 的当量含量。

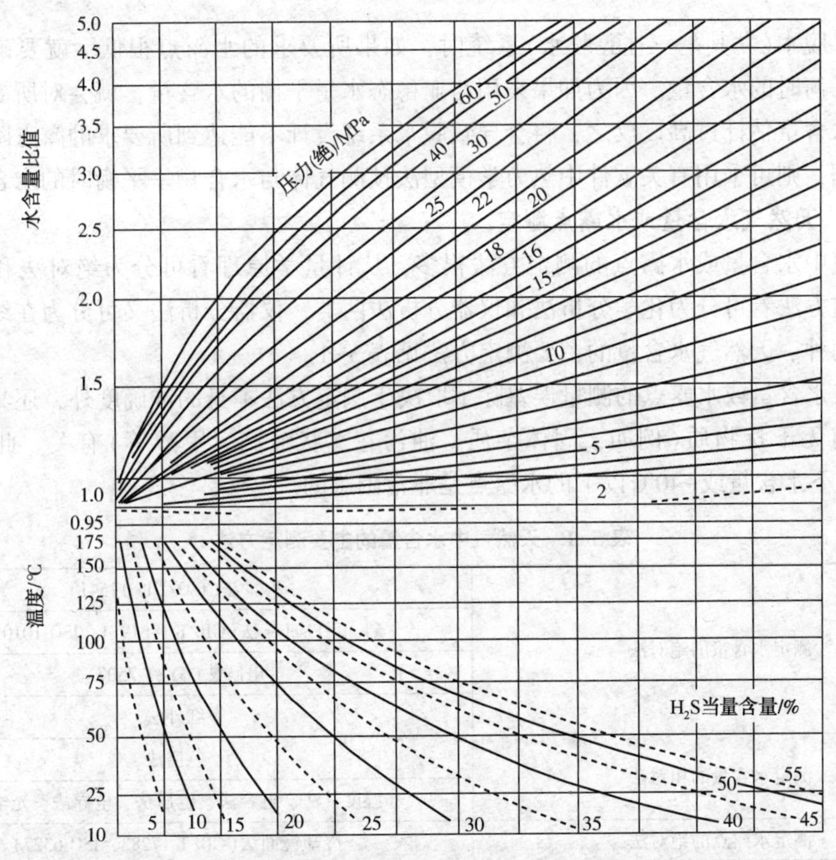

图 5-3 含硫天然气水含量比值图

【例 5-2】某含硫天然气组成为 CH_4 30%、CO_2 60% 和 H_2S 10%，压力为 8.36MPa(绝)，温度为 107℃，试由图 5-3 确定其水含量。

【解】首先，由图 5-1 查得相同条件下无硫天然气中水含量为 $14.2kg/10^3m^3$(GPA)。然后，再将含硫天然气中的 CO_2 含量乘以 0.75 而成为 H_2S 的当量含量，故该天然气中 H_2S 的总含量(摩尔分数)为 10+0.75×60=55%。

由图 5-3 中的 107℃等温线和 55%等组成线的交点引垂直线向上，与 8.36MPa(绝)等压线相交，再由此交点引水平线在纵坐标求得相应的水含量比值为 1.2。

因此，此含硫天然气的水含量 $W=14.20\times1.2=17.04\text{kg}/10^3\text{m}^3$(GPA)。公开发表的该天然气水含量实验数据为 $17.14\text{kg}/10^3\text{m}^3$(GPA)。

（三）水合物区域的水含量

图 5-1 是基于析出的冷凝水相为液体的假设。然而，当温度达到气体水合物形成温度以下时其“冷凝”相将是固体水合物。此时，与水合物呈平衡的气体水含量将低于与亚稳态液体呈平衡的水含量。这是应用图 5-1 需要特别注意的。

水合物的形成是需要一定时间的，其晶体形成速率取决于气体组成、液相中晶核的存在和扰动程度等。这个暂时在“水合物形成期间”存在的液态水称之为“亚稳态液体”。亚稳态水是液态水，但在平衡时以水合物形式存在。在水合物区域的气体水含量与其组成关系很大。

在设计脱水(尤其是三甘醇脱水)系统时，如果所要求的水露点很低，就要确定气体与水合物呈平衡时的水含量。因为如果采用与亚稳态水呈平衡的水含量，就会对所要求水露点时的气体水含量估计过高。反之，将会导致脱水系统设计不能达到所要求的露点降。如果没有实验数据，则可采用有关软件中热力学模型法预测气体与水合物呈平衡时的水含量。

（四）天然气水含量或水露点测定

天然气中水含量或水露点的测定方法很多，从计量学原理看可分为绝对法和相对法两类；从测定方法看可分为化学分析法和仪器分析法两类，仪器分析法又可分为在线分析和非在线分析两种。天然气水含量的主要测定方法见表 5-1。

天然气水含量或水露点的测量误差除了取决于测定方法本身的准确度外，还与所测定的天然气中有无干扰物质(例如，固体杂质、油污、雾状液滴、甲醇等)有关。此外，测定 20mg/kg 以下水含量或-40℃以下的水露点是非常困难的。

表 5-1　天然气中水含量的主要测定方法

测定水含量的绝对法	称量法(ISO/DIS 11541)
	Karl-Fischer 法(GB/T 18619.1，ISO 10101)
	电解法(SY/T 7507)
	红外法
测定水含量的相对法	色谱法
	湿度计法、电容法、电压法、电导法、光学法
测定水露点的绝对法	冷却镜面法(GB/T 17283，ISO 6327)

二、天然气水合物

在水的冰点以上和一定压力下，水和天然气中某些小分子气体可以形成外形像冰、但晶体结构与冰不同的固体水合物。水合物的密度一般在 $0.8\sim1.0\text{g/cm}^3$，因而轻于水，重于天然气凝液。除热膨胀和热传导性质外，其光谱性质、力学性质和传递性质与冰相似。在天然气和天然气凝液中形成的水合物会堵塞管道、设备和仪器，抑制或中断流体的流动。

（一）水合物形成条件

天然气的组成决定了其水合物结构类型。实际上，结构类型并不影响水合物的外观、物性或因水合物产生的其他问题。然而，结构类型会对水合物的形成温度、压力有明显影响。结构Ⅱ型水合物远比结构Ⅰ型水合物稳定。这就是含有 C_3H_8 和 i-C_4H_{10} 的气体混合物形成水合物的温度，为何比不含这些组分的类似气体混合物形成水合物温度高的原因。C_3H_8 和 i-C_4H_{10} 对水合物形成温度的影响可见图 5-4。

必须注意的是，图 5-4 只能用于初步估计水合物的形成条件。

在一定压力下天然气中存在 H_2S 时可使水合物形成温度显著升高。CO_2 的影响通常则小得多，而且在一定压力下它会使烃类气体混合物的水合物形成温度降低。

影响水合物形成的条件首先要考虑的是：①气体或液体必须处于或低于其水露点，或在饱和条件下(注意，在水合物形成时不必有液态水存在)；②温度；③压力；④组成。其次要考虑的是：①处于混合过程；②动力学因素；③晶体形成和聚结的实际场所，例如管子弯头、孔板、温度计套管或管垢等；④盐含量。

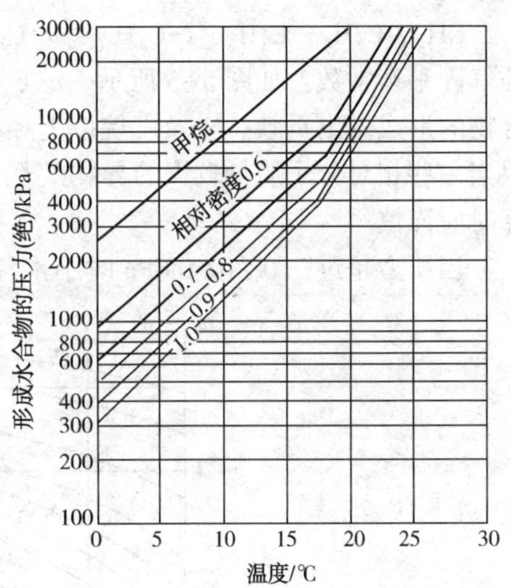

图 5-4　预测水合物形成的压力-温度曲线

通常，当压力增加和温度降低至水合物形成条件时都会形成水合物。

（二）无硫天然气水合物形成条件预测

在天然气处理过程中，常常需要预测天然气水合物的形成条件。其中，采用较多的有相对密度法、平衡常数法、热力学模型法和实验法等。相对密度法、平衡常数法仅适用于无硫天然气的预测，而热力学模型法则还可用于含硫天然气的预测。

1. 相对密度法

图 5-4 是图解的相对密度法(Katz，1945 年)。已知天然气相对密度，可由该图估计一定温度下气体形成水合物的最低压力，或一定压力下形成水合物的最高温度；还可用于估计无硫天然气在没有水合物形成下，可允许膨胀到某一压力值。

由于气体组成对水合物形成条件影响很大，故采用图 5-4 预测时将因组成不同造成显著误差。Loh、Maddox 和 Erbar(1983 年)曾将此法与用 Soave-Redlich-Kwong(SRK)状态方程预测的结果进行比较后发现，对于甲烷和天然气相对密度不大于 0.7 时，二者结果十分接近；而当天然气相对密度在 0.9~1.0 时，二者的结果差别较大。

2. 平衡常数法

用于预测无硫气体和含少量 CO_2 和 H_2S 的天然气水合物形成条件的最可靠方法是需要采用天然气的组成数据。Katz 提出的气-固平衡常数法就是将天然气组成与形成条件关联一起的预测方法，即由气体的组成和实验测定的气-固平衡常数来预测水合物的形成条件，其关

联式为

$$K_{vs}=y_i/x_{si} \tag{5-2}$$

式中 K_{vs}——气体混合物中 i 组分的水合物气-固平衡常数；

y_i——气体混合物中 i 组分在气相中的摩尔分数(干基)；

x_{si}——气体混合物中 i 组分在水合物相中的摩尔分数(干基)。

此方程仅限于气体混合物，不适用于纯气体。

形成水合物的初始条件为

$$\sum x_{si} = \sum (y_i/K_{vs}) = 1.0 \tag{5-3}$$

CH_4、C_2H_6、C_3H_8、$i-C_4H_{10}$、$n-C_4H_{10}$、CO_2 和 H_2S 等的 K_{vs} 图见有关文献，仅列出 CH_4 的气固平衡常数，如图 5-5 所示。$n-C_4H_{10}$ 本身不能形成水合物，但在气体混合物中可对水合物的形成做出贡献。N_2 及戊烷以上烃类的 K_{vs} 值可视为无限大，因为它们不能形成水合物。但当一些相对分子质量较大的异构烷烃和环烷烃存在时，因其可形成结构 H 型水合物，计算时应谨慎。

当压力超过 7.0~10.0MPa 时不推荐采用 Katz 关联式。

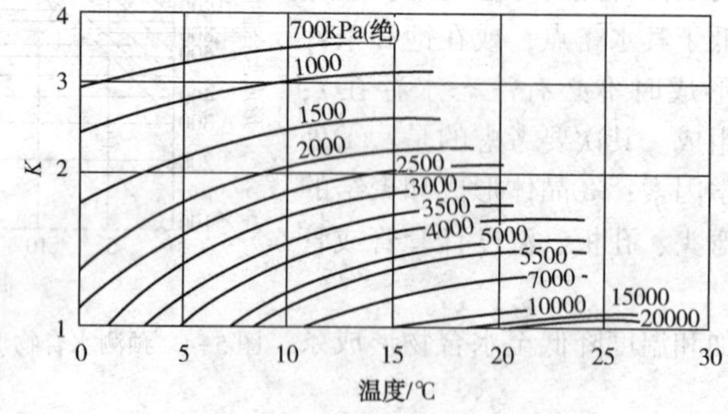

图 5-5 CH_4 的气固平衡常数

（三）高 CO_2、H_2S 含量的天然气水合物形成条件预测

含硫天然气特别是高 CO_2、H_2S 含量的天然气水合物形成条件，与只含烃类的天然气水合物形成条件有明显不同。在一定压力下，无硫天然气中加入 H_2S 可使其水合物形成温度升高，加入 CO_2 可使水合物形成温度略有降低。

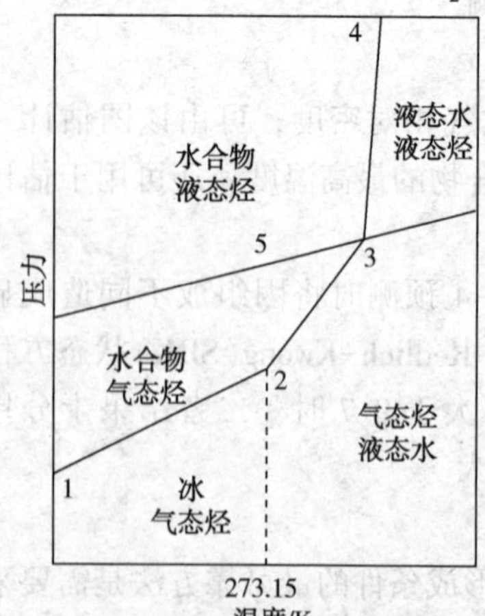

图 5-6 水合物相特性

1. 热力学模型法

热力学模型法是建立在相平衡理论和实验研究基础上的一种预测水合物形成条件的方法。目前，几乎所有预测水合物形成条件的方法都是建立在 ver der Waals-Platteeuw (vdWP)统计热力学模型的基础上发展起来的。

图 5-6 是纯烃水合物相特性，纵坐标为压力的对数值。线 1、2、3、4 为水合物生成曲线，在线的左上方为水合物生成区。5 为烃的蒸气压曲线，线上方为液态，下方为气态。6 为水的冰点线。点 2 称低四相点，在该点的状态下可同时存在水合物、冰、液态水以及烃蒸气。点 3 称高四

相点，可同时存在水合物、液态水、液态烃及气态烃。线34近似等温线，因而将点3的温度也称该烃水合物生成的临界温度，超过临界温度不能生成水合物。

Maddox和Erbar(1982)把水合物生成曲线和水露点线加在气体的$P-T$相图上，说明在水-烃系统中可能存在的相数和区域，如图5-7所示。左图表示常见的水-烃系统，在高压下冷却时，系统内先出现液态水，进一步冷却温度低于水合物生成曲线时系统内生成水合物；在低压下冷却时，系统内先出现液态烃，进一步冷却温度低于水露点线时系统内有液态水析出，温度低于水合物生成曲线时系统内生成水合物。右图表示含水较多，水露点线右移，在恒压下冷却时系统内先出现液态水，进一步冷却进去烃类相包络线内系统内出现液态烃，温度低于水合物生成曲线时系统内生成水合物。

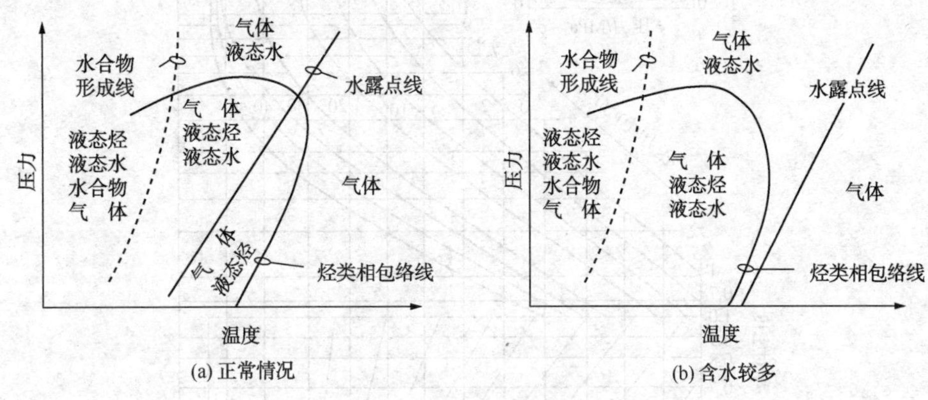

图5-7　水-烃系统相图

根据相平衡准则，多组分体系处于平衡时，每个组分在各相中的压力、温度和化学位(或逸度)相等。其中，化学位相等可表示为

$$\mu_W^H=\mu_W^\alpha \tag{5-4}$$

式中　μ_W^H——水在水合物相H(客体分子占据晶穴)内的化学位；

μ_W^α——水在其他平衡共存含水相α内的化学位。

如以水在客体分子未占据晶穴的水合物β相内的化学位μ_W^β为基准态，则可写出

$$\mu_W^\beta-\mu_W^H=\mu_W^\beta-\mu_W^\alpha \tag{5-5}$$

或

$$\Delta\mu_W^{\beta-H}=\Delta\mu_W^{\beta-\alpha} \tag{5-6}$$

Saito和Kobayshi首先采用vdWP的统计热力学模型计算水合物相内水的化学位。1972年Parrish-Prausnitz改进了上述方法，率先将vdWP模型推广到多组分体系的水合物相平衡计算中。之后，又有Ng-Robinson以及其他学者对vdWP模型加以改进，或提出不同的统计热力学模型。此外，还有一些学者采用SRK或Peng-Robinson(PR)状态方程计算平衡各相内水的化学位或逸度，并编制成可预测水合物形成条件的软件。

目前，基于状态方程的软件是预测水合物形成条件的最准确方法。与实验数据比较，其准确度一般在±1℃之间。此法通常适用于工程设计。

2. Baillie和Wichert法

Baillie和Wichert根据PR状态方程计算的大量水合物形成条件提出预测高H_2S气体水合物的方法，见图5-8。Baillie等指出，当酸性组分总含量在1%~70%，H_2S含量在1%~

50%，H_2S/CO_2 比在 1∶3~10∶1，并对 C_3H_8 含量进行校正后，由该图查得的水合物形成温度值中有 75%的数据与用 PR 状态方程计算的值相差±1.1℃，90%的数据相差±1.7℃。图 5-8 也适用于不含酸性组分、C_3H_8 含量高达 70%的无硫天然气。

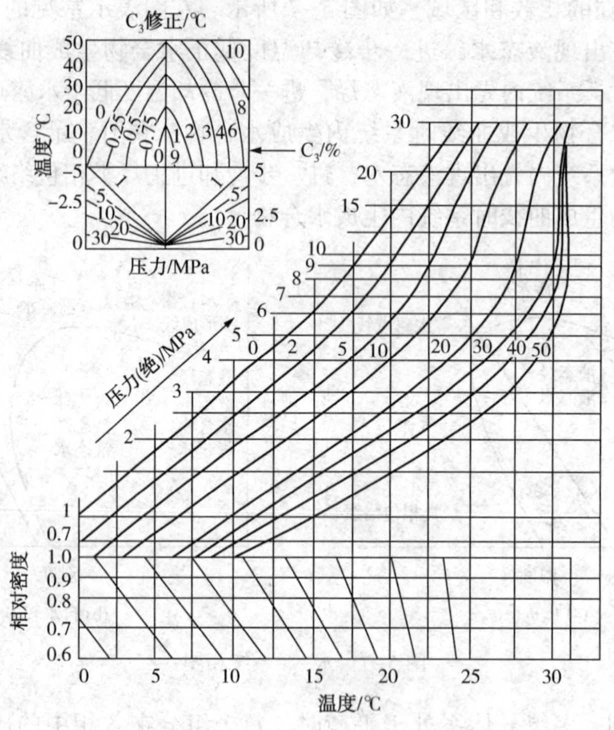

图 5-8　含 H_2S 天然气水合物曲线图

【例 5-3】某气田天然气，组成见表 5-2，相对分子质量为 19.75，相对密度为 0.682，试采用图 5-8 估计其在 4.2MPa(绝)时形成水合物的温度。

表 5-2　某气田天然气组成　　　　(体积分数,%)

组分	N_2	CO_2	H_2S	C_1	C_2	C_3	iC_4	nC_4	C_5^+
组成	0.30	6.66	4.18	84.2	3.15	0.67	0.20	0.19	0.40

【解】步骤如下：

① 从图 5-8 纵坐标开始，在压力 4.2MPa(绝)下做水平线与对应的 H_2S 含量曲线(4.18%)相交；

② 由此交点向下做垂线，与相应的相对密度(0.682)相交于另一点；

③ 再由此交点沿相对密度附近的参考斜线走向做斜线向下，查取斜线与横坐标交点处的温度(17.5℃)；

④ 由图 5-8 左上方的附图采用插入法对 C_3H_8 含量进行校正：从左侧纵坐标 H_2S 含量(4.18%)向右做水平线与图中对应的 C_3H_8 含量曲线(0.67%)相交，然后由此点向下做垂线与与对应的等压线交于另一点，再由此点向由(或向左)做水平线与温度纵坐标相交，坐标读数即为 C_3H_8 含量校正值(-1.5℃)。

注意，位于附图左侧的校正值为负值，右侧的校正值为正值。

因此，该天然气的水合物形成温为 17.5−1.5=16.0℃。

通过有限的实验数据对比发现，此法预测结果相当准确可靠，但用于实验数据之外时则应谨慎。

由此可知，Baillie 和 Wichert 法实际上是某一范围内的图解热力学模型法。

三、防止水合物形成的热力学抑制剂法

水合物热力学抑制剂是目前广泛采用的一种防止水合物形成的化学剂。向天然气中加入这种化学剂后，可以改变水在水合物相内的化学位，从而使水合物的形成条件移向较低温度或较高压力范围，即起到抑制水合物形成的作用。

常见的热力学抑制剂有电解质水溶液(如 $CaCl_2$等无机盐水溶液)、甲醇和甘醇类有机化合物。以下仅讨论常用的甲醇、乙二醇、二甘醇等有机化合物抑制剂。

（一）使用条件及注意事项

对热力学抑制剂的基本要求是：①尽可能大地降低水合物的形成温度；②不和天然气中的组分发生化学反应；③不增加天然气及其燃烧产物的毒性；④完全溶于水，并易于再生；⑤来源充足，价格便宜；⑥凝点低。实际上，完全满足这些条件的抑制剂是不存在的，目前常用的抑制剂只是在某些主要方面满足上述要求。

气流在降温过程中将会析出冷凝水。在气流中注入甲醇或甘醇(一般为浓度较高的水溶液，通常称为贫液)，与气流中析出的冷凝水互溶后成为水溶液相即可降低水合物的形成温度。然后，再将甲醇和甘醇从水溶液相(通常称为富液，此时甲醇或甘醇浓度较低，也称为含醇污水)中回收、再生和循环使用，在使用和再生中损耗掉的那部分甲醇和甘醇则应定期或连续补充。

在气流温度最低至−40℃并连续注入的情况下，采用甘醇(一般为其水溶液)比采用甲醇更为经济，因为回收甲醇需要采用蒸馏再生法。由于乙二醇成本低、黏度小且在液烃中的溶解度低，因而是最常用的甘醇类抑制剂。而在气流温度低于−40℃的情况下，则应优先使用甲醇，因为甘醇黏度较大，与液烃分离困难。

为了保证抑制效果，必须在气流冷却至形成水合物温度前就注入抑制剂。例如，在低温法脱水中应将甘醇类抑制剂喷射到气体换热器内管板表面上，这样就可随气流在管子中流动。当气流析出冷凝水时，已经存在的抑制剂就和冷凝水混合以防止水合物的形成。应该注意的是，必须保证注入的抑制剂在低于气体水合物形成温度下运行的换热器内每根管子和管板处都有良好的分散性。

甲醇、乙二醇、二甘醇等有机化合物抑制剂的主要理化性质见表 5−3。

1. 甲醇

一般来说，甲醇适用于气量小、季节性采用或临时性设施(例如解堵)的场合。如按水溶液中相同质量浓度抑制剂引起的水合物形成温度降来比较，甲醇的抑制效果最好，其次为乙二醇，再次为二甘醇，见表 5−4。

表 5-3　常见有机化合物抑制剂主要理化性质①

性　质		甲醇(MeOH)	乙二醇(EG)	二甘醇(DEG)	三甘醇(TEG)
分子式		CH_3OH	$C_2H_6O_2$	$C_4H_{10}O_3$	$C_6H_{14}O_4$
相对分子质量		32.04	62.1	106.1	150.2
常压沸点/℃		64.5	197.3	244.8	285.5
蒸气压(25℃)/Pa		12.3(20℃)	12.24	0.27	0.05
相对密度	25℃	0.790	1.110	1.113	1.119
	60℃		1.085	1.088	1.092
凝点/℃		-97.8	-13	-8	-7
黏度	25℃/(mPa·s)	0.52	16.5	28.2	37.3
	60℃/(mPa·s)		4.68	6.99	8.77
比热容(25℃)/[J/(g·K)]		2.52	2.43	2.3	2.22
闪点(开口)/℃		12	116	124	177
理论分解温度/℃			165	164	207
与水溶解度(20℃)②		互溶	互溶	互溶	互溶
性状②		无色、易挥发、易燃、有中等毒性	无色、无臭、无毒黏稠液体	同 EG	同 EG

注：①这些性质是纯化合物或典型产品的实验结果，不能与产品规范混淆，或认为是产品规范。

表 5-4　甲醇和乙二醇对水合物形成温度降(Δt)的影响①

质量分数/%		5	10	15	20	25	30	35
温度降/℃	MeOH	2.1	4.5	7.2	10.1	13.5	17.4	21.8
	EG	1.0	2.2	3.5	4.9	6.6	8.5	10.6

注：①由 Hammerschmidt 公式计算求得。

采用甲醇作抑制剂时，由于其沸点低，注入气流中的甲醇有相当一部分蒸发并保持气相，因而造成的连续蒸发损失较大，其量大约是含醇污水中甲醇的 2~3 倍。

一般情况下可不考虑从含醇污水中回收甲醇，但必须妥善处理以防污染环境。当甲醇用量较大时，则应考虑将含醇污水送至蒸馏再生系统回收甲醇(产品中甲醇的质量浓度大于 95%即可)。此时，应该注意的是：①如果在气井井口向采气管线注入甲醇，由于地层水、凝析油的存在，需要根据水质情况(例如，含有凝析油、悬浮物，矿化度高、pH 值偏低因而呈酸性等)首先进行预处理以减少蒸馏再生系统设备和管线的腐蚀、结垢和堵塞；②集气(含采气)、处理工艺和运行季节不同时，含醇污水量、污水的某些性质以及甲醇含量也有较大差别；③对于含低分子醇类的含醇污水体系，采用 Wilson、NRTL 方程对蒸馏再生系统的甲醇精馏塔进行气-液平衡计算可获得较好的结果。

目前，我国长庆气区等已有多套从含醇污水中回收甲醇的蒸馏再生装置在运行。

由于甲醇易燃，其蒸气与空气混合会形成爆炸性气体，并且有毒，可通过呼吸道、食道和皮肤侵入人体，当体内剂量达到一定值时即会出现中毒(例如失明)现象甚至导致死亡，所以在使用甲醇做抑制剂时必须采取相应的安全对策和措施。

2. 甘醇类

甘醇类抑制剂无毒，沸点远高于甲醇，因而在气相中蒸发损失少，可回收循环使用，适用于气量大而又不宜采用脱水的场合。使用甘醇类抑制剂时应注意以下事项：①注入甘醇的喷嘴必须保证将甘醇喷射成非常细小的雾滴。布置喷嘴时应考虑气流使锥形喷雾面收缩的影响，以使甘醇雾滴覆盖整个气流截面并与气流充分混合。喷嘴一般应安装在距降温点上游的最小距离处，以防甘醇雾滴聚结；②由于黏度较大，特别是低温下有液烃(即凝析油)存在时，会使甘醇水溶液(富甘醇)与液烃分离困难，增加了甘醇类抑制剂的携带损失。为此，需要将它们加热至30~60℃在甘醇水溶液-液烃分离器中进行分离；③如果系统(管线或设备)温度低于0℃，注入甘醇类抑制剂时还必须根据图5-9判断抑制剂水溶液在此浓度和温度下有无“凝固”的可能性。虽然此处所谓凝固只是成为黏稠的糊状体，并不是真正冻结成固体，但却严重影响了气液两相的流动与分离。因此，最好是保持抑制剂水溶液中甘醇的质量浓度在60%~70%。

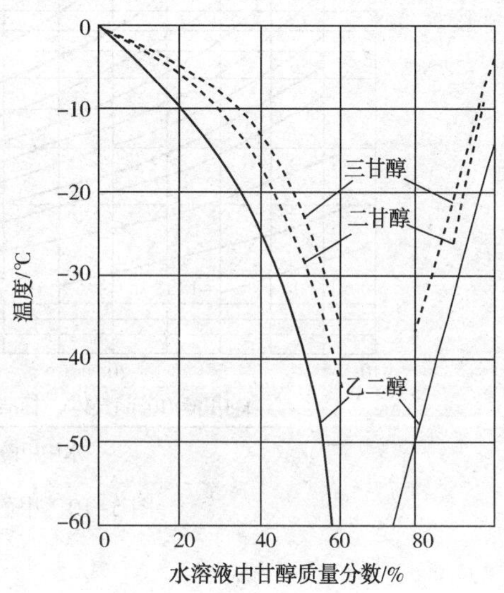

图5-9 甘醇水溶液的凝点

一般来说，采用甲醇作抑制剂时投资费用较低，但因其蒸发损失较大，故运行费用较高。采用乙二醇作抑制剂时投资费用较高，但运行费用较低。此外，甲醇可作为临时性解堵剂，可在一定程度上溶解已经形成的水合物。

气流所携带的地层水中电介质对水合物的形成有一定抑制作用。但是，为了防止某些电介质对水合物抑制剂的污染和降低甘醇蒸馏再生系统的热负荷，应该在注入抑制剂前首先脱除游离水。

（二）水合物抑制剂用量的确定

注入气流中的抑制剂用量，不仅要满足防止在水溶液相中形成水合物的量，还必须考虑气相中与水溶液相呈平衡的抑制剂含量，以及抑制剂在液烃中的溶解量。

1. 抑制剂的气相损失量

由于甲醇沸点低，故其蒸发量很大。甲醇在气相中的蒸发损失可由图5-10估计。该图可外推至4.7MPa压力以上，但在较高压力下由图5-10估计的气相损失偏低。甘醇蒸发损失甚小，其量可以忽略不计。

由图5-10中查得的横坐标α为在系统出口条件下气、液相甲醇含量比值，即

$$\alpha=\frac{\text{甲醇在气相中的质量浓度，kg/10}^6\text{m}^3}{\text{甲醇在水溶液相中的质量分数,\%}}$$

2. 抑制剂在水溶液相中所需的量

水溶液相中抑制剂的最低浓度可由Hammerschmidt在1939年提出的半经验公式进行估算，也可采用有关热力学模型由计算机完成。Hammerschmidt半经验公式为

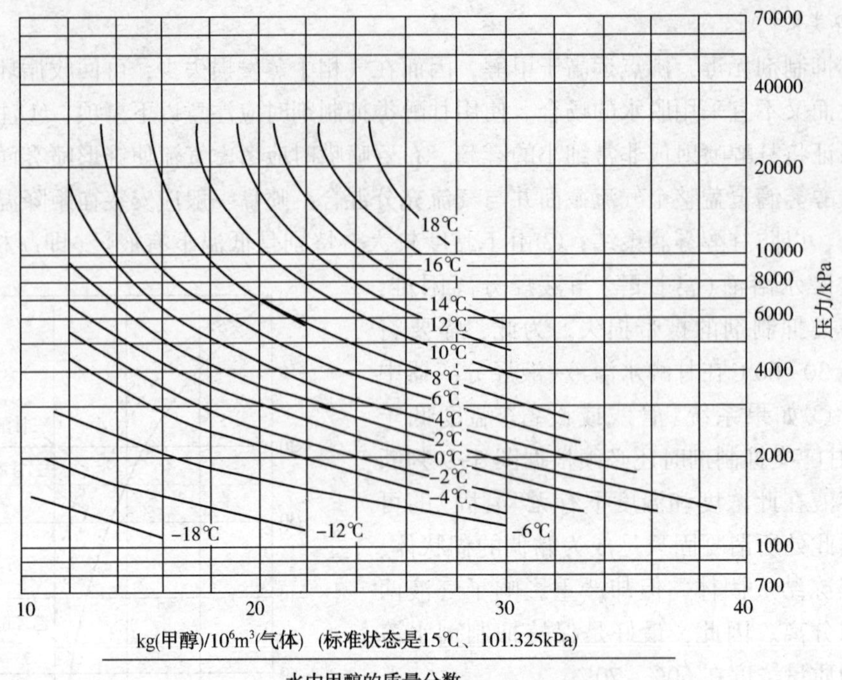

图 5-10 甲醇气相含量与液相含量之比

$$C_m = \frac{M\Delta t}{K + M\Delta t} \tag{5-7}$$

式中 C_m——抑制剂在水溶液相中所需的最低质量分数；

Δt——根据工艺要求而确定的天然气水合物形成温度降，℃；

M——抑制剂的相对分子质量；

K——常数，甲醇为 1297，甘醇类为 2222。

式(5-7)不能用于水溶液中甲醇浓度大于 20%～25%(质量分数)和甘醇类含量大于 60%～70%(质量分数)的情况。

当甲醇浓度达到 50%(质量分数)左右时，采用 Nielsen-Bucklin 公式计算更为准确。

$$\Delta t = -72\ln(1 - C_{mol}) \tag{5-8}$$

式中 C_{mol}——达到给定的天然气水合物形成温度降，甲醇在水溶液相中所需的最低摩尔分数。

计算出抑制剂在水溶液相中的最低浓度后，可由式(5-9)求得水溶液相中所需的抑制剂用量 q_L，即

$$q_L = \frac{C_m q_W}{C_1 - C_m} \tag{5-9}$$

式中 C_1——注入的含水抑制剂中抑制剂的质量分数；

q_W——系统中析出的冷凝水量，kg/d；

q_L——水溶液相中所需的抑制剂用量，kg/d。

3. 抑制剂在液烃中的溶解损失

甲醇在液烃中的溶解损失和甲醇浓度、系统温度有关。系统温度和甲醇浓度越高其溶解度越大，通常可由有关图中查得。

甘醇类抑制剂的主要损失是在液烃中的溶解损失、再生损失和因甘醇类与液烃乳化造成分离困难而引起的携带损失等。甘醇类在液烃中的溶解损失还与其相对分子质量有关。相对分子质量越大，溶解度越大。乙二醇在液烃中的溶解损失一般在 0.12~0.38L/m3(液烃)。在含硫液烃中甘醇类抑制剂的溶解损失约是不含硫液烃的 3 倍。

注入的抑制剂质量浓度一般为：甲醇 100%(由甲醇蒸馏再生装置得到的甲醇产品浓度大于 95%即可)；乙二醇和二甘醇 80%~85%，吸收水分后的富液浓度应低于系统最低温度，其浓度一般为 50%~60%。注入的抑制剂应进行回收、再生和循环使用，但甲醇用量较少时并不回收。

由于生产过程中存在一些不确定因素，所以实际甘醇注入量应大于理论计算值。国外有人认为：①向湿气管道中注入的实际甘醇量在设计时可取计算值，但是应考虑比最低环境温度低 5℃的安全裕量；②如向气/气换热器中的管板或向透平膨胀机入口气流中注入甘醇时，则在设计甘醇注入和再生系统时应考虑注入的实际甘醇量可高达计算值的 3 倍。但是，为防止透平膨胀机损坏，最高甘醇注入量不应大于总进料量的 1%(质量分数)。国内有关标准则指出，注入的甘醇质量浓度宜为 80%~85%，与冷凝水混合后在水溶液相中甘醇质量浓度宜为 50%~60%。

甲醇的注入量在设计时一般取计算值的 2~3 倍。具体用量应在实际运行中调整确定。

乙二醇在气相中的蒸发损失和在液烃中的溶解损失可忽略不计。

Moshfeghian 等最近提出了一种计算甲醇注入量和浓度的简捷方法，其适应范围为：天然气相对密度为 0.6~0.8，压力为 3~9MPa，温度为 20~50℃。利用该法、Hammerschmidt、HYSYS 和 GCAP 等方法同时对某天然气低温法脱油脱水装置的甲醇注入量进行计算，其结果见表 5-5。该天然气来自海上天然气生产平台，原料气量为 $350\times10^4m^3/d$、压力为 8MPa、温度为 40℃，相对密度为 0.6，水合物形成温度为 17℃，天然气到达岸上的压力为 6.5MPa、温度为 5℃，注入的甲醇贫液质量浓度为 80%。

表 5-5　不同方法计算的甲醇注入量

方　法	Hammerschmidt	HYSYS	GCAP	Moshfeghian
富液中甲醇质量浓度/%	36.5	35.6	36.4	35.9
甲醇浓度为 80%的贫液注入量/(kg/d)	2467	2593	2366	2660

目前，甲醇、乙二醇对天然气水合物的抑制效果多采用有关软件计算。

Moshfehian 等还曾采用 5 种计算方法(包括 ProMax、HYSYS 模拟计算及 Hammerschmidt、Nielsen-Bucklin、Moshfeghian-Maddox 三种简捷法计算)对七种不同组成天然气分别注入甲醇或乙二醇后抑制效果的计算值与实验值进行比较后认为：①在模拟计算之前应先了解其用于实际过程的准确性；②对于甲醇，采用 ProMax 模拟计算的水合物形成温度下限是-60℃(相应的甲醇最高质量浓度为 70%)，而采用 HYSYS 模拟计算则是-32℃(相应的甲醇最高质量浓度为 50%)；③对于乙二醇，采用 ProMax、HYSYS 模拟计算给出准确结果的温度可低至-18℃，相应的乙二醇最高质量浓度为 50%；④采用 3 种简捷方法计算甲醇抑制效果时，给出准确结果的温度可低至-7℃，相应的甲醇最高质量浓度为25%。温度更低(或甲醇浓度更高)时，Hammerschmidt 法计算值与实验值误差就很大，而 Moshfeghian-Maddox 法的计算值的准确性好于 Nielsen-Bucklin 法的计算结果；⑤采用3种简捷方法计算乙二醇抑制效果时，给出准确结果的温度可低至-18℃，相应的乙二醇最高质量浓度为50%。

四、防止水合物形成的动力学抑制剂和防聚剂法

传统的热力学抑制剂法虽然已使用多年，但由于抑制剂在水溶液中所要求的浓度很高，因而用量较多。为了进一步降低成本，自20世纪90年代以来人们又在研制一些经济实用和符合环保要求的新型水合物抑制剂，即动力学抑制剂和防聚剂。其中，有的已在现场试验与使用，取得了比较满意的结果。

（一）动力学抑制剂

这类抑制剂注入后并不影响水合物形成的热力学条件，但却可推迟水合物成核和晶体生长的时间，因而也可起到防止水合物堵塞管道的作用。由于其在水溶液相中所需要的最低质量浓度很低(小于0.5%)，故尽管其价格很高，但运行成本还是比热力学抑制剂低。

动力学抑制剂是一些水溶性或水分散性聚合物。属于这类抑制剂的有 *N*-乙烯基吡咯烷酮(五元环)、羟乙基纤维素(六元环)和 *N*-乙烯基己内酰胺等聚合物。它们在水合物成核和生长初期吸附到水合物颗粒表面，从而防止颗粒达到有利于生长的临界尺寸，或使已经达到临界尺寸的颗粒缓慢生长。由于目前已经使用的动力学抑制剂抑制效果有限，故尚未广泛应用。

（二）防聚剂

这类抑制剂虽然不能防止水合物的形成，但却可以防止水合物颗粒聚结及在管道上粘附。这样，水合物就不会在管道中沉积，而呈浆状随油、水在管道内输送。

防聚剂是一些聚合物和表面活性剂，仅在水、油同时存在时才会防止水合物在管道中聚结或沉积。属于这类抑制剂的有烷基芳香族璜酸盐及烷基聚苷等。同样，由于其在水溶液相中所需要的最低质量浓度很低(小于0.5%)，故尽管其价格很高，但运行成本还是比热力学抑制剂低。目前这类抑制剂也尚未广泛应用。

第二节　低温法脱油脱水

低温法是将天然气冷却至烃露点以下某一低温使其部分冷凝，得到一部分富含较重烃类的液烃(即天然气凝液或凝析油)，并在此低温下进行气液分离，故其也称冷凝分离法。按提供冷量的制冷系统不同，低温法可分为膨胀制冷(节流制冷和透平膨胀机制冷)、冷剂制冷和联合制冷法三种。

除回收天然气凝液时采用低温法外，目前也多用于含有重烃的天然气同时脱油(即脱液烃或脱凝液)脱水，使其水、烃露点符合商品天然气质量指标或管道输送的要求，即通常所谓的天然气露点控制。

为防止天然气在冷却过程中由于析出冷凝水而形成水合物，一种方法是在冷却前采用吸附法脱水，另一种方法是加入水合物抑制剂。前者用于冷却温度很低的天然气凝液回收过程；后者用于冷却温度不是很低的天然气脱油脱水过程，即天然气在冷却过程中析出的冷凝

水和抑制剂水溶液混合后随液烃一起在低温分离器中脱除(脱油脱水)，因而同时控制了气体的水、烃露点。本节仅介绍用于天然气同时脱油脱水的低温法。

自20世纪中期以来，国内外有不少天然气在井口、集气站或处理厂中采用低温法控制天然气的露点。

一、低温法脱油脱水工艺技术

1. 膨胀制冷法

此法是利用焦耳-汤姆逊效应(即节流效应)将高压气体膨胀制冷获得低温，使气体中部分水蒸气和较重烃类冷凝析出并将其分离出来，从而控制了气体的水、烃露点。这种方法也称为低温分离(LTS或LTX)法，大多用于高压凝析气井井口有多余压力可供利用的场合。

图5-11为采用乙二醇作抑制剂的低温分离(LTS或LTX)法工艺流程图。此法多用来同时控制天然气的水、烃露点。

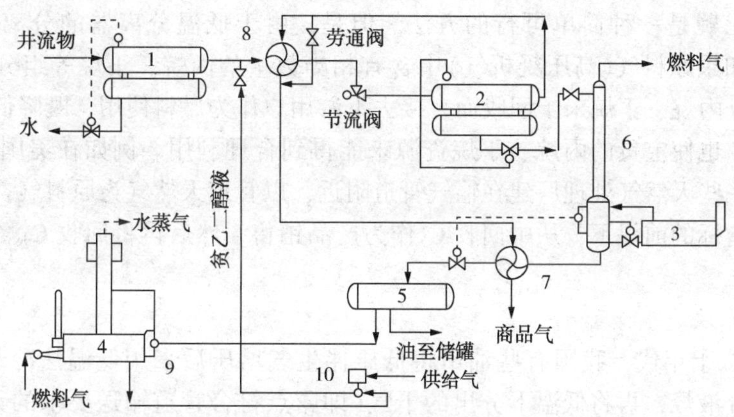

图5-11　低温分离法工艺流程

1—游离水分离器；2—低温分离器；3—重沸器；4—乙二醇再生器；5—醇油分离器；6—稳定塔；7—油冷却器；8—换热器；9—调节器；10—乙二醇泵

由凝析气井来的井流物先进入游离水分离器脱除游离水，分离出的原料气然后经气/气换热器用来自低温分离器的冷干气预冷后进入低温分离器。由于原料气在气/气换热器中将会冷却至水合物形成温度以下，所以在进入换热器前要注入贫甘醇(即未经气流中冷凝水稀释因而浓度较高的甘醇水溶液)。

原料气预冷后再经节流阀产生焦耳-汤姆逊效应，温度进一步降低至管道输送时可能出现的最低温度或更低，并且在冷却过程中不断析出冷凝水和液烃。在低温分离器中，冷干气(即水、烃露点符合管道输送要求的气体)与富甘醇(与气流中冷凝水混合后浓度被稀释了的甘醇水溶液)、液烃分离后，再经气/气换热器与原料气换热。复热后的干气作为商品气外输。

由低温分离器分出的富甘醇和液烃送至稳定塔中进行稳定。由稳定塔顶部脱出的气体供站场内部作燃料使用，稳定后的液体经冷却器冷却后去醇-油分离器。分离出的稳定凝析油去储罐。富甘醇去再生器(或称再生塔)，再生后的贫甘醇用泵增压后循环使用。

目前，我国除凝析气外，一些含有少量重烃的高压湿天然气当其进入集气站或处理厂的压力高于干气外输压力时，也采用低温分离法脱油脱水。例如，塔里木气区迪那2凝析气田天然气处理厂处理量(设计值，下同)为$1515\times10^4m^3/d$，原料气进厂压力为12MPa，温度为40℃，干气外输压力为7.1MPa。为此，处理厂内将建设4套$400\times10^4m^3/d$低温分离法脱油脱水装置，其工艺流程与图5-11基本相同。原料气经集气装置进入脱油脱水装置后，注入乙二醇作为水合物抑制剂，先经气/气换热器用来自干气聚结器的冷干气预冷至0℃，再经节流阀膨胀制冷至-20℃去低温分离器进行气液分离，分出的冷干气经聚结器除去所携带的雾状醇、油液滴，再进入气/气换热器复热后外输，凝液则去分馏系统生产液化石油气及天然汽油(稳定轻烃)。由集气装置及脱油脱水装置低温分离器前各级气液分离器得到的凝析油在处理厂经稳定后得到的稳定凝析油与分馏系统得到的液化石油气、天然汽油分别作为产品经管道外输。又如，塔里木气区克拉2气田和长庆气区榆林气田无硫低碳天然气由于含有少量C_5^+重烃，属于高压湿天然气。为了使进入输气管道的气体水、烃露点符合要求，也分别在天然气处理厂和集气站中采用低温分离法脱油脱水。

需要指出的是，当原料气与外输气之间有压差可供利用时，采用低温分离法控制外输气的水、烃露点无疑是一种简单可行的方法。但是，由于低温分离器的分离温度一般仅为-10~-20℃，如果原料气(高压凝析气)中含有相当数量的丙烷、丁烷等组分时，则在此分离条件下大部分丙烷、丁烷未予回收而直接去下游用户作为燃料使用，既降低了天然气处理厂的经济效益，也使宝贵的丙烷、丁烷资源未能得到合理利用。例如在美国，20世纪七八十年代就曾有一些天然气处理厂建在输气管道附近，以管道天然气为原料气，在保证天然气热值符合质量指标的前提下，从中回收C_2^+作为产品销售，然后再将回收C_2^+烃类后的天然气返回输气管道。

2. 冷剂制冷法

20世纪七八十年代，我国有些油田将低压伴生气增压后采用低温法冷却至适当温度，从中回收一部分液烃，再将低温下分出的干气(即露点符合管道输送要求的天然气)回收冷量后进入输气管道。由于原料气无压差可供利用，故而采用冷剂制冷。此时，大多采用加入乙二醇或二甘醇抑制水合物的形成，在低温下同时脱油脱水。例如，1984年华北油田建成的南孟天然气露点控制站，先将低压伴生气压缩至2.0MPa后，再经预冷与氨制冷冷却至0℃去低温分离器进行三相分离。分出的气体露点符合输送要求，通过油田内部输气管道送至永清天然气集中处理厂，与其他厂(站)来的天然气汇合进一步回收凝液后，再将分出的干气经外输管道送至北京作为民用燃气。

此外，当一些高压湿天然气需要进行露点控制却又无压差可利用时，也可采用冷剂制冷法。如长庆气区榆林、苏里格气田的几座天然气处理厂即对进厂的湿天然气采用冷剂制冷的方法脱油脱水，使其水、烃露点符合管输要求后，经陕京输气管道送至北京等地。榆林天然气处理厂脱油脱水装置采用的工艺流程见图5-12。

图5-12中的原料气流量为$600\times10^4m^3/d$，压力为4.5~5.2MPa，温度为3~20℃，并联进入2套脱油脱水装置(图中仅为其中一套装置的工艺流程)。根据管输要求，干气出厂压力应大于4.0MPa，在出厂压力下的水露点应小于等于-13℃。为此，原料气首先进入过滤分离器除去固体颗粒和游离液，然后经板翅式换热器构成的冷箱预冷至-10~-15℃后去中间分离器分出凝液。来自中间分离器的气体再经丙烷蒸发器冷却至-20℃左右进入旋流式低温三相分离器，分出的气体经预过滤器和聚结过滤器进一步除去雾状液滴后，再去板翅式换热器回收冷量升温至0~15℃，压力为4.2~5.0MPa，露点符合要求的干气然后经集配气总

站进入陕京输气管道。离开丙烷蒸发器的丙烷蒸气经压缩、冷凝后返回蒸发器循环使用。

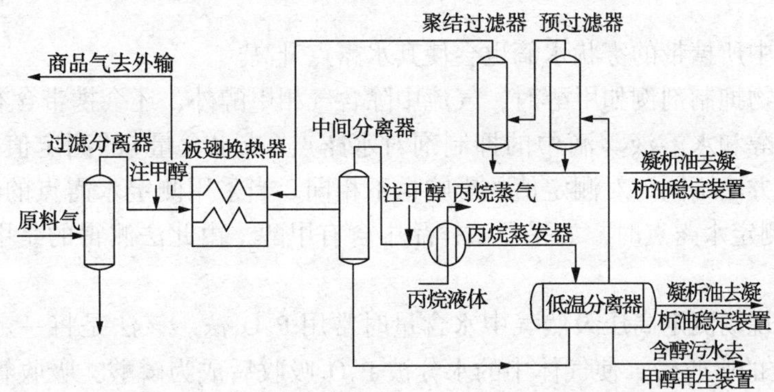

图 5-12 榆林天然气处理厂脱油脱水工艺流程图

低温分离器的分离温度需要在运行中根据干气的实际露点进行调整，以保证在干气露点符合要求的前提下尽量降低制冷系统所需能耗。

需要指出的是，目前我国塔里木气区克拉 2、迪那 2 气田、长庆气区苏里格、榆林等气田的天然气处理厂虽均采用低温法脱油脱水，但当原料气为凝析气时，为了尽可能多地回收天然气凝液，则应通过工艺流程优化和露点控制要求综合确定所需最佳低温分离温度。

有关低温法采用的膨胀制冷及冷剂制冷原理、工艺设备选型等见本书第七章第二节。

二、影响低温法控制天然气露点的主要因素

图 5-11 和图 5-12 的低温分离器在一定压力和低温下进行三相分离，使烃类凝液和含抑制剂的水溶液从低温分离器中分离出来。尽管通常将低温分离器内视为一个平衡的气液分离过程，即认为其分离温度等于分离出的干气在该压力下的水、烃露点，但是实际上干气的露点通常均高于此分离温度，分析其原因除与测定方法本身准确度有关外，主要还有以下影响因素。

1. 取样、样品处理、组分分析和工艺计算误差以及组成变化和运行波动等造成的偏差

天然气取样、样品处理、组分分析和工艺计算误差，以及组成变化和运行波动等因素均会造成偏差，尤其是天然气中含有少量碳原子数较多的重烃时，这些因素造成的偏差就更大。

此外，所测定的天然气中有无干扰物质(例如，固体杂质、油污、雾状液滴、甲醇等)也会影响测定结果。

必须指出的是，露点线上的临界冷凝温度取决于天然气中最重烃类的性质，而不是其总量。因此，在取样分析中如何测定最重烃类的性质，以及进行模拟计算时如何描述最重烃类的性质，将对露点线上的临界冷凝温度影响很大。

2. 低温分离器对气流中微米级和亚微米级雾状液滴的分离效率不能达到 100%

由于低温分离器对气流中微米级和亚微米级雾状水滴和烃液滴的分离效率不能达到 100%，一些雾状液滴将随干气一起离开分离器，经换热升温后或成为气相或仍为液相进入输气管道或下游生产过程中。气流中这些液烃雾滴多是原料天然气中的重烃，即使其量很少，但却使气流的烃露点明显升高，并将在输气管道某管段中析出液烃。低温分离器分出的冷干气实际烃露点与其分离温度的具体差别视原料气组成和所采用的低温分离器分离条件和

效率而异。如果低温分离器、预过滤器及聚结过滤器等的内部构件在运行中发生损坏，则分离效率就会更差。

同样，气流中所携带的雾状水滴也会使其水露点升高。

当加入水合物抑制剂例如甲醇时，气流中除含气相甲醇外，还会携带含有抑制剂的水溶液雾滴。气相甲醇和水溶液雾滴中的抑制剂对水露点(或水含量)的测定值也有较大影响。而且，由于测定方法不同，对测定值的影响也不相同。当采用测定水露点的绝对法(即冷却镜面湿度计法)测定水露点时，如果测试样品中含有甲醇，由此法测得的是甲醇和水混合物的露点。

此外，目前现场测定高压天然气中水含量时常用 P_2O_5法。该法是将一定量的气体通过装填有 P_2O_5颗粒的吸收管，使气体中的水分被 P_2O_5吸收后成为磷酸，吸收管增加的质量即为气体的水含量。此法适用于压力在 1MPa 以上且水含量≥10mg/m^{3}的天然气，但由于天然气中所含的甲醇、乙二醇、硫醇、H_2S 等也可与 P_2O_5反应而影响测定效果。

一般来说，在平稳运行时由低温分离器、预过滤器及聚结过滤器分出的冷干气实际水露点与其分离温度的差值约为 3~7℃甚至更高，具体差别则视所采用的抑制剂性质及低温分离器等的分离效率等而异。

根据 GB 50251《输气管道工程设计规范》规定，进入输气管道的气体水露点应比输送条件下最低环境温度低 5℃，烃露点应低于最低环境温度，这样方可防止在输气管道中形成水合物和析出液烃。因此，在考虑上述因素后的低温分离器实际分离温度通常应低于气体所要求的露点温度。

正是由于上述原因使得低温分离器的实际分离温度应该低于气体所要求的露点温度。为了降低获得低温所需的能耗，无论是采用膨胀制冷还是冷剂制冷法的低温法脱油脱水工艺，都应采用分离效率较高的气液分离设备，从而缩小实际分离温度与气体所要求露点温度的差别。例如，低温分离器采用旋流式气液分离器，在低温分离器后增加聚结过滤器等以进一步除去气体中雾状液滴等。

必须指出的是，采用多低的分离温度、多高分离效率的气液分离和捕雾设备等，应在进行技术经济综合论证后确定。

3. 一些凝析气或湿天然气脱除部分重烃后仍具有反凝析现象，其烃露点在某一范围内随压力降低反而增加

天然气的水露点随压力降低而降低，其他组分对其影响不大。但是，天然气的烃露点与压力关系比较复杂，先是在反凝析区内的高压下随压力降低而升高，达到最高值(临界凝析温度)后又随压力降低而降低。

第三节　甘醇吸收法脱水

吸收法脱水是根据吸收原理，采用一种亲水液体与天然气逆流接触，将气体中的水蒸气吸收而达到脱除目的。用来脱水的亲水液体称为脱水吸收剂或液体干燥剂，也简称干燥剂。

脱水前天然气的水露点(以下简称露点)与脱水后干气的露点之差称为露点降。人们常用露点降表示天然气的脱水深度。

脱水吸收剂应该对天然气中的水蒸气有很强的亲和能力，热稳定性好，不发生化学反应，容易再生，蒸气压低，黏度小，对天然气和液烃的溶解度低，起泡和乳化倾向小，对设备无腐蚀，同时还应价格低廉，容易得到。常用的脱水吸收剂是甘醇类化合物，尤其是三甘醇因其露点降大，成本低和运行可靠，在甘醇类化合物中经济性最好，因而广为采用。

甘醇法脱水与吸附法脱水相比，其优点是：①投资较低；②系统压降较小；③连续运行；④脱水时补充甘醇比较容易；⑤甘醇富液再生时，脱除 1kg 水分所需的热量较少。与吸附法脱水相比，其缺点是：①天然气露点要求低于-32℃时，需要采用汽提法再生；②甘醇受污染和分解后有腐蚀性。

一般说来，除在下述情况之一时采用吸附法外，采用三甘醇脱水将是最普遍而且可能是最好的选择：①脱水目的是为了符合管输要求，但又不宜采用甘醇脱水的场合(例如，酸性天然气脱水)；②高压(超临界状态)CO_2脱水。因为此时 CO_2在三甘醇溶液中溶解度很大；③冷却温度低于-34℃的气体脱水，例如天然气凝液回收和天然气液化等过程；④同时脱油脱水以符合水、烃露点要求。

当要求天然气露点降在 30~70℃时，通常应采用甘醇脱水。甘醇法脱水主要用于使天然气露点符合商品天然气指标或管道输送要求的场合，一般建在集中处理厂(湿气来自周围气井和集气站)、输气首站或天然气脱硫脱碳装置的下游。

此外，当天然气水含量较高但又要求深度脱水时，还可先采用三甘醇脱除大部分水，再采用分子筛深度脱除其残余水的方法。

一、甘醇脱水原理

1. 甘醇吸收脱水原理流程

甘醇脱水工艺主要由甘醇高压吸收和常压再生两部分组成。图 5-13 是天然气甘醇脱水原理流程，湿天然气自吸收塔底部进入，自下而上与从顶部进入的三甘醇贫液相接触后，干气从顶部流出；贫三甘醇自塔顶进入，与吸收塔内湿天然气充分接触后成为富液。富液从塔底部流出，经过滤器、换热器与贫三甘醇换热后进入再生塔，富液再生后成为贫液经与富液换冷后加压循环注入吸收塔中。吸收部分降低气体内的水含量和露点。再生部分释放甘醇吸收的水分，提浓甘醇溶液，使甘醇循环使用。

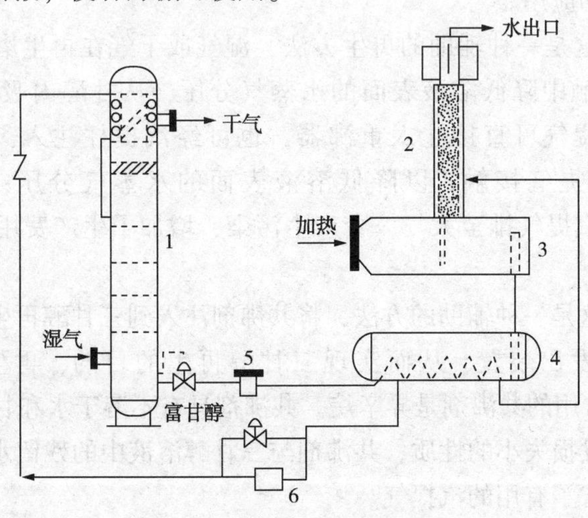

图 5-13　甘醇脱水原理流程图

2. 常用脱水吸收剂

通常用作天然气脱水吸收剂有 $CaCl_2$ 水溶液、二甘醇(DEG)水溶液、三甘醇(TEG)水溶液，其特点和适用范围见表 5-6。

表 5-6 常用脱水吸收剂特点和适用范围

脱水吸收剂	优点	缺点	适用范围
$CaCl_2$水溶液	①投资与操作费用低，不燃烧； ②在更换新鲜 $CaCl_2$前可无人值守	①吸收水容量小，且不能重复使用； ②露点降较小，且不稳定； ③更换 $CaCl_2$时劳动强度大，且有废 $CaCl_2$水溶液处理问题	边远地区小流量、露点降要求较小的天然气脱水
二甘醇(DEG)水溶液	①浓溶液不会“凝固”； ②天然气中含有 H_2S、CO_2、O_2时，在一般温度下是稳定的； ③吸水容量大	①蒸气压较 TEG 高，蒸发损失大； ②理论热分解温度较 TEG 低，仅为 164.4℃，故再生后的 DEG 水溶液浓度较小； ③露点较 TEG 溶液得到的小； ④投资及操作费用较 TEG 高	集中处理站内大流量、露点降要求较大的天然气脱水
三甘醇(TEG)水溶液	①投资与操作费用低，不燃烧； ②在更换新鲜 $CaCl_2$前可无人值守	①投资及操作费用较 $CaCl_2$水溶液法高； ②当有液烃存在时再生过程易起泡，有时需要加入消泡剂	集中处理站内大流量、露点降要求较大的天然气脱水

3. 甘醇贫液浓度再生方法

(1) 常压再生：通过加热的方式再生，再生后三甘醇浓度可达 98.5%。甘醇再生在常压下进行，降低重沸器压力至真空状态，在相同重沸温度下能提高甘醇溶液浓度。

(2) 减压再生：通过降低装置压力的方法实现三甘醇的再生，再生后三甘醇浓度可达 98.2%。降低重沸器压力至真空状态，在相同重沸温度下提高甘醇溶液浓度。真空系统比较复杂，限制了该方法的应用。

(3) 气体汽提：这是一种辅助的再生方法，湿气或干气在再生塔的高温下为不饱和气体，在与甘醇富液接触中降低溶液表面的水蒸气分压，从甘醇内吸收大量水汽，从而提高甘醇贫液浓度。汽提气可直接注入重沸器，也可经汽提柱注入，后者提浓效果更好。将甘醇溶液同热的汽提气接触，以降低溶液表面的水蒸气分压；可将三甘醇提浓至 98.5%；应用较多；汽提气排至大气，会产生污染，增加了生产费用，对此需有相应的措施(图 5-14)。

(4) 共沸再生：这是一种辅助的方法，将共沸剂注入到三甘醇再生装置中，与水生成低沸点的共沸物，而挥发出装置，从而实现三甘醇再生的目的，再生后三甘醇浓度可达 99.99%(图 5-15)。常用的共沸剂是异辛烷。共沸剂具有不溶于水和甘醇，与水能形成低沸点共沸物，无毒、蒸发损失小的性质；共沸剂与三甘醇溶液中的残留水形成低沸点共沸物汽化；无大气污染，节省了有用的汽提气。

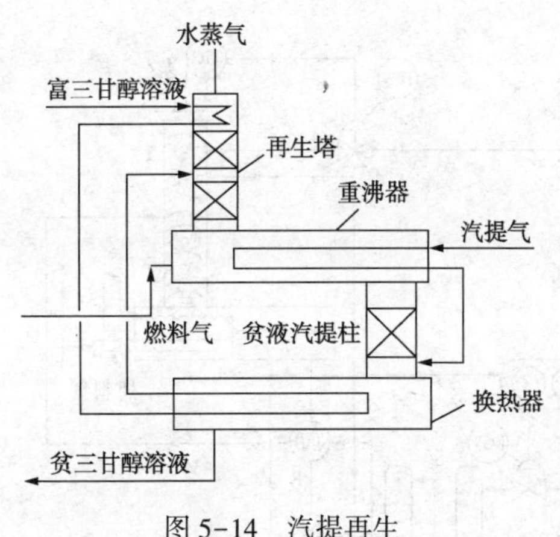

图 5-14 汽提再生

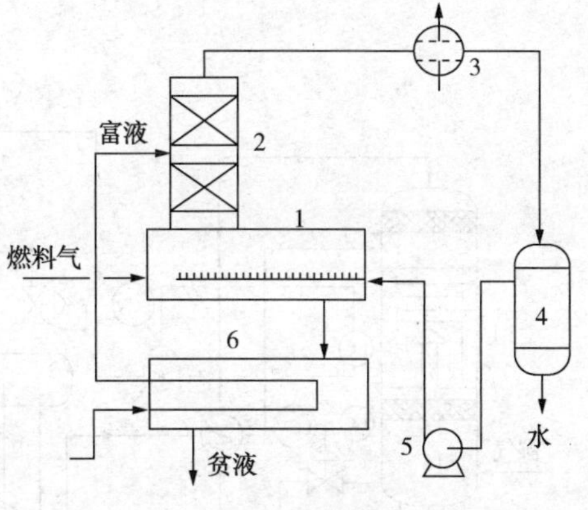

图 5-15 共沸再生

1—重沸器；2—再生塔；3—冷却器；
4—共沸物分离器；5—循环泵；
6—甘醇换热器

二、三甘醇脱水工艺及设备

（一）三甘醇工艺流程

由于三甘醇脱水露点降大、成本低、运行可靠以及经济效益好，故广泛采用。现以三甘醇为例，对吸收法脱水工艺和设备进行介绍。

图 5-16 为典型的三甘醇脱水装置工艺流程。该装置由高压吸收系统和低压再生系统两部分组成。通常将再生后提浓的甘醇溶液称为贫甘醇，吸收气体中水蒸气后浓度降低的甘醇溶液称为富甘醇。

图 5-16 中的吸收塔(脱水塔、接触塔)为板式塔，通常选用泡罩(泡帽)塔板或浮阀塔板。由再生系统来的贫甘醇先经冷却和增压进入吸收塔顶部塔板后沿各层塔板自上而下流动，由吸收塔外的分离器和塔内洗涤器(分离器)分出的原料气进入吸收塔的底部后沿各层塔板由下而上流动，气、液二相在塔板上逆流接触时气体中的水蒸气被甘醇溶液所吸收。吸收塔顶部设有除沫器(捕雾器)以脱除出口干气所携带的甘醇液滴，从而减少甘醇损失。吸收了气体中水蒸气的富甘醇离开吸收塔底部，经再生塔精馏柱顶部回流冷凝器盘管和贫甘醇换热器(也称贫/富甘醇换热器)加热后，在闪蒸罐内分离出富甘醇中的大部分溶解气，然后再经织物过滤器(除去固体颗粒，也称滤布过滤器或固体过滤器)、活性炭过滤器(除去重烃、化学剂和润滑油等液体)和贫甘醇换热器进入再生塔，在重沸器中接近常压下加热蒸出所吸收的水分，并由精馏柱顶部排向大气或去放空系统。再生后的贫甘醇经缓冲罐、贫/富甘醇换热器、气体/甘醇换热器冷却并用泵增压后循环使用。

由闪蒸罐(也称闪蒸分离器)分出的闪蒸气主要为烃类气体，一般作为再生塔重沸器的燃料，但含 H_2S 的闪蒸气则应去火炬系统经燃烧后放空。

为保证再生后的贫甘醇质量浓度在 99%以上，通常还需向重沸器中通入汽提气。汽提气一般是出吸收塔的干气，将其通入重沸器底部或重沸器与缓冲罐之间的贫液汽提柱(图 5-16)，用以搅动甘醇溶液，使滞留在高黏度溶液中的水蒸气逸出，同时也降低了水蒸气分压，使更多的水蒸气脱出，从而将贫甘醇中的甘醇浓度进一步提高。除了采用汽提法外，还可采用共沸法和负压法等。

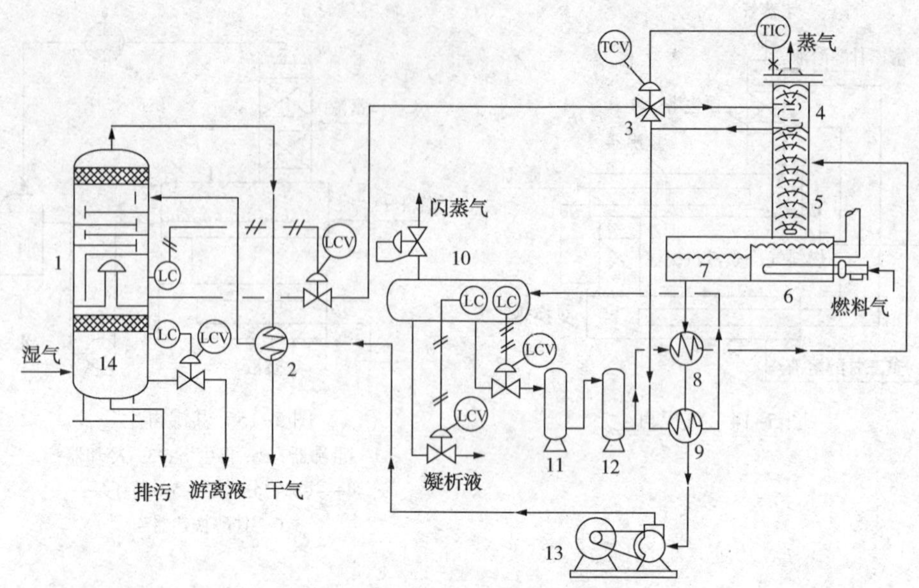

图 5-16 三甘醇脱水工艺流程图

1—吸收塔；2—气/贫甘醇换热器；3—分流阀；4—冷却盘管；5—再生塔；6—重沸器；7—甘醇缓冲罐；8—贫富甘醇换热器；9—富甘醇预热换热器；10—闪蒸分离器；11—织物过滤器；12—活性炭过滤器；13—甘醇泵；14—涤气段

甘醇泵可以是电动泵、液动泵或气动泵。当为液动泵时，一般采用吸收塔来的高压富甘醇作为主要动力源，其余动力则靠吸收塔来的高压干气补充。

甘醇溶液在吸收塔中脱除天然气中水蒸气的同时，也会溶解少量的气体。例如，在6.8MPa 和 38℃时每升三甘醇可溶解 $8.0\times10^{-3}m^3$的无硫天然气。如果气体内含有大量的 H_2S 和 CO_2，其溶解度会更高些。纯 H_2S 和 CO_2在三甘醇中的溶解度可从有关图中查得。对于气体混合物，可按混合物中 H_2S 和 CO_2的分压从这些图中估计其溶解度。

目前，虽然可以采用有关状态方程计算 H_2S 和 CO_2在三甘醇中的溶解度，但因 H_2S 和 CO_2是极性组分，故要准确预测它们的溶解度是困难的。为此，Alireza Bahadori 等人根据实验数据提出分别计算 H_2S 和 CO_2在三甘醇中溶解度的经验公式。对于 H_2S，其应用范围为：50kPa(绝)<H_2S 分压<2000kPa(绝)，温度<130℃。与实验数据比较，在不同温度下由该经验公式计算结果的平均绝对误差为3.0296%；对于 CO_2，其应用范围分别为20kPa(绝)<CO_2分压≤750kPa(绝)，温度<80℃以及>750kPa(绝)，温度<130℃。与实验数据比较，在不同温度下由该公式计算结果的平均误差为1.9394%。

对于含 H_2S 的酸性天然气，当其采用三甘醇脱水时，由于 H_2S 会溶解到甘醇溶液中，不仅使溶液 pH 值降低并引起腐蚀，而且也会与三甘醇反应使其变质，故离开吸收塔的富甘醇去再生系统前应先进入一个汽提塔，用不含硫的净化气或其他惰性气体汽提。脱除的 H_2S 和吸收塔顶脱水后的酸性气体汇合后去脱硫脱碳装置。

（二）三甘醇脱水主要设备

由图 5-16 可知，甘醇脱水装置的主要设备有吸收塔、再生塔等。

1. 吸收塔

吸收塔通常由底部的洗涤器、中部的吸收段和顶部的捕雾器组成一个整体。当原料气较脏且含游离液体较多时，最好将洗涤器与吸收塔分开设置。吸收塔吸收段一般采用泡帽塔板，也可采用浮阀塔板或规整填料。泡帽塔板适用于像甘醇吸收塔中这样的黏性液体和低液气比场合，在气体流量较低时不会发生漏液，也不会使塔板上液体排干。但是，如果采用规整填料，其直径和高度会更小一些，操作弹性也较大。近几年来，我国川渝气区川东矿区和长庆气区靖边气田引进的三甘醇脱水装置吸收塔即采用了浮阀塔板和规整填料。其中，靖边气田第三天然气净化厂三甘醇脱水装置规模为 $300\times10^4m^3/d$。

当采用板式塔时，由理论塔板数换算为实际塔板数的总塔板效率一般为 25%～30%。当采用填料塔时，等板高度(HETP)随三甘醇循环流率、气体流量和密度而变，设计时一般可取 1.5m。但当压力很高气体密度超过 $100kg/m^3$时，按上述数据换算的结果就偏低。

由于甘醇溶液容易起泡，故板式塔的板间距不应小于 0.45m。最好是 0.6～0.75m。捕雾器用于除去≥5μm 的甘醇液滴，使干气中携带的甘醇量小于 $0.016g/m^3$。捕雾器到干气出口的间距不宜小于吸收塔内径的 0.35 倍，顶层塔板到捕雾器的间距则不应小于塔板间距的 1.5 倍。

2. 洗涤器(分离器)

进入吸收塔的原料气一般都含有固体和液体杂质。实践证明，即使吸收塔与原料气分离器位置非常近，也应该在二者之间安装洗涤器。此洗涤器可以防止游离水或盐水、液烃、化学剂或水合物抑制剂以及其他杂质等大量和偶然进入吸收塔中。即就是这些杂质数量很少，也会给吸收和再生系统带来很多问题：①溶于甘醇溶液中的液烃可降低溶液的脱水能力，并使吸收塔中甘醇溶液起泡。不溶于甘醇溶液的液烃也会堵塞塔板，并使重沸器表面结焦；②游离水增加了甘醇溶液循环流率、重沸器热负荷和燃料用量；③携带的盐水(随天然气一起采出的地层水)中所含盐类，可使设备和管线产生腐蚀，沉积在重沸器火管表面上还可使火管表面局部过热产生热斑甚至烧穿；④化学剂(例如缓蚀剂、酸化压裂液)可使甘醇溶液起泡，并具有腐蚀性。如果沉积在重沸器火管表面上，也可使其局部过热；⑤固体杂质(例如泥沙、铁锈)可促使溶液起泡，使阀门、泵受到侵蚀，并可堵塞塔板或填料。

3. 闪蒸罐(闪蒸分离器)

甘醇溶液在吸收塔的操作温度、压力下，还会吸收一些天然气中的烃类，尤其是包括芳香烃在内的重烃。闪蒸罐的作用就是在低压下分离出富甘醇中所吸收的这些烃类气体，以减少再生塔精馏柱的气体和甘醇损失量，并且保护环境。如果采用电动溶液泵，则从吸收塔来的富甘醇中不会溶解很多气体。但是当采用液动溶液泵时，由于这种泵除用吸收塔来的高压富甘醇作为主要动力源外，还要靠吸收塔来的高压干气作为补充动力，故由闪蒸罐中分离出的气体量就会显著增加。

闪蒸罐的尺寸必须考虑甘醇溶液的脱气和分出所携带液烃的时间。如果原料气为贫气，在闪蒸罐中通常没有液烃存在，故可选用两相(气体和甘醇溶液)分离器。脱气时间最少需要 3～5min。如果原料气为富气，在闪蒸罐中将有液烃存在，故应选用三相(气体、液烃和甘醇溶液)分离器。由于液烃会使溶液乳化和起泡，故需要分出液烃。此时，液体在罐中的停留时间应为 20～30min。为使闪蒸气不经压缩即可作为燃料或汽提气，并保证富甘醇有足够的压力流过过滤器和换热器等设备，闪蒸罐的压力一般在 0.27～0.62MPa，通常低于 0.42MPa。

当需要在闪蒸罐中分离液烃时，可将吸收塔来的富甘醇先经贫甘醇换热器等预热至一定温度使其黏度降低，以有利于液烃——富甘醇的分离。但是，预热温度过高反而使液烃在甘醇中的溶解度增加，故此温度最好在38~66℃。

4. 再生塔

通常，将再生系统的精馏柱、重沸器和装有换热盘管的缓冲罐(有时也在其中设有相当于图5-17中的贫甘醇换热器)统称为再生塔。由吸收系统来的富甘醇在再生塔的精馏柱和重沸器内进行再生提浓。

对于小型脱水装置，常将精馏柱安装在重沸器的上部，精馏柱内一般充填1.2~2.4m高的填料，大型脱水装置也可采用塔板。精馏柱顶部设有冷却盘管作为回流冷凝器，以使柱内上升的一部分水蒸气冷凝，形成柱顶回流，用以控制柱顶温度，减少甘醇损失。回流冷凝器的热负荷可取重沸器内将甘醇所吸收的水分全部汽化时热负荷的25%~30%。只在冬季运行的小型脱水装置也可在柱顶外部安装垂直的散热翅片产生回流。这种方法比较简单，但却无法保证回流量稳定。

重质正构烷烃几乎不溶于三甘醇，但是芳香烃在三甘醇中的溶解度相当大，故在吸收塔操作条件下大量芳香烃将被三甘醇吸收。芳香烃吸收率随压力增大和温度降低而增加。较高的三甘醇循环流率也会使芳香烃吸收率增加。因此，当甘醇溶液所吸收的重烃中含有芳香烃时，这些芳香烃会随水蒸气一起从精馏柱顶排放至大气，造成环境污染和安全危害。因此，应将含芳香烃的气体引至外部的冷却器和分离器中使芳香烃冷凝和分离后再排放，排放的冷凝液应符合有关规定。

重沸器的作用是提供热量将富甘醇加热至一定温度，使富甘醇所吸收的水分汽化并从精馏柱顶排出。此外，还要提供回流热负荷以及补充散热损失。

重沸器通常为卧式容器，既可以是采用闪蒸气或干气作燃料的直接燃烧加热炉(火管炉)，也可以是采用热媒(例如水蒸气、导热油、燃气透平或发动机的废气)的间接加热设备。

采用三甘醇脱水时，重沸器火管表面热流密度一般是18~25kW/m^2，最高不超过31kW/m^2。由于三甘醇在高温下会分解变质，故其在重沸器中的温度不应超过204℃，管壁温度也应低于221℃(如果为二甘醇溶液，则其在重沸器中的温度不应超过162℃)。当采用水蒸气或热油作热源时，热流密度则由热源温度控制。热源温度推荐为232℃。无论采用何种热源，重沸器内的甘醇溶液液位应比顶部传热管高150mm。

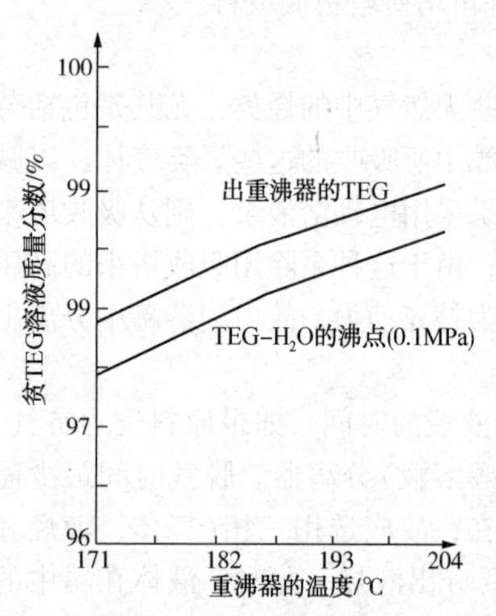

图5-17　重沸器温度对贫甘醇浓度的影响

甘醇脱水装置是通过控制重沸器温度以获得所需的贫甘醇浓度。温度越高，则再生后的贫甘醇浓度越大(图5-17)。例如，当重沸器温度为204℃时，贫三甘醇的浓度为99.1%(质量分数)。此外，海拔高度也有一定影响。如果要求的贫甘醇浓度更高，就要采用汽提法、共沸法或负压法。

由图5-17可知，在相同温度下离开重沸器的贫甘醇浓度比常压(0.1MPa)下沸点曲线估计值高，这是因为甘醇溶液在重沸器中再生时还有溶解在其中的烃类解吸与汽提作用。

（三）三甘醇吸收脱水工艺参数

优良的设计方案和合适的工艺参数是保证甘醇脱水装置安全可靠运行的关键，吸收和再生系统主要设备的主要工艺参数如下。

1. 吸收塔

吸收塔的脱水负荷和效果取决于原料气的流量、温度、压力和贫甘醇的浓度、温度及循环流率。

(1) 原料气流量　吸收塔需要脱除的水量(kg/h)与原料气量直接有关。吸收塔的塔板通常均在低液气比的"吹液"区操作，如果原料气量过大，将会使塔板上的"吹液"现象更加恶化，这对吸收塔的操作极为不利。但是，对于填料塔来讲，由于液体以润湿膜的形式流过填料表面，因而不受"吹液"现象的影响。

(2) 原料气温度、压力　由于原料气量远大于甘醇溶液量，所以吸收塔内的吸收温度近似等于原料气温度。吸收温度一般在15~48℃，最好在27~38℃。

原料气进吸收塔的温度、压力决定了其水含量和需要脱除的水量。如图5-18可知，在低温高压下天然气中的水含量较低，因而吸收塔的尺寸小。但是，低温下甘醇溶液更易起泡，黏度也增加。因此，原料气的温度不宜低于15℃。然而，如果原料气是来自胺法脱硫脱碳后的湿净化气，当温度大于48℃时，由于气体中水含量过高，增加脱水装置的负荷和甘醇的汽化损失，而且甘醇溶液的脱水能力也降低(图5-18)，故应先冷却后再进入吸收塔。

三甘醇吸收塔的压力一般在2.5~10MPa。如果压力过低，由于甘醇脱水负荷过高(原料气水含量高)，应将低压气体增压后再去脱水。

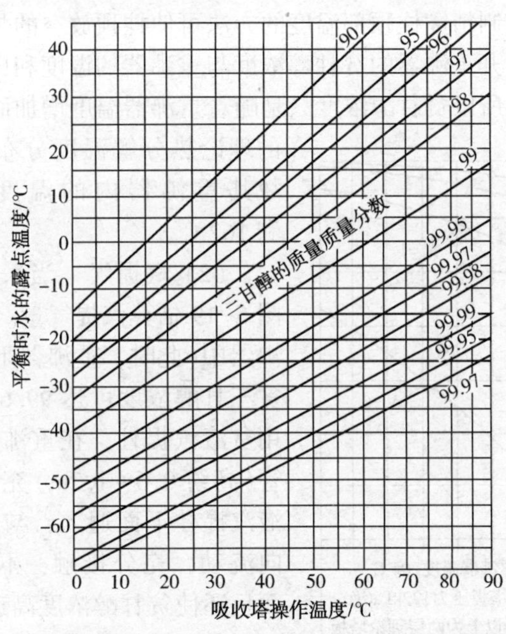

图5-18　不同三甘醇浓度下干气平衡水露点与吸收温度的关系

(3) 贫甘醇进吸收塔的温度和浓度　贫甘醇的脱水能力受到水在天然气和贫甘醇体系中气液平衡的限制。图5-18为离开吸收塔干气的平衡露点、吸收温度(脱水温度)和贫三甘醇质量浓度的关系图。由图5-18可知，当吸收温度(近似等于原料气温度)一定时，随着贫甘醇浓度增加，出塔干气的平衡露点显著下降。此外，随着吸收温度降低，出塔干气的平衡露点也下降。但是如前所述，温度降低将使甘醇黏度增加，更易起泡。

应该注意的是，图5-18预测的平衡露点比实际露点低，其差值与甘醇循环流率、理论塔板数有关，一般为6~11℃。压力对平衡露点影响甚小。由于图5-18纵坐标的平衡露点是基于冷凝水相为亚稳态液体的假设，但在很低的露点下冷凝水相(水溶液相)将是水合物而不是亚稳态液体，故此时预测的平衡露点要比实际露点低8~11℃，其差值取决于温度、压力和气体组成。

贫甘醇进吸收塔的温度应比塔内气体温度高3~8℃。如果贫甘醇温度比气体低，就会使气体中的一部分重烃冷凝，促使溶液起泡。反之，贫甘醇进塔温度过高，甘醇汽化损失和出塔干气露点就会增加很多，故一般不高于60℃。

(4) 甘醇循环流率　原料气在吸收塔中获得的露点降随着贫甘醇浓度、甘醇循环流率和吸收塔塔板数(或填料高度)的增加而增加。因此，选择甘醇循环流率时必须考虑贫甘醇进吸收塔时的浓度、塔板数(或填料高度)和所要求的露点降。

甘醇循环流率通常用每吸收原料气中1kg水分所需的甘醇体积量(m^3)来表示，故实际上应该是比循环率。三甘醇循环流率一般选用0.02~0.03m^3/kg水，也有人推荐用0.015~0.04m^3/kg水。如低于0.012m^3/kg水，就难以使气体与甘醇保持良好的接触。当采用二甘醇时，其循环流率一般为0.04~0.10m^3/kg水。

2. 再生塔

甘醇溶液的再生深度主要取决于重沸器的温度，如果需要更高的贫甘醇浓度则应采用塔底汽提法等。通常采用控制精馏柱顶部温度的方法可使柱顶放空的甘醇损失减少至最低值。

(1) 重沸器温度　离开重沸器的贫甘醇浓度与重沸器的温度和压力有关。由于重沸器一般均在接近常压下操作，所以贫甘醇浓度只是随着重沸器温度增加而增加。三甘醇和二甘醇的理论热分解温度分布为206.7℃和164.4℃，故其重沸器内的温度分别不应超过204℃和162℃。

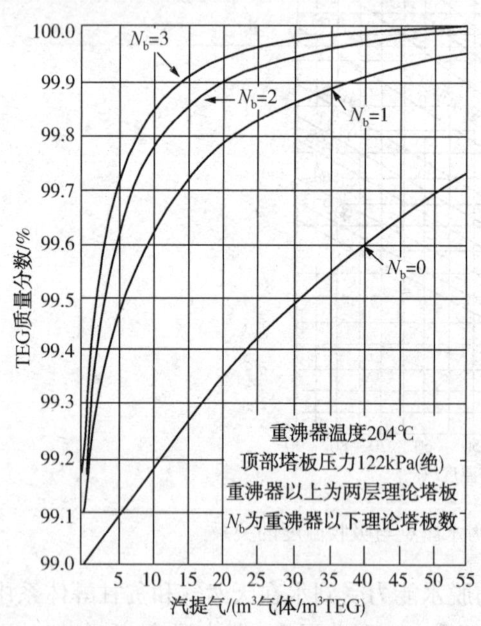

图5-19　汽提气量对三甘醇浓度的影响

(2) 汽提气　当采用汽提法再生时，可用图5-19估算汽提气量。如果汽提气直接通入重沸器中(此时，重沸器下面的理论板数$N_b=0$)，贫三甘醇浓度可达99.6%(质量分数)。如果采用贫液汽提柱，在重沸器和缓冲罐之间的溢流管(高约0.6~1.2m)充填有填料，汽提气从贫液汽提柱下面通入，与从重沸器来的贫甘醇逆向流动，充分接触，不仅可使汽提气量减少，而且还使贫甘醇浓度高达99.9%(质量分数)。

(3) 精馏柱温度　柱顶温度可通过调节柱顶回流量使其保持在99℃左右。柱顶温度低于93℃时，由于水蒸气冷凝量过多，会在柱内产生液泛，甚至将液体从柱顶吹出；柱顶温度超过104℃时，甘醇蒸气会从柱顶排出。如果采用汽提法，柱顶温度可降至88℃。

（四）甘醇吸收脱水设计计算

1. 吸收塔

吸收塔的工艺设计主要包括：塔板数量和类型，塔径，而塔的高度取决于塔板数。

(1) 塔板数

在计算理论平衡塔板数前，需选定塔的压力、温度、甘醇溶液进出塔器的浓度和要求的出塔气体水含量(或露点)。现用例子说明塔板数的确定。

【例5-4】已知塔的压力和温度分别为5MPa、30℃，甘醇贫、富液的质量分数为98.5%、94.5%，要求出塔气体含水量为110mg/m^3(露点约-4℃)，试确定理论平衡塔板数和实际塔板数。

【解】由图5-18查出不同甘醇浓度下气体的平衡露点。由图5-1查出塔压和平衡露点温度下气体平衡水含量(列于下表)，查出进塔条件下气体水含量为860mg/m^3。

TEG质量分数/%	平衡露点/℃	含平衡水/(mg/m^3)
100	—	0
99.5	-30	15
99	21	30
98	-13	60
97	-6	85
96	-1	135
95	3	180
90	12.5	320

根据塔顶、塔底条件和上表所列数据作图及操作线，如图5-20所示。图中曲线*ODB*表示甘醇浓度与气体平衡水含量关系，塔顶、塔底甘醇浓度和气体平衡水含量分别标于点*F*和点*A*，连线*AF*表示塔内气体水含量的变化情况，称操作线。由点*A*作垂线交*OBD*线于*B*点，*B*点的水平线交*AF*线于*C*点，*C*点的垂直线交*OBD*线于*D*点。进入塔底的湿气与甘醇富液接触、达平衡状态时，气体达到*B*点所对应的水含量，即一块理论塔板达到的脱水效果。同理，达到塔顶要求的气体水含量所需塔板数为*CE*/*CD*，约为0.67块塔板，因而理论塔板数为1.67。每块理论塔板按4块实际塔板计，则需1.67×4=6.68块塔板，取7块实际塔板可满足脱水要求。图5-20称McCabe-Thiele图。

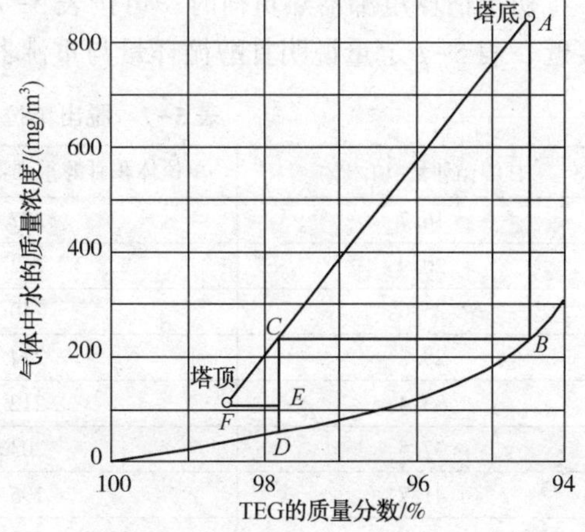

图5-20 吸收塔塔板数确定——McCabe-Thiele图

使用填料塔时，每块理论塔板在处理低露点气体时相当于2.4m高的填料，中等露点气体相当于1.2m填料。

(2) 塔径

粗略计算时，可根据气体处理量按计算气液立式分离器直径的方法确定吸收塔塔径，此时从气流中分出甘醇液滴的粒径取 120~150μm。或采用 Souders-Brown 系数法计算吸收塔内气体最大流速(称空塔速度)。

$$v_{max}=K_{SB}\left(\frac{\rho_L-\rho_G}{\rho_G}\right)^{0.5} \tag{5-10}$$

式中 v_{max}——气体最大空塔速度，气体实际流量除以塔截面积，m/min；

K_{SB}——Souders-Brown 系数，m/min，塔径≥0.75m、塔板间距 0.45m 时，K_{SB} 取 3.35m/min；

ρ_L、ρ_G——塔温、塔压条件下，甘醇和气体的密度。

根据 v_{max} 和气体处理量，初步确定塔径。对板式塔进行详细水力计算并调整塔径。

2. 再生塔

再生塔径与甘醇流量有关，流量愈大、塔径愈大，可按以下经验公式计算：

$$D=0.1175Q_{glycol}^{0.5} \tag{5-11}$$

上式中，塔径以 m 为单位，甘醇流量以 L/min 为单位。

填料段高度应大于 1.2m，热负荷大于 1000MJ/h 的大装置，高度应取 2.4m。

3. 重沸器和换热器

重沸器热负荷由以下 4 部分组成：富液加热至再生温度，富液内水蒸发所需热量，塔顶回流液再蒸发所需的热量以及塔向环境的热损失。前两项热量约占重沸器热负荷的 85%~90%，设计中第三项热量常按第二项热量的 25%~30%计算。塔的热损失和塔的大小有关，为 5.3~21MJ/h。为减少热损失塔下半部分应有保温层；为产生塔顶回流，塔上半部分常裸露。影响重沸器热负荷的主要因素是甘醇循环量和需从气体内脱出的水量，脱出单位质量水重沸器的热负荷可按以下经验公式计算

$$Q_R=21+0.27m \tag{5-12}$$

式中 Q_R——重沸器热负荷，MJ/kg；

m——甘醇循环量，L/kg。

初步估算重沸器热负荷时，可按表 5-7 查取。表列数据乘以 1.5 后与式(5-12)计算值接近。表 5-7 定量说明甘醇循环量与重沸器热负荷的关系。

表 5-7 脱出单位质量水所需重沸器热负荷

甘醇循环量/(L/kg)	单位体积甘醇重沸器热负荷/(kJ/L)	脱出单位质量水重沸器热负荷/(MJ/kg)
16.7	297.1	4.96
20.9	262.8	5.48
25.0	240.3	6.01
29.2	224.4	6.55
33.4	212.4	7.09
37.5	203.2	7.63
41.7	195.4	8.15
45.9	189.5	8.69
50.0	183.7	9.19

注：考虑装置启动、甘醇循环量可能增大、系统污染等原因，估算时应将列表数据乘以 1.5。

重沸器若采用火筒式加热，火筒最大热流率为25kW/m²(我国常用17~22kW/m²)，由此可确定火筒面积。按重沸器内气液界面的热流率44kW/m²计算并确定重沸器的气液界面面积和容器尺寸。

某些经验数据可简化换热器设计。甘醇富液经预热换热器后，温度常在80~93℃范围；经甘醇/甘醇加热换热器后，温度135~149℃。甘醇/甘醇换热器的总传热系数近似为56~68W/(m²·℃)，气体/甘醇换热器为250W/(m²·℃)。若换热器内流体流速过低，总传热系数急剧下降。

在换热计算中，常遇到不同甘醇质量浓度下溶液的密度和比热，可按以下回归式计算。

$$甘醇溶液相对密度(与15℃水之比)\Delta_{glycol}=A+Bx-Cx^2 \tag{5-13}$$

式中 x——三甘醇质量分数，若为95%，以95代入式(5-13)；

A、B、C——系数，见下表。

温度/℃	A	$B\times10^3$	$C\times10^6$
20	1.0049	1.6065	3.8212
40	0.9911	1.7349	5.4069
60	0.9827	1.5832	4.6098
80	0.9712	1.4712	3.9311
100	0.9576	1.3861	3.3385
120	0.9422	1.3240	2.8275
140	0.9253	1.2733	2.3134
150	0.9168	1.2483	2.0562

$$甘醇溶液比热容 C_{glycol}=A+Bt+Ct^2 \tag{5-14}$$

式中 C_{glycol}——甘醇溶液比热容，kJ(kg·℃)；

t——温度，℃；

A、B、C——系数，见下表，若质量分数在90%~100%之间，按线性插值计算。

甘醇质量分数/%	A	$B\times10^3$	$C\times10^7$
90	2.2560	5.3587	7.9744
100	2.0352	5.8313	−2.3922

【例5-5】气体处理量10^6m³/d，相对密度0.6，压力5MPa，温度30℃，要求从气体饱和水质量浓度脱至110mg/m³(露点约-4℃)，以满足输气管对气体露点的要求。采用三甘醇脱水，循环量取25L/kg，无汽提气，甘醇贫液质量分数98.9%。计算：①每小时脱出水量和甘醇富液浓度；②吸收塔直径和高度；③再生塔塔径；④用教材介绍的各种计算方法，计算重沸器热负荷并加以比较。计算火筒及气液界面所需面积；⑤富甘醇预热换热器及甘醇/甘醇换热器热负荷和贫富液进出换热器温度。

【解】1. 脱水量和甘醇富液浓度

由图5-1查出5MPa、30℃下，进塔气体含水为860mg/m³，出塔气体含水110mg/m³，塔内需脱出水量750mg/m³。

单位时间脱出水量=气体处理量×单位体积脱水量$=10^6\times750\div24=31.3$(kg/h)

纯甘醇体积流量=脱出单位质量水所用甘醇体积×单位时间塔内脱出水质量=25×31.3=782.5(L/h)

纯甘醇质量流量=体积流量×密度=782.5×1.1189=875.5(kg/h)。甘醇和甘醇溶液的密度均由式(5-13)计算(下同)。

贫液质量流量=纯甘醇质量流量÷溶液甘醇质量分数=875.5÷0.989=885.3(kg/h)。

贫液体积流量=质量流量÷贫液密度=885.3÷1.1178=792(L/h)。

富液质量浓度=纯甘醇量÷(贫液质量流量+脱出水量)=875.5÷(885.3+31.3)×100%=95.5%。

富液质量流量=贫液质量流量+脱出水量=885.3+31.3=916.6(kg/h)。

富液体积流量=富液质量流量÷富液密度：916.6÷1.1155=821.7(L/h)。

2. 吸收塔直径和高度

由式(5-10)计算气体空塔速度。式中液相密度近似取贫、富液密度平均值，ρ_L=1116.7kg/m^3，气相密度由状态方程计算，ρ_G=38.04kg/m^3，空塔速度为

$$\upsilon_{max}=K_{SB}\left(\frac{\rho_L-\rho_G}{\rho_G}\right)0.5=3.35\times\left(\frac{1116.7-38.04}{38.04}\right)=17.84(m/min)$$

气体质量流量=体积流量×相对密度×空气密度=10^6×0.6×1.205=7.23×10^5(kg/d)。

塔内气体体积流量=质量流量÷气体密度=7.23×10^5÷(38.04×24×60)=13.2(m^3/min)。

塔截面积=体积流量÷气体流速=13.2÷17.84=0.74(m^2)。塔径：0.97m。

塔高：由例5-4可用7块塔板，塔板间距取0.6m，共4.2m；底部涤气器和顶部甘醇入口、捕雾器各取1倍塔径，塔总高度约6.2m。

3. 再生塔径

由式(5-11)，再生塔径=0.1175×(820.4÷60)$^{0.5}$=0.44(m)。

4. 重沸器热负荷和火筒、气液界面面积

(1) 由式(5-12)，脱出每kg水的热负荷=2.1+0.27×25=8.85(MJ/kg)，重沸器热负荷=脱出水量×单位质量水所需热量=31.3×8.85=277(MJ/kg)。

(2) 由表5-7，脱出1kg水需热6.01×1.5MJ/kg，重沸器热负荷=31.3×6.01×1.5=282(MJ/h)。

(3) 重沸器热负荷由四部分组成，分别计算如下：

① 富液加热　富液经甘醇/甘醇换热器加热后进入再生塔，设富液进塔温度140℃，由重沸器加热至199℃，则

富液所需热量=富液质量流量×比热容×温差=916.6×3.1×(199-140)=167.6(MJ/h)。其中，比热按式(5-14)计算，温度取平均温度169.5℃。

② 富液内水蒸发需热量=水质量流量×汽化热=31.3×2.257=70.7(MJ/h)。式中汽化热为常压、100℃数据。

③ 塔顶回流再蒸发需热量=0.25×富液水蒸发需热量=0.25×70.7=17.7(MJ/h)。取上项热量的25%。

④ 塔的散热损失取10MJ/h。

重沸器热负荷为以上四项之和=167.6+70.7+17.7+10=266(MJ/h)。

上述(1)、(2)、(3)三种算法的计算结果分别为：277MJ/h、282MJ/h和266MJ/h，差

别不大。

火筒热流率取 $22kW/m^2 = 79.2MJ/(h \cdot m^2)$，面积=重沸器热负荷÷火筒热流率=282÷79.2=3.6(m^2)。

气液界面热流率取 $40kW/m^2 = 144MJ/(h \cdot m^2)$，气液界面面积=重沸器热负荷÷界面热流率=282÷144=1.96(m^2)。

5. 换热器负荷

(1) 贫/富甘醇换热器　假设富液预热后温度升至90℃，经换热器富液温度由90℃升至145℃左右，贫液温度由199℃降至 t_1℃。

换热器热负荷=富液质量流量×富液比热容×温差=916.6×2.8×(145-90)=141(MJ/h)，式中富液比热容由式(5-14)根据富液浓度插值计算。

设贫液流出换热器温度 t_1=147℃，贫液给出热量=富液得到热量=换热器热负荷，则：

$$t_1 = \text{贫液进换热器温度} - \frac{\text{换热器热负荷}}{\text{贫液质量流量} \times \text{贫液比热容}} = 199 - \frac{141000}{855.3 \times 3.06} = 145.1(℃)$$

与贫液流出换热器假设温度接近，否则需重新假设后计算。

(2) 富甘醇预热换热器　富液温度由30℃升至90℃，贫液温度由147℃降至 t_2℃。

换热器热负荷=富液质量流量×富液比热容×温差=916.6×2.47×(90-30)=136(MJ/h)。用与贫/富甘醇换热器相同方法，求出 t_2 为92℃。

（五）三甘醇脱水工艺的应用

1. 四川龙门气田天然气脱水

图5-21为四川龙门气田天东9井站的 $100 \times 10^4 m^3/d$ 三甘醇脱水装置工艺流程图。由图可知，除无贫液汽提柱以及贫/富甘醇换热流程不同外，其他均与图3-13类似。

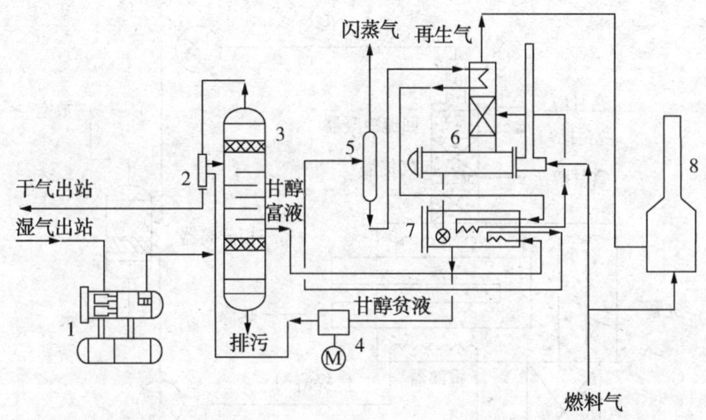

图5-21　龙门气田天东9井站三甘醇脱水装置工艺流程图

1—过滤分离器；2—气体/贫甘醇换热器；3—吸收塔；4—甘醇泵；5—闪蒸罐；6—重沸器和精馏柱；7—缓冲罐；8—焚烧炉

2. 长庆气区含硫天然气脱水

长庆气区靖边和乌审旗等气田含硫天然气中的 CO_2 与 H_2S 含量见表4-5、表4-6。由于各集气站去净化厂的集气干线较长(最长约72km)，在干线中析出冷凝水后不仅会形成水合物，而且 H_2S、CO_2 还可对管线造成严重腐蚀。因此，由集气支线来的含硫天然气均在集气站采用三甘醇预脱水后再去净化厂，集气站规模在$(10\sim40)\times10^4m^3/d$不等，脱水压力在4.9~5.2MPa，温度为12~22℃。

由集气干线进入第一、二、三净化厂的原料气经脱硫脱碳后成为湿净化气，故再次采用三甘醇脱水符合商品天然气要求后外输。

3. 山西沁水盆地煤层气等脱水

山西沁水盆地煤层气由于不含C_3以上重烃，不需脱油，故该煤层气田中央处理厂将来自集气站的煤层气先增压至5.8~6.0MPa，再采用三甘醇脱水使其水露点符合商品气要求后，经外输管道末站进一步增压至10MPa进入西气东输一线管道。

此外，西气东输一线管道金坛地下气库采出的高压湿天然气也采用三甘醇脱水，共2套脱水装置，处理量均为$150\times10^4m^3/d$，压力为8~9MPa。

三、提高三甘醇浓度的方法

除最常用的汽提法、常减压再生法、共沸再生外，目前还有一些可提高甘醇浓度的专利方法如下。

1. DRIZO法

DRIZO法即共沸法，如图5-22所示。此法是采用一种可汽化的溶剂作为汽提剂。离开重沸器汽提柱的汽提气(溶剂蒸气)与从精馏柱出来的水蒸气和BTEX(即苯、甲苯、乙苯和二甲苯)一起冷凝后，再将水蒸气排放到大气。DRIZO法的优点是所有BTEX都得以回收，三甘醇的浓度可达99.999%，露点降高达100~122℃，而且不需额外的汽提气。

DRIZO法适用于需提高甘醇浓度而对现有脱水装置进行改造，或需要更好地控制BTEX和CO_2排放的场合。

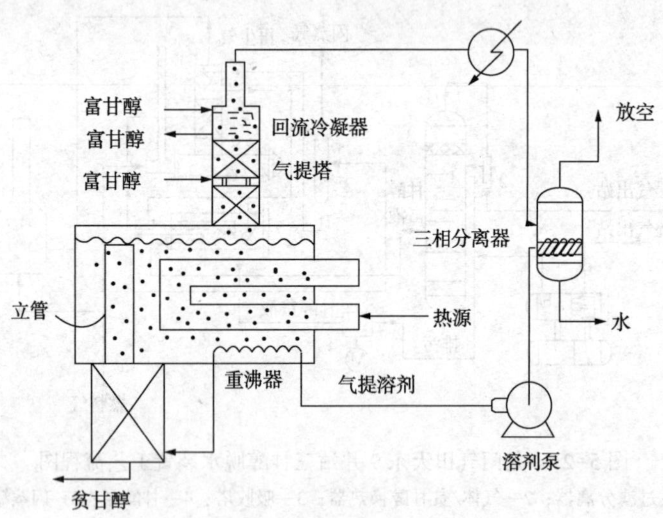

图5-22 DRIZO法再生系统工艺流程示意图

2. CLEANOL+法

CLEANOL+法中包含了提高甘醇浓度和防止空气污染的两项措施。该法采用的汽提剂是BTEX，在重沸器中汽化后作为汽提气与水蒸气一起离开精馏柱顶去冷凝分离。分出的BTEX经蒸发干燥后循环使用，含BTEX的冷凝水经汽化后回收其中的BTEX，回收BTEX后的净水再去处理。

CLEANOL+法可获得浓度为99.99%的贫甘醇。此法不使用任何外部汽提气，而且无BTEX或CO_2排放，故可很容易地用于一般的甘醇再生系统中。

3. COLDFINGER法

COLDFINGER法不使用汽提气，而是利用一个插入到缓冲罐气相空间的指形冷却管将气相中的水、烃蒸气冷凝，从而提高了贫甘醇浓度。冷凝水和液烃从收液盘中排放到储液器内，并周期性地用泵送到进料中。COLDFINGER法再生系统工艺流程示意图见图5-23。

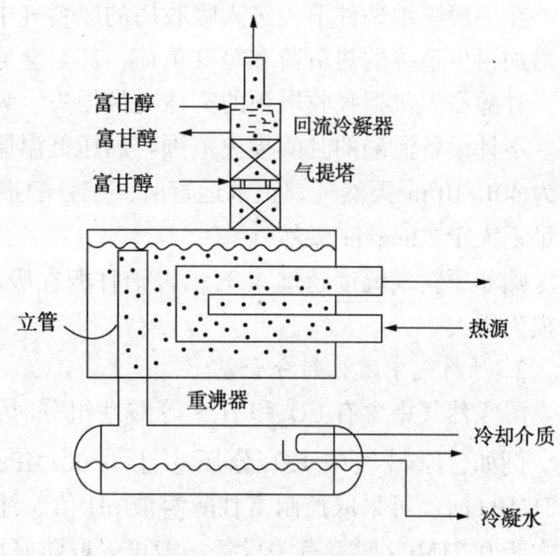

图5-23 COLDFINGER法再生系统工艺流程示意图

COLDFINGER法可获得的贫三甘醇浓度为99.96%，露点降为55~83℃。

其他还有PROGLY、ECOTEG法等，这里就不再一一介绍。

四、甘醇吸收脱水注意事项

在甘醇脱水装置运行中经常发生的问题是甘醇损失过大和设备腐蚀。原料气中含有CO_2、液体、固体杂质，甘醇在运行中氧化或变质等都是其主要原因。

1. 甘醇质量和损失

在设计和操作中采取措施避免甘醇受到污染是防止或减缓甘醇损失过大和设备腐蚀的关键。在操作中除应定期对贫、富甘醇取样分析外，如果怀疑甘醇受到污染，还应随时取样分析，并将分析结果与表5-8列出的最佳值进行比较和查找原因。氧化或降解变质的甘醇在复活后重新使用之前及新补充的甘醇在使用之前都应对其进行检验。

表5-8 三甘醇质量的最佳值

参数	pH值①	氯化物/(mg/L)	烃类②/%	铁离子②/(mg/L)	水③/%	固体悬浮物②/(mg/L)	起泡倾向	颜色及外观
富甘醇	7.0~8.0	<600	<0.3	<15	3.5~7.5	<200	泡沫高度，10~20mm；破沫时间，5s	洁净，浅色到黄色
贫甘醇	7.0~8.0	<600	<0.3	<15	<1.5	<200		

注：①富甘醇中因溶有酸性气体，故其pH值较低。
②由于过滤器效果不同，贫、富甘醇中烃类、铁离子及固体悬浮物含量会有区别。烃含量为质量分数%。
③贫、富甘醇的水含量(质量分数)相差为2%~6%。

甘醇长期暴露在空气中会氧化变质而具有腐蚀性。因此，储存甘醇的容器采用干气或惰性气体保护可有助于减缓甘醇氧化变质。此外，当三甘醇在重沸器中加热温度超过204℃时也会产生降解变质。

甘醇降解或氧化变质，以及H_2S、CO_2溶解在甘醇中反应所生成的腐蚀性物质会使甘醇pH值降低，从而又加速甘醇变质。为此，可加入硼砂、三乙醇胺和NACAP等碱性化合物来中和，但是其量不能过多。

在一般脱水条件下，进入吸收塔的原料气中40%~60%的甲醇可被三甘醇吸收。这将额外增加再生系统的热负荷和蒸气负荷，甚至会导致再生塔液泛。

甘醇损失包括吸收塔顶的雾沫夹带损失、吸收塔和再生塔的汽化损失以及设备泄漏损失等。不计设备泄漏的甘醇损失范围：高压低温原料气约为7L/10^6m^3天然气~低压高温原料气约为40L/10^6m^3天然气。正常运行时，三甘醇损失量一般不大于15mg/m^3天然气，二甘醇损失量不大于22mg/m^3天然气。

除非原料气温度超过48℃，否则甘醇在吸收塔内的汽化损失很小。但是，在低压时这种损失很大。

2. 原料气中酸性组分含量

湿天然气中含有CO_2和H_2S等酸性组分时，应根据其分压大小采取相应的腐蚀控制措施。例如，原料气中CO_2分压小于0.021MPa时，不需腐蚀控制；CO_2分压在0.021~0.21MPa时，可采取控制富甘醇溶液pH值、注入缓蚀剂或采用耐腐蚀材料等措施；CO_2分压大于0.21MPa时，有关设备一般可采取防腐措施。

此外，对于压力高于6.1MPa时的CO_2脱水系统，其甘醇损失明显大于天然气脱水系统。这是因为三甘醇在密相CO_2内的溶解度高，故有时采用对CO_2溶解度低的丙三醇脱水。

第四节　固体干燥剂吸附脱水

吸附是指某些气体或液体与多孔的固体颗粒表面接触时，其分子与固体表面分子之间相互作用而停留在固体表面上，使气体或液体分子在固体表面上浓度增大的现象。被吸附的气体或液体称为吸附质，吸附气体或液体的固体称为吸附剂。当吸附质是水蒸气或水时，此固体吸附剂又称为固体干燥剂，也简称干燥剂。

根据气体或液体与固体表面之间的作用不同，可将吸附分为物理吸附和化学吸附两类。

物理吸附是由流体中吸附质分子与吸附剂表面之间的范德华力引起的，吸附过程类似气体液化和蒸气冷凝的物理过程。其特征是吸附质与吸附剂不发生化学反应，吸附速度很快，瞬间即可达到相平衡。物理吸附放出的热量较少，通常与液体汽化热和蒸气冷凝热相当。气体在吸附剂表面可形成单层或多层分子吸附，当体系压力降低或温度升高时，被吸附的气体可很容易地从固体表面脱附，而不改变气体原来的性状，故吸附和脱附是可逆过程。工业上利用这种可逆性，通过改变操作条件使吸附质脱附，达到使吸附剂再生并回收或分离吸附质的目的。

吸附法脱水就是采用吸附剂脱除气体混合物中水蒸气或液体中溶解水的工艺过程。

通过使吸附剂升温达到再生的方法称为变温吸附(TSA)。通常，采用某加热后的气体通过吸附剂使其升温再生，再生完毕后再用冷气体使吸附剂冷却降温，然后又开始下一个循环。由于加热、冷却时间较长，故TSA多用于处理气体混合物中吸附质含量较少或气体流量很小的场合。通过使体系压力降低使吸附剂再生的方法称为变压吸附(PSA)。由于循环快速完成，通常只需几分钟甚至几秒钟，因此处理量较高。天然气吸附法脱水通常采用变温吸附进行再生。

化学吸附是流体中吸附质分子与吸附剂表面的分子起化学反应，生成表面络合物的结果。这种吸附所需的活化能大，故吸附热也大，接近化学反应热，比物理吸附大得多。化学吸附具有选择性，而且吸附速度较慢，需要较长时间才能达到平衡。化学吸附是单分子吸附，而且多是不可逆的，或需要很高温度才能脱附，脱附出来的吸附质分子又往往已发生化学变化，不复具有原来的性状。

固体吸附剂的吸附容量(当吸附质是水蒸气时，又称为湿容量)与被吸附气体(即吸附质)的特性和分压、固体吸附剂的特性、比表面积、空隙率以及吸附温度等有关，故吸附容量(通常用 kg 吸附质/100kg 吸附剂表示)可因吸附质和吸附剂体系不同而有很大差别。所以，尽管某种吸附剂可以吸附多种不同气体，但不同吸附剂对不同气体的吸附容量往往有很大差别，亦即具有选择性吸附作用。因此，可利用吸附过程这种特点，选择合适的吸附剂，使气体混合物中吸附容量较大的一种或几种组分被选择性地吸附到吸附剂表面上，从而达到与气体混合物中其他组分分离的目的。

在天然气凝液回收、天然气液化装置和汽车用压缩天然气(CNG)加气站中，为保证低温或高压系统的气体有较低的水露点，大多采用吸附法脱水。此外，在天然气脱硫过程中有时也采用吸附法脱硫。由于这些吸附法脱水、脱硫均为物理吸附，故下面仅讨论物理吸附，并以介绍天然气吸附法脱水为主。

吸附法脱水装置的投资和操作费用比甘醇脱水装置要高，故其仅用于以下场合：①高含硫天然气；②要求的水露点很低；③同时控制水、烃露点；④天然气中含氧。如果低温法中的温度很低，就应选用吸附法脱水而不采用注甲醇的方法。

一、吸附剂的类型与选择

虽然许多固体表面对于气体或液体或多或少具有吸附作用，但用于天然气脱水的干燥剂应具有下列物理性质：①必须是多微孔性的，具有足够大的比表面积(其比表面积一般都在 500~800m^2/g)。比表面积愈大，其吸附容量愈大；②对天然气中不同组分具有选择性吸附能力，即对所要脱除的水蒸气具有较高的吸附容量，这样才能达到对其分离(即脱除)的目的；③具有较高的吸附传质速度，可在瞬间达到相平衡；④可经济而简便地进行再生，且在使用过程中能保持较高的吸附容量，使用寿命长；⑤颗粒大小均匀，堆积密度大，具有较高的强度和耐磨性；⑥具有良好的化学稳定性、热稳定性，价格便宜，原料充足等。

(一) 吸附剂的类型

目前，常用的天然气干燥剂有活性氧化铝、硅胶和分子筛三类(表 5-9)。

表 5-9　固体干燥剂的物理性质

干燥剂	活性氧化铝 Alcoa(F-200)	硅胶 Davison 03	H、R 型硅胶 Kali-chemie	分子筛 Zeochem
孔径/10^{-1}nm	15	10~90	20~25	3，4，5，8，10
堆积密度/(kg/m^3)	705~770	720	640~785	690~750
比热容/[kJ/(kg·K)]	1.005	0.921	1.047	0.963
最低露点/℃	-50~-96	-50~-96	-50~-96	-73~-185
设计吸附容量/%	11~15	4~20	12~15	8~16
再生温度/℃	175~260	150~260	150~230	220~290
吸附热/(kJ/kg)	2890	2980	2790	4190(最大)

注：①表中数据仅供参考，设计所需数据应由制造厂商提供。

1. 活性氧化铝

活性氧化铝是一种极性吸附剂，以部分水合与多孔的无定形 Al_2O_3为主，并含有少量其他金属化合物，其比表面积可达 $250m^2/g$ 以上。例如，F-200 活性氧化铝的组成为：Al_2O_3 94%、H_2O 5.5%、Na_2O 0.3%及 Fe_2O_3 0.02%。

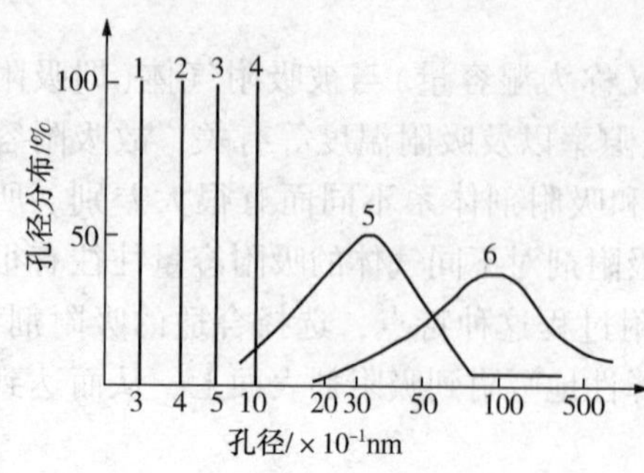

图 5-24 常用吸附剂孔径分布

由于活性氧化铝的湿容量大，故常用于水含量高的气体脱水。活性氧化铝再生时需要的热量比分子筛少，再生温度也低一些。但是，因其呈碱性，可与无机酸发生反应，故不宜用于酸性天然气脱水。此外，因其微孔孔径极不均匀(图 5-24)，没有明显的吸附选择性，所以在脱水时还能吸附重烃且在再生时不易脱除。通常，采用活性氧化铝干燥后的气体露点可达-70℃。

2. 硅胶

硅胶是一种晶粒状无定形氧化硅，分子式为 $SiO_2 \cdot nH_2O$，其比表面积可达 $300m^2/g$。Davison 03 型硅胶的化学组成见表 5-10。

表 5-10 硅胶化学组成(干基)

名称	SiO_2	Al_2O_3	TiO_2	Fe_2O_3	Na_2O	CaO	ZrO_2	其他
组成/%	99.71	0.10	0.09	0.03	0.02	0.01	0.01	0.03

硅胶为极性吸附剂，它在吸附气体中的水蒸气时，其量可达自身质量的 50%，即使在相对湿度为 60%的空气流中，微孔硅胶的湿容量也达 24%，故常用于水含量高的气体脱水。硅胶在吸附水分时会放出大量的吸附热，易使其破裂产生粉尘。此外，它的微孔孔径也极不均匀，没有明显的吸附选择性。采用硅胶干燥后的气体露点可达-60℃。

3. 分子筛

目前常用的分子筛系人工合成沸石，是强极性吸附剂，对极性、不饱和化合物和易极化分子特别是水有很大的亲和力，故可按照气体分子极性、不饱和度和空间结构不同对其进行分离。

分子筛的热稳定性和化学稳定性高，又具有许多孔径均匀的微孔孔道和排列整齐的空腔，故其比表面积大($800\sim1000m^2/g$)，且只允许直径比其孔径小的分子进入微孔，从而使大小和形状不同的分子分开，起到了筛分分子的选择性吸附作用，因而称之为分子筛。

人工合成沸石是结晶硅铝酸盐的多水化合物，其化学通式为

$$Me_{x/n}[(AlO_2)_x(SiO_2)_y] \cdot mH_2O$$

式中：Me 为正离子，主要是 Na^+、K^+和 Ca^{2+}等碱金属或碱土金属离子；x/n 是价数为 n 的可交换金属正离子 Me 的数目；m 是结晶水的摩尔数。

根据分子筛孔径、化学组成、晶体结构以及 SiO_2与 Al_2O_3的物质的量之比不同，可将常用的分子筛分为 A、X、Y 和 AW 型几种。A 型基本组成是硅铝酸钠，孔径为 0.4nm(4Å)，称为 4A 分子筛。用钙离子交换 4A 分子筛中钠离子后形成 0.5nm(5Å)孔径的孔道，称为 5A 分子筛。用钾离子交换 4A 分子筛中钠离子后形成 0.3nm(3Å)孔径的孔道，称为 3A 分子筛。

X 型基本组成也是硅铝酸钠，但因晶体结构与 A 型不同，形成约 1.0nm(10Å)孔径的孔道，称为 13X 分子筛。用钙离子交换 13X 分子筛中钠离子后形成约 0.8nm(8Å)孔径的孔道，称为 10X 分子筛。Y 型与 X 型具有相同的晶体结构，但其化学组成(SiO_2/Al_2O_3之比)与 X 型不同，通常多用做催化剂。AW 型为丝光沸石或菱沸石结构，系抗酸性分子筛，AW-500 型孔径为 0.5nm(5Å)。

几种常用分子筛化学组成见表 5-11。A、X 和 Y 型分子筛晶体结构见图 5-25。

表 5-11　几种常用分子筛化学组成

型号	SiO_2/Al_2O_3(物质的量之比)	孔径/10^{-1}nm	化学式
3A	2	3~3.3	$K_{7.2}Na_{4.8}[(AlO_2)_{12}(SiO)_{12}]\cdot mH_2O$
4A	2	4.2~4.7	$Na_{12}[(AlO_2)_{12}(SiO)_{12}]\cdot mH_2O$
5A	2	4.9~5.6	$Ca_{4.5}Na_3[(AlO_2)_{12}(SiO)_{12}]\cdot mH_2O$
10X	2.3~3.3	8~9	$Ca_{60}Na_{26}[(AlO_2)_{86}(SiO)_{106}]\cdot mH_2O$
13X	2.3~3.3	9~10	$Na_{86}[(AlO_2)_{86}(SiO)_{106}]\cdot mH_2O$
NaY	3.3~6	9~10	$Na_{56}[(AlO_2)_{56}(SiO)_{136}]\cdot mH_2O$

由于分子筛表面有很多较强的局部电荷，因而对极性分子和不饱和分子具有很大的亲和力，是一种孔径均匀的强极性干燥剂。

水是强极性分子，分子直径为 0.27~0.31nm，比 A 型分子筛微孔孔径小，因而 A 型分子筛是气体或液体脱水的优良干燥剂，采用分子筛干燥后的气体露点可达-100℃。通过专门设计和严格的操作参数，气体露点还可低于-100℃。在天然气处理过程中常见的几种物质分子的公称直径见表 5-12。

目前，裂解气脱水多用 3A 分子筛，天然气脱水多用 4A 或 5A 分子筛。天然气脱硫醇时可选用专用分子筛(例如 RK-33 型)，pH 值小于 5 的酸性天然气脱水时可选用 AW 型分子筛。

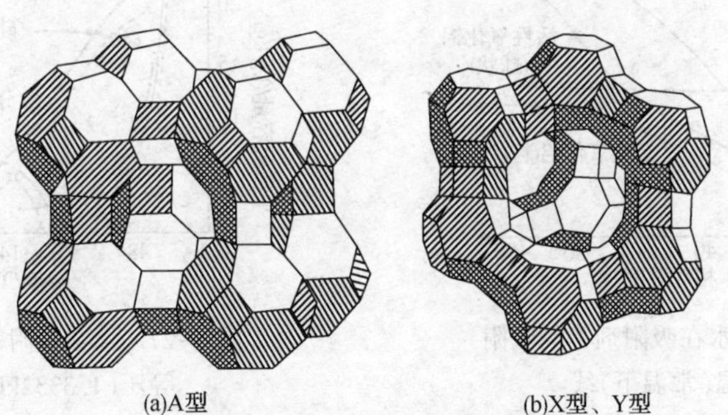

(a)A型　　(b)X型、Y型

图 5-25　A、X 和 Y 型分子筛晶体结构

表 5-12　常见的几种物质分子公称直径

物质分子式	H_2	CO_2	N_2	H_2O	H_2S	CH_3OH	CH_4	C_2H_6	C_3H_8	$nC_4\sim nC_{22}$	$iC_4\sim iC_{22}$
公称直径/10^{-1}nm	2.4	2.8	3.0	3.1	3.6	4.4	4.0	4.4	4.9	4.9	5.6

4. 复合吸附剂

复合吸附剂是指同时使用两种或两种以上的吸附剂。

如果使用复合吸附剂的目的只是脱水，通常将硅胶或活性氧化铝与分子筛在同一干燥器内串联使用，即湿原料气先通过上部的硅胶或活性氧化铝床层，再通过下部的分子筛床层。目前，天然气脱水普遍使用活性氧化铝和4A分子筛串联的双床层，其特点是：①湿气先通过上部活性氧化铝床层脱除大部分水分，再通过下部分子筛床层深度脱水从而获得很低露点。这样既可以减少投资，又可保证干气露点；②当气体中携带液态水、液烃、缓蚀剂和胺类化合物时，位于上部的活性氧化铝床层除用于气体脱水外，还可作为下部分子筛床层的保护层；③活性氧化铝再生时的能耗比分子筛低；④活性氧化铝的价格较低。在复合吸附剂床层中活性氧化铝与分子筛用量的最佳比例取决于原料气流量、温度、水含量和组成、干气露点要求、再生气组成和温度以及吸附剂的形状和规格等。

Northrop等指出，采用分子筛-活性氧化铝复合吸附剂脱水时，由于可降低再生温度等原因，从而可使分子筛寿命延长。

如果同时脱除天然气中的水分和少量硫醇，则可将两种不同用途的分子筛床层串联布置，即含硫醇的湿原料气先通过上部脱水的分子筛床层，再通过下部脱硫醇的分子筛床层，从而达到脱水脱硫醇的目的。

（二）吸附剂的选择

通常，应从脱水要求、使用条件和寿命、设计湿容量以及价格等方面选择吸附剂。

与活性氧化铝、硅胶相比，分子筛用做干燥剂时具有以下特点：①吸附选择性强，即可按物质分子大小和极性不同进行选择性吸附；②虽然当气体中水蒸气分压（或相对湿度）高时其湿容量较小，但当气体中水蒸气分压（或相对湿度）较低，以及在高温和高气速等苛刻条件下，则具有较高的湿容量（图5-26、图5-27及表5-13）；③由于可以选择性地吸附水，可避免因重烃共吸附而失活，故其使用寿命长；④不易被液态水破坏；⑤再生时能耗高；⑥价格较高。

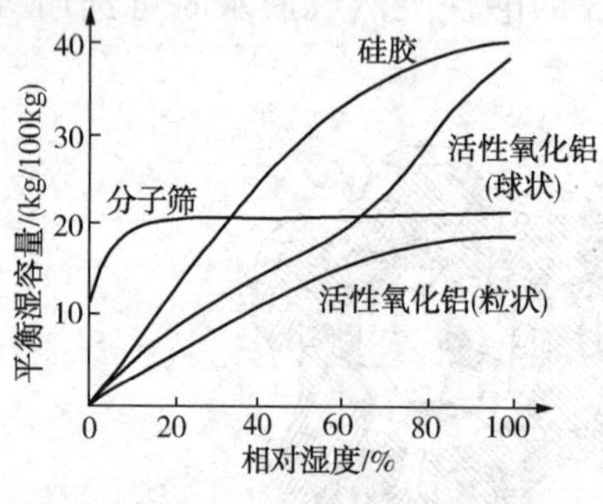

图5-26　水在吸附剂上的吸附等温（常温下）线

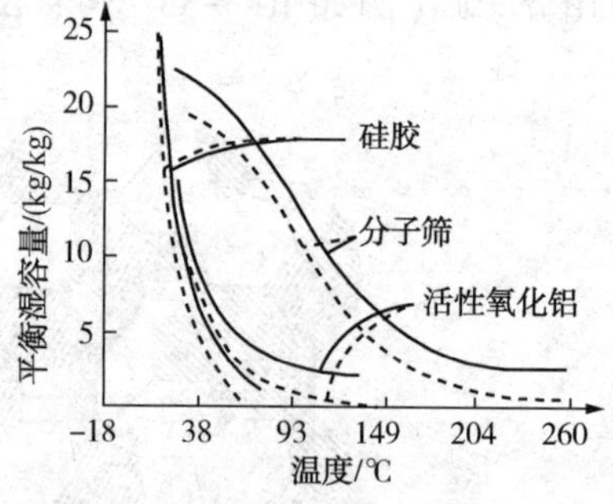

图5-27　水在吸附剂上的吸附等压（1.3332kPa）线

由图5-26可知，当相对湿度小于30%时，分子筛的平衡湿容量比其他干燥剂都高，这表明分子筛特别适用于气体深度脱水。此外，虽然在相对湿度较大时硅胶的平衡湿容量比较高，但这是指静态吸附而言。天然气脱水是在动态条件下进行的，这时分子筛的湿容量则可超过其他干燥剂。表5-13就是在压力为0.1MPa和气体入口温度为25℃、相对湿度为50%时不同气速下分子筛与硅胶湿容量（质量分数）的比较。图5-27则是水在几种干燥剂上的吸附等压线（即在1.3332kPa水蒸气分压下处于不同温度时的平衡湿容量）。图中虚线表示干燥剂在吸附开始时有2%残余水的影响。由图5-27可知，在较高温度下分子筛仍保持有相当高的吸附能力。

表 5-13 气体流速对吸附剂湿容量的影响

气体流速/(m/min)		15	20	25	30	35
吸附剂湿容量/%	分子筛(绝热)	17.6	17.2	17.1	16.7	16.5
	硅胶(恒温)	15.2	13.0	11.6	10.4	9.6

表 5-14 常用 A、X 型分子筛性能及用途

分子筛型号	3A		4A		5A		10X		13X	
形状	条	球	条	球	条	球	条	球	条	球
孔径/10^{-1}nm	~3	~3	~4	~4	~5	~5	~8	~8	~10	~10
堆密度/(g/L)	≥650	≥700	≥660	≥700	≥640	≥700	≥650	≥700	≥640	≥700
压碎强度/N	20~70	20~80	20~80	20~80	20~55	20~80	30~50	20~70	45~70	30~70
磨耗率/%	0.2~0.5	0.2~0.5	0.2~0.4	0.2~0.4	0.2~0.4	0.2~0.4	≤0.3	≤0.3	0.2~0.4	0.2~0.4
平衡湿容量②/%	≥20.0	≥20.0	≥22.0	≥21.5	≥22.0	≥24.0	≥24.0	≥24.0	≥28.5	≥28.5
包装水含量(付运时)/%	<1.5	<1.5	<1.5	<1.5	<1.5	<1.5	<1.5	<1.5	<1.5	<1.5
吸附剂(最大)/(kJ/kg)	4190	4190	4190	4190	4190	4190	4190	4190	4190	4190
吸附分子	直径<0.3nm的分子，如H_2O、NH_3、CH_3OH		直径<0.4nm的分子，如C_2H_5OH、H_2S、CO_2、SO_2、C_2H_4、C_2H_6和C_3H_6		直径<0.5nm的分子，如左侧各分子、C_3H_8、n-C_4H_{10}~$C_{22}H_{26}$、n-$C_4H_9OH_n$-C_4、n-C_4H_9OH以及更大醇类		直径<0.8nm的分子，如左侧各分子及异构烷烃、烯烃及苯		直径<1.0nm的分子，如左侧各分子及二正丙基胺	
排除分子	直径>0.3nm的分子，如C_2H_6		直径>0.4mm的分子，如C_3H_8		直径>0.5nm的分子，如异构化合物及四碳环状化合物		二正丁基胺及更大分子		三正丁基胺及更大分子	
用途	①不饱和烃如裂解气、丙烯、丁二烯、乙炔干燥；②极性液体如甲醇、乙醇干燥		空气、天然气、专用气体、稀有气体、溶剂、烷烃、制冷剂气体或液体的深度干燥		①天然气干燥、脱硫、脱CO_2；②PSA过程(N_2/O_2分离、H_2纯化)；③正构烷烃分离、脱硫、脱CO_2		①芳烃分离；②脱有机硫		①原料气净化(同时脱除水及CO_2)；②天然气、液化石油气、液烃的干燥、脱硫(脱除H_2S和RSH)；③一般气体干燥	

由此可知，对于相对湿度大或水含量高的气体，最好先用活性氧化铝、硅胶预脱水，然后再用分子筛脱除气体中的剩余水分，以达到深度脱水的目的。或者，先用三甘醇脱除大量的水分，再用分子筛深度脱水。这样，既保证了脱水要求，又避免了在气体相对湿度大或水含量高时由于分子筛湿容量较小，需要较多吸附剂或频繁再生的缺点。由于分子筛价格较高，故对于低含硫气体，当脱水要求不高时，也可只采用活性氧化铝或硅胶脱水。如果同时脱水脱硫醇，则可选用两种不同用途的分子筛。

常用分子筛的性能见表5-14和表5-15。

表5-15 AW-500、RK-33型分子筛性能

类型	形状	直径/mm	孔径/10^{-1}nm	堆积密度/(g/L)	吸附热/(kJ/kg)	平衡湿容量②/%	付运时水含量/%	压碎强度/N
AW-500	球	1.6	5	705	3372	20	<2.5	35.6
	球	3.2	5	705	3372	19.5	<2.5	80.1
RK-33	球	—	—	609	—	28	<1.5	31.3

注：①表中数据取自上海环球(UOP)分子筛有限公司产品技术资料。

②平衡湿容量指在2.331kPa和25℃下每千克活化的吸附剂吸附水的千克数。

二、吸附法脱水工艺技术及应用

与吸收法相比，吸附法脱水适用于要求干气露点较低的场合，尤其是分子筛，常用于汽车用压缩天然气的生产(CNG加气站)和采用深冷分离的天然气凝液(NGL)回收、天然气液化等过程中。

采用不同干燥剂的天然气脱水工艺流程基本相同，干燥器(脱水塔)都采用固定床。由于干燥器床层在脱水操作中被水饱和后，需要再生脱除干燥剂所吸附的水分，故为了保证脱水装置连续运行，至少需要两个干燥器。在两塔(即两个干燥器)流程中，一台干燥器进行天然气脱水，另一台干燥器进行干燥剂再生(加热和冷却)，然后切换操作。在三塔或多塔流程中，其切换流程则有所不同。

(一) NGL回收装置中的天然气脱水

当采用低温法的目的是为了回收天然气凝液时，由于这类装置需要在较低温度(对于浅冷分离的NGL回收装置，一般在-15~-35℃；对于深冷分离的NGL回收装置，一般低于-45℃，甚至低达-100℃以下)下回收和分离NGL，为了防止在装置的低温系统形成水合物和冻堵，故必须采用吸附法脱水。此时，吸附法脱水系统是NGL回收装置中的一个组成部分，其工艺流程见图5-28。脱水深度应根据装置低温系统中的天然气温度和压力有所不同。对于采用深冷分离的NGL回收装置，通常都要求干气水含量低至1×10^{-6}(体积分数，下同)或0.748mg/m^3，约相当于干气露点为-76℃，故均选用分子筛作干燥剂。

1. 工艺流程

图5-28为NGL回收装置中普遍采用的气体脱水两塔工艺流程。一台干燥器在脱水时原料气上进下出，以减少气流对床层的扰动，另一台干燥器在再生时再生气下进上出，这样既可以脱除靠近干燥器床层上部被吸附的物质，并使其不流过整个床层，又可以确保与湿原料气接触的下部床层得到充分再生，而下部床层的再生效果直接影响流出床层干气的露点。然后，两台干燥器切换操作。如果采用湿气(例如原料气)再生与冷却，为保证分子筛床层下部再生效果，再生气与冷却气应上进下出。

在脱水时，干燥器床层不断吸附气体中的水分直至最后整个床层达到饱和，此时就不能再对湿原料气进行脱水。因此，必须在干燥器床层未达到饱和之前就进行切换，即将湿原料气改进入另一个已经再生好的干燥器床层，而刚完成脱水操作的干燥器床层则改用再生气进行再生。

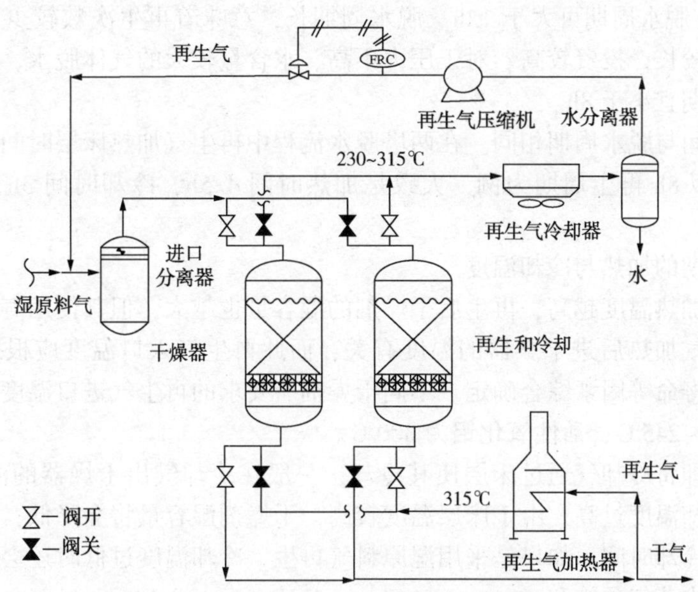

图 5-28 吸附法脱水两塔工艺流程图

干燥器再生气可以是湿原料气，也可以是脱水后的高压干气或外来的低压干气(例如 NGL 回收装置中的脱甲烷塔塔顶气)。为使干燥剂再生更完全，保证干气有较低露点，一般应采用干气作再生用气。再生气量约为原料气量的 5%~10%。

当采用高压干气作再生气时，可以是加热后直接去干燥器将床层加热，使干燥剂上吸附的水分脱附，然后将流出干燥器的气体冷却，使脱附出来的水蒸气冷凝与分离。由于此时分出的气体是湿气，故增压返回湿原料气中(图 5-28)；也可以是将再生气先增压(一般增压 0.28~0.35MPa)再加热去干燥器，然后冷却、分水并返回湿原料气中；还可以根据干气外输要求(露点、压力)，再生气不需增压，经加热后去干燥器，然后冷却、分水，靠控制进输气管线阀门前后的压差使这部分湿气与干气一起外输。当采用低压干气作再生气时，因脱水压力远高于再生压力，故在干燥器切换时应控制升压与降压速度，一般宜小于 0.3MPa/min。

床层加热完毕后，再用冷却气使床层冷却至一定温度，然后切换转入下一个脱水周期。由于冷却气是采用不加热的干气，故一般也是下进上出。但是，有时也可将冷却干气自上而下流过床层，使冷却干气中的少量水蒸气被床层上部干燥剂吸附，从而最大限度降低脱水周期中出口干气的水含量。

2. 工艺参数

(1) 原料气进干燥器温度

由图 5-27 可知，吸附剂的湿容量与床层吸附温度有关，即吸附温度越高，吸附剂的湿容量越小。为保证吸附剂有较高的湿容量，进入床层的原料气温度不宜超过 50℃。

(2) 脱水周期

干燥器床层的脱水周期(吸附周期)应根据原料气的水含量、空塔流速、床层高径比、再生气能耗、干燥剂寿命等进行技术经济比较后确定。

对于两塔脱水流程，干燥器脱水周期一般为 8~24h，通常取 8~12h。如果原料气的相对湿度小于100%，脱水周期可大于12h。脱水周期长，意味着再生次数较少，干燥剂使用寿命长，但是床层较长，投资较高。对于压力不高、水含量较大的气体脱水，为避免干燥器尺寸过大，脱水周期宜小于8h。

再生周期时间与脱水周期相同。在两塔脱水流程中再生气加热床层时间一般是再生周期的50%~65%。以8h再生周期为例，大致是加热时间4.5h，冷却时间3h，备用和切换时间0.5h。

(3) 再生周期的加热与冷却温度

再生时床层加热温度越高，再生后干燥剂的湿容量也越大，但其使用寿命也越短。床层加热温度与再生气加热后进干燥器的温度有关，而此再生气入口温度应根据原料气脱水深度、干燥剂使用寿命等因素综合确定。不同干燥剂所要求的再生气进口温度上限为：分子筛315℃；硅胶234~245℃；活性氧化铝为300℃。

加热完毕后即将冷却气通过床层使其冷却，一般在冷却气出干燥器的温度降至50℃即可停止冷却。冷却温度过高，由于床层温度较高，干燥剂湿容量将会降低；反之，冷却温度过低，将会增加冷却时间。如果是采用湿原料气再生，冷却温度过低时还会使床层上部干燥剂被冷却气中的水蒸气预饱和。

图5-29为采用两塔流程的吸附法脱水装置8h再生周期(包括加热和冷却)的温度变化曲线。曲线1表示再生气进干燥器的温度 T_H，曲线2表示加热和冷却过程中离开干燥器的气体温度，曲线3则表示湿原料气温度。

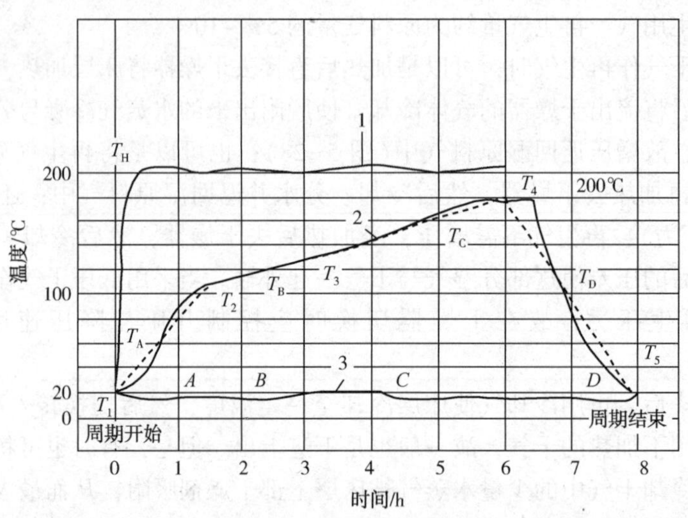

图5-29　再生加热和冷却过程温度变化曲线

由图5-29可知，再生开始时加热后的再生气进入干燥器加热床层和容器，出床层的气体温度逐渐由 T_1 升至 T_2，大约在116~120℃时床层中吸附的水分开始大量脱附，故此时升温比较缓慢。设计中可假定大约在121~125℃的温度下脱除全部水分。待水分全部脱除后，继续加热床层以脱除不易脱附的重烃和污物。当再生时间在4h或4h以上，离开干燥器的气体温度达到180~230℃时床层加热完毕。热再生气温度 T_H 至少应比再生加热过程中所要求的最终离开床层的气体出口温度 T_4 高19~55℃，一般为38℃。然后，将冷却气通入床层进行冷却，当床层温度大约降至50℃时停止冷却。

在加热过程中再生气放出热量 Q_1，吸附剂吸收热量 Q_2，$Q_1>Q_2$。入塔和出塔气体温度曲线与通过 t_0 水平线间的面积分别代表 Q_1 和 Q_2 大小。在 $d\tau$ 时间内，再生气放出热量 dQ_1，使吸附剂温度上升 dt，则有

$$dQ_1=m_r c_p(t_3-t)d\tau=\tau dt$$

式中 m_r——再生气质量流量；

c_p——再生气比热容；

τ——再生气比热容，$\tau=Q_2/(t_2-t_0)$。

在 $\tau_0\sim\tau_1$ 的加热时段内，吸附剂温度由 t_0 上升至 t_2，对上式进行积分得

$$m_r c_p(\tau_1-\tau_0)=\tau\ln\frac{t_3-t_0}{t_3-t_2}=\frac{Q_2}{t_2-t_0}\ln\frac{t_3-t_0}{t_3-t_2}$$

在加热时段内，再生气提供热量为

$$Q_1=m_r c_p(t_3-t_0)(\tau_1-\tau_0)$$

代入上式得

$$Q_1=Q_2\frac{t_3-t_0}{t_3-t_2}\ln\frac{t_3-t_0}{t_3-t_2} \tag{5-15}$$

式(8-19)表示加热周期内热媒释放热量 Q_1 真与吸附剂吸收热量 Q_2 间的关系。Q_2 由四部分组成：加热吸附剂，加热塔，吸附水温度升至解吸温度，水蒸发所需热量。在冷却时间内，冷却气带走的热量主要为塔和吸附剂降温放出热量之和。

3. 吸附塔计算

吸附塔严格的数学模拟要解非线性偏微分方程组，十分复杂，只能在计算软件内实现。然而以经验为基础的计算方法也常能满足工程设计人员的需要。

气体压力和处理量一定时，塔径大、塔内气流速度低，吸附剂吸湿容量增大，脱水效果较好，但塔造价增大。因而，设计吸附塔时应在塔径和气流速度间作出某种折衷，并应考虑床层的高径比。气体空塔速度过大容易扰动床层，并使吸附床压降增大，压碎吸附剂颗粒。气体最大空塔速度的经验式为

$$v_{max}=A/\rho_g^{0.5} \tag{5-16}$$

式中 v_{max}——气体最大空塔速度，m/min；

A——常数，吸附剂颗粒直径 3.2mm，$A=67.1$；直径 1.6mm，$A=48.8$；

ρ_g——气体密度，kg/m³。

吸附剂装填量一定时，塔径愈大、压降愈小。单位床高压降可用下式表示

$$\frac{\Delta p}{L}=B\mu v_g+C\rho_g v_g^2 \tag{5-17}$$

式中 Δp——床层压降，kPa；

L——床高度，m；

v_g——气体空塔速度，m/min；

μ——气体黏度，mPa·s；

B、C——经验常数，见表 5-16。

表 5-16 压降经验常数

颗粒类型	B	C
ϕ3.2 球状	4.156	0.001351
ϕ3.2 条状	5.359	0.001885
ϕ1.6 球状	11.281	0.002067
ϕ1.6 条状	17.664	0.003192

单位床高经济压降约 7.4kPa/m，整个床层压降约 34.5kPa，不要超过 55kPa。随使用时间延续，吸附床污染，床层压降会逐渐增大。再生气单位床高压降不应小于 0.23kPa/m，流速不小于 3m/min。否则也将产生不均匀流动。

塔径一定，床高与装填的吸附剂量有关。长周期吸附塔的床层高度有两部分组成，即饱和区和传质区。饱和区高度按气体脱水量和吸附剂设计湿容量确定，传质区高度按式(5-18)确定

$$h_z = 0.1498\xi v_g^{0.3} \tag{5-18}$$

式中 h_z——传质段高度，m；

ξ——系数，颗粒直径 3.2mm，$\xi=3.4$；直径 1.6mm，$\xi=1.7$。

吸附床应有一定高/径比。直径过大，床层高度减小，易导致沿塔截面气体流速分布不均；直径太小，床层高度增大，床层压降过大。文献推荐 $L/D \geqslant 2.5$，但我国若干套吸附塔的 L/D 约为 2，也取得好的脱水效果。推荐 $L/D=2 \sim 2.5$。

在以上经验公式和数据的基础上，可试算塔的直径和吸附床的高度。

【例 5-6】气体处理量 $120\times10^4 m^3/d$，相对分子质量 19.41，绝对压力 5MPa，温度 35℃，相对湿度 100%，吸附周期 8h，双塔流程，采用 4A 型、ϕ3.2 球状分子筛脱水，以满足从天然气后续加工对水含量的要求。计算：(1)吸附塔直径和高度；(2)再生热负荷、再生气量、再生加热炉功率；(3)冷却负荷、冷却时间、冷却器功率。

【解】(1)基础数据

由表 5-15，分子筛堆积密度 721kg/m³，比热容 1.047kJ/(kg·℃)，设计湿容量为 0.14%。

气体相对密度=气体相对分子质量÷空气相对分子质量=19.41/28.97=0.67。

由图 5-1，原料气含水 1450mg/m³，忽略吸附塔出口气体含水，每个吸附周期内脱出水量 $=120\times10^4\times1450\div3=580$(kg)。

在塔工况下，气体密度=42.2kg/m³，气体质量流量 $=96.9\times10^4$kg/d=672.9(kg/min)。体积流量=22962m³/d=15.9m³/min。

(2) 吸附塔直径和高度

1) 塔径：气体最大空塔速度由式(5-16)计算。

$v_g = A/\rho_g^{0.5} = 67.1/42.2^{0.5} = 10.3$(m/min)。

单位床高压降由式(5-17)计算。

$\Delta p/L = 4.156\times0.012\times10.3 + 0.001351\times42.2\times10.3^2 = 6.56$kPa/m。式内气体黏度 0.012mPa·s 由式(2-57)计算。

吸附塔面积=体积流量÷气体流速=15.9÷10.3=1.54m²，塔直径=1.40m。取塔径=1.5m，塔面积=1.77m²。

校验：塔内气体实际流速＝流量÷塔面积＝15.9÷1.77＝9.0(m/min)。

$\Delta p/L$＝4.156×0.012×9.0+0.001351×42.2×9^2＝5.07(kPa/m)。(该数值略小)

2）分子筛需用量：饱和段用量＝气体脱水量÷分子筛湿容量＝580÷0.14＝4143kg，体积＝质量÷散装密度＝4143÷721＝5.75(m^3)，散装密度721kg/m^3由表5-9查得。高度＝体积÷塔面积＝5.75÷1.77＝3.25(m)。

传质段高度由式(5-18)计算，h_z＝0.1498×$9.0^{0.3}$×3.4＝0.98m，分子筛体积＝高度×塔面积＝0.98×1.77＝1.73(m^3)，分子筛质量＝密度×体积＝721×1.73＝1247(kg)。

分子筛总用量＝4143+1247＝5390kg，散装高度＝饱和段高度+传质段高度＝3.25+0.98＝4.23(m)，分子筛总压降＝单位床高压降×高度＝5.07×4.23＝21.4(kPa)。

高径比 L/D＝4.23/1.5＝2.82，略高。

3）塔高：分子筛上下空间各留1倍塔径高度，塔高＝分子筛高度+上下空间高度＝4.23+2×1.5＝7.2(m)。

(3) 再生热负荷、再生气量、再生加热炉功率

1）再生热负荷

① 吸附水升温热量：由脱水温度35℃升至110℃所需显热，由饱和水与水蒸气表知：110℃水的比焓为461.3kJ/kg，35℃为146.6kJ/kg，吸附水升温热量＝脱出水量×热焓差＝580×(461.3－146.6)＝182.5(MJ)。

② 水蒸发热量：在塔的压力下，水汽化热为1753kJ/kg，水蒸发热量＝脱水量×汽化热＝580×1753＝1017MJ。

③ 加热分子筛热量：分子筛再生温度定为28℃，与吸附温度35℃的温差250℃，加热分子筛热量＝分子筛质量×比热容×温差＝5390x1.047×250＝1411(MJ)，比热容由表8-5查得。

④ 加热吸附塔热量：吸附塔质量6000kg(估算略)，钢比热0.5kJ/(kg·℃)，加热吸附塔热量＝塔质量×比热容×温差＝6000×0.5×250＝750(MJ)。

再生热负荷 Q_2 为以上4项之和，3361MJ。

2）再生气量

再生气提供的热量由式(5-15)计算。设再生气温度比床层温度高40℃，为325℃；再生时间4.5h。

再生气提供热量 $Q_1=3361\times\dfrac{325-35}{85-35}\ln\left(\dfrac{325-35}{325-285}\right)=7723(\text{MJ})$。

再生气质量流量＝热量/(比热容×温差×加热时间)，再生气比热容由式(2-72)计算为2.1kJ/(kg·℃)。

再生气质量流量$=\dfrac{7723000}{2.10\times(325-35)\times4.5}=2818(\text{kg/h})=46.9(\text{kg/min})$，与原料气质量流量比＝46.9÷672.9＝7.0%。

在再生条件(5MPa、325℃)下，气体密度＝19.53kg/m^3，再生气体积流量＝质量流量÷密度＝46.9÷19.53＝2.4(m^3/min)。

检验：单位床高压降。再生空塔速度 v_g＝体积流量÷塔面积＝2.4÷1.77＝1.36(m/min)，$\Delta p/L$＝4.156×0.0198(再生条件下气体黏度)×1.36+0.001351×19.53×1.36^2＝0.16(kPa/m)。

3）再生加热炉功率

功率＝再生气提供热量÷加热时间＝7723÷4.5＝1716MJ/h＝477kW。

(4) 冷却负荷、冷却时间、冷却器功率

1)冷却负荷：床层降温至45℃，比吸附温度高10℃。

分子筛降温放热＝分子筛质量×比热容×温降＝5390×1.047×(285－45)＝1354(MJ)。

吸附塔降温放热＝塔质量×比热容×温降＝6000×0.5×(285－45)＝720(MJ)。

总放热量为上两项之和＝1354+720＝2074(MJ)。

2) 冷却时间和功率估算：设：冷却气质量流量＝再生气质量流量；冷却期间平均温度＝(285+45)/2＝165(℃)，相应的气体比热容，为2.17kJ/(kg·℃)。

冷却时间＝冷却负荷÷(冷却气质量流量×气体比热容×温差)＝2074000/(2818×2.17×240)＝1.41(h)。

再生冷却器功率＝冷却放热量÷冷却时间＝2074/1.41＝1471(MJ/h)＝409(kW)。

4. 主要设备

主要设备有干燥器、再生气加热器、冷却器和水分离器以及再生气压缩机等。现仅将干燥器的结构介绍如下。

干燥器的结构见图5-30。由图5-30可知，干燥器由床层支承梁和支承栅板、顶部和底部的气体进、出口管嘴和分配器(这是因为脱水和再生分别是两股物流从两个方向流过干燥剂床层，故顶部和底部都是气体进、出口)、装料口、排料口以及取样口、温度计插孔等组成。床层上部装填瓷球高度为150mm，下部装填瓷球高度为150~200mm。

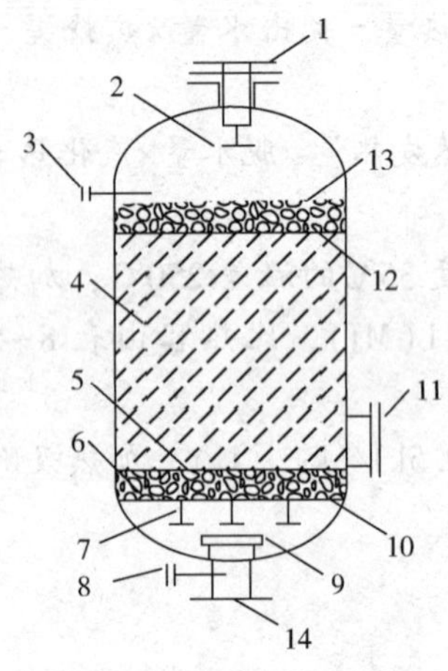

图5-30　干燥器结构示意图

1—入口/装料口；2、9—挡板；3、8—取样口及温度计插孔；4—分子筛；5、13—瓷球；6—滤网；7—支撑梁；10—支撑栅；11—排料口；12—浮动滤网；14—出口

干燥剂的形状、大小应根据吸附质不同而异。对于天然气脱水，通常使用的分子筛颗粒是球状和条状(圆形或三叶草形截面)。常用的球状规格是ϕ3~8，条状(即圆柱状)规格是ϕ1.6~3.2。

干燥器尺寸会影响床层压降。对于气体吸附来讲，其床层高径比不应小于1.6。气体通过床层的设计压降一般应小于35kPa，最好不大于55kPa。

由于干燥剂床层在再生加热时温度较高，故干燥器需要保温。器壁外保温比较容易，但内保温可以降低大约30%的再生能耗。然而，一旦内保温衬里发生龟裂，气体就会走短路而不经过床层。

20世纪80年代以来我国陆续引进了几套处理量较大且采用深冷分离的NGL回收装置，这些装置均选用分子筛作干燥剂。目前，国内也有很多采用浅冷或深冷分离的NGL回收装置选用分子筛作干燥剂。另外，海南福山油田目前有一套小型NGL回收装置在运行，由于原料气中CO_2含量高达20%~30%，故选用抗酸性分子筛。我国为哈萨克斯坦扎那若尔油气处理新厂设计与承建的天然气脱水脱硫醇装置处理量为315×$10^4m^3/d$，采用了复合分子筛床层的干燥器，上层为RK-38型分子筛，主要作用是脱水，下层为RK-33型分子筛，主要作用是脱硫醇。

我国几套 NGL 回收和天液化然气生产装置分子筛干燥器的基本数据见表 5-17。

表 5-17 我国几套装置分子筛干燥器基本数据

项　目	广东珠海①	辽河油田②	大庆涉南②	中原油田②
处理量/(m^3/h)	26150	50000	29480	41666
吸附压力/MPa	4.27	3.40	4.10	4.21
吸附温度/℃	34	35	38	27
吸附周期/h	12	8	8	8
脱水总量/kg	334	524	337	300
设计吸附容量/%	8	8.22	7.85	7.79
干燥器台数	2	2	2	2
分子筛型号	4A	4A	4A	4A
分子筛直径/mm	$\phi3$	$\phi3$	$\phi3$	$\phi3.5$
干燥器内径/m	1.6	1.9	1.54	1.7
床层高度/m	3.94	3.55	3.5	2.57
床层压降/kPa	28.9			
吸附操作线速/(m/s)	0.082	0.142	0.11	0.111
再生气进口温度/℃	280	290	230	240
再生气出床层温度/℃	220	—	180	180
再生气压力/MPa	2.1	0.72	1.95	1.23
再生气用量/(m^3/h)	2450	—	—	—
原料气含水量	饱和	饱和	饱和	饱和
脱水后气体含水量/10^{-6}	1	1	1	1
分子筛产地	上海 UOP	日本	德国	德国

注：①液化天然气生产装置。
②NGL 回收装置。

（二）CNG 加气站中的天然气脱水

CNG 加气站的原料气一般为来自输气管道的商品天然气，在加气站中增压至 20~25MPa 并冷却至常温后，再在站内储存与加气。充装在高压气瓶(约 20MPa)中的 CNG，用作燃料时须从高压减压至常压或负压，再与空气混合后进入汽车发动机中燃烧。由于减压时有节流效应，气体温度将会降至-30℃以下。为防止气体在高压与常温(尤其是在寒冷环境)或节流后的低温下形成水合物和冻堵，故必须在加气站中对原料气深度脱水。

CNG 加气站中的天然气脱水虽也采用吸附法，但与 NGL 回收装置中的脱水系统相比，它具有以下特点：①处理量很小；②生产过程一般不连续，而且多在白天加气；③原料气已在上游经过处理，露点通常已符合管输要求，故其相对湿度小于 100%。

CNG 加气站中气体脱水用的干燥剂普遍采用分子筛。至于脱水后的干气露点或水含量，则应根据各国乃至不同地区的具体情况而异。我国 GB 18047《车用压缩天然气》中规定，汽车用压缩天然气的水露点在汽车驾驶的特定地理区域内，在最高操作压力下，水露点不应高于-13℃；当最低气温低于-8℃，水露点应比最低气温低 5℃。CNG 的脱水深度通常也可用其在储存压力下的水含量来表示。

1. 天然气脱水装置在加气工艺流程中的位置

当进加气站的天然气需要脱水时，脱水可在增压的压缩机前(“前置”)、压缩机级间(“级间”)或压缩机后(“后置”)进行，即根据其在CNG加气工艺流程中的位置不同，又可分为低压脱水、中压脱水及高压脱水三种。

脱水装置通常设置两塔即两个干燥器，一套系统在脱水，一套系统在再生。交替运行周期一般为6~8h，但也可更长。脱水装置的设置位置应按下列条件确定：①所选用的压缩机在运行中，其机体限制冷凝水的生成量，且天然气的进站压力能克服脱水系统等阻力时，应将脱水装置设置在压缩机前；②所选用的压缩机在运行中，其机体不限制冷凝水的生成量，并有可靠的导出措施时，可将脱水装置设置在压缩机后；③所选用的压缩机在运行中，允许从压缩机级间导出天然气进行脱水时，可将脱水装置设置在压缩机级间。此外，压缩机气缸采用的润滑方式(无油或注油润滑)也是确定脱水装置在流程中位置时需要考虑的因素。

在增压前脱水时的再生，宜采用进站天然气经电加热、吸附剂再生、冷却和气液分离后，再经增压并入进站的天然气脱水系统。再生用的压缩机(或循环风机)扬程应为再生系统阻力值的1.10~1.15倍。

在增压后或增压间脱水时的再生，宜采用脱除游离液(水分和油分)后的压缩天然气，并应由电加热控制系统温度。再生后的天然气宜经冷却、气液分离后进入压缩机的进口。再生用天然气压力为0.4~0.8MPa。

低、中、高压脱水方式各有优缺点。高压脱水所需脱水设备体积小、再生气量少、脱水后的气体露点低，在需要深度脱水时具有优势。此外，由于气体在压缩机级间和出口处经冷却、分离排出的冷凝水量约占总脱水量的70%~80%，故所需吸附剂少、再生能耗低。但是，高压脱水对容器的制造工艺要求高，需设置可靠的冷凝水排出设施，增加了系统的复杂性。另外，由于进入压缩机的气体未脱水，会对压缩机的气缸等部位产生一定的腐蚀，影响压缩机的使用寿命。低压脱水的优点是可保护压缩机气缸等不产生腐蚀，无需设置冷凝水排出设施，对容器的制造工艺要求低，缺点是所需脱水设备体积大，再生能耗高。

天然气脱水装置设置在压缩机后或压缩机级间时，压缩天然气进入脱水装置前，应先经过冷却、气液分离和除油过滤，以脱除游离水和油。

2. CNG加气站天然气脱水装置工艺流程

目前国内各地加气站大多采用国产天然气脱水装置，并有低压(前置)、中压(级间)、高压(后置)脱水三类。低压和中压脱水装置有半自动、自动和零排放三种方式，高压脱水装置有半自动、全自动两种方式。半自动装置只需操作人员在两塔切换时手动切换阀们，再生过程自动控制。在两塔切换时有少量天然气排放。全自动装置所有操作自动控制，不需人员操作。在两塔切换时也有少量天然气排放。零排放装置指全过程(切换、再生)实现零排放。这些装置脱水后气体水露点小于-60℃。干燥剂一般采用4A(含C_3^+烃类时也可采用3A)分子筛。

半自动和全自动低压脱水工艺流程见图5-31。图5-31中原料气从进气口进入前置过滤器，除去游离液和尘埃后经阀3进入干燥器A，脱水后经阀5去后置过滤器除去吸附剂粉尘后至出气口。再生气经循环风机增压后进入加热器升温，然后经阀8进入干燥器B使其再生，再经阀2进入冷却器冷却后去分离器分出冷凝水，重新进入循环风机增压。

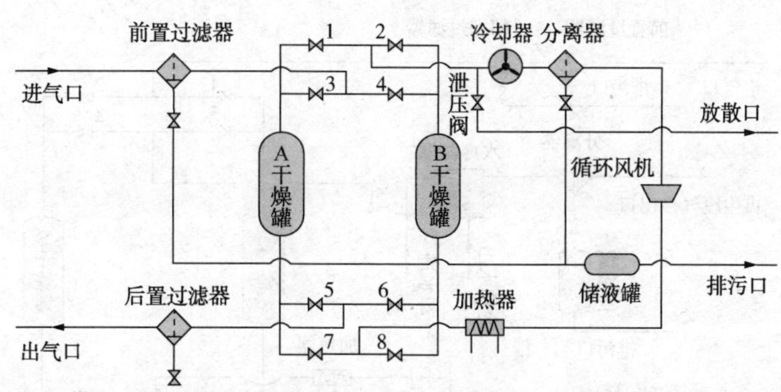

图 5-31 低压半自动、全自动脱水工艺流程

零排放低压脱水工艺流程见图 5-32。图 5-32 中原料气从进气口进入前置过滤器，除去游离液和尘埃后经阀 1 进入干燥器 A，脱水后经止回阀和后置过滤器至出气口。再生气来自脱水装置出口，经循环风机增压后进入加热器升温，然后经止回阀进入干燥器 B 使其再生，再经阀 4 进入冷却器冷却后去分离器分出冷凝水，重新回到脱水装置进气口。

半自动、全自动和零排放中压脱水流程与图 5-31、图 5-32 基本相同，只是进气口来自压缩机一级出口(或二级出口，但工作压力不宜超过 4MPa)，出气口去压缩机二级入口(或三级入口)。

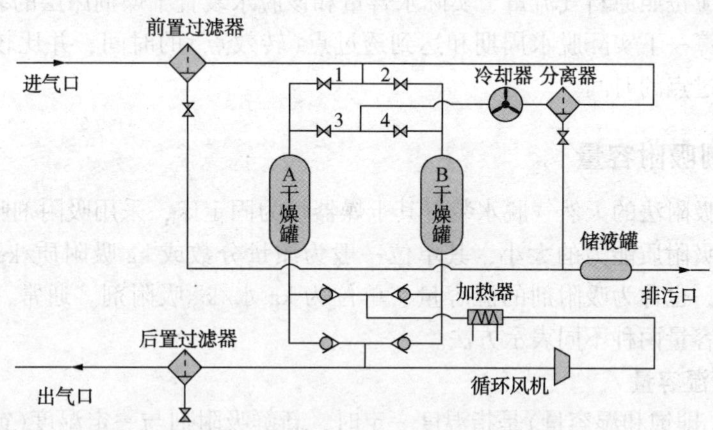

图 5-32 零排放低压天然气脱水工艺流程

高压脱水装置工艺流程见图 5-33。图 5-33 中的气体依次进入前置过滤器、精密过滤器，除去游离液和尘埃后经阀 1 进入干燥器 A 脱水，然后经后置过滤器和压力保持阀送至顺序盘入口。再生气从装置出口或低压气井(或低压气瓶组)引入，经减压后进入加热器升温，然后进入干燥器 B 使其再生，再经阀 4 进入冷却器、分离器分出冷凝水后，进入压缩机前的低压管网或放空。

此外，目前国内还有适用于边远气井采出气的射流泵型零排放脱水装置。该脱水装置已在塔里木气区应用。

由于川渝地区气温较高，故部分商品气在管输前未经脱水，其水含量有的可达 4.25g/m^3(露点约为 0℃)。为了减少 CNG 加气站脱水装置负荷和降低再生能耗，该地区 CNG 加气站普遍采用高压脱水装置。至于其他地区加气站，当其采用来自长庆气区输气管道或西气东输管道

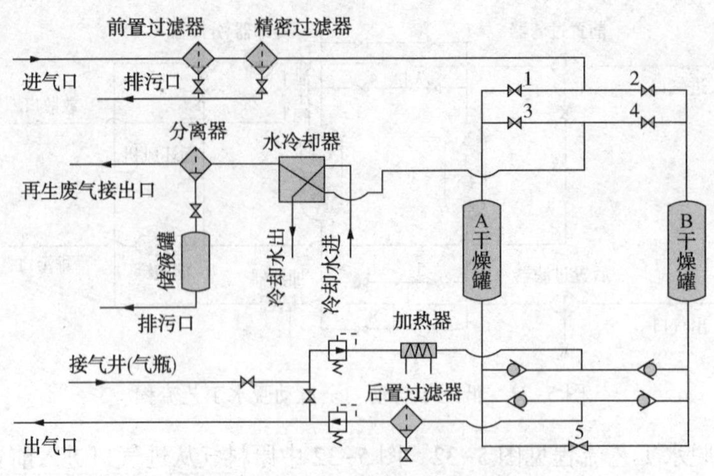

图 5-33　高压天然气脱水工艺流程

天然气为原料气时，由于管输前已在处理厂采用吸收法或低温法脱水，而且在进 CNG 加气站时有一定压力，因而普遍选用低压脱水装置。

当加气站规模较小时，其天然气脱水装置也可采用 1 台干燥器，间断脱水与再生。

必须说明的是，当选用成套天然气脱水装置产品时，如果其干燥剂床层高度和直径是某一定值的话，则应按照原料气流量、实际水含量和该脱水装置干燥剂床层的装填量、有效湿容量和高度等核算一下实际脱水周期和达到透过点(转效点)的时间，并比较实际脱水周期是否小于达到透过点的时间。

三、吸附剂吸附容量

目前，采用吸附法的天然气脱水装置其干燥器均为固定床，采用吸附剂吸附容量来表示单位吸附剂吸附吸附质能力的大小，其单位一般为质量分数或 kg 吸附质/kg 吸附剂。当吸附质为水蒸气时，也称为吸附剂的湿容量，单位为 kg 水/kg 吸附剂。通常，湿容量有平衡湿容量和有效湿容量两种不同表示方法。

（一）平衡湿容量

平衡湿容量(即饱和湿容量)是指温度一定时，新鲜吸附剂与一定湿度(或一定水蒸气分压)的气体充分接触，最后水蒸气在两相中达到平衡时的湿容量。平衡湿容量又可分为静态平衡湿容量和动态平衡湿容量两种。在静态条件(即气体不流动)下测定的平衡湿容量称为静态平衡湿容量，表 5-14 和表 5-15 及图 5-26 和图 5-27 中的平衡湿容量即为静态平衡湿容量。在动态条件下测定的平衡湿容量称为动态平衡湿容量，通常是指气体以一定流速连续流过吸附剂床层时测定的平衡湿容量。动态平衡湿容量一般为静态平衡湿容量的 40%~60%。

（二）有效湿容量

吸附剂床层通常由吸附饱和段、吸附传质段和未吸附段 3 部分组成。随着湿天然气不断流过床层，吸附饱和段不断扩大，吸附传质段不断向下推移，未吸附段不断缩小，直至吸附传质段前端到达床层底部为止。

实际上由于：①脱水操作中必须在床层底部吸附剂未吸附水分前(此时床层还有未吸附段，亦即在吸附传质段前端未到达床层底部之前)就需进行切换；②再生时吸附剂在水蒸气和高温作用下有效表面积减少，这种减少在吸附剂开始使用时比较明显，以后逐渐缓慢；③湿天然气中有时含有较难挥发的物质如重烃、胺、甘醇等杂质，它们会堵塞吸附剂的微孔，并且在再生时不能脱除，因而也减少了吸附剂的有效表面积。因此，根据经验和经济等因素以及整个吸附剂床层不可能完全利用而确定的设计湿容量称为有效湿容量。

因此，虽然静态平衡湿容量表示了温度、压力和气体组成对吸附剂湿容量的影响，但可以直接用于吸附脱水过程工艺计算的是动态平衡湿容量和有效湿容量。

设计选用的有效湿容量应使吸附剂的使用寿命合理，最好由干燥剂制造厂商提供，如无此数据时，也可选取表5-18的数据。此表适用于清洁、含饱和水的高压天然气脱水，干气露点可达-40℃以下。当要求露点更低时，因床层下部的气体相对湿度小，吸附推动力也小，干燥剂湿容量相应降低，故应选用较低的有效湿容量。

表5-18 设计选用的干燥剂有效湿容量

干燥剂	活性氧化铝	硅胶	分子筛
有效湿容量/(kg/100kg)	4~7	7~9	8~12

由上可知，干燥剂的湿容量和吸附速率随使用时间而降低，设计的目的就是要使床层中装填足够的干燥剂，以期在3~5年后脱水周期结束时吸附传质段才到达床层低部。在饱和吸附段，分子筛在使用3~5年后其饱和湿容量一般可保持在13kg水/kg分子筛。

通常，采用有效湿容量计算整个吸附剂床层的干燥剂装填量。此时，有效湿容量一般选用8%~10%。此法适用于大多数方案和可行性研究计算。

Bombardieri等指出，如果原料气因增压、冷却而出现反凝析现象、再生气进分子筛干燥器管线因切换使用而在低点处积液以及原料气中含有甲醇等，都会降低分子筛使用寿命，故应采取相应预防措施。

四、吸附法在酸性天然气脱水脱酸性组分中的应用

吸附法不仅可用于无硫天然气脱水，也可用于含硫天然气即酸性天然气脱水或同时脱水和脱酸性组分如CO_2、H_2S和其他硫化物等。

活性氧化铝有一定的抗酸性能力，但不如硅胶和分子筛。然而，硅胶和A型分子筛也不能用于高酸性天然气脱水。对于高酸性天然气脱水，必须采用抗酸性分子筛。分子筛的抗酸性能力与其组成中的SiO_2/Al_2O_3比(物质的量之比)有关。SiO_2/Al_2O_3之比低的分子筛易受酸或酸性气体的影响而变质。例如，一般的A型分子筛必须在pH值≥5的条件下使用。如果用于高酸性天然气脱水，不仅其吸附活性下降，而且晶体结构也要破坏。

目前，除13X分子筛可用于天然气及液烃处理外，常用的抗酸性分子筛还有AW300、AW500以及一些厂家生产的主要作用是脱水或脱酸性组分，或者同时脱除水分和酸性组分的专用分子筛。例如对H_2S和CO_2反应生成COS几乎没有催化作用的分子筛Cosmin105A、脱硫醇的分子筛RK-33等。

用于酸性天然气的吸附法处理装置与一般吸附法脱水装置流程类似，只是由于再生加热过程中脱附的水分和酸性组分同时进入再生气中，故对再生气的处理方法不同。例如，用于同时脱水脱硫的EFCO天然气处理工艺，采用溶剂吸收的方法脱除进入再生气中的酸性组分。

目前，国外已有多套采用分子筛脱水脱硫醇装置在运行，现将其中几例介绍如下：

（一）哈萨克斯坦扎那若尔油气处理新厂

该厂分子筛脱水脱硫醇装置由我国设计与承建。建设该装置的目的是对油气处理新厂过剩的天然气脱水脱硫醇使其达到管输要求后进入国际天然气管网。

装置处理能力为 $315\times10^4m^3/d$(0℃，101.325kPa)，原料气压力为 6.6MPa，温度约 50℃，设计干气水露点≤-20℃(6.5MPa)。原料气、商品气组成设计值见表 5-19。

表 5-19　扎那若尔脱水脱硫醇装置原料气、商品气组成

%(设计值，体积分数)

组分	C_1	C_2	C_3	C_4	C_5	C_6	CO_2	N_2	H_2S	硫醇	H_2O
原料气	84.61	8.01	3.48	0.92	0.10	0.06	0.07	2.75	≤7mg/m³	≤150mg/m³	48mg/m³
商品气	84.62	8.01	3.48	0.92	0.10	0.06	0.07	2.75	≤7mg/m³	≤16mg/m³	≤24mg/m³

脱水脱硫醇装置工艺流程见图 5-34。该装置采用四塔流程，其中两塔同时吸附(以分子筛塔 A、B 吸附为例)，一塔再生加热(塔 D)，一塔冷却(塔 C)。

分子筛吸附塔为复合床层，上层填装高度为 $2.2m^3$ 的 RK-38 型脱水分子筛 $11m^3$(可从天然气中吸附 H_2O、H_2S、COS 和甲硫醇，但主要作用是脱水)；下层填装高度为 $4.3m^3$ 的 RK-33 型脱硫醇分子筛 $21m^3$。分子筛均为美国 UOP 公司产品。

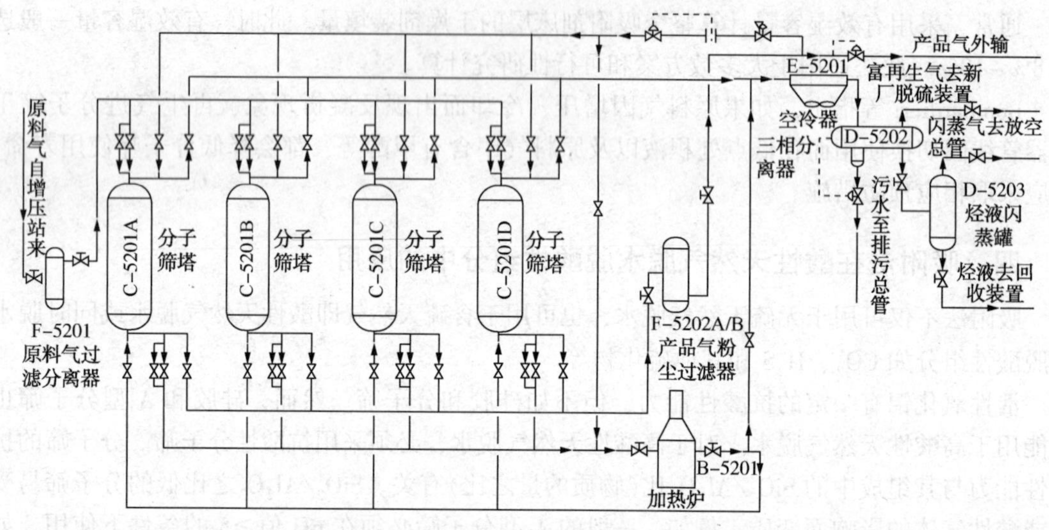

图 5-34　扎那若尔脱水脱硫醇装置工艺流程

来自增压站的原料气经过滤分离器除去携带的液烃、润滑油后自上而下进入分子筛吸附塔 A、B 中脱水和脱硫醇，再经粉尘过滤器除去分子筛粉尘后，大部分作为作为商品气外输；少部分作为再生冷却气(其量约为原料气的 6.35%)自上而下通过已完成再生加热过程的塔 C，将该塔分子筛床层冷却至 50℃，同时本身得以预热，出塔 C 后再经加热炉加热至 300℃，自下而上通过已完成吸附过程的分子筛塔 D，将该塔床层逐渐加热至 272℃，使分子筛上的水分和硫醇脱附并进入再生气中。此含硫再生气经空冷器冷却至约 50℃，使其中的大部分水蒸气冷凝并去三相分离器进行分离。分离出的含硫再生气去新厂脱硫装置处理，污水去污水处理系统，液烃去闪蒸罐中闪蒸。

装置每 4h 切换一次，每次切换约需 20min。2005 年底曾对该装置的实际运行情况进行了考核。考核结果表明，在每一循环周期内商品气中硫醇含量远小于 16mg/m^3，水含量小于 24mg/m^3，水露点小于-20℃，达到了设计指标。

（二）印度 Basin 天然气处理厂

该厂也采用了分子筛脱水脱硫醇方法，已在第四章介绍，此处不再多述。

（三）罗家寨气田高含硫天然气脱水

罗家寨气田高含硫天然气中 H_2S 含量为 9.5%~11.5%，CO_2 含量为 7%~8%。由于各单井站去处理厂的集气干线长达 29.2km，在集气过程中析出冷凝水后不仅会形成水合物堵塞管线，而且可对管线造成严重腐蚀。因此，各单井站的天然气需要集中脱水后再去集气干线。

如果采用 TEG 脱水，将会带来以下问题：①闪蒸气和再生气中的 H_2S 含量将分别达到 65%和 35%以上，经过焚烧后的 SO_2 排放量超过国家允许的排放标准；②大量的 H_2S 会溶解到 TEG 溶液中，不久导致溶液 pH 值降低，而且也使溶液变质；③气体所携带的固体杂质、盐分、缓蚀剂、烃液等会使吸收塔中溶液起泡，造成塔顶大量雾沫夹带，增加 TEG 溶液损失。因此，罗家寨气田采用了分子筛脱水工艺，由集气站来的原料气经 AW-500 抗酸性分子筛脱水后再去集气干线。

该脱水工艺为两塔流程，脱水周期为 8h，再生加热及冷却各为 4h，其特点是：①由于对脱水后的气体露点要求不高（≤10℃），故采用湿气再生；②再生加热及冷却分子筛床层均采用湿气上进下出流程，加热结束时干燥器底部床层仍含有少量水分，可抑制气体中的 H_2S 和 CO_2 反应生成 COS；③为使进入干燥器的气体均匀分布，不仅入口设有气流分配器，而且分子筛床层顶部还铺有一层 100mm 厚、$\phi 16$ 的 Denstone 氧化铝球（其结构与活性氧化铝不同，不会被酸性气体破坏）。同样，分子筛床层底部也铺有一层 $\phi 6$ 的 Denstone 氧化铝球，分子筛与氧化铝球用不锈钢丝网隔开，防止分子筛被气流带走；④干燥器采用 75mm 厚轻质喷涂耐火材料的内保温衬里，与外保温相比既可降低再生能耗，又可避免高含硫气体对塔金属内壁的腐蚀；⑤再生湿气加热选用设有循环风机的对流式加热炉，可使出口烟气的 2/3 返回燃烧室，不仅可防止炉膛温度过高，而且可使炉膛温度分布更均匀，热效率高于 89%。

（四）海南福山油田高含 CO_2 天然气脱水

我国海南福山油田花 4 井场目前有一套小型 NGL 回收装置在运行，其处理量为 5×10^4 m^3/d。由于原料气中 CO_2 含量很高，故选用抗酸性分子筛脱水。原料气组成（设计值）见表 5-20。装置投产后 CO_2 实际含量为 20%~30%。

表 5-20 福山油田花 4 井场 NGL 回收装置原料气组成（干基）

%（设计值，体积分数）

组分	C_1	C_2	C_3	C_4	C_5	C_6	CO_2	N_2	H_2S
原料气	34.83	8.32	8.48	4.07	1.30	0.45	41.52	1.03	—

该装置采用蒸气压缩制冷，冷剂为氨。由于设有重接触塔，低温系统气体最低温度在-50℃以下，故选用分子筛脱水。由低温分离器分出的冷干气经复热后去变压吸附系统脱除 CO_2 后作为燃料。

习　题

5-1　天然气水合物形成的条件及其危害。

5-2　对水合物热力学抑制剂的基本要求。

5-3　影响低温法控制天然气露点的主要因素。

5-4　甘醇法脱水与吸附法脱水相比，其优点是什么？

5-5　说明三甘醇脱水的优缺点。

5-6　提高三甘醇贫液浓度的措施有哪些。

5-7　天然气脱水常用的吸附剂主要有哪几种？对其进行对比。

5-8　某矿场输气管输送湿天然气，相对密度 0.7，输量 $2.8\times10^5m^3/d$，管线起点压力和温度为 6.2MPa、28℃，终点压力和温度为 6.0MPa、7℃。判断该管线内是否会生成水合物？若分别用甲醇和乙二醇做抑制剂，求用量。

5-9　天然气内重烃和酸气含量如何影响天然气饱和水含量和水合物生成区域(压力温度范围)的大小。

5-10　若在 7MPa 下测得天然气露点为 0℃，求：①气体水含量(mg/m^3)；②压力 0.7MPa、2.0MPa、4.0MPa 下的气体露点。

5-11　使气体露点降低可用两种方法：①往管线内注甘醇，气体和甘醇同向流动；②在吸收塔内气体和甘醇逆向流动。试比较这两种流动方式的脱水效果和原因。

5-12 归纳固体干燥剂和甘醇脱水装置各种设备的合理操作参数范围，并列表。

参 考 文 献

[1] 冯叔初，郭揆常．油气集输与矿场加工[M]．东营：中国石油大学出版社，2006.

[2] 王遇冬．天然气处理原理与工艺：第 3 版[M]．北京：中国石化出版社，2016.

[3] 王开岳．天然气净化工艺[M]．北京：石油工业出版社，2005.

[4] 冯永光，向普及，尹琦岭，等．天然气水合物的形成及防止措施研究[J]．化工科技市场，2004，27(10)：51-53.

[5] 徐文渊，蒋长安．天然气利用手册[M]：第 2 版．北京：中国石化出版社，2006.

[6] 邱晓林．含硫天然气水合物形成条件及预防措施[J]．石油与天然汽化工，2002，31(5)：240-242.

[7] GPSA. Engineering Data Book. 12th Edution，Tulsa，Ok.，2004.

[8] Ed Lata et al. Canadian experience shows actual operations needed to guide of amine simulator . Oil & Gas Journal，2009，107(26)：62-65.

[9] 天然气净化厂设计规范(SY/T 0011—2007).

[10] 颜晓琴，等．关于 MDEA 在天然气净化过程中变质特点的探讨．石油与天然汽化工，2009，38(4)：308~312.

[11] 郭揆常．矿场油气集输与处理[M]．北京：中国石化出版社，2010.

[12] 李志国，孙森，王秀梅．高含水期原油低温集输处理技术研究[J]．新疆石油天然气，2013，9(4)：71-74.

[13] Alan Callision et al. Offshore processing plant uses membranes for CO2 removal. Oil & Gas Journal，2007，105(20)：41-47.

[14] 陈晓刚．天然气脱水方法的选择浅析[J]．化工管理，2015(27)：205-206.

[15] 天然气脱水设计规范(SY/T 0076—2008).

[16] 陈赓良．LNG 原料气的预处理．天然气与石油，2010，28(6)：33-37.

[17] P. S. Northrop et al. Modified cycles，adsorbents improve gas treatment，increase mol-sieve life. Oil & Gas Journal，2008，106(29)：54-60.

[18] 郭洲，等．分子筛脱水装置在珠海天然气液化项目中的应用[J]．石油与天然汽化工，2008，37(2)：138~140

[19] 王协琴．天然气甘醇脱水[J]．天然气工业，1985(3)：8，84-88.

[20] 制冷剂编号方法和安全性分类(GB/T 7778—2008).

[21] 付秀勇，等．轻烃装置冷箱的汞腐蚀机理与影响因素研究．石油与天然汽化工，2009，38(6)：478-482.

[22] Rachid Chebbi et al. Study compares C2-recovery for conventional turboexpander，GSP. Oil & Gas Journal，2008，106(46)：50-54.

[23] 顾安忠，等．液化天然气技术[M]．北京：机械工业出版社，2004.

第六章 硫黄回收及尾气处理

硫主要以 H_2S 形态存在于天然气中。天然气中含有 H_2S 时不仅会污染环境，而且对天然气生产和利用都有不利影响，故需脱除其中的 H_2S。从天然气中脱除的 H_2S 又是生产硫黄的重要原料。例如，来自醇胺法等脱硫脱碳装置的酸气中含有相当数量的 H_2S，可用来生产优质硫黄。这样做，既可使宝贵的硫资源得到综合利用，又可防止环境污染。

以往主要只是从经济上考虑是否需要进行硫黄回收(制硫)。如果在经济上可行，那就建设硫黄回收装置；如果在经济上不可行，就把酸气焚烧后放空。但是，随着世界各国对环境保护要求的日益严格，当前把天然气中脱除下来的 H_2S 转化成硫黄，不只是从经济上考虑，更重要的是出于环境保护的需要。

从天然气中 H_2S 生产硫黄的方法很多。其中，有些方法是以醇胺法等脱硫脱碳装置得到的酸气生产硫黄，但不能用来从酸性天然气中脱硫，例如目前广泛应用的克劳斯(Claus)法即如此。有些方法则是以脱除天然气中的 H_2S 为主要目的，生产的硫黄只不过是该法的结果产品，例如用于天然气脱硫的直接转化法(如 Lo-Cat 法)等即如此。

当采用克劳斯法从酸气中回收硫黄时，由于克劳斯反应是可逆反应，受到热力学和动力学的限制，以及存在有其他硫损失等原因，常规克劳斯法的硫收率一般只能达到 92%~95%，即使将催化转化段由两级增加至三级甚至四级，也难以超过 97%。尾气中残余的硫化物通常经焚烧后以毒性较小的 SO_2 形态排放大气。当排放气体不能满足当地排放指标时，则需配备尾气处理装置处理然后经焚烧使排放气体中的 SO_2 量和/或浓度符合指标。

应该指出的是，由于尾气处理装置所回收的硫黄仅占酸气中硫总量的百分之几，故从经济上难获效益，但却具有非常显著的的环境效益和社会效益。

第一节 尾气 SO_2 排放标准及工业硫黄质量指标

如上所述，采用硫黄回收及尾气处理的目的是防止污染环境，并对宝贵的硫资源回收利用。因此，首先了解硫黄回收装置尾气 SO_2 排放标准和工业硫黄质量指标是十分必要的。

一、硫黄回收装置尾气 SO_2 排放标准

各国对硫黄回收装置尾气 SO_2 排放标准各不相同。有的国家根据不同地区、不同烟囱高度规定允许排放的 SO_2 量；有的国家还同时规定允许排放的 SO_2 浓度；更多的国家和地区是根据硫黄回收装置的规模规定必须达到的总硫收率，规模愈大，要求也愈严格。

（一）国外标准

表 6-1 给出了一些经济发达国家硫黄回收装置所要求达到的硫收率要求。由表 6-1 可以看出：①一些国家尤其是美国根据装置规模不同而有不同的硫收率要求，规模愈大要求愈严；②各国从自身国情出发，其标准差别很大。例如，加拿大因地广人稀故其标准较美国要宽，而日本由于是人口密集岛国，故其标准最严；③随着经济发展和环保意识增强，这些国

家所要求的硫收率也在不断提高。

表 6-1　一些国家和地区对硫黄回收装置硫收率的要求　　　%(质量分数)

国家	装置规模/(t/d)							
	<0.3	0.3~2	2~5	5~10	10~20	20~50	50~2000	2000~10000
美国得克萨斯州								
新建装置	焚烧	96.0			97.5~98.5	98.5~99.8	99.8	
已建装置	焚烧	96.0	96.0~98.5		98.5~99.8	99.8	99.8	
加拿大	70			90	96.3		98.5~98.8	99.8
意大利	95					96	97.5	
德国	97					98	98.5	
日本	99.9							
法国	97.5							
荷兰	99.8							
英国	98							

（二） 我国标准

我国在 1997 年执行的 GB 16297—1996《大气污染物综合排放标准》中对 SO_2的排放不仅有严格的总量控制(即最高允许排放速率)，而且同时有非常严格的 SO_2排放浓度控制(即最高允许排放浓度)，见表 6-2。

我国标准不仅对已建和新建装置分别有不同的 SO_2排放限值，而且还区分不同地区有不同要求，以及在一级地区不允许新建硫黄回收装置。然而，对硫黄回收装置而言，表 6-2 的关键是对 SO_2排放浓度的限值，即已建装置的硫收率需达到 99.6%才能符合 SO_2最高允许排放浓度(1200mg/m^3)，新建装置则需达到 99.7%。这样，不论装置规模大小，都必须建设投资和操作费用很高的尾气处理装置方可符合要求。此标准的严格程度仅次于日本，而显著超过美国、法国、意大利和德国等发达国家。

表 6-2　我国《大气污染物综合排放标准》中对硫黄生产装置 SO_2排放限值

最高允许排放浓度①/(mg/m^3)	排气筒高度/m	最高允许排放速率①/(kg/h)		
		一级	二级	三级
1200(960)	15	1.6	3.0(2.6)	4.1(3.5)
	20	2.6	5.1(4.3)	7.7(6.6)
	30	8.8	17(15)	26(22)
	40	15	30(25)	45(38)
	50	23	45(39)	69(58)
	60	33	64(55)	98(83)
	70	47	91(77)	140(120)
	80	63	120(110)	190(160)
	90	82	160(130)	240(200)
	100	100	200(170)	310(270)

注：①括号外为对 1997 年 1 月 1 日前已建装置要求，括号内为对 1997 年 1 月 1 日起新建装置要求。

为此，国家环保总局在环函〔1999〕48号文件《关于天然气净化厂脱硫尾气排放执行标准有关问题的复函》中指出："天然气作为一种清洁能源，其推广使用对于保护环境有积极意义。天然气净化厂排放脱硫尾气中二氧化硫具有排放量小、浓度高、治理难度大、费用较高等特点，因此，天然气净化厂二氧化硫污染物排放应作为特殊污染源，制定相应的行业污染物排放标准进行控制；在行业污染物排放标准未出台前，同意天然气净化厂脱硫尾气暂按《大气污染物综合排放标准》(GB 16297)中的最高允许排放速率指标进行控制，并尽可能考虑二氧化硫综合回收利用。"目前，天然气行业关于脱硫尾气 SO_2 排放标准正在制定中。

二、硫的物理性质与质量指标

由醇胺法和砜胺法等脱硫脱碳装置富液再生得到的含 H_2S 酸气，大多去克劳斯法装置回收硫黄。如酸气中 H_2S 浓度较低且潜硫量不大时，也可采用直接转化法在液相中将 H_2S 氧化为元素硫。目前，世界上通过克劳斯法从天然气中回收的硫黄约占硫黄总产量的1/3以上，如加上炼油厂从克劳斯法装置回收的硫黄，则接近总产量的2/3。

（一）硫的主要物理性质

在克劳斯法硫黄回收装置(以下简称克劳斯装置)中，由于工艺需要，过程气(即除进出装置物料外，其内部任一处的工艺气体)的温度变化较大，故生成的元素硫的相态、分子形态和其他一些物理性质也在变化。

硫黄的主要物理性质见表6-3，液硫黏度随温度的变化见图6-1。

表6-3 硫黄的主要物理性质

项目	数值	项目	数值
原子体积/(mL/mol)		折射率(n_D^{20})	
正交晶	15	正交晶	1.957
单斜晶	16.4	单斜晶	2.038
沸点(101.3kPa)/℃	444.6	临界温度/℃	1040
相对密度(d_{40}^{20})		临界压力/MPa	11.754
正交晶	2.07	临界密度/(g/cm^3)	0.403
单斜晶	1.96	临界体积/(mL/g)	2.48
着火温度/℃	248~261		

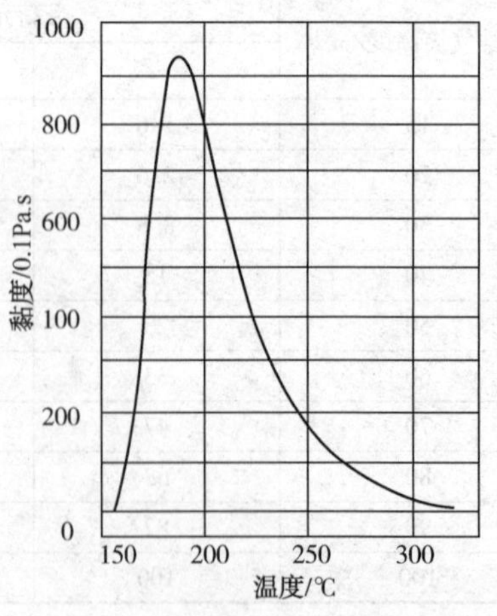

图6-1 液硫黏度随温度的变化

（二）工业硫黄质量指标

工业硫黄产品呈黄色或淡黄色，有块状、粉状、粒状及片状。我国国家标准《工业硫黄》(GB/T 2449.1—2014)中对工业硫黄的质量指标见表6-4。表中的优等品已可满足我国国家标准《食品添加剂硫黄》(GB 3150—2010)的要求。

表 6-4 我国工业硫黄质量指标[①]

项目	硫(S)/%(≥)	水分/%(≤)	灰分/%(≤)	酸度(以H_2SO_4计)/%(≤)	有机物/%(≤)	砷(As)/%(≤)	铁(Fe)/%(≤)	筛余物[②]/%	
								粒度大于150μm(≤)	粒度为75~150μm(≤)
优等品	99.90	2.0/0.10[③]	0.03	0.003	0.03	0.0001	0.003	无	0.5
一等品	99.50	2.0/0.50[③]	0.10	0.005	0.30	0.01	0.005	无	1.0
合格品	99.00	2.0/1.00[③]	0.20	0.02	0.80	0.05		3.0	4.0

注：①表中质量指标均为质量分数。
②筛余物指标仅用于粉状硫黄。
③固体硫黄/液体硫黄。

第二节 克劳斯法硫黄回收工艺

目前，从含H_2S的酸气回收硫黄时主要是采用氧化催化制硫法，通常称之为克劳斯法。经过近一个世纪的发展，克劳斯法已经历了由最初的直接氧化，之后将热反应与催化反应分开，使用合成催化剂以及在低于硫露点下继续反应等四个阶段，并日趋成熟。

一、克劳斯法反应与平衡转化率

（一）克劳斯法反应

1883年最初采用的克劳斯法是在铝矾土或铁矿石催化剂床层上，用空气中的氧将H_2S直接燃烧(氧化)生成元素硫和水，即

$$H_2S+\frac{1}{2}O_2 \rightleftharpoons S+H_2O \tag{6-1}$$

上述反应是高度放热反应，故反应过程很难控制，反应热又无法回收利用，而且硫收率也很低。为了克服这一缺点，1938年德国Farben工业公司对克劳斯法进行了重大改进。这种改进了的克劳斯法(改良克劳斯法，但目前仍习惯称为克劳斯法)是将H_2S的氧化分为两个阶段：①热反应段或燃烧反应段，即在反应炉(也称燃烧炉)中将1/3体积的H_2S燃烧生成SO_2，并放出大量热量，酸气中的烃类也全部在此阶段燃烧；②催化反应段或催化转化段，即将热反应段中燃烧生成的SO_2与酸气中其余2/3体积的H_2S在催化剂上反应生成元素硫，放出的热量较少。

热反应段和催化反应段中发生的主要反应(忽略烃类和其他易燃物)如下：

热反应段

$$H_2S+1\frac{1}{2}O_2 \rightleftharpoons SO_2+H_2O \tag{6-2}$$

$$\Delta H(298K)=-518.9kJ/mol$$

催化反应段

$$2H_2S+SO_2 \rightleftharpoons \frac{3}{x}S_x+2H_2O \tag{6-3}$$

$$\Delta H(298K)=-96.1kJ/mol$$

总反应

$$3H_2S+1\frac{1}{2}O_2 \rightleftharpoons \frac{3}{x}S_x+3H_2O \tag{6-4}$$

$$\Delta H(298K)=-615.0kJ/mol$$

上述反应式只是对克劳斯法反应(以下简称克劳斯反应)的简化描述。实际上，硫蒸气中各种形态硫分子(S_2、S_3、S_4、S_5、S_6、S_7和S_8)的存在使化学平衡变得非常复杂，在整个工艺过程中它们的平衡浓度又相互影响，无法精确获知。此外，酸气中的烃类、CO_2在反应炉中发生的副反应又会导致COS、CS_2、CO和H_2的生成，更增加了反应的复杂性。

通常，进入克劳斯装置的原料气(即酸气)中H_2S含量为30%~80%(体积分数)，烃类含量为0.5%~1.5%(体积分数)，其余主要是CO_2和饱和水蒸气。对于这样组成的原料气来讲，克劳斯法热反应段反应炉的温度大约在980~1370℃。在此温度下生成的硫分子形态主要是S_2，而且平衡混合物的组成是由轻度吸热的克劳斯反应所决定，即

$$2H_2S+SO_2 \rightleftharpoons \frac{3}{2}S_2+2H_2O \tag{6-5}$$

$$\Delta H(298K)=47.5kJ/mol$$

（二）克劳斯法平衡转化率

以反应(6-3)为例，该反应是可逆反应，反应生成的S_x可以是S_2、S_3、S_4、S_5、S_6、S_7和S_8等，其反应平衡非常复杂。但是，反应温度越低(例如，在催化反应段的各级转化器中)，硫蒸气中S_5、S_6、S_7和S_8等相对分子质量较大的硫分子含量越多；反应温度越高(例如，在热反应段反应炉中)，硫蒸气中S_2、S_3和S_4等相对分子质量较小的硫分子含量越多(图6-2)。因此，由反应(6-3)可知，反应温度较低时，由于硫蒸气分子构成的变化，也有利于反应向右进行。

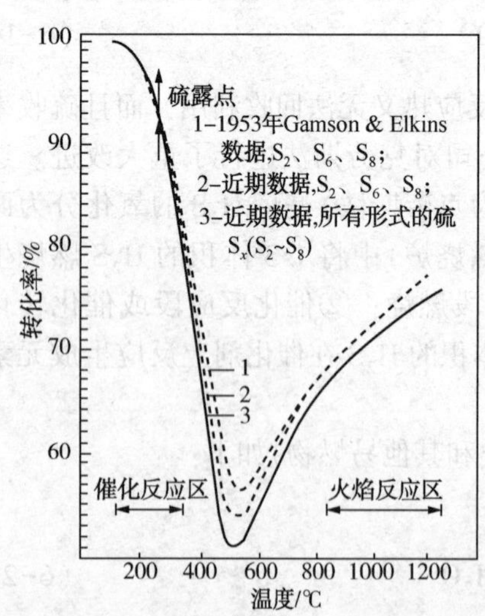

图6-2 H_2S转化为硫的平衡转化率

在考虑到反应生成的硫蒸气中除含有S_2、S_6和S_8外还存在其他形态硫分子的因素后，H_2S转化为硫的平衡转化率与温度的关系见图6-2。由图6-2和反应(6-3)可知：

① 平衡转化率曲线约在550℃时出现最低点，以此点可将克劳斯反应分为两部分，即右侧的火焰反应区(热反应区)和左侧的催化反应区。在火焰反应区，H_2S通过燃烧转化为元素硫，其平衡转化率随温度升高而增加，但一般不超过70%；在催化反应区，其平衡转化率随温度降低而增加，直至接近完全转化。

② 温度和压力对H_2S转化率的影响可用硫蒸气中不同形态硫分子来解释。在火焰反应区，硫蒸气中主要是S_2，由反应(6-5)可知，该反应是吸热的，并且由3摩尔反应物生成3.5摩尔产物，因而温度升高、

压力降低有利于反应进行。在催化反应区，硫蒸气中主要是 S_6 和 S_8，反应是放热的，同时反应物的摩尔数大于产物的摩尔数，因而温度降低、压力升高有利于反应进行。

③ 从反应动力学角度看，随着反应温度降低，反应速度也在逐渐变慢，低于350℃时的反应速度已不能满足工业要求，而此温度下的平衡转化率也仅80%～85%。因此，必须使用催化剂加速反应，以便在较低的温度下达到较高的转化率。

④ 热反应区的反应炉和催化反应区各级转化器出口过程气中除含有硫蒸气外，还含有 N_2、CO_2、H_2O、H_2 以及未反应的 H_2S 和 SO_2、COS、CS_2 等硫化物。由于降低硫蒸气分压有利于反应进行，而且硫蒸气又远比过程气中其他组分容易冷凝，故可在反应炉和各级转化器后设置硫冷凝器，将反应生成的元素硫从过程气中冷凝与分离出来，以便提高平衡转化率。此外，从过程气中分出硫蒸气后也可相应降低下一级转化器出口过程气的硫露点，从而使下一级转化器可在更低温度下操作。

⑤ 虽然图6-2表明，在催化反应区中温度较低对反应有利，但为了有较高的反应速度，并确保过程气的温度高于硫露点，过程气在进入各级转化器之前必须进行再热。

⑥ 从化学平衡来看，氧气用量过剩并不能增加转化率，因为多余的氧气将和 H_2S 反应生成 SO_2，而不是元素硫。然而，提高空气中的氧气含量(富氧空气)和酸气中的 H_2S 含量则有利于增加转化率。这一思路已在富氧克劳斯法(COPE法)等中得到应用。

二、克劳斯法工艺技术及影响硫收率的因素

（一）工艺流程

通常，克劳斯装置包括热反应、余热回收、硫冷凝、再热和催化反应等部分。由这些部分可以组成各种不同的硫黄回收工艺，用于处理不同 H_2S 含量的原料气即酸气。目前，常用的克劳斯法有直流法、分流法、硫循环法及直接氧化法等，其原理流程见图6-3。不同工艺流程的主要区别在于保持热平衡的方法不同。在这些工艺方法的基础上，又根据预热、补充燃料气等方法不同，衍生出各种不同的变体工艺，其适用范围见表6-5。其中，直流法和分流法是主要的工艺方法。

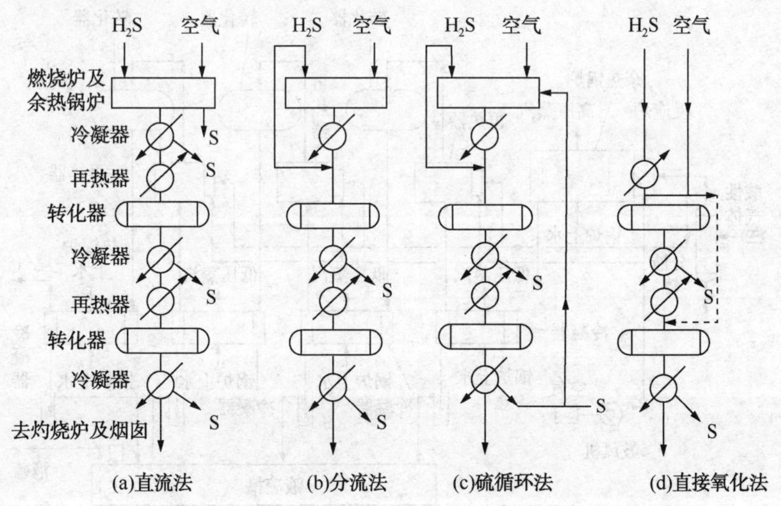

图6-3 克劳斯法主要工艺原理流程图

表 6-5　各种克劳斯法工艺流程安排

酸气中 H_2S 浓度/%（体积分数）	55~100	30~55[1]	15~30	10~15	5~10	<5
推荐的工艺流程	直流法	预热酸气及空气的直流法，或非常规分流法	分流法	预热酸气及空气的分流法	掺入燃料气的分流法，或硫循环法	直接氧化法

注：①有的文献认为大于 50% 即可采用直流法。

应该说明的是，表 6-5 中的划分范围并非是严格的，关键是反应炉内 H_2S 燃烧所放出的热量必须保证炉内火焰处于稳定状态，否则将无法正常运行。

1. 直流法

直流法也称直通法、单流法或部分燃烧法。此法特点是全部原料气都进入反应炉，而空气则按照化学计量配给，仅供原料气中 1/3 体积 H_2S 及全部烃类、硫醇燃烧，从而使原料气中的 H_2S 部分燃烧生成 SO_2，以保证生成的过程气中 H_2S 与 SO_2 的摩尔比为 2。反应炉内虽无催化剂，但 H_2S 仍能有效地转化为元素硫，其转化率随反应炉的温度和压力不同而异。

实践表明，反应炉内 H_2S 的转化率一般可达 60%~70%，这就大大减轻了催化反应段的反应负荷而有助于提高硫收率。因此，直流法是首先应该考虑的工艺流程，但前提是原料气中的 H_2S 含量应大于 55%（也有文献认为应大于 50%）。其原因是应保证酸气与空气燃烧的反应热足以维持反应炉内温度不低于 980℃（也有文献认为不低于 927℃），通常认为此温度是反应炉内火焰处于稳定状态而能有效操作的下限。当然，如果预热酸气、空气或使用富氧空气，原料气中的 H_2S 含量也可低于 50%。

图 6-4 为以部分酸气作燃料，采用在线燃烧再热器进行再热的直流法三级硫黄回收装置的工艺流程图。反应炉中的温度可达 1100~1600℃。由于温度高，副反应十分复杂，会生成少量的 COS 和 CS_2 等，故风气比（即空气量与酸气量之比）和操作条件是影响硫收率的关键。此处应该指出，由于有大量副反应特别是 H_2S 的裂解反应，故克劳斯法所需实际空气量通常均低于化学计量的空气量。

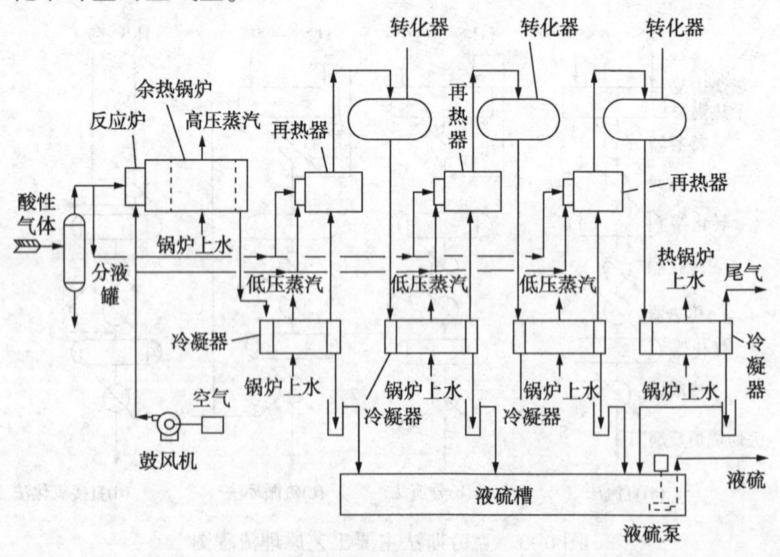

图 6-4　直流法三级硫黄回收工艺流程图

从反应炉出来含有硫蒸气的高温燃烧产物进入余热锅炉回收热量。图 6-4 中有一部分原料气作为再热器的燃料，通过燃烧热将一级硫冷凝器出来的过程气再热，使其在进入一级转化器之前达到所需要的反应温度。

再热后的过程气经过一级转化器反应后进入二级硫冷凝器，经冷却、分离除去液硫。分出液硫后的过程气去二级再热器，再热至所需温度后进入二级转化器进一步反应。由二级转化器出来的过程气进入三级硫冷凝器并除去液硫。分出液硫后的过程气去三级再热器，再热后进入三级转化器，使 H_2S 和 SO_2最大程度地转化为元素硫。由三级转化器出来的过程气进入四级硫冷凝器冷却，以除去最后生成的硫。脱除液硫后的尾气因仍含有 H_2S、SO_2、COS、CS_2和硫蒸气等含硫化合物，或经焚烧后排放，或去尾气处理装置进一步处理后再焚烧排放。各级硫冷凝器分出的液硫流入液硫槽，经各种方法成型为固体后即为硫黄产品，也可直接以液硫状态作为产品外输。

应该指出的是，克劳斯法之所以需要设置两级或更多催化转化器的原因为：①由转化器出来的过程气温度应高于其硫露点温度，以防液硫凝结在催化剂上而使之失去活性；②较低温度可获得较高转化率。通常，在一级转化器中为使有机硫水解需要采用较高温度，二级及其以后的转化器则逐级采用更低温度以获得更高的转化率。

图 6-4 中设置了三级催化转化器，有些装置为了获得更高的硫收率甚至设置了四级转化器，但第三级和第四级转化器的转化效果十分有限。

从硫黄回收效果来看，直流法的总硫收率是最高的。

2. 分流法

当原料气中 H_2S 含量在 15%~30%时，采用直流法难以使反应炉内燃烧稳定，此时就应采用分流法。

常规分流法的主要特点是将原料气(酸气)分为两股，其中 1/3 原料气与按照化学计量配给的空气进入反应炉内，使原料气中 H_2S 及全部烃类、硫醇燃烧，H_2S 按反应(6-2)生成 SO_2，然后与旁通的 2/3 原料气混合进入催化转化段。因此，常规分流法中生成的元素硫完全是在催化反应段中获得的。

当原料气中 H_2S 含量在 30%~50%之间时，如采用直流法则反应炉内火焰难以稳定，而采用常规分流法将 1/3 的 H_2S 燃烧生成 SO_2时，炉温又过高使炉壁耐火材料难以适应。此时，可以采用非常规分流法，即将进入反应炉的原料气量提高至 1/3 以上来控制炉温。以后的工艺流程则与直流法相同。

因此，非常规分流法会在反应炉内生成一部分元素硫。这样，一方面可减轻催化转化器的反应负荷，另一方面也因硫蒸气进入转化器而对转化率带来不利影响，但其总硫收率高于常规分流法。此外，因进反应炉酸气带入的烃类增多，故供风量比常规分流法要多。

应该指出的是，由于分流法中有部分原料气不经过反应炉即进入催化反应段，当原料气中含有重烃尤其是芳香烃时，它们会在催化剂上裂解结焦，影响催化剂的活性和寿命，并使生成的硫黄颜色欠佳甚至变黑。

3. 硫循环法

当原料气中 H_2S 含量在 5%~10%时可考虑采用此法。它是将一部分液硫产品喷入反应炉内燃烧生成 SO_2，以其产生的热量协助维持炉温。目前，由于已有多种处理低 H_2S 含量酸气的方法，此法已很少采用。

4. 直接氧化法

当原料气中 H_2S 含量低于 5%时可采用直接氧化法，这实际上是克劳斯法原型工艺的新发展。按照所用催化剂的催化反应方向不同可将直接氧化法分为两类。一类是将 H_2S 选择性催化氧化为元素硫，在该反应条件下这实际上是一个不可逆反应，目前在克劳斯法尾气处理领域获得了很好原因。另一类是将 H_2S 催化氧化为元素硫及 SO_2，故在其后继之以常规克劳斯催化反应段。属于此类方法的有美国 UOP 公司和 Parsons 公司开发的 Selectox 工艺。

自克劳斯法问世以来，其催化转化器一直采用绝热反应器，优点是价格便宜。20 世纪 90 年代后，德国 Linde 公司将等温反应器用于催化转化，即所称 Clinsulf 工艺。尽管等温反应器价格昂贵，但该工艺的优点是流程简化，设备减少，而且装置的适应性显著改善。

(1) Selectox 工艺

Selectox 工艺有一次通过和循环法两种。当酸气中 H_2S 含量小于 5%时可采用一次通过法，H_2S 含量大于 5%时为控制反应温度使过程气出口温度不高于 371℃，则需将过程气进行循环。图 6-5 为 Selectox 循环工艺流程示意图。

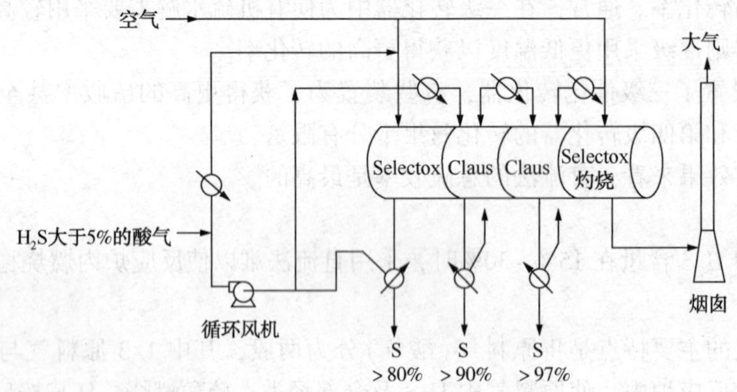

图 6-5　Selectox 循环工艺流程示意图

由图 6-5 可知，预热后的酸气与空气一起进入装有 Selectox 催化剂的氧化段反应，硫收率约 80%，然后去克劳斯催化反应段进一步反应，尾气最后再经 Selectox 催化剂催化焚烧后放空。Selectox 催化剂为 Selectox-32 或 Selectox-33，系在 SiO_2-AlO_3 载体上浸积约 7% V_2O_5 和 8% BiO_2，可将 H_2S 氧化为硫或 SO_2，但不氧化烃类、氢和氨等化合物，具有良好的稳定性。然而，芳香烃可在其上裂解结炭，故要求酸气中芳香烃含量小于 1000mL/m³。

由于 Selectox 催化氧化段内同时存在 H_2S 直接氧化和 H_2S 与 SO_2 反应，故其转化率高于克劳斯法平衡转化率。

(2) Clinsulf-DO 工艺

Clinsulf-DO 工艺是一种选择性催化氧化工艺，其核心设备是内冷管式催化反应器，内装 TiO_2 基催化剂。H_2S 与 O_2 在催化剂床层上反应直接生产元素硫，而不发生 H_2、CO 及低分子烷烃的氧化反应。此法允许原料气范围为 500~50000m³/h，并对原料气中的 H_2S 含量无下限要求，H_2S 允许含量为 1%~20%。Clinsulf-DO 工艺既可用于加氢尾气的直接氧化，又可用于低 H_2S 含量酸气的硫黄回收。

长庆气区第一天然气净化厂脱硫脱碳装置酸气中 H_2S 含量低(仅为 1.3%~3.4%)，CO_2 含量高(90%~95%)，无法采用常规克劳斯法处理，故选用 Clinsulf-DO 法硫黄回收装置。

该装置由国外引进，并已于2004年初建成投产。原料气为来自脱硫脱碳装置的酸气，处理量为$(10\sim27)\times10^4m^3/d$，温度为34℃，压力为39.5kPa，组成见表6-6。

表6-6 长庆第一天然气净化厂酸气组成

组分	C_1H_4	H_2S	CO_2	H_2O	合计	CO_2/H_2S
组成(体积分数)/%	0.95	1.56	92.89	4.60	100.00	59.54

该装置包括硫黄回收(主要设备为Clinsulf反应器、硫冷凝器、硫分离器和文丘里洗涤器)、硫黄成型和包装、硫黄仓库以及相应的配套设施，硫黄回收工艺流程图见图6-6。

图中，酸气经过气液分离、预热至约200℃，与加热至约200℃的空气一起进入管道混合器充分混合后，进入Clinsulf反应器。酸气和空气混合物在反应器上部绝热反应段反应，反应热用来加热反应气体，以使反应快速进行。充分反应后的气体进入反应器下部等温反应段，通过冷却管内的冷却水将温度控制在硫露点以上，既防止了硫在催化剂床层上冷凝，又促使反应向生成硫黄的方向进行。

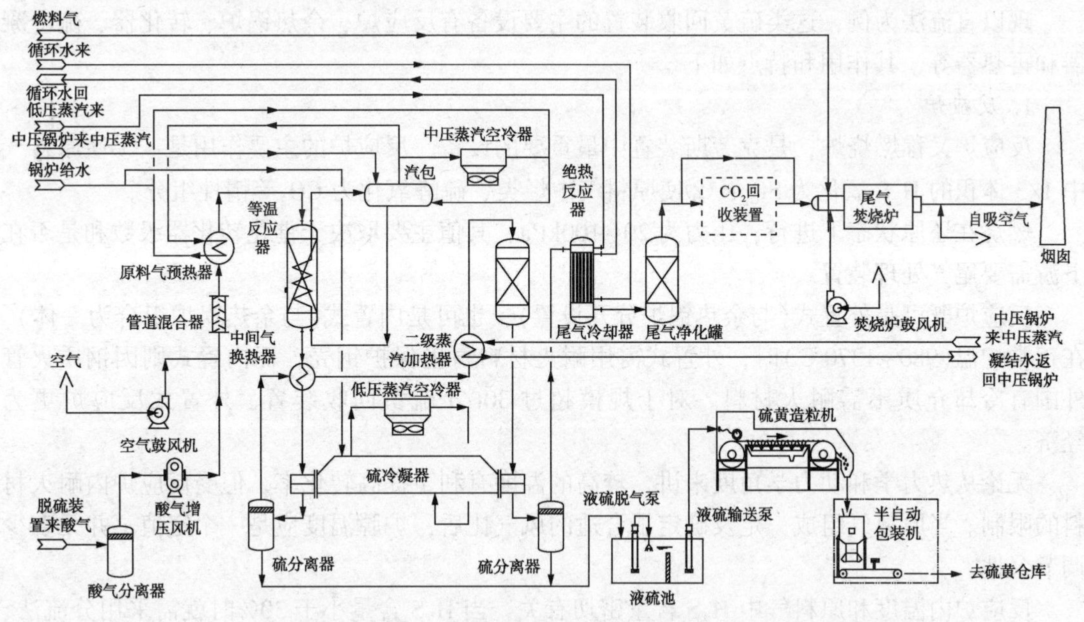

图6-6 长庆第一天然气净化厂硫黄回收装置工艺流程图

离开反应器的反应气体直接进入硫冷凝器冷却成为液硫后去硫分离器，分出的液硫至硫黄成型、包装设备成为硫黄产品。从硫分离器顶部排出的尾气，其中的H_2S和SO_2含量已满足国家现行环保标准，可经烟囱直接排放，但由于其含少量硫蒸气，长期生产会导致固体硫黄在烟囱中积累和堵塞，故进入脱硫脱碳装置配套的酸气焚烧炉中经焚烧后排放。

反应器冷却管内的锅炉给水来自汽包，在反应器内加热后部分汽化，通过自然循环的方式在汽包和反应器之间循环。由汽包产生的中压蒸汽作为酸气预热器和空气预热器的热源。如果反应热量不足以加热酸气和空气时，则需采用外界中压蒸汽补充。锅炉给水在硫冷凝器内产生的低压蒸汽经冷凝后返回硫冷凝器循环。

该装置自投产以来，在目前的处理量下各项工艺指标基本上达到了设计要求，硫黄产品纯度在99.9%以上。设计硫收率为89.0%，实际平均为94.85%。装置的主要运行情况见表6-7。

表 6-7　长庆第一天然气净化厂硫黄回收装置运行情况

项目	酸气量/($10^4m^3/d$)	硫黄量/(t/d)	酸气组成①(体积分数)/%			尾气组成①(体积分数)/%				
			H_2S	CH_4	CO_2	H_2S	CH_4	CO_2	N_2	SO_2
设计值	10~27	4.18	1.56	0.95	92.89	0.20	1.03	85.34	4.04	677×10^{-6}
实际最高值②	20.42	6.20	2.50	0.70	99.30	1.19	0.77	97.63	12.10	0.0018
实际平均值②	13.05	2.85	1.71	0.36	95.97	0.18	0.31	92.88	5.66	0.0002

注：①干基。

②2004 年 5~9 月统计数据。

此外，长庆气区第二天然气净化厂由于同样原因，也采用 Clinsulf-DO 法硫黄回收装置并于 2007 年 5 月投产，设计处理量为(12~30)×$10^4m^3/d$，酸气中 H_2S 含量为 1.55%~3.59%。

需要指出的是，由于 Clinsulf-DO 法硫回收效率较低，不能满足目前我国日益严格的环保要求，故之后长庆第三和第四天然气净化厂均采用硫回收效率更高的 Lo-Cat 法脱硫工艺。

（二）主要设备

现以直流法为例，这类硫黄回收装置的主要设备有反应炉、余热锅炉、转化器、硫冷凝器和再热器等，其作用和特点如下。

1. 反应炉

反应炉又称燃烧炉，是克劳斯装置中最重要的设备。反应炉的主要作用是：①使原料气中 1/3 体积的 H_2S 氧化为 SO_2；②使原料气中烃类、硫醇氧化为 CO_2 等惰性组分。

燃烧在还原状态下进行，压力为 20~100kPa，其值主要取决于催化转化器级数和是否在下游需要尾气处理装置。

反应炉既可是外置式(与余热锅炉分开设置)，也可是内置式(与余热锅炉组合为一体)。在正常炉温(980~1370℃)时，外置式需用耐火材料衬里保护钢壳，而内置式则因钢质火管外围有冷却介质不需耐火材料。对于规模超过 30t/d 硫黄回收装置，外置式反应炉更为经济。

无论从热力学和动力学角度来讲，较高的温度有利于提高转化率，但受反应炉内耐火材料的限制。当原料气组成一定及确定了合适的风气比后，炉膛温度应是一个定值，并无多少调节余地。

反应炉内温度和原料气中 H_2S 含量密切有关，当 H_2S 含量小于 30%时就需采用分流法、硫循环法和直接氧化法等才能保持火焰稳定。但是，由于这些方法的酸气有部分或全部烃类不经燃烧而直接进入一级转化器，将导致重烃裂解生成炭沉积物，使催化剂失活和堵塞设备。因此，在保持燃烧稳定的同时，可以采用预热酸气和空气的方法来避免。蒸汽、热油、热气加热的换热器以及直接燃烧加热器等预热方式均可使用。酸气和空气通常加热到 230~260℃。其他提高火焰稳定性的方法包括使用高强度燃烧器，在酸气中掺入燃料气或使用氧气、富氧空气等。

过程气在反应炉中的停留时间一般不大于 3s。

2. 余热锅炉

余热锅炉旧称废热锅炉，其作用是从反应炉出口的高温气流中回收热量以产生高压蒸汽，并使过程气温度降至下游设备所要求的温度。对于大多数内置式反应炉而言，原料气燃烧器置于前段体积较大的单程火管(辐射段)中，过程气随后进入一级或多级管程管束(对流段)中。

余热锅炉又有釜式和自然循环式之分，二者都是卧式设备，以保证所有管子都浸入水中。

余热锅炉产生的蒸汽压力通常是1.0~3.5MPa，故其出口温度一般高于过程气中硫的露点。然而，仍会有一部分硫蒸气冷凝下来，特别是在负荷不足的情况下，应采取措施将这些液硫从过程气中排出。当不能提供高质量锅炉给水或不需要产生蒸汽的地方，可使用乙二醇与水的混合溶液、胺溶液、循环冷却水(不能沸腾)和油浴作冷却液。

3. 转化器(反应器)

转化器的作用是使过程气中的 H_2S 与 SO_2 在其催化剂床层上继续反应生成元素硫，同时也使过程气中的COS和 CS_2 等有机化合物水解为 H_2S 与 CO_2。

目前，硫黄产量低于100t//d的克劳斯装置系将所有催化剂床层用隔板分开并安装在一个卧式转化器中，而大型克劳斯法装置的转化器通常是单独设置的。规模大于800t/d的装置也有采用立式的。由于催化反应段反应放出的热量有限，故通常均使用绝热式转化器，内部无冷却水管。

转化器内的反应是放热反应，故低温有利于平衡转化率，但COS和 CS_2 只有在较高温度下才能水解完全。因此，一级转化器温度较高，以使COS、CS_2 充分水解；二级、三级转化器温度只需高到可获得满意的反应速度并避免硫蒸气冷凝即可。通常，一级转化器入口温度为232~249℃；二级转化器入口温度为199~221℃；三级转化器入口温度为188~210℃。

由于克劳斯法反应和COS、CS_2 水解反应均系放热反应，故转化器中催化剂床层会出现温升。其中，一级转化器为44~100℃；二级转化器为14~33℃；三级转化器为3~8℃。因为有热损失，三级转化器测出的温度经常显示出一个很小的温降。

转化器中催化剂装填量应根据所选催化剂性能经计算确定。采用合成催化剂时，其量可按 $1m^3$ 催化剂每小时通过1000~1400m^3 过程气计算。

4. 硫冷凝器

硫冷凝器的作用是将反应生成的硫蒸气冷凝为液硫而除去，从而提高克劳斯法转化率，同时回收过程气的热量。硫冷凝器可以是单程或多程换热器，推荐采用卧式管壳式冷凝器。回收的热量用来发生低压蒸汽或预热锅炉给水。

硫蒸气在进入一级转化器前冷凝(分流法除外)，然后在每级转化器后冷凝。除最后一级转化器外，其他硫冷凝器的设计温度在166~182℃，因为在该温度范围内冷凝下来的液硫黏度很低，而且过程气一侧的金属壁温又高于亚硫酸和硫酸的露点。最后一级硫冷凝器的出口温度可低至127℃，这主要取决于冷却介质。但是，由于有可能生成硫雾，故硫冷凝器应有良好的捕雾设施，同时应尽量避免过程气与冷却介质之间温差太大，这对最后一级硫冷凝器尤为重要。

硫冷凝器后部设有气液分离段以将液硫从过程气中分离出来。气液分离段可以与冷凝器组合为一体，也可以是一个单独容器。

5. 再热器

再热器的作用是使进入转化器的过程气在反应时有较高的反应速率，并确保过程气的温度高于硫露点。

过程气进入转化器的温度可按下述要求确定：①比预计的出口硫露点高14~17℃；②尽

可能低，以使 H_2S 转化率最高，但也应高到反应速度令人满意；③对一级转化器而言，还应高到足以使 COS 和 CS_2 充分水解生成 H_2S 和 CO_2，即

$$COS+H_2O \rightleftharpoons CO_2+H_2S \tag{6-6}$$

$$CS_2+2H_2O \rightleftharpoons CO_2+2H_2S \tag{6-7}$$

常用的再热方法有热气体旁通法(高温掺合法)、直接再热法(在线燃烧炉法)和间接再热法(过程气换热法)等，如图 6-7 所示。

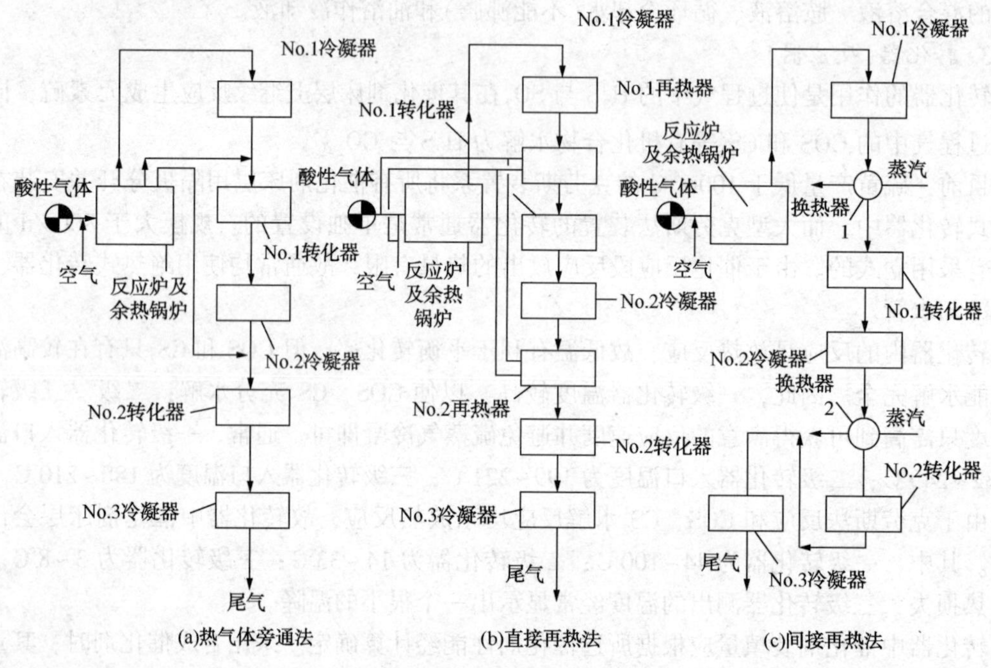

图 6-7 各种再热方法

热气体旁通法是从余热锅炉侧线引出一股热过程气，温度通常为 480~650℃，然后将其与转化器上游的硫冷凝器出口过程气混合。直接再热法是采用在线燃烧器燃烧燃料气或酸气，并将燃烧产物与硫冷凝器出口的过程气混合。间接再热法则采用加热炉或换热器来加热硫冷凝器出口的过程气，热媒体通常是高压蒸汽、热油和热过程气，也可使用电加热器。

通常，热气体旁通法成本最低，易于控制，压降也小，但其总硫收率较低，尤其是处理量降低时更加显著。一般可在前两级转化器采用热气体旁通法，第三级转化器采用间接再热法。

直接再热法的在线燃烧器通常使用一部分酸气，有时也使用燃料气。这种方法可将过程气加热到任一需要的温度，压降也较小。缺点是如果采用酸气燃烧，可能生成 SO_3(硫酸盐化会使催化剂中毒)；如果采用燃料气，可能生成烟炱，堵塞床层使催化剂失活。

间接再热法是在各级转化器之前设置一个换热器。此法成本最高，而且压降最大。此外，转化器进口温度还受热媒体温度的限制。例如，采用 254℃、4. 14MPa 的高压蒸汽作热源时，转化器的最高温度约为 243℃。这样，催化剂通常不能复活，而且 COS 和 CS_2 水解也较困难。但是，间接再热法的总硫收率最高，而且催化剂因硫酸盐化和炭沉积失活的可能性也较小。

综上所述，采用不同的再热方法将会影响总硫收率。各种再热方法按总硫收率依次递增

的顺序为：热气体旁通法、在线燃烧炉法、气/气换热法、间接再热法。热气体旁通法通常只适用于一级转化器，直接再热法适用于各级转化器，间接再热法一般不适用于一级转化器。

6. 焚烧炉(灼烧炉)

由于H_2S毒性大不允许排放，故克劳斯装置的尾气即使已经过处理也必须焚烧后将其中的H_2S等转化为SO_2再排放。尾气焚烧有热焚烧和催化焚烧两类，目前以热焚烧应用较广泛。

热焚烧是在氧过量(通常为20%~100%)的条件下进行的，焚烧温度达到480~815℃。绝大多数焚烧炉是在负压下自然引风操作。由于尾气中含有的可燃物，如H_2S、COS、CS_2、H_2和元素硫含量太低(一般总计不超过3%)，故必须在高温下焚烧，以使硫和硫化物转化成SO_2。焚烧尾气的大量热量可通过将蒸汽过热或产生0.35~3.10MPa的饱和蒸汽等措施加以回收。在回收余热时，应注意此时燃烧气出口温度较低，故必须充分考虑烟囱高度。另外，回收余热的焚烧炉通常采用强制通风在正压下操作。

催化焚烧可以减少焚烧炉的燃料气用量，即先将尾气加热到316~427℃，然后与一定量的空气混合后进入催化剂床层。催化焚烧采用强制通风，在正压下操作。

（三）影响硫收率的因素

影响硫收率的因素很多，其中以原料气质量(H_2S含量和杂质含量)、风气比、催化剂活性和再热方法等尤为重要。现分别介绍如下。

1. 原料气中H_2S含量

原料气中H_2S含量高，可以增加硫收率和降低装置投资，其大致关系见表6-8。因此，在脱硫脱碳装置采用选择性脱硫方法可以有效降低酸气中的CO_2含量，这对提高克劳斯法装置的硫收率和降低投资都十分有利。

表6-8 直流法克劳斯装置硫收率

酸气中H_2S含量(体积分数)/%	硫收率(质量分数)/%		
	二级转化	三级转化	四级转化
20	92.7	93.8	95.0
30	93.1	94.4	95.7
40	93.5	94.8	96.1
50	93.9	95.3	96.5
60	94.4	95.7	96.7
70	94.7	96.1	96.8
80	95.0	96.4	97.0
90	95.3	96.6	97.1

由于三级转化器对硫收率的影响仅为1.3%左右，四级转化器的影响更小，故克劳斯法装置通常多采用两级转化。

2. 原料气和过程气中杂质

(1) CO_2　原料气中一般都含有CO_2。它不仅会降低原料气中的H_2S含量，还会在反应炉内与H_2S反应生成COS和CS_2，这两者都使硫收率降低。原料气中CO_2含量从3.6%增加至43.5%时，随尾气排放的硫损失量将增加52.2%。

（2）烃类和其他有机化合物　原料气中含有烃类和其他有机化合物（例如原料气中夹带的脱硫脱碳溶剂）时，不仅会提高反应炉和余热锅炉的热负荷，也增加了空气的需要量。当空气不足时，相对分子质量较大的烃类（尤其是芳香烃）和脱硫脱碳溶剂会在高温下与硫反应生成焦炭或焦油状物质，严重影响催化剂的活性。此外，过多的烃类还会增加反应炉内COS和CS_2的生成量，影响总转化率，故采用MDEA法脱硫脱碳时我国石油行业标准（SY/T 0011—2007）《天然气净化厂设计规范》要求酸气中的烃类含量不大于2%（体积分数）。当采用砜胺法脱硫脱碳时要求其酸气中烃类含量不大于4%。

（3）水蒸气　水蒸气既是原料气中的惰性组分，又是克劳斯法反应产物。因此，它的存在能抑制克劳斯法反应，降低反应物的分压，从而降低总转化率。过程气温度、水含量和转化率三者的关系如表6-9所示。

表6-9　过程气温度、水含量和转化率的关系

过程气温度/℃	转化率/%		
	水含量为24%（体积分数）	水含量为28%（体积分数）	水含量为32%（体积分数）
175	84	83	81
200	75	73	70
225	63	60	56
250	50	45	41

应该指出的是，虽然原料气中杂质对克劳斯法装置的设计和操作有很大影响，但一般不是在进装置前预先脱除，而是通过改进克劳斯装置的设备或操作条件等办法来解决。

3. 风气比

风气比是指进入反应炉的空气与酸气的体积比。在反应炉内由于复杂的化学反应（例如少量H_2S裂解等副反应），使总的风气比略低于化学计量要求。至于在转化器内，由于H_2S与SO_2是按摩尔比为2反应的，故风气比应保证进入转化器的过程气中H_2S/SO_2的摩尔比在2左右。

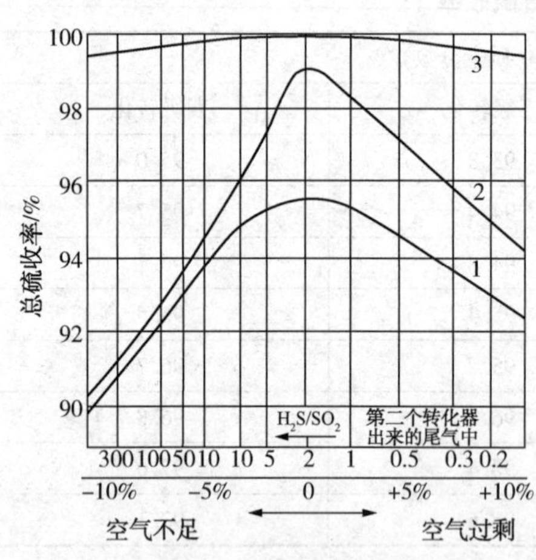

图6-8　风气比对硫收率和过程气H_2S/SO_2摩尔比的影响

1—两级转化克劳斯法；

2—两级转化克劳斯法+低温克劳斯法；

3—两级转化克劳斯法+SCOT法

风气比的微小偏差，即空气不足或过剩都会导致H_2S/SO_2的摩尔比不当，使硫平衡转化率损失剧增，尤其是空气不足时对硫平衡转化率损失的影响更大。图6-8为风气比不当时对硫收率的影响以及所产生的过程气中H_2S/SO_2的摩尔比。图中的克劳斯法装置原料气组成（体积分数）：H_2S 93.0%；CO_2 0.0%；烃类0.5%；H_2O 6.5%。

当克劳斯装置之后设有低温克劳斯尾气处理装置时，严格控制风气比更为重要。由图6-8可知，当风量相差5%时，硫收率将由99%降至95%。为此，目前不少装置都配置了在线分析尾气中H_2S/SO_2比值的仪器并反馈调节风量。

4. 催化剂

虽然克劳斯反应对催化剂的要求并不苛刻，但为了保证实现克劳斯反应过程的最佳效果，仍然需要催化剂有良好的活性和稳定性。此外，由于反应炉经常产生远高于平衡值的 COS 和 CS_2，还需要一级转化器的催化剂具有促使 COS、CS_2水解的良好活性。

早期使用的催化剂是天然铝矾土，现国内外均已淘汰。目前常用的催化剂大体分为两类：①铝基催化剂，例如高纯度活性氧化铝(Al_2O_3)及加有添加剂的活性氧化铝。后者主要成分是活性氧化铝，同时还加入1%~8%的钛、铁和硅的氧化物作为活性剂；②非铝基催化剂，例如二氧化钛(TiO_2)含量高达 85%的钛基催化剂(用以提高 COS、CS_2水解活性)等。表 6-10 为国内外几种常用的克劳斯法催化剂性质。

表 6-10　国内外几种常用克劳斯法催化剂性质

生产厂家	法国 Rhone-Poulenc	法国 Rhone-Poulenc	美国 Lo Roche	中国石油西南油气田分公司天然气研究院	中国石化齐鲁石化公司研究院
牌号	CR	CRS-31	S-201	CT6-7	LS-821
形状	球	柱	球	球	球
尺寸/mm	ϕ4~6	ϕ4	ϕ3~6	ϕ3~6	ϕ4~6
堆积密度/(kg/L)	0.67	0.95	0.72	0.65~0.75	0.72~0.75
主要成分	Al_2O_3	TiO_2	Al_2O_3	Al_2O_3	Al_2O_3
助催化剂				有	TiO_2
比表面积/(m^2/g)	260	120	280~360	>200	>220
孔体积/(cm^3/g)			0.329	≥0.30	>0.40
压碎强度/(N/粒)	120	90	140~180	200	>130
特点	高孔容	高有机硫转化率，抗硫酸盐化	高孔容	高有机硫水解率	高有机硫水解率

目前，克劳斯反应催化剂的研发方向主要如下。

(1) 抗硫酸盐化

在硫黄回收装置正常运行中，SO_2虽可与催化剂的 Al_2O_3 生成硫酸盐，但其数量并不多。然而，如果来自反应炉或再热器的过程气中有 SO_3、O_2存在时，即使其含量只有百万分之几，也会加速催化剂的硫酸盐化，即

$$Al_2O_3+3SO_2+\frac{3}{2}O_2 \rightleftharpoons Al_2(SO_4)_3 \tag{6-8}$$

$$Al_2O_3+3SO_3 \rightleftharpoons Al_2(SO_4)_3 \tag{6-9}$$

操作过程中催化剂表面上生成的硫酸盐量并不是无限增加，因为它可与过程气中的 H_2S 反应，重新生成 Al_2O_3，即

$$Al_2(SO_4)_3+H_2S \rightleftharpoons Al_2O_3+4SO_2+H_2O \tag{6-10}$$

当反应式(6-8)、式(6-9)的反应速度与反应式(6-10)反应速度相等时，硫酸盐量不再增加，达到平衡状态。催化剂床层温度低，过程气中 SO_2、SO_3和 O_2 含量高，有利于硫酸盐化；反之，催化剂床层温度高，过程气中 H_2S 含量高，则有利于降低催化剂上的硫酸盐含

量。因此，过程气中的 O_2、SO_3 含量和催化剂的硫酸盐化密切有关。

对于在低于硫露点温度下操作的低温克劳斯法催化剂来讲，由于过程气中 H_2S 含量较低，微量氧的影响更为显著，催化剂的硫酸盐化也比常规克劳斯法更为严重。为此，一些公司也研发了抗硫酸盐化的活性 Al_2O_3 催化剂。

(2) 促使有机硫水解

与活性 Al_2O_3 催化剂相比，钛基催化剂对过程气中的 COS、CS_2 有良好的水解活性(280~320℃)，而且 TiO_2 与 SO_2 反应生成的 $Ti(SO_4)_2$ 和 $TiSO_4$ 在相应的操作温度下是不稳定的，因而基本上不存在催化剂的硫酸盐化问题。当过程气中存在游离氧时，这类催化剂还可能具有将 H_2S 直接氧化为元素硫的活性。但是，由于这类催化剂价格昂贵，仅有少数装置用于一级转化器。

目前，除提高催化剂对有机硫的转化能力外，由于催化剂的硫酸盐化是其活性降低的首要原因，故新研发的催化剂不少是抗硫酸盐化的催化剂。此外，还应考虑催化剂的孔径分布的优化问题，以使反应活性、表面积和气流扩散等满足不同反应要求。

(3) 催化剂的失活

在催化剂使用过程中，会因种种原因会使其活性降低，即所谓失活。由于内部微孔结构变化(例如高温老化)导致催化剂失活时无法再恢复其活性，而由于外部因素影响失活时，有些情况(例如硫沉积)下可采取措施使其部分或全部恢复活性，有些情况(例如炭沉积)在少量沉积时影响不大，但沉积数量较大时催化剂就可能完全失去活性。

第三节　硫黄处理及储存

克劳斯装置生产的硫黄可以以液硫(约 138℃)或固硫(室温)形式储存与装运。通常，可设置一个由不锈钢或耐酸水泥制成的储罐或储槽储存液硫。如果以液硫形式装运，可将液硫由液硫储罐直接泵送至槽车，或送至中间储槽。如果以固硫形式装运，则将液硫去硫黄成型或造粒设备冷却与固化。

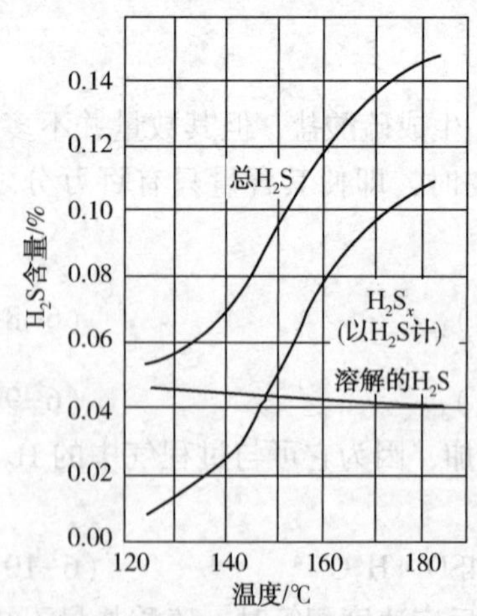

图 6-9　液硫中 H_2S 含量与温度的关系(H_2S 分压为 0.1MPa)

一、液硫处理

在硫冷凝器中获得的液硫与过程气处于相平衡状态，由于过程气中含有 H_2S 等组分，故液硫中也会含有这些组分。通常，液硫中 H_2S 含量均大大超过许多国家规定的不高于 10g/t 的标准，如不处理脱除，在其输送、储存及成型过程中就会逸出而产生严重的污染与安全问题。

1. 液硫中的 H_2S 含量

当 H_2S 溶解于液硫时会生成多硫化氢(H_2S_x，x 通常为 2)。H_2S 在液硫中的溶解度虽随温度升高而降低，但因多硫化氢的生成量随温度升高迅速增加，故按 H_2S 计的总溶解度也随温度升高而增加，如图 6-9 所示。克劳斯装置生产的液硫温度一般为 138~154℃，然而在储运过程中液硫温度可降至 127℃。在这种情况下，H_2S 就会逸出并聚集在液硫上部空间中。

由于各级硫冷凝器的温度和过程气中 H_2S 分压不同，因而得到的液硫中 H_2S 和 H_2S_x 含量也有差别。表 6-11 为直流法各级硫冷凝器所获得的液硫中的 H_2S 含量。

表 6-11　液硫中 H_2S、H_2S_x(按 H_2S 计)含量

硫冷凝器	一级	二级	三级	四级	五级
液硫中 H_2S 含量/(g/t)	500~700	180~280	70~110	10~30	5~10

2. 液硫脱气

通常，脱气设备按脱气前液硫中的总 H_2S 含量平均为 250~300g/t 作为设计基础。曾对总 H_2S 含量为 7g/t、15g/t 和 100g/t 的液硫铁路槽车进行试验后表明，液硫中总 H_2S 含量为 15g/t 是安全装运液硫的上限。因此，脱气设备应按脱气后液硫中总 H_2S 含量为 10g/t 来设计。

我国石油行业标准《天然气净化厂设计规范》(SY/T 0011—2007)规定，当硫黄产品采用液态罐车运输时，脱气后液硫中 H_2S 含量不应大于 10g/t；采用固体运输时，脱气后液硫中 H_2S 含量不宜大于 50g/t。

目前工业上采用的液硫脱气工艺有循环喷洒法、汽提法和 D′GAASS 法等。

(1) 循环喷洒法　此法是法国 Flf Aquitaine 公司(SNPA)于 20 世纪 60 年代研究成功的，用于大型克劳斯装置上，其工艺流程见图 6-10。

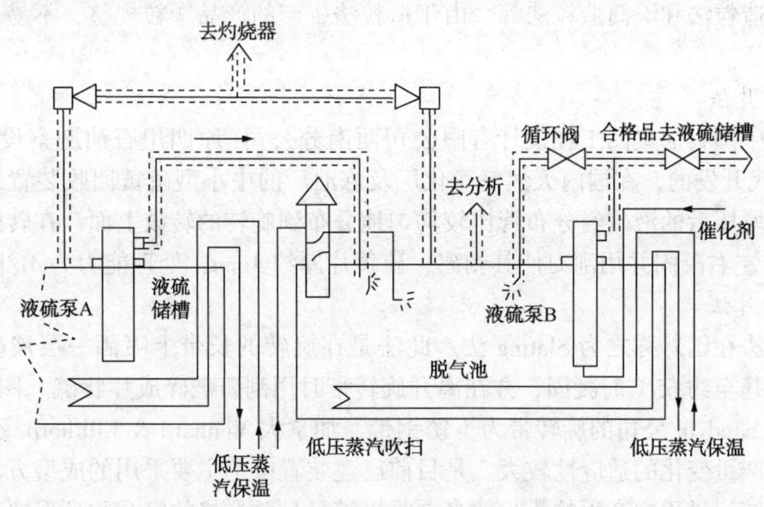

图 6-10　液硫循环喷洒法脱气原理流程

图中，来自克劳斯装置的液硫不断收集在储槽中，达到一定液位后液硫泵 A 自动启动，液硫通过喷嘴洒到脱气池内。由于降温和搅动作用，液硫释放出大量的 H_2S，使 H_2S 含量降至 100g/t。储槽内的液硫降至低液位时泵 A 自动停止，而脱气池的液位升至一定值后液硫泵 B 自动启动，使液硫在脱气池内循环喷洒，同时在液硫泵入口处注入一定量的氨作为促使 H_2S_x 分解的催化剂。脱气循环完成后，关闭循环阀，打开产品阀让液硫流至储槽。只要掌握好循环条件和注氨量(约 100mg 氨/kg 液硫)，就可使液硫中的 H_2S 含量降至 5g/t 以下。

加氨虽然脱气效果好，但有时影响硫黄质量，或者产生固体沉淀甚至造成堵塞。后来法国 Elf 公司改用液相 Aquisulf 代替氨作催化剂，该物可溶于液硫，不降解，不改变硫黄颜色，

加入量为 10~25mg/kg 液硫，脱气时间也缩短至 9h，脱气后液硫中 H_2S 含量不大于 10g/t。

（2）汽提法　此法比较适用于小型克劳斯装置，有很多工艺类型，其特点是设备简单，操作连续，并可用硫冷凝器产生的蒸汽汽提，投资和操作费用均比循环喷洒法低，脱气后液硫中的 H_2S 含量可降至 10g/t 以下。

（3）D′GAASS 法　新近在一套 160t/d 克劳斯装置上应用的 D′GAASS 法是将液硫引入一个压力容器(415kPa)内用空气吹扫，在容器内件作用下可发生 H_2S 的直接氧化反应，无需另加催化剂，离开该容器的空气则送入克劳斯装置反应炉而不产生任何排放问题。此外，此时液硫内的聚合硫增多导致成型后的硫黄强度提高。

3. 液硫输送

采用专用槽车或船只运输液硫，仍是目前的一种运输方式。运输液硫时，务必防止液硫凝固。因此，所有运输液硫的管道和设备都应保持在 130~140℃范围内，并避免温度过高导致液硫黏度剧增。此外，俄罗斯阿斯特拉罕天然气处理厂的液硫产品则采用船只沿伏尔加河运销给用户。

二、硫黄成型

当前，国际贸易中所有海上船运的硫黄都是固体，尤以颗粒状更受欢迎。硫黄成型就是将克劳斯装置生产的液硫制成市场所需要的、符合安全和环保要求的固体硫黄产品。目前硫黄成型工艺有生产片状硫黄的转鼓结片法、带式结片法和生产颗粒状硫黄的水冷造粒法、冷造粒法、钢带造粒法和滚筒造粒法等。由于造粒法生产的产品颗粒规整、不易产生粉尘，因此应用日益广泛。

1. 转鼓结片法

此法是由中国石油集团工程设计有限公司西南分公司(原四川石油勘察设计研究院)于 20 世纪 60 年代开发的，在国内天然气净化厂及炼油厂的中小型硫黄回收装置中得到广泛应用。由液硫泵增压后的液硫经分布管比较均匀地分布到旋转的转鼓上面，在转鼓内壁用水将其冷却至 65℃左右凝固并用刮刀使其剥离，硫黄片厚约 4mm，处理能力为 4t/h。

2. 带式结片法

带式结片法在国外称之为 Slating 法。此法是在旋转的长带上喷洒一层液硫，带下用水间接冷却，使其至约 65℃时凝固，并在离开旋转带时用刮刀破碎成片状硫。图 6-11 是此法示意图。瑞典 Sandvik 公司的旋转带为不锈钢带，加拿大 Vennard & Ellithorpe 公司则使用橡胶带。此法对产量变化的适应性较大，是目前已建装置中仍主要采用的成型方法之一，但所得产品硫黄在储运过程中产生的粉尘较多，难以满足日益严格的安全和环保要求。

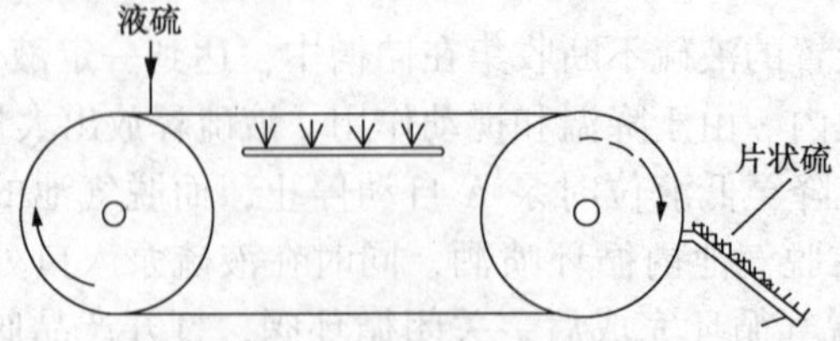

图 6-11　带式结片工艺流程图

我国川渝气区卧龙河引进硫黄回收装置即采用 Sandvik 公司的带式成型法，单套生产能力为 20t/d。

3. 钢带造粒法

钢带造粒法是由 Sandvik 公司开发用来生产半球形硫黄产品，我国南京炼油厂等均引进有此设备，国内南京三普公司也开发了类似工艺。此类方法的主要特点是使液硫通过一个造粒机在钢带上形成半球状颗粒冷却成型，由于冷却时液硫收缩，故在颗粒顶部常产生一些小洞。为使半球状硫黄易于剥离，钢带上敷有脱膜剂。

产品粒度为 2~6mm，含水小于 0.5%，脆度小于 1.0%，堆积密度宽松时为 $1080kg/m^3$，紧密时为 $1290kg/m^3$。

4. 滚筒造粒法

滚筒造粒法又称回转造粒法或造粗粒法，其特点是喷入种粒(硫黄微粒)至造粒器内不断滚动，逐层粘上熔融的液硫并用冷空气使之冷却凝固，直至达到所要求的尺寸。图 6-12 是此法的工艺流程示意图。

滚筒造粒法由于液硫在种粒上逐层涂抹与融合，因而消除了收缩的影响，故可生产出坚硬且无空洞和构造缺陷的硫黄产品。液硫的热量通过喷入水滴的蒸发而除去，废气用空气吹出。此法对工艺用水的质量要求很高，例如 Cl^- 应小于 2.5g/t。

滚筒造粒法硫黄产品堆积密度较高，宽松时为 $1220kg/m^3$，紧密时为 $1320kg/m^3$，粒度为 1~6mm，脆度小于 1.0%，休止角为 27°。

滚筒造粒法每列生产线的最高能力可达 1000t/d，占地少，故适用于产量大的场合。

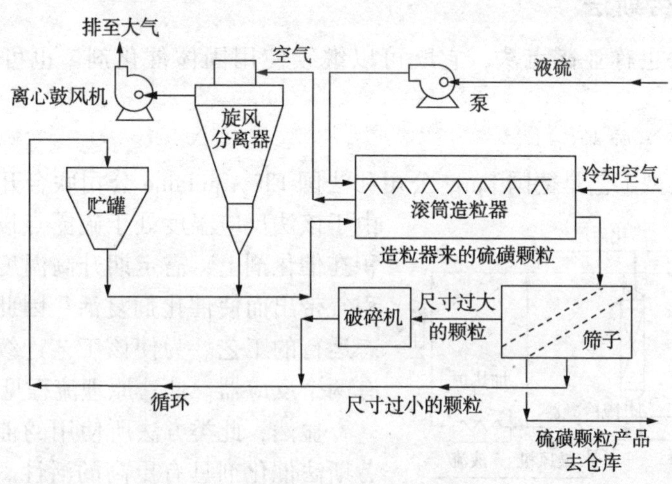

图 6-12 滚筒造粒法工艺流程示意图

选择硫黄成型工艺时应从投资、性能、使用寿命、能耗、安全环保和产品质量等因素综合考虑。国内有人曾以硫黄产量为 1000t/d 的高含硫天然气处理厂为例，对钢带造粒和滚筒造粒法进行综合比较，认为采用后者更具优势。

第四节 克劳斯装置尾气处理工艺技术

如前所述，为使硫黄回收装置尾气中的 SO_2 达到排放标准，大多数克劳斯装置之后均需设置尾气处理装置。按照尾气处理的工艺原理不同，可将其分为低温克劳斯法、还原-吸收法和氧化-吸收法三类。

低温克劳斯法是在低于硫露点的温度下继续进行克劳斯反应，从而使包括克劳斯装置在内的总硫收率接近99%。尾气中的SO_2浓度约为1500~3000mL/m^3。属于此类方法的有Sulfreen法、IFP法(后改称Clauspol 1500)等。

还原-吸收法是将克劳斯装置尾气中各种形态的硫转化为H_2S，然后采用吸收的方法使其从尾气中除去。此法包括克劳斯装置在内的总硫收率接近99.5%甚至达到99.8%%，因而可满足目前最严格的尾气SO_2排放标准。属于此类方法的有SCOT法和Beavon法(后发展成为BSR系列工艺)等。

氧化-吸收法是将尾气焚烧使各种形态的硫转化为SO_2，然后再采用吸收的方法除去尾气中的SO_2。原则上用于处理烟道气中SO_2的方法均可采用，但此类方法在克劳斯装置尾气处理上应用较少。

应该指出的是，随着环保要求日益严格，低温克劳斯法也采取"还原"或"氧化"等方法，以求获得更高的总硫收率。此外，还出现了将常规克劳斯法与低温克劳斯法组合为一体的方法。

自20世纪90年代以来，我国川渝气区和长庆气区先后从国外引进了MCRC法、Clinsulf SDP法、Superclaus法和Clinsulf DO法等几种克劳斯法组合工艺装置或尾气处理装置，进一步提高了我国尾气处理的工艺水平。

一、低温克劳斯法

低温克劳斯法也称亚露点法，它既可以继续使用固体催化剂，也可以使用液相催化系统。

1. 固相催化低温劳斯法

属于此法的典型工艺是德国Lurgi公司和法国Elf Aquitaine公司联合开发的Sulfreen法。由于该法反应温度处于硫露点以下，故液硫将沉积在催化剂上，需定期升高温度以惰性气体或过程气带出而使催化剂复活。因此，这是一种非稳态运行的工艺。为使该工艺连续运行，至少需要有两个反应器。此法原理流程见图6-13。

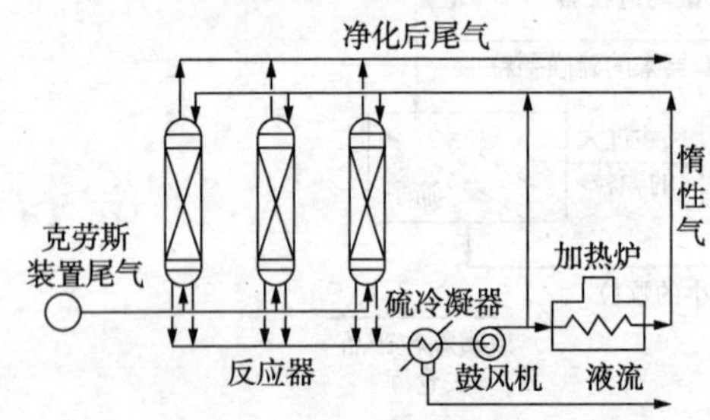

图6-13 Sulfreen法原理流程图

显然，此类方法所使用的催化剂应比常规克劳斯法催化剂具有更高的活性。事实上，有一些催化剂既可用于常规克劳斯法催化反应段，又可用于低温克劳斯法反应段。表6-12为国内外常用的几种低温克劳斯法催化剂。

表6-12 几种低温克劳斯法催化剂的主要参数

生产厂家	美国UOP	美国Alcoa	德国Leuna-Werke	中国石油西南油田分公司天然气研究院
牌号	S-201	S-400	6311	CT6-4
形状				
尺寸/mm	ϕ3~6	ϕ4~5	ϕ3~6	ϕ3~6
堆积密度/(kg/L)	0.72	0.67	0.5	0.85

续表

生产厂家	美国 UOP	美国 Alcoa	德国 Leuna-Werke	中国石油西南油田分公司天然气研究院
主要组分	Al_2O_3	Al_2O_3	Al_2O_3	Al_2O_3
助催化剂			铁、铜、镁等氧化物	
比表面积/(m^2/g)	280~360		253	200~220
孔体积/(cm^3/g)	0.329		0.76	0.299
压碎强度/(N/粒)	140~180			>130

应该指出的是，低温克劳斯法通常均不能使有机硫转化，故必须在克劳斯装置内控制其生成并使之在一级转化器内有效转化，否则低温克劳斯法也无法达到所要求的总硫收率。

目前，属于Sulfreen法变体工艺的有“加氢”型的Hydrosulfreen法、Sulfreen两段法、“活性炭”型的Carbonsulfreen法、“氧化”型的Oxysulfreen法及“直接氧化”型的Doxosulfreen法等。

2. *液相催化低温克劳斯法*

由法国石油研究院(IFP)开发的液相催化低温克劳斯法(IFP法)是在液相中进行低温克劳斯反应，生成的液硫靠重力差与溶液分离。此法后改称Clauspol 1500，在此基础上以后又开发出Clauspol 300和Clauspol 150。

该法以聚乙二醇400为溶剂，苯甲酸钾之类的羧酸盐为催化剂，在120~150℃条件下进行催化克劳斯反应，其原理流程见图6-14。

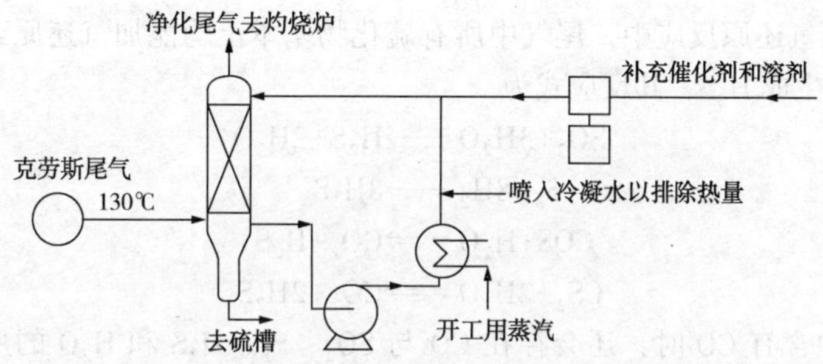

图6-14 液相催化低温克劳斯法原理流程图

20世纪70年代初，我国在实验室研究的基础上曾自主建设了一套液相催化低温克劳斯法装置，但后因气田产量下降而停运。

二、还原-吸收法

属于此法的典型工艺为荷兰Shell公司开发并在1973年实现工业化的SCOT(Shell Claus Offgas Treatment)法，是目前应用最多的尾气处理工艺之一。

1. *工艺流程*

此法首先是将尾气中的各种形态的硫在加氢还原段转化为H_2S，然后将加氢尾气中的H_2S以不同方法转化，例如经选择性溶液吸收H_2S后返回克劳斯装置、直接转化或直接氧化等。它们的总硫收率均可达99.8%以上，焚烧后尾气中的$SO_2<300\times10^{-6}$。图6-15为还原-吸收法原理流程图。

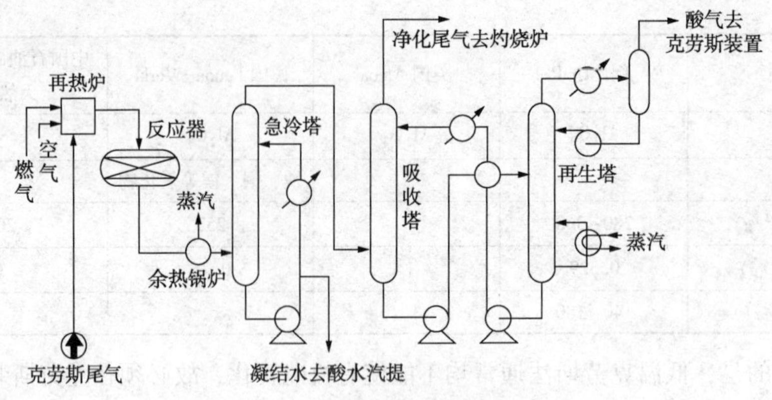

图 6-15 还原-吸收法原理流程图

在实际应用中，SCOT 法逐步形成三种流程：①图 6-15 所示的基本流程，包括还原段、急冷段和选择性吸收段三部分。我国重庆天然气净化总厂引进分厂即采用这种流程；②当选择性吸收 H_2S 所用溶液与上游脱硫脱碳装置溶液相同时，可采用合并再生流程；③当选择性吸收 H_2S 所用溶液与上游脱硫脱碳装置溶液相同时，也可采用将吸收塔的富液作为半贫液送至上游脱硫脱碳装置吸收塔中部的串级流程。正在建设的罗家寨高含硫天然气处理厂即采用这种工艺流程。

与基本流程相比，串级流程和合并再生流程可以降低投资及能耗，但对装置设计及生产也提出了更高要求。

(1) 加氢还原段

在 SCOT 法加氢还原反应中，尾气中所有硫化物基本上均能加氢还原或水解(尾气中通常含有 30%的水)生成 H_2S，其反应式为

$$SO_2+3H_2O \longrightarrow H_2S+2H_2O \quad (6-11)$$

$$S_8+8H_2 \longrightarrow 8H_2S \quad (6-12)$$

$$COS+H_2O \rightleftharpoons CO_2+H_2S \quad (6-13)$$

$$CS_2+2H_2O \rightleftharpoons CO_2+2H_2S \quad (6-14)$$

当还原气体中含有 CO 时，还会存在 CO 与 SO_2、S_8、H_2S 和 H_2O 的反应。总的来讲，CO 的存在对各种形态的硫转化为 H_2S 是有利的，因为 CO 与 H_2S 和 H_2O 的反应可生成活性很高的氢气。但当 CO 含量较高时，则有可能与 SO_2、S_8 反应生成 COS。

还原反应所需的氢气既可由外部提供，也可在本装置内设置一个在线不完全燃烧发生还原气的设施。还原段加氢反应器(转化器)通常采用以 Al_2O_3 为载体的钴钼催化剂，床层设计温度应根据催化剂性能确定，一般为 300~340℃，最高不超过 400℃。反应器内催化剂的装入量可按 $1m^3$ 催化剂每小时通过 1300~1600m^3 过程气确定。常用尾气加氢催化剂见表 6-13。

(2) 急冷段

离开加氢反应器的过程气经余热锅炉回收热量后去急冷塔，用循环水直接冷却至常温，同时也降低了其水含量，并可除去气体中的催化剂粉末及量的 SO_2。由于气体中的 H_2S 及 CO_2 会溶解在水中，故如急冷塔采用碳钢时应加氨以控制其 pH 值在 6.5~7。产生的凝结水去酸水汽提系统。

表 6-13　尾气加氢催化剂

生产厂家	美国 Creterion	美国 Procatalyse	美国 United Catal	中国石油西南油田分公司天然气研究院
牌号	Shell 534	TG 103	C-29-2-02	CT6-5B
形状				
尺寸/mm	φ3~5			φ4~6
堆积密度/(kg/L)	0.836	0.75	0.59	0.82
活性组分	Co、Mo	Co、Mo	Co、Mo	Co、Mo
载体	γ-Al_2O_3	Al_2O_3	Al_2O_3	活性 Al_2O_3
比表面积/(m^2/g)	260			200
孔体积/(cm^3/g)	0.280			0.251
压碎强度/(N/粒)	147			161

(3) 选择性吸收段

经过急冷至常温的过程气去吸收塔，采用选择性脱硫溶液吸收加氢反应生成的 H_2S，然后将富液送至再生塔解吸，再生塔顶酸气去克劳斯装置。

选择性吸收段早期所用溶剂是二异丙醇胺(DIPA)，自 20 世纪 80 年代后已普遍改用甲基二乙醇胺(MDEA)。此外，也有报道说可选用砜胺溶液。

2. SCOT 法的新发展

近年来 SCOT 法还有一些新的发展，例如低硫型的 LS-SCOT 法和超级型的 Super-SCOT 法等。LS-SCOT 法特点是在选择性吸收溶液中加入一种添加剂，使净化尾气中 H_2S 含量从 300mL/m^3降至 10mL/m^3，总硫含量不大于 50mL/m^3。此外，也降低了再生能耗。Super-SCOT 法特点是将选择性溶液分两段再生，再加上较低的贫液温度，也可使净化尾气中 H_2S 含量降至 10mL/m^3，总硫含量不大于 50mL/m^3，再生能耗下降 30%。

目前，国外采用的还原-吸收法还有 BSR/MDEA、Resulf、Suflcycle、HCR、RAR、LTGT 及 AGF/Dual-Solve 等，基本上大同小异，此处不再多述。

三、氧化-吸收法

此法是将尾气中各种形态的硫氧化为 SO_2，然后将 SO_2吸收并采用不同方法转化为不同产品，例如元素硫、液体 SO_2、焦亚硫酸钠或其他产品。原则上，脱除烟道气 SO_2的方法均可用于处理克劳斯法尾气，但目前克劳斯法尾气很少采用此类方法处理。

属于此类方法的有焦亚硫酸钠法、Wellmann-Lord 法、Elsorb 法、柠檬酸盐法、Cominco de SO_2法等。

四、克劳斯法延伸工艺技术

克劳斯法延伸工艺包括克劳斯法组合工艺和克劳斯法变体工艺两部分。克劳斯法组合工艺是指将常规克劳斯法与尾气处理方法组合成为一体的工艺。属于此类工艺的有冷床吸附法(CBA)、MCRC 法和超级克劳斯法等。克劳斯法变体工艺是指与常规克劳斯法(主要特征是以空气作为 H_2S 的氧化剂，催化转化段采用固定床绝热反应器)有重要差别的克劳斯法。属于此类工艺的有富氧克劳斯法(例如 COPE、SURE 法等)及采用等温催化反应的方法(例如，德国 Linde 公司将等温反应器用于克劳斯法催化转化段的 Clinsulf SDP、Clinsulf DO 法等)。

1. MCRC 法

MCRC 法又称亚露点法，是加拿大矿场和化学资源公司开发的一种把常规克劳斯法和尾气处理法组合一起的工艺。此法有三级反应器及四级反应器两种流程，其特点是有一台反应器作为常规克劳斯法的一级转化器，另有一台作为再生兼二级转化器，而有一台或两台反应器在低于硫露点温度下进行反应。反应器定期切换，处于低温反应段的催化剂上积存的硫采用装置本身的热过程气赶出而使催化剂获得再生。三级反应器流程的硫收率为 98.5%~99.2%，四级反应器流程的硫收率则可达 99.3%~99.4%。

我国川西北气矿天然气净化厂有两套 MCRC 装置，一套为引进装置，另一套为经加拿大矿场和化学资源公司同意，由国内设计、建设的装置，均系三级反应器流程，见图 6-16。

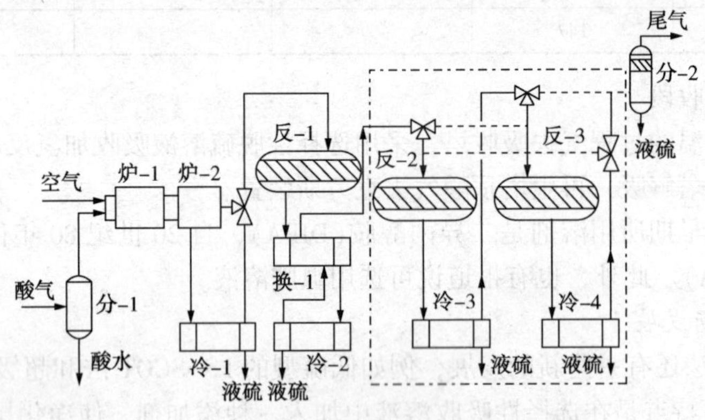

图 6-16　三级反应器的 MCRC 原理流程图

引进装置酸气处理量为 $6\times10^4m^3/d$，H_2S 含量为 53.6%，硫黄产量为 46t/d，硫收率可达 99%。两套 MCRC 装置的实际运行结果见表 6-14。

表 6-14　川西北气矿天然气净化厂 MCRC 装置运行结果

装　置	规模/(t/d)	设计总转化率/%	考核总转化率/%	硫收率/%
引进	46.05	99.22	99.17	
国内	52	99.18(99.06~99.25)		99.03(98.92~99.14)

应该说明的是，在反应器切换期间总硫收率将发生波动而无法达到 99%，约需半小时可恢复正常。四级反应器 MCRC 装置因有两个反应器处于低温反应段，故反应器切换时硫收率的波动可显著减小，其原理流程图见图 6-17。MCRC 法低温反应段所用催化剂为 S-201，我国西南油气田分公司天然气研究院研制的 CT6-4 也可使用。

2. 冷床吸附(CBA)法

所谓冷床吸附是指在较常规克劳斯催化转化器为“冷”的温度下反应生成硫，并吸附在催化剂上，然后切换至较高温度下运行并将硫脱附逸出，从而使催化剂获得再生。CBA 法是由美国 Amoco 公司开发，最早将常规克劳斯法和低温克劳斯法组合在一起的工艺，其原理流程见图 6-18。图中横线以上为常规克劳斯法催化反应段；横线以下为冷床吸附段，两台反应器中有一台处于反应阶段，另一台处于再生冷却阶段，然后定期切换。再生所用热过程气来自一级反应器出口，携带出的硫蒸气经冷凝器冷却和分离后，增压送至二级预热器入口。

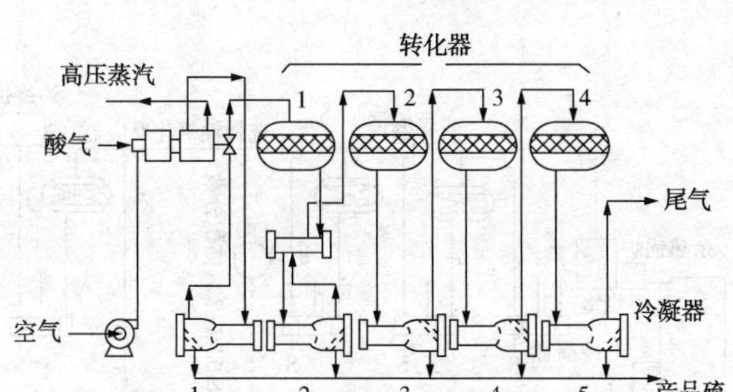

图 6-17 四级反应器的 MCRC 原理流程图

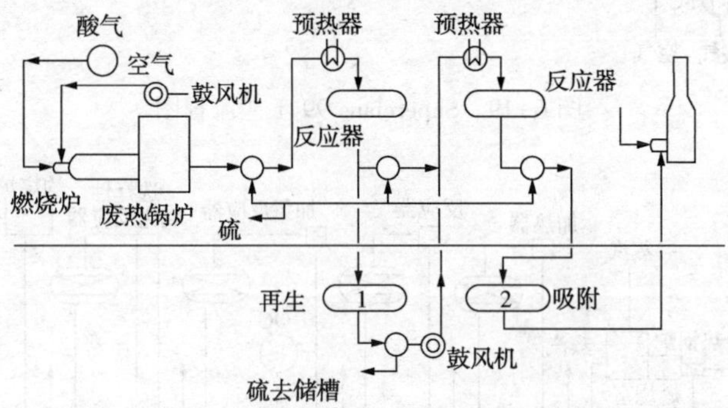

图 6-18 四级反应器 CBA 法原理流程图

除图 6-18 的四级反应器 CBA 法外，近期又开发了三级反应器的 CBA 法。其中，仅有一台反应器用于常规克劳斯法催化反应段，另两台反应器分别用于冷床吸附段的反应与再生，其总硫收率较四级反应器 CBA 法约低 0.3%。

在 CBA 法的基础上，又开发了 ULTRA(超低温反应吸附)工艺，即将尾气加氢、急冷，然后分出 1/3 将 H_2S 转化为 SO_2，再与其余 2/3 的 H_2S 合并进入冷床吸附段，其总硫收率可达 99.7%以上。

3. *超级克劳斯法*

荷兰 Stork(现为 Jacobs Comprimo)公司在 1988 年开发的超级克劳斯(Superclaus)法与常规克劳斯法一样均为稳态工艺。此法包括 Superclaus 99 和 Superclaus 99.5 两种类型，前者总硫收率为 99%左右，后者总硫收率可达 99.5%。

Superclaus 99 工艺的特点是将两级常规克劳斯法催化反应器维持在富 H_2S 条件下(即 H_2S/SO_2大于 2)进行，以保证进入选择性氧化反应器的过程气中 H_2S/SO_2的比值大于 10，并配入适当高于化学计量的空气使 H_2S 在催化剂上氧化为元素硫。图 6-19 为 Superclaus 99 工艺流程图。

由于 Superclaus 99 工艺中进入选择性氧化反应器的过程气中 SO_2、COS、CS_2不能转化，故总硫收率在 99%左右。为此，又开发了 Superclaus 99.5 工艺，即在选择性氧化反应段前增加了加氢反应段，使过程气中的 SO_2、COS、CS_2先转化为 H_2S 或元素硫，从而使总硫收率达 99.5%。图 6-20 是 Superclaus 99.5 工艺流程图。

如前所述，H_2S 与 SO_2反应是可逆反应，其转化率受到热力学平衡限制，故二者摩尔比在反应时应严格控制，但 H_2S 的直接氧化反应是不可逆反应，故对其反应配比的控制不是非常严格。

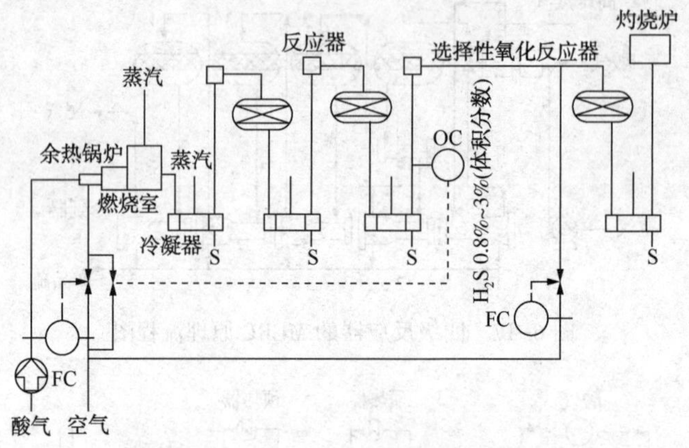

图 6-19 Superclaus 99 工艺流程图

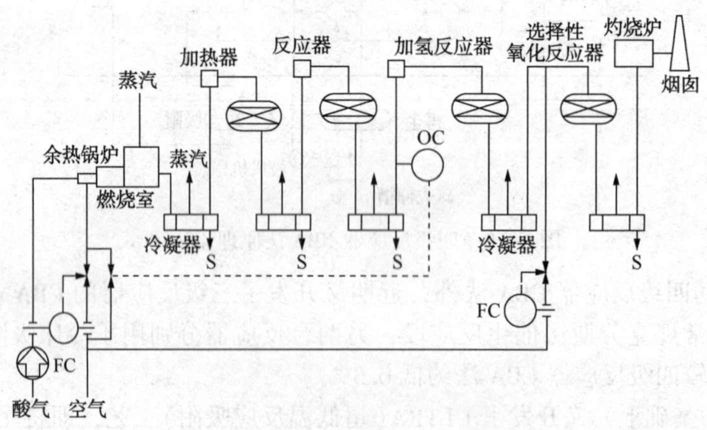

图 6-20 Superclaus 99.5 工艺流程图

Superclaus 法中直接氧化段所用催化剂具有良好的选择性，即使氧量过剩也只将 H_2S 氧化为硫而基本上不生成 SO_2。第一代催化剂是以 α-Al_2O_3 为载体的 Fe-Cr 基催化剂。第二代催化剂则以 α-Al_2O_3 和 SiO_2 为载体的 Fe 基催化剂，其活性更高，进料温度为 200℃（较第一代催化剂降低了 50℃），转化率提高 10%，故总硫收率可增加 0.5%~0.7%。因此，采用第二代催化剂不仅能耗降低，还可允许尾气中 H_2S 有较高的浓度。据悉，新近开发的第三代催化剂是以 α-Al_2O_3 和 SiO_2 为载体的 Fe、Zn 基等催化剂。

应该指出的是，由于 H_2S 直接氧化所产生的反应热为 H_2S 与 SO_2 反应热的几倍，为防止催化剂床层超温失活，其进料中 H_2S 浓度需严格控制，一般应低于 1.5%。

目前采用 Superclaus 法的工业装置已超过 110 套以上，其中多为 Superclaus 99 工艺。这些装置中采用的常规克劳斯段既有直流型的，也有分流型的。在各种克劳斯法组合工艺中，由于 Superclaus 法是稳态运行而不需切换，并且投资也较低，因此发展最快，应用最多，故应作为首选工艺。

我国重庆天然气净化总厂渠县分厂引进的 Superclaus 99 装置于 2002 年 10 月投产，装置属于分流型，规模为 31.5t/d,，酸气中 H_2S 含量为 45%~55%，总硫收率超过 99.2%。克劳斯段采用三级转化，一级转化器使用 CRS-31 催化剂，再热采用在线燃料气加热炉。表 6-

15 为渠县分厂 Superclaus 99 装置运行温度和过程气组成。

表 6-15 渠县分厂 Superclaus 99 装置运行温度与过程气组成

装置运行温度 ℃

位置	火焰	余热锅炉出口	一反出口	一冷	二反出口	二冷	三反出口	直接氧化段出口	直接氧化段冷凝器
实际	1060	165	319	163	217	158	183	236	123
计算	1062	169	320	172	220	162	187	245	126

过程气组成 %(体积分数)

组分	一反入口	一反出口	二反出口	三反出口	直接氧化段出口
H_2S	4.6(5.26)	1.3(1.67)	0.37~0.50(0.62)	0.30~0.50(0.50)	0.00~0.01(0.01)
SO_2	1.3(3.12)	0.15~0.37(0.59)	0.03~0.10(0.07)	0.01~0.02(0.02)	0.02~0.03(0.07)
COS	0.11(0.67)	0.01(0.013)			
CS_2	0.19(0.42)	0.01(0.04)			

① 括号外为实际值，括号内为模拟计算值。

此外，荷兰 Jacobs Comprimo 公司近年来又开发了超优克劳斯(EuroClaus)法(图 6-21)。该法是在 Superclaus 法的基础在末级克劳斯转化器(反应器)下部装入加氢催化剂，用过程气中的 H_2、CO 作为加氢还原气，使 SO_2 转化为 H_2S 和硫，同时又采用深冷器代替末级硫冷凝器，降低尾气出口温度(110~115℃)以减少硫蒸气损失，因而其总硫收率可达 99.5%~99.7%。目前，全球已有 20 多套采用该法的装置在运行。

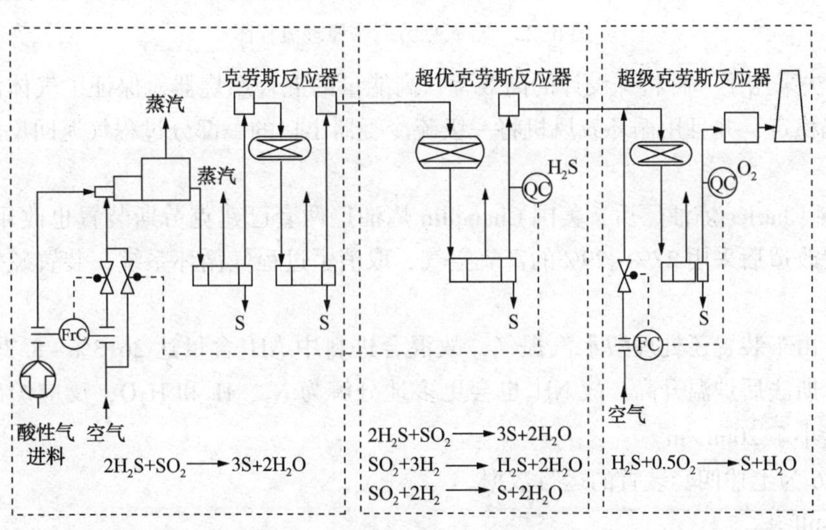

图 6-21 EuroClaus 工艺流程图

4. 富氧克劳斯法

常规克劳斯法采用无偿的空气为氧源。但是，使用富氧空气甚至纯氧却可减少过程气中的惰性气体(氮气)量从而提高克劳斯装置的处理能力。事实上，当需要增加已建克劳斯装置能力，特别是在无法新建克劳斯装置的情况下，采用富氧克劳斯法改造现有装置以提高其处理量，已成为优先考虑的方案。

目前，已经工业化的富氧克劳斯法有 COPE、SURE 及 Oxyclaus 法，还有以变压吸附获得富氧空气的 PS Claus 法，以及为了解决炉温问题而开发的“无约束的克劳斯扩建”的 NoTICE 法等。

从理论上讲，不同浓度的富氧空气和纯氧均可用于富氧克劳斯法，但因受反应炉炉温(上限约为 1482℃)等的限制，故在酸气中 H_2S 及富氧程度均较高的情况下，为了控制炉温需要将部分过程气循环或采取其他措施。

对于低富氧程度的克劳斯装置，除供风的控制系统需要改造外，其余系统与常规克劳斯装置相同。1985 年年初，由美国空气产品与化学品公司设计的 COPE 法最先在 Lake Charles 炼油厂两套已建克劳斯装置改造中应用，其主要目的是提高装置产能和降低改造投资。改造后的装置采用的富氧浓度升至 54%，产能增加近一倍。图 6-22 为其改造后的 COPE 富氧克劳斯法原理流程图。

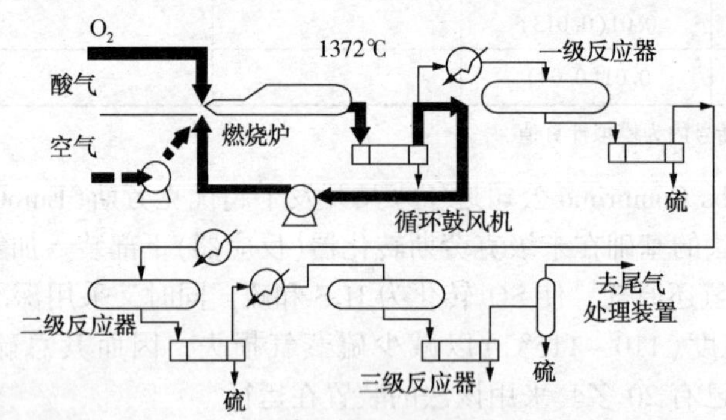

图 6-22　富氧克劳斯法原理流程图

COPE 法采用了一种特殊设计的高效率、高能量的混合燃烧器，保证了气体混合充分和燃烧器火焰稳定，并且用循环鼓风机将一级硫冷凝器出口的一部分过程气返回反应炉以调节炉温。

继 Lake Charles 炼油厂后，美国 Champlin 炼油厂两套已建克劳斯装置也改用 COPE 法。这两套装置改造后采用 27%~29%的富氧空气，取消了过程气循环系统，装置硫黄产能增加 21%~23%。

此外，由于装置还处理酸水汽提气，故混合进料中 NH_3 含量达 36.3%~8.7%，由于采用富氧克劳斯法后炉温升高，故 NH_3 也会更多地分解为 N_2、H_2 和 H_2O，反应炉出口过程气中 NH_3 含量小于 20mL/m^3。

表 6-16 为上述四套装置的运行数据。

5. Clinsulf 法

德国 Linde 公司开发的 Clinsulf 法特点是采用内冷管式催化反应器(上部为绝热反应段，下部为等温反应段)，包括 Clinsulf SDP、Clinsulf DO 两种类型。前者是将常规克劳斯法与低温克劳斯法组合一起的工艺，后者则是直接氧化工艺。有关 Clinsulf DO 工艺本章已在前面叙述，此处仅介绍 Clinsulf SDP 工艺，其工艺流程图见图 6-23。

Clinsulf 法的特点是：①装置设有两个反应器，一个处于“热”态进行常规克劳斯反应，并使催化剂上吸附的硫逸出，另一个处于“冷”态进行低温克劳斯反应，两个反应器定期切换；②反应器上部绝热反应段有助于在较高温度下使有机硫转化并获得较高的反反应速度，下部等温反应段则可保证有较高的转化率；③仅使用两个再热炉和一个硫冷凝器，流程简化，设备减少，同时再热燃料气用量也少；④由于 Clinsulf 等温反应器结构较常用绝热反应器复杂，故该装置价格昂贵，但因流程简化，设备减少，据称投资大体与三级转化的克劳斯装置相当；⑤与 MCRC 法相同，反应器切换时达到操作稳定的时间约需 20min，在此切换时间内总硫收率也无法保证达到 99%；⑥对管壳式催化反应器的循环水质量要求很高，又因产生高压蒸汽故对有关设备的安全性要求也高，而且此高压蒸汽冷凝后循环，能量无法回收。

表 6-16　COPE 法克劳斯装置运行数据

装置	Champlin A		Champlin B		Charles		
工艺	常规法	COPE	常规法	COPE	常规法	COPE(1)	COPE(2)
酸气量/(m^3/h)	2151	2643	2391	2966			
H_2S 浓度/%	68	73	68	73	89	89	89
酸水汽提气/(t/d)	891	877	736	736			
氧流量/(t/d)	0	16.2	0	15.9			
氧浓度/%	20.3	28.6	20.3	27.2	21	54	65
反应炉温度/℃	1243	1399	1149	1324	1301	1379	1410
硫黄产量/(t/d)	67.1	82.3	72.6	87.9	108	196	199

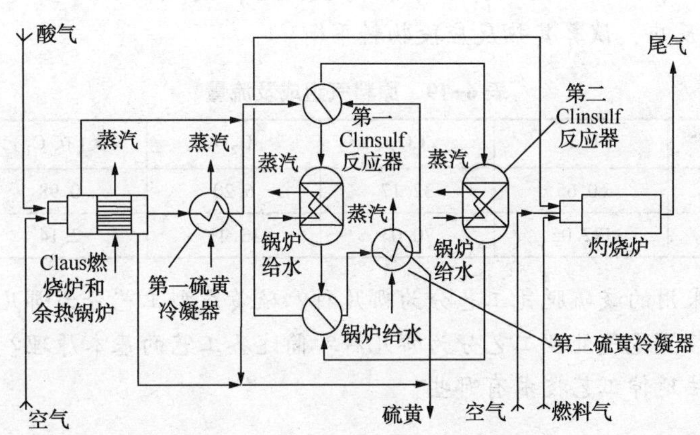

图 6-23　Clinsulf SDP 工艺流程图

1995 年第一套 Clinsulf SDP 装置在瑞典 Nynas 炼油厂投产，处理酸气及酸水汽提气，装置产能为 16t/d，进料中 H_2S 含量为 75.8%，硫收率平均为 99.4%。装置内各段转化率见表 6-17。

我国重庆天然气净化总厂垫江分厂引进的 Clinsulf SDP 装置已于 2002 年 11 月投产。装置产能为 16t/d，操作弹性为 50%～100%，设计酸气中 H_2S 含量为 30%～45%，硫收率为 99.2%。反应器上部装填 ESM7001 氧化钛基催化剂，下部为 UOP2001 氧化铝基催化剂。两个反应器每 3h 切换一次。表 6-18 是其考核期间运行数据平均值。

表 6-17 Nynas 炼油厂 Clinsulf DO 装置各段转化率

位置	反应炉	第一反应器绝热段	第一反应器等温段	第二反应器绝热段	第二反应器等温段
段内转化率/%	60.0	75.0	50.0	60.0	75.0
累计转化率/%	60.0	90.0	95.0	98.0	99.5
剩余的 H_2S 和 SO_2/%	40.0	10.0	5.0	2.0	0.5

表 6-18 垫江分厂 Clinsulf SDP 装置运行数据

组成(干基)/%(体积分数)	H_2S	CO_2	烃类	SO_2	COS	CS_2	硫雾/(g/m^3)
酸气	4.09	59.07	0.84				
尾气	0.030	37.55		0.52	0①	0.0001②	0.71

① 系未检出。

② 检测 19 次，仅有 1 次检出为 0.004%。

根据检测数据计算，37 组数据平均值的总硫收率大于 99.2%，但还有待观察其长期运行情况。

习　题

6-1　克劳斯法脱硫工艺有哪些？说明各种工艺的适用范围？

6-2　某克劳斯装置原料气温度为 43.3℃，压力为 0.1427MPa(绝)，其组成及摩尔流量见表 6-19，当地干球温度 27.8℃，湿球温度 23.9℃，鼓风机出口空气(去反应炉)温度 82.2℃，如忽略副反应，试算其热反应段物料平衡。

表 6-19 原料气组成及流量

组成	H_2S	CO_2	H_2O	烃类(按 C_1)计	合计
含量/%(体积分数)	60.65	32.17	6.20	0.98	100.00
流量/(kmol/h)	132.02	70.03	13.49	2.14	217.68

6-3　工业上采用的液硫脱气工艺分为哪几种？硫黄成型工艺分为哪几种？

6-4　克劳斯装置尾气处理工艺分为哪几种？简述各工艺的基本原理？

6-5　克劳斯法延伸工艺技术有哪些？

参 考 文 献

[1] 游少辉. 硫黄回收装置的工艺优化[D]. 天津大学，2005.

[2] 金洲. 降低硫黄回收装置烟气中 SO_2 排放问题探讨[J]. 石油与天然汽化工，2012，41(5)：473-478.

[3] 陈赓良. 克劳斯法硫黄回收工艺技术发展评述[J]. 天然气与石油，2013，31(4)：23-28.

[4] 王遇冬. 天然气处理原理与工艺：第 3 版[M]. 北京：中国石化出版社，2016.

[5] 王明丽. 克劳斯法硫黄回收工艺技术现状及前景展望[J]. 当代化工研究，2010，06(4)：60-66.

[6] 胡天友，王晓东，贾勇，等. 大型天然气净化厂硫黄回收加氢尾气深度脱硫技术研究及工业应用[J]. 石油与天然汽化工，47(4).

[7] 张黎，肖鸿亮. SSR 硫黄回收尾气处理工艺及其应用[J]. 石油与天然汽化工，2014，43(5)：478-482.

[8] 宋世昌，李光，杜丽民. 天然气地面工程设计：上卷[M]. 北京：中国石化出版社，2014.

[9] 胡孔彪，唐忠怀，刘玉民，等．CT6-4B 和 CT6-5B 硫黄回收催化剂使用情况总结[J]．石油与天然汽化工，2012，41(3)：268-272.

[10] 孟超，郭欣．酸性水汽提及硫黄回收工艺的研究及应用研究[J]．环境科学与管理，2013，38(5)：104-108.

[11] 常宏岗，熊钢．大型高含硫气田安全开采及硫黄回收技术[J]．天然气工业，2012，32(12)：85-91.

[12] 李达，罗万明，刘洪波，等．洛凯特(LO-CAT)脱硫工艺在延安炼油厂硫黄回收装置中的应用[J]．河南化工，2010，27(2)：54-56.

[13] 达建文，殷树青．硫黄回收催化剂及工艺技术[J]．石油炼制与化工，2015，46(10)：107-112.

[14] 李菲，何保正，耿继常，等．硫黄回收装置低负荷运行存在问题及解决方法[J]．现代化工，2013，33(2)：83-85.

[15] 刘洋，李法璋．20×10^4t/年硫黄回收装置运行总结[J]．石油与天然汽化工，2012，41(6)：563-566.

[16] 郑欣．天然气地面工艺技术[M]．北京：中国石化出版社，2019.

[17] 温崇荣，段勇，朱荣海，等．我国硫黄回收装置排放烟气中 SO_2 达标方案探讨[J]．石油与天然汽化工，2017，46(1)：1-7.

[18] 常宏岗，游国庆，陈昌介，等．川渝地区硫黄回收工艺应用现状与改进措施[J]．西南石油大学学报：自然科学版，2011，33(1)：156-160.

[19] 廖铁，苏梦瑶，李法璋，等．万州天然气净化厂硫黄回收单元蒸汽与凝结水节能优化措施[J]．石油与天然汽化工，2013，42(6)：582-587.

[20] 陈赓良．富氧硫黄回收工艺技术的开发与应用[J]．石油与天然汽化工，2016，45(2)：1-6.

[21] 曹虎，黄世勇，王富丽，等．HYSYS 软件模拟克劳斯法硫黄回收工艺[J]．化工技术与开发，2014(6)：71-74.

第七章　天然气凝液回收

油气田生产的天然气主要成分是甲烷，除此之外，一般还不同程度的含有 C_2、C_3、C_3^+等重烃组分以及 N_2、CO_2、H_2S 和 H_2O 等非烃组分，为了符合商品天然气质量指标和管输气的烃露点要求，天然气通常除了脱除水、酸气外，还需回收 C_2、C_3、C_3^+等重烃混合物，这种从天然气中回收到的液烃混合物称为天然气凝液(Natural Gas Liquids，NGL)，简称凝液或液烃。

从天然气中回收凝液的工艺过程称之为天然气凝液回收(NGL 回收，简称凝液回收)。回收到的天然气凝液或直接作为商品，或根据有关产品质量指标进一步分离为乙烷、液化石油气(LPG)及天然汽油(C_5^+)等产品。因此，天然气凝液回收一般也包括了天然气分离过程。

第一节　天然气凝液回收目的及方法

天然气作为油气田生产的一种产品，或进入长距离输送管道外输，或作为商品气直接销售给用户。由于各油气田采出的天然气组分不同，一般未经处理不可能达到管输或商品气的质量标准，因此在气田规划中的天然气处理厂对天然气中的凝液进行回收的主要目的是：使商品气符合质量指标；满足管输气质量要求。

凝液回收的另一个目的：最大程度地回收凝液，或直接作为产品，或进一步分离出有关产品。

我国习惯上将天然气分为气藏气、凝析气及伴生气三类。天然气类型不同，其组成也有很大差别。气藏气主要是由甲烷组成，乙烷及更重烃类含量很少。因此，只是将气体中乙烷及更重烃类回收作为产品高于其在商品气中的经济效益时，一般才考虑进行天然气凝液回收。凝析气中一般含有较多的戊烷以上烃类，无论分离出凝析油后的气体是否要经压缩回注地层，通常都应回收天然气凝液，从而额外获得一定数量的液烃。伴生气中通常含有较多乙烷及更重烃类，为了获得液烃产品，同时也为了符合商品气或管输气的烃露点要求，必须进行凝液回收。尤其是与原油稳定脱出的气体或未稳定原油储罐回收到的烃蒸气混合后，其丙烷、丁烷含量更多，回收价值更高。

由此可知，由于回收凝液的目的不同，对凝液的收率(回收的某产品中某烃类与原料气中该烃类组分数量之比，通常以摩尔分数表示)也有区别，获得的凝液组成也各不相同。目前，我国习惯上又根据是否回收乙烷而将 NGL 回收装置分为两类：一类以回收乙烷及更重烃类(C_2^+烃类)为目的；另一类则以回收丙烷及更重烃类(C_3^+烃类)为目的。

在下述情况下需要最大程度地回收 NGL：

1. 从伴生气回收到的液烃返回原油中时价值更高，即回收液烃的主要目的是为了尽可能地增加原油产量。

2. 从 NGL 回收过程中得到的液烃产品比其作为商品气中的组分时价值更高，因而具有良好的经济效益。

当从天然气中最大程度地回收 NGL 时，即就是残余气(即回收 NGL 后的干气)中只有甲烷，通常也可符合商品气的发热量指标。但是，很多天然气中都含有氮气及二氧化碳等不可燃组分，故还需在残余气中保留一定量的乙烷，必要时甚至需要脱除天然气中的氮气。例如，英国气体(British Gas)公司突尼斯 Hannibai 天然气处理厂的原料气中含有16%以上的 N_2 和13%以上的 CO_2，必须将 N_2 脱除至小于6.5%以满足商品气的指标，水、BTEX(苯、甲苯、乙苯和二甲苯)及 CO_2 等也必须脱除至很低值，以防止在脱氮装置(NRU)的低温系统中有固体析出。

由此可知，由于回收凝液的目的不同，对凝液的收率要求也有区别，获得的凝液组成也各不一样。目前，我国习惯上又根据是否回收乙烷而将 NGL 回收装置分为两类：一类以回收乙烷及更重烃类(C_2^+ 烃类)为目的；另一类则以回收丙烷及更重烃类(C_3^+ 烃类)为目的。

NGL 回收可在油气田矿场进行，也可在天然气处理厂、气体回注厂中进行。回收方法基本上可分为吸附法、吸收法及冷凝分离法三种：

(一) 吸附法

吸附法系利用固体吸附剂(例如活性炭)对各种烃类的吸附容量不同，从而使天然气中一些组分得以分离的方法。在北美，有时用这种方法从湿天然气中回收较重烃类，且多用于处理量较小及较重烃类含量少的天然气，也可用来同时从天然气中脱水和回收丙、丁烷等烃类(吸附剂多为分子筛)，使天然气水、烃露点都符合管输要求。

吸附法的优点是装置比较简单，不需特殊材料和设备，投资较少；缺点是需要几个吸附塔切换操作，产品局限性大，能耗与成本高，燃料气量约为所处理天然气量的5%，因而目前很少应用。

(二) 油吸收法

油吸收法系利用不同烃类在吸收油中溶解度不同，从而将天然气中各个组分得以分离。吸收油一般为石脑油、煤油、柴油或从天然气中回收到的 C_5^+ 凝液(天然汽油，稳定轻烃)。吸收油相对分子质量越小，NGL 收率越高，但吸收油蒸发损失越大。因此，当要求乙烷收率较高时，一般才采用相对分子质量较小的吸收油。

吸收油相对分子质量取决于吸收压力和温度，一般在100~200。常温油吸收法采用的吸收油相对分子质量通常为150~200。如果设计合理，低温油吸收法采用的吸收油相对分子质量最小可为100。

相对分子质量较小的吸收油，单位质量的吸收率较高，故其循环量较少，但蒸发损失较大，被气体带出吸收塔的携带损失也较多。吸收油的沸点应高于从气体中所吸收的最重组分的沸点，便于吸收油在蒸馏塔内解吸再生，并在塔顶分离出被吸收组分。吸收压力除考虑气体内各组分在油中溶解度外，还应考虑干气(残余气)的外输压力。

1. 工艺流程简介

按照吸收温度不同，油吸收法又可分为常温、中温和低温油吸收法(冷冻油吸收法)三种。常温油吸收法吸收温度一般为30℃左右；中温油吸收法吸收温度一般为-20℃以上，C_3 收率约为40%左右；低温油吸收法吸收温度一般可达-40℃左右；C_3 收率一般为80%~90%，C_2 收率一般为35%~50%。低温油吸收法原理流程图见图7-1。

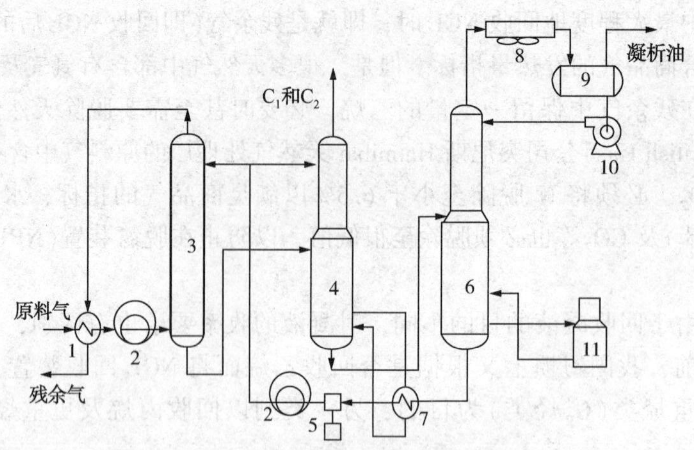

图 7-1　低温油吸收法工艺流程

1—气/气换热器；2—冷剂蒸发器；3—吸收塔；4—富油脱乙烷塔；5—贫油泵；6—蒸馏塔；7—贫/富油换热器；8—空冷器；9—回流罐；10—回流泵；11—重沸炉

原料气经贫气/富气换热器和冷剂蒸发器(冷冻器)冷冻后进吸收塔，贫吸收油由上而下流经各层塔板，原料气由下而上在各层塔板上与贫吸收油接触。脱除较重烃类后的贫气(残余气，干气)由塔顶流出，吸收了原料气中较重烃类的富吸收油由塔底流出。

富吸收油进入脱乙烷塔，塔底贫/富油换热器实质上是起重沸器作用，在塔底热量和烃蒸气的汽提下，由该塔下部解吸段从富吸收油中释放出所吸收的 C_1、C_2 以及一部分 C_3^+。脱乙烷塔的上部分为再吸收段，由塔顶部进入的贫吸收油再次吸收气体中的 C_3^+，因而仅有 C_1 和 C_2 自塔顶馏出。脱乙烷塔的塔顶气可做燃料，或增压后外输。离开脱乙烷塔的富吸收油进入蒸馏塔，塔底温度略低于吸收油沸点，蒸出富吸收油中所吸收的 C_3、C_4 和 C_5^+，并从塔顶馏出(即凝析油)。塔底流出物则为解吸后的贫吸收油循环使用。

当采用从原料气中回收到的 C_5^+ 凝液为吸收油时，此时从蒸馏塔塔顶仅蒸出 C_3 和 C_4(即液化石油气)，而从塔底流出的 C_5^+ 凝液除天然汽油(稳定轻烃)产品外，其他则作为吸收油循环使用，其量根据需要确定。

2. 国内外现状

(1) 国外

油吸收法是 20 世纪五六十年代广泛使用的一种 NGL 回收方法，尤其是在 60 年代初由于低温油吸收法可在原料气压力下运行，收率较高，压降较小，而且允许使用碳钢，对原料气处理要求不高，且单套装置处理量较大，故一直在油吸收法中占主导地位。但因低温油吸收法能耗及投资较高，因而在 70 年代以后已逐渐被更加经济与先进的冷凝分离法取代。目前，除美、澳等国个别已建油吸收法 NGL 回收装置仍在运行外，大多数装置均已关闭或改为采用冷凝分离法回收 NGL。

例如，澳大利亚某公司在位于墨尔本以东的长滩(Longford)建有 3 座天然气处理厂和一座原油稳定厂。原料气来自巴斯海峡(Bass Strait)的气井。其中，第一座天然气处理厂建于 1969 年，其 NGL 回收装置采用低温油吸收法，第二座和第三座天然气处理厂则分别建于 1976 年和 1983 年，其 NGL 回收装置采用透平膨胀机制冷的冷凝分离法。

(2) 国内

我国自20世纪六七十年代以来已建成了上百套NGL回收装置，基本上都是采用冷凝分离法。但在2001年后个别油田新建或改建的NGL回收装置还采用了低温油吸收法。例如，大庆油田萨中$30\times10^4m^3/d$的NGL回收装置，原设计采用氨压缩制冷的浅冷分离工艺，改建后采用了浅冷分离-油吸收组合工艺，冷冻温度为-17℃(因而实质上是采用氨压缩制冷的中温油吸收法)，C_3收率由原来的30.1%(质量分数，下同)提高到68.5%，见表7-1。另外，海南福山油田新建的第一套NGL回收装置($30\times10^4m^3/d$)采用的也是油吸收法，冷冻温度为-30℃(因而实质上是采用丙烷压缩制冷的低温油吸收法)，C_3收率设计值在80%以上。

表7-1 大庆萨中NGL回收装置改建前后收率比较

时　间	冷冻温度/℃	凝液收率/$(t/10^4m^3)$	C_3收率(质量分数)/%	C_4收率(质量分数)/%
改建前	-19.5	1.85	30.1	54.9
改建后	-17.3	2.68	68.5	88.9

大庆油田萨中NGL回收装置原料气为低压伴生气，先压缩至1.3MPa，再经冷却、冷冻至约-20℃进行气液分离，然后气体去吸收塔，凝液去脱乙烷塔等。吸收油为本装置自产的稳定轻烃(天然汽油)。由于报道中未介绍不同改建方案投资、收率、能耗等综合比较结果，故只能从其原工艺流程推测该装置改建时采用浅冷分离-油吸收组合工艺的原因：①原料气仅压缩至1.3MPa，即使采用透平膨胀机制冷法效果也不显著；②改建前采用浅冷分离工艺，原料气冷冻温度在-20℃以上，设备、管线均采用碳钢。如果采用透平膨胀机制冷法，则需采用低温钢材；③改建前采用乙二醇作为水合物抑制剂，如果采用透平膨胀机制冷法，则必须改用分子筛脱水。所以，针对该装置改建前具体情况，从投资、收率等角度考虑，该装置改造为浅冷-油吸收组合工艺还是合适的。但是，如果是新建装置，就应对浅冷分离-油吸收组合工艺和其他工艺方案进行技术经济综合比较后，从而确定最佳方案。据了解，目前该装置由于资源整合等原因已停运。

海南福山油田新建第一套NGL回收装置原设计考虑到原料气为高压凝析气(3.5MPa)，外输干气压力仅要求为1.6MPa，故拟采用丙烷预冷-透平膨胀机制冷的深冷分离工艺，C_3收率设计值在85%以上。但之后考虑到该油田处于开发初期，原料气压力与规模有待落实，故改用低温油吸收法。2003年该装置投产后的实践表明，原料气压力稳定，天然气产量仍在不断增加，所以在2005年又新建了第二套NGL回收装置($50\times10^4m^3/d$)。这套装置在总结以往经验教训的基础上，考虑到原料气中C_1/C_2比值(体积分数比)在3.5，因而采用了有重接触塔的丙烷预冷-透平膨胀机制冷联合工艺，C_3收率设计值在90%以上。此外，为了提高第一套装置的C_3收率和降低装置能耗，在2004年改建中也增加了一具重接触塔，并将冷油吸收系统停运。改建后装置的液化石油气及稳定天然汽油产量都有明显增加。

实际上我国自20世纪六七十年代以来，除最早建设的某凝析气田NGL回收装置由于受当时条件限制而采用浅冷分离工艺外，以后建成的高压凝析气田NGL回收装置多采用冷剂预冷-透平膨胀机制冷的深冷分离工艺。实践证明，这种工艺是先进可靠、经济合理的。只要在设计中考虑周到，就可以较好地适应高压凝析气田在开发过程中的变化情况。

目前国内以油田伴生气为原料气的NGL回收装置中，有的因其处理量较小，但原料气中C_3含量又较高(大于10%)，为提高C_3收率故仍采用经过改进的低温油吸收法。

(三) 冷凝分离法

冷凝分离法是利用在一定压力下天然气中各组分的沸点不同，将天然气冷却至露点温度以下某一值，使其部分冷凝与气液分离，从而得到富含较重烃类的天然气凝液。这部分天然气凝液一般又采用精馏的方法进一步分离成所需要的液烃产品。通常，这种冷凝分离过程又是在几个不同温度等级下完成的。

由于天然气的压力、组成及所要求的NGL回收率或液烃收率不同，故NGL回收过程中的冷凝温度也有所不同。根据其最低冷凝分离温度，通常又将冷凝分离法分为浅冷分离与深冷分离两种。前者最低冷凝分离温度一般在-35～-20℃，后者一般均低于-45℃，最低在-100℃以下。

深冷分离(cryogenic separation 或 deepcut)有时也称为低温分离。但是，天然气处理工艺中提到的低温分离(low temperature separation)就其冷凝分离温度来讲，并不都是属于深冷分离范畴。此外，天然气处理工艺中习惯上区分浅冷及深冷分离的温度范围与低温工程中区分普冷、中冷和深冷的温度范围也是有所区别的。

冷凝分离法的特点是需要向气体提供温度等级合适的足够冷量使其降温至所需值。按照提供冷量的制冷方法不同，冷凝分离法又可分为冷剂制冷法、膨胀制冷法和联合制冷法三种。

1. 冷剂制冷法

冷剂制冷法也称外加冷源法(外冷法)、机械制冷法或压缩制冷法等。它是由独立设置的冷剂制冷系统向天然气提供冷量，其制冷能力与天然气无直接关系。根据天然气的压力、组成及NGL回收率要求，冷剂(制冷剂、制冷工质)可以是氨、丙烷或乙烷，也可以是丙烷、乙烷等混合物(混合冷剂)。制冷循环可以是单级或多级串联，也可以是阶式(覆叠式、级联)制冷循环。天然气处理工艺中几种常用冷剂的编号、安全性分类及主要物理性质见表7-2。

(1) 适用范围　在下述情况下可采用冷剂制冷法：

① 以控制外输气露点为主，同时回收一部分凝液的装置(例如低温法脱油脱水装置)。外输气实际烃露点应低于最低环境温度。

② 原料气中C_3以上烃类较多，但其压力与外输气压力之间没有足够压差可供利用，或为回收凝液必须将原料气适当增压，增压后的压力与外输气压力之间没有压差可供利用，而且采用冷剂又可经济地达到所要求的凝液收率。

应该说明的是，表7-2中的冷剂毒性危害分类是依据《制冷剂编号方法和安全性分类》(GB/T 7778—2017)对其所列各种冷剂毒性所做的相对分类。其中，氨在该标准中属于毒性较高(B2)的冷剂，但按照我国《职业性接触毒物危害程度分级》(GBZ 230—2010)将职业性接触毒物危害程度分为极度危害(Ⅰ级)、高度危害(Ⅱ级)、中度危害(Ⅲ级)和轻度危害(Ⅳ级)等4个等级，氨属于轻度危害毒物，可在使用中采取有效安全保护措施，故目前仍广泛用作冷剂。

(2) 冷剂制冷温度　冷剂制冷温度主要与其性质和蒸发压力有关。如原料气的冷凝分离温度已经确定，可先根据表7-2中冷剂的标准沸点(常压沸点)、冷剂蒸发器类型及冷端温差初选一两种冷剂，再对其他因素(例如冷剂性质、安全环保、制冷负荷、装置投资、设备布置及运行成本等)进行综合比较后最终确定所需冷剂。

表 7-2 几种常用冷剂的编号、安全性分类及物理性质

冷剂	冷剂编号	安全分类	环境友好/（是/否）	标准沸点/℃	凝点/℃	蒸发相变焓/（kJ/kg）	空气中爆炸极限/%（体积分数）	
							上限	下限
氨	717	B2	是	-33	-77.7	1369	15.5	27
丙烷	290	A3	是	-42	-187.7	427	2.1	9.5
丙烯	1270	A3	是	-48	-185.0	439	2	11.1
乙烷	170	—	是	-89	-183.2	491	3.22	12.45
乙烯	1150	A3	—	-103	-169.5	484	3.05	28.6
甲烷	50	A3	是	-161	-182.5	511	5	15

注：①表中冷剂编号、安全性分类及常压沸点数据和其他数据取自有关文献。

②冷剂安全性分类包括两个字母：大写英文字母表示按急性和慢性允许暴露量划分的冷剂毒性危害分类，由 A 至 C 其毒性依次增加；阿拉伯数字表示冷剂燃烧性危害程度分类：1 表示无火焰蔓延，即不燃烧，2 表示有燃烧性，3 表示有爆炸性。

③未分类的冷剂表明没有足够的数据或未达到分类的正式要求。

④未评估的冷剂表明没有足够的数据。

（3）工艺参数　冷剂制冷工艺参数可根据下述情况确定：

① 冷剂蒸发温度应根据工艺要求和所选用的蒸发器类型确定。

② 板翅式蒸发器的冷端温差一般取 3~5℃，管壳式蒸发器的冷端温差一般取 5~7℃。

③ 蒸发器中原料气与冷剂蒸气的对数平均温差一般在 10℃以下，不宜大于 15℃。如果偏大，应采用分级压缩、分级制冷提供不同温度等级（温位）的冷量。丙烷冷剂可分为 2~3 级蒸发制冷。

④ 确定制冷负荷时应考虑散热损失等因素，可取 5%~10%的裕量。

天然气采用各种制冷方法回收凝液时在相图上轨迹见图 7-2。

2. 膨胀制冷法

膨胀制冷法也称自制冷法（自冷法）。此法不另设置独立的制冷系统，原料气降温所需冷量由气体直接经过串接在本系统中的各种膨胀制冷设备或机械来提供。因此，制冷能力取决于气体压力、组成、膨胀比及膨胀设备的热力学效率等。常用的膨胀设备有节流阀（焦耳-汤姆逊阀）、透平膨胀机及热分离机等。

（1）节流阀制冷　在下述情况下可考虑采用节流阀制冷：

① 压力很高的气藏气（一般在 10MPa 或更高），特别是其压力随开采过程逐渐递减时，应首先考虑采用节流阀制冷。节流后的压力应满足外输气要求，不再另设增压压缩机。如果气体压力已递减到不足以获得所要求的低温时，可采用冷剂预冷。

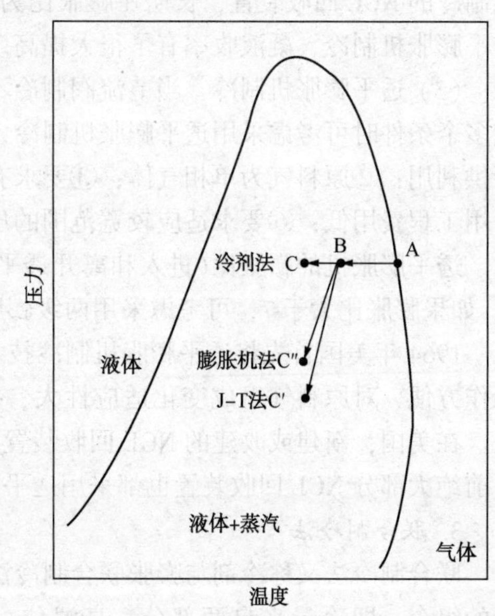

图 7-2　NGL 回收在天然气相图上的轨迹线

② 原料气压力较高，或适宜的冷凝分离压力高于外输气压力，仅靠节流阀制冷也可获得所需的低温，或气量较小不适合采用透平膨胀机制冷时，可采用节流阀制冷。如果气体中含有较多重烃，仅靠节流阀制冷不能满足冷量要求时，可采用冷剂预冷。

③原料气与外输气之间有压差可供利用，但因原料气较贫故回收凝液的价值不大时，可采用节流阀制冷，仅控制其水、烃露点以满足外输气要求。如节流后温度不够低，可采用冷剂预冷。

采用节流阀制冷的低温分离法工艺流程图见图 7-3。

(2) 热分离机制冷　热分离机是 20 世纪 70 年代由法国 Elf-Bertin 公司开法的一种简易可行的气体膨胀制冷设备，有转动喷嘴式(RTS)和固定喷嘴式(STS)两种类型，见图 7-3。

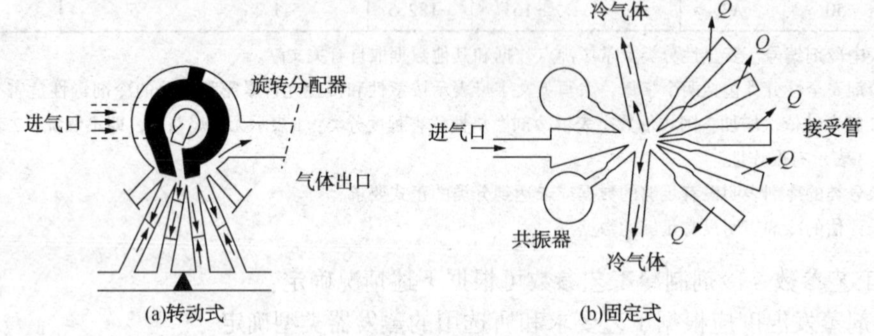

图 7-3　热分离机结构示意图

热分离机的膨胀比一般为 3~5，不宜超过 7，处理能力一般小于 $10^4m^3/d$(按进气状态计)。

20 世纪 80 年代以来，我国一些 NGL 回收装置曾采用过热分离机制冷，但因各种原因目前多已停用或改用透平膨胀机制冷。例如，川中油气矿曾建成一套 $10\times10^4m^3/d$ 采用热分离机制冷的 NGL 回收装置，长期在膨胀比为 3.5 左右运行，但凝液收率很低，故在以后改用透平膨胀机制冷，凝液收率有了很大提高。

(3) 透平膨胀机制冷　当节流阀制冷不能达到所要求的凝液收率时，如果具备以下一个或多个条件时可考虑采用透平膨胀机制冷，即：①原料气压力高于外输气压力，有足够压差可供利用；②原料气为单相气体；③要求有较高的乙烷收率；④要求装置布置紧凑；⑤要求公用工程费用低；⑥要求适应较宽范围的压力及产品变化；⑦要求投资少。

透平膨胀机的膨胀比(进入和离开透平膨胀机的流体绝压之比)一般为 2~4，不宜大于 7。如果膨胀比大于 7，可考虑采用两级膨胀，但需进行技术经济分析及比较。

1964 年美国首先将透平膨胀机制冷技术用于 NGL 回收过程中。由于此法具有流程简单、操作方便、对原料气组成变化适应性大、投资低及效率高等优点，因此近几十年来发展很快。在美国，新建或改建的 NGL 回收装置有 90%以上都采用了透平膨胀机制冷法。在我国，目前绝大部分 NGL 回收装置也都采用透平膨胀机制冷法。

3. 联合制冷法

联合制冷法又称冷剂与膨胀联合制冷法。顾名思义，此法是冷剂制冷法及膨胀制冷法二者的组合，即冷量来自两部分：高温位(-45℃以上)的冷量由冷剂制冷法提供；低温位(-45℃以下)的冷量由膨胀制冷法提供。二者提供的冷量温位及数量应经过综合比较后确定。

当 NGL 回收装置以回收 C_2^+烃类为目的，或者原料气中 C_3^+组分含量较多，或者原料气压力低于适宜的冷凝分离压力时，为了充分回收 NGL 而设置原料气压缩机时，应考虑采用有冷剂预冷的联合制冷法。

此外，当原料气先经压缩机增压然后采用联合制冷法时，其冷凝分离过程通常是在不同压力与温位下分几次进行的，即所谓多级冷凝分离。多级冷凝分离的级数也应经过技术经济比较后确定。

目前，NGL 回收装置通常采用的几种主要方法的烃类收率见表 7-3。表中数据仅供参考，其中节流阀制冷法的原料气压力应大于 7MPa。如果压力过低，就应对原料气进行压缩，否则由膨胀制冷提供的温位及冷量就会不够。另外，表中的强化吸收法(Mehra 法，马拉法)的实质是采用物理溶剂(例如 N-甲基吡咯烷酮)作为吸收剂，将原料气中的 C_2^+吸收后，采用抽提蒸馏等方法获得所需的 C_2^+。这种灵活性是透平膨胀机制冷法所不能比拟的。

需要说明的是，烃类收率虽是衡量 NGL 回收装置设计水平和经济效益的一项重要指标，但应通过技术和经济论证后综合而定。

表 7-3　几种 NGL 回收方法的烃类收率　%

方法		乙烷	丙烷	丁烷	天然汽油
油吸收法		5	40	75	87
低温油吸收法		15	75	90	95
冷剂制冷法		25	55	93	97
阶式制冷法		70	85	95	100
节流阀制冷法		70	90	97	100
透平膨胀机制冷法		90	98	100	100
强化吸收法	C_2^+	97	98	100	100
	C_3^+	<2	98	100	100

第二节　制冷原理与技术

如上所述，采用冷凝分离法回收 NGL 时向原料气提供冷量的任务是由制冷系统实现的。因此，冷凝分离法通常又是按照制冷方法不同分类的。

所谓制冷(致冷)是指利用人工方法制造低温(即低于环境温度)的技术。制冷方法主要有 3 种：①利用物质相变(如融化、蒸发、升华)的吸热效应实现制冷；②利用气体膨胀的冷效应实现制冷；③利用半导体的热电效应以及近来开发的顺磁盐绝热法和吸附法实现制冷。

在 NGL 回收过程中广泛采用液体蒸发和气体膨胀来实现制冷。利用液体蒸发实现制冷称为蒸气制冷。蒸气制冷又可分为蒸气压缩式(机械压缩式)、蒸气喷射式和吸收式 3 种类型，目前大多采用蒸气压缩式。气体膨胀制冷目前广泛采用透平膨胀机制冷，也有采用节流阀制冷和热分离机制冷的。

在我国天然气工业中，通常也将采用制冷技术使天然气温度降至低温的过程称做冷冻，以示与温度降至常温的冷却过程不同。因此，它与低温工程中冷冻的含义不是完全相同的。

从投资来看，氨吸收制冷系统一般可与蒸气压缩制冷系统竞争，而操作费用则取决于所用热源和冷却介质(水或空气)在经济上的比较。氨吸收制冷系统对热源的温度要求不高，一般不超过200℃，故可直接利用工业余热等低温热源，节约大量电能。整个系统由于运动部件少，故运行稳定，噪音小，并可适应工况变化。但是，它的冷却负荷一般比蒸气压缩制冷系统约大一倍。因此，只在有余热可供利用及冷却费用较低的地区，可以考虑采用氨吸收制冷系统，而且以在大型 NGL 回收装置上应用为主。

一、蒸气压缩制冷

蒸气压缩制冷通常又称机械压缩制冷或简称压缩制冷，是 NGL 回收过程中最常采用的制冷方法之一。

(一) 冷剂的分类与选择

1. 冷剂分类

在制冷循环中工作的制冷介质称为制冷剂或简称冷剂。

在压缩制冷循环中利用冷剂相变传递热量，即在冷剂蒸发时吸热，冷凝时放热。因此，冷剂必须具备一定的特性，包括其理化及热力学性质(如常压沸点、蒸发潜热、蒸发与冷凝压力、蒸气比体积、热导率、单位体积制冷量、循环效率、压缩终了温度等)、安全性(毒性、燃烧性和爆炸性)、腐蚀性、与润滑油的溶解性、水溶性、充注量等。此外，由于对环境保护要求日益严格，故在选用时还需综合考虑冷剂的消耗臭氧层潜值(ODP)、全球变暖潜值(GWP)和大气寿命，评估其排放到大气层后对环境的影响是否符合国际认可的条件，即是否环境友好。。

目前可以用作冷剂的物质有几十种，但常用的不过十几种，根据其化学成分可分为以下几类：

① 卤化碳(卤代烃)冷剂。它们都是甲烷、乙烷、丙烷的衍生物。在这些衍生物中，由氟、氯、溴原子取代了原来化合物中全部或部分氢原子。其中，甲烷、乙烷分子中氢原子全部或部分被氟、氯原子取代的化合物统称为氟利昂(freon)。甲烷、乙烷分子中氢原子全部被氟、氯原子取代的化合物称为“氟氯烷”或“氟氯烃”，可用符号“CFC”表示。甲烷、乙烷分子中氢原子部分被氟、氯原子取代的化合物又称“氢氟氯烷”或“氢氟氯烃”，可用符号“HCFC”表示。氟利昂包括20多种化合物，其中最常用的是氟利昂-12(化学式 CCl_2F_2)及氟利昂-11(化学式 CCl_3F)。

② 烃类冷剂。常用的烃类冷剂有甲烷、乙烷、丙烷、丁烷、乙烯和丙烯等，也有由两种或两种以上烃类组成的混合冷剂。混合冷剂的特点是其蒸发过程是在一个温度范围内完成的。

③ 无机化合物冷剂。属于此类冷剂的有氨、二氧化碳、二硫化碳和空气等。

④ 共沸溶液冷剂。这是由两种或两种以上冷剂按照一定比例相互溶解而成的冷剂。与单组分冷剂一样，在一定压力下蒸发时保持一定的蒸发温度，而且液相和气相都具有相同的组成。

2. 冷剂选择

氟利昂的致命缺点是其为“温室效应气体”，温室效应值远大于二氧化碳，更危险的是它会破坏大气层中的臭氧。所以，1987年9月签署并于1989年生效的《关于消耗臭氧层物质的蒙特利尔协议书》，以及1990年6月又在伦敦召开的该协议书缔约国第二次会议中，对全部CFC、四氯化碳(CCl_4)和甲基氯仿($C_2H_3Cl_3$)等的生产和排放进行限制，要求缔约国中发达国家在2000年完全停止生产以上物质，发展中国家可推迟到2010年。另外，还对过渡性物质HCFC提出了2020年后的控制日程表。

1997年12月签署的《京都议定书》又将CFC和HCFC等的替代物质列入限控物质清单中，要求发达国家控制碳氟化合物(HFC)的排放。在2000年左右的排放量达到1990年的水平。因此，为了控制全球气候变化，又一次对冷剂提出了新的要求。

目前，在NGL回收及天然气液化过程中，广泛采用氨、单组分烃类或混合烃类作为冷剂。

NH_3是一种传统冷剂，其优点是ODP及GWP均为零，蒸发潜热较大(故单位体积制冷量较大，能耗较低，设备尺寸小)，价格低廉，传热性能好，易检漏，含水量余地大(故可防止冰堵)；缺点是有强烈的刺激臭味，对人体有较大毒性，含水时对铜和铜合金有腐蚀性，以及其一定的油溶性、与某些材料不容性、压缩终了温度高等。但可通过采取一些措施，如减少充灌量，采用螺杆式压缩机及板式换热器等提高其安全性，因而仍是目前广泛采用的一种冷剂。

丙烷的优点是ODP为零，GWP也较小，蒸发温度较低，对人体毒性也小，当工艺介质(例如天然气)与其火灾危险性等级相同时，制冷压缩机组可与工艺设备紧凑布置；缺点是蒸发潜热较小(故单位体积制冷量较小，能耗较高，设备尺寸较大)，易燃易爆，油溶性较大，不易检漏，安全性差。因此，当工艺介质与其处于相同火灾危险等级时可优先考虑。

由此可知，氨与丙烷均为对大气中臭氧层无破坏作用且无温室效应的环境友好型冷剂，应用时各有利弊，故应结合具体情况综合比较后确定选用何种冷剂。

通常，任何一种冷剂的实际使用温度下限是其标准沸点。为了降低压缩机的能耗，蒸发器中的冷剂蒸发压力最好高于当地大气压力。一般来讲，当压缩机的入口压力大约小于0.2MPa(绝)时其功率就会明显增加。

此外，冷剂在蒸发器中的蒸发温度对制冷压缩机能耗也影响很大。因此，只要蒸发温度满足原料气冷凝分离温度要求即可，不应过分降低蒸发温度，以免增加制冷压缩机的能耗。

3. 冷剂纯度

用做冷剂的丙烷中往往含有少量乙烷及异丁烷。由于这些杂质尤其是乙烷对压缩机的功率有一定影响，故对丙烷中的乙烷含量应予以限制。Blackburn等曾对含有不同数量乙烷及异丁烷的丙烷制冷压缩机功率进行了计算，其结果见表7-4。

表7-4 丙烷纯度对压缩机功率的影响

丙烷摩尔组成/%			压缩机功率/kW
乙烷	丙烷	异丁烷	
2.0	97.5	0.5	194
4.0	95.5	0.5	199
2.0	96.5	1.5	196

(二) 压缩制冷循环热力学分析

压缩制冷是使沸点低于环境温度的冷剂液体蒸发(即汽化)以获得低温冷量。例如，采用液体丙烷在常压下蒸发，则可获得大约-40℃的低温。在蒸发器中液体丙烷被待冷却的工艺流体(例如天然气)加热汽化，而工艺流体则被冷却降温。然后，将汽化了的丙烷压缩到一定压力，经冷却器使其冷凝，冷凝后的液体丙烷再膨胀到常压下汽化，由此构成压缩、冷凝、膨胀及蒸发组成单级膨胀的压缩制冷循环。如果循环中各个过程都是无损失的理想过程，则此单级制冷循环正好与理想热机的卡诺循环相反，称为逆卡诺循环或理想制冷循环，图7-4(b)中1、2、3、4各点连线即为其在T-s图(温熵图)上的轨迹线。

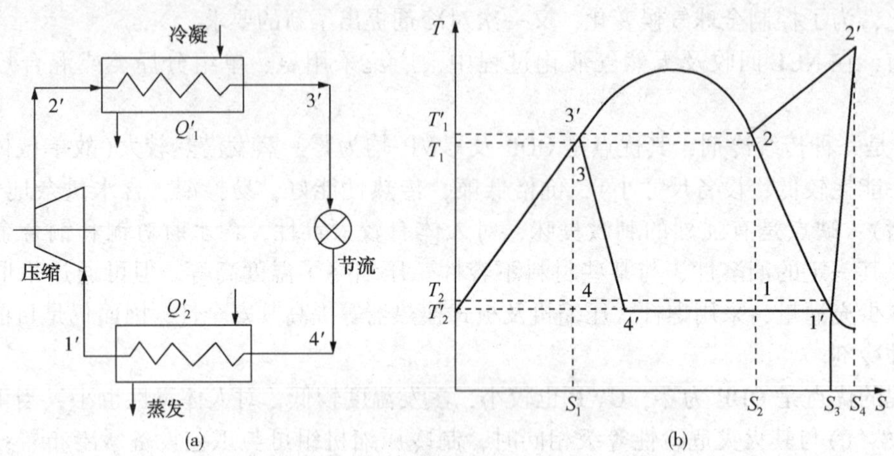

图7-4 实际单级节流压缩制冷系统

根据热力学第二定律，在制冷循环中的压缩功应大于膨胀过程回收的功，而制冷循环的效率则用制冷系数来衡量。通常，采用制冷循环获得的制冷量Q_2与输入的净功(压缩功与膨胀功之差)W的比值表示制冷循环的制冷系数ε，即

$$\varepsilon=\frac{Q_2}{W}=\frac{m(h_1-h_4)}{W} \tag{7-1}$$

式中 ε——制冷系统的制冷系数；

Q_2——冷剂在低温下(即在蒸发器中)吸收的热量(制冷量)，kJ/h；

W——制冷循环中输入的净功，kJ/h；

h_4、h_1——冷剂进入和离开蒸发器时的比焓，kJ/kg；

m——冷剂循环量，kg/h。

对于逆卡诺循环而言，制冷系数ε又可表示为

$$\varepsilon=\frac{Q_2}{W}=\frac{Q_2}{Q_1-Q_2}=\frac{T_2}{T_1-T_2} \tag{7-2}$$

式中 Q_1——冷剂在高温下(即在冷凝器中)放出的热量，kJ/h；

T_1——冷剂在高温下的放热(即冷凝)温度，K；

T_2——冷剂在低温下的吸热(即蒸发)温度(或制冷温度)，K。

由公式(7-2)可知，在相同T_1下理想制冷循环的制冷系数随制冷温度(T_2)的降低而减少。或者说，相同净功获得的制冷量，将随制冷温度的降低而减少。

图7-4(b)中的1′、2′、3′、4′各点连线为带节流膨胀的实际单级压缩制冷循环在T-s图上的轨迹线。与逆卡诺循环相比，主要差别如下：

① 压缩过程：逆卡诺循环是等熵过程，压缩机进气为湿蒸气，出口为饱和蒸气。实际

压缩过程为多变过程，有一定的熵增和不可逆损失。压缩机进气一般为饱和蒸气，甚至有一定过热度，而出口蒸气也有相当过热度。显然，实际压缩过程的能耗将高于理想过程。

② 冷凝过程：逆卡诺循环的冷凝过程是无温差、无压差的理想传热过程。实际冷凝过程则有一定温差和压降，因而存在一定的不可逆损失。

③ 膨胀过程：逆卡诺循环是湿蒸气在膨胀机中做外功的等熵膨胀过程，而实际膨胀过程多采用节流阀进行等焓膨胀，膨胀过程中不对外做功，做功能力相应产生一定损失。

④ 蒸发过程：逆卡诺循环的蒸发过程是无温差、无压差的理想传热过程。实际蒸发过程则有一定温差和压降，因而存在一定的不可逆损失。

带节流膨胀的实际单级压缩制冷循环的制冷系数 ε' 为蒸发器实际制冷量与压缩机实际压缩功之比，即

$$\varepsilon'=\frac{Q'_2}{W'}=\frac{m(h_{1'}-h_{4'})}{m(h_{2'}-h_{1'})}=\frac{h_{1'}-h_{4'}}{h_{2'}-h_{1'}} \tag{7-3}$$

式中 ε'——实际单级压缩制冷循环的制冷系数；

W'——实际压缩制冷循环中输入的净功，kJ/h；

Q'_2——冷剂在蒸发器中实际吸收的热量（实际制冷量），kJ/h；

$h_{4'}$、$h_{1'}$——冷剂进入和离开蒸发器时的比焓，kJ/kg；

$h_{2'}$——冷剂离开压缩机时的比焓，kJ/kg。

由于各种损失的存在，带节流膨胀的实际单级压缩制冷循环的制冷系数总是低于逆卡诺循环的制冷系数。理想制冷循环所消耗的功与实际制冷循环所消耗的功之比，称为实际制冷循环的热力学效率。

因此，工业上采用的压缩制冷系统是用机械对冷剂蒸气进行压缩的一种实际制冷循环系统，由制冷压缩机、冷凝器、节流阀（或称膨胀阀）、蒸发器（或称冷冻器）等设备组成。压缩制冷系统按冷剂不同可分为氨制冷系统、丙烷制冷系统和其他冷剂（如混合冷剂）制冷系统；按压缩级数又有单级和多级（一般为两级）之分。此外，还有分别使用不同冷剂的两个以上单级或多级压缩制冷系统覆叠而成的阶式制冷系统（覆叠或级联制冷系统）。

在压缩制冷系统中，压缩机将蒸发器来的低压冷剂饱和蒸气压缩为高压、高温过热蒸气后进入冷凝器，用水或空气作为冷却介质使其冷凝为高压饱和液体，再经节流阀变为低压液体（同时也有部分液体汽化），使其蒸发温度相应降低，然后进入蒸发器中蒸发吸热，从而使工艺流体冷冻降温。吸热后的低压冷剂饱和蒸气返回压缩机入口，进行下一个循环。因此，压缩制冷系统包括压缩、冷凝、节流及蒸发 4 个过程，冷剂在系统中经过这 4 个过程完成一个制冷循环，并将热量从低温传到高温，从而达到制冷目的。

（三）简单压缩制冷系统

简单压缩制冷系统是由带节流的压缩制冷循环构成的制冷系统，图 7-5 为氨单级压缩制冷工艺流程图。

图 7-6 为该制冷循环在压焓图上的轨迹图。冷剂在 3′点为高压饱和液体，其压力或温度取决于冷剂蒸气冷凝时所采用的冷却介质是水、空气或是其他物质。冷剂由 3′点经节流阀等焓膨胀至 4′点时将有部分液体蒸发，在压焓图上是一条垂直于横坐标的 3′4′线。由图 7-6 可知，4′点位于气、液两相区，其温度低于 3′点。4′点的冷剂气、液混合物进入蒸发器后，液体在等压下蒸发吸热，从而使待冷却的工艺流体冷冻降温。通常，冷剂在蒸发器内的蒸发

温度比待冷却的工艺流体所要求的最低温度低3~7℃。离开蒸发器的冷剂(1′点)是处于蒸发压力或温度下的饱和蒸气，经压缩后成为高压过热蒸气(2′点)进入冷凝器，在接近等压下冷却与冷凝。冷剂离开冷凝器(3′点)时为饱和液体，或是略有过冷的液体。

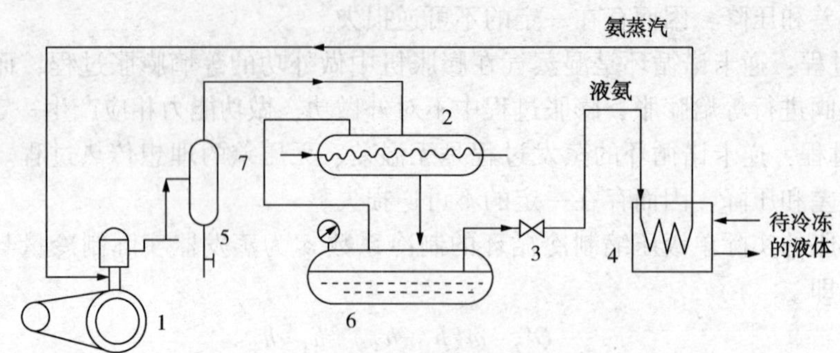

图7-5　氨单级压缩制冷工艺流程图

1—氨压缩机；2—冷却冷凝器；3—节流阀；4—氨蒸发器；5—油分离器；6—液氨储罐；7—平衡管

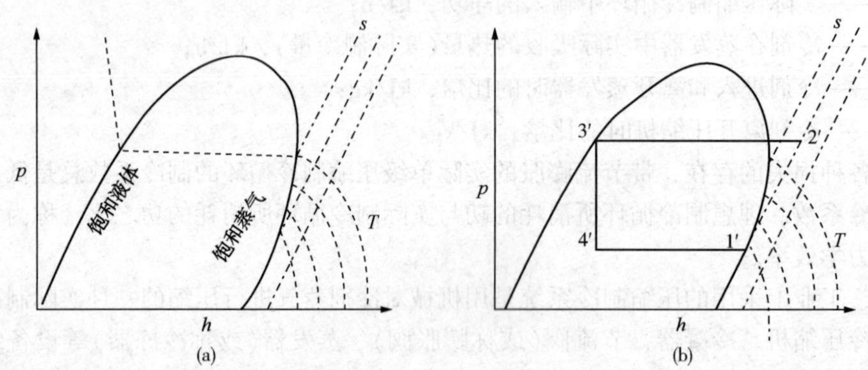

图7-6　简单压缩制冷系统在压焓图上的轨迹图

当估算简单压缩制冷系统的冷剂循环量及设备负荷时，其方法可简述如下：

1. 冷剂循环量

图7-4中的Q'_2为由待冷却工艺流体决定的蒸发器热负荷。由蒸发器热平衡可知：

$$Q'_2+mh_{3'}=mh_{1'} \tag{7-4}$$

或

$$m=Q'_2/(h_{1'}-h_{3'}) \tag{7-5}$$

式中　Q'_2——蒸发器的热负荷，即单位时间冷剂在蒸发器中吸收的热量(制冷量或制冷负荷)，kJ/h；

$h_{3'}$——冷剂在3′点处于饱和液体时的比焓，kJ/kg；

$h_{1'}$——冷剂在1′点处于饱和液体时的比焓，kJ/kg；

m——冷剂循环量，kg/h。

2. 压缩机功率

确定压缩机的功率有很多方法，例如首先计算出压缩机的理论压缩(等熵压缩)功率W_s，然后再由等熵效率(多变效率或绝热效率)η_s求出其实际功率W_{act}。W_{act}通常也称为压缩机的气体压缩功率或气体功率(G_{hp})。

$$W_s=m(h_2-h_1) \tag{7-6}$$

$$W_{act}=W_s/\eta_s \tag{7-7}$$

式中 W_s——压缩机理论压缩功率，kJ/h；

W_{act}——压缩机实际压缩(多变压缩)功率，kJ/h；

η_s——压缩机等熵效率(绝热效率或多变效率)；

h_2、h_1——压缩机理论压缩时冷剂在压缩机出口和入口处的比焓，kJ/kg。

压缩机的等熵效率应由制造厂提供。当无确切数据时，对于离心式压缩机此效率可取0.75；对于往复式压缩机此效率可取0.85。

压缩机的制动功率或制动马力(B_{hp})系向压缩机轴上提供的功率，亦即压缩机的轴功率。它大于上述确定的压缩机气体功率。对于离心式压缩机，应为气体功率与消耗于轴承和密封件的功率损失之和；对于往复式压缩机，一般可由气体功率除以机械效率求得。

3. 冷凝器负荷

图7-4中的Q'_1为冷剂蒸气在冷凝器中冷却、冷凝时放出的热量或冷凝器的热负荷。由冷凝器热平衡可知：

$$Q'_1=m(h_{3'}-h_{2'}) \tag{7-8}$$

式中 Q'_1——冷凝器的热负荷，kJ/h；

$h_{2'}$——压缩机实际压缩时冷剂在压缩机出口2′点时的比焓，kJ/kg。

上述各项计算均需确定冷剂在相应各点的比焓。冷剂的比焓目前多用有关软件由计算机完成，也可查取热力学图表。

应该指出的是，冷剂冷凝温度对冷凝器负荷及压缩机功率影响很大。例如，单级丙烯制冷系统冷凝温度的影响见表7-5。

表7-5 冷凝温度的影响

冷凝温度/℃	16	27	38	49	60
制冷负荷/kW	293	293	293	293	293
制冷温度/℃	-46	-46	-46	-46	-46
压缩功率/kW	157	199	248	320	413
冷凝器负荷/kW	451	492	539	613	709

(四)带经济器的压缩制冷系统

图7-7为更复杂的压缩制冷系统，由两级节流、两级压缩制冷循环构成。图7-8则为该制冷循环在压焓图上的轨迹图。与图7-4相比，此系统增加了一个节流阀和一个在冷凝压力和蒸发压力之间的中间压力下对冷剂进行部分闪蒸的分离器。

由图7-7和图7-8可知，冷剂先由4点等焓膨胀至某中间压力5点。5点压力的确定原则应该是使制冷压缩机每一级的压缩比相同。5点处于两相区，其温度低于4点。等焓膨胀产生的饱和蒸气由分离器分出后去第二级压缩，而离开分离器的饱和液体则进一步等焓膨胀至7点。可以看出，此系统中由7点至0点(饱和蒸气)的可利用焓差Δh比简单压缩制冷系统要大。在此系统中，单位质量冷剂在蒸发器中吸收热量(即单位制冷量)的能耗较少，其原因是循环的冷剂中有一部分气态冷剂不经一级压缩而直接去压缩机二级入口，故进入蒸发器中的冷剂中含蒸气较少。这些流经蒸发器的蒸气基本上不起制冷作用，却会增加压缩机的能耗。

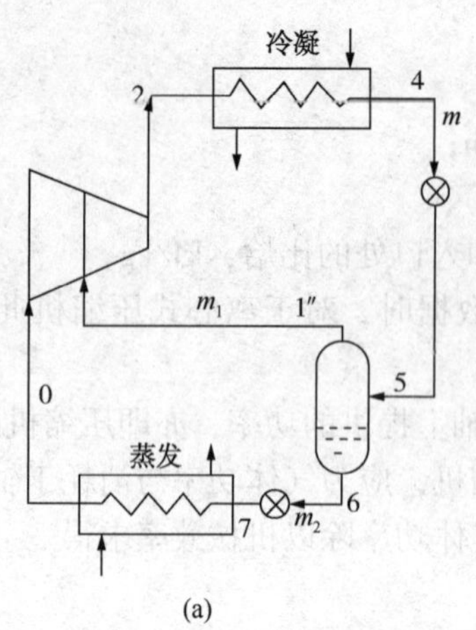

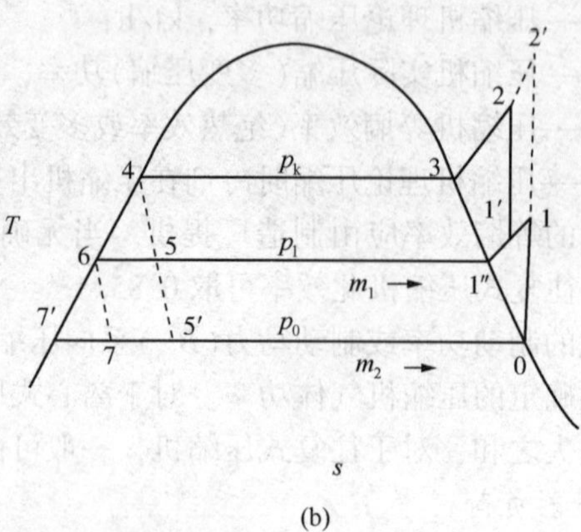

图 7-7　带经济器的压缩制冷系统

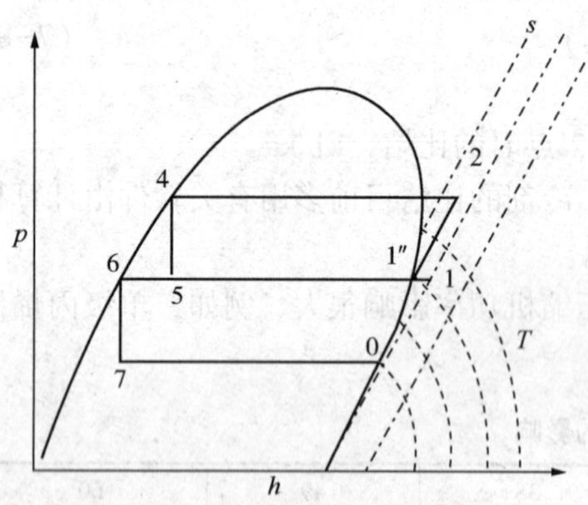

图 7-8　带经济器的压缩制冷系统在压焓图上的轨迹图

图 7-7 中的分离器通常称为经济器或节能器。实际上，经济器是用来称呼可以降低制冷能耗的各种设备统称。无论系统中有多少级压缩，在各级压缩之间都可设置分离器与节流阀的组合设施。

可以采用与简单压缩制冷系统相同的方法估算如图 7-7 所示制冷系统的冷剂循环量以及设备负荷等。

1. 冷剂循环量

假定流经冷凝器的冷剂循环量为 m，节流至 5 点压力下由分离器分出的冷剂蒸气量为 m_1，离开分离器的冷剂液体量为 m_2。由分离器热平衡可知：

$$mh_4 = m_1 h_{1''} + m_2 h_6 \tag{7-9}$$

式中　m——流经冷凝器的冷剂循环量，kg/h；

m_1——离开分离器的冷剂蒸气量，kg/h；

m_2——离开分离器的冷剂液体量，kg/h；

h_4——进入分离器前面节流阀的冷剂比焓，kJ/kg；

$h_{1''}$——离开分离器的冷剂蒸气比焓，kJ/kg；

h_6——离开分离器的冷剂液体比焓，kJ/kg。

由于 $m=m_1+m_2$，故可取 $m=1.0$，并定义 x 为离开分离器的液体冷剂相对量，则

$$h_4 = (1-x)h_{1''} + xh_6 \tag{7-10}$$

通过压焓图求得 h_4、$h_{1''}$和 h_6 后，即可由公式(7-10)解出 x。然后，按照与公式(7-5)相似的热平衡求出 m_2，即

$$m_2 = Q'_2/(h_0 - h_6) \tag{7-11}$$

式中　h_0——离开蒸发器时冷剂蒸气的比焓，kJ/kg。

x 及 m_2 已知后，即可求得 m 和 m_1。

2. 压缩机功率

先由 m_2 求出第一级压缩功率，再由 m 求出第二级压缩功率，二者相加即为压缩机的总功率。不同级的冷剂蒸气在汇合后进入第二级压缩前的温度，可按此三通管路的热平衡求出。在大多数情况下，此处的温度影响可忽略不计。

3. 冷凝器热负荷

冷凝器热负荷的计算方法与简单压缩制冷系统相同。如果需安装一个换热器，利用离开蒸发器的低温冷剂饱和蒸气使来自冷凝器或分离器的常温冷剂饱和液体过冷，则可减少经节流阀膨胀后产生的蒸气量，因而提高了冷剂的制冷量。但是，此时进入压缩机的冷剂蒸气将会过热(称为回热)，增加压缩机的能耗和冷凝器的负荷。因此，安装这种换热器是否合算，应通过计算确定。带过冷和回热的简单压缩制冷系统见图 7-9。

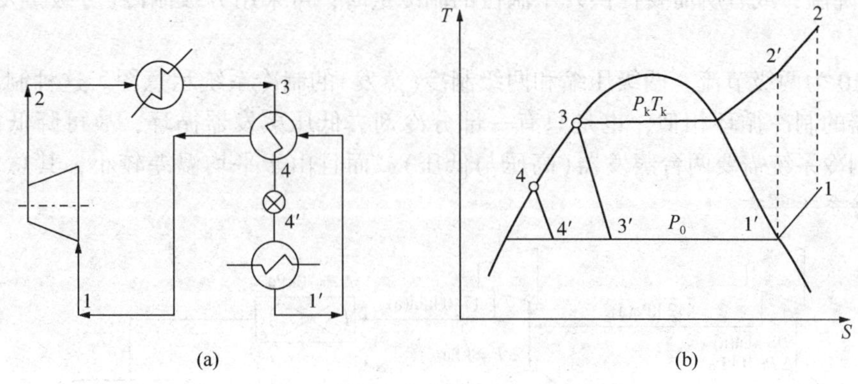

图 7-9 带过冷和回热的简单压缩制冷系统

现以丙烷为例，假定蒸发器热负荷为 1.055MJ/h(或制冷量为 293kW)，蒸发和冷凝压力分别为 0.220MPa(绝)及 1.79MPa(绝)，按照上述方法求得以上两种压缩制冷系统的有关结果见表 7-6。

表 7-6 两种压缩制冷系统工艺计算结果

制冷系统		单级节流		两级节流	
		手工计算	计算机计算①	手工计算	计算机计算①
冷剂循环量/(kg/h)	m	5153	5066	4853	4762
	m_1			1282	1338
	m_2			3571	3424
压缩机功率/kW	总计	197	191	151	152
	一级			85	78
	二级			66	74
冷凝器压力/MPa		1.79	1.84	1.79	
分离器压力/MPa				0.81	0.81
蒸发器压力/MPa		0.22	0.215	0.22	0.22
冷凝器热负荷/(GJ/h)		1.77	1.75	1.60	1.60

注：①采用 OPSIM 软件。

由表 7-6 可知，当二者运行条件相同时，带经济器的压缩制冷系统的压缩机总功率(151kW)远小于简单压缩制冷系统的功率(197kW)。尽管如此，当采用往复式制冷压缩机时，由于机架尺寸及投资费用减少甚少，故在工业上仍经常采用简单的压缩制冷系统。但是，目前广泛采用的单级压缩螺杆式制冷压缩机，其制冷系统中采用的经济器则与上述有所不同，即离开中间储罐(图 7-5)的冷剂分为两路，其中进入蒸发器的冷剂先经过换热器用另一部分冷剂液体蒸发降温使之过冷，然后再进入蒸发器蒸发制冷，这样也能达到节能的目的，故此换热器也称之为经济器。最后，来自换热器及蒸发器的冷剂饱和蒸气分别返回压缩机中间入口和一级入口。

(五) 分级制冷(分级蒸发)的压缩制冷系统

分级制冷可以是二级制冷、三级制冷或四级制冷。当工艺流体需要在几个温度等级(温位)下冷却降温，或者所需要提供几个温位的制冷量时，可采用分级制冷(分级蒸发)的压缩制冷系统。

图 7-10 为两级节流、两级压缩和两级制冷(蒸发)的制冷系统示意图。这种制冷系统与带有经济器的制冷循环相似，也是只有一部分冷剂去低压蒸发器循环，故可降低能耗。但是，这种制冷系统需要两台蒸发器(高压与低压)，而且由于平均温差较小，其总传热面积较简单制冷系统要大。

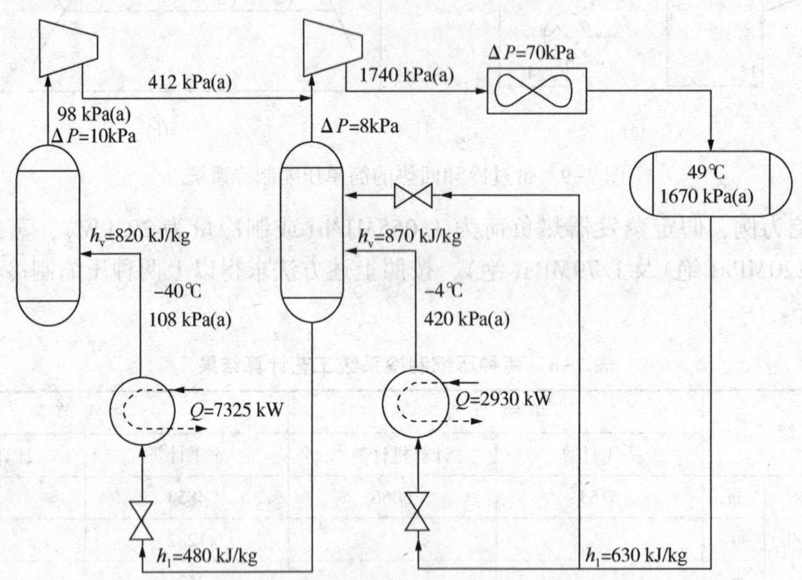

图 7-10 两级制冷的压缩制冷系统

由于这种制冷系统可以用一台多级压缩机组满足生产装置中各部位对不同温位冷量的需要，故可降低制冷系统的能耗及投资，因此在乙烯装置等中广泛应用。此外，分级制冷的压缩制冷系统也可与透平膨胀机制冷一起用于 NGL 回收装置中，如图 7-11 所示。图中不仅有两台不同温位的蒸发器(也称为冷冻器)，而且还有间隔串联的气/气换热器，从而使换热系统的传热温差变小而且均匀，提高了换热系统的热力学效率。

三级压缩制冷系统，是在二级制冷系统的基础上增加一台压缩机、分离器/或蒸发器。三级制冷比二级制冷的能耗更低，虽然能耗降低幅度减小，但在制冷负荷超过 880 kW，两个蒸发器温差大于 15℃时，仍能补偿设备增加的费用。在多级制冷循环中，蒸发器内两种流体的温差减少，需要较大的换热面积，增加了换热器费用。显然，分级制冷的级数愈多，制冷能耗愈低，但增加的设备费用愈高。表 7-7 为不同制冷级数对丙烷经济循环(只用低压蒸发器)制冷系统的影响。制冷级数的确定应根据压缩机类型(如往复式压缩机压缩比一般不超过 6)、所需压缩级数和系统经济性确定。

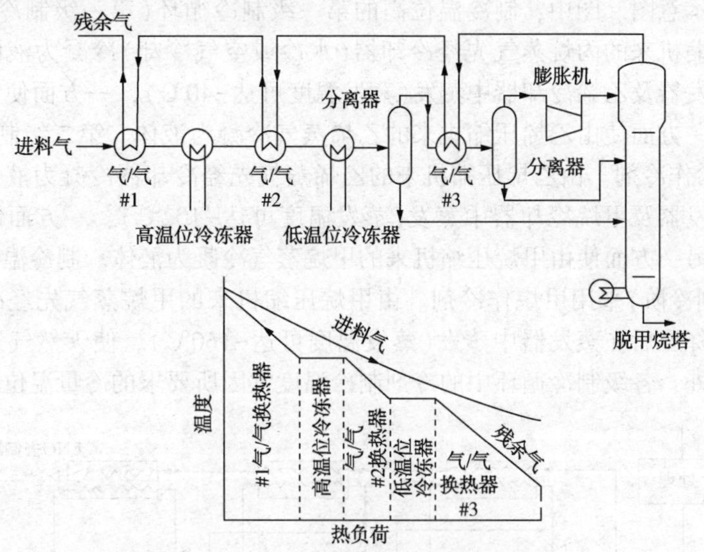

图 7-11 采用两级冷剂制冷与透平膨胀机制冷的 NGL 回收工艺流程图

表 7-7 制冷级数对丙烷制冷系统的影响

制冷级数	1	2	3
制冷负荷/kW	293	293	293
制冷温度/℃	-40	-40	-40
冷剂冷凝温度/℃	38	38	38
压缩功率/kW	163	131	125
冷凝器负荷/kW	511	469	462

分级制冷由于只使用一种冷剂，这使制冷温度受到冷剂蒸发温度的制约，天然气不能得到更低冷凝温度和更多凝液收率的要求。为此，又开发了阶式制冷系统。

(六) 阶式制冷系统

用几种不同标准沸点冷剂逐级降低制冷温度的制冷循环称阶式制冷。采用氨、丙烷等冷剂的压缩制冷系统，其制冷温度最低仅约为-30～-40℃。如果要求更低的制冷温度(例如，低于-60～-80℃)，必须选用乙烷、乙烯这样的冷剂(其标准沸点分别为-88.6℃和-103.7℃)。但是，由于乙烷、乙烯的临界温度较高(乙烷为 32.1℃，乙烯为 9.2℃)，故在压缩制冷循环中不能采用空气或冷却水(温度为 35～40℃)等冷却介质，而是需要采用丙烷、丙烯或氨制冷循环蒸发器中的冷剂提供冷量使其冷凝。

为了获得更低的温位(例如，低于-102℃)的冷量，此时就需要选用标准沸点更低的冷剂。例如，甲烷可以制取-160℃温位的冷量。但是，由于甲烷的临界温度为-82.5℃，在压缩制冷循环中其蒸气必须在低于此温度下才能冷凝。此时，甲烷蒸气就需采用乙烷、乙烯制冷循环蒸发器中的冷剂使其冷凝。这样，就形成了由几个单独而又互相联系的不同温位冷剂压缩制冷循环组成的阶式制冷系统。

在阶式制冷系统中，用较高温位制冷循环蒸发器中的冷剂来冷凝较低温位制冷循环冷凝器中的冷剂蒸气。这种制冷系统可满足-70～-140℃制冷温度（即蒸发温度）的要求。

阶式制冷系统常用丙烷、乙烷（或乙烯）及甲烷作为三个温位的冷剂。图7-12为阶式制冷系统工艺流程示意图。图中，制冷温位高的第一级制冷循环（第一级制冷阶）采用丙烷作冷剂。由丙烷压缩机来的丙烷蒸气先经冷却器（水冷或空气冷却）冷凝为液体，再经节流阀降压后分别在蒸发器及乙烯冷却器中蒸发（蒸发温度可达-40℃），一方面使天然气在蒸发器中冷冻降温，另一方面使由乙烯压缩机来的乙烯蒸气冷凝为液体。第二级制冷循环（第二级制冷阶）采用乙烯作冷剂。由乙烯压缩机来的乙烯蒸气先经冷却器冷凝为液体，再经节流阀降压后分别在蒸发器及甲烷冷却器中蒸发（蒸发温度可达-102℃），一方面使天然气在蒸发器中冷冻降温，另一方面使由甲烷压缩机来的甲烷蒸气冷凝为液体。制冷温位低的第三级制冷循环（第三级制冷阶）采用甲烷作冷剂。由甲烷压缩机来的甲烷蒸气先经冷却器冷凝为液体，再经节流阀降压后在蒸发器中蒸发（蒸发温度可达-160℃），使天然气进一步在蒸发器中冷冻降温。此外，各级制冷循环中的冷剂制冷温度常因所要求的冷量温位不同而有差别。

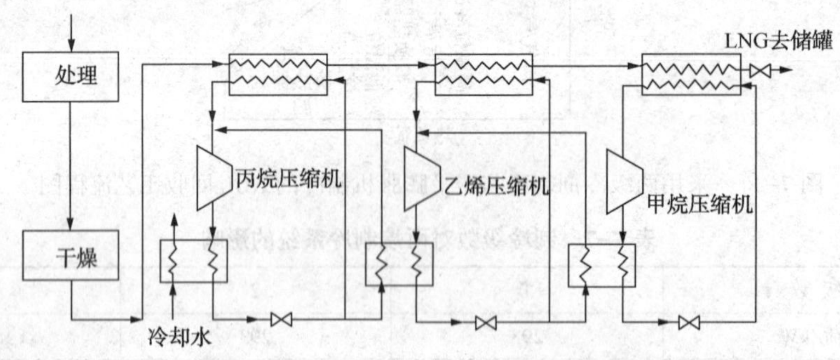

图7-12　阶式制冷系统工艺流程示意图

阶式制冷系统的优点是能耗较低。以天然气液化装置为例，当装置原料气压力与干气外输压力相差不大时，每液化1000m^{3}天然气的能耗约为300～320kW·h。如果采用混合冷剂制冷系统和透平膨胀机制冷系统，其能耗将分别增加约20%～24%和40%以上。另外，由于其技术成熟，故在20世纪60年代曾广泛用于液化天然气生产中。

阶式制冷系统的缺点是流程及操作复杂，投资较大。而且，当装置原料气压力大大高于干气外输压力时，透平膨胀机制冷系统的能耗将显著降低，加之此系统投资少，操作简单，故目前除极少数NGL回收装置采用两级阶式制冷系统外，大多采用透平膨胀机制冷系统。但是，在乙烯装置中由于所需制冷温位多，丙烯、乙烯冷剂又是本装置的产品，储存设施完善，加之阶式制冷系统能耗低，故仍广泛采用之。

（七）混合冷剂制冷系统

混合冷剂是指由甲烷至戊烷等烃类混合物组成的冷剂。无论是分级和阶式制冷，冷剂的蒸发温度曲线呈台阶式，而天然气的温降为连续下降曲线，使冷剂和天然气的温差时大时小，㶲效率降低。如果利用标准沸点不同的几种冷剂按一定比例混合构成混合冷剂，则有较宽的蒸发温度范围和连续的蒸发曲线，合理确定混合冷剂内各组分的比例，就可使蒸发曲线尽量和天然气温降曲线匹配，降低换热系统的传热温差，提高制冷系统的㶲效率。这样，既保留了阶式制冷系统的优点，又因为只有一台或几台同类型的压缩机，使工艺流程大大简化，投资也可减少。因此，自20世纪70年代以来此系统已在天然气液化装置中普遍取代了阶式制冷系统，在NGL回收装置中也有采用之。但是，由于混合冷剂制冷系统的能耗高于丙烯-乙烯阶式制冷系统的能耗，加之操作比较复杂，很难适应乙烯装置工况的变化，故在该类装置中至今仍未采用。

图7-13为采用混合冷剂制冷系统的NGL回收工艺流程示意图，图7-14则为相应的天然气冷却曲线，其混合冷剂的组成(摩尔分数)为：CH_4 30%、C_2H_6 25%、C_3H_8 35%、C_4H_{10} 10%。

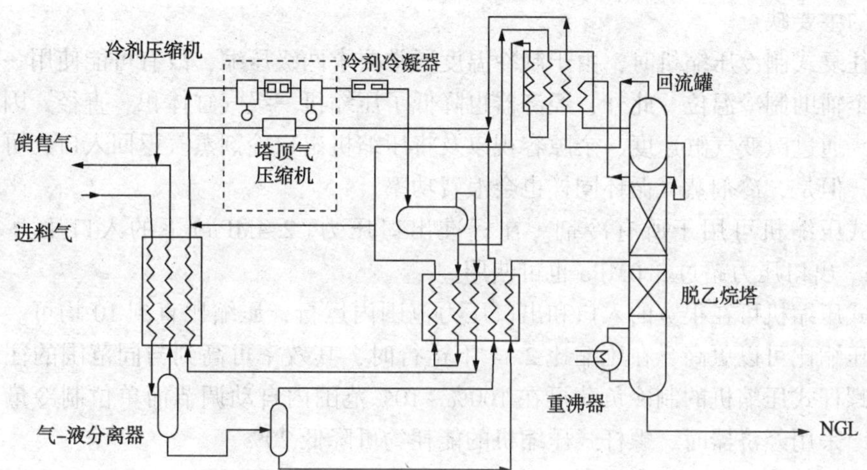

图7-13 混合冷剂制冷系统工艺流程示意图

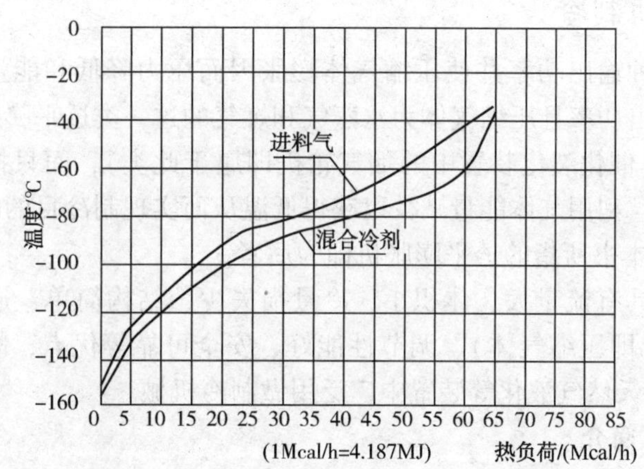

图7-14 采用混合冷剂制冷的天然气冷却曲线

根据制冷温度的要求，混合冷剂可由$C_1 \sim C_5$组成，也可由以N_2(标准沸点为-195.8℃)和$C_1 \sim C_5$的混合物为冷剂。显然，后者的制冷温度更低(可低于-160℃)，目前已广泛用于天然气液化装置的制冷系统。

(八) 制冷压缩机的选型

常用的制冷压缩机有离心式、往复式和螺杆式等。影响制冷压缩机选型的主要因素有冷剂的类型及制冷负荷等。

往复式压缩机虽可用于丙烷，但因丙烷在较高温度下会溶于油，故需采用特种润滑油和曲轴箱加热器。

采用电动机驱动时离心式压缩机功率低于约 400kW、采用透平驱动时其功率低于约 600kW 时是不经济的。功率大于 750kW 尤其是更高时，采用离心式压缩机就更经济。

功率较低时，采用往复式、螺杆式及旋转式压缩机都可以。

在 NGL 回收及天然气液化装置所遇到的制冷温度下，通常需要 3~4 个叶轮的离心式制冷压缩机。因而可以采用多级级间经济器并提供多个温位以进一步降低能耗。但是，在低负荷时为了防止喘振需要将压缩机出口冷剂蒸气返回入口，从而浪费功率，这是使用离心式制冷压缩机的主要缺点。

采用往复式制冷压缩机时，由于制冷温度通常要求两级压缩，故有可能使用一个级间经济器及一个辅助制冷温位。此外，经济器也降低了压缩机一级气缸体积、直径，因而降低了连杆负荷。通过改变气缸速度、余隙容积以及将压缩机出口冷剂蒸气返回入口，可以调节其制冷负荷。但是，冷剂蒸气循环同样也会浪费功率。

螺杆式压缩机可用于所有冷剂。在标准出口压力(2. 4MPa)下的入口压力下限约为 0. 021MPa。出口压力超过 5. 0MPa 也可使用。

螺杆式压缩机可在很宽的入口和出口压力范围内运行，压缩比直到 10 均可。当有经济器时，其压缩比可以更高。在压缩比 2~7 下运行时，其效率可高到与同范围的往复式压缩机相当。螺杆式压缩机的制冷负荷可在 100%~10%范围内自动调节而单位制冷量的功耗无明显降低。采用经济器时，螺杆式压缩机的能耗约可降低 20%。

电动机、气体透平和膨胀机等都可作为螺杆式压缩机的驱动机。

二、透平膨胀机制冷

透平膨胀机是一种输出功率并使压缩气体膨胀因而压力降低和能量减少的原动机。通常，人们又把其中输出功率且压缩气体为水蒸气和燃气的这一类透平膨胀机另外称为蒸气轮机和燃气轮机(例如，催化裂化装置中的烟气轮机即属于此类)，而只把输出功率且压缩气体为空气、天然气等，利用气体能量减少以获得低温从而实现制冷目的的这一类称为透平膨胀机(涡轮膨胀机)。本书所指的透平膨胀机即为后者。

由于透平膨胀机具有流量大、体积小、冷量损失少、结构简单、通流部分无机械摩擦件、不污染制冷工质(即压缩气体)、调节性能好、安全可靠等优点，故自 20 世纪 60 年代以来已在 NGL 回收及天然气液化等装置中广泛用做制冷机械。

(一) 透平膨胀机简介

1. 结构

图 7-15 为一种广为应用的带有半开式工作叶轮的单级向心径—轴流反作用式透平膨胀机的局部剖视图。它由膨胀机通流部分、制动器及机体三部分组成。膨胀机通流部分是获得低温的主要部件，由涡壳、喷嘴环(导流器)、工作轮(叶轮)及扩压器组成。制冷工质从入口管线进入膨胀机的蜗壳 1，把气流均匀地分配给喷嘴环。气流在喷嘴环的喷嘴 2 中第一次膨胀，把一部分焓降转换成动能，因而推动工作轮 3 输出外功。同时，剩余的一部分焓降也因气流在工作轮中继续膨胀而转换成外功输出。膨胀后的低温工质经过扩压器 4 排至出口低温管线中。图 7-15 中的这台透平膨胀机采用风机作为制动器。制动空气通过风机端盖 8 上的入口管吸入，先经风机轮 6 压缩后，再经无叶括压器及风机涡壳 7 扩压，最后排入管线

中。测速器 9 用来测量透平膨胀机的转速。机体在这里起着传递、支承和隔热的作用。主轴支承在机体 11 中的轴承座 10 上，通过主轴(传动轴)5 把膨胀机工作轮的功率传递给同轴安装的制动器。为了防止不同温度区的热量传递和冷气体泄漏，机体中还设有中间体 12 和密封设备 13。由膨胀机工作轮、制动风机轮和主轴等组成的旋转部件又称为转子。此外，为使透平膨胀机连续安全运行，还必须有一些辅助设备和系统，例如润滑、密封、冷却、自动控制和保安系统等。

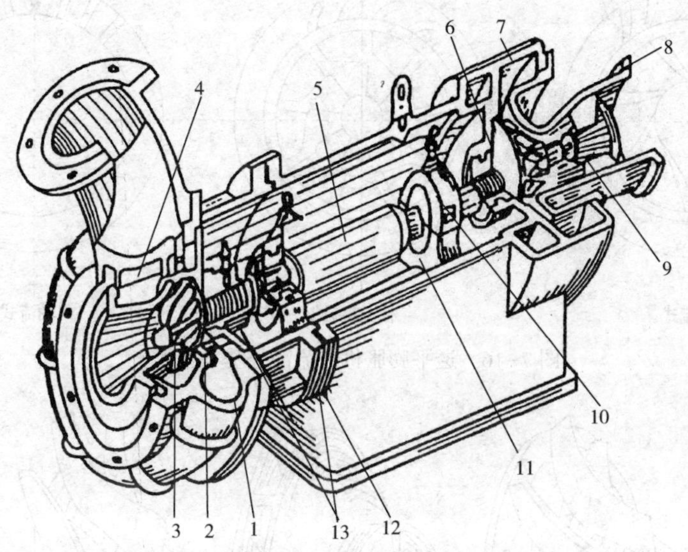

图 7-15 向心径—轴流反作用式透平膨胀机结构示意图

1—蜗壳；2—喷嘴；3—工作轮；4—扩压器；5—主轴；6—风机论；7—风机蜗壳；8—风机端盖；9—测速器；10—轴承座；11—机体；12—中间体；13—密封设备

2. 制冷原理

向心反作用式透平膨胀机的工作过程基本上是离心压缩机的反过程。

从能量转换观点来看，透平膨胀机是作为一种原动机来驱动它的制动器高速旋转，由于工作轮中的气体对工作轮做功，使工作轮出口的气体压力及比焓降低(即产生焓降)，从而把气体的能量转换成机械功输出并传递给制动器接收，亦即转换为其他形式能量的一种高速旋转机械。

如上所述，在向心反作用式透平膨胀机中，具有一定可利用压力能的气体，在喷嘴环的喷嘴中膨胀，压力降低，速度增加，将一部分压力能及焓降转换为动能。在喷嘴出口处的高速气流推动工作轮高速旋转，同时在工作轮流道中继续膨胀，压力及比焓继续降低。由于气体在工作轮进出口处的速度方向和大小发生变化，即动量矩发生变化，工作轮中的气体便对工作轮做功，从而把气体的能量转换为机械功输出并传递给制动器接收，因而降低了膨胀机出口气体的压力和温度。

3. 透平膨胀机及其制动器分类

透平膨胀机按气体在工作轮中的流向分为轴流式、向心径流式(径流式)和向心径-轴流式(径-轴流式)3 类，如图 7-16 所示；按气体在工作轮中是否继续膨胀可分为反作用式(反击式)和冲动式(冲击式)两类。NGL 回收及天然气液化等装置中采用的透平膨胀机多为向心径-轴流反作用式。

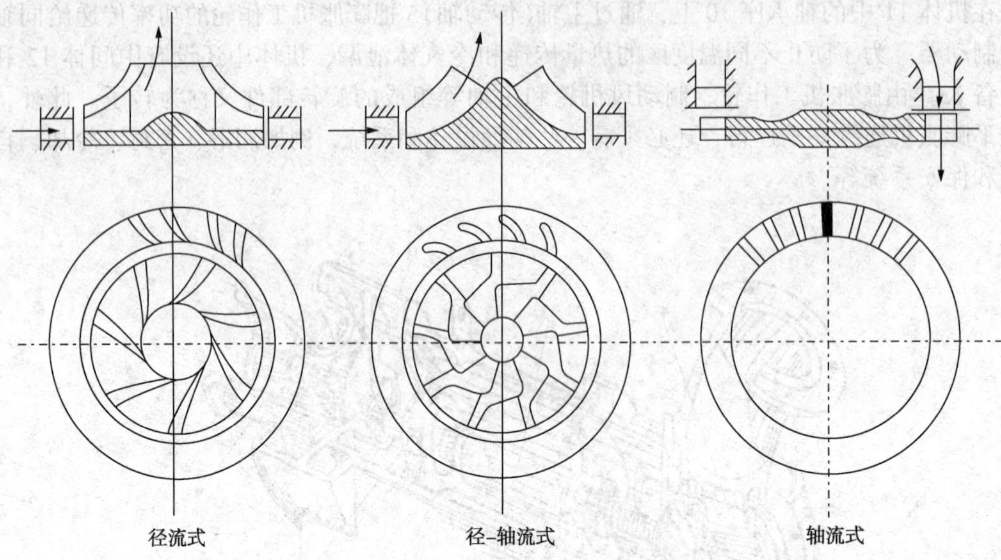

图 7-16　透平膨胀机通流部分基本型式

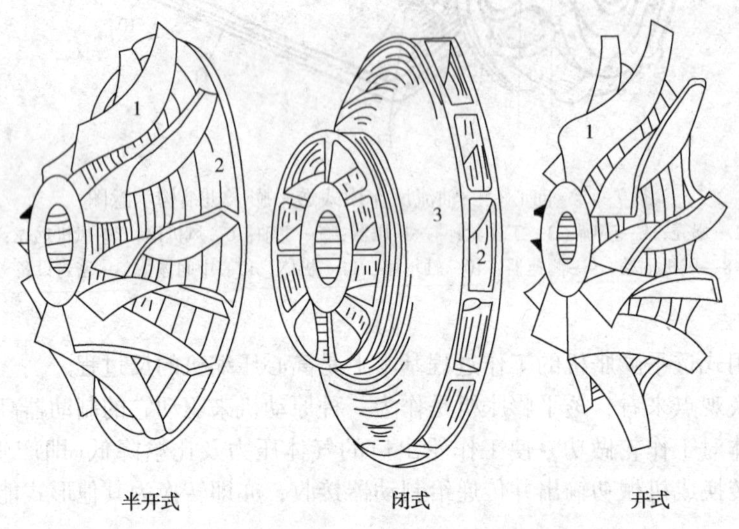

图 7-17　透平膨胀机径—轴流式工作轮型式

1—叶片；2—轮背；3—轮盖

透平膨胀机在使气体降温实现制冷的同时，还需以一定的转速通过主轴输出相应的机械功。这一任务是由制动器来完成的。透平膨胀机的制动器可分为功率回收型与功率消耗型两类。前者有离心压缩机(通常称为增压机)、发电机等，一般用在输出功率较大的场合，以提高装置的经济性，而后者有风机等则用在输出功率较小的场合，以简化工艺流程。

喷嘴按其流道喉部截面是否变化可分为固定喷嘴和可调喷嘴，后者流道喉部截面在透平膨胀机运行中可根据冷量调节的需要来改变，故大、中型透平膨胀机普遍采用，以提高其运行时的经济性。

对于常用的向心径-轴流式工作轮，按轮盘结构型式又可分为半开式、闭式和开式 3 种，如图 7-17 所示。半开式工作轮制造成本较低，主要用于中、小型透平膨胀机，闭式工作轮内漏少、效率高、制造成本较高，多用于大型透平膨胀机。

（二）透平膨胀机的等熵效率

透平膨胀机的等熵效率是衡量其热力学性能的一个重要参数。压缩气体流过膨胀机进行膨胀时，如果与外部没有热交换（即绝热过程），同时对外做功过程又是可逆的，则必然是等熵过程。这种理想过程的特点是气体膨胀并对外做功，且其比熵不变，膨胀后的气体温度降低，同时产生冷量。

气体等熵膨胀时，压力微小变化所引起的温度变化称为微分等熵效应，以微分等熵效应系数μ_s表示，即

$$\mu_s=\left(\frac{\partial T}{\partial p}\right)_s \tag{7-12}$$

同样，可导出

$$\mu_s=\left(\frac{\partial T}{\partial p}\right)_s=\frac{T}{c_p}\left(\frac{\partial V}{\partial T}\right)_p \tag{7-13}$$

由上式可知，由于$c_p>0$，$T>0$，而且气体总是$\left(\frac{\partial V}{\partial T}\right)_p>0$，故$\mu_s$为正值。因此，气体等熵膨胀时温度总是降低的，亦即产生焓降，从而实现制冷目的。

通常，人们把膨胀机中转换为外功的焓降称为膨胀机的制冷量。对于NGL回收及天然气液化装置用的透平膨胀机来说，主要目的是要获得尽可能多的制冷量。但是，由于有各种内部损失存在，实际膨胀过程是熵增大的不可逆过程（多变过程），因而使得透平膨胀机的实际制冷量比等熵膨胀时的理论制冷量要少。

透平膨胀机的实际焓降就是它的实际制冷量。透平膨胀机的实际焓降Δh_{act}（即透平膨胀机进、出口气体实际比焓之差）与等熵膨胀的理论焓降Δh_s（即从透平膨胀机进口状态等熵膨胀到出口压力下的进、出口气体比焓之差）之比称为透平膨胀机的等熵效率（绝热效率或多变效率），常以η_s表示，即

$$\eta_s=\Delta h_{act}/\Delta h_s \tag{7-14}$$

式中　η_s——透平膨胀机的等熵效率，以分数表示；

Δh_{act}——透平膨胀机的实际焓降，kJ/kg；

Δh_s——透平膨胀机的等熵焓降，kJ/kg。

对于制冷用的透平膨胀机来讲，人们还关注其实际制冷量（即制冷功率或制冷负荷）的大小。透平膨胀机的实际制冷量Q_{act}为

$$Q_{act}=m\Delta h_{act}=m\eta_s\Delta h_s \tag{7-15}$$

由此可知，对于进、出口条件和气体质量流量一定的透平膨胀机来讲，等熵效率越高，所获得的实际制冷量就越大。等熵效率一般应该由制造厂家提供。由于使用透平膨胀机的主要优点是既可回收能量，又可获得制冷效果，故其转速要调整到使膨胀机具有最佳效率。对于向心径-轴流反作用式透平膨胀机，其等熵效率约在70%~85%，而增压机的效率约为65%~80%。

实际上，影响透平膨胀机实际制冷量的因素除了内部损失外，还存在外泄漏、外漏冷等外部损失和机械损失。当透平膨胀机密封结构良好并有密封气体时，外泄漏量不大。外漏冷在机壳隔热良好时也可忽略不计。机械损失并不影响透平膨胀机的实际制冷量，但却影响其输出的有效轴功率或制动功率。在考虑机械损失后，透平膨胀机的有效轴功率W_e为

$$W_e = m\eta_e\Delta h_s \tag{7-16}$$

$$\eta_e = \eta_s\eta_m \tag{7-17}$$

式中 W_e——透平膨胀机的有效轴功率，kJ/h；

η_e——透平膨胀机的有效效率，以分数表示；

η_m——透平膨胀机的机械效率，以分数表示，一般取 0.95~0.98。

有效轴功率是选择制冷用透平膨胀机制动器功率大小的主要依据之一。

（三）透平膨胀机进、出口工艺参数的确定

膨胀机进口条件(T_1、p_1)一般根据原料气组成、要求的液烃冷凝率及工艺过程的能量平衡等来确定。膨胀机出口压力 p_2 则应根据工艺过程的要求及膨胀机下游再压缩机的功率来确定。然后，通过试算法(手工或计算机计算)确定膨胀机等熵膨胀时的理论出口温度 T_2 和实际膨胀时的出口温度 T'_2。当已知气体在膨胀机进口处的组成、摩尔流量、温度(T_1)和压力(p_1)，以及膨胀机出口压力(p_2)时，其具体计算步骤如下：

① 由原料气组成、膨胀机进口条件(T_1、p_1)计算膨胀机进口物流的比焓(h_1)和比熵(s_1)。

② 假设一个等熵膨胀时的理论出口温度 T_2。

③ 根据 p_2 及假设的 T_2 对膨胀机出口物流进行平衡闪蒸计算，以确定此处的冷凝率。

④ 计算膨胀机出口物流的比焓(h_2)和比熵(s_2)。如果出口物流为两相流，则 h_2、s_2 为气液混合物的比焓及比熵。

⑤ 如果由步骤④求出的 s_2 等于 s_1，则假设是正确的。否则，就要重复步骤②~④，直至 s_2 等于 s_1。

⑥ 当 s_2 等于 s_1 时为等熵膨胀过程，此时的理论焓降为 $\Delta h_s=(h_2-h_1)$。

⑦ 已知膨胀机的等熵效率 η_s，计算实际焓降 $\Delta h_{act}=\eta_s\Delta h_s=(h'_2-h_1)$，并由实际焓降计算实际制冷量。

⑧ 已知膨胀机的机械效率 η_m，计算输出的有效轴功率 W_e。

⑨ 由于膨胀机的实际焓降小于理论焓降，故其实际出口温度 T'_2 将高于上述步骤确定的理论出口温度，可由 h'_2、p_2 利用 T-s 图或 h-s 图查出 T'_2，也可采用与步骤②~⑤相同的方法通过试算法确定膨胀机的实际出口温度 T'_2。

【例 7-1】 某 NGL 回收装置，采用透平膨胀机制冷。已知膨胀机进口气体体积组成(%)为：CH_4 88.97、C_2H_6 8.54、C_3H_8 1.92、N_2 0.48、CO_2 0.09，摩尔流量为 343kmol/h，压力为 2MPa(绝压，下同)，温度为 214K，出口压力为 0.5MPa，膨胀机等熵效率为 76.5%。试计算膨胀机出口物流的实际温度、制冷量及有效轴功率。

【解】 本例题采用有关软件由计算机求解，其中间及最终结果如下：

① 由气体组成求得其相对分子质量为 17.86，故质量流量 $m=6129$(kg/h)。

② 由气体组成、进口压力和温度，求得其在膨胀机进口条件下的比焓 $h_1=6421$(kJ/kmol)。

③ 由气体组成、进口压力和温度以及出口压力，求得膨胀机等熵膨胀(膨胀比为 2/0.5=4)时的理论焓降 $\Delta h_s=1901$(kJ/kmol)。

④ 由气体组成、进口压力和温度、出口压力及等熵效率，求得膨胀机的实际焓降 $\Delta h_{act}=0.765\times1901=1434$(kJ/kmol)，并由此求得膨胀机出口物流的实际比焓 $h'_2=4967$(kJ/

kmol)。

⑤ 由气体组成、出口压力及比焓，求得膨胀机出口物流的温度为175K，带液量为4.44%(质量分数)。

⑥ 由气体摩尔流量和膨胀机实际焓降，求得膨胀机的实际制冷量 $Q_{act}=343\times1434=492$ (MJ/h) = 137(kW)。

⑦ 膨胀机的机械效率取0.98，故其有效轴功率 $W_e=0.98\times137=134$(kW)。

由此可知，当进入膨胀机的气体组成、压力和温度已知时，膨胀机出口温度决定于其膨胀比、带液量及等熵效率。

在实际运行中，由于气体流量常有变化，故透平膨胀机的转速、效率和输出功率也随之改变，见图7-18。由图可知，借助于改变可调喷嘴流道面积，可使膨胀机在设计流量的50%~130%范围内都能保持较高效率。

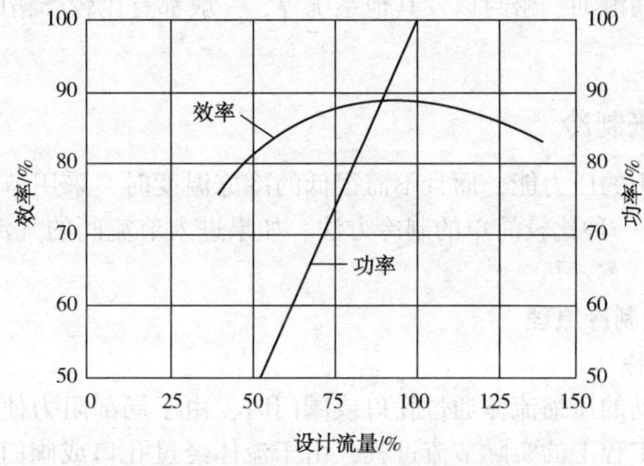

图7-18　透平膨胀机流量-效率-功率的关系

膨胀机的膨胀比(即物流进、出口绝对压力之比)宜为2~4。如果膨胀比较大，由于此时膨胀机效率较低，应考虑采用两级或三级膨胀。当采用多级膨胀时，每级膨胀的焓降不应大于115kJ/kg。但是，是否采用多级膨胀，还应对此工艺过程进行经济分析，并权衡其操作上的难易后决定。

膨胀机进口温度宜为-30~-70℃，压力一般不宜高于6~7MPa。透平膨胀机主轴转速一般在(1~5)×10^{4}r/min，甚至更高。

(四) 透平膨胀机的运行

影响透平膨胀机运行的因素很多，例如，膨胀机必须能在有凝液存在的情况下安全有效地运行。大多数情况下，气流经过膨胀机时会部分冷凝而析出一些凝液，有时凝液量可能超过20%(质量分数)。凝液的析出将使高速旋转的膨胀机本身产生某种不平衡过程，引起效率下降。由于一般仅在膨胀机出口出现气、液两相，故可认为大部分凝液正好在工作轮的下游析出。因此，在膨胀机的设计与制造中要考虑避免液滴撞击工作轮以及在转子中积累的问题。通常采用单级向心径—轴流反作用式透平膨胀机，以解决气流在透平膨胀机中产生凝液时所带来的危害。

有人根据经验认为，膨胀机出口物流中的带液量可达20%(质量分数)，但一般说来，允许至10%(质量分数)的带液量是比较合适的。

为了保护膨胀机在低温下安全可靠运行，应严防气体中的水、CO_2等在膨胀机的低温部位形成固体而引起严重磨损和侵蚀。因此，从原料气中脱水、脱碳是十分必要的。此外，对气流中可能形成固体或半固体的其他杂质也必须脱除。气流中夹带的胺、甘醇及压缩机的润滑油等都可能在膨胀机的上游、低温分离器及膨胀机进口过滤网上造成堵塞。

CO_2在 NGL 回收及天然气液化等装置中，特别是在温度较低的膨胀机出口及脱甲烷塔的顶部可能形成固体。因此，对膨胀机进口气流中的 CO_2含量应有一定限制，例如摩尔分数在0.5%~1.0%。

膨胀机产生的凝液如果送至脱甲烷塔顶部的塔板上，CO_2将在塔顶的几块塔板上进行浓缩。这说明最可能形成固体 CO_2的部位是在塔顶的几块塔板上，而不是膨胀机的出口。此外，如果原料气中含有苯、环已烷等物质，它们也会随膨胀机产生的凝液进入脱甲烷塔中形成固体，故也必须给予充分注意。

对透平膨胀机的润滑油、密封以及其他系统等，一般都有比较严格的要求，这里就不再一一介绍。

三、节流阀膨胀制冷

当气体有可供利用的压力能，而且不需很低的冷冻温度时，采用节流阀(也称焦耳—汤姆逊阀)膨胀制冷则是一种比较简单的制冷方法。如果进入节流阀的气流温度很低时节流效应尤为显著。

(一) 节流阀膨胀制冷原理

1. 节流过程主要特征

在管线中连续流动的压缩流体通过孔口或阀门时，由于局部阻力使流体压力显著降低，这种现象称为节流。工程上的实际节流过程，由于流体经过孔口或阀门时流速快、时间短，来不及与外界进行热交换，故可近似认为是绝热节流。如果在节流过程中，流体与外界既无热交换和轴功交换(即不对外做功)，又无宏观位能和动能变化，则节流前后流体的比焓不变，此时即为等焓节流。天然气流经节流阀的膨胀过程可近似看作是等焓节流。

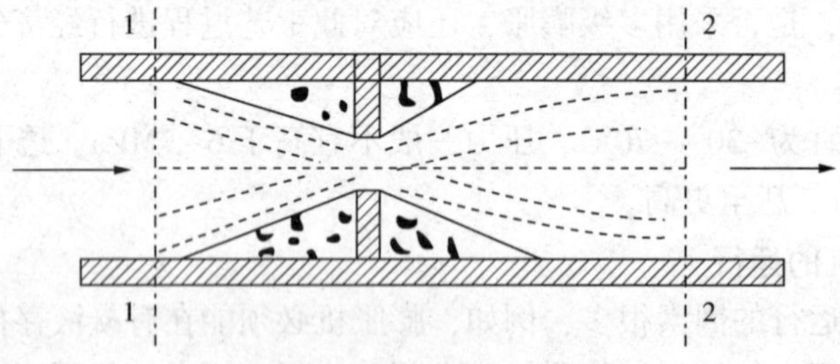

图 7-19　节流过程示意图

图 7-19 为节流过程示意图。流体在接近孔口时，由于截面积急剧缩小，因而流速迅速增加。流体经过孔口后，由于截面积急剧扩大，流速又迅速降低。如果流体由截面 1-1 流到截面 2-2 的节流过程中，与外界没有热交换及轴功交换，则可由绝热稳定流动能量平衡方程得

$$h_1+\frac{v_1^2}{2g}+z_1=h_2+\frac{v_2^2}{2g}+z_2 \qquad (7-18)$$

式中 h_1、h_2——流体在截面 1-1 和截面 2-2 处的比焓，kJ/kg(换算为 m)；

v_1、v_2——流体在截面 1-1 和截面 2-2 处的平均速度，m/s；

z_1、z_2——流体在截面 1-1 和截面 2-2 处的水平高度，m；

g——重力加速度，m/s^2。

一般情况下动能与位能变化不大，且其值与比焓相比又很小，故公式(7-18)中的动能、位能变化可忽略不计，因而可得

$$h_1 - h_2 = 0 \tag{7-19}$$

或

$$h_1 = h_2$$

上式说明绝热节流前后流体比焓相等，这是节流过程的主要特征。由于节流过程摩檫与涡流产生的热量不可能完全转变为其他形式的能量，故节流过程是不可逆过程，过程进行时流体比熵随之增加。

2. 节流效应

由于理想气体的比焓只是温度的函数，故其节流前后温度不变。对于实际气体，其比焓是温度及压力的函数，故其节流前后温度一般将发生变化，这一现象称之为节流效应或焦耳-汤姆逊效应(简称焦-汤效应或 J-T 效应)。

流体在节流过程中由于微小压力变化所引起的温度变化称之为微分节流效应，以微分节流效应系数 μ_h 表示，即

$$\mu_h = \left(\frac{\partial T}{\partial p}\right)_h \tag{7-20}$$

式中 μ_h——微分节流效应系数。

当压降为某一有限值时，例如由 p_1 降至 p_2，流体在节流过程中所产生的温度变化称为积分节流效应 ΔT_h，即

$$\Delta T_h = T_2 - T_1 = \int_{p_1}^{p_2} \mu_h \mathrm{d}p = \mu_m (p_2 - p_1) \tag{7-21}$$

式中 μ_m——压力由 p_1 节流至 p_2 时的平均节流效应系数。

理论上，μ_h 的表达式可由热力学关系式推导出来。从比焓的特性可知

$$\mathrm{d}h = c_p \mathrm{d}T - \left[T\left(\frac{\partial V}{\partial T}\right)_p - V\right]\mathrm{d}p \tag{7-22}$$

对于等焓过程，dh=0，将公式(5-22)移项可得

$$\mu_h = \left(\frac{\partial T}{\partial p}\right)_h = \frac{1}{c_p}\left[T\left(\frac{\partial V}{\partial T}\right)_p - V\right] \tag{7-23}$$

式中 c_p——流体的等压比热容。

对于理想气体，由于 $pV=RT$，$\left(\frac{\partial V}{\partial T}\right)_p = \frac{R}{p} = \frac{V}{T}$，故由公式(7-23)得 $\mu_h=0$，即理想气体在节流过程中温度不变。对于实际气体，公式(7-23)有以下 3 种情况：

① 当 $T\left(\frac{\partial V}{\partial T}\right)_p > V$ 时，$\mu_h>0$，节流后温度降低，称为冷效应；

② 当 $T\left(\frac{\partial V}{\partial T}\right)_p = V$ 时，$\mu_h=0$，节流后温度不变，称为零效应；

③ 当 $T\left(\frac{\partial V}{\partial T}\right)_p < V$ 时，$\mu_h<0$，节流后温度升高，称为热效应。

图 7-20 给出了节流效应曲线。曲线 A 表示了气体微分斜率 $\left(\frac{\partial V}{\partial T}\right)_p$ 大于平均斜率 V/T 的情况，故气体在膨胀时将会降温。曲线 C 表示气体的节流情况正好相反，节流膨胀时将会升温。曲线 B 表示气体在节流时温度不变。所谓节流膨胀制冷，就是利用压缩流体流经节流阀进行等焓膨胀并产生节流冷效应，使气体温度降低的一种方法。

许多流体的节流效应具有正负值改变的特性。或者说，同一流体在不同状态下节流时可能有不同的微分节流效应，或正、或负、或为零。曲线斜率改变正负值($\mu_h=0$)的点称为转化点，相应的温度称为转化温度(转换温度)。图 7-20 的右图即为节流效应的转化曲线，其形状具有所有实际流体的共性。在曲线以外，流体在节流膨胀时升温，而在曲线以内，流体在节流膨胀时降温。

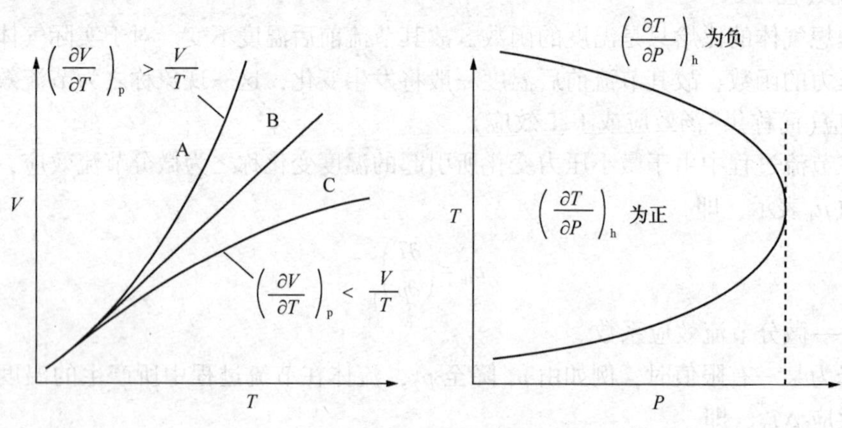

图 7-20　节流效应曲线

由图 7-20 还可知，流体在不同压力下有不同的转化点，而在同一压力下存在两个转化点，相应有两个转化温度：一为气相转化点，相应为气相转化温度；二为液相转化点，相应为液相转化温度。流体在低于气相转化温度并高于液相转化温度之间(即曲线以内)节流膨胀时降温，而在高于气相转化温度或低于液相转化温度下节流膨胀时升温。大多数气体的转化温度都很高，在室温下节流膨胀时均降温。少数气体(如氦、氖、氢等)的转化温度较低，为获得节流冷效应，必须在节流前预冷，使其节流前的温度低于转化温度。

因此，实际气体节流前后温度变化情况决定于气体的性质及所处状态，故要达到节流制冷目的，必须根据气体性质选取合适的节流前温度和压力。

必须说明的是，图 7-20 中的曲线只适用于在节流膨胀中没有凝液析出的情况。

(二) 节流膨胀(等焓膨胀)与等熵膨胀比较

将公式(7-13)和公式(7-23)进行比较后可以得出

$$\mu_s-\mu_h=\frac{V}{c_p} \tag{7-24}$$

公式(7-24)中的 V/c_p 为气体对外做功引起的温度降。由于 $V>0$，$c_p>0$，则 $V/c_p>0$，故 $\mu_s>\mu_h$，即气体的微分等熵效应总是大于微分节流效应。因此，对于同样的初始状态和膨胀比，等熵膨胀的温降比节流膨胀温降要大，如图 7-21 中 1-3 线所示。但是，μ_s 与 μ_h 的差值与温度、压力有关。当压力较低而温度较高时，μ_s 比 μ_h 大得多。随着压力增加，μ_s 将接近于 μ_h。在临界点时，μ_s 近似等于 μ_h。

同样可知，当气体初始状态及膨胀比相同时，等熵膨胀与等焓膨胀单位制冷量之差为

$$q_s - q_h = w_s \tag{7-25}$$

式中 q_s——等熵膨胀的单位制冷量，kJ/kg；

q_h——等焓膨胀的单位制冷量，kJ/kg；

w_s——等熵膨胀的单位膨胀功，kJ/kg。

由此可知，等熵膨胀的制冷量比等焓膨胀大，其差值等于膨胀机对外做的功。这两个过程的单位制冷量，在图 7-21 中分别为 03ac 及 02bc 所含的面积。

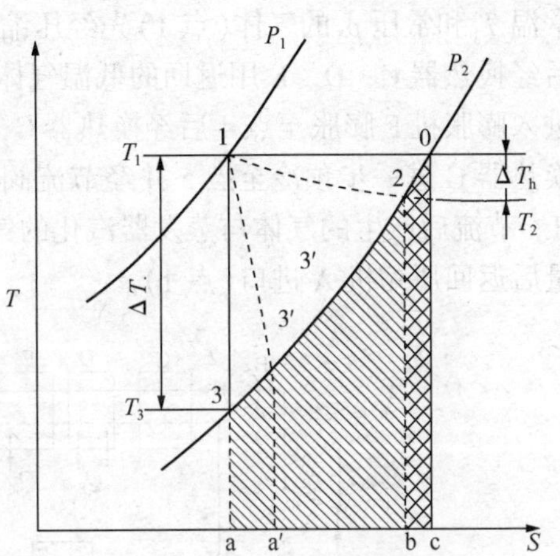

图 7-21 等焓及等熵膨胀的温降和制冷量

综上所述，对于气体绝热膨胀过程无论是从温度效应还是从制冷量来讲，等熵膨胀都比等焓膨胀要好，而且可以回收膨胀功，故可提高制冷循环的经济性。

从实用角度看，二者有以下区别：

① 节流膨胀过程用节流阀，结构简单，操作方便；等熵过程用膨胀机，结构复杂。

② 膨胀机中的实际膨胀过程为多变过程，故所得到的温度效应比等熵过程的理论值小，如图 7-21中的 1-3′线所示。

③ 节流阀可以在气液两相区内工作，即节流阀出口允许有很大的带液量，而膨胀机所允许的带液量有一定限度。

因此，节流膨胀和等熵膨胀两个过程的应用应根据具体情况而定。在制冷系统中，液体冷剂的膨胀过程均采用节流膨胀，而气体冷剂的膨胀既可采用等熵膨胀，也可采用节流膨胀。由于气体节流膨胀只需结构简单的节流阀即可，故在一些高压气藏气的低温分离装置中仍然采用。此外，在温度较低尤其是在两相区中，μ_s 与 μ_h 相差甚小，膨胀机的结构及运行尚存在一定问题，故在 NGL 回收及天然气液化等装置中常采用气体节流膨胀作为最低温位的制冷方法(图 7-22)。

（三）气体节流膨胀出口温度的确定

如前所述，气体节流膨胀可近似看成是等焓过程。当气体组成和节流阀的进口压力、温度及出口压力已知时，可用试算法按以下步骤计算其出口温度：

① 计算流体在进口温度(T_1)和压力(p_1)时的比焓(h_1)，如为两相流，则应为气液混合物的比焓。

② 假设一个流体出口温度 T_2。

③ 按出口压力 p_2 及假设的 T_2 进行平衡闪蒸计算，求出气、液各相的组成及相对量(如液化率)。

④ 根据上述平衡闪蒸计算及假设的 T_2，求出出口流体的比焓 h_2。

⑤ 如果 $h_1 = h_2$，则假设的出口温度 T_2 是正确的。否则，重复步骤②~⑤，直到 $h_1 = h_2$

为止。

目前，上述计算也多用有关软件由计算机完成。

四、节流阀及膨胀机联合制冷

除阶式制冷系统外，采用节流阀和膨胀机联合制冷循环系统也可达到深冷分离所需温位。这些制冷系统在NGL回收、天然气液化及天然气脱氮等装置中均得到广泛应用。

图7-22为带预冷的节流阀和膨胀机联合(并联)制冷循环系统示意图。如图7-22所示，常温T_1和常压p_1的气体(点1)先经压缩机A压缩至p_2，再经冷却器B冷却至T_2(点2)，然后经换热器C、D、E用返回的低温气体和外部冷源预冷至T_3(点3)后分为两部分：一部分进入膨胀机F膨胀至点4后经换热器G，与由蒸发器H返回的低温气体汇合；另一部分进入换热器G进一步预冷至点5并经节流阀膨胀至点6后，所析出的凝液作为冷剂送至蒸发器H。节流后产生的气体与蒸发器汽化的气体由点7经换热器G，以及换热器E、D、C回收冷量后返回压缩机A进口(点1)。

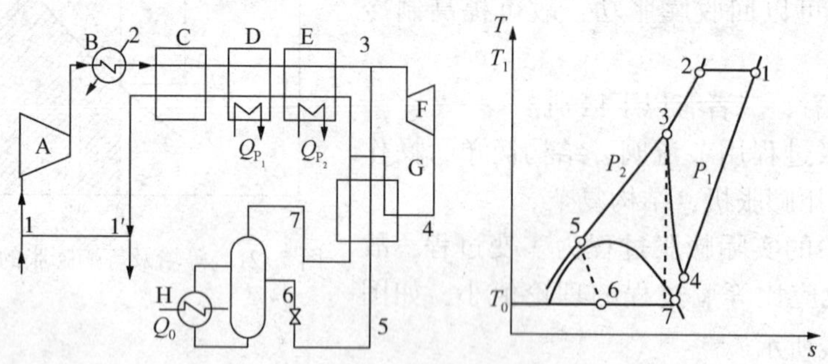

图7-22　带预冷的节流阀和膨胀机联合制冷循环系统示意图

必须说明的是，图7-22表示的是闭式制冷循环系统原理示意图。实际上，在NGL回收、天然气液化及天然气脱氮等装置中既可以采用开式系统，也可以采用闭式循环系统。开式制冷系统中的冷剂就是装置中的工艺流体(如天然气)，并不在系统中进行循环，而闭式制冷循环系统中作为冷剂的气体则在封闭系统中循环。由于开式循环系统投资较低，操作简单，同时可以回收凝液，尤其是在原料气压力高于干气外输压力时经济性更好，故在上述装置中广为应用。但是，对于图7-13所示的混合冷剂制冷系统采用的则是闭式循环系统。这是因为当采用开式循环系统时，混合冷剂的组成受原料气及操作条件的影响较大，启动时间较闭式循环系统要长，而且操作容易偏离最佳条件。

此外，根据具体情况不同，上述装置采用的实际制冷系统也与图7-22所示的制冷系统会有很大差别。例如，装置中原料气在冷却过程中进行多级气液分离，分出的凝液予以回收而不是作为冷剂循环应用等。

第三节　天然气凝液回收工艺

如前所述，由于NGL回收过程目前普遍采用冷凝分离法，故此处只介绍采用冷凝分离法的NGL回收工艺。

一、工艺及设备

通常，NGL回收工艺主要由原料气预处理、压缩、冷凝分离、凝液分馏、产品储存、干气再压缩以及制冷等系统全部或一部分组成。

（一）原料气预处理

原料气预处理的目的是脱除其携带的油、游离水和泥砂等杂质，以及脱除原料气中的水蒸气、酸性组分和汞等。

当采用浅冷分离工艺时，只要原料气中CO_2含量不影响冷凝分离过程及商品天然气的质量指标，就不必脱除原料气中的CO_2。当采用深冷分离工艺时，由于CO_2会在低温下形成固体，堵塞管线和设备，故应将其脱除至允许范围之内。

脱水设施应设置在气体可能形成水合物的部位之前。流程中如果有原料气压缩机时，可根据具体情况经过比较后，将脱水设施设置在压缩机的级间或末级之后。当需要脱除原料气中酸性组分时，一般是先脱酸性组分再脱水。

另外，还有一些天然气中含有汞。当低温换热器选用铝质板翅式换热器时，汞会通过溶解腐蚀（与铝生成汞齐）、化学腐蚀（汞齐中的铝与天然气中的微量水反应生成不溶解于汞的氢氧化铝，于是又有新的铝溶解在汞中）和液体金属脆断等引起板翅式换热器泄漏，故此时原料气也应脱汞。

（二）原料气压缩

1. 压缩目的

对于高压原料气（例如高压凝析气），进入装置后即可进行预处理和冷凝分离。但当原料气为低压伴生气时，因其压力通常仅为0.1～0.3MPa，为了提高气体的冷凝率（即天然气凝液的数量与天然气总量之比，一般以摩尔分数表示），以及干气要求在较高压力下外输时，通常都要将原料气增压至适宜的冷凝压力后再冷凝分离。当采用膨胀机制冷时，为了达到所要求的冷冻温度，膨胀机进、出口压力必须有一定的膨胀比，因而也应保证膨胀机进口气流的压力。

原料气增压后的压力，应根据原料气组成、NGL回收率或液烃收率（回收的某产品中某烃类与原料气中该烃类组分数量之比，通常以摩尔分数表示），结合适宜的冷凝分离压力、干气压力以及能耗等，进行综合比较后确定。

原料气压缩一般都与冷却脱水结合进行，即压缩后的原料气冷却至常温后将会析出一部分游离水与液烃，分离出游离水与液烃后的气体再进一步脱水与冷却，从而减少脱水与制冷系统的负荷。

2. 压缩机组（包括干气再压缩机组）的选择

目前，常用的原料气及干气压缩机有往复式和离心式两种，其选择原则如下：

① 压缩机　气量较大且较稳定，压缩比较小，或轴功率大于2000～2500kW时，可选用离心式压缩机。特殊情况下，轴功率小于500kW时也可考虑。气量波动或递减、处理厂分期建设，或气量较少以及压缩比很高（例如注气）时，可选用往复式压缩机。目前，我国苏里格气田第二天然气处理厂单台往复式压缩机的最大功率为3500kW，沁水盆地煤层气中央处理厂单台往复式压缩机的最大功率则达4400kW。

大型往复式压缩机的绝热效率应大于80%，离心式压缩机应大于75%。

② 驱动机　驱动机的选择应考虑能源的供应及压缩机的转速。离心式压缩机可选用燃气轮机驱动，往复式压缩机可选用电动机或燃气发动机驱动。

(三) 冷凝分离

NGL是在原料气冷凝分离过程中获得的，故确定经济合理的冷凝分离工艺及条件至关重要。

1. 多级冷凝与分离

预处理和增压(高压原料气则无需增压)后的原料气，在某一压力下经过一系列的冷却与制冷设备，不断降温与部分冷凝，并在气液分离器中进行气、液分离。当原料气采用压缩机增压，或采用透平膨胀机制冷时，这种冷凝分离过程通常是在不同压力及温度下分几次完成的。由各级分离器分出的凝液一般按照其组成、温度、压力和流量等，分别送至凝液分馏系统的不同部位进行分离，也可直接作为产品出售。

采用多级冷凝与分离的原因是：

① 可以合理利用制冷系统不同温位的冷量，从而降低能耗。当原料气中含有较多的丙烷、丁烷、戊烷及更重烃类时，增压后采用较高温位的冷量即可将相当一部分丙烷、丁烷和几乎全部戊烷以及更重烃类冷凝，但所需冷量一般较多。如果要使原料气中的一部分乙烷和大部分丙烷冷凝，则需更低温位的冷量。而且，如果先将前面冷凝下来的凝液分出，进一步冷冻降温时所需的冷量也可减少。

另外，采用冷剂与膨胀机联合制冷时，冷剂压缩制冷可以经济地提供较多但温位较高的冷量，而膨胀机制冷仅在制冷温位较低时能耗相对较少，但提供的冷量也较少，正好与上述要求相适应。而且，由于已将析出凝液分出，使膨胀机进口的气流变贫，不仅减少了膨胀机出口的带液量，还可降低膨胀机的制冷温度，使乙烷、丙烷的冷凝率增加。

② 可以使原料气获得初步分离。多级分离过程实质上可近似看成是原料气的多次平衡冷凝与分离过程，故可对原料气进行初步分离，分出的凝液在组成上也有一定差别。前几级冷凝分离分出的凝液中重组分较多，后几级冷凝分离分出的凝液中轻组分较多。这样，就可根据凝液的组成、温度、压力和流量等，分别将它们送至凝液分馏系统的不同部位，既可提高分馏塔(主要是脱甲烷塔、脱乙烷塔)的热力学效率，降低分离能耗，又可合理利用不同温位低温凝液的冷量，减少由塔顶冷凝器所提供的外回流量，从而减少塔顶需用更低温位冷剂提供的冷量。这就是脱甲烷塔采用多股物流进料以及脱乙烷塔有时也采用多股物流进料的原因之一。

③ 组织工艺流程的需要。当原料气为低压伴生气并采用多级压缩机增压时，级间及末级出口的气体必须按照压力高低、是否经过脱水等分别冷却与分离。如果采用透平膨胀机制冷，经过预冷后的物流在进入膨胀机前也应先进行气液分离，将预冷中析出的凝液分出。进入膨胀机的气体经膨胀降温后，又会析出一部分凝液。有的装置是先将膨胀机出口物流进行气、液分离，再将分出的低温凝液送至脱甲烷塔(如果装置以回收C_3^+为目的，则为脱乙烷塔)塔顶，但更多的装置是将膨胀机出口的气液混合物直接送至脱甲烷塔(或脱乙烷塔)直径较大的塔顶空间进行气液分离(图7-11)。

然而，多级冷凝分离的级数越多，设备及配套设施就越多，因而投资也越高，故应根据原料气组成、装置规模、投资及能耗等进行综合比较后，确定合适的冷凝分离级数与塔的进料股数。分离级数一般以2~5级为宜。当装置中有脱甲烷塔时，该塔的进料股数多为2~4

股；当装置中只有脱乙烷塔和其后的分馏塔时，脱乙烷塔的进料股数多为1~3股。

2. 适宜的冷凝分离压力与温度

NGL冷凝率或某种烃类(通常是C_2或C_3)收率是衡量NGL回收装置的一个十分重要的指标。总的来说，原料气中含有可以冷凝的烃类量越多，NGL冷凝率或某种烃类产品的收率就越高，经济效益就越好。但是，原料气越富时在给定NGL冷凝率或产品收率时所需的制冷负荷及换热器面积也越大，投资费用也就更高。反之，原料气越贫时，为达到较高的收率则需要更低的冷凝温度。

因此，首先应通过投资、运行费用、产品价格(包括干气在内)等进行技术经济比较后确定所要求的NGL冷凝率或某烃类收率，然后再根据NGL冷凝率或烃类收率，选择合适的工艺流程，确定适宜的原料气增压后压力和冷冻后温度。如果采用膨胀机制冷无法达到所需的适宜冷凝温度时，则应采用冷剂预冷。对于高压原料气，还要注意此压力、温度应远离(通常是压力宜低于)临界点值，以免气、液相密度相近，分离困难，导致膨胀机中气流带液过多，或者在压力、温度略有变化时，分离效果就会有很大差异，致使实际运行很难控制。

3. 低温换热设备

冷凝分离系统中一般都有很多换热设备，其类型有管壳式、螺旋板式、绕管式及板翅式换热器等，后两者适用于低温下运行。板翅式换热器可作为气/气、气/液或液/液换热器，也可用作冷凝器或蒸发器。而且，在同一换热器内可允许有2~9股物流之间换热。采用板翅式换热器作为蒸发器时的冷端温差一般宜在3~5℃；而管壳式换热器则宜在5~7℃。

在组织冷凝分离系统的低温换热流程时，应使低温换热系统经济合理，即：①冷流与热流的换热温差比较接近；②对数平均温差宜低于15℃；③换热过程中冷流与热流的温差应避免出现小于3℃的窄点；④当蒸发器的对数平均温差较大时，应采用分级制冷的压缩制冷系统以提供不同温位的冷量。

由于低温设备温度低，极易散冷，故通常均将板翅式换热器、低温分离器及低温调节阀等，根据它们在工艺流程中的不同位置包装在一个或几个矩形箱子里，然后在箱内及低温设备外壁之间填充如珍珠岩等隔热材料，一般称之为冷箱。

(四) 凝液分馏

由冷凝分离系统获得的凝液，有些装置直接作为产品出售，有些则送至凝液分馏系统进一步分成乙烷、丙烷、丁烷(或丙、丁烷混合物)、天然汽油等产品。凝液分馏系统的作用就是按照上述各种产品的质量要求，利用精馏方法对凝液进行分离。因此，分馏系统的主要设备就是分馏塔，以及相应的冷凝器、重沸器、换热器和其他设施等。

1. 凝液分馏流程

由于凝液分馏系统实质上就是对NGL进行分离的过程，故合理组织分离流程，对于节约投资、降低能耗和提高经济效益都是十分重要的。通常，NGL回收装置的凝液分馏系统大多采用按烃类相对分子质量从小到大逐塔分离的顺序流程，依次分出乙烷、丙烷、丁烷(或丙、丁烷混合物)、天然汽油等，如图7-23所示。对于回收C_2^+的装置，则应先从凝液中脱出甲烷，然后再从剩余的凝液中按照需要进行分离；对于回收C_3^+的装置，则应先从凝液中脱除甲烷和乙烷，然后再从剩余的凝液中按照需要进行分离。

采用顺序流程的原因：①可以合理利用低温凝液的冷量，尤其是全塔均在低温下运行，而且是分馏系统温度最低且能耗最高的脱甲烷塔，以及塔顶部位一般也在低温下运行的脱乙烷塔；②可以减少分馏塔的负荷及脱甲烷塔以后其他分馏塔塔顶冷凝器及塔底重沸器的热负荷。例如，美国 Louisiana 天然气处理厂 NGL 回收装置的凝液分馏系统依次为脱甲烷塔、脱乙烷塔、脱丙烷塔、脱丁烷塔及脱异丁烷塔等。

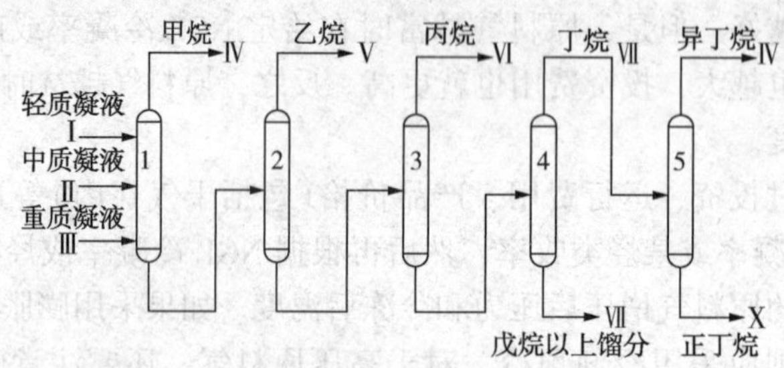

图 7-23　凝液分馏的顺序流程

2. 塔侧换热器

一般的精馏过程，只在分馏塔两端(塔顶和塔底)对塔内物流进行冷却和加热，属于常规精馏，而在塔中部对塔内物流进行冷却和加热的，则属于非常规精馏或复杂精馏。

对于塔顶温度低于常温、塔底温度高于常温，而且塔顶、塔底温差较大的分馏塔，如在精馏段设置塔侧冷凝器或冷却器(中间冷凝器或冷却器)，就可利用比塔顶冷凝器温位较高的冷剂作为冷源，以代替塔顶原来采用温位较低冷剂提供的一部分冷量，故可降低能耗。同样，在提馏段设置塔侧重沸器(中间重沸器)，就可利用比塔底重沸器温位较低的物流作为热源，也可降低能耗。

对于脱甲烷塔，因其塔底温度低于常温，故塔底重沸器本身就是回收冷量的设备。此时如在提馏段适当位置设置塔侧重沸器，就可回收温位比塔底更低的冷量。

由于脱甲烷塔全塔均在低温下运行，而且塔顶、塔底温差较大，如果设置塔侧冷凝器(或冷却器)和塔侧重沸器，就会显著降低能耗。在 NGL 回收装置中，一般是将冷凝分离系统获得的各级低温凝液以多股进料形式分别进入脱甲烷塔精馏段的相应部位，尤其是将透平膨胀机出口物流或分离出的低温凝液作为塔顶进料，同样也可起到塔侧冷凝器(或冷却器)的效果。此外，由于脱甲烷塔提馏段的温度比初步预冷后的原料气温度还低，故可利用此原料气作为塔侧重沸器的热源，既回收了脱甲烷塔的冷量，又降低了塔底重沸器的能耗，甚至可以取消塔底重沸器。

从提高塔的热力学效率来看，带有塔侧换热器的复杂精馏更适合塔顶、塔底温差较大的分馏塔。由于这时冷量或热量的温位差别较大，故设置塔侧冷凝器和塔侧重沸器的效果更好。因此，凝液分馏系统中的脱甲烷塔多采用之(塔侧重沸器一般为 1~2 台)。

3. 分馏塔运行压力

① 脱甲烷塔　该塔是将凝液中的甲烷和乙烷进行分离的精馏塔。由塔顶馏出的气体中主要组分是甲烷以及少量乙烷。如果凝液中溶有氮气和二氧化碳，则大部分氮气和相当一部分二氧化碳也将从塔顶馏出。脱甲烷塔压力的选择十分重要，它会影响到原料气压缩机、膨胀机和干气再压缩机的投资及操作费用、塔顶乙烷损失和冷凝器所用冷剂的温位和负荷、塔侧及塔底重沸器所能回收的冷量温位和负荷，以及凝液分馏系统的操作费用等。

在对上述因素进行综合考虑之后，脱甲烷塔不宜采用较高压力。此外，塔压较低时塔内物流的冷量也可通过塔侧和塔底重沸器回收，从而降低装置能耗。如果是采用低压伴生气为原料，采用压缩机增压且干气外输压力不高时，脱甲烷塔就更应采用较低压力。

通常，脱甲烷塔压力为0.7~3.2MPa。当脱甲烷塔压力高于3.0MPa时称之为高压脱甲烷塔，低于0.8MPa时称之为低压脱甲烷塔，压力介于高压与低压之间时称之为中压脱甲烷塔。

② 脱乙烷塔等　对于回收乙烷的装置，脱乙烷塔及其后各塔的运行压力应根据塔顶产品质量要求、状态(气相或液相)、塔顶冷凝器或分凝器冷却介质温度以及压降等来确定。对于脱丙烷塔、脱丁烷塔(或脱丙、丁烷塔)，塔顶温度宜比冷却介质温度高10~20℃，产品的冷凝温度最高不宜超过55℃。

4. 回流比及进料状态

① 回流比　回流比会影响分馏塔塔板数、热负荷及产品纯度等。当产品纯度一定时，降低回流比会使塔板数增加，但由重沸器提供的热负荷及由冷凝器取走的热负荷减少，故可降低能耗。

当装置以回收C_2^+为目的时，脱甲烷塔回流所需冷量占凝液分馏系统消耗冷量的很大比例。如分离要求相同，回流比越大，塔板数虽可减少，但所需冷量也越多。因此，对脱甲烷塔这类的低温分馏塔，回流比应严格控制。即使对脱丙烷塔、脱丁烷塔(或脱丙、丁烷塔)，回流比也不宜过大。

② 进料状态　塔的进料状态(气相、混合相或液相)对分馏塔的分离能耗影响也很大。在凝液分馏系统中，大部分能量消耗在脱甲烷塔等低温分馏塔上。因此，合理选择这些塔的进料状态对于降低能耗是十分重要的。对于低温分馏塔(塔顶温度<塔底温度<常温，例如脱甲烷塔)，应尽量采用饱和液体甚至过冷液体；对于高温分馏塔(塔底温度>塔顶温度>常温，例如脱丙烷塔、脱丁烷塔)，在高浓度进料(塔顶与塔底产品摩尔流量之比较大)，应适当提高进料温度即提高汽化率，而在低浓度时，则应适当降低进料温度即降低汽化率；对于在中等温度范围下运行的分馏塔(塔底温度>常温>塔顶温度，例如塔顶在低温下运行的脱乙烷塔)，则应根据具体情况综合比较后，才能确定最佳进料状态。

5. 分馏塔选型

塔型的选择应考虑处理量、操作弹性、塔板效率、投资和压降等因素，一般选用填料塔，直径较大的分馏塔也可选用浮阀塔。填料宜选用规整填料。

在填料塔内，气液接触是在整个塔内连续进行的，而板式塔只是在塔板上进行。与板式塔相比，填料塔的优点是压降较小，液体负荷较大，可以采用耐腐蚀的塑料材质；缺点是应采取措施确保液体分布均匀，有的填料操作弹性较小，以及容易堵塞等。

凝液分馏系统中各塔的典型工艺参数见表7-8。表中数据并非设计值，只是以往采用的典型数据。实际选用时取决于很多因素，例如进料组成、能耗及投资等。

表7-8　典型的分馏塔工艺数据

塔　名	操作压力/MPa	实际塔板数/块	回流比①	回流比②	塔板效率/%
脱甲烷塔	1.38~2.76	18~26	顶部进料	顶部进料	45~60
脱乙烷塔	2.59~3.10	25~35	0.9~2.0	0.6~1.0	50~70
脱丙烷塔	1.65~1.86	30~40	1.8~3.5	0.9~1.1	80~90

续表

塔　　名	操作压力/MPa	实际塔板数/块	回流比①	回流比②	塔板效率/%
脱丁烷塔	0.48~0.62	25~35	1.2~1.5	0.8~0.9	85~95
丁烷分离塔	0.55~0.69	60~80	6.0~14.0	3.0~3.5	90~110
凝液稳定塔	0.69~2.76	16~24	顶部进料	顶部进料	40~60

注：①回流摩尔流量与塔顶产品摩尔流量之比。
②回流体积流量与进料体积流量之比。

(五) 干气再压缩

当采用透平膨胀机制冷时，由膨胀机出口气液分离器分出来的干气或由脱甲烷塔(或脱乙烷塔)塔顶馏出的干气压力一般可满足管输要求。但是，有时即使经过膨胀机带动的压缩机增压后，其压力仍不能满足外输要求时，则还要设置再压缩机将干气增压至所需之值。干气再压缩机的选择原则与原料气压缩机相同。

(六) 制冷

制冷系统的作用是向需要冷冻降温的原料气以及一些分馏塔塔顶冷凝器提供冷量。当装置采用冷剂制冷时，由单独的制冷系统提供冷量。当采用膨胀制冷时，所需冷量是由工艺气体直接经过过程中各种膨胀设备来提供。此时，制冷系统与冷凝分离系统在工艺过程中结合为一体。

如果原料气中 C_3^+烃类含量较多，装置以回收 C_3^+烃类为目的，且对丙烷的收率要求不高时，通常大多采用浅冷分离工艺。此时，仅用冷剂制冷法即可。如果对丙烷的收率要求较高(例如，丙烷收率大于 75%~80%)，或以回收 C_2^+为目的时，此时就要采用深冷分离工艺，选用透平膨胀机制冷、冷剂与膨胀机联合制冷或混合冷剂法制冷。

膨胀机在两相区内运行时，虽然获得的冷量有限，但其温位很低(例如，可低于-80~-90℃)。冷剂制冷法虽可提供较多的冷量，但其温位较高(例如，一般在-25~-40℃)。因此，也要对提供的冷量温位、数量、能耗等进行综合考虑，以确定选用何种制冷方法。

在 NGL 回收及天然气液化等装置中，大多利用透平膨胀机带动单级离心压缩机，即利用透平膨胀机输出的功率来压缩本装置中的工艺气体。增压机设置在气体进膨胀机之前的工艺流程称为前增压(正升压)流程，反之则称为后增压(逆升压)流程。

原料气压力高于适宜冷凝分离压力时，应设置后增压。装置中如果设有原料气压缩机，而膨胀机入口压力为适宜冷凝分离压力时则宜采用前增压；膨胀机出口压力为适宜冷凝分离压力时则宜采用后增压。一般情况下推荐后增压，因其操作比较容易。

二、工艺方法选择

(一) 主要考虑因素

原料气组成、NGL 回收率或烃类产品收率以及产品(包括干气在内)质量指标等对工艺方法选择有着十分重要的影响。

1. 原料气组成

① C_3^+烃类及水蒸气、二氧化碳、硫化氢　原料气中 C_3^+烃类及水蒸气、二氧化碳、硫化

氢等含量对工艺方法的选择均有很大影响。有关 C_3^+ 烃类含量对工艺方法选择的影响已在前面介绍，这里就不再多述。

原料气中二氧化碳、硫化氢等酸性组分含量对于选择预处理的脱硫脱碳方法，以及确定在 NGL 回收装置低温部位中防止固体二氧化碳形成的操作条件都是十分重要的。此外，原料气中通常都含有饱和水蒸气，故也需脱水以防止在低温部位由于形成水合物而堵塞设备和管线。当原料气中含有大量 C_3^+ 烃类时，则在冷凝分离系统中就需要更多的冷量。有关天然气脱硫脱碳及脱水方法的选择已在前面有关章节中详细介绍，此处不再多述。

② 汞　汞在天然气中的含量为 28～3000000μg/m³。天然气中极微量的汞会引起铝质板翅式换热器腐蚀泄漏，故在采用板翅式换热器的装置中必须脱除。

天然气液化装置中一般要求预处理后的原料气汞含量小于 0.01μg/m³。在 NGL 回收装置中也要求原料气在进入板翅式换热器之前脱汞。

某些固体吸附剂可将气体中汞脱除至 0.001～0.01μg/m³。一般采用浸渍硫的 Calgon HGR(4×10 目)、HGR-P(4mm 直径)的活性炭和 Hg SIV 吸附剂脱汞。无机汞和有机汞均可脱除。如果先将气体干燥则可提高其脱汞率。浸渍的硫与汞反应生成硫化汞而附着在活性炭微孔中。

埃及 Khalda 石油公司 Salam 天然气处理厂的原料气中汞含量为 75～175μg/m³，为防止铝质板翅式换热器腐蚀及汞在外输管道中冷凝，原料气进入处理厂后先经入口分离器进行气液分离，分出的气体再经吸附剂脱汞、三甘醇脱水，然后去透平膨胀机制冷、干气再压缩及膜分离系统。脱汞塔采用 Hg SIV 吸附剂，将气体中的汞脱除至低于 20μg/m³。

我国海南海燃公司所属 LNG 装置原料气为福山油田 NGL 回收装置的干气，2007 年初该 LNG 装置预处理系统分子筛干燥器脱水后的气体经主冷箱(板翅式换热器)冷却去气液分离器的铝合金直管段出现泄漏现象，停运后割开检查，发现该管段中有液汞存在。经检测，原料气中元素汞含量在 100μg/m³ 左右，经分子筛脱水后的气体中汞含量在 20～40μg/m³ 左右。为此，在预处理系统分子筛干燥器后增加了脱汞塔，采用浸渍硫的活性炭脱除气体中的元素汞。2007 年 3 月脱汞塔投入运行后效果良好。

此外，2005 年投产的塔里木气区雅克拉集气处理站在 2008 和 2009 年中其 NGL 回收装置的主冷箱(板翅式换热器)先后十余次发生刺漏。经检测，原料气中汞含量为 73.76μg/m³，分子筛脱水后的汞含量为 30.93μg/m³。随后经过改造，采用浸渍硫的活性炭将原料气中的汞脱至 0.01μg/m³(设计值)。

③ 氧　当原料气中氧含量大约超过 10×10^{-6}(体积分数)时，将会对分子筛干燥剂带来不利影响。因为在分子筛床层再生时原料气中的微量氧在分子筛的催化下可与烃类反应，生成水和二氧化碳，从而增加了再生后分子筛中的残留水量，影响其脱水性能。降低再生温度则是一种有效的预防措施。

④ 砷　天然气中的砷来自自然界的无机砷和有机砷，绝大部分以三烷基砷形式存在，其中三甲基砷 $(CH_3)_3As$ 占 55%～80%。美国天然气工艺研究所在 1993 年对新墨西哥州不同气井采出的天然气中砷的形态进行了分析，其结果见表 7-9。

表 7-9 新墨西哥州天然气中挥发性砷化物

样品气来源		1号气井	2号气井	3号气井	4号气井	1号站
总砷浓度/(μg/m³)		55	38	130	270	960
形态分析/%	三甲基砷(TMA)	96	100	87	92	53
	二甲基乙基砷(DMEA)	3		6	5	30
	丙基二甲基砷(PDMA)					11
	甲基二乙基砷(MDEA)	1		5	2	
	三乙基砷(TEA)			2	1	6

天然气中砷化物的主要危害：a. 与天然气中 H_2S 等反应生成固体物质，可能堵塞阀门和管线；b. 三烷基砷具有毒性，含砷天然气作为燃气燃烧后产生的氧化砷毒性更大，危害人体健康并污染环境；c. 含砷天然气作为化工原料时，会导致含钯、铂、镍的催化剂永久性中毒。

天然气脱砷深度与其用途有关。管输天然气的砷含量推荐值为 62.5μg/m³，用作合成氨原料或液化的天然气，经处理后的砷含量为 1.25μg/m³(美国 Newpoint Gas 公司推荐)。

国外天然气脱砷工艺多用固体吸附剂法。常用的吸附剂包括金属氧化物(MnO_2/CuO)吸附剂和负载型金属卤化物($FeCl_3$/$CuCl_2$)吸附剂。这两种吸附剂均可再生。其中，负载型吸附剂脱砷工艺流程简单，效果好，易再生，安全环保。

目前，Newpoint Gas 公司开发的 Arsi-Guard 脱砷工艺可将天然气中有机砷脱除到 1.25μg/m³以下。

2. 商品乙烷及丙烷的收率

烃类产品的收率对工艺方法的选择也有很大影响。一般说来，几种常见的工艺方法可能达到的烃类产品收率见表 7-10。

表 7-10 烃类产品收率与工艺方法的关系

工艺方法	冷冻油吸收	丙烷制冷	乙烷/丙烷阶式制冷	混合冷剂制冷	透平膨胀机制冷
乙烷收率①/%	60	50	85	92	92
丙烷收率①/%	90	90	98	98	98

注：①可能达到的最高值。

3. 商品气质量指标

在商品气质量指标中对其高位发热量有一定要求。回收 NGL 后将会导致气量缩减及发热量降低。例如，C_1高位发热量为 37.11MJ/m³，故仅 C_1一般就能满足商品天然气高位发热量要求。对组成较富的天然气，特别是油田伴生气和凝析气，一般都需要回收凝液，否则发热量过高会影响其燃烧特性。反之，若非可燃组分在天然气中含量较高，则必须在天然气中保留部分发热量较高的组分如 C_2、C_3等，以满足高位发热量的要求。当 N_2 含量很高时，还需脱氮才能达到发热量指标。因而，凝液回收深度，还与天然气中所含非可燃组分含量有关。如果在商品气中存在氮气或二氧化碳等组分，就一定要保留足够的乙烷和更重烃类以符合发热量指标；如果商品气中只有极少量氮气或二氧化碳等组分，乙烷和更重烃类的回收率就会受到市场需求、回收成本及价格的制约。

目前，尽管一些发达国家商品天然气都采用发热量计量进行贸易交接，但我国由于种种原因仍采用体积计量，故这一因素的重要性尚无法充分体现。

影响工艺方法选择的还有其他一些因素，这里就不再一一介绍。

（二）工艺方法选择

由上可知，选择工艺方法时需要考虑的因素很多，在不同条件下选择的工艺方法也往往不同。因此，应根据具体条件进行技术经济比较后才能得出明确的结论。例如，当以回收C_2^+为目的时，对于低温油吸收法、阶式制冷法及透平膨胀机法这3种方法，国外曾发表过很多对比数据，各说不一，只能作为参考。但是，从投资来看，透平膨胀机制冷法则是最低的。而且，只要其制冷温度在热力学效率较高的范围内，即使干气需要再压缩到膨胀前的气体压力，其能耗与热力学效率最高的阶式制冷法相比，差别也不是很大。所以，从发展趋势来看，膨胀机制冷法应作为优先考虑的工艺方法。

对于以回收C_3^+烃类为目的小型NGL回收装置，可先根据原料气（通常是伴生气）组成贫富参照图7-24初步选择相应的工艺方法。当干气外输压力接近原料气压力，不仅要求回收乙烷而且要求丙烷收率达90%左右时，则可参照图7-25初步选择相应的工艺方法。

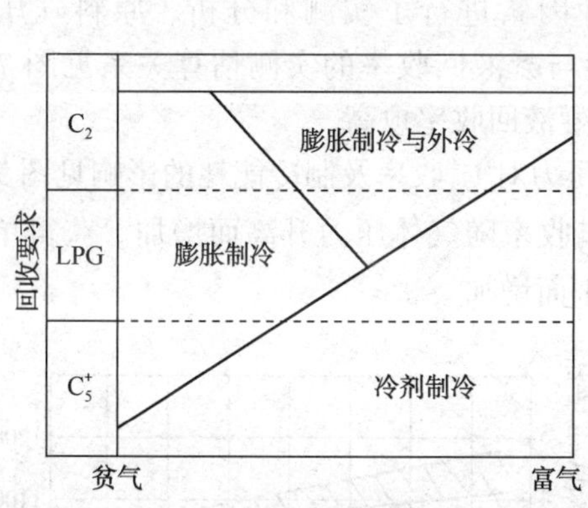

图7-24 小型NGL回收装置工艺方法选择

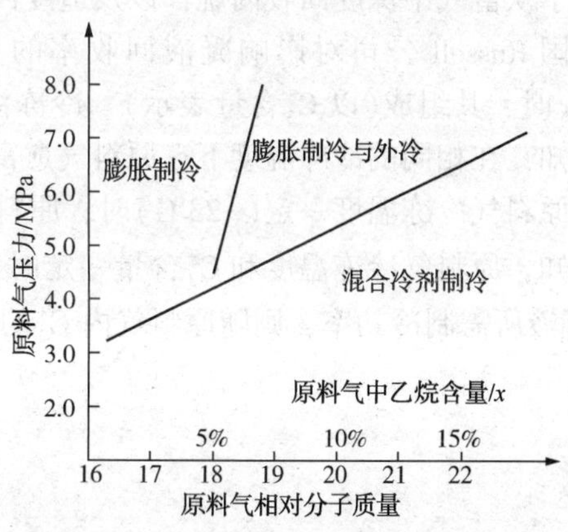

图7-25 丙烷收率为90%的工艺方法选择

需要指出的是，当要求乙烷收率高于90%时，投资和操作费用就会明显增加，这是因为：

① 需要增加膨胀机的级数，即增加膨胀比以获得更低的温位冷量，因而就要相应提高原料气的压力。无论是提高原料气集气管网的压力等级，还是在装置中增加原料气压缩机，都会使投资、操作费用增加。

② 原料气压力提高后，使装置中的设备、管线压力等级也提高，其投资也随之增加。

③ 由于制冷温度降低，用于低温部位的钢材量及投资也相应增加。

因此，乙烷收率要求过高在经济上并不一定合算。一般认为，当以回收C_2^+为目的时，乙烷收率在50%~90%是比较合适的。但是，无论何种情况都必须进行综合比较以确定最佳的乙烷或丙烷收率。

三、C_3^+凝液回收工艺的应用

当以回收C_3^+烃类为目的时，采用的NGL回收工艺有冷剂制冷的浅冷分离法、透平膨胀机制冷的深冷分离法、冷剂与透平膨胀机联合制冷法、直接换热（DHX）法，以及混合冷剂法、PetroFlux法和强化吸收法等。

其中，冷剂与透平膨胀机联合制冷法、混合冷剂法和强化吸收法等也可用于以回收 C_2^+ 烃类为目的的 NGL 回收工艺。

据《Oil &Gas Journal》2011 年 6 月份报道，在其统计的全世界 1600 多座天然气处理厂中，采用丙烷制冷的浅冷分离法或采用透平膨胀机制冷的深冷分离法 NGL 回收工艺约占 80%。

（一）冷剂制冷的浅冷分离法

如前所述，当原料气中 C_3^+ 烃类含量较多，NGL 回收装置又是以回收 C_3^+ 烃类为目的，且对丙烷的收率要求不高时，通常多采用浅冷分离工艺。对于只是为了控制天然气的烃露点，而对烃类收率没有特殊要求的露点控制装置（见本书第三章），一般也都采用浅冷分离工艺。该法目前多用于处理 C_3^+ 烃类含量较多但规模较小的油田伴生气。

浅冷分离工艺的 C_3^+ 收率与原料气压力、组成和冷冻温度有关。冷凝分离压力和温度是浅冷分离工艺的重要参数，而 C_3^+ 收率又是 NGL 回收装置的一个重要指标。原料气的"贫"或"富"常用其"可冷凝组分" C_2^+ 或 C_3^+ 的含量即 m^3（液）/1000m^3（气）或 L/m^3 表示。浅冷分离工艺可用于从富气中深度回收丙烷，以及适度回收乙烷。

美国 Russell 公司对影响凝液回收率的各种因素进行了实测和分析。原料气压力为 4.1MPa 时，其组成（以 C_3^+ 含量表示）、冷冻温度与凝液回收率的实测估算关系见图 7-26。由图可知，在相同的冷冻温度下，原料气愈富则凝液回收率愈高。

当原料气冷冻温度一定（-23℃）时，原料气压力对 C_3^+ 收率及制冷能耗的影响见图 7-27。由图可知，原料气冷冻温度和 C_3^+ 含量一定时，C_3^+ 收率随气体压力升高而增加。获得单位体积 C_3^+ 凝液所需制冷功率，则随原料气内 C_3^+ 的减小而增加。

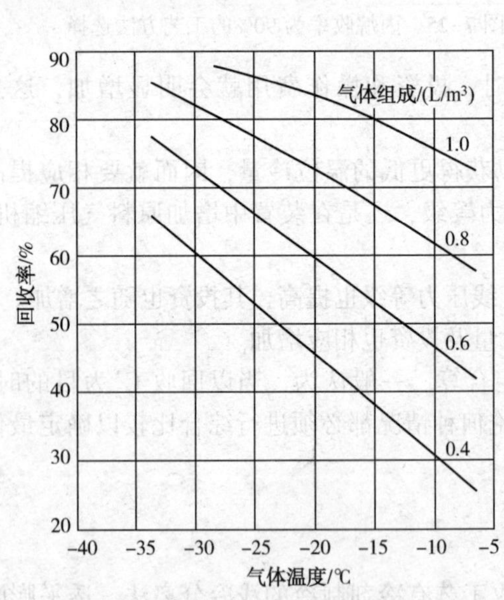

图 7-26　气体组成、温度与凝液回收率的关系

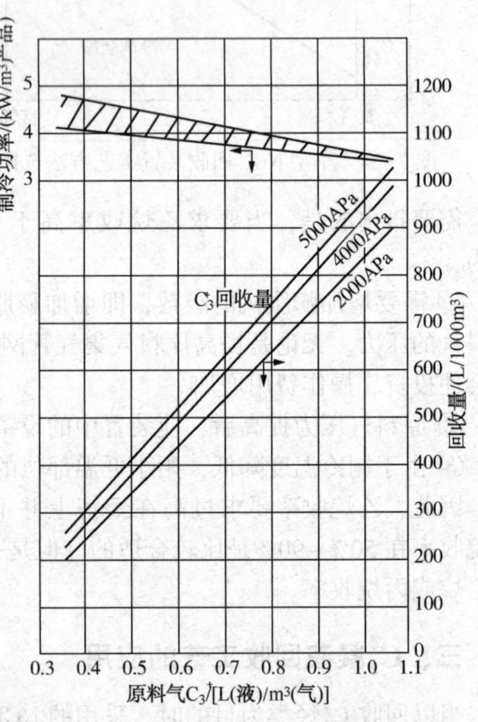

图 7-27　气体组成和压力对凝液收率和制冷功率的影响

该工艺是大多采用氨或丙烷为冷剂的压缩制冷法。图 7-28 为我国采用浅冷分离工艺的典型 NGL 回收工艺流程图。原料气为低压伴生气，压力一般为 0.1~0.3MPa，进装置后先在分离器中除去游离的油、水和其他杂质，然后去压缩机增压。由于装置规模较小，原料气中 C_3^+烃类含量较多，一般选用两级往复式压缩机，将原料气增压至 1.6~2.4MPa。增压后的原料气用水冷却至常温，再经气/气换热器(也称贫/富气换热器)预冷后进入冷剂蒸发器冷冻降温至-25~-30℃，然后进入低温分离器进行气、液分离。分出的干气主要组分是甲烷、乙烷及少量丙烷，凝液主要组分是 C_3^+烃类，也有一定数量的甲烷及乙烷。各级凝液混合一起进入或分别进入脱乙烷塔脱除甲烷及乙烷，塔底油则进入稳定塔(脱丙、丁烷塔)。从稳定塔塔顶脱除的丙、丁烷即为油气田液化石油气，塔底则为稳定后的天然汽油(我国习惯称为稳定轻烃)。如果装置还要求生产丙烷，则需增加一个脱丙烷塔。为防止水合物形成，一般采用乙二醇作为水合物抑制剂，在原料气进入低温部位之前注入，并在低温分离器底部回收，再生后循环使用。

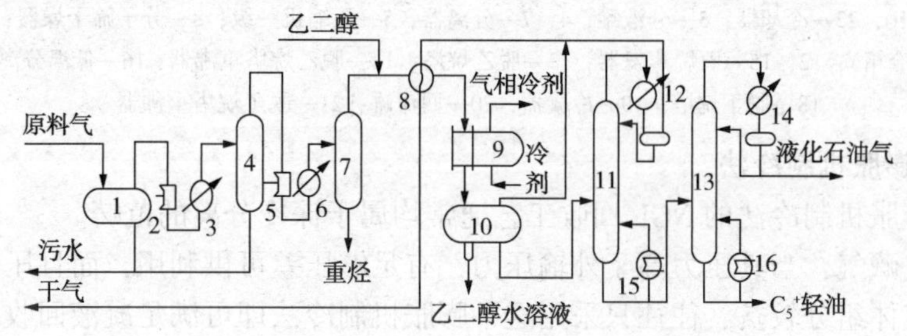

图 7-28　采用浅冷分离的冷剂制冷法 NGL 回收工艺流程

国外有人指出，可以采用浅冷分离法从 CO_2驱提高原油采收率(EOR)的循环气中回收 NGL。某典型的 CO_2-EOR 循环气组成见表 7-11。

该法采用丙烷制冷，CO_2-EOR 循环气进低温分离器温度为-29℃，压力为 1.32MPa，水合物抑制剂为乙二醇。由低温分离器分出的凝液依次去脱乙烷塔、脱丙烷塔和脱丁烷塔生产 C_3、C_4和 C_5^+。脱乙烷塔底的凝液采用 13X 型 Z10-03 分子筛脱硫，从而确保上述 NGL 产品质量符合要求。由低温分离器和脱乙烷塔塔顶分出的气体增压后回注。

表 7-11　某驱提高原油采收率的循环气组成

组　分	N_2	CO_2	H_2S	C_1	C_2	C_3	iC_4	C_4	iC_5^+
组成(摩尔分数)/%	0.88	91.87	0.91	1.51	1.35	1.60	0.29	0.74	0.85

(二) 改进的低温油吸收法

采用浅冷分离 NGL 工艺的优点是流程简单，投资较少；缺点是丙烷收率较低，一般仅为 70%~75%。其主要原因是有相当一部分丙烷从低温分离器、脱乙烷塔顶馏出而进入干气中。因此，我国一些已建或新建采用浅冷分离的冷剂制冷法 NGL 回收装置大多对此流程进行了改造。有的装置在低温分离器与脱乙烷塔之间增加了重接触塔，采用脱乙烷塔塔顶回流罐的低温凝液作为吸收油；有的装置则采用改进的低温油吸收工艺，以本装置自产的稳定轻烃(天然汽油)为吸收油，经过预饱和和冷冻(-20~-25℃)后进入脱乙烷塔，将吸收和脱乙烷在同一个塔内完成，从而使丙烷收率显著提高。

采用改进的低温油吸收法(冷油吸收法)的 NGL 回收工艺流程见图 7-29。

由图 7-29 可知，该工艺的特点是采用稳定轻烃作为吸收油，先与脱乙烷塔顶馏出气混合和预饱和，再经丙烷蒸发器冷冻后去低温分离器，然后用凝液泵加压去脱乙烷塔，故而丙烷收率可达 85%~90%。原料气经丙烷蒸发器冷冻后的温度根据原料气中的 C_3^+ 含量而定。

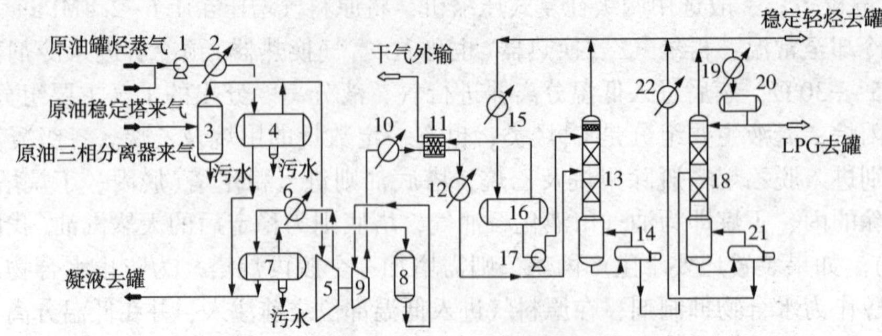

图 7-29　低温油吸收法 NGL 回收工艺流程

1—压缩机；2，6，10，22—冷却器；3—分液罐；4，7—分离器；5—压缩机一级；8—分子筛干燥器；9—压缩机二级；11—贫富气换热器(冷箱)；12，15—丙烷蒸发器；13—脱乙烷塔；14—脱乙烷塔重沸器；16—低温分离器；17—凝液泵；18—脱丁烷塔；19—冷凝器；20—回流罐；21—脱丁烷塔重沸器

(三) 透平膨胀机制冷法

采用透平膨胀机制冷法的 NGL 回收工艺通常均属于深冷分离的范畴。

对于高压气藏气，当其压力高于外输压力，有足够压差可供利用，而且压力及气量比较稳定时，由于气体组分较贫，往往只采用透平膨胀机制冷法即可满足凝液回收要求。

我国川渝气田已建的 5 套 NGL 回收装置即采用透平膨胀机制冷法。图 7-30 为川西北气矿 NGL 回收装置工艺流程图，原料气为经过脱硫后的气藏气，组成见表 7-12，处理量为 80 $\times 10^4 m^3/d$。

表 7-12　川西北 NGL 回收装置原料气组成

组　分	C_1	C_2	C_3	C_4	C_5	C_6^+	H_2S	CO_2	N_2
体积分数/%	95.44	1.75	0.65	0.37	0.13	0.06	0.001	0.12	1.47

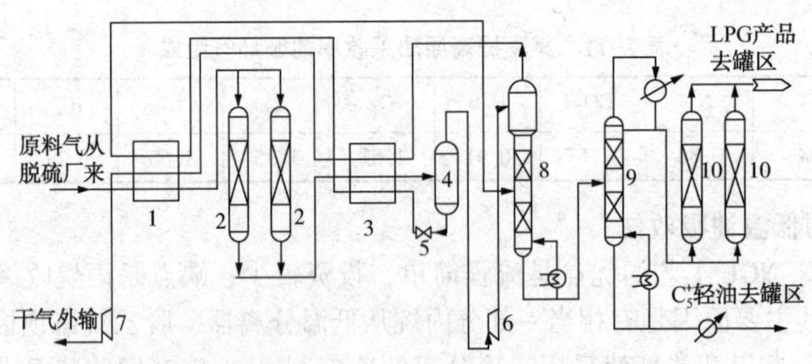

图 7-30　川西北气矿 NGL 回收装置工艺流程

1—原料气预冷器；2—干燥器；3—主冷凝器；4—低温分离器；5—节流阀；6—透平膨胀机；7—膨胀机同轴增压机；8—脱乙烷塔；9—脱丁烷塔；10—LPG 脱硫塔

由表 7-12 可知，原料气中的 C_3^+ 烃类含量仅为 1.21%，属于贫气。脱硫后的原料气压力为 3.7MPa，先进入分离器脱除所携带的胺液，然后经预冷器 1 冷却至 20℃除去冷凝水，再

经分子筛干燥器 2 脱水后去主冷凝器 3 冷冻至-65℃进入低温分离器 4。分出的气体经透平膨胀机 6 降温至-92℃，压力降至 1.75MPa(膨胀比为 2.11)后直接进入脱乙烷塔 8。分出的凝液经节流阀 5 降至 1.78MPa 后，依次经主冷凝器 3 和预冷器 1 复热至约 40℃后进入脱乙烷塔 8 中部。从脱乙烷塔 8 顶部的低温干气(温度约-90℃，压力约 1.7MPa)经主冷凝器 3 和预冷器 1 复热至约 40℃，由膨胀机的同轴压缩机增压至 1.8MPa。一部分干气作为分子筛干燥器 2 的再生气，其余部分外输。从脱乙烷塔 8 底部流出的凝液(温度约 80℃、压力约 1.75MPa)直接进入脱丁烷塔 9，塔顶为 LPG(液化石油气)，塔底为天然汽油。

该装置的丙烷收率可达 75%以上，LPG 为 16~19t/d，天然汽油为 5.47t/d。由于原料气本身具有可利用的压力能，故装置能耗很小，只需少量干气作为脱水系统再生加热炉的燃料气，实际用量仅为 $40m^3/t$ 混合液体产品。

(四) 冷剂与透平膨胀机联合制冷法

对于丙烷收率要求较高、原料气较富，或其压力低于适宜冷凝分离压力设置压缩机的 NGL 回收装置，大多采用冷剂与膨胀机联合制冷法。现以我国胜利油田在 20 世纪 80 年代采用冷剂和透平膨胀机联合制冷的 NGL 回收工艺流程为例介绍如下。

1. 设计条件

该 NGL 回收装置共 2 套，每套处理量为 $50\times10^4m^3/d$(设计值，下同)，原料气为伴生气，其组成见表 7-13。最低制冷温度为-85~-90℃，丙烷收率为 80%~85%，液烃产量为 110~130 t/d。

表 7-13　冷剂和膨胀机联合制冷法 NGL 回收装置原料气组成　　%(体积分数)

组分	N_2	CO_2	C_1	C_2	C_3	C_4	C_5	C_6	C_7
组成	0.02	0.53	87.25	3.78	3.74	3.12	1.47	0.06	0.03

由表 7-13 可知，该原料气中 C_3^+烃类含量为 8.42%(或 $250g/m^3$)，属于富气，但与我国其他油田生产的伴生气相比仍然较贫。由于原料气中丙、丁烷含量为 6.86%(体积分数)，经计算仅采用膨胀机制冷所得冷量不能满足需要，故必须与冷剂联合制冷。

2. 工艺流程

装置工艺流程见图 7-31。原料气进装置后由压缩机 1 增压至 4.0MPa，经水冷器 2 冷却后进入分水器 3，除去气体中的游离水、机械杂质及可能携带的原油，然后去分子筛干燥器 4 脱水。干燥后的气体经过滤器 5 后，依次流过板翅式换热器 6、7，氨蒸发器 8 和板翅式换热器 11，温度自 40℃冷冻到-50℃左右，并有大量凝液析出。经一级凝液分离器 12 分离后，凝液自分离器底部进入板翅式换热器 11 复热后去脱乙烷塔 17 中部；自一级凝液分离器分出的气体去透平膨胀机 14，压力由 3.7MPa 膨胀至 1.6MPa，温度降至-85~-90℃。膨胀后的气液混合物进入二级凝液分离器 13，分出的凝液用泵 15 送至脱乙烷塔 17 顶部。二级凝液分离器 13 分出的气体即为干气，经板翅式换热器 16、11、7 回收冷量后，再由膨胀机驱动的压缩机 10 增压(逆增压或后增压流程)后进入输气管道。脱乙烷塔 17 顶部馏出的气体经板翅式换热器 16 冷却后进入二级凝液分离器 13 的下部，以便回收一部分丙烷。自脱乙烷塔 17 底部得到的凝液，经液化气塔(脱丁烷塔)20 由塔顶分出丙、丁烷作为 LPG，塔底所得产品为天然汽油。如果需要，还可将 LPG 经丁烷塔 26 分为丙烷和高含丁烷的 LPG，或丁烷和高含丙烷的 LPG。

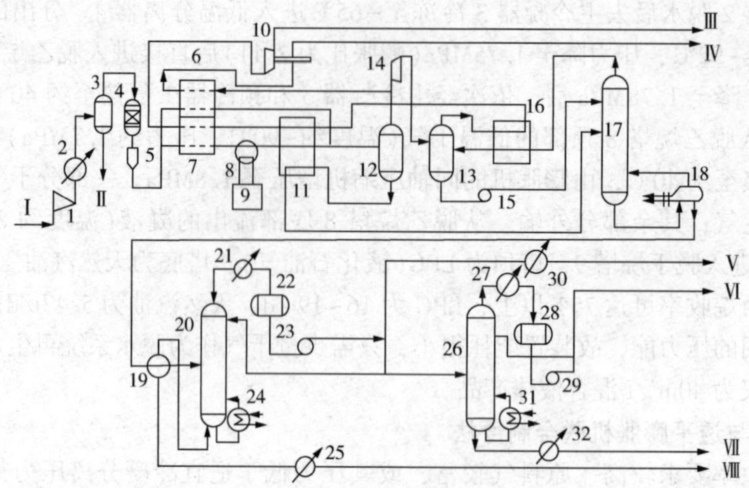

图 7-31　胜利油田冷剂和透平膨胀机联合制冷法 NGL 回收工艺流程

1—原料气压缩机；2—水冷器；3—分水器；4—分子筛干燥器；5—过滤器；6，7，11，16—板翅式换热器；8—氨蒸发器；9—氨循环制冷系统；10—膨胀机同轴增压机；12—级凝液分离器；13—二级凝液分离器；14—透平膨胀机；15—凝液泵；17—脱乙烷塔；18，24，31—重沸器；19—换热器；20—脱丁烷塔；21，27—冷凝器；22，28—回流罐；23—LPG 回流泵；25—稳定轻烃冷却器；26—脱丁烷塔；29—回流泵；30—LPG 冷却器；32—丁烷冷却器

脱乙烷塔压力为 1.6MPa，塔顶温度为-45℃，塔底温度为 72℃。液化气塔(脱丁烷塔)压力为 1.4MPa，塔顶温度为 70℃，塔底温度为 133℃。丁烷塔压力为 1.5MPa，塔顶温度为 49℃，塔底温度为 85℃。所有产品出装置前均冷却或复热至 25~45℃。

据了解，由于原料气量递减的缘故，目前仅有一套装置在运行，冷剂由原来的液氨改为丙烷，部分设备也已更换改造。此外，由于系统压降增加和透平膨胀机效率降低，故凝液收率也相应减少。

(五) 直接换热(DHX)法

DHX 法是由加拿大埃索资源公司于 1984 年首先提出，并在 Judy Creek 厂的 NGL 回收装置实践后效果很好，其工艺流程见图 7-32。

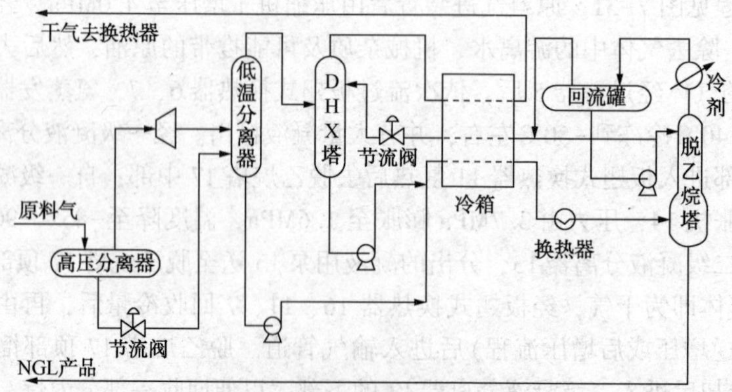

图 7-32　直接换热法工艺流程

图中的 DHX 塔(重接触塔)相当于一个吸收塔。该法的实质是将脱乙烷塔回流罐的凝液经过增压、换冷、节流降温后进入 DHX 塔顶部，用以吸收低温分离器进该塔气体中的 C_3^+烃

类，从而提高 C_3^+收率。将采用常规透平膨胀机制冷法的装置改造成 DHX 法后，在不回收乙烷的情况下，实践证明在相同条件下 C_3^+收率可由 72%提高到 95%，而改造的投资却较少。

我国吐哈油田有一套由 Linde 公司设计并全套引进的 NGL 回收装置，采用丙烷预冷与透平膨胀机联合制冷法，并引入了 DHX 工艺。该装置以丘陵油田伴生气为原料气，处理量为 $120\times10^4m^3/d$，由原料气预分离、压缩、脱水、冷冻、凝液分离及分馏等系统组成。工艺流程见图 7-33。

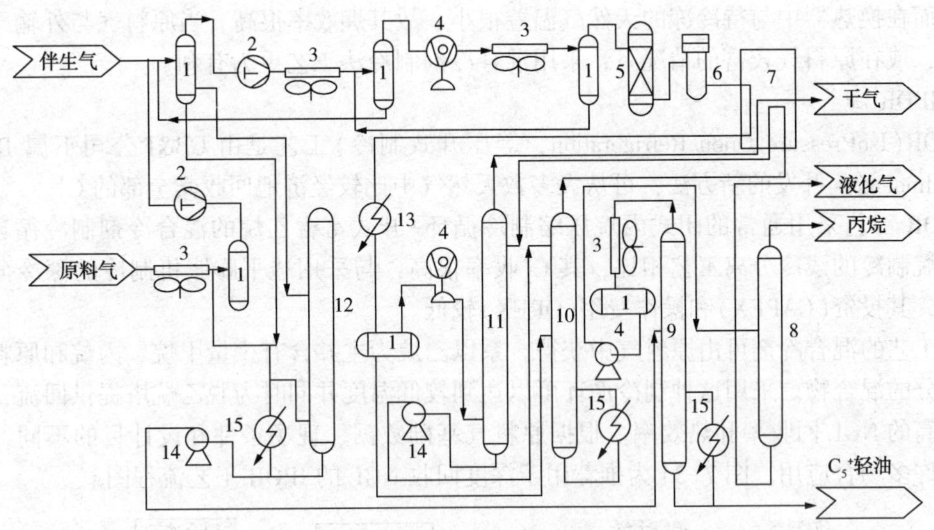

图 7-33 吐哈油田引进的 NGL 回收装置工艺流程

1—分离器、回流罐；2—压缩机；3—空冷器；4—膨胀机(增压端，膨胀端)；5-分子筛干燥器；6—粉尘过滤器；7—冷箱；8—丙烷塔；9—液化气塔；10—脱乙烷塔；11—重接触塔；12—重烃脱水塔；13—丙烷蒸发器；14—回流泵；15—重沸器

该装置由于采用 DHX 工艺，将脱乙烷塔塔顶回流罐的凝液降温至-51℃后进入 DHX 塔顶部，用以吸收低温分离器来的气体中 C_3^+烃类，使 C_3^+收率达到 85%以上。

中国石油大学(华东)通过工艺模拟软件计算表明，与单级透平膨胀机制冷法(ISS)相比，DHX 工艺 C_3收率的提高幅度主要取决于气体中 C_1/C_2体积分数之比，而气体中 C_3烃类含量对其影响甚小。气体中 C_1/C_2之比越大，DHX 工艺 C_3收率提高越小，当 C_1/C_2之比大于 12.8 时，C_3收率增加很小。吐哈油田丘陵伴生气中 C_1含量为 67.61%(体积分数)，C_2含量为 13.51%(体积分数)，C_1/C_2之比为 5，故适宜采用 DHX 工艺。

需要说明的是，上述气体中 C_1/C_2之比与 DHX 工艺提高 C_3收率的效果比较仅是相对于有回流的脱乙烷塔而言。对于采用 DHX 工艺代替无回流的脱乙烷塔而言，C_1/C_2之比大于 12.8 时提高 C_3收率仍有较大潜力。

我国在引进该工艺的基础上对其进行了简化和改进，普遍采用透平膨胀机制冷+DHX 塔+脱乙烷塔的工艺流程。DHX 塔的进料则有单进料(仅低温分离器分出的气体经膨胀机制冷后进入塔底)和双进料(低温分离器分出的气体和液体最终均进入 DHX 塔)之分。目前国内已有数套这样的装置在运行，其中以采用 DHX 塔单进料的工艺居多。

福山油田第二套 NGL 回收装置采用了与图 7-33 类似的工艺流程，原料气为高压凝析气，C_1/C_2之比约为 3.5，处理量为 $50\times10^4m^3/d$，C_3收率设计值在 90%以上。该装置在 2005 年建成投产，C_3收率实际最高值可达 92%。

（六）其他方法

除上述几种常用方法外，还有一些采用其他方法的 NGL 回收工艺。

1. 混合冷剂制冷法

混合冷剂制冷法既可用于回收 C_3^+烃类，也可用于回收 C_2^+烃类。

混合冷剂制冷（MRC）法采用的冷剂可根据冷冻温度的高低配制冷剂的组分与组成，一般以乙烷、丙烷为主。当压力一定时，混合冷剂在一个温度范围内随温度逐渐升高而逐步汽化，因而在换热器中与待冷冻的天然气温差很小，故其㶲效率很高。当原料气与外输干气压差甚小，或在原料气较富的情况下，采用混合冷剂制冷法工艺更为有利。

2. IPOR 法

IPOR（IsoPressure Open Refrigeration，等压开式制冷）工艺是由 CB&I 公司下属 Randall Gas Technologies 开发的新方法，可从大多数天然气中比较经济地回收其全部的 C_3^+。

IPOR 工艺采用通常的闭式丙烷压缩制冷循环+开式富含乙烷的混合冷剂制冷循环。与采用丙烷制冷的浅冷分离工艺相比，其 C_3^+收率很高，与采用透平膨胀机制冷的深冷分离工艺相比，其投资（CAPEX）和操作费用（OPEX）较低。

该工艺的混合冷剂可由原料气中获得，系以乙烷为主并含有少量甲烷、丙烷和原料气中其他组分的混合物。采用这种制冷循环可以达到较低温度并同时为脱乙烷塔提供回流，从而获得很高的 NGL 回收率和热效率。根据原料气基础数据、现场条件和设计目的不同，该工艺可在许多场合应用。图 7-34 为推荐用于深度回收 NGL 的 IPOR 工艺流程图。

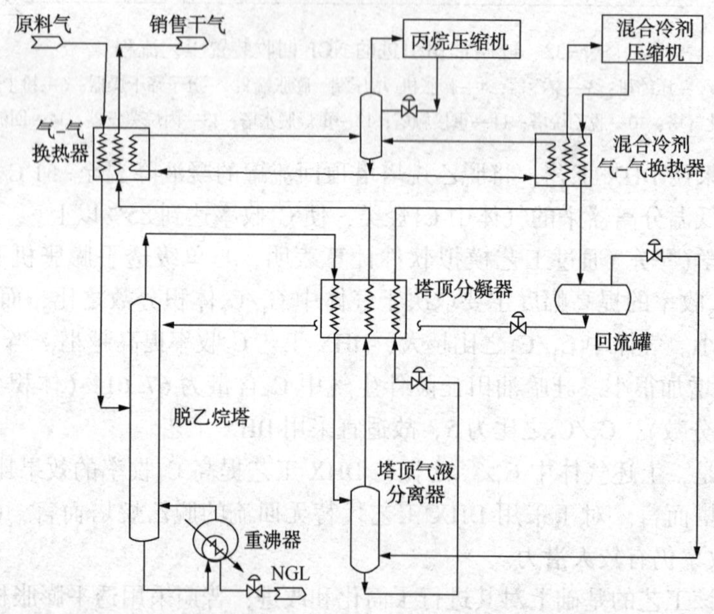

图 7-34 用于深度回收 NGL 的 IPOR 工艺流程图

原料气压力通常在 2.07~3.80MPa，先经板翅式或管壳式气-气换热器用冷干气和丙烷冷剂预冷和部分冷凝，然后去脱乙烷塔中部。该塔进料板下部设有汽提段选择性地脱除较轻组分以符合产品要求，通常在回收的丙烷中含有 2%~5%的乙烷。脱乙烷塔顶部设有分凝器（部分冷凝器）和气液分离器，塔顶逸出气主要含有原料气中轻组分和少量丙烷，进一步在分凝器中用冷干气和富含乙烷的混合冷剂冷却后去气液分离器。

由气液分离器分出的凝液为甲烷、乙烷和丙烷的混合物，作为混合冷剂用于开式制冷循环。此凝液先经节流阀膨胀制冷为塔顶分凝器提供冷量，压力一般降低至0.69～1.38MPa即可，再经混合冷剂气-气换热器中复热后去混合冷剂压缩机，其压力通常增压至比脱乙烷塔压力约高0.28MPa。

增压后富含乙烷的混合冷剂先经混合冷剂气-气换热器冷却和部分冷凝，其冷量由丙烷和来自塔顶分凝器的低温混合冷剂提供，再去脱乙烷塔回流罐进行气液分离。分出的凝液作为脱乙烷塔回流，为该塔提供附加冷量和选择性地吸收该进料中的丙烷和较重组分，并从而完成开式混合冷剂循环。

未冷凝的干气主要含有甲烷，除一部分用作燃料外，其余则经塔顶气液分离器再去塔顶分凝器和气-气换热器复热后外销。

IPOR工艺采用的闭式丙烷压缩制冷循环的制冷温度通常为-23～-28℃。也可采用其他冷剂，例如氨等。

用于NGL回收时，该工艺的C_3的回收率在95%～99%，C_4^+的回收率基本上为100%。

从热效率来看，IPOR工艺比透平膨胀机制冷工艺的压缩功约少15%～40%。其设备大部分采用的是碳钢或低温碳钢，仅在脱乙烷塔塔顶气液分离器采用不锈钢。

此外，IPOR工艺只有冷剂压缩机为旋转设备，而透平膨胀机制冷循环则需要采用透平膨胀机和低温凝液泵。

由此可知，IPOR工艺的特点：①旋转设备比透平膨胀机制冷循环工艺少，因而其可靠性和可操作性可与传统冷剂制冷循环相比；②几乎在任何原料气处理量(从$14.15\times10^4m^3/d$至$2830\times10^4m^3/d$)下均具有很好的经济性；③操作弹性很大，可低至设计处理量的10%，仅受控制仪表、调节阀和计量仪器等的限制；④原料气组成、现场条件和处理量可在很大范围内变化；⑤设备较少，工艺简单，故占地较少且可采用模块化安装。

3. PetroFlux法

PetroFlux法也称回流换热法，其特点是在脱乙烷塔或脱甲烷塔塔顶设置一台回流换热器。

图7-35为英国Costain Petrocarbon公司采用的PetroFlux法工艺流程图。与常规透平膨胀机制冷法(图7-36)相比，该法具有以下特点：

(1) 在膨胀机制冷法中，高压天然气经膨胀机制冷后压力降低。如果商品气要求较高压力，则需将膨胀后的低压干气再压缩，故其能耗是相当可观的。PetroFlux法压降较小，原料气经处理后可获得较高压力的商品气，并可利用中、低压天然气为原料气，获得较高的凝液收率。

(2) 回流换热器的运行压力高于透平膨胀机制冷法中稳定塔的压力，因而提高了制冷温度，降低了能耗。

(3) PetroFlux法中换热器的传热温差普遍比透平膨胀机制冷法中换热器温差小很多，因而明显提高了换热系统的㶲效率。

4. 改进塔顶回流的高丙烷收率法

改进塔顶回流(Improved Overhead Reflux，IOR)的高丙烷收率法工艺流程见图7-37。其特点是在脱乙烷塔前设置一具吸收塔，利用脱乙烷塔塔顶馏出物部分冷凝后的凝液为吸收剂，在吸收塔内吸收来自透平膨胀机低温气体中的C_3^+烃类。吸收塔塔底的富液进冷箱为原

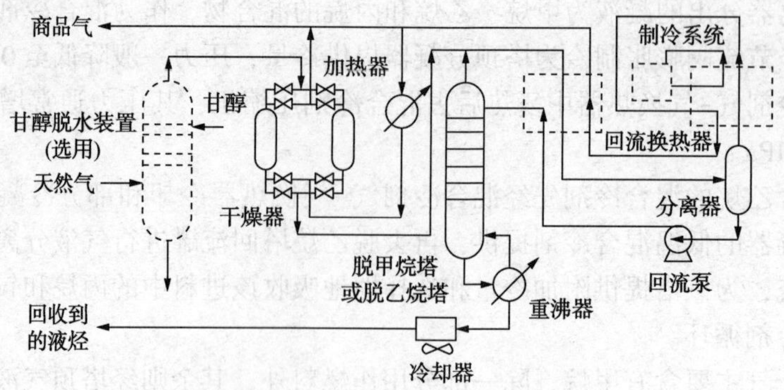

图 7-35　PetroFlux 法工艺流程图

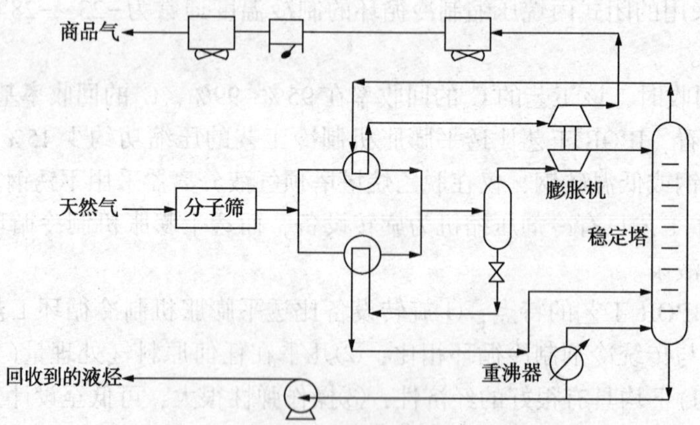

图 7-36　常规透平膨胀机制冷法工艺流程图

料气提供冷量后去脱乙烷塔中部，吸收塔上部的贫液则去脱乙烷塔顶部作为回流。低温分离器分出的凝液经节流降温，在冷箱为原料气提供冷量后去脱乙烷塔下部。

由此可知，此法实质是采用吸收法使脱乙烷塔塔顶馏出的气体中 C_3^+ 含量降至最低，故称改进塔顶回流的高丙烷收率法，据称其 C_3 收率可达 99%。

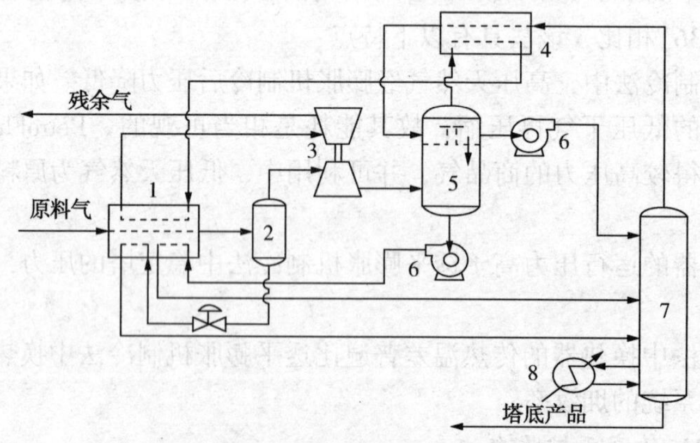

图 7-37　IOR 高丙烷收率法 NGL 回收工艺流程

1—冷箱；2—低温分离器；3—透平膨胀机组；4—冷凝器；5—吸收塔；6—泵；7—脱乙烷塔；8—重沸器

5. 强化吸收法

强化吸收法又称马拉(Mehra)法，是在20世纪80年代发展的一种油吸收法的改进工艺，其实质是用其他物理溶剂(例如*N*-甲基吡咯烷酮)代替吸收油，吸收原料气中的C_2^+或C_3^+烃类后采用闪蒸或汽提的方法获得所需的乙烷、丙烷等。强化吸收法借助于所采用的特定溶剂及不同操作参数，可回收C_2^+、C_3^+、C_4^+或C_5^+等。例如，乙烷及丙烷的收率可依市场需要，如表7-3所示。这种灵活性是只能获得宽馏分凝液的透平膨胀机所不能比拟的。

强化吸收法又可分为抽提-闪蒸法和抽提-汽提法两种流程，其示意流程图见图7-38。该法特点如下：

① 抽提-闪蒸法　其吸收过程与常温油吸收法一样，但抽提塔(吸收塔)塔底富溶剂经减压后进行多级闪蒸，使目的产物从富溶剂中分离出来。通过选择合适的闪蒸条件，在最初的闪蒸过程中先分出某些不想回收的组分，并使其返回抽提塔，或直接进入外输干气中。汽提塔的作用是保证回收的NGL中较轻组分的含量合格。

② 抽提-汽提法　此流程是对抽提-闪蒸法的改进，其投资、运行费用都可大大降低。原料气进入抽提-汽提塔(吸收蒸出塔、吸收解吸塔)的抽提段(吸收段)中，采用特定的贫溶剂吸收，将其中的C_2^+或C_3^+烃类回收下来，塔顶干气基本上是甲烷(或甲烷与乙烷)。自抽提段至汽提段(蒸出段)的富溶剂中除了含有C_2^+或C_3^+烃类外，还含有一定数量的甲烷(或甲烷与乙烷)。汽提段底部设有重沸器，将塔底液体部分汽化作为汽提气，在汽提段中将富溶剂中的甲烷(或甲烷与乙烷)几乎全部汽提出来。同时，也有一部分乙烷(或丙烷)被汽提出来。乙烷(或丙烷)被汽提出来后，在抽提段与贫溶剂接触中又被重新吸收，再与富溶剂返回汽提段，在这两段中重复进行吸收与汽提。因此，采用吸收和汽提联合操作的抽提-汽提塔，就可保证既不会有过多的乙烷(或丙烷)进入塔顶干气中，也不会有过多的甲烷(或甲烷与乙烷)进入塔底液体中，从而达到使甲烷与C_2^+(或使甲烷、乙烷与C_3^+)分离的目的。

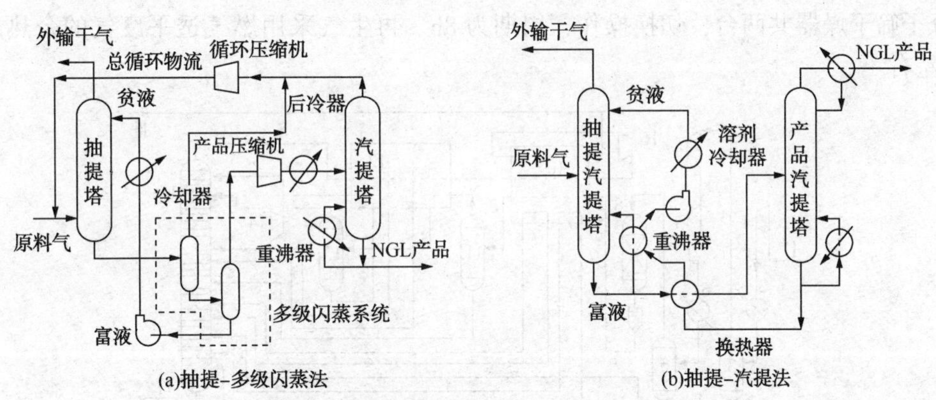

图7-38　强化吸收法NGL回收工艺流程示意

自抽提-汽提塔塔底流出的富溶剂进入产品汽提塔(再生塔)。塔顶馏出物即为所需的NGL产品，塔底液体为再生后的贫溶剂，经冷却或冷冻后返回抽提-汽提塔塔顶循环使用。

由此可知，此法的特点是选择性能良好的物理溶剂，并且靠调节抽提-汽提塔塔底富溶剂泡点来灵活地选择NGL产品中较轻组分的含量。强化吸收法还可与冷剂(丙烷)制冷法结合，采用本法生产的C_5^+(相对分子质量控制在70~90)为溶剂，当分别用于回收C_2^+或C_3^+时，C_2或C_3的收率均可达90%。

四、C_2^+凝液回收工艺的应用

当以回收C_2^+烃类为目的时则需采用深冷分离工艺，包括两级透平膨胀机制冷法、冷剂制冷和膨胀机联合制冷法、混合冷剂法，以及在常规膨胀机法基础上经过改进的气体过冷、液体过冷、干气循环、低温干气再循环和侧线回流等方法。此外，强化吸收法也可用于以回收C_2^+烃类为目的 NGL 回收工艺。

（一）采用两级透平膨胀机制冷法的 NGL 回收工艺

我国大庆油田在 1987 年从 Linde 公司引进两套处理量均为$60\times10^4m^3/d$（设计值，下同）的 NGL 回收装置，采用两级透平膨胀机制冷法，原料气为伴生气，制冷温度一般为-90～-100℃，最低-105℃，乙烷收率为 85%，每套装置混合液烃产量为5×10^4t/年。

1. 设计条件

原料气进装置压力为 0.127～0.147MPa（绝），温度为-5（冬季）～20℃（夏季）。装置只生产混合液烃，要求其中的甲烷/乙烷（摩尔比）不大于 0.03。

2. 工艺流程

装置工艺流程见图 7-39，由原料气压缩、脱水、两级膨胀制冷和凝液脱甲烷等四部分组成。

进装置的低压伴生气Ⅰ脱除游离水后进入压缩机 1 增压至 2.76MPa，经冷却器 2 冷却至常温进入沉降分水罐 3，进一步脱除游离水Ⅱ。由沉降分水罐 3 顶部分出的气体依次经过膨胀机驱动的压缩机 4、5（正升压或先增压流程），压力增加到 5.17MPa，再经冷却器 6 冷却后进入一级凝液分离器 7，分出的凝液经分子筛脱水后进入脱甲烷塔 15 的底部。

由一级凝液分离器分出的气体进入分子筛干燥器 8 中脱水后，水含量降至1×10^{-6}（体积分数），再经粉尘过滤器 9 除去其中可能携带的分子筛粉末，然后进入制冷系统。

分子筛干燥器共两台，切换操作，周期为 8h。再生气采用燃气透平废气的余热加热至300℃左右。

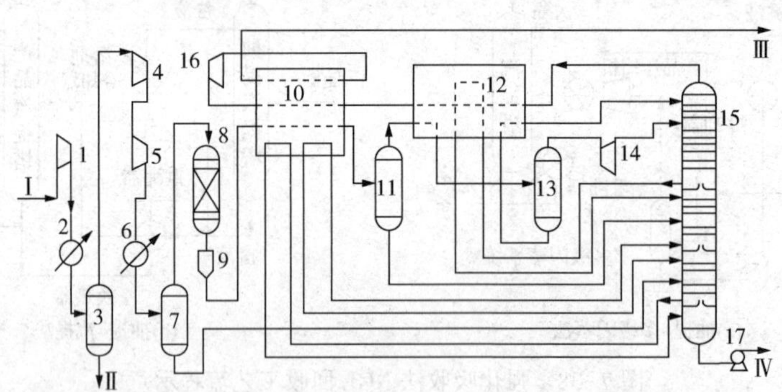

图 7-39　大庆油田两级透平膨胀机制冷法 NGL 回收工艺流程

1—油田气压缩机；2—冷却器；3—沉降分水罐；4，5—增压机；6—冷却器；7—一级凝液分离器；8—分子筛干燥器；9—粉尘过滤器；10，12—板翅式换热器；11—二级凝液分离器；13—三级凝液分离器；14—一级透平膨胀机；15—脱甲烷塔；16—二级透平膨胀机；17—混合轻烃泵；Ⅰ—油田伴生气；Ⅱ—脱出水；Ⅲ—干气；Ⅳ—NGL

经脱水后的气体自过滤器 9 经板翅式换热器 10 冷冻至-23℃后进入二级凝液分离器 11。分出的凝液进入脱甲烷塔中部，气体再经板翅式换热器 12 冷冻至-56℃后去三级凝液分离

器13。分出的凝液经板翅式换热器12后进入脱甲烷塔的顶部，分出的气体经一级透平膨胀机14膨胀至1.73MPa，温度降至-97~-100℃，然后此气液混合物直接进入脱甲烷塔15的顶部偏下部位。

自脱甲烷塔顶部分出的干气经板翅式换热器12、10复热至28℃后进入二级透平膨胀机16，压力自1.70MPa降至0.45MPa，温度降至-34~-53℃，再经板翅式换热器10复热至12~28℃后外输。

由于装置只生产混合液烃，故只设脱甲烷塔，塔顶温度为-97~-100℃，塔底不设重沸器，塔中部则有塔侧冷却器和重沸器，分别由板翅式换热器12、10提供冷量和热量。脱甲烷后的混合液烃由塔底经泵17增压后出装置作为乙烯装置原料。

据了解，自投产以来因原料气量递减其中一套装置已经停运，另一套装置部分设备也已更换改造。目前由于系统压降增加和透平膨胀机效率降低，故凝液收率也相应减少。

需要指出的是，当由低压伴生气中回收C_2^+混合烃类时，究竟是采用原料气压缩、两级透平膨胀机制冷法，还是采用原料气压缩、冷剂和透平膨胀机联合制冷法工艺流程，应经过技术经济比较后再确定。

（二）常规透平膨胀机制冷法的改进工艺

自20世纪80年代以来，国内外以节能降耗、提高液烃收率及减少投资为目的，对透平膨胀机制冷法进行了一系列的改进，包括干气（残余气）再循环（RR）、气体过冷（GSP）、液体过冷（LSP）、低温干气循环（CRR）和侧线回流（SDR）等，下面主要介绍气体过冷、低温干气循环和侧线回流等工艺。

1. 气体过冷工艺（GSP）及液体过冷工艺（LSP）

1987年Ortloff工程公司等提出的GSP法及LSP法是对单级膨胀机制冷法（ISS）和多级膨胀机制冷法（MTP）的改进。GSP法是针对较贫气体（C_2^+烃类含量按液态计小于400 mL/m^3）、LSP法是针对较富气体（C_2^+烃类含量按液态计大于400 mL/m^3）而改进的NGL回收方法。典型的GSP法及LSP法示意流程分别见图7-40和图7-41。

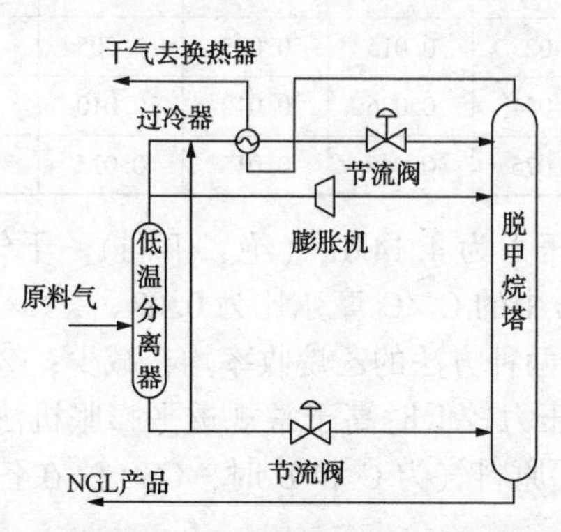

图7-40 气体过冷法示意流程

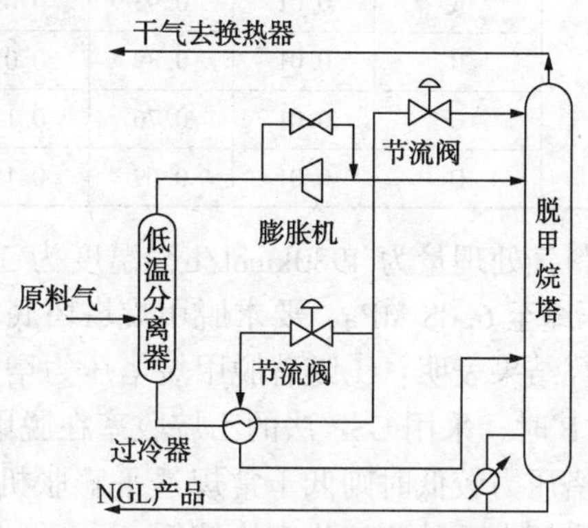

图7-41 液体过冷法示意流程

由图7-40可知，GSP法与常规透平膨胀机制冷法不同之处是：①低温分离器的一部分气体经脱甲烷塔塔顶换热器（过冷器）冷却和部分冷凝以及节流后去脱甲烷塔顶部闪蒸，并为该塔提供回流；②来自透平膨胀机出口的物流则进入脱甲烷塔塔顶以下几层塔板。这样，低温分离器可在较高温度下运行因而离开其系统临界温度。此外，由于干气的再压缩量较少，因而其再压缩功率也相应减少。

当原料气中 CO_2 含量不大于 2%时 GSP 法一般不要求预先脱除 CO_2，其允许值取决于原料气组成和操作压力。干气再压缩所需功率与乙烷收率之间的关系不太敏感是该法的特点，其乙烷收率一般为 88%~93%。

表 7-14 列出了处理量为 $283\times10^4m^3/d$ 的 NGL 回收装置采用 ISS、MTP 及 GSP 等方法时的主要指标对比。

表 7-14　ISS、MTP 及 GSP 法主要指标对比

工艺方法	ISS	MTP	GSP
C_2 回收率/%	80.0	85.4	85.8
冻结情况	冻结	冻结	不冻结
再压缩功率/kW	6478	4639	3961
制冷压缩功率/kW	225	991	1244
总压缩功率/kW	6703	5630	5205

美国 GPM 气体公司 Goldsmith 天然气处理厂的 NGL 回收装置于 1976 年建成投产，处理量为 $220\times10^4m^3/d$，原采用单级膨胀机制冷法，1982 年改建为两级膨胀机制冷法，处理量为 $242\times10^4m^3/d$，最高可达 $310\times10^4m^3/d$，但其乙烷收率仅为 70%。之后改用单级膨胀机制冷的 GSP 法，乙烷收率有了明显提高，在 1995 年又进一步改为两级膨胀机制冷的 GSP 法，设计处理量为 $380\times10^4m^3/d$，乙烷收率(设计值)高达 95%。

有人曾以四种 C_2^+ 含量不同的天然气(组成见表 7-15)为原料气，通过 HYSIS 软件对常规单级膨胀机制冷法和 GSP 法在不同脱甲烷塔压力(绝压分别为 0.69MPa、1.48MPa、2.30MPa 和 3.10MPa)下的最高乙烷收率进行模拟计算和比较。

表 7-15　两种方法进行比较采用的原料气组成　　%(体积分数)

组分		N_2	C_1	C_2	C_3	C_4	C_5	C_6	C_2^+
组成	A	0.01	0.93	0.03	0.015	0.009	0.003	0.003	0.060
	B	0.01	0.89	0.05	0.025	0.015	0.005	0.005	0.100
	C	0.01	0.76	0.13	0.054	0.026	0.010	0.010	0.230
	D	0.01	0.69	0.15	0.075	0.045	0.015	0.015	0.300

原料气处理量为 4980kmol/h，温度为 38℃，压力为 4.14MPa(绝，下同)。干气(残余气)再压缩至 6.08 MPa，要求脱甲烷塔塔底的 NGL 中的 C_1/C_2 摩尔比为 0.02。

计算结果表明：①随着脱甲烷塔压力增加，这两种方法的乙烷收率均在减少；②原料气为 A 和 B 时，采用 GSP 法的乙烷收率在脱甲烷塔压力较低时高于常规透平膨胀机法，而在脱乙烷塔压力较低时则低于常规透平膨胀机法；③原料气为 C 和 D 时，GSP 法在各种不同脱甲烷塔压力下的乙烷收率均较低。

由此可知，原料气中 C_2^+ 含量较少和脱甲烷塔压力较低时，GSP 法的乙烷收率就较高。模拟计算还表明，低温分离器的气体经脱甲烷塔塔顶换热器冷却后的温度越低，乙烷的收率就越高。

2. 低温干气循环工艺

低温干气循环工艺(CRR)是为了获取更高乙烷收率而对 GSP 法的一种改进方法，如图 7

-42 所示。该工艺是在脱甲烷塔塔顶系统增加压缩机和冷凝器，其他则与 GSP 法很相似。其目的是将一部分干气冷凝用作脱甲烷塔回流，故其乙烷收率可高达 98%以上。此工艺也可用于获取极高的丙烷收率，而同时脱除乙烷的效果也非常好。

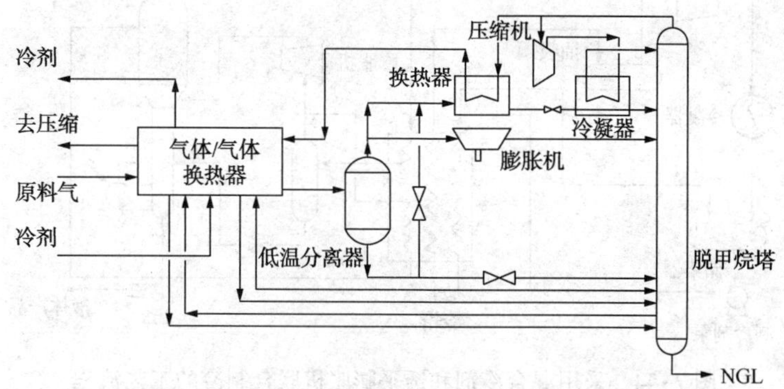

图 7-42 采用透平膨胀机制冷的低温干气再循环工艺流程

3. 侧线回流工艺

侧线回流(SDR)工艺(图 7-43)是对 GSP 法的又一种改进方法。在该工艺中，由脱甲烷塔中抽出一股气流，经过压缩和冷凝后向脱甲烷塔塔顶提供回流。此工艺适用于干气中含 H_2之类惰性气体的情况，因为这类惰性气体使低温分离器出口气的冷凝成为不可能。从脱甲烷塔侧线获取的气流不含惰性组分并且很容易冷凝。正如 CRR 工艺一样，必须对塔顶回流系统附加设备的投资和所增加的乙烷收率二者进行综合比较以确定是否经济合理。

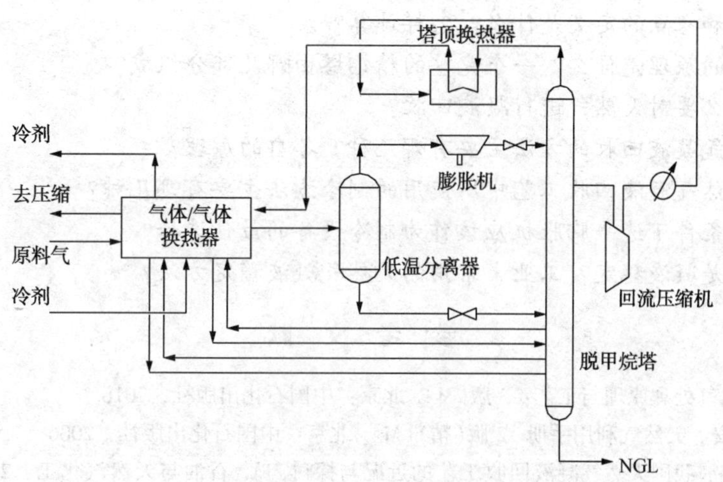

图 7-43 采用透平膨胀机制冷的侧线回流工艺流程

(三) 混合冷剂制冷工艺

混合冷剂制冷工艺已广泛用于液化天然气(LNG)生产，有时也用于 NGL 回收。当用于 LNG 生产或回收 C_2^+烃类时，通常需要采用混合冷剂和透平膨胀机联合制冷工艺。如果透平膨胀机制冷法的原料气需要再压缩的话，则混合冷剂制冷工艺不失为一种经济选择。

图 7-44 为一典型的混合冷剂制冷和透平膨胀机联合制冷工艺。图中原料气经冷却后去低温分离器(图中 HP 分离器)，而分出的凝液则进脱甲烷塔，这点与透平膨胀机制冷工艺相同。来自分离器的大部分气体经过透平膨胀机膨胀降温后送到脱甲烷塔的上部，另一部分气

体在主换热器中进一步冷却和冷凝并送到脱甲烷塔顶用做回流。

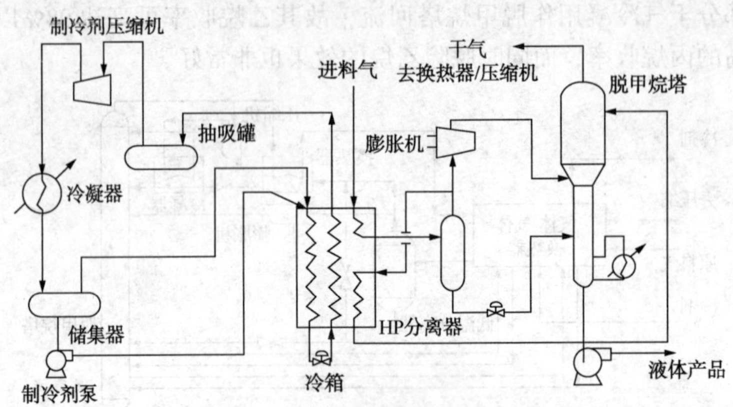

图 7-44　采用混合冷剂和透平膨胀机联合制冷的工艺流程

有时也可取消透平膨胀机，即将来自分离器的全部气流经主换热器(图中冷箱)冷却和部分冷凝后送到脱甲烷塔中。原料气在主换热器中与低温干气换热和采用混合冷剂制冷，用以达到必要的低温。根据设计要求，混合冷剂一般可以是一种含有某些重组分的甲烷、乙烷、丙烷混合物。设计时必须考虑在装置运行过程中保持混合冷剂组成不变。

习　题

7-1　凝液回收时的压力和温度如何考虑？

7-2　泡点和露点的定义是什么？怎样计算？

7-3　精馏的原理是什么？一个完整的精馏塔由哪几部分组成？

7-4　为什么要对天然气进行凝液回收？

7-5　天然气凝液回收的方法主要有哪几种？各自的原理？

7-6　在天然气凝液回收工艺中所使用的制冷方法主要有哪几种？

7-7　什么条件下透平膨胀机应该作为制冷设备的最佳选择？

7-8　什么是凝液稳定？工业上常用的天然气凝液稳定方法？

参　考　文　献

[1] 王遇冬．天然气处理原理与工艺：3 版[M]．北京：中国石化出版社，2016.

[2] 徐文渊 蒋长安．天然气利用手册．2 版(精)[M]．北京：中国石化出版社，2006.

[3] 王遇冬，王璐．我国天然气凝液回收工艺的近况与探讨[J]．石油与天然汽化工，2005，34(1)：11-13.

[4] 制冷剂编号方法和安全性分类(GB/T 7778—2008).

[5] 蒋洪，蔡棋成．高压天然气乙烷回收高效流程[J]．石油与天然汽化工，2017(2)：6-11.

[6] 勘察设计注册工程师石油天然气专业管理委员会．勘察设计注册石油天然气工程师资格考试专业考试复习指南[M]．东营：石油大学出版社，2006.

[7] 郑欣．天然气地面工艺技术[M]．北京：中国石化出版社，2019.

[8] 邱鹏，王登海，刘子兵，等．等压开式制冷天然气凝液回收工艺优化研究[J]．石油与天然汽化工，2017(3).

[9] 汪宏伟，蒲远洋，钟志良，等．膨胀制冷轻烃回收工艺参数优化分析[J]．天然气与石油，2010(1)：

24-28.

[10] Abu El Ela M, Mahgoub I, Nabawi M. Egyptian gas plant employs absorbents for Hg removal[J]. Oil & gas journal, 2006, 104(46): 52-58.

[11] 夏静森，王遇冬，王立超. 海南福山油田天然气脱汞技术[J]. 天然气工业，2007，27(7).

[12] 付秀勇，吐依洪江，吴昉. 轻烃装置冷箱的汞腐蚀机理与影响因素研究[J]. 石油与天然汽化工，2009，38(6)：478-482.

[13] 刘支强，蒋洪，马利. 天然气脱砷工艺[J]. 油气田地面工程，2011，30(8)：1-3.

[14] Vargas K J. Refrigeration provides economic process for recovering NGL from CO_2-EOR recycle gas[J]. Oil & Gas Journal, 2010, 108(2): 45-49.

[15] 付秀勇. 对轻烃回收装置直接换热工艺原理的认识与分析[J]. 石油与天然汽化工，2008，37(1)：18-22.

[16] 胡文杰，朱琳. "膨胀机+重接触塔"天然气凝液回收工艺的优化[J]. 天然气工业，2012，32(4)：96-100.

[17] Lynch J T, Pitman R N. Texas plant retrofit improves throughput, C_2 recovery[J]. Oil and Gas Journal, 1996, 94(23).

[18] Huebel R R, Malsam M G. New NGL-recovery process provides viable alternarive[J]. Oil & Gas Journal, 2012, 110(1A): 88-95, 109.

[19] Finn A J, Tomlinson T R, Johnson G L. Design, equipment changes make possible high C_3 recovery[J]. Oil & Gas Journal, 2000, 98(1): 37-44.

[20] Yuv R. Mehra. Saudi gas plant site for study of NGL recovery processes . Oil & Gas Journal, 2001, 99(44): 56-60.

[21] Rachid Chebbi et al. Study comparesC_2-recovery for conventional turboexpander, GSP. Oil & Gas Journal, 2008, 106(46): 50-54.

[22] Ahmed A. Al-Harbi et al. Middle East gas plant doubles mol sieve desiccant service life. Oil & Gas Journal, 2009, 107(31): 44-49.

第八章　液化天然气与压缩天然气生产

第一节　液化天然气(LNG)生产

由于液化天然气(LNG)体积约为液化前气体体积的1/625，故有利于储存和运输。随着LNG运输船及储罐制造技术的进步，将天然气液化几乎是目前跨越海洋运输天然气的主要方法。LNG不仅可作为汽油、柴油的清洁替代燃料，在不少国家和地区LNG还用于民用燃气调峰。此外，也可用来生产甲醇、氨及其他化工产品。LNG再汽化时的蒸发潜热(-161.5℃时约为511kJ/kg)还可供制冷、冷藏等行业利用。

国外液化天然气(LNG)工业化生产、储运及利用始于20世纪四五十年代，到六七十年代已形成了包括LNG生产、储存、海运、接收、再汽化、冷量利用与调峰等一系列完整环节的LNG工业链，并且在数量和规模上以很高速度不断增长。近年来，LNG的生产与贸易日趋活跃，正在成为世界上增长最快的一次能源。

我国大陆自20世纪90年代以来，陆续建成了几套中小型LNG生产及调峰装置。特别是近几年来我国对LNG产业的发展日益重视，为解决我国沿海一带能源短缺问题，又开展了在这些地区建设LNG接收站的规划工作，并先后启动了广东、福建、浙江、上海、山东及河北等沿海地区的LNG工程项目。据报道，我国正在规划与建设的沿海一带LNG工程项目最终将构成一个接收站群与输送管网。

LNG生产一般包括天然气预处理、液化及储存3部分，其中液化部分是其核心。通常，先将天然气经过预处理，脱除对液化过程不利的组分(如酸性组分、水蒸气、重烃及汞等)，然后再进入液化部分制冷系统的高效换热器组不断降温，并将丁烷、丙烷、乙烷等逐级分出，最后在常压(或略高压力)下使温度降低到-162℃(或略高温度)，即可得到LNG产品，在常压(或略高压力)下储存、运输及使用。现代LNG产业包括了LNG生产(含预处理、液化及储存)、运输(船运、车运)、接收、调峰及利用等全过程。从气井到用户的LNG产业链见图8-1。

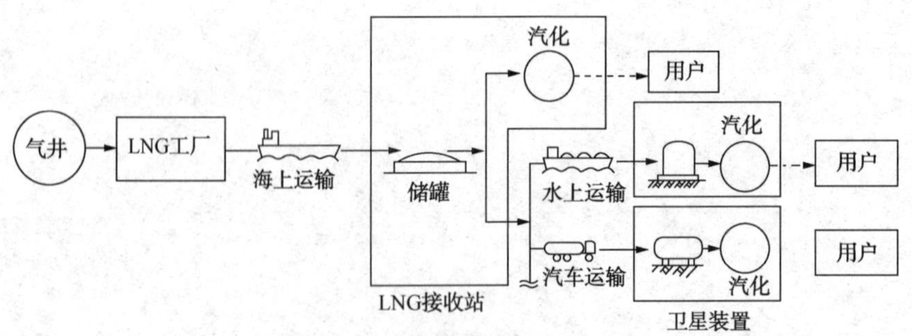

图8-1　LNG产业链示意图

一、LNG 工厂或装置类型

按照 LNG 的生产和使用情况，LNG 工厂或装置通常可分为基本负荷型、接收站型、调峰型和浮式液化天然气生产储卸装置等。

1. 基本负荷型(基荷型，基地型)

基本负荷型工厂是生产 LNG 的主要工厂。这类工厂利用本地区丰富的天然气资源生产 LNG 以供远离气源的用户或出口，其特点是：①处理量较大，单条生产线最大能力达(300~400)×10^4t/年；②一般沿海岸设置，便于远洋 LNG 轮装载与运输；③工厂生产能力与气源、储存、远洋运输能力等相匹配。

20 世纪 60 年代最早建设的这类工厂 LNG 装置，采用当时技术成熟的阶式制冷液化工艺。到 20 世纪 70 年代又转而采用流程大为简化的混合冷剂制冷的液化工艺。20 世纪 80 年代后新建与扩建的基本负荷型工厂天然气液化装置，则几乎无例外地采用丙烷预冷混合冷剂制冷的液化工艺。

据了解，2005 年投产的埃及 Damietta 项目其 LNG 单条生产线能力为 550×10^4t/年。2010 年在卡塔尔建设的 Qatargas 项目采用美国空气产品和化学品公司(APCI)的新工艺，其生产线能力达 780×10^4t/年。2017 年 12 月 8 日，在俄罗斯建设的亚马尔液化天然气项目首条生产线正式投产，该项目计划共建设 3 条产能为 550×10^4t/年的生产线，是目前全球在北极圈内建设的最大液化天然气项目，全部建成后 LNG 生产能力达到 1650×10^4t/年，其中大部分 LNG 产品将通过海洋运输销售至亚太地区。

2. 接收站型(终端型，接收终端型)

此类工厂通常也称接收站，用于大量接收由远洋运输船从基本负荷型 LNG 工厂运来的 LNG，将其储存和再汽化，然后进入分配系统供应用户。这类 LNG 工厂的特点是液化能力很小，仅将 LNG 储罐中蒸发的天然气(蒸发气)进行再液化，但储罐容量和再汽化能力都很大。我国除台湾已建有 LNG 接收站外，正在广东、福建等地建设多座 LNG 接收站，每座接收站接收能力为(300~600)×$10^4$$m^3$(LNG)/年不等。

3. 调峰型

调峰型 LNG 工厂的主要作用是对民用和工业企业用气的不均衡性进行调峰，一般由天然气预处理、液化、储存、再汽化等四部分组成，其特点是液化能力较小甚至间断运行，而储存和 LNG 再汽化能力较大。这类工厂一般远离气源，但靠近输气管道和天然气用户，将用气低峰时相对多余的管道天然气液化并储存起来，在用气高峰时再汽化后供用户使用。目前世界上约有 70 多座调峰型工厂，其中美国和加拿大占 80%以上，我国上海也建有 1 座。

调峰型 LNG 工厂在调峰和增加供气可靠性方面发挥着重要作用，可极大提高城镇天然气管网的经济性，其液化部分常采用膨胀机制冷或混合冷剂制冷的液化工艺。

目前，世界上除建设大型 LNG 工厂生产 LNG，经海运出口到其他国家或地区外，有的国家还在内陆建设中小型 LNG 生产装置，用汽车将 LNG 送往远离输气管道的城镇民用、工业企业用户及作为汽车燃料。俄罗斯在 20 世纪 90 年代以来还建设了小型 LNG 生产装置，并在多个地区推广应用。近几年来，我国也陆续在各地建设了一些中小型 LNG 生产装置，用汽车运往其他地区使用。

4. 浮式 LNG 生产储卸装置

浮式液化天然气生产储卸装置(Floating Production，Storage and Offloading system，简称

FPSO)集液化天然气生产、储存与卸载于一体，具有投资低、建设周期短、便于迁移等优点，故特别适用于海上边际气田的开发。

浮式 LNG 生产储卸装置目前采用混合冷剂制冷或改进的氮膨胀制冷液化工艺。

二、LNG 原料气要求、产品组成及特性

（一）对原料气的要求

LNG 主要物理性质见表 1-9。LNG 工厂的原料气来自油气田的气藏气、凝析气或油田伴生气，一般都不同程度地含有 H_2S、CO_2、有机硫、重烃、水蒸气和汞等杂质，即就是经过处理后符合《天然气》(GB 17820—2018)的质量要求，在液化之前一般也必须进行预处理。

例如，长庆气区靖边气田进入某输气管道的商品天然气、沁水盆地某区块煤层气组成见表 8-1。

表 8-1　某管道天然气和某区块煤层气组成　　干基%(体积分数)

组分	N_2	CO_2	C_1	C_2	C_3	C_4	C_5	C_6^+	Ar+He	H_2S	苯	甲苯	Hg
靖边	0.22	2.48	96.30	0.84	0.084	0.020	0.0145	0.0183①	20②	6②	26②	—	<0.03③
沁水	0.35	0.40	99.21	0.04	0.00④	—	—	—	300②	0	100②	100②	<0.03③

注：①苯的含量另计。②Ar、He 和 H_2S 的含量均×10^{-6}。③单位为 μg/m³。④C_3^+。

由表 8-1 可知，煤层气中甲烷含量很高但乙烷含量很少，丙烷以上烃类以及 H_2S 含量甚微或无，CO_2含量较少而 N_2含量稍多。因此，煤层气液化时其预处理工艺与天然气会有所区别。

表 8-2 为生产 LNG 时原料气中允许的最大杂质含量。

表 8-2　原料气中最大允许杂质含量①

杂质	允许含量	杂质	允许含量
H_2O	<0.1 ×10^{-6}	总硫	10~50 mg/m³
CO_2	(50~100)× 10^{-6}	汞	< 0.01μg/m³
H_2S	3.5mg/m³	芳烃类	(1~10)× 10^{-6}
COS	< 0.1 × 10^{-6}	C_5^+	< 70 mg/m³

注：①H_2O、CO_2、COS、芳烃类含量为体积分数。

由此可知，当采用诸如表 8-2 的外输商品天然气为原料气生产 LNG 时，必须针对原料气气质选择合适的预处理工艺脱除有害杂质。

（二）产品组成

由表 8-2 可知，LNG 产品与商品天然气质量要求相比，其纯度更高。

此外，根据欧洲标准(EN 1160-96)，LNG 产品中的 N_2 含量(摩尔分数)应小于 5%，法国要求 N_2含量小于 1.4%。如果原料气中的 N_2 含量较高，则还应脱氮。在 LNG 产品中允许含有一定数量的 C_2 ~ C_5烃类。我国《液化天然气的一般特性》(GB/T 19204—2003)中列出的三种典型 LNG 产品组成及性质见表 8-3，世界主要基本负荷型 LNG 工厂的产品组成见表 8-4。

表 8-3　典型的 LNG 组成

常压泡点下的性质	组成 1	组成 2	组成 3
组成(摩尔分数)/%			
N_2	0.5	1.79	0.36
CH_4	97.5	93.9	87.20
C_2H_6	1.8	3.26	8.61
C_3H_8	0.2	0.69	2.74
iC_4H_{10}	—	0.12	0.42
nC_4H_{10}	—	0.15	0.65
C_5H_{12}	—	0.09	0.02
摩尔质量/(kg/mol)	16.41	17.07	18.52
泡点温度/℃	-162.6	-165.3	-161.3
密度/(kg/m^3)	431.6	448.8	468.7

表 8-4　世界主要基本负荷型 LNG 工厂产品组成

液化厂	组成/%(摩尔分数)							温度/℃	密度/(kg/m^3)		气体膨胀系数①	高发热量/(MJ/m^3)
	N_2	C_1	C_2	C_3	nC_4	iC_4	C_{5+}		液	气		
美国阿拉斯加	0.1	99.8	0.10					-160	421	0.72	588	39.6
阿尔及利亚 SKIKDA	0.85	91.5	5.64	1.50	0.25	0.25	0.01	-160	451	0.78	575	44.6
阿尔及利亚 ARZEW GL2Z	0.35	87.4	8.60	2.40	0.50	0.73	0.02	-160	466	0.83	566	44.6
印尼 BADAK	0.05	90.0	5.40	3.15	1.35		0.05	-160	462	0.81	567	44.3
马来西亚	0.45	91.1	6.65	1.25	0.54		0.01	-160	451	0.79	574	42.8
文莱	0.05	89.4	6.30	2.90	1.30		0.05	-160	463	0.82	566	44.6
阿布扎伊	0.20	86.0	11.80	1.80	0.20			-160	464	0.82	569	44.3
利比亚	0.80	83.0	11.55	3.90	0.40	0.30	0.05	-160	479	0.86	558	46.1

注：①气体膨胀系数指 LNG 变为气体(标态)时体积增长的倍数。

(三) LNG 有关特性

在 LNG 生产、储运中存在的潜在危险主要来自 3 方面：①温度极低。尽管不同组成的 LNG 其常压沸点略有差别，但均在-162℃左右。在此低温下 LNG 蒸气密度大于环境空气的密度；②1m^{3}的 LNG 汽化后大约可变成 625m^{3}的气体，故极少量液体就能汽化成大量气体；③天然气易燃易爆，一般环境条件下其爆炸极限为 5%~15%(体积分数，下同)。最近的研究结果表明，其爆炸下限为 4%。

因此，在 LNG 生产、储运中，应针对 LNG 的有关特性采取各种有效措施确保生产和人员安全。

1. 燃烧特性

LNG 按照组成不同，常压沸点为-166~-157℃，密度为 430~460kg/m^3(液)，发热量为 41.5~45.3MJ/m^3(气)，沃泊指数为 49~56.5 MJ/m^3，其体积大约是气态的 1/625，发生泄

漏或溢出时，空气中的水蒸汽被溢出的 LNG 冷却后产生明显的白色蒸气云。LNG 汽化时，其气体密度为 1.5kg/m³。当其温度上升到-107℃时，气体密度与空气密度相当，温度高于-107℃时，其密度比空气小，容易在空气中扩散。LNG 的燃烧特性主要是爆炸极限、着火温度和燃烧速度等。

(1) 爆炸极限

天然气在空气中的浓度在 5%～15%范围时遇明火即可发生爆炸，此浓度范围即为天然气的爆炸极限。爆炸在瞬间产生高压、高温，其破坏力和危险性都很大。由于不同产地的天然气组成有所差别，故其爆炸极限也会略有差别。天然气的爆炸下限明显高于其他燃料。

在-162℃的低温条件下，其爆炸极限为 6%～13%。另外，天然气的燃烧速度相对比较慢，故在敞开的环境条件，LNG 和蒸气一般不会因燃烧引起爆炸。

LNG 主要组分物性见表 8-5。如果 LNG 中的 C_2^+ 含量增加，将使 LNG 的爆炸下限降低。天然气与汽油、柴油等燃料的燃烧特性比较见表 8-6。

表 8-5 LNG 主要组分物性

气体名称	相对分子质量	沸点②/℃	密度/(kg/m³)			液/气密度比	气/空气密度比	汽化热③/(kJ/kg)
			气体①	蒸气③	液体③			
甲烷	16.04	-161.5	0.6664	1.8261	426.09	639	0.544	509.86
乙烷	30.07	-88.2	1.2494	-	562.25	450	1.038	489.39
丙烷	44.10-	-42.3	1.8325	-	581.47	317	1.522	425.89

注：①常温常压条件(20℃，0.1MPa)。②常压下的沸点(0.1MPa)。③常压沸点下。

表 8-6 天然气与其他燃料燃烧特性比较

可燃物名称	甲烷	乙烷	甲醇	硫化氢	汽油	柴油
爆炸极限/%(体积分数)	5.0～15.0	3.0～12.5	5.5～44.0	4.0～46.0	1.4～7.6	0.6～5.5

(2) 着火温度

着火温度是指可燃气体混合物在没有火源下达到某一温度时，能够自行燃烧的最低温度，即自燃点。可燃气体在纯氧中的着火温度要比在空气中低 50～100℃。即使是单一可燃组分，其着火温度也不是固定值，与可燃组分在空气混合物中的浓度、混合程度、压力、燃烧室特性和有无催化作用等有关。工程上实用的着火温度应由试验确定。

在常压条件下，纯甲烷的着火温度为 650℃。天然气的着火温度随其组成变化而不同，如果 C_2^+ 含量增加，则其着火温度降低。天然气主要组分是甲烷，其着火温度范围约为 500～700℃。

天然气也能被火花点燃。例如，衣服上产生的静电也能产生足够的能量点燃天然气。由于化纤布比天然纤维更容易产生静电，故工作人员不能穿化纤布(尼龙、腈纶等)类的衣服上岗操作。

(3) 燃烧速度

燃烧速度是火焰在空气和燃料混合物中的传递速度。燃烧速度也称为点燃速度或火焰速度。天然气燃烧速度较低，其最高燃烧速度只有 0.3m/s。随着天然气在空气中的浓度增加，燃烧速度亦相应增加。

游离云团中的天然气处于低速燃烧状态，云团内的压力低于 5kPa 时一般不会引起剧烈爆炸。但若处于狭窄、密集且有很多设备的区域或建筑物内，云团内部就有可能形成较高的爆炸压力波。

2. 低温特性

LNG 是在其饱和蒸气压接近常压的低温下储存，即其以沸腾液体状态储存在绝热储罐。因此，在 LNG 的储存、运输和利用的低温条件下，除对其设备、管道要防止材料低温脆性断裂和冷收缩引起的危害外，也要解决系统绝热保冷、蒸发气(BOG)处理、泄漏扩散以及低温灼伤等方面的问题。

(1) 蒸发

储罐中储存的 LNG 是处于沸腾状态的饱和液体，外界任何传入储罐的热量都将引起一定量的 LNG 蒸发为气体，即蒸发气(BOG)。BOG 与未蒸发的 LNG 液体处于气液平衡状态，其组成与蒸发压力、温度及 LNG 液体组成有关。常压下蒸发温度低于-113℃时其组成几乎完全是 CH_4，温度升高至-85℃约含 20%的 N_2。这两种情况下 BOG 的密度均大于环境空气的密度，而在标准状态下 BOG 密度仅为空气的 60%。一般情况下 BOG 中含有 20%的 N_2、80%的 CH_4及痕量的 C_2H_6。

在一定压力下液化的 LNG 当其压力降低时，将有一部分液体闪蒸为气体，同时液体温度也随之降低。

当压力在 100~200kPa 时，1m^3处于沸点下的 LNG 压力每降低 1kPa 时，作为估算其闪蒸出的气量约为 0.4kg。在 LNG 储运中必须处理由于其压力、温度变化产生的 BOG。

(2) 溢出或泄漏

如果发生 LNG 的泄漏或溢出，LNG 会在短时间内产生大量的蒸气，与空气形成可燃混合物，并迅速扩散到下风处。

泄漏的 LNG 以喷射形式进入大气，同时膨胀及蒸发。开始蒸发时产生的气体温度接近液体温度，其密度大于环境空气密度。冷气体在未大量吸收环境空气热量之前，沿地面形成一个流动层。当其温度升至约-80℃时，气体密度就小于环境空气密度并与空气混合。BOG 和空气的混合物在温度继续升高过程中逐渐形成密度小于空气的云团，此云团的膨胀及扩散与风速有关。移动的云团容易在其周围产生燃烧区域，因为这些区域内的一部分气体混合物处于燃烧范围之内。

由于液体温度很低，泄漏时大气中的水蒸气也冷凝成为“雾团”(Fog cloud)，由此雾团可观察出 BOG 和空气形成的可燃性云团的大致范围，尽管实际范围还要大一些。

LNG 泄漏到地面时，起初由于 LNG 与地面之间温差较大而迅速蒸发，然后由于土壤中的水分冻结，土壤传给 LNG 的热量逐渐减少，蒸发速度才开始降低至某一固定值。该蒸发速度的大小取决于从周围环境吸收热量的多少。不同表面由实验测得的 LNG 蒸发速度如表 8-7所示。

LNG 泄漏到水面时会产生强烈的对流传热，并形成少量的冰。此时，LNG 蒸发速度很快，水的流动性又为 LNG 的蒸发提供了稳定的热源。

表 8-7 LNG 蒸发速度 kg/(m^2·h)

材料	骨料	湿沙	干沙	水	标准混凝土	轻胶体混凝土
60s 蒸发速度	480	240	195	190	130	65

LNG 泄漏到水中时产生强烈的对流传热，以致在一定的面积内蒸发速度保持不变。随着 LNG 流动其泄漏面积逐渐增大，直到气体蒸发量等于漏出液体所能产生的气体量为止。

LNG 与外露的皮肤短暂接触时不会产生伤害，但如持续接触则会引起严重的低温灼伤和组织损坏。

3. 储运特性

(1) 老化

LNG 在储存过程中，由于其中各组分的蒸发量不同，导致组成和密度发生变化的过程称为老化(Weathering)。

老化过程受 LNG 中氮的初始含量影响很大。由于氮是 LNG 中挥发性最强的组分，它比甲烷和其他重烃更先蒸发。如果氮的初始含量较大，老化 LNG 的密度将随时间减小。在大多数情况下，氮的初始含量较小，老化 LNG 的密度会因甲烷蒸发而增大。因此，在储罐充装 LNG 前，了解储罐内和将要充装的两种 LNG 的组成是非常重要的。由于层间液体密度差是产生分层和翻滚现象的关键，故应首先了解 LNG 组成和温度对其密度的影响。

(2) 分层

LNG 是多组分混合物，因温度和组成变化会引起其密度变化，液体密度的差异而使储罐内的 LNG 发生分层(Stratification)。LNG 储罐内液体分层往往是因为充装的 LNG 密度不同或是因为 LNG 中氮含量太高引起的。

(3) 翻滚

LNG 在储运过程中会发生一种称为翻滚(Rollover)或"涡旋"的非稳定现象。这是由于低温储罐中已装有的 LNG 与新充装的 LNG 液体密度不同，或者由于 LNG 中的氮优先蒸发而使储罐内的液体发生分层。分层后各层液体在储罐周壁传入热量的加热下，形成各自独立的自然对流循环。该循环使各层液体的密度不断发生变化，当相邻两层液体密度接近相等时就会发生强烈混合，从而引起储罐内过热的 LNG 大量蒸发，并使压力迅速上升，甚至顶开安全阀。这就是所谓翻滚现象。

翻滚现象是 LNG 在储运过程中很容易发生的一种现象。经验表明，只要控制 LNG 中氮含量小于 1%，并加强 BOG 量的监测，翻滚现象是可以避免的。

出现翻滚现象时，会在短时间内有大量气体从 LNG 储罐内散发出来，如不采取措施，将导致设备超压。

(4) 快速相态转变

两种温差极大的液体接触时，若热液体温度比冷液体沸点温度高 1.1 倍，则冷液体温度上升极快，表面层温度超过自发成核温度(当液体中出现气泡时)，此时热液体能在极短时间内通过复杂的链式反应机理以爆炸速度产生大量蒸气，即所谓快速相态转变(RPT)。LNG 或液氮与不同温度液体接触时即会出现 RPT 现象。但是，LNG 溢入水中而产生 RPT 不太常见，且后果也不太严重。

三、天然气液化工艺

LNG 生产一般包括天然气预处理、液化及储存 3 部分，其中液化部分则是其核心。

(一) 原料气预处理

原料气预处理目的就是使其所含杂质在液化之前达到如表 8-2 所示的要求。原料气脱硫脱碳、脱水等的工艺方法见本章以前各节介绍。

例如，我国山东泰安深燃公司 LNG 工厂以某管道天然气为原料气，预处理部分采用 MDEA 脱硫脱碳，等压吸附脱水，活性炭脱汞和脱苯；海南海然公司 LNG 工厂以福山油田处理后的天然气为原料气，预处理部分采用 DGA 脱碳，分子筛脱水，活性炭脱汞；中原绿能公司为拟建的某 LNG 工厂(原料气为管道天然气)预处理部分设计采用活化 MDEA 脱碳，硅胶和分子筛复合吸附剂脱水，活性炭脱汞。

(二) 天然气液化

原料气经过预处理后，进入低温系统的换热器中不断降温冷冻，直至常压下冷却至-162℃左右就会液化。因此，天然气液化过程的核心是制冷系统。通常，天然气液化过程根据制冷方法不同又可分为：节流制冷循环，膨胀机制冷循环，阶式制冷循环，混合冷剂制冷循环，带预冷的混合冷剂制冷循环等工艺。目前，世界上基本负荷型 LNG 工厂主要采用后三种液化工艺，而调峰型 LNG 工厂多采用膨胀机制冷液化工艺。

1. 基本负荷型 LNG 工厂液化工艺

基本负荷型 LNG 工厂的生产通常由原料气预处理、液化、储存和装运等部分组成。典型的工艺流程见图 8-2。

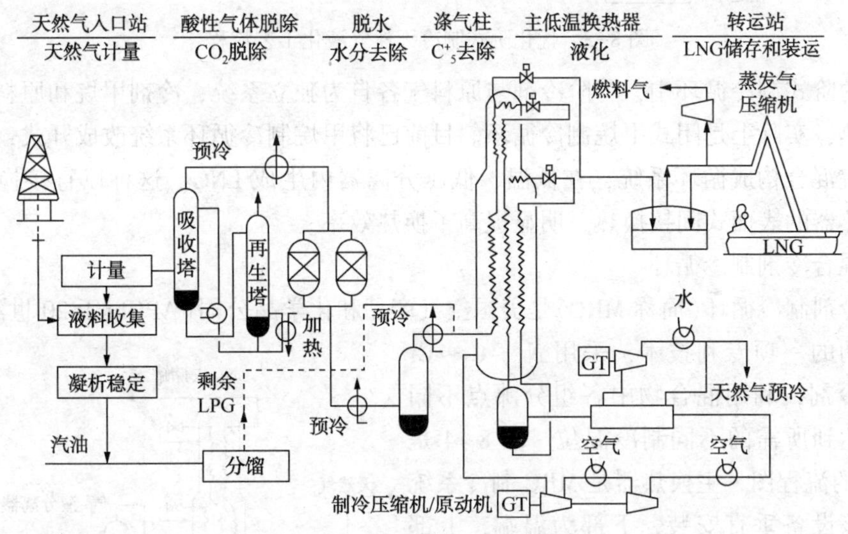

图 8-2 典型的 LNG 工艺流程

基本负荷型 LNG 工厂天然气液化工艺主要采用的制冷循环如下。

(1) 阶式(级联式)制冷循环

阶式制冷循环的原理、流程及优缺点见有关文献介绍，此处不再多述。

经典的阶式制冷循环一般由丙烷、乙烯和甲烷三个制冷阶或制冷温位(蒸发温度分别为-38℃、-85℃、-160℃)的制冷循环串联而成。

1961 年在阿尔及利亚 Arzew 建造的世界上第一座大型基本负荷型天然气液化厂(CAMEL)，液化装置采用丙烷、乙烯和甲烷组成的阶式制冷循环液化工艺。该厂于 1964 年交付使用，共有三套相同的液化装置，每套装置液化能力为 1.42Mm³/d。

目前在特立尼达和多巴哥的 Atlantic LNG 公司采用了 Phillips 石油公司开发的优化阶式

制冷循环天然气液化工艺，建设了 3×10^6t/年 LNG 的生产线，并于 1999 年 4 月 19 日生产出第一船 LNG 运往用户。该液化工艺流程见图 8-3。优化阶式制冷的特点为甲烷、乙烯、丙烷三阶均采用流体再循环。

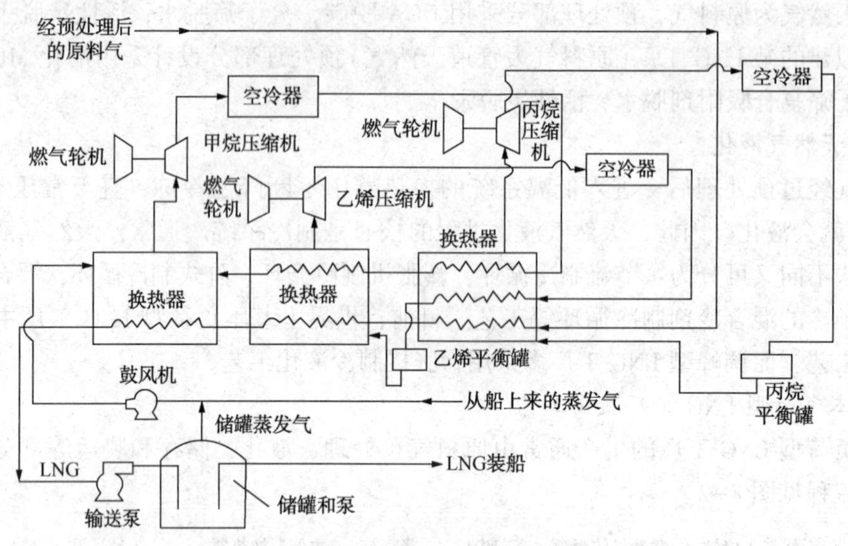

图 8-3　优化阶式制冷天然气液化工艺流程

以往的阶式制冷循环中，各阶冷剂与原料气各自为独立系统，冷剂甲烷和原料气只在换热器中换热，实际上是闭式甲烷制冷循环。目前已将甲烷制冷循环系统改成开式，即原料气与冷剂甲烷混合构成循环系统，在低温、低压分离器内生成 LNG。这种以直接换热方式取代常规换热器的表面式间接换热，明显提高了换热效率。

(2) 混合冷剂制冷循环

混合冷剂制冷循环(简称 MRC)是美国空气产品和化学品公司(APCI)于 20 世纪 60 年代末开发成功的一项专利技术，采用 N_2、$C_1\sim C_5$ 混合物作冷剂，利用混合物中各组分沸点不同的特点，达到所需的不同制冷温位。图 8-4 是 MRC 工艺的流程图，主换热器是 MRC 制冷系统的核心，该设备垂直安装，下部为温端，上部为冷端，壳体内布置了许多换热盘管，体内空间提供了一条很长的换热通道，液体在换热通道中与盘管的流体换热以达到制冷的目的。

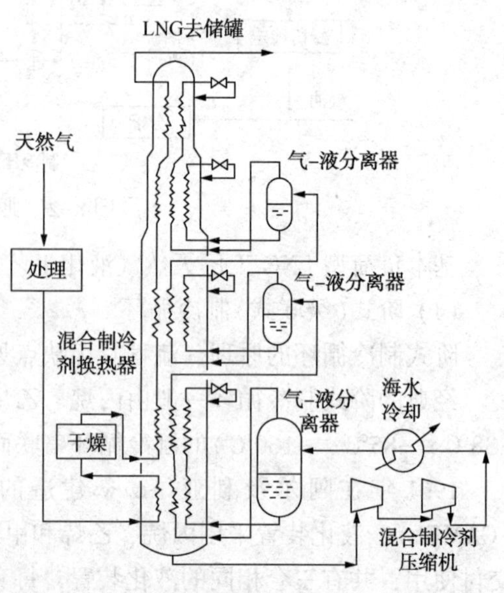

图 8-4　典型的天然气液化 MRC 工艺流程

与阶式制冷循环相比，MRC 的优点是工艺流程大为简化，投资减少 15%～20%，管理容易；缺点是能耗高 20% 左右，混合冷剂组分的合理配比较困难。该冷剂中各组分的摩尔分数一般为：CH_4 0.2～0.32，C_2H_6 0.34～0.44，C_3H_8 0.12～0.20，C_4H_{10} 0.08～0.15；C_5H_{12} 0.03～0.08 及 N_2 0.00～0.03。利比亚和阿尔及利亚

Skikda GL1-KI 的 LNG 工厂即采用 MRC 工艺。

（3）带预冷的混合冷剂制冷循环

在对 MRC 工艺进行改进的基础上，又开发出带预冷的混合冷剂制冷循环。预冷采用的冷剂有氨、丙烷及混合冷剂等，其中带丙烷预冷的 MRC 工艺采用最多，其原理是分段提供冷量。

其中，“高温”段采用丙烷压缩制冷，按 3 个温位将原料气预冷到-60℃；“低温”段制冷采用两种方式：高压混合冷剂与较“高”温度的原料气换热，低压混合冷剂与较“低”温度原料气换热，最后使原料气冷却到-162℃而液化，从而提高了低温换热系统的热力学效率。此工艺具有流程较简单、效率高、运行费用低、适应性强等优点，是目前最为合理的天然气液化工艺。现有 APCI、Technip、Linde 等公司持有这类工艺的专利，其中 APCI 专利流程见图 8-5。

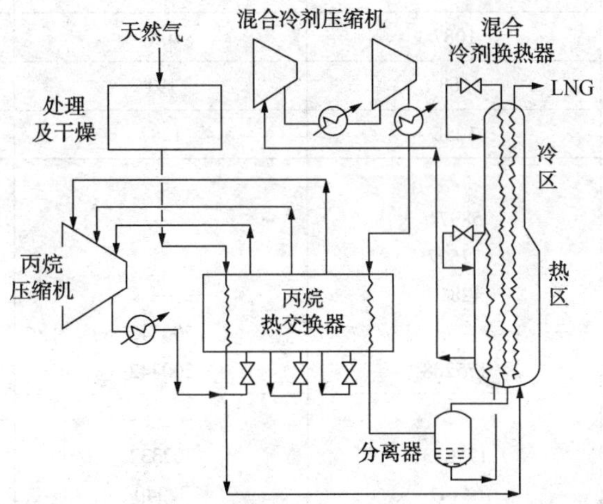

图 8-5 丙烷预冷混合冷剂制冷天然气液化工艺流程

采用混合冷剂预冷的 MRC 工艺，又称为双混合冷剂制冷循环工艺（Double Mixed Refrigerant，简称 DMR）。预冷的混合冷剂为乙烷和丙烷混合物。据报道，此工艺的热力学效率比丙烷预冷的 MRC 高 20%，投资和操作费用也相对较低。

液化 $1m^3$天然气的理论最小能耗约 0.182kW·h，实际能耗约为 0.32~0.37kW·h。上述三种天然气液化制冷循环所需能耗见表 8-8。

表 8-8 天然气液化制冷循环能耗

制冷循环方式	能耗	
	kW·h/m^3天然气	kJ/m^3天然气
阶式制冷循环	0.32	1152
混合冷剂制冷循环	0.33~0.375	1200~1350
带预冷的混合冷剂制冷循环	0.39	1404

表 8-9 列出了丙烷预冷混合冷剂制冷循环（C_3/MRC）、阶式制冷循环和双混合冷剂制冷循环（DMR）的有关指标比较。

表 8-9 C_3/MRC、阶式制冷循环和 DMR 有关指标比较

项目	C_3/MRC	阶式液化流程	DMR
单位 LNG 液化成本	低	高	低
设备投资成本	中	高	低
能耗	高	低	中
操作弹性	中	差	高

(4) 基本负荷型天然气液化工艺比较

基本负荷型 LNG 工厂主要采用上述三种制冷循环的天然气液化工艺，其主要指标的比较见表 8-10。国外一些基本负荷型 LNG 工厂所使用的液化流程及其性能指标见表 8-11。

表 8-10 三种天然气液化工艺主要技术经济指标比较

项目	阶式制冷循环	闭式混合冷剂制冷循环	丙烷预冷混合冷剂制冷循环
处理气量/$10^4m^3$①	1087	1087	1087
燃料气量/$10^4m^3$①	168	191	176
进厂气总量/$10^4m^3$①	1255	1287	1263
制冷压缩机功率/kW			
丙烷压缩机	58971	—	45921
乙烯压缩机	72607	—	—
甲烷压缩机	42810	—	—
混合冷剂压缩机	—	200342	149886
总功率	175288	200342	195870
换热器总面积/m^2			
翅片式换热器	175063	302332	144257
绕管式换热器	64141	32340	52153
钢材及合金耗量/t	15022	14502	14856
总投资/10^4美元	9980	10070	10050

注：①指标准状态下的气体体积。

表 8-11 基本负荷型液化装置性能指标

项目	投产时间/年	液化流程	产量/($\times10^4$t/年)	压缩机/kW	功率①/kW
阿尔及利亚 Arzew，CAMEL	1963	阶式	36	22800	141
美国阿拉斯加 Kenai	1969	阶式	115	63100	122
利比亚 Marsa el Brega	1970	MRC	69	45300	147
文莱 LNG	1973	C_3/MRC	108	61500	127
阿尔及利亚 Skikda 1，2，3	1974	MRC	103	78300	169
卡塔尔 Gas	1996	C_3/MRC	230	107500	104
马来西亚 MLNG Dua	1995	C_3/MRC	250	102500	91
马来西亚 MLNG Tiga	2002	C_3/MRC	375	140000	83

注：①生产 1kg LNG 所消耗的功率。

从上表可以看出，目前丙烷预冷混合冷剂制冷的天然气液化工艺流程得到了广泛应用。之后，又对该工艺流程进行了改进，新建的LNG工厂如马来西亚的MLNG Tiga、澳大利亚西北大陆架第4条生产线和尼日利亚扩建的LNG项目都采用了这种液化流程。目前，其单条生产线的能力已达到400×10^4t/年数量级。

近年来发展的一些改进的混合制冷剂液化流程，如Shell石油公司设计的双混合冷剂制冷循环液化工艺(DMR)，已在阿尔及利亚Skikda天然气液化工厂的I型液化装置(共3套)上采用。另外，特立尼达和多巴哥的LNG项目，采用了Phillips石油公司的优化阶式制冷循环天然气液化工艺。

我国近年来陆续建设了一批中小规模的基本负荷型LNG工厂。例如，2001年中原绿能公司建成的LNG工厂，采用阶式制冷，冷剂为丙烷、乙烯，设计处理量为$30\times10^4m^3$/d，液化能力为$15\times10^4m^3$/d；2004年新疆广汇公司建成的LNG工厂，设计处理量为$150\times10^4m^3$/d，采用混合冷剂制冷；2005年海南海然公司建成的LNG工厂，设计处理量为$30\times10^4m^3$/d，采用单一冷剂氮膨胀制冷；2008年泰安深燃公司建成的LNG工厂，设计处理量为$15\times10^4m^3$/d，也采用单一冷剂氮膨胀制冷。目前正在建设的其他一些LNG工厂，设计处理量为(50~100)$\times10^4m^3$/d不等，大多采用混合冷剂制冷。

(5) 主要设备

天然气液化工艺主要设备有冷剂制冷压缩机组、低温换热器及容器等，在基本负荷型LNG工厂的投资费用中，天然气液化工艺设备占40%以上，其中冷剂制冷压缩机组及低温换热器又分别占50%及30%。

① 冷剂压缩制冷机组

LNG工厂中的压缩机用于气体增压、输送及冷剂制冷。天然气液化过程中采用的制冷压缩机主要有往复式、离心式及轴流式几种类型。往复式压缩机通常用于处理量较小($100m^3$/min以下)的天然气液化装置。轴流式压缩机主要用于混合冷剂制冷的天然气液化装置。离心式压缩机主要用于大型天然气液化装置。目前正在发展的小型橇装式天然气液化装置，则采用螺杆式压缩机。

用于天然气液化装置的制冷压缩机除应考虑压缩介质是易燃、易爆气体外，还须考虑低温对压缩机构件材料的影响。因为很多材料在低温下会失去韧性，发生冷脆损坏。此外，如果压缩机进气温度低，润滑油也会冻结而无法正常工作，此时应选用无油润滑压缩机。

天然气液化所需压缩功率按LNG产量计，一条液化能力为2.5×10^6t/年的LNG生产线，约需压缩功率100MW。对于LNG生产，可供选择的压缩机组的驱动机(原动机)有蒸汽轮机，燃气轮机和电动机。

② 换热器

换热器是天然气液化装置的主要设备。在LNG生产中采用的换热器有绕管式、板翅式和管壳式几种类型。

基本负荷型LNG工厂多采用大型立式绕管式换热器作主换热器，例如某绕管式换热器直径4.2m，高度54m，重240t，中心轴上缠绕了许多管子，其长度可达80m，管子端头与管板连接，管内为高压气体或液体，冷剂在管子外循环。该换热器内可以同时冷却几种液体，冷却面积可达10000 m^2。此种大型换热器的设计、制造和使用，已成为发展基本负荷型LNG工厂的重要因素。

铝质板翅式换热器因其尺寸和能力有限，且易堵塞，故主要用于调峰型 LNG 工厂。为保证其性能和可靠性，可在物流进口增设过滤器。由于板翅式换热器成本费用较低，在尼日利亚 NLNG 公司 LNG 工厂的预冷循环中也选用了这种换热器。

由于管壳式换热器壳程设计压力、管径、管长度和传热温差等方面的原因，使其尺寸和能力受到了限制，虽然采用多管程换热器可很好克服这一问题，但又会增加管线布置和设计的复杂性。

2. 调峰型 LNG 工厂液化工艺

调峰型 LNG 工厂的特点是液化能力小，但储存容量和再汽化能力较大。这类工厂一般利用管道来气压力（或增压），采用透平膨胀机制冷来液化平时相对富裕的管道天然气或 LNG 储罐的蒸发气，然后将 LNG 储存起来供平时或冬季高峰时使用。调峰型 LNG 工厂一般每年开工约 200~250d。

调峰型 LNG 工厂主要采用的液化工艺为混合冷剂制冷和透平膨胀机制冷。后者可充分利用原料气与管网气之间的压差，达到节能目的。

(1) 混合冷剂和膨胀制冷液化工艺

德国斯图加特 TWS 公司调峰型 LNG 工厂装置工艺流程分为天然气预处理、液化、储存、汽化四个部分。原料天然气来自高压管网(2.1MPa)，处理量为 $14.5\times10^4\ m^3/d$，每年连续运行 200d 左右。生产的 LNG 储存在 1 个 $3\times10^4\ m^3$的储罐中。冬天供气高峰时，由 3 台(2 用 1 备)浸没式燃烧汽化器加热汽化后，将天然气送入低压管网去用户，其工艺流程见图 8-6。

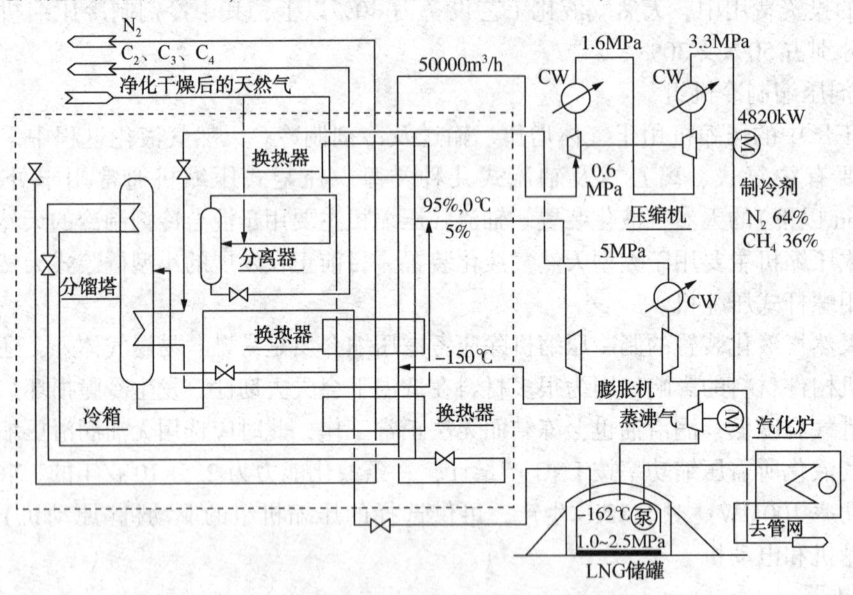

图 8-6　斯图加特 LNG 液化工艺流程

原料气预处理工艺与基本负荷型工厂相同，液化工艺采用氮和甲烷混合冷剂和透平膨胀机制冷流程。天然气首先经换热器冷却，然后进入分离器，分离出 C_2、C_3、和 C_4 烃类。分离器顶部气体进一步冷却后进入分馏塔，塔顶为氮气，塔底则为 LNG。分馏塔顶部冷凝器和 3 个板翅式换热器的冷量来自制冷系统，制冷系统使用混合冷剂（其组成为：$N_2$64%，$CH_4$36%），采用闭式制冷循环。冷剂经三级压缩，压力由 0.6MPa 压缩到 5MPa。高压冷剂的 5%作为分馏塔底重沸器的热源，95%在换热器中冷至-70℃后进入膨胀机，温度约降至-150℃，然后进入换热器给出其冷量，制冷剂循环量约为 $50000m^3/h$。

(2) 天然气直接膨胀制冷液化工艺

该工艺是利用高压原料气与低压商品气之间的压差，经透平膨胀机制冷而使天然气液化，其优点是功耗小，但不能获得像氮膨胀制冷液化工艺那样低的温度，循环气量大，液化率低。此外，膨胀机的运行性能受原料气压力和组成变化的影响较大，对系统的安全性要求较高。

美国西北天然气公司 1968 年建立的一座调峰型天然气液化装置就是采用此液化工艺，见图 8-7。该装置原料气已经过预处理，压力为 2.67MPa，含 CO_2 为$(900\sim4000)\times10^{-6}$(体积分数)，$H_2S$ 为 0.7~4.5mg/m^3、有机硫约 6~70mg/m^3。原料气经透平膨胀机膨胀到约 490kPa，液化率为 10%左右。原料气处理量为 56.6×10^4m^3/d，液化能力约为 5.7×10^4m^3/d。储罐容积约 1700×10^4m^3，全年的 LNG 都储入储罐。汽化器汽化能力为 170×10^4m^3/d，并有 100%的备用量。在高峰负荷时，可在 10 天内将全年储存量全部汽化。

由图可知，原料气经脱水器 1 脱水后，一部分(约占总气量的 20%~35%)进入塔 2 脱除 CO_2，再经换热器 5~7 及过冷器 8 降温液化。其中，一部分节流后进人储罐 9 储存，另一部分节流后为换热器 5~7 和过冷器 8 提供冷量。储罐 9 中的蒸发气，先经换热器 5 提供冷量，再进入返回气压缩机 4 压缩并冷却后，与未进塔 2 的原料气混合，再去换热器 5 冷却，然后进入膨胀机 10 膨胀制冷，为换热器 5~7 提供冷量和复热后去低压商品气管网。

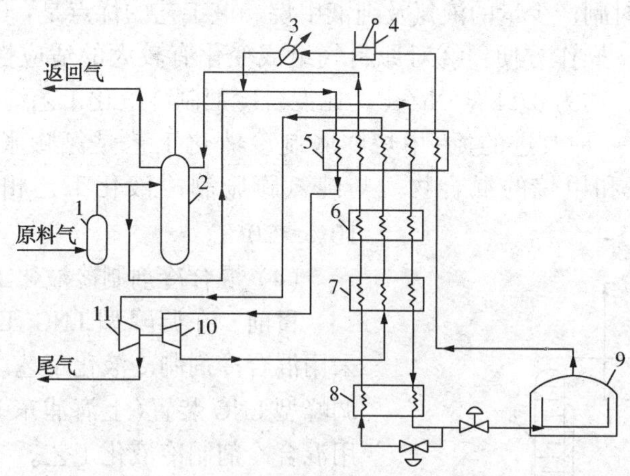

图 8-7 天然气膨胀制冷液化工艺流程

1—脱水器；2—脱 CO_2 塔；3—水冷却器；4—返回气压缩机；

5、6、7—换热器；8—过冷器；9—储罐；10—膨胀机；11—压缩机

为了获得较大的液化量，可在流程中增加一台压缩机，即带循环压缩机的天然气膨胀制冷液化工艺，其缺点是能耗较大。

图 8-7 所示的天然气直接膨胀制冷液化工艺属于开式循环，即高压原料气经冷却、膨胀制冷与回收冷量后的低压天然气(图中尾气)直接(或经增压达到所需压力)作为商品气去管网。若将回收冷量后的低压天然气用压缩机增压到与原料气相同的压力后，返回至原料气中则属于闭式循环。

由于进入膨胀机的原料气不需要脱除 CO_2，只需对液化部分的原料气脱除其中的 CO_2，因此预处理气量大为减少。装置的主要工艺参数见表 8-12。

表 8-12　天然气膨胀制冷液化装置主要工艺参数

工艺参数	物流					
	原料气	返回气	换热器 5 的膨胀气①	过冷器 8 的原料气②	出膨胀机气体	尾气
温度/℃	15.6	26.7	_	-143	-112	37.8
压力/kPa	2670	241	480	—	—	—
流量/(10^4m^3/d)	56.6	14.2	—	—	—	36.8

注：①、②所列的设备见图 8-7 天然气膨胀制冷液化工艺流程图。

该工艺特别适用于原料气压力高，外输气压力低的地方，可充分利用高压原料气与低压商品气之间的压差，几乎不需耗电。此外，还具有流程简单、设备少、操作及维护方便等优点，故是目前发展很快的一种工艺。在这种液化工艺中，透平膨胀机组是关键设备。

天然气膨胀直接制冷液化工艺的液化率比其他类型的液化工艺要低，主要取决于膨胀比。膨胀比越大，液化率也越高，一般在 7%~15%左右。

(3) 氮膨胀制冷液化工艺

氮膨胀制冷液化工艺是天然气直接膨胀制冷液化工艺的一种变型。在该工艺中，氮膨胀制冷循环与天然气液化系统分开，氮膨胀制冷循环为天然气液化提供冷量。图 8-8 是氮气两级膨胀制冷液化工艺流程图。

对于含氮稍多的原料气，只要设置氮-甲烷分离塔，就可制取纯氮以补充氮膨胀制冷循环中氮的损耗，并同时副产少量的液氮及纯液甲烷。该工艺的优点是：①膨胀机和压缩机均采用离心式，体积小，操作方便；②对原料气组成变化有较大的适应性；③整个系统较简单。缺点是能耗较高，约为 0.5kW·h/m^3，比混合冷剂制冷液化工艺约高 40%。

此外，还可采用一种改进的氮-甲烷膨胀制冷液化工艺是氮膨胀液化工艺，其制冷循环采用的工质是氮和甲烷的混合物。与纯氮膨胀制冷液化工艺相比，其能耗可节省 10%~20%。

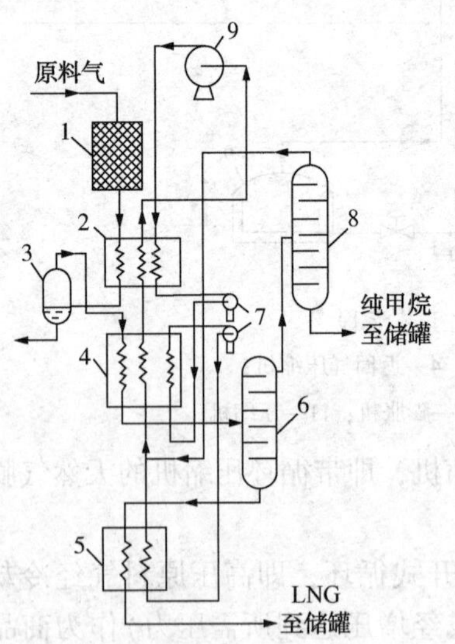

图 8-8　氮气两级膨胀制冷液化工艺流程图

1—预处理系统；2、4、5—换热器；3—重烃分离器；6—氮汽提塔；7—透平膨胀机；8—氮-甲烷分离塔；9—循环压缩机

(4) 混合冷剂制冷液化工艺

目前，在调峰型 LNG 工厂中也越来越多地采用混合冷剂制冷液化工艺。我国建造的第一座调峰型 LNG 装置(上海浦东 LNG 调峰站)就是采用混合冷剂制冷液化工艺。

该调峰型 LNG 装置是在东海平湖气田生产中，因人力不可抗拒因素(如台风等)停产时进行调峰，以确保安全供气。装置采用整体结合型阶式液化工艺（CII 液化工艺）。液化能力为 165m^3/d (LNG)。汽化能力为 120m^3/h LNG，储罐容量为 2×$10^4$$m^3$。

整体结合型阶式液化工艺（Integral Incorporated cascade)为法国燃气公司研究部门开发的新型混合冷剂制冷液化工艺，是目前天然气液化工艺的一种发展趋势。

上海调峰型 LNG 装置采用的 CⅡ液化流程如

图 8-9 所示，其主要设备包括混合冷剂压缩机、混合冷剂分馏设备和整体式冷箱三部分。其中，液化系统由天然气液化和混合冷剂循环两部分组成。

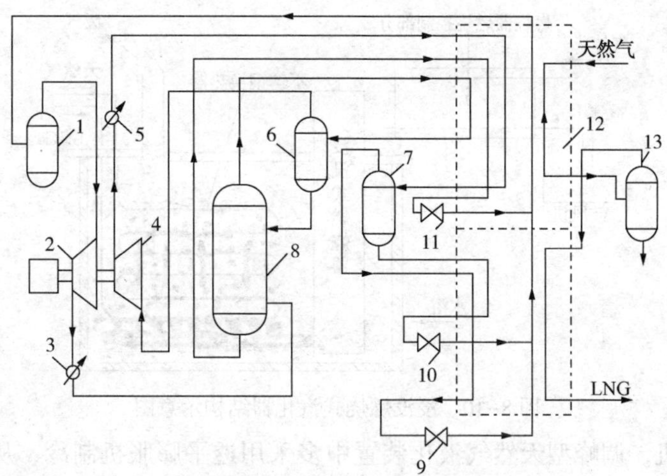

图 8-9　CⅡ液化工艺流程示意图

1、6、7、13—气液分离器；2—低压压缩机；3、5—冷却器；
4—高压压缩机；8—分馏塔 9、10、11—节流阀；12—冷箱

原料气经预处理后进入冷箱 12 上部预冷，再去气液分离器 13 中进行气液分离，气相部分进入冷箱 12 下部冷凝和过冷，最后经节流至 LNG 储罐。

混合冷剂是 N_2 和 $C_1 \sim C_5$ 烃类的混合物。冷箱 12 出口的低压混合冷剂蒸气经气液分离器 1 分离后，由低压压缩机 2 压缩至中间压力，然后经冷却器 3 部分冷凝后进入分馏塔 8 分成两部分。分馏塔底部的重组分液体主要含有 $C_3 \sim C_5$，进入冷箱 12 预冷后节流降温，再返回冷箱上部蒸发制冷，用于预冷天然气和混合冷剂。分馏塔上部的气体主要成分是 N_2、C_1 和 C_2，进入冷箱 12 上部冷却并部分冷凝后，再去气液分离器 6 进行气液分离，液相作为分馏塔 8 的回流液，气体经高压压缩机 4 压缩后，经水冷却器 5 冷却后进入冷箱上部预冷，再去气液分离器 7 进行气液分离，气液两相分别进入冷箱下部预冷后，节流降温返回冷箱的不同部位为天然气和混合冷剂提供冷量，实现原料气的冷凝和过冷。

该工艺特点为：①流程精简、设备少。CII 液化工艺简化了混合冷剂制冷流程，将混合冷剂在分馏塔中分为重组分(以 C_4 和 C_5 为主)和轻组分(以 N_2、C_1 和 C_2 为主)两部分。重组分冷却、节流降温后作为冷源进入冷箱上部预冷原料气和混合冷剂；轻组分经部分冷凝和气液分离后进入冷箱下部，用于原料气冷凝和过冷；②冷箱采用铝质板翅式换热器，体积小，便于安装。整体式冷箱结构紧凑，分为上下两部分，换热面积大，绝热效果好。原料气在冷箱内冷却冷凝至-160℃左右液体，减少了漏热损失；③压缩机和驱动机的型式简单、可靠，降低了投资与维护费用。

(5) 主要设备

调峰型 LNG 工厂的主要设备与基本负荷型相同，只是压缩机功率和换热器传热面较小而已。此外，还有两种专用设备如下。

① 浸没式燃烧汽化器。又称水中燃烧式汽化器，包括换热器、水浴、浸没式燃烧器、燃烧室及鼓风机等。燃烧器在水浴中燃烧，热烟气通过下排气管由喷雾孔排入水浴的水中，

使水产生高度湍动。换热管内的 LNG 与管外高度湍动的热水充分换热，从而使 LNG 加热、汽化。这种汽化器的热效率较高，且安全可靠。其结构见图 8-10。

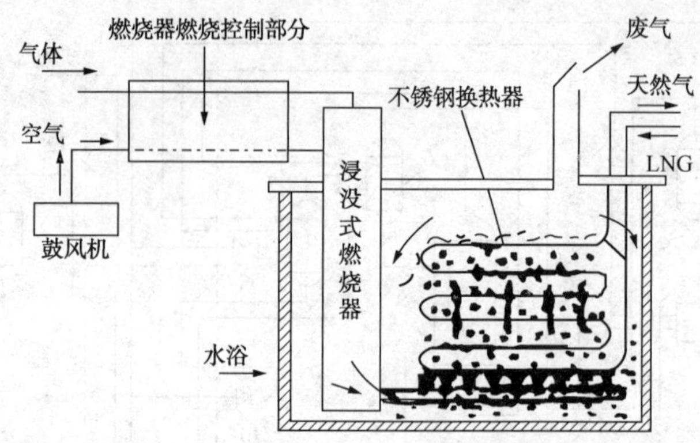

图 8-10　浸没燃烧式汽化器结构示意图

② 透平膨胀机。调峰型天然气液化装置中多采用透平膨胀机制冷，从而使整个制冷循环的热力学效率大大提高。

3. 浮式 LNG 生产储卸装置液化工艺

由于海上气田开发难度大、投资高，建设周期和资金回收期长，因此目前开发的都是一些大型商业性天然气田。边际气田一般为地处偏远的海上小型气田，若采用常规的固定式平台进行，则其经济性很差。20 世纪 90 年代以来，随着发现的海上大型气田数量减少，边际气田的开发日益受到重视。此外，由于海洋工程的不断进步，也使边际气田的开发成为可能。

常规海上气田开发，包括海上平台、海底天然气输送管道、岸上 LNG 工厂、公路交通、LNG 外输港口等基础设施，故而投资大，建设周期长，资金回收迟。浮式 LNG 生产储卸装置集 LNG 生产、储存与卸载于一体，大大简化了海上边际气田的开发过程。

浮式 LNG 装置可分为在驳船、油船基础上改装的 LNG 生产储卸装置和新型混凝土浮式生产储卸装置。整个装置可看作一座浮动的 LNG 生产接收站，直接泊于气田上方进行作业，不需要先期建设海底输气管道、LNG 工厂和码头，降低了气田的开发成本，同时也减少了原料气输送的压力损失，可以更好地利用天然气资源。

浮式 LNG 装置采用模块化建设，各工艺模块可根据质优、价廉原则，在全球范围内选择厂家同时预制，然后在保护水域进行总体组装，从而缩短建设周期，加快气田开发速度。另外，浮式 LNG 装置远离人口密集区，对环境的影响较小，有效避免了陆上 LNG 工厂建设可能对环境造成的污染问题。该装置便于迁移，可重复使用，当开采的气田气源衰竭后，可由拖船拖曳至新的气田投入生产，尤其适合于海上边际气田的开发。

海上作业的特殊环境对该液化工艺提出了如下要求：①流程简单，设备紧凑，占地少，满足海上安装需要；②液化工艺可自产冷剂，对不同产地的天然气适应性强，热力学效率较高；③安全可靠，船体的运动不会显著地影响其性能。

Mobil 石油公司浮式 LNG 生产储卸装置的液化工艺流程如图 8-11 所示。该装置采用混合冷剂制冷液化工艺，可处理 CO_2 含量高达 15%（体积分数）、H_2S 体积浓度为 $10^{-4}m^3/m^3$ 的天然气。由于取消了丙烷预冷，根除了储存丙烷可能带来的危害。该工艺以板翅式换热器组成的冷箱为主换热器，结构紧凑，性能稳定。

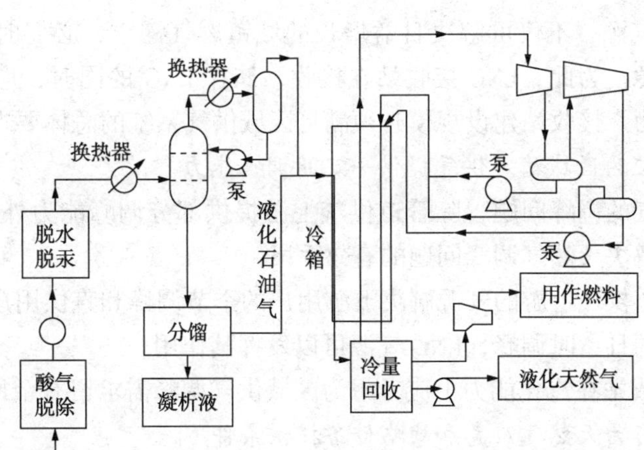

图 8-11 单循环混合制冷剂制冷液化工艺流程图

氮膨胀制冷工艺的优点是以氮气取代常用的烃类混合冷剂，安全可靠，流程简单，设备安装的空间要求低，缺点是能耗较高。BHP 石油公司出于安全性考虑，采用改进的氮膨胀制冷液化工艺。

浮式 LNG 生产储卸装置的液化工艺，需要充分考虑波浪引起船体运动对设备性能可能产生的不良影响。由于填料塔工作性能稳定，脱除酸气模块中的吸收塔和再生塔应优先选择填料塔，分配器的类型和塔径也要合理选择，以保证介质在填料中的合理分配。当天然气中 CO_2 高于 2%(体积分数)时，可考虑采用胺法和膜法相结合的脱除工艺。液化及分馏模块中的蒸馏塔直径和高度，由于远小于脱除酸气模块中的吸收塔和再生塔，在对塔板进行改进后，可选用板式塔。需要注意的是，固定不变的倾斜，无论对填料塔还是板式塔都将产生不良影响，因此压载系统必须保证浮式 LNG 生产储卸装置的平稳。

浮式 LNG 生产储卸装置的 LNG 储存设施容量，一方面应考虑为该装置稳定生产提供足够的缓冲容积，另一方面取决于 LNG 运输船的能力和装卸条件。

四、LNG 接收站

（一）LNG 接收站功能

LNG 接收站既是海上运输 LNG 的终端，又是陆上天然气供应的气源，处于 LNG 产业链的关键部位。LNG 接收站实际上是天然气的液态运输与气态管道输送的交接点。其主要功能是：

1. LNG 接收站是接收海上运输 LNG 的终端

LNG 通过海上运输从产地到用户，在接收站接收、储存，因而 LNG 接收站必须具有大型 LNG 船舶停靠的港湾设施和完备的 LNG 接收、储存设施。

2. LNG 接收站应具有满足区域供气的汽化能力

为确保安全可靠供气，必须建立完善的多元化天然气供应体系和相互贯通的天然气管网。欧洲成熟的天然气市场至少有三种气源，其中任何一种气源供应量最多不超过 50%，且所有气源可通过公用运输设施相连接。

LNG 作为一种气源，不仅可解决日益增长的城镇燃气需求，必要时也可作为本地区事故情况下的应急气源。为此，LNG 接收站在接收、储存 LNG 的同时，应具有满足区域供气系统要求的汽化能力。接收站建设规模必须满足区域供气系统的总体要求。

3. LNG 接收站应为区域稳定供气提供一定的调峰能力

为解决城镇供气的调峰问题，除管道供气上游提供部分调峰能力外，利用 LNG 气源调节灵活的特点，是解决天然气调峰问题的有效手段。

一般说来，管道供气上游的气源解决下游用户的季节调峰和直供用户调峰比较现实。对于城镇或地区供气的日、时调峰，LNG 气源可以发挥其作用。

为此，LNG 接收站在汽化能力上应考虑为区域供气调峰需求留有余地。

4. LNG 接收站可为天然气应急和战略储备提供条件

建设天然气应急和战略储备是安全供气的重要措施。一些发达国家为保证能源供应安全可靠，都建有完善的原油和天然气应急和战略储备系统，其天然气储备能力在 17～110 天不等。

综上所述，LNG 接收站的功能为 LNG 的接收、储存和汽化供气。接收站一般包括专用码头、卸船、储存、汽化、生产控制和安全保护系统以及公用工程等设施。

（二）LNG 接收站工艺

LNG 接收站工艺可分为两种：一种是蒸发气(BOG)再冷凝工艺，另一种是 BOG 直接压缩工艺。两种工艺并无本质上的区别，仅在 BOG 的处理上有所不同。

现以 BOG 再冷凝工艺为例，其 LNG 接收站工艺流程见图 8-12。LNG 运输船抵达接收站码头后，经卸料臂将 LNG 输送到储罐，再由 LNG 泵增压后输入汽化器，LNG 受热汽化后输入用户管网。LNG 在储罐储存过程中，因冷量损失产生 BOG，正常运行时，罐内 LNG 的日蒸发率为 0.06%～0.08%。但在卸船时，由于船上储罐内输送泵运行时散热、船上储罐与接收站储罐的压差、卸料臂漏冷及 LNG 与蒸发气置换等，蒸发气量可数倍增加。BOG 先通过压缩机加压后，再与 LNG 过冷液体换热，冷凝成 LNG。为了防止 LNG 在卸船过程中使 LNG 船舱形成负压，一部分 BOG 需返回 LNG 船以平衡压力。若采用 BOG 直接压缩工艺，由压缩机加压到用户所需压力后，直接进入外输管网，但需消耗大量的压缩功。

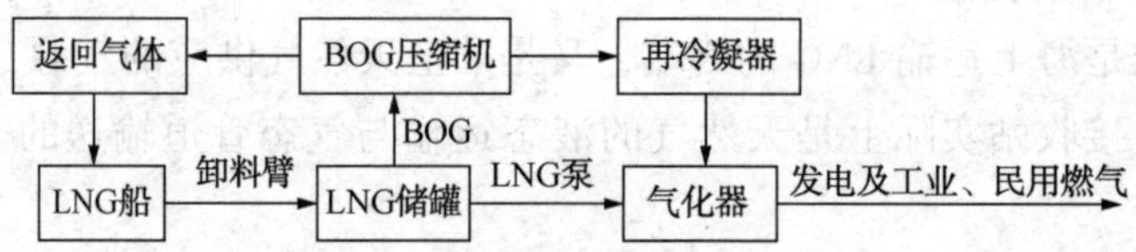

图 8-12　LNG 接收站工艺流程框图

图 8-13 为位于洋山港的上海接收站卸船模式的标准工艺流程图。上海接收站的主要功能是 LNG 卸料、储存和汽化输出。基本流程是 LNG 船到达洋山港后，通过卸料臂和管道输送至 LNG 储罐。根据市场供气需求，储罐内的 LNG 经低压、高压两级外输泵升压后进入汽化器加热(同时对 BOG 再冷凝处理后一并汽化)，汽化的高压天然气经计量出站去输气管道。其中，卸料系统能力为 13200m^3/h，LNG 储存系统有效容量为 $49.5\times10^4m^3$，汽化输出能力最大为 $104\times10^4m^3$。

BOG 直接压缩工艺采用压缩机将 BOG 加压到用户所需压力后，直接进入外输管网。此法需消耗大量的压缩功。

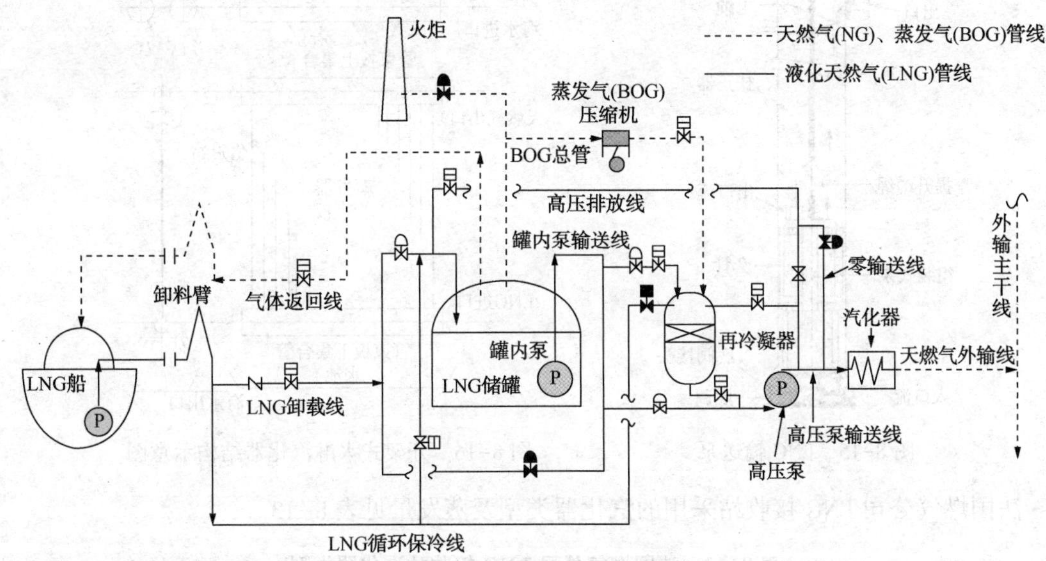

图 8-13 上海 LNG 接收站卸船模式时标准工艺流程图

（三）主要设备

LNG 接收站主要设备包括 LNG 储罐、卸料臂，LNG 输送泵、LNG 汽化器等设施。

1. 卸料臂

用于运输船和陆上管线快速连接的设施，见图 8-14。根据接收站规模不同需配置数根卸料臂及一根蒸发气回流臂(其结构同卸料臂)。法国 FMC 技术公司专利并由日本新日铁公司制造的卸料臂有全平衡卸料臂、旋转式配重卸料臂、双配重卸料臂等不同类型。卸料臂材质主要为不锈钢和铝合金。其管径为 100~600mm，长度为 15~30m。卸料臂一般每船卸料时间以 12h 为标准，配置相应的数量和型号。

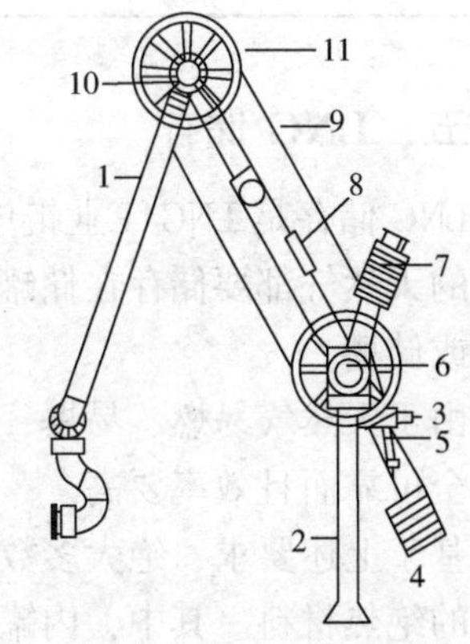

图 8-14 卸料臂

1—外臂；2—上升管；3—回转传动缸；4—内侧配重总成；5—外侧传动缸；6—枢轴可移动弯头；7—外侧配重总成；8—内侧传动缸；9—滑轮线；10—上可移动弯头；11—架式滑轮

2. LNG 输送泵

LNG 输送泵为一种潜液泵，全部浸没在 LNG 储罐内，是接收站的关键设备，见图 8-15。由于 LNG 温度低、易汽化、易燃及易爆，加之 LNG 泵有许多独特结构，因此要求低温下轴承密封可靠，将泄漏的可能性减少到最低程度。LNG 泵一般为多级泵，扬程按外部输气管网的压力要求而定。例如，欧洲、美国的接收站广泛采用 Efara 国际公司生产的高压多级 LNG 输送泵。

3. LNG 汽化器

接收站的汽化器主要有两种，即开架式水淋汽化器和浸没燃烧式汽化器。

开架式水淋汽化器(图 8-16)以海水为热介质，体积庞大且需配置海水系统，投资较高，占地面积大，但运行成本低。有些地区冬季海水温度低于 5℃时需要给海水加热。

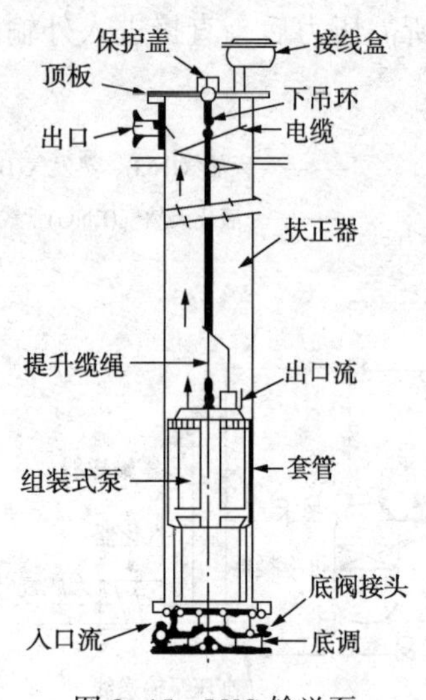

图 8-15　LNG 输送泵

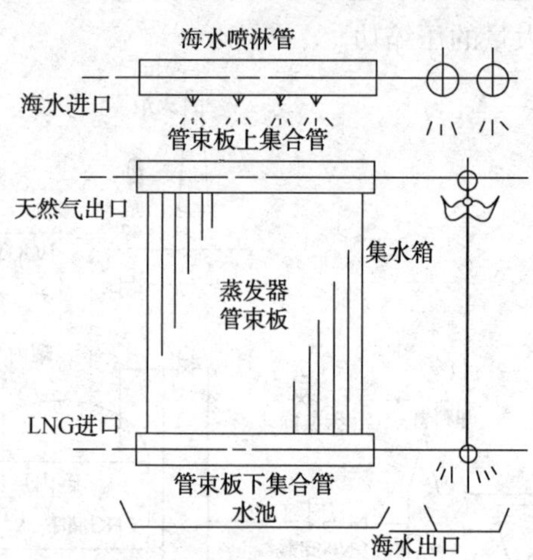

图 8-16　开架式水淋汽化器结构示意图

法国燃气公司 LNG 接收站采用的汽化器类型及蒸发量见表 8-13。

表 8-13　法国燃气公司 LNG 接收站汽化器类型

位置	勒阿弗尔	苏菲梅	布列塔尼-蒙度瓦
蒸发器类型	开架式	开架式和浸没式	开架式和浸没式
最大汽化量/(m^3LNG/d)	6000	38400	54000

五、LNG 储存

LNG 储存是 LNG 工业链中一个重要环节。无论是基本负荷型还是调峰型 LNG 工厂，液化后的天然气都要储存在储罐或储槽内。在 LNG 接收站中，也都有一定数量和不同规模的储罐或储槽。

由于天然气易燃、易爆，而 LNG 的储存温度又很低，故要求其储运系统设备与设施必须安全可靠而且效率要高。

基于上述要求，绝大多数液化天然气储存容器都采用双层储罐，并在两层罐体之间装填良好的绝热材料。其中，内罐(内筒)是盛装液化天然气的主容器，外罐(外筒)除了保护绝热材料之外还兼起安全作用。内罐的材料主要是 9% 的镍钢或预应力混凝土(有时也用铝合金或不锈钢)，外罐材料则为碳钢或预应力混凝土，绝热材料大多为聚氨酯泡沫塑料、珠光砂、聚苯乙烯泡沫塑料、泡沫玻璃、玻璃纤维或软木等。

(一) LNG 储罐型式

LNG 储罐是 LNG 接收站和各种类型 LNG 工厂必不可少的重要设备。由于 LNG 具有可燃性和超低温特性(-162℃)，因而对 LNG 储罐有很高的要求。罐内压力为 0.1~1.0MPa，储罐的日蒸发率一般为 0.04%~0.2%，小型储罐蒸发量高达 1%。

目前，LNG 储罐大型化的趋势越发明显，单罐容量 $20\times10^4m^3$ 的建造技术已经成熟，最大的地下储罐容量已达 $25\times10^4m^3$。

LNG 储罐分地上储罐及地下(包括半地下)储罐。罐内 LNG 液面在地面以上的为地上储罐；液面在地面以下的为地下储罐。

地下储罐主要有埋置式和坑内式，地上储罐有单容罐、双容罐、全容罐、球形罐、膜式罐和子母罐等。

1. 地上储罐

以金属圆柱状双层壁储罐为主，目前应用最为广泛。这种双层壁储罐是由内罐和外罐组成，两层罐壁间填充绝热材料。地上储罐建设费用低，建设时间短，但占地多，安全性较地下储罐差。

目前，金属材料地面圆柱形双层壁储罐又可分为单容罐（单包容罐）、双容罐（双包容罐）和全容罐（全包容罐）等型式。单容罐系在金属罐外有一比罐高低得多的混凝土围堰，用于防止在主容器发生事故时 LNG 溢出扩散。该储罐造价最低，但安全性较差，占地较大。与单容罐相比，双容罐则是在内罐外围设置的一层高度与罐壁相近，并与内罐分开的圆柱形混凝土防护墙。全容储罐则是在金属罐外有一带顶的全封闭混凝土外罐，即使 LNG 泄漏也只能在混凝土外罐内而不致于外泄。此外，还可防止热辐射和子弹等外来物击穿等。这三种型式的储罐各有优缺点，选择罐型时应综合考虑技术经济、安全性能、占地面积、场址条件、建设周期及环境等因素。

（1）单容罐

单容罐是常用的一种 LNG 储罐型式，它分为单壁罐和双壁罐，出于安全和绝热考虑，单壁罐未用于 LNG 储存。双壁单容罐由内罐（内壁）和外罐（外壁）组成，由于外罐用普通碳钢制成，故不能承受低温，主要起固定和保护绝热层以及保持吹扫气体压力的作用。单容罐周围通常有一圈较低的防护堤，以容纳泄漏出的液体。

单容罐一般适宜在远离人口密集区，不易遭受灾害性破坏（例如火灾、爆炸和外来飞行物的碰击）的地区使用。由于其结构特点，要求有较大的安全防火距离及占地面积。图 8-17 是单容罐结构示意图。

单容罐的设计压力通常为 17~20kPa，操作压力一般为 12.5kPa。对于大直径的单容罐，设计压力相应较低，有关规范中推荐这种储罐的设计压力小于 14kPa。如果储罐直径为 70~80m 时已难以达到，其最大操作压力大约在 12kPa。由于操作压力较低，在卸船过程中 BOG 不能返回到 LNG 船舱中，故需增加一台返回气压缩机。较低的设计压力使 BOG 的回收系统需要较大的压缩功率，这将增大投资和操作费用。

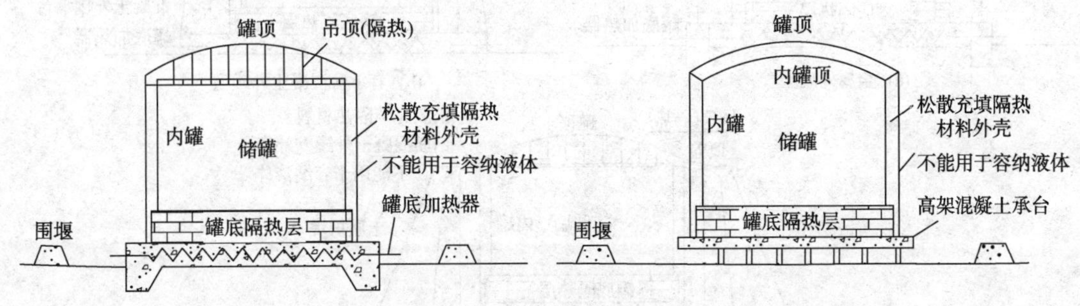

图 8-17 单容罐结构示意图

单容罐本身投资相对较低，施工周期较短，但易泄漏，故有关规范要求其罐间安全距离较大，并需设置防护堤，从而增加占地及投资，而且其周围不能有其他重要设施，对安全检测和操作要求较高。此外，因单容罐外罐是普通碳钢，需要严格保护以防止外部腐蚀，外部容器要求长期检查和防护。

由于单容罐的安全性较其他型式罐的安全性低，近年来在大型 LNG 工厂及接收站已很少使用。但是，我国目前已建或在建的 LNG 工厂均为中小型，又无需考虑从外来 LNG 运输船卸料，故仍多选用单容罐。例如，陕西渭南某 LNG 工厂（$30\times10^4m^3/d$）其 LNG 产品常压储存（15kPa，-164.3℃），选用 $5000m^3$ 双壁单容罐 1 座。内罐罐底、罐壁和罐顶材料为 06Cr19Ni10，外罐底板材料为 16MnDR，罐壁和罐顶材料为 16MnR。内罐和外罐之间填充珠光砂粉末作为绝热层，并充入干燥氮气使绝热层干燥，以保持储罐具有良好的绝热性能和较低的 LNG 日蒸发率（≤0.16%）。

此外，青海昆仑能源 LNG 工厂（天然气处理量为 $35\times10^4m^3/d$）、内蒙古阿拉善 LNG 工厂（天然气处理量为 $30\times10^4m^3/d$）等也都选用 $5000m^3$ 单容罐。

又如，内蒙鄂尔多斯星星能源 LNG 工厂（天然气处理量为 $100\times10^4m^3/d$）、陕西靖边西蓝 LNG 工厂（天然气处理量为 $50\times10^4m^3/d$）等选用 $10000m^3$ 单容罐，四川广安昆仑能源 LNG 工厂（天然气处理量为 $100\times10^4m^3/d$）等则选用 $20000m^3$ 单容罐。目前，我国建造的中石油江苏如东最大单容罐为 $200000m^3$。

（2）双容罐

双容罐由耐低温金属内罐和耐低温金属或混凝土外罐构成。在内罐发生泄漏时，由于外罐可用来容纳泄漏的低温液体，故气体会外泄但液体不会外泄，所以增强了外部的安全性。为了尽可能缩小罐内泄漏液体形成液池的范围，外罐与内罐之间的距离不应过大。此外，在外界发生危险时外部混凝土墙也有一定保护作用，其安全性较单容罐高。根据有关规范要求，双容罐不需设置围堰但仍需较大的安全防火距离。当发生事故时，LNG 罐中气体外泄，但装置控制仍然可以持续。图 8-18 是采用金属材料的双容罐结构示意图。有的双容罐外罐采用预应力混凝土，罐顶加吊顶绝热，有的外罐采用预应力混凝土并增加土质护堤，罐顶加吊顶绝热。

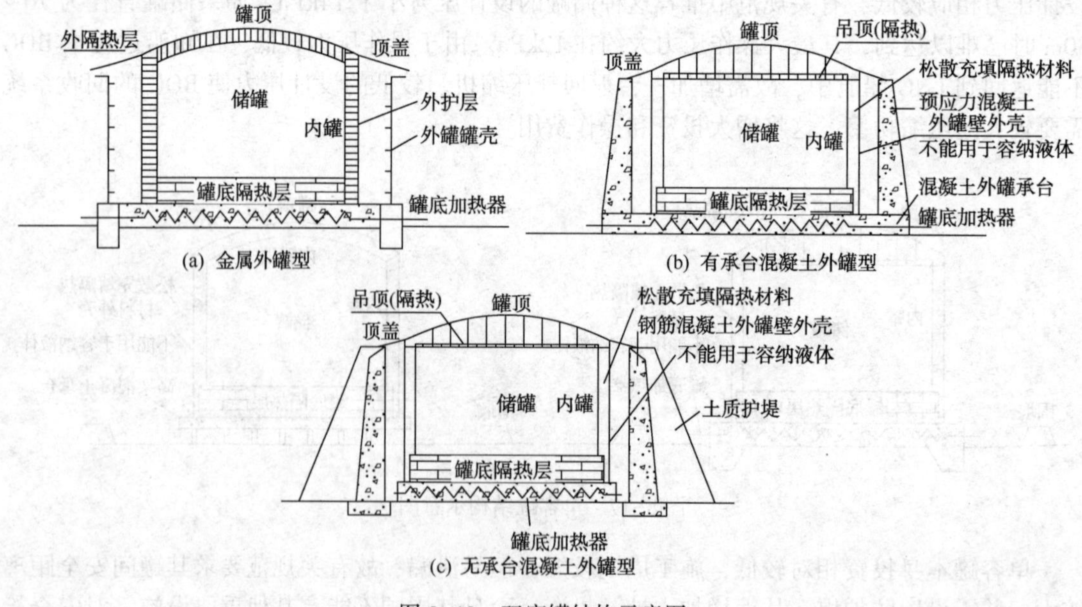

图 8-18 双容罐结构示意图

储罐的设计压力与单容罐相同(均较低)，也需要设置返回气压缩机。

双容罐的投资略高于单容罐，约为单容罐投资的110%，其施工周期也较单容罐略长。由于双容罐与全容罐投资和施工周期接近但安全水平较低，故目前应用甚少。

(3) 全容罐

全容罐由耐低温金属内罐和耐低温金属或混凝土全封闭式外罐和顶盖构成。内罐和外罐都可单独容纳所储存低温液体的双层储罐。正常情况下，内罐储存低温液体，外罐支撑罐顶。外罐既能容纳低温液体，也能限制因液体泄漏而产生的BOG排放。

图8-19是全容罐结构示意图。全容罐由9%镍钢内罐、9%镍钢或混凝土全封闭式外罐和顶盖、底板组成，外罐到内罐距离约1~2m。其设计最大压力为30kPa，最低温度为-165℃，允许最大操作压力为25kPa。由于全容罐外罐可以承受内罐泄漏的LNG及其气体，不会向外界泄漏，故其安全防火距离要小得多。一旦发生事故，对装置的控制和物料的输送仍然可以继续，这种状况可持续几周，直至设备停车。

采用金属顶盖时，其最高设计压力与单壁储罐和双壁储罐的设计一样。采用混凝土顶盖(内悬挂铝顶板)时，安全性能增高，但投资相应增加。因设计压力相对较高，在卸船时可利用罐内气体自身压力将BOG返回LNG船，省去了BOG返回压缩机的投资，并减少了操作费用。

具有混凝土外罐和罐顶的全容罐，可以承受热辐射和子弹等外来物的攻击，对于周围的火情具有良好的耐受性。另外，对于可能出现的LNG溢出，混凝土提供了良好的防护。低温冲击现象即使有也会限制在很小区域内，通常不会影响储罐整体密封性。

与单容罐和双容罐相比，全容罐造价最高，但其安全性也最高，故应用极为广泛。

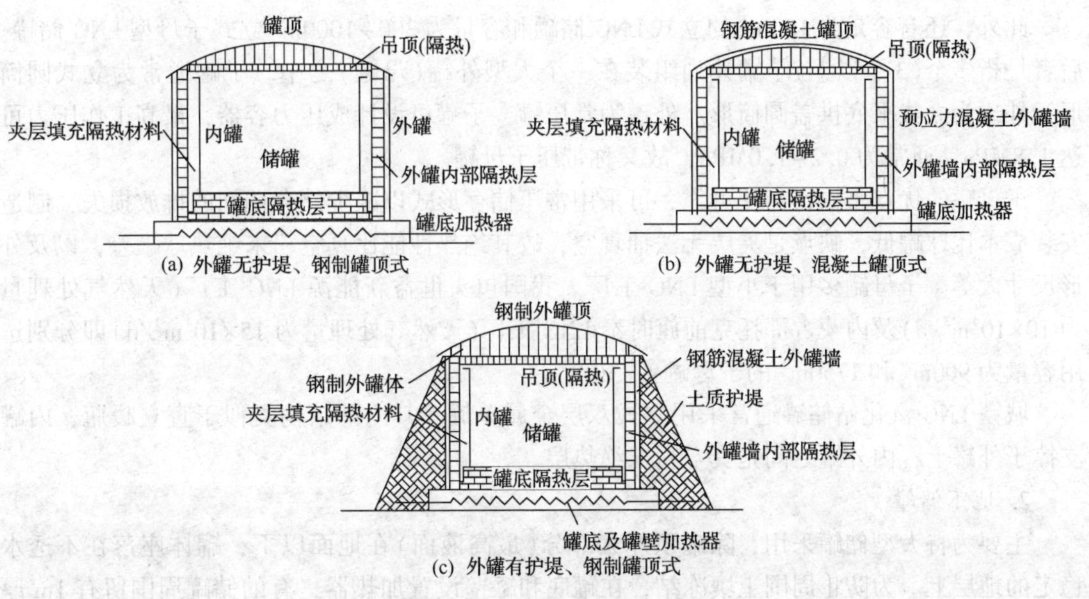

图8-19 全容罐结构示意图

(4) 膜式罐

膜式罐也称薄膜罐，采用不锈钢内膜和混凝土外壁，其安全防火距离要求与全容罐相同。但与双容罐和全容罐相比，它只有一个罐体。膜式罐因其不锈钢内膜很薄，没有温度梯度的约束，故操作灵活性比全容罐大。

该储罐可设在地上或地下。建在地下时，如投资和工期允许，可选用较大容积。这种结构可防止液体溢出，具有较好的安全性，且罐容较大。该罐型较适宜在地震活动频繁及人口稠密地区使用。缺点是投资较高，建设周期长，由于其结构特点故有微量泄漏。

(5) 球形罐

LNG 球形储罐的内外罐均为球状，见图 8-20。工作状态下，内罐为内压容器，外罐为真空外压容器。夹层通常为真空粉末绝热。球罐的内外球壳板在制造厂预制后再在现场组装。

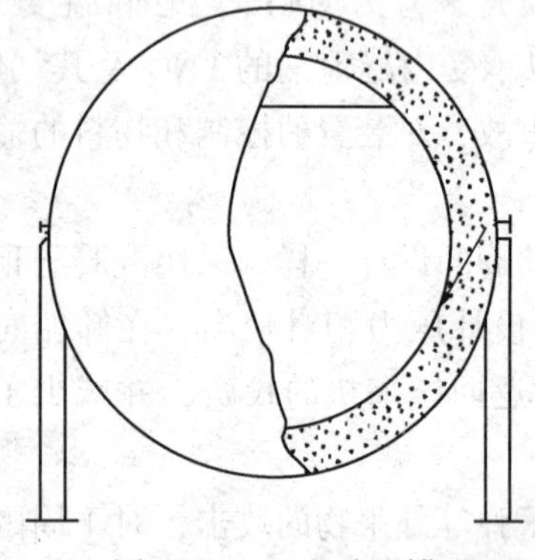

图 8-20　LNG 球形罐

球罐优点是在同样体积下其表面积最小，故所需金属材料少，重量轻，传热面积也最小，加之夹层可以抽真空，有利于获得最佳的绝热效果。由于内外壳体呈球形，故其耐压性能好。但是，球壳加工需要专用设备，精度要求高，现场组装技术难度大，质量不易保证。此外，虽然球壳重量最小，但成形时材料利用率最低。

球罐的容积一般为 200~1500m^3，工作压力 0.2~1.0MPa。容积小于 200m^3 的球罐尽可能在制造厂整体预制后出厂，以减少现场安装工作量。容积超过 1500m^3 的储罐不宜采用球罐，因为此时外罐壁厚过大，制造困难。

(6) 立式储罐

此外，还有容量为 100m^3 的立式 LNG 储罐和容量为 300~1000m^3 立式子母型 LNG 储罐。后者是指多个(3 个以上)子罐并列组装在一个大型外罐(母罐)之中。子罐通常为立式圆筒形，外罐为立式平底拱盖圆筒形。外罐为常压罐，子罐可设计成压力容器，最高工作压力可达 1.8MPa，通常为 0.2~1.0MPa，故又称带压子母罐。

子母罐的优点是操作简便可靠，可采用常压储存形式以减少储存期间的排放损失，制造安装成本比球罐低，缺点是夹层无法抽真空，故其绝热性能比真空粉末绝热球罐差，以及外形尺寸大等。子母罐多用于小型 LNG 工厂。我国包头世益新能源 LNG 工厂(天然气处理量为 10×10^4m^3/d)及内蒙古鄂托克前旗时泰 LNG 工厂(天然气处理量为 15×10^4m^3/d)即分别选用容量为 900m^3 和 1750m^3 的子母罐各一座。

城镇 LNG 汽化站储罐通常采用立式双层金属单罐，其内部结构类似于直立暖瓶，内罐支撑于外罐上，内外罐之间是真空粉末绝热层。

2. 地下储罐

主要为特大型储罐采用，除罐顶外大部分(最高液面)在地面以下，罐体座落在不透水稳定的地层上。为防止周围土壤冻结，在罐底和罐壁设置加热器，有的储罐周围留有 1m 厚的冻结土，以提高土壤的强度和水密性。LNG 地下储罐的钢筋混凝土外罐，能承受自重、液压、土压、地下水压、罐顶、温度、地震等载荷，内罐采用不锈钢金属薄膜，紧贴在罐体内部，金属薄膜在-162℃具有液密性和气密性，能承受 LNG 进出时产生的液压、气压和温度的变化，同时还具有充够的疲劳强度，通常制成波纹状。图 8-21 为日本川崎重工业公司为东京煤气公司建造的 LNG 地下储罐。此罐容量为 140000m^3，直径为 64m，高 60m，液面高度为 44m，外壁为 3m 厚的钢筋混凝土，内衬 200mm 厚的聚氨酯泡沫塑料绝热材料，内壁紧贴耐-162℃的不锈钢薄膜，罐底为 7.4mm 厚的钢筋混凝土。该罐可储存的 LNG 换算为气态天然气为 $68\times10^6m^3$，可供 20 万户家庭 1 年用气需要。

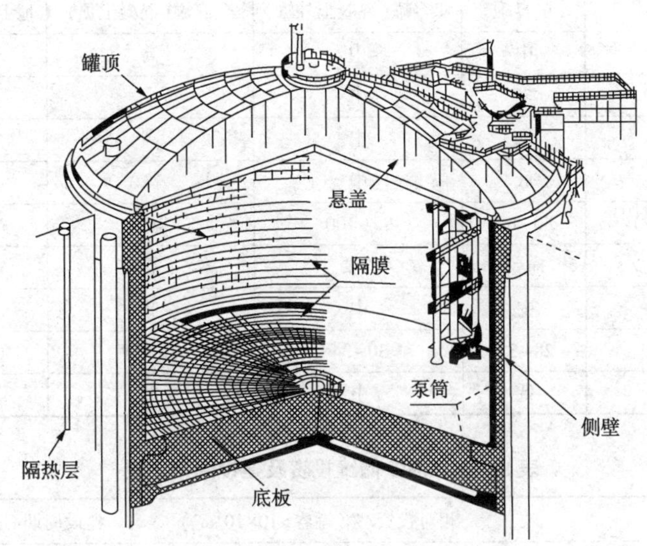

图 8-21　LNG 地下储罐

由于 LNG 液面低于地面，故可防止 LNG 泄漏到地面，安全性高，占地少(罐间安全防火距离是地面罐之间的一半)，但建设时间长，对基础的土质及地质结构要求高。

3. 其他型式储罐

(1) 半地下储罐

为避免大量土方开挖，或由于土地使用限制，不需要将地下储罐的液位控制在地面以下，这种类型的储罐称为半地下储罐。该罐介于地上储罐和地下储罐之间，不需在储罐周围建防护堤，兼有地上储罐和地下储罐的优点。

(2) 坑内储罐(池内储罐)

该罐类似地下储罐，但其混凝土外罐不与土层直接相接，而是另外采用混凝土构筑一个坑体，使储罐居于其中间。

(二) LNG 罐型性能比较及选择

LNG 的罐型选择应安全可靠，投资低，寿命长，技术先进，结构有高度完整性，便于制造，且应使整个系统的操作费用低。

地下罐投资高、建设周期长。除非有特殊要求，一般不选用。

全容罐和膜式罐投资较高，但其安全性较双容罐好，故是目前接收站普遍采用的罐型。另外，混凝土罐顶可提供额外保护和具有较高的操作压力。

单容罐、双容罐与全容罐相比，虽然其罐体本身投资较低，建设周期较短，但因单容罐、双容罐的设计压力和操作压力均较低，蒸发气量相应较多，蒸发气压缩机及再冷凝器的处理量也相应增加。此外，卸料时的蒸发气不能利用罐自身压力返回输送船，必须配置返回气压缩机。因此，LNG单容罐、双容罐及相应配套设备的总投资反高于全容罐，其操作费用也大于全容罐。各种类型LNG储罐技术经济性能比较见表8-14~表8-17。

表8-14　LNG储罐技术经济性能比较

罐　　型	单容罐	双容罐(混凝土外罐)	全容罐(混凝土顶)	地上膜式罐	地下膜式罐
安全性	中	中	高	中	高
占地面积	多	中	少	少	少
技术可靠性	低	中	高	中	中
结构完整性	低	中	高	中	中
相对投资(罐及相关设备)/%	80~85	95~100	100	95	150~180
配备返回气压缩机	需要	需要	不需要	需要	需要
操作费用	中	中	低	低	低
建设周期/月	28~32	30~34	32~36	30~34	42~52
施工难易程度	低	中	中	高	高

表8-15　LNG储罐投资及建设周期比较

LNG储罐	相对投资/%(罐容>$10\times10^4m^3$)	建设周期/月(罐容约$12\times10^4m^3$)
单容罐	80~85	28~32
双容罐	95~100	30~34
膜式罐	95	30~34
全容罐	100	32~36
地下罐	150~180	42~52
坑内罐	170~200	48~60

表8-16　LNG储罐采用不同罐型时的CAPEX及OPEX比较

单位：百万美元	单容罐	双容罐	全容罐
相对投资费用(CAPEX)/%			
LNG罐(4台)	80~85	95~100	100
土地费	200~250	100	100
场地平整	150~200	100	100
道路围墙	110~120	100	100
管线管廊	100~180	100	100
BOG压缩及回气系统	250~300	250~300	100
总计	110~120	110~120	100
相对运营费用(OPEX)/%			
运营费用	450~500	450~500	100

表 8-17 $16\times10^4m^3$LNG 储罐综合比较

项目	单容罐	双容罐	预应力混凝土全容罐	地上薄膜罐	地下薄膜罐
安全性	低	中	高	中	高
占地	多	中	少	少	少
技术成熟可靠性	高	高	高	中	中
运行费用	中	中	低	低	低
施工周期(月)	26	30	32	34	40
与预应力混凝土全容罐的造价比	0.80~0.85	0.95~1.00	1.00	0.95	1.50~1.80

(三)LNG 储罐大型化及发展趋势

随着 LNG 储罐规范的更新、材料技术和施工技术的发展、设计技术的不断突破，LNG 储罐大型化是未来重要的发展趋势。近几年 LNG 接收站大型化储罐应用实践也表明，随着储罐大型化，单位罐容成本呈下降趋势，规模效应明显；同时罐容的增大也可以更高效地提高土地利用率(单位罐容占地面积减少)以及更大程度降低储罐蒸发率。此外，LNG 运输船船容的增大、数量的增加以及 LNG 接收站数量的增加，均需要与之配套的更大容积的 LNG 储罐。因此，综合来看，大型化是目前 LNG 储罐的发展趋势。表 8-18 是目前世界上有效储存容积为 $19\times10^4m^3$ 以上的 LNG 储罐分布情况。

表 8-18 目前世界上有效储存容积为 $19\times10^4m^3$ 以上的 LNG 储罐分布情况

国家	接收站	状态	储罐类型	有效容积/10^4m^3	储罐数量(座)	运行商
日本	Ohgishima	1998 年投产	地下薄膜罐	20	3	Tokyo Gas
	Chita Midorihama	2001 年投产	地下薄膜罐	20	2	Tokyo Gas
	Ohgishima	扩建，201 年投产	地下薄膜罐	25	1	Tokyo Gas
韩国	Incheon	1996 年投产	地下薄膜罐	25	8	KOGAS
	Samcheok	在建	地下薄膜罐	20	12	KOGAS
	Samcheok	设计阶段	地上全容罐	27	3	KOGAS
	Tongyeong	3 座已投，1 座在建	地上全容罐	20	4	KOGAS
美国	Elba Islang III	2010 年投产	地上全容罐	20	1	El Paso
英国	Grain LNG	三期，2010 年投产	地上全容罐	19	1	National Grid Transco

与世界发达国家相比，我国的大型 LNG 接收站储罐技术起步较晚，国内 LNG 接收站起步于 2005 年的广东大鹏 LNG 接收站，该站一期工程由两座有效储存容积 $16\times10^4m^3$LNG 全容罐组成。由于有效储存容积 $16\times10^4m^3$LNG 全容罐在国际上技术成熟，且应用较广，我国福建、上海、浙江、大连、江苏、珠海等省市已建成的 LNG 接收站均以此罐型为主，随着我国对有效储存容积为 $16\times10^4m^3$LNG 全容罐核心技术的掌握。目前寰球公司正在开发 $27\times10^4m^3$LNG 储罐技术并同步开展大型 LNG 薄膜储罐的相关研究和应用工作。寰球公司已经应用并投产多个具有自主知识产权的 $3\times10^4m^3$、$5\times10^4m^3$、$8\times10^4m^3$、$10\times10^4m^3$、$16\times10^4m^3$ 单罐容积的 LNG 储罐，总承包的中石油江苏如东国内最大 $20\times10^4m^3$LNG 储罐已于 2018 年下半年投产。中石化工程公司也已开始逐步与国外的 LNG 储罐设计单位竞争，开展储罐总承包工作。

六、LNG 运输

液化天然气(LNG)的运输主要有两种方法，陆上一般用 LNG 槽车，海上则用 LNG 船。近年来由于技术上的发展，也有通过火车运输以及大型集装箱运输 LNG 的方法。

(一)海上运输

LNG 运输主要采用特制的远洋运输船。由于 LNG 具有的低温特性，一般采用隔舱式和球型储罐两种结构的双层船壳(图 8-22)。

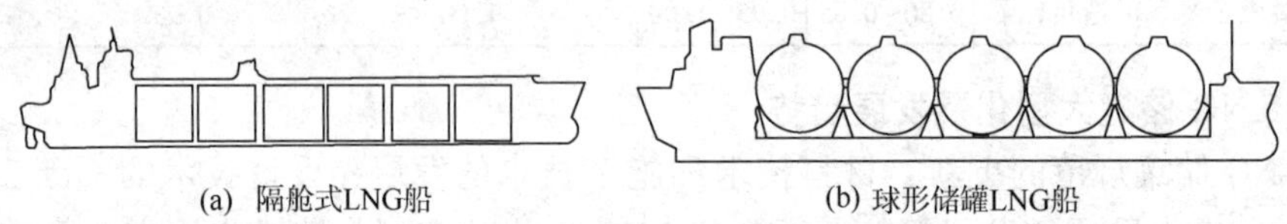

图 8-22 典型 LNG 运输船剖面图

1. LNG 运输船结构特点

LNG 运输船专用于运输 LNG，除应防爆和确保运输安全外，且要求尽可能降低蒸发率。表 8-19 为典型 LNG 运输船参数供参考。近年来新建造的 LNG 运输船的尺寸更大。例如，目前，世界上最大 LNG 运输船卡塔尔的“Al Samriya”号(船型 Q-Max)装载量为(26.3~26.7)×10^4m^3，长 345m，宽 53.8m，高 34.7m，总吨位 13×10^4t。

表 8-19 典型 LNG 运输船尺寸

尺寸	容量/m^3(t)		
	125000(50000)	165000(66800)	200000(80000)
长/m	260	273	318
宽/m	47.2	50.9	51
高/m	6	28.3	30.2
吃水/m	11	11.9	12.3
货舱数	4	4	5

(1) 双层壳体

目前所有 LNG 运输船都采用双层壳体设计，外壳体与储罐间形成一个保护空间，从而减少了船舶因碰撞导致意外破裂的危险性。在船舶运输时，可采用全冷式储罐或半冷半压式储罐，大型 LNG 船一般采用前者。LNG 在 0.1MPa、-162℃下储存，其低温液态由储罐绝热层及 LNG 蒸发吸热维持，少部分 BOG 作为 LNG 船燃料，其余 BOG 回收后再液化，储罐内的压力靠抽去的 BOG 量控制。

由于结构复杂，材质要求严格，故 LNG 船的建造费用很高。例如，一艘容量为 13.5×10^4m^3 的 LNG 运输船，造价约为 2.7×10^8 美元，高于同规模油轮 1 倍，建造时间长达 2.5 年。

(2) 绝热技术

低温储罐采用的绝热方式有真空粉末、真空多层、高分子有机发泡材料等。真空粉末尤其是真空珠光砂绝热的特点是对真空度要求不高、工艺简单、绝热效果较好。真空多层绝热的特点则为：

① 真空粉末的夹层厚度比真空多层夹层厚度大一倍，即对于相同容积的外壳，采用真空多层绝热的储罐有效容积比采用真空粉末绝热的储罐大27%左右，故当储罐外形尺寸相同时后者可提供更大的装载容积。

② 大型LNG运输船由于储罐较大，其夹层空间和所需绝热材料以及储罐质量也相应增大，因而降低了装载能力，加大了运输能耗。因此，真空多层绝热方式就具有明显优势。

③ 采用真空多层绝热方式可避免运输船航行过程中因颠簸而产生的夹层绝热材料沉降。

轻质多层高分子有机发泡材料也常用于LNG运输船上。目前，LNG运输船的日蒸发率已可保持在0.15%以下。另外，绝热层还可防止意外泄漏的LNG进入内层船体。LNG储罐的绝热结构也由内部核心绝热层和外层覆壁组成。针对不同的储罐日蒸发率要求，内层核心绝热层的厚度和材料也不同。所采用的高分子有机材料泡沫板应具有低可燃性、良好的绝热性和对LNG的不溶性。

（3）再液化

LNG储罐控制低温液体压力和温度的有效方法是将BOG再液化，从而减少储罐绝热层厚度，降低船舶造价，增加货运量和提高航运经济性。

LNG运输船BOG再液化工艺可以采用以LNG为工质的开式制冷循环或以冷剂为工质的闭式制冷循环。以自持式再液化装置为例，其本身耗用1/3的BOG作为装置动力，尚可回收2/3的BOG，具有很高的节能价值。虽然，再液化工艺技术至今还未应用到LNG运输船上，但根随着LNG运输船大型化和推进方式的变化，采用BOG再液化的工艺技术已提到日程。

2. LNG运输船船型

LNG运输船的船型主要受储罐结构的影响。目前LNG运输船所采用的低温储罐结构(液货舱)可分为自支承式(独立液货舱)和薄膜式(薄膜液货舱)两种。根据1999年统计资料，当年运营的99艘大型LNG运输船中采用自支承式结构的有50艘，另有2艘采用棱柱形自支承式结构，采用薄膜式结构的有40艘。因此，自支承式和薄膜式储罐应是LNG运输船船型的主流结构。据2007年统计，独立液货舱占43%，薄膜液货舱占52%，其他型式占5%。

（1）自支承式

自支承式储罐是独立的，其整体或部分被安装在船体中，最常见的是球形(B型)储罐。其材料可采用9%镍钢或铝合金，罐体由裙座支承在赤道平行线上，这样可吸收由于储罐处于低温而船体处于常温而产生的不同热胀冷缩率。储罐外表面是没有承载能力的绝热层。近年又开发了一种采用铝合金材料的棱柱形(A型)储罐。挪威的Moss Rosenberg(MOSS型)及日本的SPB型都属于自支承式。其中，MOSS型是球形储罐，SPB型是棱形储罐，见图8-23和图8-24。

（2）薄膜式

薄膜式储罐采用船体内壳体作为储罐。储罐第一层为薄膜层，其材料采用不锈钢或高镍不锈钢，第二层由刚性的绝热支撑层支承。储罐的载荷直接传递到船壳。GTT型LNG运输船是法国Gaz Transporth和Technigaz公司开发的薄膜型LNG运输船，其围护系统由双层船壳、主薄膜、次薄膜和低温绝热所组成，见图 8-25。薄膜承受的内应力由静应力、动应力和热应力组成。

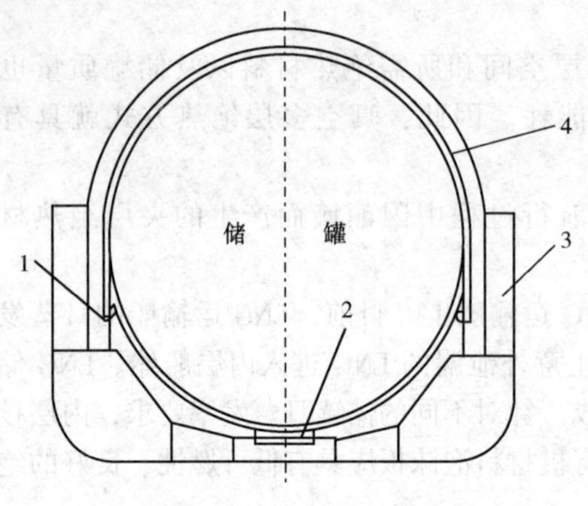

图 8-23　MOSS 型球形储罐

1—舱裙；2—部分次屏；3—内舱壳；4—绝热层

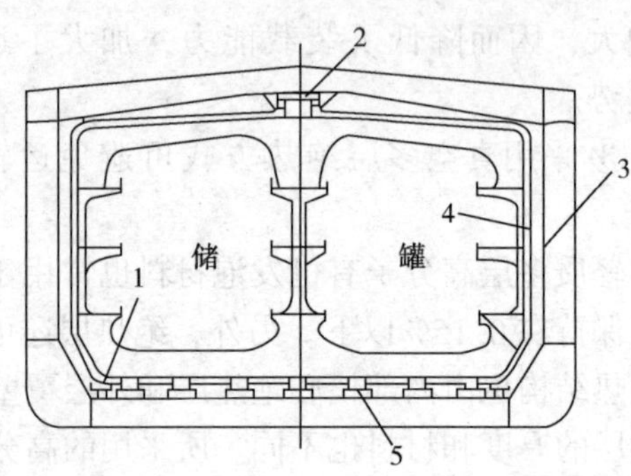

图 8-24　SPB 型棱形储罐

1—部分次屏；2—楔子；3—内舱壳；4—绝热层；5—支撑

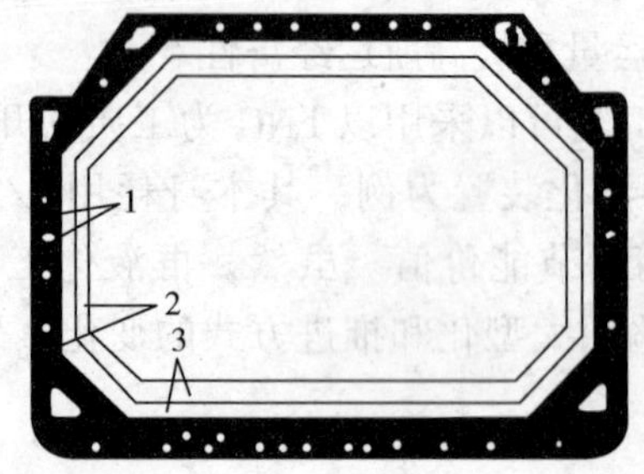

图 8-25　薄膜型液货舱

1—完全双船壳结构；2—低温屏障层组成(主薄膜和次薄膜)；3—可承载的低温绝热层

（二）陆上运输

LNG 用船运输到岸上接收站后，大部分汽化为天然气通过管道送往大型工业和民用用户，小部分则用汽车运输到中小用户，特别是未敷设天然气管网的用户。此外，在陆上建设的小型 LNG 工厂，汽车就成为其运输 LNG 产品的主要工具。因此，LNG 的公路运输也是其供应链的重要部分。

1. LNG 公路运输特点

LNG 公路运输需要适应点多、面广、变化大的天然气市场，确保在各种复杂条件下的运输安全。

LNG 公路运输是用汽车将 LNG(一般为常压、低温)运输到各地用户。公路运输不同于海上运输，公路沿线建筑物和过往人流车流对装载 LNG 的汽车槽车提出了更高的安全要求，对汽车槽车的绝热、装卸、安全设计都有专项措施。

2. LNG 汽车槽车

汽车槽车运输 LNG 时，其结构必须满足 LNG 装卸、绝热和高速行驶等要求。目前，我国市场上主流 LNG 槽车是三轴的半挂车型，槽车罐体容积有 $30m^3$、$40m^3$、$45m^3$、$52.6m^3$ 等几种常用规格，并以 $52.6m^3$ 罐体容积为主。国产 $30m^3$/0.8MPa LNG 半挂运输车技术参数见表 8-20。

表 8-20 国产某 LNG 半挂运输车主要技术参数

设备	项目名称	内筒	外筒	备注
储罐	容器类别	三类	—	
	充装介质	LNG	—	
	有效容积/m^3	27	—	容积充装率 90%
	几何容积/m^3	30	18	夹层容积
	最高工作压力/MPa	0.8	-0.1	
	设计压力/MPa	1		
	最低工作温度/℃	-196	常温	
	设计温度/℃	-196		
	主体材质	0Cr18Ni9	16MnR	
	安全阀开启压力/MPa	0.88	—	
	隔热形式	真空纤维		
	蒸发率/(%/天)	≤0.3	—	简称：CB
	自然升压速度/(kPa/天)	≤17	—	LNG
	空质量/kg	约 14300		LNG
	满质量/kg	25800		
牵引车	型号	ND1926S		北方-奔驰
	发动机功率/kW	188		LCH_4
	最高车速/(km/h)	86.4		
	轴距/mm	3250		
	自重/kg	6550		
	允许列车总质量/kg	38000		
	鞍座允许压重/kg	12500		
半挂车	底架型号	THT9360 型		
	自重/kg	4100		
	允载总质量/kg	36000		
	满载总质量/kg	30700		
列车	型号	KQF9340GDYBTH		不含牵引车
	充装质量/kg	12500		LN_2
	整车整备质量/kg	约 25100		
	允载总质量/kg	38000		LNG
	满载总质量/kg	约 37600		LN_2

(1) LNG 槽车的装卸

LNG 槽车的装卸可以利用储罐自身压力增压或用泵增压装卸。

自增压装卸系利用 BOG 提高储罐自身压力，使储罐和槽车形成的压差将储罐中的 LNG 装入槽车。同样，可利用 BOG 提高槽车压力，把槽车中的 LNG 卸入储罐。

自增压装卸的优点是只需在流程上设置气相增压管路，设施简单，操作容易。但是，由于储罐(接收站的 LNG 固定储罐和槽车储罐)都是带压操作，而固定储罐一般是微正压，槽车储罐的设计压力也不宜高，否则会增加槽车的空载重量，降低运输效率(运输过程都是重车往返)，因而装卸时的压差有限，装卸流量低，时间长。

泵增压装卸系采用专门配置的泵将 LNG 增压进行槽车装卸。此法因流量大、装卸时间短、适应性强而广泛应用。对于接收站大型储罐，可以用罐内潜液泵和接收站液体输送设施装车。对于汽车槽车可以利用配置在车上的低温泵卸车。由于泵输量和扬程可按需要配置，故装卸流量大，时间短，适应性强，可以满足各种压力规格的储罐。而且，不需采用 BOG 增压，槽车罐体的工作压力低，质量轻，利用系数和运输效率高。正因为如此，即使整车造价较高，结构较复杂，低温泵操作维护比较麻烦，但泵增压装卸还是应用日广。

(2) LNG 槽车的绝热

LNG 槽车可以采用的绝热方式有真空粉末绝热、真空纤维绝热和高真空多层绝热等。

绝热方式的选用原则是经济、可靠、施工简单。由于真空粉末绝热的真空度要求不高，工艺简单，隔绝热效果好，因而以往采用较多。近年来，随着绝热技术的发展，高真空多层绝热工艺逐渐成熟，LNG 槽车已开始采用这一技术。高真空多层绝热的优点是：

① 绝热效果好。高真空多层绝热的厚度仅需 30~35mm，远小于真空粉末绝热厚度。因此，相同容量的外筒，高真空多层绝热槽车的内筒容积比真空粉末绝热槽车的内筒容积大 27%左右，故可提供更大的装载容积。

② 对于大型半挂槽车，采用高真空多层绝热比真空粉末绝热所需材料要少得多，从而大大增加了槽车的装载重量。例如，一台 $20m^3$ 的半挂槽车采用真空粉末绝热时，粉末质量将近 1.8t，而采用高真空多层绝热时，绝热材料质量仅 200kg。

③ 采用高真空多层绝热可避免因槽车行驶产生的振动而引起的绝热材料的沉降。尽管高真空多层绝热比真空粉末绝热的施工难度大，但因其制造工艺日益成熟而有广泛应用前景。

因此，目前国内多采用高真空多层绝热 LNG 槽车，其特点是热导率低，绝热空间小，有效质量轻，LNG 日蒸发率低(一般低于 0.3%)。LNG 属于易燃、易爆液体，故应保证槽车内 LNG 在运输过程中不蒸发，一般要求无损失储存达 7 天以上。LNG 槽车储罐结构见图 8-26。

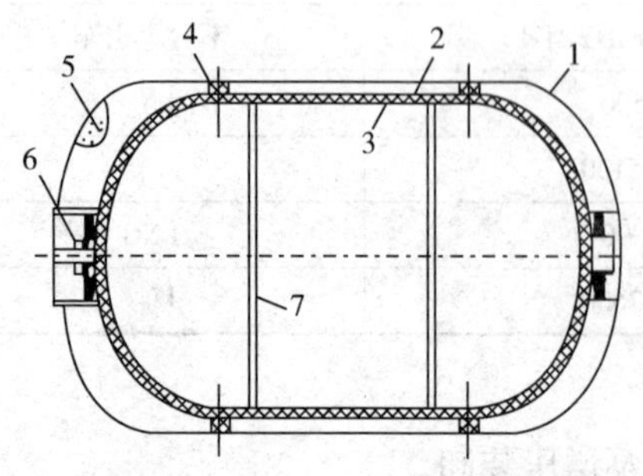

图 8-26 LNG 槽车储罐结构图

1—外壳；2—绝热层；3—内胆；4—径向支承；5—常温吸气剂；6—轴向支承；7—低温吸气剂

七、LNG 汽化

LNG 因具有运输效率高、用途广、供气设施造价低、见效快、方式灵活等特点，目前已经成为国内无法使用管输天然气供气城市的主要气源或过渡气源，同时也成为许多使用管输天然气供气城市的补充气源或调峰、应急气源。作为城镇利用 LNG 的主要设施，LNG 汽化站因其建设周期短、可方便及时满足市场用气需求，已成为我国众多经济较发达及能源紧缺地区的永久供气设施或管输天然气到达前的过渡供气设施。

LNG 汽化站的工艺设施主要有 LNG 储罐、LNG 汽化器及增压器、调压、计量与加臭装置、阀门与管材管件等。

LNG 由低温槽车运至汽化站，由增压汽化器(或槽车自带的增压汽化器)给槽车储罐增压，利用压差将槽车中的 LNG 卸入汽化站 LNG 储罐。然后，通过储罐增压汽化器将 LNG 增压，进入空温式汽化器，使 LNG 吸热汽化成为气体。当天然气在空温式汽化器出口温度较低时，还需经水浴式加热器汽化，并调压、计量、加臭后送入城镇管网。

LNG 汽化站工艺流程框图见图 8-27。

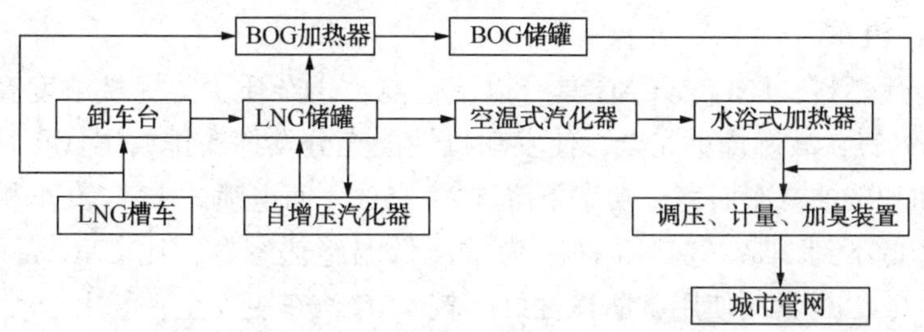

图 8-27　LNG 汽化站工艺流程框图

空温式汽化器系利用空气为热源使 LNG 汽化。在夏季，经空温式汽化器汽化后的天然气温度较高，可直接进入城镇管网；在冬季或雨季，由于环境温度或湿度的影响，汽化后的天然气温度较低，须再经水浴式加热器加热，或将 LNG 直接进入水浴式加热器加热至预定温度后进入城镇管网。

对于调峰型 LNG 汽化站，为了回收非调峰期卸槽车的余气和储罐中的蒸发气(BOG)，或天然气混气站为了均匀混气，常在 BOG 加热器的出口增设 BOG 储罐(缓冲罐)。

LNG 在常压下的沸点温度为-161.5℃，常压下储存温度为-162.3℃，密度约 430kg/m^3。LNG 汽化后，其临界浮力温度为-107℃。当气态天然气温度高于-107℃时，其密度比空气轻，将从泄漏处上升飘走。当气态天然气温度低于-107℃时，其密度比空气大，低温气态天然气会向下积聚，与空气形成可燃性爆炸物。为了防止 LNG 汽化站安全阀放空的低温气态天然气向下积聚形成爆炸性混合物，故需设置空温式安全放散气体(EAG)加热器，放散气体先经该加热器加热，使其密度小于空气，然后再引入放散塔高空放散。

对于中小型汽化站，一般选用真空绝热储罐。储罐分为内、外两层，填充珠光砂粉末，夹层抽真空，以有效防止外界热量传入罐内，保证罐内 LNG 日汽化率低于 0.3%(体积分数)。

大型调峰型 LNG 工厂和接收站的汽化设施主要有开架式水淋汽化器和浸没式汽化器，详见有关文献。

八、LNG 加气

随着城镇居民生活水平显著提高，汽车数量迅速增加，废气排放量增大。燃油汽车增长所带来的环境污染问题已越来越严重。据统计，燃油机动车排放的一氧化碳、碳氢化合物、氮氧化合物已占总排放的 40%~70%，车辆尾气排放已成为城镇大气的主要污染源。在环保条件日趋严格的今天，LNG 作为一种优质清洁能源，越来越受到人们的重视。

目前我国 CNG 汽车使用推广较好，但因 CNG 是一种高压气体，与 LNG 相比其储存体积较大，故车辆继驶里程短，应用范围受到限制。而 LNG 则是低温液体，储运体积较小，故车辆继驶里程长。此外，由于 LNG 中杂质含量少，作为汽车替代燃料，其产生的汽车尾气污染物远低于 CNG 产生的汽车尾气污染物，故比 CNG 更具环保性。

LNG 的能量密度约为 CNG 的 3 倍，故其充装速度快(100~180L/min)，大型车辆的充装时间也不过 4~6min。LNG 加气站的主要设备有 LNG 低温储罐、低温泵及售气机，其流程比较简单，与 LPG 加气站类似。LNG 低温储罐为双层真空绝热容器，一般建在站内地下。低温泵为浸没式双级离心泵，安装在储罐内，用于将储罐中的 LNG 增压后送至 LNG 汽车储罐。LNG 售气机建在地面上。整个加气站占地面积很小。

（一）LNG 汽车

作为汽车替代燃料，LNG 较 CNG 具有以下优点：①杂质少，甲烷浓度高(个别 LNG 中甲烷含量可达 99%)，故燃烧更完全，使发动机性能充分发挥，排放尾气更加洁净；②CNG 汽车相对于汽油和柴油汽车而言，功率下降 5%~15%，而电喷式 LNG 汽车相对于汽油和柴油汽车，功率降低不到 2%；③LNG 储罐为常压低温绝热容器，比 CNG 高压钢瓶压力低，自重降低很多；④LNG 常压使用，防撞性好，较 CNG 汽车更安全；⑤由于燃料储箱体积小，质量轻，燃料能量密度大，相应提高了汽车装载利用率，LNG 汽车续驶里程约为 CNG 汽车的 3 倍，可超过 400km。

目前国内 CNG 汽车及加气站技术经过十余年的发展，已积累大量技术、人才及资本，故在一定时期内 CNG 汽车仍在天然气汽车中占据主导地位，LNG 汽车不会快速取代 CNG 汽车，即 LNG 汽车车辆数量不会很大。因此，在城镇 LNG 汽车发展初期，在现有的 CNG 站或加油站中增加橇装式 LNG 加气站，一方面可满足 CNG 汽车向 LNG 汽车过渡，另一方面建站更容易实现。由于 LNG 汽车较 CNG 汽车续驶里程长，具有在城际间驶行条件。所以为促进天然气汽车的区域化发展，在城际高速路沿线布局建设 LNG 加气站就成为必然。橇装式 LNG 加气站较站房式具有投资省、占地小、使用方便等特点，所以在扩展天然气汽车区域化发展的机遇下，橇装式 LNG 加气站具有明显的发展优势，非常适合在城际间高速路段沿线布局建设。由此可知，橇装式 LNG 加气站较站房式 LNG 加气站更适合我国当前 LNG 汽车的发展需要。

国内 LNG 汽车技术主要由 LNG 汽车发动机和燃料系统构成，其中燃料系统主要由 LNG 储气瓶总成、汽化器和燃料加注系统等组成。LNG 储气瓶总成包括储气瓶、安装其上的液位装置及压力表等附件。储气瓶附件包括加注截止阀、排液截止阀、排液扼流阀、节气调节阀、主安全阀、辅助安全阀、压力表、液位传感器和液位指示表等。汽化器包括水浴式汽化器和循环水管路及附件，功能是将 LNG 加热转化为 0.5~0.8MPa 的气体供作发动机燃料。燃料加注系统包括快速加注接口和气相返回接口，对应连接 LNG 加气机加液枪和回气枪等。

（二）LNG 加气站

LNG 加气站的主要设备有 LNG 储罐、调压汽化器、LNG 低温泵、加气机和控制系统。与 CNG 加气站相比，LNG 加气站无需造价昂贵及占地面积宽的多级压缩机组，大大减少了加气站初期投资和运行费用。

LNG 加气站的主要优点在于不受天然气输送管网限制，建站更灵活，可以在任何需要的地方建站。LNG 加气站建站的一次性投资相对 CNG 加气站节约 30%，且日常运行和维护费用减少近50%。

LNG汽车加气站可分为LNG加气站、L/L-CNG加气站L-CNG加气站3类，分类依据是可加气车辆类型。其中，LNG加气站是专门为LNG汽车加气的加气站，L-CNG加气站是将LNG在站内汽化和压缩后成为CNG，专门为CNG汽车加气的加气站，L/L-CNG加气站是既可为LNG汽车加气，又可将LNG汽化和压缩后成为CNG后再为CNG汽车加气的加气站。目前，我国沪宁沿线已有多座L/L-CNG加气站在运营。

图8-28为LNG加气站潜液泵式调压工艺流程图。表5-28为LNG、L/L-CNG、L-CNG加气站基本情况比较表。从表8-21可看出，L/L-CNG和L-CNG加气站主要是在LNG加气站设备基础上增加了LNG至CNG的转换装置以及CNG存储、售气装置。

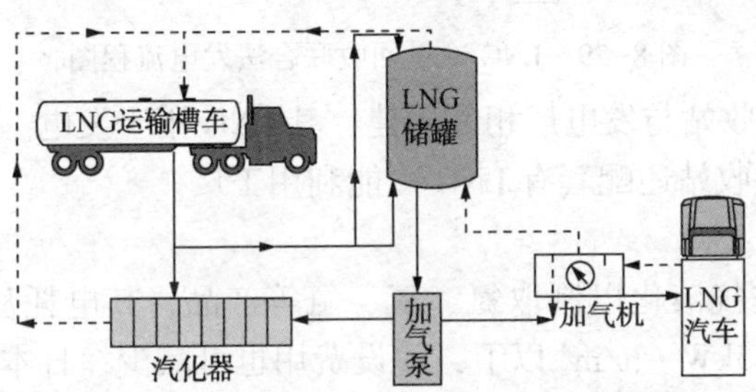

图8-28　LNG加气站潜液泵式调压工艺流程图

注：液相管路用实线表示；气相管路用虚线表示

表8-21　LNG、L-CNG、L/L-CNG加气站基本情况比较表

加气站类型	供气车辆类型	主要设备名称
LNG加气站	LNGV	LNG储罐、汽化器、潜液泵、LNG加气机
L/L-CNG加气站	LNGV、CNGV	LNG储罐、汽化器、潜液泵、LNG加气机、LNG高压汽化器、LNG高压泵、CNG储气瓶、CNG加气机
L-CNG加气站	CNGV	LNG储罐、LNG高压汽化器、LNG高压泵、CNG储气瓶、CNG加气机

注：LNGV表示LNG汽车；CNGV表示CNG汽车。

九、LNG冷量利用

LNG再汽化后除用做城市供气管网正常及调峰气源、LNG汽车燃料等外，接收站储罐内的LNG具有可观的低温冷量，大约为0.24kW·h/kgLNG。这部分冷量可以在空分、制干冰、冷库、发电等领域加以利用。因此，LNG冷量利用日趋重要。

利用LNG冷量主要是依靠LNG与周围环境之间的温度和压力差，通过LNG的温度和相态变化回收LNG的冷量。利用冷量的过程可分为直接和间接两种。LNG冷量直接利用有发电、空气分离、冷冻仓库、液化二氧化碳、干冰海然空调等；间接利用有冷冻食品、低温干燥和粉碎、低温医疗和食品保存等。

（一）直接利用

LNG接收站的LNG冷量可用于发电、空气分离、生产液体二氧化碳及冷库等，LNG汽车燃料的冷量可用于汽车空调、冷藏等。

1. 发电

目前广泛采用联合法，即将直接膨胀法和朗肯(Rankin)循环法组合发电，其流程见图8

-29。图中左侧是靠 LNG 与海水温差驱动的换热工质动力循环(朗肯循环)做功，通常采用回热或再热循环；右侧是利用 LNG 压力火用直接膨胀做功。联合法可将近 20%的冷量转化为电能，发电量为 45kW · h/t LNG。

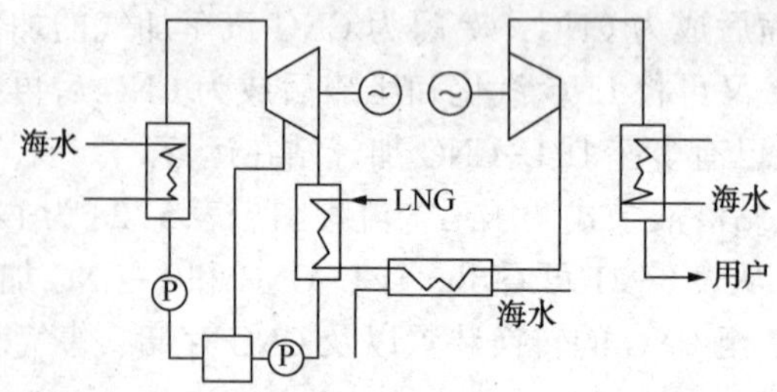

图 8-29　LNG 冷量回收联合法发电流程图

日本约半数 LNG 接收站与发电厂相邻而建，其 LNG 用于发电。LNG 发电量占全国发电量的 27%。部分 LNG 接收站还配套有 LNG 冷能利用工厂。

2. 空气分离

利用 LNG 冷量使空气液化以制取氮、氧、氩等产品，其电耗从常规空气分离的 0. 8~1. 0kW · h/m³ 降低至 0. 5kW · h/m³ 以下，建设费用也可减少。日本大阪煤气公司利用 LNG 冷量的空气分离装置流程见图 8-30。该装置采用氮气作为换热工质，利用 LNG 冷量来冷却和液化由精馏塔下部抽出并复热的循环氮气。与常规空气分离装置相比，不仅电耗降低 50%以上，而且流程简化，投资减少。

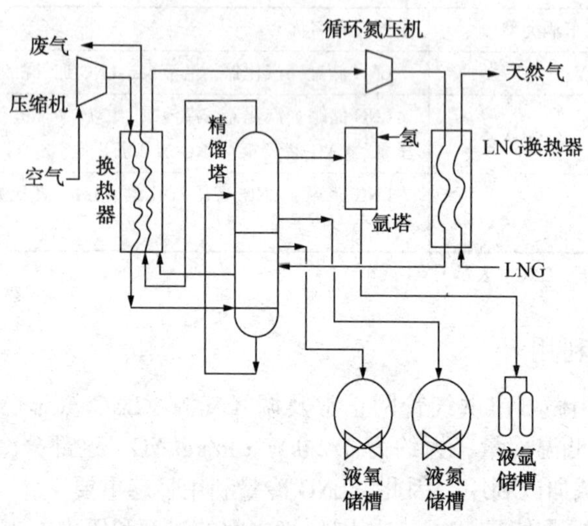

图 8-30　利用 LNG 冷量的空气分离流程图

我国宁波利用 LNG 冷量的空气分离装置液体产品为 614. 5t/d，其单位电耗约 0. 37kW · h/m³，是同规模最先进的常规流程空气分离装置的 46%，且不消耗冷却水，年节约水约 29×10^4t。又如，2014 年 8 月我国江苏杭氧润华气体公司利用 LNG 冷量的空气分离装置投产，节电达 40%，每年可节电 3000×10^4 kW · h。

3. LNG 汽车冷量回收及利用

LNG 汽车冷量可作为汽车空调及冷藏的冷源，将 LNG 汽车燃料中的冷量在夏季部分回收用于汽车车厢空调的流程见图 8-31。

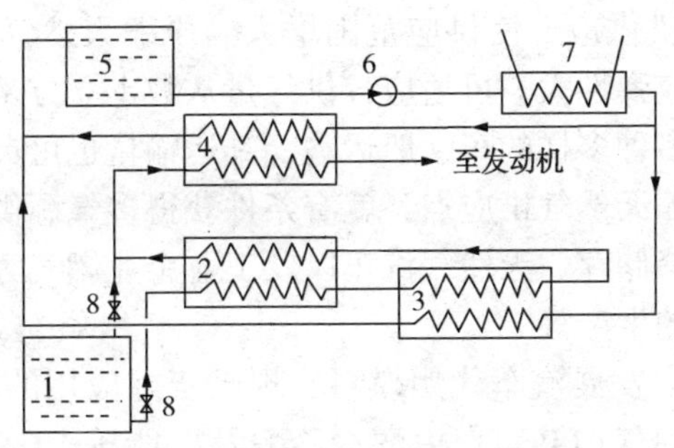

图 8-31 LNG 汽车空调冷量回收系统流程图

1—LNG 储罐；2、3、4—低温换热器；5—乙二醇蓄冷罐；6—乙二醇溶液泵；7—客气换热器

该系统储存在低温储罐 1 的 LNG(0.12MPa 下的饱和液体)先进入低温换热器 2 中部分汽化，再经换热器 3、4 中与乙二醇溶液换热继续汽化，然后与空气混合进入发动机。经 LNG 冷却后的乙二醇溶液去蓄冷罐 5，用泵 6 送至空气换热器 7 调节车厢温度。温度升高后的乙二醇溶液返回换热器 3、4 循环使用。

（二）间接利用

主要是利用 LNG 冷量生产液氮及液氧。生产的液氮可在低温下破碎一些在常温下难以破碎的物质，如尼龙 12、聚酯及聚乙烯等，而且破碎粒度小而均匀，也可破碎食品、香料等，不损坏原有质量，也不会使材料发生热氧化变质。

生产的液氧可制取高纯度臭氧，用来提高污水处理的吸收率。与常规方法相比，电耗可降低 1/3，且污水处理效果好。

表 8-22 不同组成天然气生产的 LNG 性质 （摩尔分数,%）

气源	C_1	C_2	C_3	C_4	C_5	N_2	CO_2	低热值/(MJ/m³)
海南海燃	76.05	18.74	3.65	0.21	—	1.17	0.18	42.87
新疆广汇	82.30	11.20	4.60	1.34	0.01	0.09	—	42.33
中原绿能	95.62	1.63	0.32	0.27	0.12	0.99	0.98	36.21

此外，由于原料气组成及液化工艺不同，LNG 的组成也各不相同(表 8-22)。某些 LNG 中含有较多的 C_2^+烃类时，可考虑将其回收、利用的可能性。

例如，中国石化天然气分公司建设的山东某 LNG 接收站(一期规模为 300×10^4t/年)，由于 LNG 中含有较多 C_2^+烃类，故又同时建设 2 套凝液回收装置(LNG 处理量各为 100×10^4t/年)，副产 NGL 约 50×10^4t/年。

第二节 压缩天然气(CNG)生产

压缩天然气(Compressed Natural Gas，简称 CNG)，是指将较低压力的天然气压缩至设定高压力状态的天然气。在常温和高压(20~25MPa)下，相同体积的天然气质量比参比条件下的质量约大 220~250 倍，因而压缩天然气可使天然气的储存和运输量大大提高，也可使天然气的利用更为方便。

目前，压缩天然气广泛用于交通、城镇燃气和工业企业生产领域。压缩天然气的利用特点是：①可以实现“点对点”供应，使供应范围增大。压缩天然气用作城镇燃气，克服了管道天然气的局限性；②供应弹性大，可适应日供气量从数十立方米到数万立方米的规模；③运输方式多样，可以采用多种多样的车、船运输，其运输量也可灵活调节；④容易获得备用气源。只要有两个以上压缩天然气供应点，就有条件获得多气源供应；⑤应用领域广泛。例如，用于中小城镇燃气调峰储存、天然气汽车以及工业企业燃气等。以下主要介绍车用压缩天然气特点和压缩天然气的生产等。

目前，国内外都在大力发展汽车代用燃料，现已实际应用的有压缩天然气(CNG)、液化天然气(LNG)、液化石油气(LPG)、甲醇、乙醇及电能等。CNG、LNG、LPG(油气田液化石油气)统称为天然气燃料，采用天然气燃料的汽车称为天然气汽车(NGV)。

一、汽车代用燃料

CNG 是一种优质燃料，具有使用方便、环保经济、发热量高等优点。天然气作为燃料，可以大大的减少 CO_2、SO_2、NO_X 及烟尘的排放量，这对改善大气环境及温室效应有着十分明显的作用。

（一）车用压缩天然气质量标准

近年来我国制定了《车用压缩天然气》GB 18047—2017 国家标准，车用压缩天然气的质量指标见表 8-23。

表 8-23　车用压缩天然气的质量指标

项目	技术指标
高位发热量/(MJ/m³)	≥31.4
总硫(以硫计)(mg/m³)	≤100
硫化氢/(mg/m³)	≤15
二氧化碳含量/%	≤3.0
氧气含量/%	≤0.5
水/(mg/m³)	在汽车驾驶的特定地理区域内，在压力不大于 25MPa 和环境温度不低于-13℃的条件下，水的质量浓度应不大于 30mg/m³
水露点/℃	在汽车驾驶的特定地理区域内，在压力不大于 25MPa 和环境温度不低于-13℃的条件下，水露点应比最低环境温度低 5℃

注：本标准中气体体积的标准参比条件是 101.325kPa，20℃。

（二）CNG 用作汽车燃料的优点

压缩天然气是一种理想的汽车代用燃料，其应用技术经数十年发展已日趋成熟，具有成本低，效益高，污染少，使用安全便捷等特点。随着我国“西气东输”等输气管道的建成投产，我国的 CNG 汽车和 CNG 加气站也有了很大发展。此外，国内一些地区还将 CNG 供作城镇燃气，已取得很好效果。

CNG 用作汽车代用燃料的优点：①清洁无污染：天然气汽车作为“清洁汽车”，其排放尾气中的污染物比汽油、柴油燃料的排放尾气中的要少；②节省费用：由于天然气的抗爆性能好，因而相应的极限压缩比较高，所以节省燃料；③运行安全：天然气的燃点比汽油高，故不像汽油那样容易被点燃。此外，天然气比空气轻，在大气中稍有泄漏，很容易向空中扩散，不易达到爆炸极限；天然气汽车的钢瓶是高压容器，在选材、制造、检验及试验上均有严格的规程控制，并安装有防爆设施，而汽油汽车的油箱系非压力容器，着火后容易爆炸。因此，天然气汽车较汽油汽车更安全；④可延长设备寿命，降低维修费用：由于天然气燃烧完全，结炭少，减少气阻和爆震，可延长发动机寿命，降低维修费用。

因此，天然气汽车有着广泛的应用前途。国内 CNG 汽车产业经过十多年来特别是近几年的迅速发展，已基本形成整车装配、车辆改装、加气站建设、设备制造、技术标准制订及新产品研发为一体的产业化发展格局，具备比较完善的天然气汽车推广应用政策法规及运行管理、燃气气源保障、燃气价格调控等体系，并且形成了不同地区各具特色的 NGV 发展模式。

二、CNG 站

CNG 站是指获得(外购或生产)并供应符合 CNG 质量要求的场所。通常，根据原料气(一般为管道天然气)的杂质情况经过处理、压缩后，再去储存和供应。

（一）CNG 站分类及其基本工艺

1. CNG 站分类

目前 CNG 站的分类方法尚不统一，按供气目的一般可分为加压站、供气站和加气站；按功能设置多少可分为单功能站、双功能站和多功能站；按附属关系不同可分为独立站和连锁站。

(1) 按供气目的分类

CNG 加压站以天然气压缩为目的，也称 CNG 压缩站。这类站是向 CNG 运输车(船)提供高压(例如 20~25MPa)天然气，或为临近储气站加压储气。

CNG 供气站是将压缩天然气调压至燃气管网所需压力后，进而分配和供应天然气。CNG 供气站是天然气供应系统的气源站，连接的是燃气分配管网。

CNG 加气站是将压缩天然气直接供应给 CNG 用户的供气点。根据 CNG 用户的不同，此类站又分别称为 CNG 汽车加气站、CNG 槽船加气站、CNG 火车加气站，以及高压天然气用户加气站或综合站等。

(2) 按功能设置分类

单功能站只有单一功能，例如加压站、供气(气源)站、汽车加气站等。

双功能站则具有 CNG 站的两种功能，例如 CNG 加压站和加气站的组合，也可以是 CNG 站和其他能源供应站的组合，例如加气站和加油站、CNG 加气站和 LPG 加气站的组合等。

CNG 站具有两种以上功能时称为多功能站。

(3) 按附属关系分类

按独立供应形式建设的 CNG 站称为独立站或独立供应站。大多数 CNG 站采用独立站的形式。

CNG 站之间相互依存或相互支持的站，称为连锁站或连锁供应站。当连锁站的供应目的和功能相同或相近时，也称母子站(子母站)，或称总站及分站。例如，CNG 加气母站及其对应的 CNG 加气子站、CNG 加压母站和 CNG 供气分站、CNG 加压母站和 CNG 供气子站等。

目前我国习惯上将 CNG 汽车加气站分为 CNG 加气常规站或标准站(简称常规站或标准站)、CNG 加气母站(简称母站)和 CNG 加气子站(简称子站)。

2. CNG 站基本工艺流程

CNG 站供应规模是指该站所具备的生产或/和供应能力，用参比条件(101.325kPa，20℃)下的体积量表示，可分为年和日供应规模两种。

CNG 站的基本功能为天然气接收(进站调压计量)、处理、压缩、供应(包括储存、加气供应和减压供应)等。LPG 和 LNG 站通常也包括在内，但站内工艺流程则与 CNG 站不同。按照 CNG 站供气目的不同，各类 CNG 站的工艺流程框图见图 8-32。

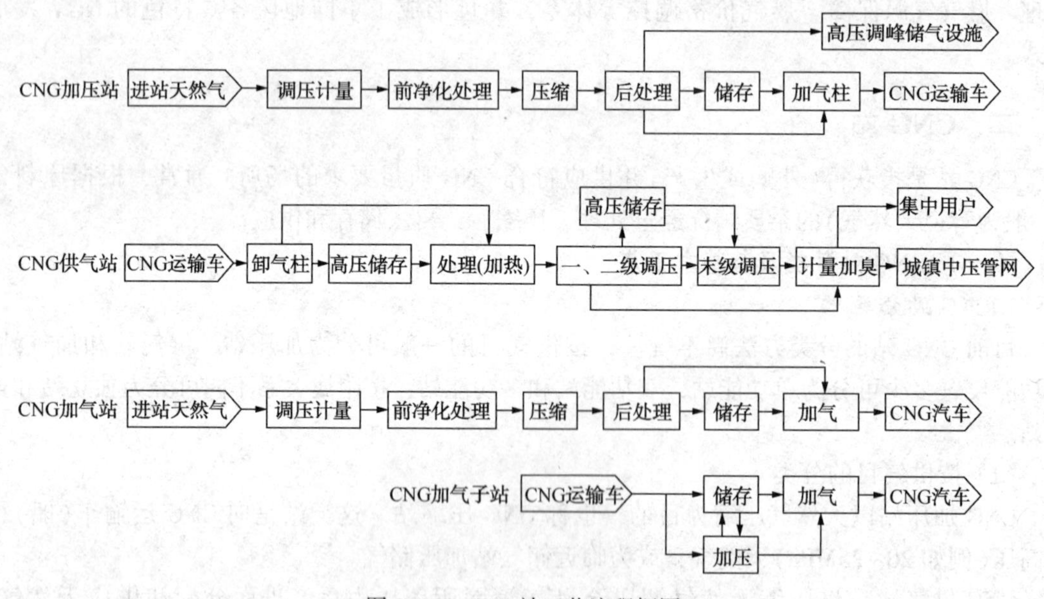

图 8-32　CNG 站工艺流程框图

（二）CNG 加压站

CNG 加压站系向 CNG 运输车(船)提供高压天然气，或向超高压调峰储气设施加气，也可附带对 CNG 汽车加气。

通常，CNG 加压站专为 CNG 汽车加气子站的 CNG 运输车充气时，则称为 CNG 加气母站。

1. CNG 加压站工艺

由图 8-32 可知，CNG 加压站工艺包括进站天然气调压计量、处理、压缩、储存和加气(充气)，以及回收和放散等。

(1) 调压计量

天然气调压是指采用调压器将压力较高的天然气调节至设备入口所要求的较低稳定压力。为经营核算，还需对进站天然气进行计量。天然气进站调压计量工艺流程图见图 8-33。

(2) 处理

进站天然气处理的目的是：①脱除不符合 CNG 质量要求的 H_2S、CO_2 和水蒸气，以及必要时脱除氮、氧等；②过滤、加臭，以及必要时的加湿等。广义地说，脱水时再生气的加热、冷却和气液(水)分离，压缩后天然气的冷却、气液(水、液烃和润滑油等)分离等也属于处理范畴。

CNG 站高压设备和管线采用高强度钢，对 H_2S 特别敏感。当 H_2S 含量较高时，容易发生氢脆，导致钢材失效。根据《车用压缩天然气》(GB 18047—2017)的质量指标，H_2S 含量

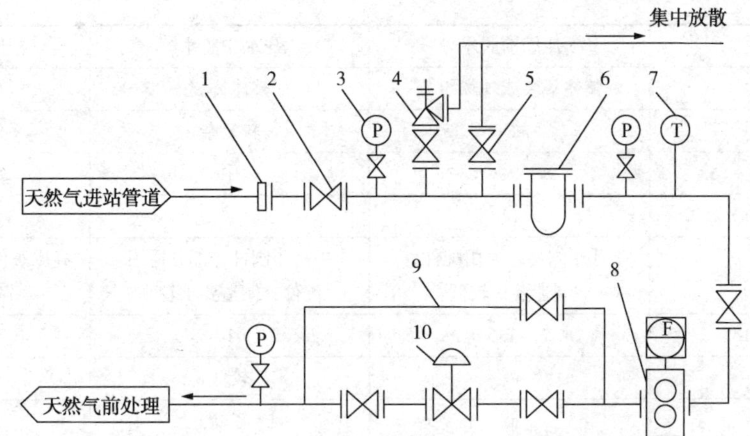

图 8-33 CNG 加压站调压计量工艺流程

1—绝缘法兰；2—阀门；3—压力表；4—安全阀；5—放散阀；6—过滤器；7—温度计；8—计量装置；9—旁通管；10—调压器

必须低于 15mg/m^3。因此，如果进站天然气中 H_2S 含量高于该值时就应脱硫。

CNG 站通常采用常温干法脱硫工艺，一般为塔式脱硫设备。干法脱硫净化度较高，设备简单，操作方便，脱硫塔占地少，但在更换或再生脱硫剂时有一定的污染物排放，废脱硫剂也难以利用。目前多用氧化铁脱硫剂，先脱硫再脱水。

符合《天然气》(GB 17820—2018)一、二类质量指标的天然气中 CO_2 含量均不大于 3%，无需进一步脱碳。如果进站天然气 CO_2 含量大于 3%，可采用加压冷凝法脱除。

脱水的目的主要是防止凝结水与酸性气体形成酸性溶液而腐蚀金属，以及防止压缩天然气在减压膨胀过程中结冰而形成冻堵。通常，来自输气管道的天然气水露点虽已符合《天然气》(GB 17820—2018)要求，但仍远高于《车用压缩天然气》(GB 18047—2017)的所要求的水露点，故必须进一步脱水。一般采用分子筛脱水。

脱水可以在压缩前(前置，低压)、压缩级间(中置，中压)或压缩后(后置，高压)。低、中、高压脱水方式各有优缺点，某 CNG 站设计中曾对压缩前、压缩级间和压缩后三种脱水方案进行综合比较(表 8-24)，其比较条件为：压缩机进气压力为 0.3MPa，排气压力为 25MPa，要求的排气压力下水露点相同，干燥剂为分子筛。

表 8-24 CNG 站三种脱水方案综合比较

项目	压缩前脱水	压缩中脱水	压缩后脱水
脱水后水露点/℃	<-65	<-65	<-65
脱水量(前置为 1)	1	0.105	0.03
干燥剂用量(后置为 1)	~9	2~3	1
产品气再生回用率/%	~0	6	2
能耗(电加热功率比)	~20	~2.5	1
工艺难度	低	较高	高
可操作性	容易	较难	难
压力等级	一类压力容器	二类、三类压力容器	三类压力容器

续表

项目	压缩前脱水	压缩中脱水	压缩后脱水
安装形式	整体橇装或现场组装	整体橇装	整体橇装
设备复杂程度	简单	较复杂	复杂
设备体积	大	中	小
占地面积(后置为1)	16	2	1
设备制造	低压阀件；通用配件；制造要求较低	中高压阀件；部分通用配件；制造要求较高	高压阀件；专用密封件；制造要求高
建设费用(中置为1)	~1.5	1	~2
运行费用	高	较低	低
维护费用	低	较高	高

按照《车用压缩天然气》(GB 18047—2017)规定，为确保压缩天然气使用安全，压缩天然气应有可察觉的臭味。无臭味或臭味不足的天然气应加臭。

(3) 压缩

天然气压缩是将前处理后的天然气压缩至所规定的高压。往复式压缩机适用于排量小、压比高的工况，是CNG站的首选压缩机型。往复式压缩机的压比通常为(3~4)∶1，可多级配置，每级压比一般不超过7。压缩机的驱动机宜选用电动机。当供电有困难时，也可选用天然气发动机。

CNG站进站天然气来自城镇中压管网时，压缩机进口压力一般为0.2~0.4MPa，即使最低至0.035MPa，也可选用往复式压缩机。当连接高压管网或输气干线时，则可达到4.0MPa，甚至高达9MPa。除专用于CNG储存的压缩机可经方案比较选择某确定的出口压力外，通常CNG站压缩机出口压力为25MPa，单台排量一般为250~1500m^3/h。

往复式压缩机组是CNG站的核心设备，根据进站天然气压力不同，一般为2~4级。

(4) CNG储存

CNG站储气设施的最高工作压力一般都选取CNG储存的最高允许压力，如25MPa，而最低工作压力则与取气设备(或设施)需要的最高压力有关。对于CNG运输车和CNG汽车，需要的最终工作压力一般为CNG使用最高允许压力，例如20MPa；对于城镇燃气管网，则为其最高工作压力，例如0.4MPa、0.8MPa和1.6MPa。

由此可知，由于CNG运输车和CNG汽车的最高取气压力很高，故与CNG储气设施的工作压差很小，导致储气设施的容积利用率很低，在不考虑压缩因子的情况下仅为20%。对于城镇管网，则储气设备的容积利用率可达93%~98%。

为了提高CNG运输车和CNG汽车取气时CNG储气设备的容积利用率，CNG站可以采用不同的储气调度制度，其核心是分压力级别储气和取气。

储气压力分级制是按储气设施不同工作压力范围，分级设置储气设备的储气工艺制度，简称储气分级制或储气分区制。一般，将最低工作压力相对低的储气设备组称为低压储气设备，相对高的称为高压储气设备，居中者称为中压储气设备。CNG站采用何种储气分级制，应根据CNG站运行制度和加气制度等综合而定。CNG汽车加气站通常都采用三级制，即高、中、低压制。也可采用二级制，即高、中压制(快充)或中、低压制(较快充)。

进站天然气经过处理、压缩成为CNG后，需根据储气调度制度，经一定程序将其送入各储气设施储存。储气调度制度包括压力分级方式、储气优先顺序及其控制等内容。储气设施包括储气设备及其管线系统的组合。

CNG 加压站的储气调度制度与其功能和工艺有关。如为 CNG 运输车加气，一般为单级压力储气和直接储气的调度制度；如为 CNG 汽车加气，目前则可能有多种储气调度制度。当采用 CNG 运输车加气和 CNG 汽车加气储存一体化工艺时，多采用单级压力储气和直接储气的调度制度，或多级压力储气制度和低压级优先储气的调度制度。

单级压力储气和直接储气的工艺流程见图 8-34。

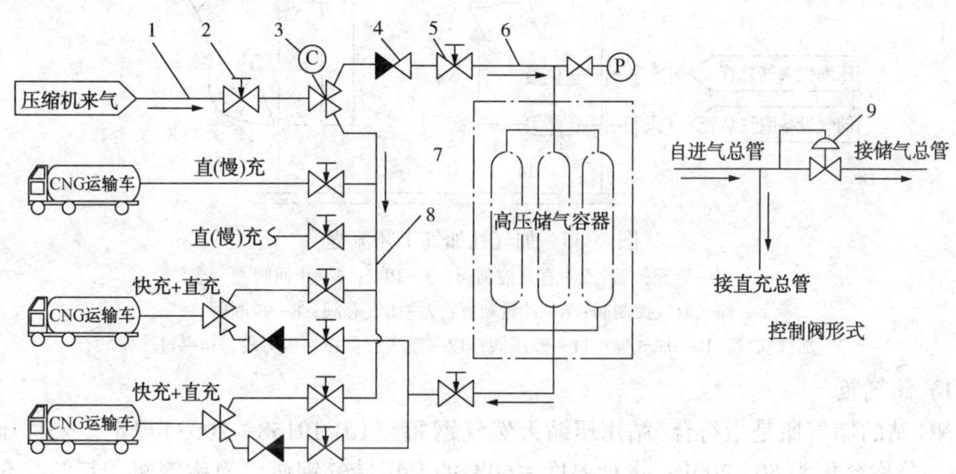

图 8-34　单级压力储气和直接储气的工艺流程

1—进气总管；2—进气总阀；3—三通阀；4—止回阀；5—储气总阀；6—储气总管；7—储气设备；8—直充总管；9—控制阀

(5) 加气

CNG 加压站加气工艺流程主要是指加气柱加气工艺流程，见图 8-26。当 CNG 加压站对 CNG 运输车的加气具有明显的不连续特征时，应采用压缩机直充(直接加气工艺)。反之，可采用压缩机直充和储气设施辅助充气工艺。

由图 8-35 可知，该加气柱采用压缩机直充和储气设施快充制度，并由 PLC(可编程逻辑控制器)控制充气和停充。简单的加气柱也可配置为手动形式，无需 PLC 和控制阀门。当 CNG 加压站采用多级压力储气制度，并利用加气机对 CNG 运输车加气时，则要求加气机具有压缩机直充接管和相应功能。

(6) 回收和放散

CNG 站需要回收的气体包括压缩机卸载排气、脱水装置干燥剂再生后的湿天然气、加气机加气软管泄压气以及油气分离器分出的天然气等。回收方式应根据所回收气体的性质和压力而定。

对于无法回收的天然气，当符合排放标准时应按照安全规定进行放散。其他废液、废物等均应按相应规定排放。

2. 储气设备

由上可知，CNG 加压站的主要设备有过滤和除尘设备、调压器、计量装置、脱硫设备、脱水设备、压缩机组和储气设备等。以下主要介绍储气设备。

CNG 加压站的储气设备可分为储气瓶、地下储气井(井管)和球罐等。

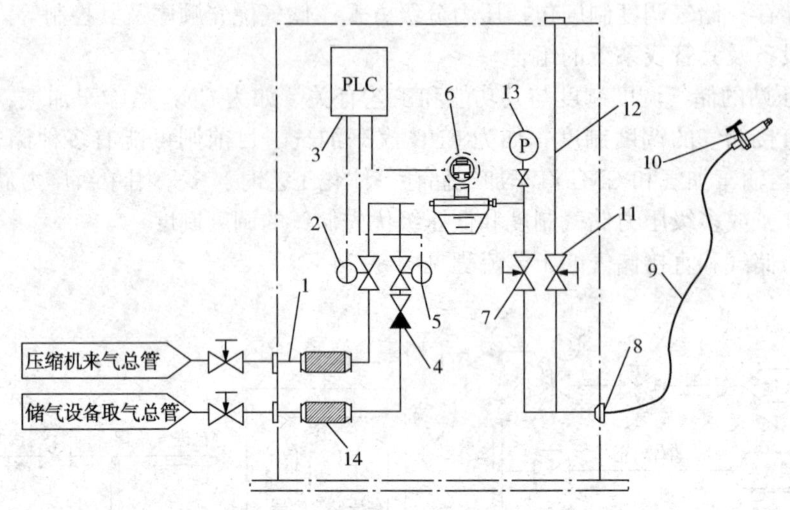

图 8-35　加气柱加气工艺流程

1—直充接管；2—直充控制阀；3—PLC；4—止回阀；
5—储气取气控制阀；6—计量装置；7—加气总阀；8—拉断阀；
9—加气软管；10—加气嘴；11—泄压阀；12—泄压管；13—压力表；14—过滤器

(1) 储气瓶

CNG 站的储气瓶是指符合《站用压缩天然气钢瓶》(GB 19158—2003) 规定，公称压力为 25MPa，公称容积为 50~200L，设计温度≤60℃的专用储气钢瓶，简称钢瓶。其储存介质为符合《车用压缩天然气》(GB 18047—2017) 质量指标的压缩天然气。

通常，习惯上将常用的公称容积≤80L 的钢瓶称为小瓶，而将进口和以后国产的 500~1750L 的储气柱称为大瓶。在 CNG 站中，将数只大瓶或数十只小瓶连接成一组，组成储存容积较大的储气瓶组或钢瓶组。小瓶以 20~60 只为一组，每组公称容积为 1.0~4.08m^3。大瓶以 3、6、9 只为一组，每组公称容积为 1.5~16.0m^3。每组均用钢架固定，橇装，配置进、出气接管，其结构形式见图 8-36。

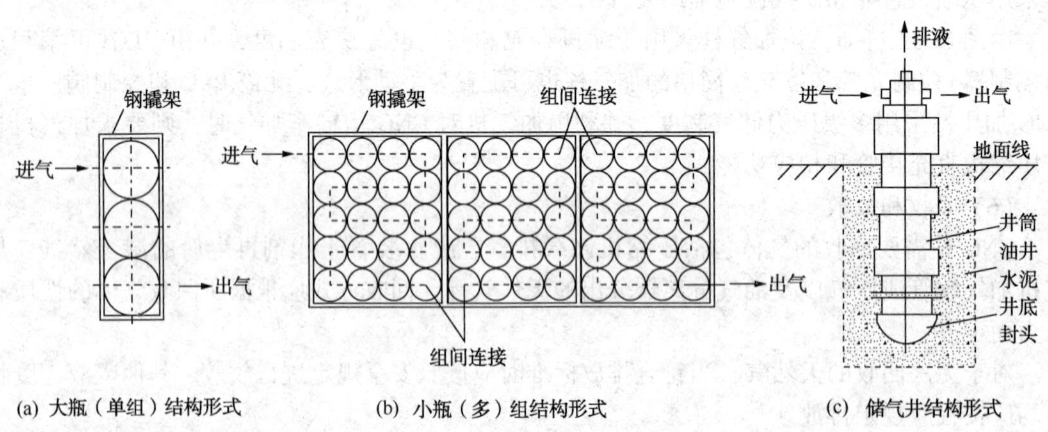

图 8-36　储气瓶组结构示意图

瓶组储气设备适用于所有 CNG 站，特别适用于加气子站和规模小的加气站。

合理安排各级储气瓶组天然气补气起充压力和容积比例，不但能提高储气瓶组的利用率和加气速度，而且可以减少压缩机的启动次数，延长使用寿命。根据经验，通过编组可提高加气效率，即将储气瓶组分为高、中、低压三组，各级瓶数比例以1：2：3较好。当压缩机向储气瓶组充气时，应按高、中、低压的顺序；当储瓶组向汽车加气时，则按低、中、高压的顺序进行。分级储气可将加气站储气的利用率提高到30%甚至58%以上。

(2) 地下储气井

CNG也常采用立式地下储气井(简称储气井或井管)储气，其结构形式见图8-36。储气井应符合《高压气地下储气井》(SY/T 6535—2002)的有关规定，其公称压力为25MPa，公称容积为1~10m³，储存介质为符合《车用压缩天然气》(GB 18047—2017)质量指标的压缩天然气。

(3) 球罐

相同容积时球罐比储气瓶的钢材耗量低，占地面积小，故可作为CNG站的储气设备。CNG站球罐应符合《压力容器》(GB 150—2014)有关规定，公称压力为25MPa，公称容积为2~10m³。目前有3~4m³ 的球罐在用实例。

（三）CNG汽车加气站

CNG汽车加气站是指为CNG汽车提供压缩天然气的站场，简称CNG加气站。CNG加气站又分为CNG加气常规站(标准站)和CNG加气子站。如前所述，当CNG加压站专为CNG汽车加气子站的CNG运输车(气瓶车)车载储气瓶充气时，则称为CNG加气母站。

标准站(常规站)是建在输气管道或城镇天然气管网附近，从天然气管道直接取气，经过脱硫(如果需要)、脱水及压缩，然后进入储气瓶组储存或通过售气机给汽车加气。通常，标准站加气量在600~1000³/h之间。目前这种站的数量占全国80%以上，一般靠近主城区。标准站工艺流程框图见图8-37。

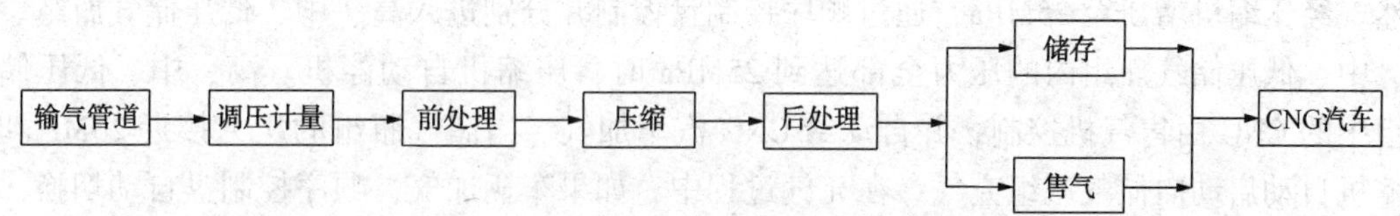

图8-37 CNG汽车加气标准站工艺流程框图

母站是指为车载储气瓶(储气柱)充装CNG的加气站。它也是建在输气管道或城镇天然气管网附近，从天然气管道直接取气，经过脱硫(如果需要)、脱水、压缩，然后由加气柱给车载储气瓶加气，为子站提供CNG，或通过售气机给汽车加气。母站加气量在2500~4000m³/h之间，但近年来母站规模呈逐步增大的趋势。母站工艺流程框图见图8-38。

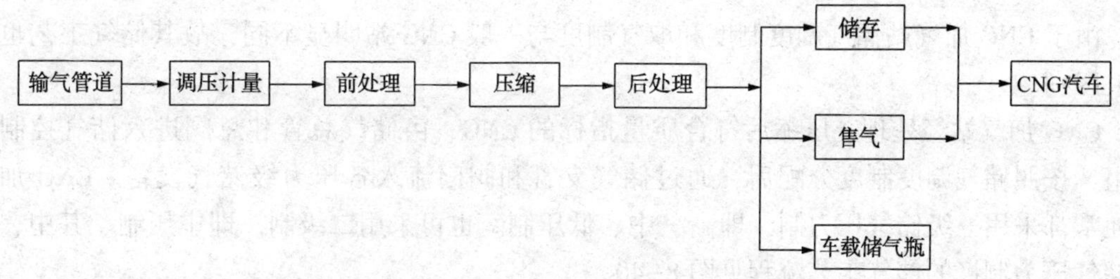

图8-38 CNG汽车加气母站工艺流程框图

子站是一般建在附近没有天然气管道的加气站，用车载储气瓶运进 CNG 为汽车加气。为提高车载储气瓶的取气率，通常还需配置小型压缩机组和储气瓶组，用压缩机将车载储气瓶内的低压气体增压后，转存在子站储气瓶组内或直接给汽车加气。子站工艺流程框图见图 8-39。

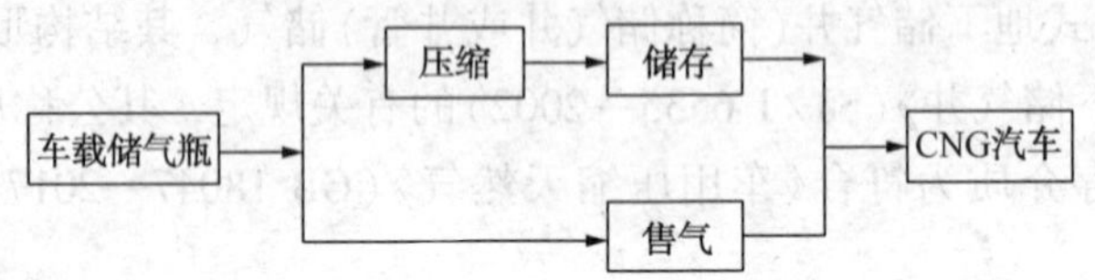

图 8-39　CNG 汽车加气子站工艺流程框图

1. CNG 加气站组成

一套完整的 CNG 加气站是由以下六个系统组成，即：①天然气调压计量；②天然气处理；③天然气压缩；④CNG 储存；⑤控制（自动保护、停机及顺序充气等）；⑥CNG 售气。其中，调压计量、处理、压缩系统的作用和基本特点与加压站基本相同。

目前 CNG 加气站的储气设备多采用储气瓶组，且按运行压力分为高、中、低三级设置，各级瓶组应自成系统。分级储存是为了提高气体利用率，由顺序控制盘进行充气和售气自动控制，储存气体的利用率提高到 30%以上，有的达到 58%。低压储气瓶组先将 CNG 汽车内置气瓶压力升至 10MPa，中压储气瓶组继续将其升至 13MPa，高压储气瓶组最终将其升高至最高压力 20MPa。

加气站的控制系统是使各系统形成一个自动化程度很高，功能完善的整体。该系统可概括为电源控制、压缩机运行控制、储气控制（优先/顺序系统）和售气控制四个部分。例如，天然气经压缩机增压至 25MPa，通过顺序控制盘控制并分别进入高、中、低压储气瓶组。当高、中、低压储气瓶组内的压力全部达到 25MPa 时，压缩机自动停机。高、中、低压储气瓶组中的 CNG 由售气机控制，并自动给 CNG 汽车加气。当储气瓶组的压力接近 20MPa 时，压缩机自动启动向储气瓶组充气。在充气过程中，如果车辆加气，顺序控制盘自动切换，优先向车辆加气。

大多数的 CNG 加气站属零售性质（经营型），故售出的 CNG 在付款之前必须进行计量。售气系统由售气机和其气路系统组成。

2. CNG 加气常规站工艺

CNG 加气常规站工艺的天然气调压计量、处理、压缩、回收和放散工艺与加压站相同，以下主要介绍具有其特点的储存和加气工艺。

（1）CNG 储存

由于 CNG 加气站储气调度制度和取气制度与一般 CNG 站明显不同，故其储气工艺也有较大区别。

CNG 加气站经处理、压缩后符合质量指标的 CNG，由储气总管和总阀进入储气控制阀门组，按照储气调度制度分配后，通过储气支管和阀门流入各压力级储气设备。CNG 加气站通常都采用三级储气压力制，即高、中、低压制。也可采用二级制，即中压制。其中，三级储气压力制度的储气工艺流程见图 8-40。

当储气压力制度不是三级时，可按照其实际要求级数设置储气支管和支管阀即可。

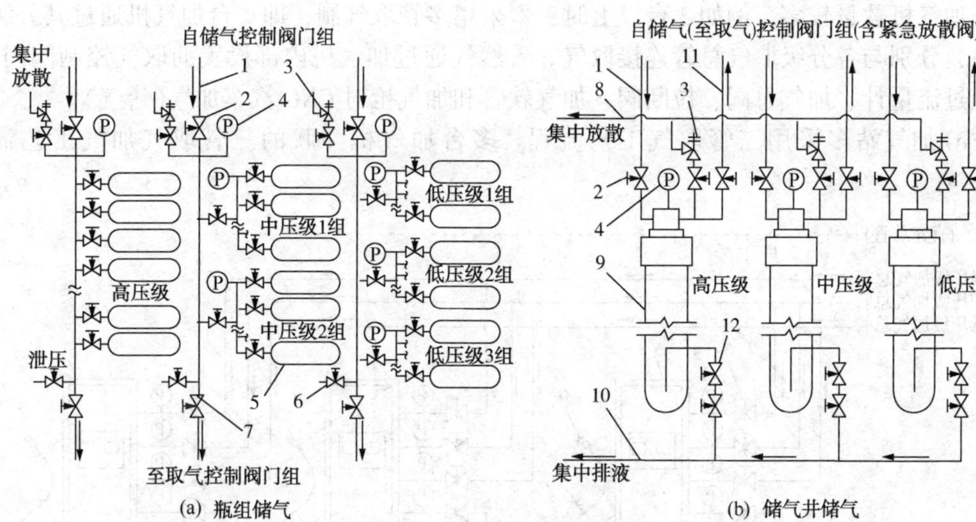

图 8-40 三级储气压力制度的储气工艺流程

1—进气(总)管；2—进气(总)阀；3—安全阀；4—压力表；5—储气瓶；6—放散阀；7—取气总阀；8—放散管；9—储气井管；10—排污阀；11—取气管；12—排液阀

(2) 储气优先控制

由上可知，储气调度制度包括压力分级方式、储气优先顺序及其控制等内容。储气优先控制是指经处理、压缩后的天然气向储气设备充气时先向高压储气设备充气，然后向中、低压储气设备充气，故在向储气设备充气时不影响汽车加气，以使压缩机在最短时间内将储气设备压力充至 25MPa，储气优先控制由储气控制阀门组完成。储气控制阀门组可分为手动控制和自动控制(包括程序控制)两类。自动控制的储气阀门组也称为储气优先控制盘。

储气优先控制工艺可分为梯级储气优先控制和一次(或多次)储气优先控制两类。前者如三级储气压力级制、梯级补气和三管取气制工艺，后者如三级压力优先储气、直充加三管取气制工艺。

(3) 加气制度

CNG 加气站的加气制度包括加气速度制度、取气顺序制度及其控制，取气管配置等。

加气速度制度分为快速加气和慢速加气，简称快充和慢充。加气速度应根据加气负荷(用单位时间内的最大加气量表示)，加气站功能(如是否对外加气)，供应规模以及气源保障情况等综合确定。一般情况下，对外加气的 CNG 站应采用快速加气。加气负荷较小、供应规模不大，气源紧张的小型站宜采用快、慢结合的加气制度，也可采用慢速加气。目前，CNG 加气站几乎都采用快速加气。

取气顺序过程与储气调度制度实施过程相反，采用由低压到高压的顺序，即先取最低压力级的储存气体，再逐次切换至最高压力级或直至压缩机直充管的取气顺序。取气制度由取气控制阀门组(也称为顺序控制盘)完成。顺序取气阀门组也可分为手动控制、自动控制(包括程序控制)两大类。目前，CNG 站多用顺序取气制。

(4) CNG 加气站工艺流程

CNG 加气站工艺流程根据取气管制度不同而略有区别。

当加气机数量较少，例如 1~3 台以上时，可采用单管取气制度，即加气机与加气管一一对应。此简单工艺只适合企业内部使用。

当加气机数量较多，例如3台以上时，多采用多管取气制，即每台加气机通过其分级取气接口，分别与各分级取气总管连接取气。天然气通过加气机内部设置的取气控制阀门组，顺序通过流量计、加气总阀、拉断阀、加气软管和加气枪对CNG汽车加气(售气)。

CNG加气站多采用三管取气工艺流程。多台加气机并联的三管取气加气工艺流程见图8-41。

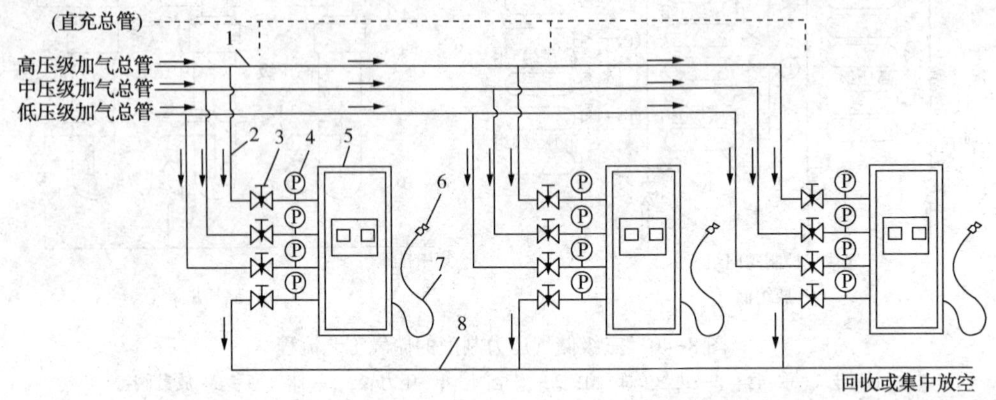

图8-41　三级三管加气机并联工艺流程

1—取气总阀；2—取气支管；3—阀门；4—压力表；5—加气机；6—加气枪；7—加气软管；8—放散管；9—泄压总管

CNG加气站售气系统包括管路、阀门、加气枪、计量、计价以及控制部分。最简单的售气系统除高压管路外，仅有一个非常简易的加气枪和一个手动阀门。先进的售气系统，不仅由微机控制，还具有取气顺序控制、环境温度补偿、过压保护及软管断裂保护等功能。有的售气系统还增加了自动收款系统和计算机经营管理系统等。

CNG加气机售气系统包括管路、阀门、加气枪、计量、计价以及控制部分。最简单的售气系统除高压管路外，仅有一个非常简易的加气枪和手动阀门。先进的售气系统，不仅由微机控制，还具有取气顺序控制、环境温度补偿、过压保护及软管断裂保护等功能。有的售气系统还增加了自动收款系统和计算机经营管理系统等。

3. CNG加气子站工艺

CNG加气子站又可分为固定式和移动式两类。

固定式CNG加气子站的功能有卸车、压缩、储存和加气等，其工艺流程见图8-42。移动式CNG加气子站工艺流程见图8-43。

4. 设备选择

CNG汽车加气常规站的设备选择与加压站基本相同，但其压缩机和加气机的选择上则有一些不同之处。

其中，由于CNG汽车加气站加气负荷不均匀性较大，故在压缩机的选型和数量确定上更应注意多方案比较。

加气机又称售气机。加气机应具有计量、加气功能。根据CNG汽车加气站工艺流程和建设要求，可选用是否带取气顺序控制盘，单枪或双枪。

（四）CNG供气站

CNG供气站是指以CNG为气源，向配气管网供应符合质量要求的天然气的站场。一般所接管网为中小城镇的天然气管网，此时CNG供气站相当于门站；或集中用户的天然气管

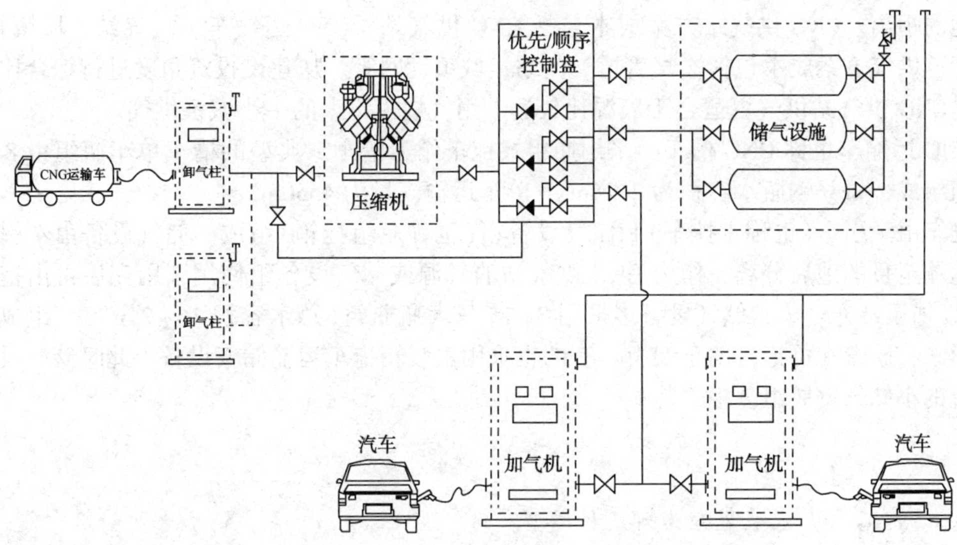

图 8-42　固定式加气子站工艺流程

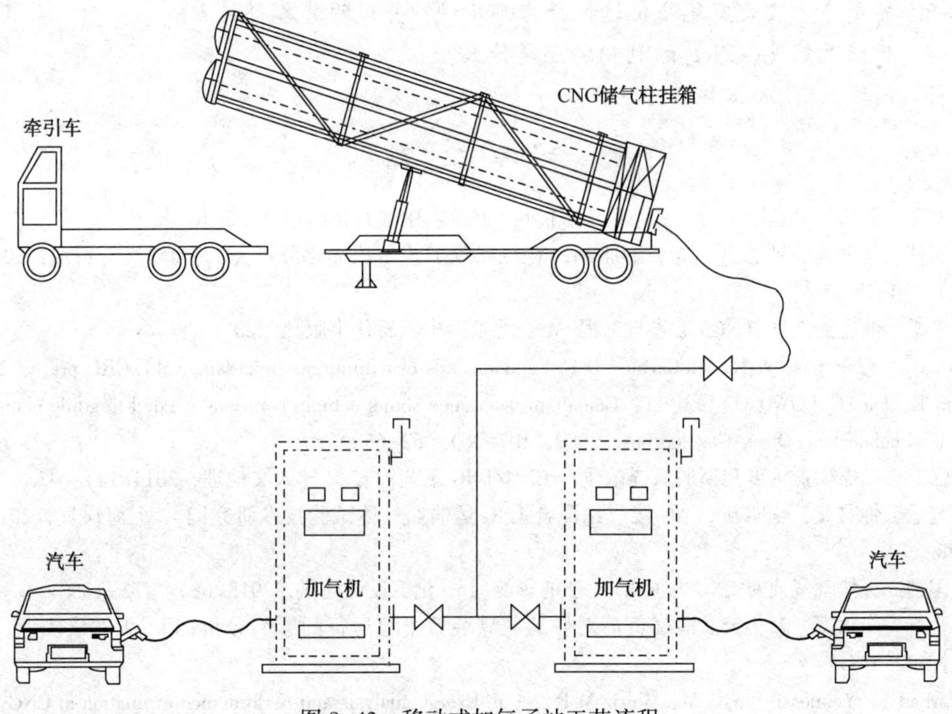

图 8-43　移动式加气子站工艺流程

网，此时 CNG 供气站就是气源站。

CNG 供气站应具有卸气、加热、调压、储存、计量和加臭等功能。其中，CNG 供气站中对天然气加热是为了防止因节流效应降温而引起的冻堵。

有些中小城镇虽然人口较多，远期天然气用量较大，但近期用量较小，或附近没有气源，不宜铺设输气管道供气。如果采用 CNG 供气站供气，则具有投资少、建设周期短、见效快、运营成本低等优点。

CNG 供气站供气和输气管道供气方案的选择主要取决于用气城镇的供气规模、气源与提供地的距离。CNG 供气站方案成本包括 CNG 供气站、CNG 运输车、配气站、城镇管网；输气管道供气方案成本包括输气管道、门站、城镇管网等。从建设投资角度进行综合比较后可知，CNG 供气站供气更适合于气源比较远、用气规模不大的中小城镇供气。

CNG 运输车也称 CNG 槽车，采用瓶组式拖车作为槽车。典型的槽车单车瓶组由 8 只筒形钢瓶组成，每只钢瓶水容积为 2.25m^3，单车运输气量为 4550m^3。

槽车由牵引车(也称半挂车)和储气设备箱(也称瓶组挂箱)组成。储气设备由牵引车牵引，运输至目的地后分离，作为 CNG 供气站的气源或储气设备组使用，用完后再由拖车拖至 CNG 加压站充气。其储气设备多采用 7~15 只大瓶瓶组(总水容积 16~21m^3)，组成固定管束形式，放置在可拖行的车架上。有的也采用集装箱拖车运输储气设备，此时储气设备多为成橇的小储气钢瓶组，柜式装载。

习　题

8-1　LNG 工厂或装置分为哪几种类型？

8-2　LNG 生产、储运中潜在危险有哪些？

8-3　按制冷方法天然气液化过程分为哪几种？并说明其各自特点。

8-4　压缩天然气(CNG)的利用特点是什么？

8-5　简述 CNG 加压站工艺流程。

参 考 文 献

[1] 王遇冬．天然气处理原理与工艺：第 3 版[M]．北京：中国石化出版社，2016.

[2] 汪宏伟，蒲远洋，钟志良，等．膨胀制冷轻烃回收工艺参数优化分析[J]．天然气与石油，2010，28(1)：24-28.

[3] 郭揆常．液化天然气(LNG)工艺与工程[M]．北京：中国石化出版社，2014.

[4] Kidnay A J，Parrish W R，McCartney D G. Fundamentals of natural gas processing[M]. CRC press，2011.

[5] Lata E，Lata C. LOW CO2 SLIP-1：Canadian experience shows actual operations needed to guide choice of amine simulator[J]. Oil & Gas Journal，2009，107(26)：62-65.

[6] 傅强．浅谈煤矿低浓度瓦斯脱氧提浓生产 CNG/LNG 工艺[J]．环球人文地理，2014(14)：43.

[7] 严艺敏，钟君儿，李昭新．LNG 接收站配合 LNG 运输船气体试验技术研究[J]．上海煤气，2012(6)：1-8.

[8] 张国清．天然气气质对 LNG 与 CNG 生产的影响[J]．化工设计通讯，2018(08)：183-183.

[9] 党晓峰，李永军，赫小云．酸气负荷对脱硫脱碳装置平稳运行的影响分析[J]．天然气工业，2008，28：142-144.

[10] Farhad S，Younessi-Sinaki M，Golriz M R，et al. Exergy analysis and performance evaluation of CNG to LNG converting process[J]. International Journal of Exergy，2008，5(2)：164-176.

[11] Paul A，Bose P K，Panua R S，et al. An experimental investigation of performance-emission trade off of a CI engine fueled by diesel - compressed natural gas(CNG)combination and diesel - ethanol blends with CNG enrichment[J]. Energy，2013，55：787-802.

[12] 郭洲，等．分子筛脱水装置在珠海天然气液化项目中的应用[J]．石油与天然汽化工，2008，37(2)：138-140.

[13] 刘涛，朱新儒，刘琨．关于膨胀制冷轻烃回收工艺参数优化分析[J]．中国石油和化工标准与质量，2012(1)：54-54.

[14] 田欣，陈涛．CNG 供气站的典型设计与应用[J]．中国化工贸易，2013，5(7)：480-480.

[15] 于艳秋，等．普光高含硫气田特大型天然气净化厂关键技术解析．天然气工业，2011，31(3)：22-25.

[16] Al-Harbi A A，Al-Khamis M J. Middle East gas plant doubles mol sieve desiccant service life[J]. Oil & Gas Journal，2009，107(31)：44-44.

[17] Bombardieri R J，Elizondo T. Extending mole-sieve life depends on understanding how liquids form[J]. Oil & Gas Journal，2008，106(19)：55-55.

[18] 顾妍，巨永林．浮式天然气液化工艺与设备的适用性分析[C]上海市制冷学会学术年会，2007.

[19] 张春，唐建峰，李玉星，等．海上浮式 LNG 预处理工艺系统适应性分析[J]．煤气与热力，2011，31(2)：5-10.

[20] 王红霞，等．对我国 CNG 加气站相关设计规范的建议[J]．煤气与热力，2009，29(12)，：B12-B14.

[21] 陈赓良．LNG 原料气的预处理[J]．天然气与石油，2010，28(6)：33-37.

[22] 王竹筠．液化天然气(LNG)冷能回收及应用研究[D]．大庆：大庆石油学院，2010.

第九章　天然气管道输送

气田或天然气处理厂一般距离城镇民用和工业企业用户较远，故需通过管道或其他途径将商品天然气输送给用户。通常，陆上和近海的天然气输送都采用埋地管道和海底管道方式，而对于跨洋长距离的天然气输送，因难于敷设管道而多以液化天然气(LNG)形式输送。本章主要介绍陆上天然气管道输送系统(或称输气管道系统)。

第一节　天然气管道输送系统构成

管道输送系统构成一般包括输气干线、首站、中间气体分输站、干线截断阀室、中间气体接收站、清管站、障碍(江河、铁路、水利工程等)的穿跨越、末站(或称城市门站)、城市储配库及压气站。输气管道系统总流程见图 9-1。

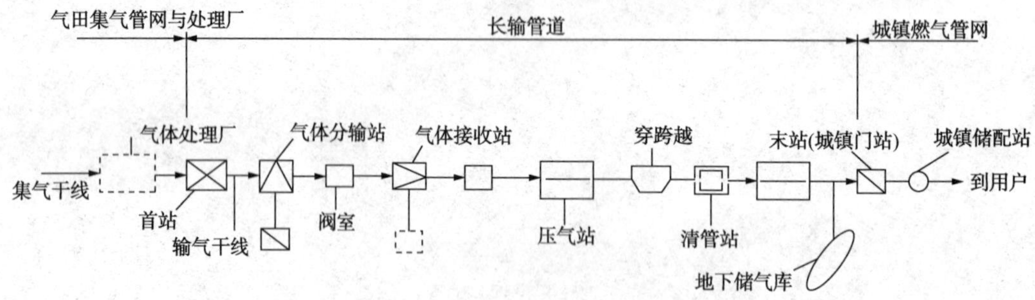

图 9-1　输气管道系统总方框流程图

与管道输送系统同步建设的另外两个组成部分是通信系统和仪表自动化系统。

输气干线首站主要是对进入干线的气体质量进行检测控制并计量，同时具有分离、调压和清管球发送功能。

输气管道中间分输(或进气)站其功能和首站差不多，主要是给沿线城镇供气(或接收其他支线与气源来气)。

压气站是为了提高输气压力而设的中间接力站，它由动力设备和辅助系统组成，它的设置远比其他站场复杂。

清管站通常和其他站场合建，清管的目的是定期清除管道内的杂物，如水、机械杂质和铁锈等。由于一次清管作业时间和清管的运行速度限制，两个清管收发筒之间距离不能太长，一般在 100~150km 左右，因此在没有与其他站合建的可能时，需单独建立清管功能的站场。清管站除有清管球收发功能外，还设有分离器及排污装置。

输气管道末站通常和城市门站合建，除具有一般站场的分离、调压和计量功能外，还要给各类用户配气。为防止大用户用气量过度波动而影响整个系统的稳定，有时装有限流装置。

为了调峰的需要，输气干线有时也与地下储气库和储配站连接，构成输气干线系统的一部分。与地下储气库的连接，通常都需要建压缩机站，用气低谷时把干线天然气压入储气库，高峰时抽取库内气体压入干线，经过地下储存的天然气受地下环境的污染，必须重新净化处理后方能进入压缩机。

干线截断阀室是为了及时进行事故抢修、检修而设。根据线路所在地区类别，每隔一定距离而设。

输气管道的通信系统通常又作为自控的数传通道，是输气管道系统日常管理、生产调查、事故抢修等必不可少的设施，是安全、可靠和平稳供气的保证。

仪表自动化系统是利用各种仪表、监控设备或计算机系统对管道设备的运行状态进行检测与监视，操作(或管理)人员根据仪表或计算机控制系统显示情况对设备运行状态进行调整，使整个系统安全平稳的运行。

第二节　输 气 站 场

输气站场(简称站场)是输气管道系统各类工艺站场的总称，一般包括首站、压气站、分输站、清管站、截断阀室和末站等。各个站场由于所承担的功能不同，其工艺流程也不尽相同，有些站场同时具有以上几种类型站场的功能，其工艺流程就相对复杂。

首站一般设在气田或天然气处理厂附近，末站一般设在终点用户附近，分输站主要设在靠近管道沿线用户集中的位置，压气站布局涉及首站位置、各中间站站距和末段长度等；其站距与管道运行压力、需要的压比有关，压气站的压比视不同压气站的位置而定，清管站尽量与压气站、分输站合建。

一、首站

首站的任务是在输气管道起点接收天然气处理厂或其他气源处理后符合商品气质量指标或管输要求的天然气，通常具有分离、过滤、气质分析、计量、调压、清管器发送、天然气增压(有必要时增设)等功能。工艺流程应满足正输计量、增压外输、清管发送、站内自用气和越站需要，在事故状态下对输气干线中天然气进行放空、检测、控制等。

首站宜根据需要设置越站旁通，以免因站内故障而中断输气。

输气管道首站典型工艺(无增压)流程见图 9-2。

由图 9-2 可知，首站流程主要有正常进、出站流程、越站流程，工艺区主要有分离、计量、调压、发球区等。其中，正常流程为收气、分离、计量、调压、出站，越站流程为来气直接经越站阀后出站。

二、分输站

分输站是在输气管道沿线为分输管道中天然气至邻近用户而设置的站场，通常具有分离、过滤、计量、调压和清管等功能。工艺流程应满足正输、分输计量、调压、站内自用气和越站功能，必要时进行清管器接收、发送以及天然气加热需要，在事故状态下对输气干线中天然气进行放空，以及检测、控制等。分输站典型工艺流程见图 9-3。

由图 9-3 可知，分输站流程主要有：①正常流程为收气、分离、计量、调压及向下游(输气干线和分输用户)供气；②越站流程为来气通过越站阀直接向下游供气，此流程一般是在故障或检修状态下进行；③清管器收发流程为接收上一站清管器，向下一站发送清管器。

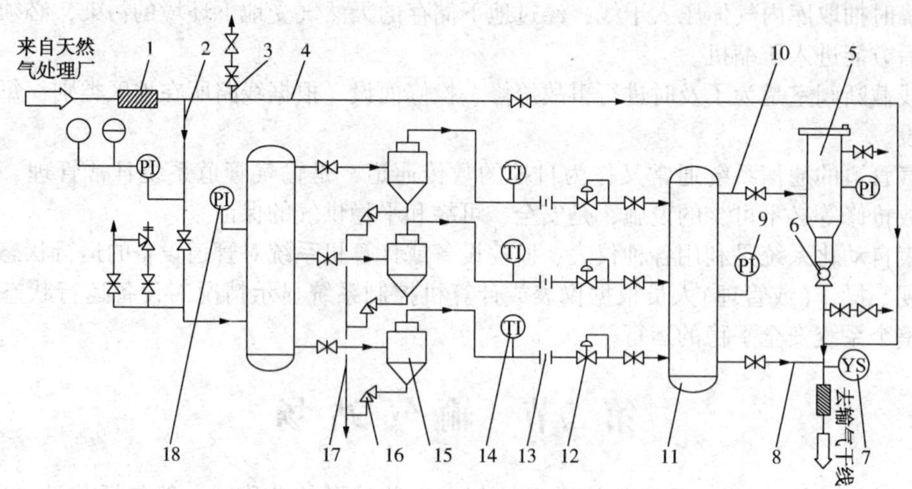

图 9-2　输气管道首站典型工艺流程

1—绝缘接头或法兰；2—进气管；3—放空管；4—越站旁通管；5—清管器发送装置；6—球阀；7—清管器通过指示器；8—正常输气管线；9—压力表；10—清管用旁输管线；11—汇气管；12—调压阀；13—孔板计量装置；14—温度计；15—多管除尘器；16—节流阀；17—除尘器排污管；18—电接点压力表

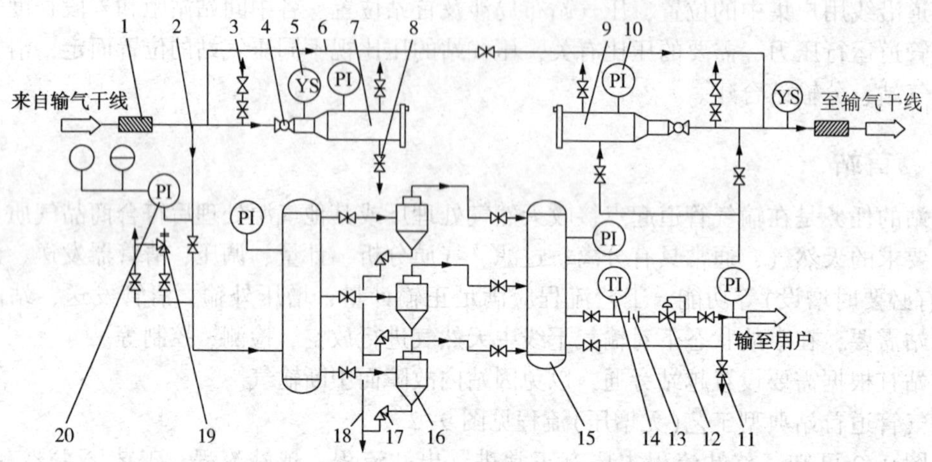

图 9-3　输气管道分输站典型工艺流程

1—绝缘接头或法兰；2—进气管；3—放空管；4—球阀；5—清管器通过指示器；6—越站旁通管；7—清管器接收装置；8—排污管；9—清管器发送装置；10—压力表；11—放空管；12—调压阀；13—孔板计量装置；14—温度计；15—汇气管；16—多管除尘器；17—节流阀；18—除尘器排污管；19—安全阀；20—电接点压力表

三、压气站

压气站是输气干线的主要站场，其任务是对管道中输送的天然气增压，提高管道的输送能力。通常具有分离、过滤、增压，有的还具有清管、计量等功能。工艺流程应满足增压外输、站内自用气和越站，必要时还应满足清管器接收、发送的需要，以及安全放空和对管道紧急截断等功能。

压气站的关键设备是压缩机组，管输天然气增压一般采用往复式或离心式压缩机，气田集气系统增压时，由于气体流量、压力波动比较大，且流量一般较小，故多采用往复式压缩机。管道输气系统增压时，由于气体流量、压力比较稳定，且流量一般较大，故多采用离心式压缩机。

四、末站

末站的任务是在输气管道终点接收来自管道上游的天然气，并转输给终点用户。通常具有清管器接收、分离、计量、调压及分输(按压力、流量要求向用户供气)等功能。工艺流程应满足分输计量、调压、清管器接收和站内自用气功能，必要时还应具备向支线发送清管器以及检测、控制等功能。末站常与城镇天然气门站合建，末站典型工艺流程见图9-4。

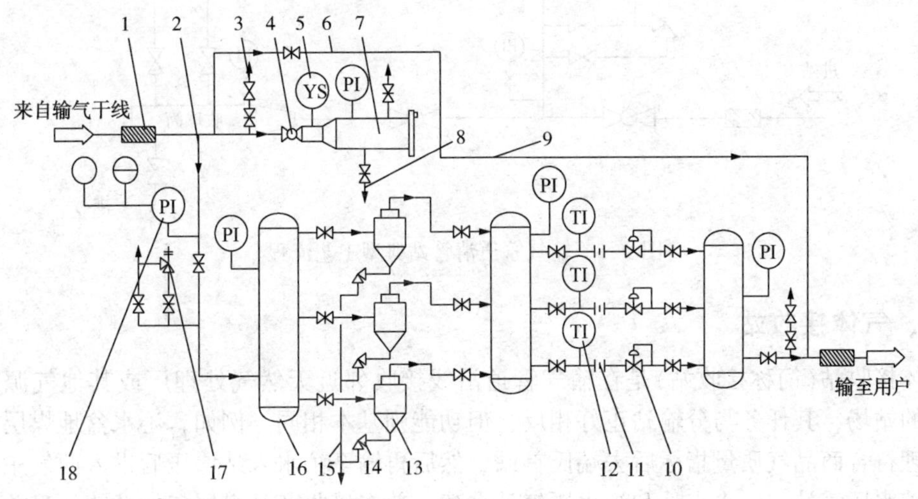

图9-4 输气管道末站典型工艺流程

1—绝缘接头或法兰；2—进气管；3—放空管；4—球阀；5—清管器通过指示器；6—压力表；7—清管器接收装置；8—排污管；9—越站旁通管；10—调压阀；11—孔板计量装置；12—温度计；13—多管除尘器；14—节流阀；15—除尘器排污管；16—汇气管；17—安全阀；18—电接点压力表

五、清管站

清管站的功能是进行清管器的收发。输气管道的清管作业有投产前和正常运行时的定期清管两种情况。

投产前清管的主要目的是清除管道内的杂质，包括施工期间的泥土、焊渣、水等。正常运行时清管是指管道运行一段时间后，由于气体中含有的一些杂质和积液存在管线内，导致管道输送效率降低，并对管线造成腐蚀等，故需要分管段进行清管。清管站典型工艺流程见图9-5。

此外，有些清管站还同时具有分输功能(通常设置调压和计量设施)，称之为分输清管站。

六、联络站

为确保我国各条天然气管线安全平稳供气，输气干线之间通常建有联络线使其连接达到相互调气的目的。联络站是实现两条输气管道之间调气的站场，通常具有调气、分离、过滤、计量、流量控制和清管等功能。工艺流程应满足天然气调配、计量、流量控制、站内自用气和越站等功能，必要时还应满足清管器收发的需要。

通常，具有分输功能的联络站称之为分输联络站。此外，在联络线上设置具有调气功能的压气站称之为联络压气站。

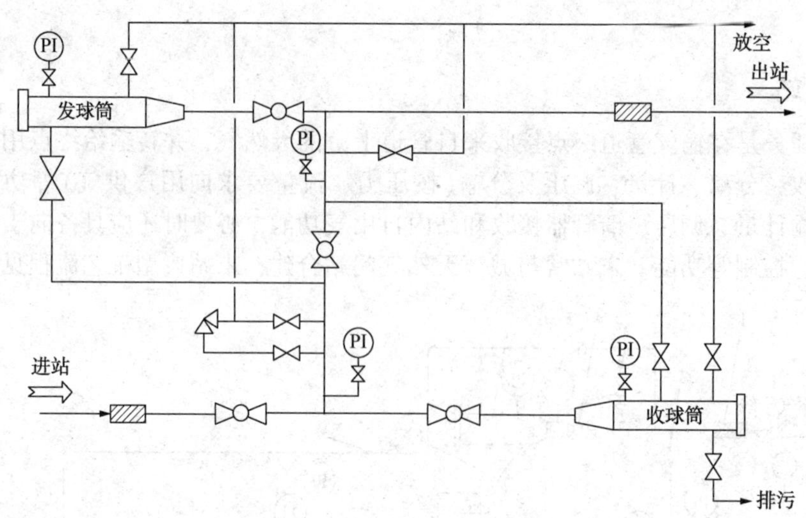

图 9-5　输气管道清管站典型工艺流程

七、气体接收站

气体接收站(简称接收站)是在输气管道沿线接收邻近天然气处理厂或其他气源通过管道来气的站场，其任务与分输站正好相反，但功能则基本相同。例如，沁水盆地煤层气经汇集、处理符合商品气质量指标后去端氏首站，然后再输至沁水末站增压后进入西气东输一线管道的沁水压气站。沁水末站和沁水压气站合建，兼有接收商品煤层气的功能。目前，我国输气管道系统此类站场设置甚少。

八、截断阀室

通常在输气干线约 20~30km 范围内设置截断阀室，特殊情况下，如河流等穿越处两侧均应设置阀室，阀室典型工艺流程见图 9-6。

截断阀室的主要功能有：①当管线上下游出现事故时，管道内的天然气压力会在短时间内发生很大变化，快速截断阀可根据预先设定的允许压降速率自动关断阀门，切断与上下游的联系，防止事态进一步扩大；②阀室内除有与管道等径的截断阀外，在阀的上下游分设有管道放空阀。在维修管道时切断上下游气源，放空上游或下游天然气，便于维修。

此外，有些截断阀室还预留有分输接口，称之为分输截断阀室，简称分输阀室。

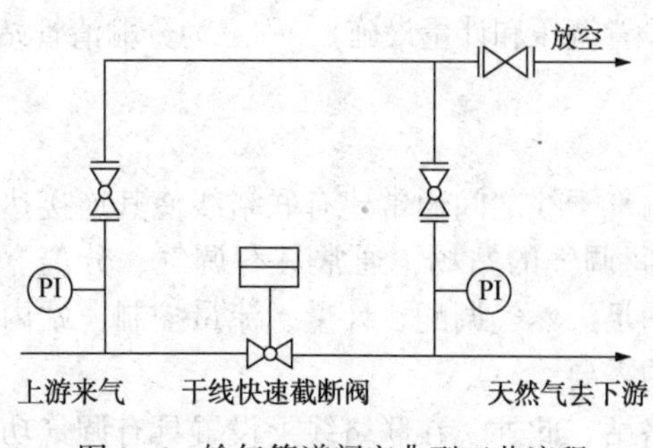

图 9-6　输气管道阀室典型工艺流程

九、储气库

储气库是输气管道供气调峰的主要设施，主要形式：

（1）枯竭气田储气库；

（2）地下盐穴、岩洞储气库；

（3）地面容器储气库。

地下储气库的工艺流程由注气和采气两部分组成：天然气过滤分离、计量、增压注气；采气、过滤分离、计量、增压输回管道。储气库的内容详见本章第六节。

十、阴极保护站

埋地管道易遭受杂散电流等腐蚀，除了对管道采取防腐绝缘以外，还要进行外加电流阴极保护——将被保护金属与外加的直流电源的负极相连，把另一辅助阳极接到电源的正极，使被保护金属成为阴极。由于外加电流保护的距离有限，所以每隔一定的距离应设一座阴极保护站。

第三节 地下储气库

一、储气库概述

天然气地下储气库是将天然气重新注入地下可以保存气体的空间而形成的一种人工气藏。

其主要作用如下：

(1) 应急供气。供气系统的维护与维修及管线不可抗力的毁损在所难免，储气库可作为应急供气的气源。

(2) 调峰供气。满足不同用户年调峰、季节调峰、日调峰的波动需求。

(3) 维护生产。用气低峰时将气注入储气库可缓解气田产量过剩的压力，保证气井的正常生产。

(4) 战略储备。地下储气库储存气量可作为国家天然气能源的战略储备。

(5) 价格套利。可利用季节气价差价的商业运作获得良好的经济效益。

地下储气库类型主要分为多孔介质类和洞穴类两大类。前者包括枯竭油气藏型储气库和含水型储气库，后者为岩穴型储气库和废旧矿井型储气库，前两种比较常用。

综合经济条件和运行成本，枯竭油气藏储气库是利用枯竭的气层或油层重新储气而建成的，因其相关参数在油气藏开采初期已获得，具有完整的配套工程设施可供选择，建库周期短，且可利用残留气体作垫底气，可大幅度节约成本，在现有类型储气库中应优先选择枯竭油气藏型储气库。

在储气库的建设和运行管理上一般采用四种方式。第一种是由天然气供应商承建和管理，第二种是由城市燃气分销商建设和管理，第三种是由独立的第三方以赢利为目的建设和管理，第四种是由多方合资建设。主要的方式是前两种，第三、四种是对前两种的补充。

二、国内储气库简介

（一）国内储气库现状

我国的地下储气库起步较晚，真正开始研究地下储气库是在20世纪90年代初，随着陕甘宁气田的发现和陕京天然气输气管道的建设，才开始研究建设地下储气库以确保下游大中型城市的安全供气。

为解决北京季节用气不均衡性问题，保证向北京平稳供气，1999年修建了大港油田大张坨地下储气库。该库于2000年建成投产，年有效工作气量为$6\times10^8m^3$，最大日调峰能力为$1000\times10^4m^3$。该储气库除了供应北京以外，还有部分天然气供应天津、河北沧州等地。

为保证供气安全，2001 年来，继大张坨地下储气库后又建成板 876 地下储气库和板中北地下储气库。3 座地下储气库全部为凝析油枯竭气藏型储气库，位于地下 2200~2300m 处，四周边缘为水，较好的地层密封性避免了天然气流失。3 座地下储气库日调峰能力为 $1600\times10^4m^3$，最大日调峰能力达 $2930\times10^4m^3$。其中，板 876 地下储气库年有效工作采气量为 $1\times10^8m^3$，最大日调峰能力 $300\times10^4m^3$，板中北地下储气库年有效工作采气量为 $4.3\times10^8m^3$。

为保证西气东输管道沿线和下游长江三角洲地区用户的正常用气，在长江三角洲地区江苏省的金坛盐矿和安徽省的定远盐矿建设地下储气库。这两座盐矿地理位置优越，地质条件得天独厚，盐矿储量规模大，含盐品位高，地面淡水资源丰富，盐矿开采已形成一定规模。设计总调峰气量为 $8\times10^8m^3$，有效储气量为 $17.4\times10^8m^3$，日注气量为 $1500\times10^4m^3$，日采气量 $4000\times10^4m^3$，可以满足长江三角洲地区季节调峰的要求，该库于 2008 年建成投产，预计 2020 年达到建设规模。

为提高西气东输管道和中国石化塔巴庙-济南长输管道系统的输气能力，确保季节调峰和供气的安全性，2012 年在中原地区建成文 96 和文 23 气藏型地下储气库。文 96 地下储气库的库容为 $5.88\times10^8m^3$，工作气量为 $2.95\times10^8m^3$，文 23 地下储气库的库容为 $98.00\times10^8m^3$，工作气量为 $39\times10^8m^3$。

为满足供气调峰需要，自 2010 年开始，中国石油在渤海湾、西南、中西部等地区建设长庆陕 224、四川相国寺、新疆呼图壁等 6 座气藏型储气库。设计总库容 $279\times10^8m^3$，总有效工作气量 $116\times10^8m^3$。

截至 2016 年底，我国已建和在建储气库共 21 座，总设计库容 $497.43\times10^8m^3$，总设计工作气量 $220.88\times10^8m^3$。其中，中国石油下属储气库 17 座，总设计库容 $384.96\times10^8m^3$，总设计工作气量 $173.82\times10^8m^3$，工作气量占全国的 78.7%。十三五末，预计我国储气库工作气量需求可达 $340\times10^8m^3$。国内已建、在建储气库统计见表 9-1。

近年来，随着天然气在能源消耗中的比重持续提升，我国也加快了建设地下储气库的步伐。一批布局于重点输气管道沿线及大型城市周边的地下储气库，对提高管道输送效率、调节冬夏季用气峰谷差发挥了积极作用。

中国石油正在编制储气库中长期发展规划，重点开展呼图壁、相国寺、辽河双 6 等现有储气库达产达容，加快大庆升平、吉林长春等新规划储气库项目建设工作，预计 2020 年储气库工作气量 $110\times10^8m^3$，2025 年储气库气量为 $150\times10^8m^3$。

中国石化在中原油田区域已落实储气库库址 16 个，落实库容 $556\times10^8m^3$。目前重点开展文 23 储气库达产达容工作。“十三五”期间，中国石化还将在中原油田规划新建 5 个储气库。届时，中原油田将建成国内最大的储气库群，从而开辟保障我国中东部地区天然气供应的新路径。

（二）国内储气库发展趋势

(1) 气藏改建地下储气库技术基本成熟。在选址评价方面，中国石油勘探开发研究院与华北油田、大港油田等单位联合，自 1992 年开始进行储气库库址评价，先后完成了 3 座储气库评价工作，实践证明现有储气库库址选择合理。在设计与实施方面，国内 3 座储气库的设计基本达到预期的设计指标。在工程建设方面，3 座地下储气库建设顺利完成，建库过程中各种工程技术得到了应用，并形成了部分特色技术。因此，我国气藏改建地下储气库技术已基本成熟。

表 9-1 国内已建、在建储气库统计

储气库名称	设计库容/(10^8m^3)	设计工作气量/(10^8m^3)	备 注
大张坨	17.81	6.00	凝析气藏
板 876	4.65	1.89	油气藏
板中北	24.48	10.95	油气藏
板中南	7.71	4.70	油气藏
板 808	8.24	4.17	油气藏
板 828	4.69	2.57	油气藏
京 58	8.10	3.90	油气藏
京 51	1.27	0.24	油气藏
永 22	5.98	3.00	油气藏
江苏金坛	26.38	17.14	盐穴，在扩容
江苏刘庄	4.55	2.45	油气藏
辽河双 6	36.00	16.00	油气藏
华北苏桥	67.38	23.32	油气藏
大港板南	7.82	4.27	油气藏
新疆呼图壁	107.00	45.00	油气藏
西南相国寺	40.50	22.80	油气藏
长庆陕 224	10.40	5.00	油气藏
文 96	5.88	2.95	油气藏
文 23	98.00	39.00	油气藏，在建
金坛一期	4.59	2.81	盐穴
金坛	4.00	2.30	盐穴，在建
总计	497.43	220.88	

(2) 枯竭油藏改建地下储气库技术正在摸索之中，技术发展亟待完善。我国于 2001 年首先开始系统研究油藏改建地下储气库建库技术，取得了部分成果认识。针对陕京输气管道、忠武线的油藏目标改建地下储气库进行了一系列基础研究，在注排机理、渗流机理、建库方式、建库周期、井网部署、方案设计等方面取得了突破。

(3) 盐穴储气库的研究取得了长足的进步，开启了中国利用深部洞穴实施能源储存的先河。利用盐穴建设地下储气库的研究始于 1998 年，目前已经建设金坛、定远盐穴地下储气库。在地址选区、区块评价、溶腔设计、造腔控制、稳定性分析、注采方案设计、钻完井工艺等多方面获得了一批研究成果和技术手段。金坛储气库老腔利用工程已经开工实施。金坛储气库的实施，将为中国利用盐穴进行油气储备奠定技术基础。

(4) 含水层储气库的研究刚开始起步，研究亟待深入。含水层建设储气库近几年有不少专家进行了理论探讨，目前正在开展基础性研究，具体含水层目标也在筛选之中。

(5) 目前，中石油大港储气库(群)和京 58 储气库(群)由北京天然气管道公司分别移交给大港油田公司和华北油田公司管理，至此，中石油管道所属储气库(群)已全部移交给油田公司。这标志着中石油储气库体制改革基本完成。这一体制改革，意味着今后储气库的经营建设管理权将统归油田，也意味着以后油田职能的转变，油田不光负责勘探开采石油，更有建设储气库，运营维护保障天然气供应的职能。

储气库作为一项系统工程，建设运营涉及业务面广、技术性强。油田企业在技术、资源和人才方面具备优势，加快储气库建设，统筹调配库容资源，形成运营合力，能够发挥储气库最大效益效能。这也是油田建设储气库的根本优势所在。

储气库建设无疑为资源枯竭型油田指明了一条合适的可持续发展的道路，我们可以大胆的猜测，未来的油田，特别是资源枯竭后又符合储气库建设条件的老油田，有希望转变成储气库。

历经近 20 年的发展，我国地下储气库的建设刷新了地层压力低、地层温度高、注采井深、工作压力高等 4 项世界纪录，解决了“注得进、存得住、采得出”等重大难题，建库成套技术达到了世界先进水平。

目前，西部地区以油气藏、东部地区油气藏与含水层、南方盐穴与含水层为主开展建设储气库，结合中国天然气总体格局和储气库建设，未来将形成西部天然气战略储备为主、中部天然气调峰枢纽、东部消费市场区域调峰中心的储气库调峰大格局。

习　　题

9-1　简述管道输送系统的构成。

9-2　天然气首站和压力站的任务是什么？

9-3　投产前清管的主要目的是什么？

9-4　储气库的主要形式有哪些？

9-5　天然气地下储气库的主要作用？

参 考 文 献

[1] 张城，耿彬．天然气管输与安全[M]．北京：中国石化出版社，2009.
[2] 李长俊．天然气管道输送：第 2 版[M]．北京：石油工业出版社，2008.
[3] 输气管道工程设计规范(GB 50251—2015).
[4] 中国石油天然气股份有限公司．天然气工业管理实用手册[M]．北京：石油工业出版社，2005.
[5] 李鹤林，等．西气东输一、二线管道工程的几项重大技术进步[J]．天然气工业，2010，30(4)：1-9.
[6]《石油和化工工程设计工作手册》编委会．输气管道工程设计[M]．东营：中国石油大学出版社，2010.
[7] 丁国生．全球地下储气库的发展趋势与驱动力[J]．天然气工业，2010，30(8)：59-61.
[8] 刘子兵，等．长庆气区地下储气库建设地面工艺[J]．天然气工业，2010，30(8)：76-78.
[9] 黄春芳．天然气管道输送技术[J]．北京：中国石化出版社，2009.
[10] 宋德琦．天然气输送与储存工程[M]．北京：石油工业出版社，2004.
[11] 马新华，郑得文，申瑞臣，等．中国复杂地质条件气藏型储气库建库关键技术与实践．石油勘探与开发，1000-0747(2018)03-0489-11.
[12] 姚莉，于磊等．国内外天然气储运技术的发展动态[J]．油气储运，2005，24(4)：7-11.
[13] 张哲．国外地下储气库地面工程建设启示[J]．石油规划设计，2017，28(2)：1-3，7.
[14] 王春燕．储气库地面工程建设技术发展与建议[J]．石油规划设计，2017，28(3)：5-7.
[15] 丁国生．全球地下储气库的发展趋势与驱动力[J]．天然气工业，2010，30(8)：59-61.
[16] 杨方武，等．中国石油“三化”设计成果带动油气储运腾飞[J]．中国石油新闻中心，2012-10-24.
[17] 胡奥林，等．我国地下储气库价格机制研究[J]．天然气工业，2010，30(9)：91-96.

第十章　天然气集输安全

天然气集输安全可以从广义和狭义两个方面来理解。

从广义来讲，是国家天然气能源和工业安全，影响到国民经济发展。天然气工业是我国国民经济的一个支柱产业，未来20年，随着国民经济的发展和对清洁能源的需求，我国天然气需求增长速度将明显超过煤炭和石油。所以天然气能源安全非常重要。

从狭义来说，是指天然气系统的生产、工作人员和环境安全。天然气在集输过程中的危险危害性较大，发生事故的后果也相当严重，甚至会造成不良的社会影响。天然气集输系统具有点多、线长、面广的生产特性，又具有高温高压、易燃易爆、工艺复杂、压力容器集中、生产连续性强、火灾危险性大的安全特点。因此，在生产中任一环节出现问题或微小的操作失误，都将会造成恶性的火灾爆炸事故以及人身伤亡事故。

第一节　天然气集输安全的重要性

一、天然气集输安全特点

（一）工作条件苛刻

1. 介质中含有有腐蚀性和有毒的物质。天然气中常含有某些不利于生产安全的有害物质，如 H_2S、CO_2、有机硫和存在于液相水中的 Cl^- 等。这些物质对金属材料的腐蚀性以及 H_2S 对人体的高度危害作用，使天然气集输生产面临生产设施和人身安全的风险。

2. 天然气具有易燃、易爆性。天然气是可燃气体混合物，集输生产中的泄漏和事故时的自然泄放易引发燃烧事故。当外界的空气进入管线和设备内部或外泄的天然气在一定的空间内与空气混合达到相应比例时，还可能遇火发生火灾及爆炸事故。

3. 工作压力高。通常，天然气气井的井口压力很高，为了充分利用天然气的压力能，致使天然气集输系统的工作压力较高，从而导致站场内的压力容器发生爆炸事故的可能性增加，是很大的安全隐患。

4. 天然气通常处于被水饱和的湿状态。天然气在温度降低的过程中，还会在常温下与游离水形成冰雪状的水合物，阻塞气体流动通道，影响集输生产的连续进行，严重时可能导致生产中断。

（二）分散性强、地域范围大

1. 天然气气井是分散布局的，为使天然气采集过程能以不间断的方式连续进行，必须以相对集中的方式对天然气进行必要的预处理，在管网的某些节点处分散设置集输站场。这给集输系统的建设和生产运行管理都带来一些困难，需要在大面积范围内进行野外施工，而且管道将通过某些自然和人为障碍区，容易在自然环境条件变化或意外的人力作用下受到损坏。

2. 不同生产过程之间紧密相关，要求生产过程中各部分间协调一致。天然气集输都是通过相互连通的集输管网完成的。在接受最终的净化处理前，相邻生产过程之间互为条件，在工作参数、运行状态、生产安全等方面彼此关联和相互影响，前一过程能正常顺利进行和达到预期要求是实现后一生产过程的必要条件。因此，对生产设施自身在使用功能上的完善和配套程度，不同生产设施之间在生产运行中的协调一致性，整个生产过程的监视和自动控制水平，都有比较高的要求。

二、安全管理的重要性

1. 事故危害性大

由于天然气是易燃、易爆物质，且爆炸极限范围宽，点火能量低，因而容易发生火灾、爆炸、中毒、窒息等人身伤亡事故。集输过程中的天然气压力高、气量大，爆破会对周围环境形成很强的冲击破坏作用，外泄的天然气还有遇火发生燃烧、爆炸等后续事故的危险。由于天然气的发热量比较高，燃烧事故发生时的高温辐射作用比较强，着火爆炸时的压力也比较高，当含有 H_2S 的天然气因事故外泄进入空气中时，还可能引发人体急性中毒事故。

2. 事故影响范围广

天然气集输系统的管道、设备发生爆破事故时，造成大量天然气以及含有有毒物质的气体随空气迅速流向周围地区，致使事故危害区域范围不断扩大。泄漏出的天然气及有毒气体也会对大气的环境质量产生一定程度的不良影响。因此，天然气集输过程中的生产安全事故除了使生产设施受到损坏，生产操作人员受到人身伤害以外，还有可能危及邻近区域居民的公共安全和对自然环境造成破坏。

3. 经济损失大

天然气的超压爆破、燃烧、爆炸事故将对管线、设备以及周围环境有很强的破坏作用，带来巨大的经济损失。事故还会造成集输系统的停产，严重影响向下游的输气任务，造成下游居民及工业用户的用气紧张，甚至还会对社会造成严重的负面影响。

4. 火灾扑救难度大

天然气集输系统一旦发生火灾，其周围环境温度增高，热辐射强烈，使参与灭火和抢险救援的人员难以靠近，在短时间内很难完成灭火与抢险救援任务。

天然气火灾发展蔓延速度快，极易造成大面积火灾。如果天然气发生火灾，会伴随着容器的爆炸，在容器周围发生大面积火灾，如果火灾周围有其他容器，后果将更加严重。扑灭天然气火灾后，在没有切断可燃源的情况下，遇到火源或高温时还将产生复燃、复爆等次生安全事故。

第二节　天然气集输设备设施的安全与管理

一、天然气集输设备安全与管理

集输系统的主要生产设备：换热器、塔器、分离器、压缩机组、透平膨胀机组、冷剂制冷机组、导热油炉、液烃泵等。下面仅简述其中一些设备安全与管理。

（一）压缩机组

天然气处理厂使用的大都是螺杆式压缩机又称螺杆压缩机，分为单螺杆式压缩机及双螺杆式压缩机。工作原理：由电动机带动主转子转动，另一转子由主转子通过喷油形成的油膜进行驱动，或由主转子端和凹转子端的同步齿轮驱动，经过一个完整转动周期后，依次完成吸气、压缩、排气三个工作循环，达到输送气体的目的。

压缩机运行的安全要求：

1. 运行中应对机组各系统进行巡回检查，测试各运行参数，判断机组是否正常。

2. 为保证机组安全运行，应确保机组的保护系统状况良好。应定期检查各个阀门及开关是否良好；定期检查各种仪表及传感器的标定范围，检查控制器及减压阀的压力设定值。

3. 操作人员应熟练掌握机组的紧急措施装置，如紧急关闭阀、紧急停机装置等。

（二）透平膨胀机

透平膨胀机是天然气低温分离设备及天然气液化分离设备和低温粉碎设备等获取冷量所必需的关键部件。其工作原理是利用一定压力的气体在透平膨胀机内进行绝热膨胀对外做功而消耗气体本身的内能，从而使气体自身强烈的冷却而达到制冷的目的。

透平膨胀机的应用主要有两个方面：一是利用它的制冷效应，通过流体膨胀，获得所需要的温度和冷量；二是利用膨胀对外做功的效应，利用或回收高能流体的能量。

透平膨胀机安全操作中应注意以下几点：

1. 透平膨胀机启动前，必须首先打开轴承气阀门，同时打开密封气阀门，使密封气压力稍高于膨胀机背压。

2. 必须保证工作气源、轴承和密封气源的洁净，否则将影响膨胀机的正常运转，造成卡机等严重事故。

3. 透平膨胀机投产初期，在设备安装前应对膨胀机控制柜上的进排气阀门进行解体脱蜡。

4. 透平膨胀机制动风机进、排气管道较长时，管径应适当增大。

（三）加热油炉

在生产过程中，天然气处理厂中提供热源的主要设备为导热油炉。它是一个高温、高压、密闭的压力容器，其加热介质也是易燃、易爆的油品，存在很大的危险因素。因此，在平时的生产运行中，应该及时监控加热油炉的各项工作参数是否正常、工况是否稳定、当班人员是否按照操作规程作业。为保证天然气处理厂生产的正常运转，必须加强加热油炉的日常检查和维护。

（四）液烃泵

用于输送液体并提高液体压力，将机械能转化为液体位能的机器叫做泵。天然气处理厂的生产工艺中，液体回流及原油外输等过程都是依靠泵来完成的。

泵在运行过程中最易发生的就是汽蚀现象。泵的汽蚀会产生大量的气泡，堵塞流道，破坏泵内液体的连续流动，使泵的流量、扬程和效率明显下降；受汽蚀现象的影响，加上机械剥蚀和电化学腐蚀的作用，会使金属材料发生破坏，严重时可造成叶片或前后盖板穿孔，甚至叶轮破裂，酿成严重事故。

在生产过程中，当班操作人员应当定时检查泵的运转情况并明确以下几点：

1. 压力指示稳定，压力波动应在规定范围内；

2. 泵壳内和轴承瓦应无异常声音，达到润滑良好，油位在规定范围内；

3. 电机电流应在铭牌规定范围内；

4. 轴瓦冷却水及水封水应畅通无漏水现象；
5. 按时记录好有关资料数据。

二、天然气集输主要安全设施

（一）安全泄放系统

天然气处理厂属高危生产场所，具有高温、高压、有毒、易燃、易爆等危险特性，并且站内压力容器密布、油气管线纵横，潜在的事故危险性极大。为了防止这些受压设备发生安全生产事故，就必须做好受压设备安全附件(安全泄压装置、紧急切断装置、安全联锁装置、压力仪表、液面计、测温仪表等)的设计工作。

（二）惰性介质保护系统

天然气处理厂在防火、防爆工作中常用的惰性介质有二氧化碳、氮气、水蒸气等。惰性介质在生产中的应用主要有以下几个方面：易燃固体物质的粉碎、筛选处理及其粉末输送，多采用惰性介质覆盖保护；易燃易爆生产系统需要检修，在拆开设备前或需动火时，用惰性介质进行吹扫和置换；发生危险物料泄漏时用惰性介质稀释；发生火灾时，用惰性介质进行灭火；易燃易爆物料系统投料前，防止系统内形成爆炸性混合物，采用惰性介质置换；采用氮气压送易燃液体；在有易燃易爆危险的生产场所，对有发生火花危险的电器、仪表等采用充氮正压保护。

因为惰性介质与某些物质可以发生化学反应，所以使用惰性介质应根据不同的物料系统采用不同的惰性介质和供气装置，不能随意使用。

（三）自动控制系统

天然气处理厂对重要参数设置自动监测、控制、保护系统。对有危险的操作参数增设自动联锁保护装置。站场内自控仪表、火炬点火系统等特别重要的负荷均采用 UPS 不间断电源，当外电源断电时，UPS 放电时间应不小于 30min。

（四）报警系统

天然气集输站场报警系统主要作用是当某些压力容器或运转设备的工作参数出现异常或站场内出现可燃性气体，警告操作人员及时采取措施消除隐患，保证生产正常运行。

（五）安全与消防系统

消防系统主要指站场的消防措施(包括站内工艺设备与道路安全距离、站场围墙设置、消防车道、灭火设施、消防器材配备等)应符合《石油天然气工程设计防火规范》(GB 50183—2015)的要求，安全措施(包括站场作业方案，操作规程，安全责任制，职工培训，安全标志的设置，防雷、防爆、防静电技术，动火安全管理等)应符合规范要求。

第三节　天然气防火与防爆技术

天然气的主要成分是甲烷，还含有一些乙烷、丙烷、丁烷等较重的烃类，从地层采出的未经处理的含硫天然气还含有毒性很大的硫化氢气体。甲烷、乙烷等烃类及硫化氢气体都是易燃物质，与空气以一定比例混合后会形成爆炸性的气体混合物。

一、燃烧及燃烧速度

燃烧是一种同时有热和光发生的强烈氧化反应。燃烧必需具备如下条件：(1)有可燃物质；(2)有助燃物质(氧或氧化剂)；(3)能导致着火的火源，如明火、静电火花、灼热物体等。

气体的燃烧不需要象液体那样经历蒸发的过程，所以燃烧速度很快。气体的燃烧性能常以火焰传播速度来衡量，一些可燃气体与空气的混合物在25.4mm直径的管道中火焰传播速度的试验数据见表10-1。

表10-1 一些可燃气体在直径25.4mm管道中的火焰传播速度

气体名称	最大火焰传播速度/(m/s)	可燃气体在空气中的含量/%
氢气	4.83	38.5
一氧化碳	1.25	45
甲烷	0.67	9.8
乙烷	0.85	6.5
丙烷	0.82	4.6
丁烷	0.82	3.6

二、可燃物质的自燃性

（一）自燃点

可燃物质在没有明火火源的情况下，在有助燃物质的环境中能自行着火燃烧的最低温度，称为自燃点。表10-2列出了几种物质在空气中的自燃点。

表10-2 几种物质在空气中的自燃点

物质名称	自燃点/℃	物质名称	自燃点/℃
甲烷	537	汽油	415
乙烷	510	苯	680
丙烷	446	石油醚	246
丁烷	408	乙二醇	378
戊烷	290	硫黄	260
己烷	248	沥青	250
硫化氢	260	木材	260

影响可燃物质自燃点的因素很多。压力对自燃点有很大的影响，压力愈高，则自燃点愈低。如苯在1个大气压时自燃点为680℃，在10个大气压下为590℃，在25个大气压下为490℃。可燃气体与空气混合物的自燃点随其组成而变化，当混合物的组成符合燃烧的化学理论计算量时自燃点最低。混合气体中氧浓度增高，也将使自燃点降低。催化剂的存在对液体和气体的自燃点都会有影响，此外，容器的直径与容积在一定程度上也影响物质的自燃点。

（二）可燃物质的自燃

某些可燃物质的自燃点很低，在常温下就能发生自燃。与常温空气接触就能着火的物质有黄磷、磷化氢、铁的硫化物等，这类物质最为危险。现以硫化铁为例说明如下。

干燥的铁的硫化物(FeS、Fe_2S_3等)极易自燃，自燃时，其主要反应如下：

$$FeS_2+O_2 \longrightarrow FeS+SO_2+222kJ$$

$$FeS+\frac{3}{2}O_2 \longrightarrow FeO+SO_2+48.9kJ$$

$$2FeO+\frac{1}{2}O_2 \longrightarrow Fe_2O_3+270kJ$$

$$Fe_2O_3+\frac{3}{2}O_2 \longrightarrow Fe_2O_3+3S+585kJ$$

含硫气田的集输管线和站场设备中，存在着不少因腐蚀而产生的硫化铁。如果设备或管线打开而不采取适当措施，干燥的硫化铁与空气接触，便能发生自燃，如有天然气存在，还有可能发生爆炸事故。

预防硫化铁的自燃，采取的措施有：

（1）在打开可能积聚有硫化铁的容器前，应喷水使硫化铁处于润湿状态；

（2）定期清管和清洗设备，除去管道、设备内的硫化铁；

（3）减缓或防止金属设备的腐蚀，以减少或防止硫化铁的生成。

（三）爆炸性混合物

可燃气体以一定比例与空气均匀混合后若遇火源，气体混合物的瞬间快速燃烧会引起爆炸，该气体混合物称为爆炸性混合物。

1. 爆炸极限

可燃气体与空气构成的混合物，并不是在任何混合比例之下都是可燃或可爆的，而且混合的比例不同，火焰蔓延的速度也不同。浓度低于某一极限或高于某一极限，火焰便不能蔓延。可燃气体在空气中刚足以使火焰蔓延的最低浓度，称为该气体的爆炸下限；同样，刚足以使火焰蔓延的最高浓度，称为爆炸上限。爆炸极限一般用可燃气体在混合物中的体积分数来表示。

爆炸极限在防火、防爆上具有重要意义，为保证生产的安全，必须避免所处理的气体达到爆炸极限范围之内。表10-3列出了几种气体在一般情况下的爆炸极限。

表10-3　气体的爆炸极限（20℃，1.01325×10^5Pa）

物质名称	爆炸极限/%(体积)		物质名称	爆炸极限/%(体积)	
	下　限	上　限		下　限	上　限
甲烷	5.00	15.00	乙烯	2.75	28.60
乙烷	3.22	12.45	乙炔	2.50	80.00
丙烷	2.37	9.50	氢	4.00	74.20
丁烷	1.86	8.41	硫化氢	4.30	45.50

2. 爆炸极限的主要影响因素

爆炸极限不是固定的数值，而是随一些因素而变化的，影响爆炸极限的主要因素有混合物的原始温度、压力，惰性气体的含量，容器的大小等。

（1）原始温度

混合物的原始温度愈高，则爆炸极限的范围愈大，即下限降低而上限增高。这是由于混合物温度增高，加快了燃烧速度的结果。这样，原来不燃或不爆的混合物，由于温度升高就变成可燃可爆了。

(2) 原始压力

混合物的原始压力对爆炸极限有很大影响。一般情况下，当压力增加时，爆炸极限的范围扩大，并且上限随压力变化很显著。这是由于在增压情况下，物质分子间距离更为接近，使燃烧反应更容易进行，图 10-1 说明了压力对甲烷爆炸极限的影响。相反，在减压情况下，爆炸极限的范围随压力的减小而缩小。

(3) 惰性介质

混合物中加入惰性气体，爆炸极限的范围会缩小。当惰性气体达到一定浓度时，可以完全避免混合物发生爆炸。这是由于惰性气体的加入使可燃物分子与氧分子隔离，在它们之间形成不燃的“障碍物”。图 10-2 表示含甲烷的混合物中加入惰性气体对爆炸极限的影响。由图可见，混合物中惰性气体增加，对上限的影响较之对下限更为显著，因为惰性气体浓度加大，表示氧的浓度相对减小，而在上限时氧的浓度已经很小，故惰性气体浓度稍为增加一点，即产生很大影响，使爆炸上限急剧下降。

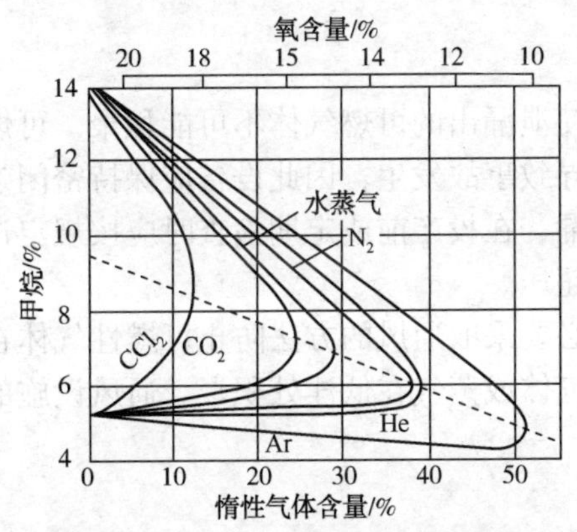

图 10-1 压力对甲烷爆炸极限的影响

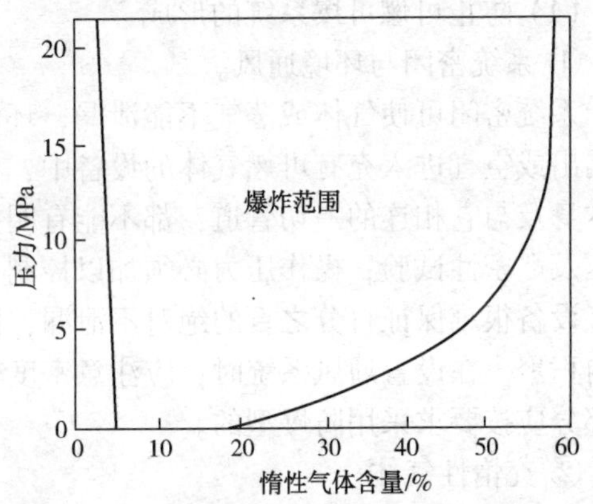

图 10-2 各种惰性气体浓度对甲烷爆炸极限的影响

(4) 容器

容器的材料和尺寸对爆炸极限也有影响。在管道中进行的气体混合物爆炸实验表明，管道直径愈小，爆炸极限的范围也愈小。这可用器壁上的接触效应和热损失来加以解释。

(5) 点火源能量

电火花的能量、火源与混合物的接触时间的长短等，对爆炸极限都有一定的影响。如甲烷，对电压为 100V、电流强度为 2A 的电流产生的电火花，其爆炸极限的范围为 5.9%～13.6%，如用 3A 电流产生的电火花，则爆炸极限范围扩大为 5.85%～14.8%。

3. 爆炸温度与压力

气体混合物爆炸后的最高温度，可根据气体和燃烧产物的焓值按热量平衡的原理来计算。由于爆炸过程在瞬间完成，因此可不计热量的损失。实际上，气体混合物在密闭容器中的爆炸刚结束、系统处在最大爆炸压力状态时，爆炸中心和爆炸边缘点的温度是不同的。因此，计算的最高爆炸温度可认为是一种平均值。

气体混合物爆炸后的最大压力，可用下式计算：

$$P_{最大}=\frac{T_{最高}}{T_0}\frac{n}{m} \tag{10-1}$$

式中 P_0、$P_{最大}$——原始压力和最大爆炸压力，MPa；

T_0、$T_{最大}$——原始温度和最高爆炸温度，K；

m、n——爆炸前后的气体分子数。

甲烷的化学当量燃烧反应式为：

$$CH_4+2O_2+2\times3.76N_2=CO_2+2H_2O+7.52N_2 \tag{10-2}$$

其燃烧(爆炸)前后的分子数相同。

化学当量的甲烷和空气混合物在密闭容器中的爆炸，其最大爆炸压力也可用下式计算；

$$P_{最大}=P_0+2757\left(\frac{P_0}{T_0}\right)^{1.025} \tag{10-3}$$

上式的使用范围为：$0.1\text{MPa}<p_0<1.0\text{MPa}$，$290\text{K}<T_0<450\text{K}$。

4. 燃烧与爆炸的预防措施

在生产中，防止火灾与爆炸事故的基本原则是：所处理的物质应避免处于足以发生燃烧或爆炸的危险状态；消除一切足以导致着火的火源。

(1) 防止可燃可爆系统的形成

① 系统密闭与环境通风。

系统密闭可使气体或蒸气不能泄漏，环境通风使泄漏出的可燃气体不可能积聚。可燃气体漏出或空气进入充有可燃气体的设备中，都可能导致事故发生，因此设备应保持密闭。设备本身及与它相连的一切管道，都不能有明显的渗漏，在投产前或定期检查时应按规定进行试压及严密性试验；操作压力必须加以控制，防止超压。

设备很难保证百分之百的绝对不泄漏，因此有必要采取通风的方法防止可燃性气体在车间内积聚。在设置通风系统时，应注意密度较大的气体或蒸气在低洼处积聚。通风设施的电气部分应按要求采用防爆型的。

② 充惰性气体。

在可燃气体与空气的混合物中加入足够量的惰性气体，可以达到消除爆炸可能性的目的。在工业上常用的惰性气体有氮、二氧化碳、水蒸气。在开工前及停工后，用惰性气体对系统行吹扫或置换，以防止事故的发生。

③ 遵守安全操作规程与加强科学管理。

应根据工艺介质的易燃易爆特性，制定安全操作规程和管理制度并严格遵守。

(2) 火源的消除

引起燃烧爆炸的火源一般有明火、摩擦与撞击产生的火花、电气设备或静电放电火花等。为消除火源，采取的措施有：

① 建立严格的动火制度，未经许可不得在生产区使用明火或进行焊接作业。

② 防止摩擦与撞击产生火花。如敲击设备或管道应使用由铜、铝等材料制成的不发生火花的工具；在倾倒易燃液体时，为防止铁桶与金属设备撞击产生火花，应在其接触部位覆以不发生火花的材料。

③ 使用防爆型电气设备。根据不同的爆炸和火灾危险场所等级选用不同防爆等级的电气设备，照明应采用防爆灯具。

④ 按规定对有关设备、设施进行接地，使所生成的静电能迅速导入大地。

⑤ 对于含硫天然气的集输系统，必须密切注意预防硫化铁的自燃。

脱水后的含硫干气输送可防止管道的腐蚀。但在管道投入运行前，应按规定对管内进行彻底的干燥。

第四节　硫化氢的人身安全防护

硫化氢(H_2S)是一种剧毒气体，它几乎与氰化氢具有同等的毒性。平台上硫化氢一旦泄露进入大气，其毒性的反应从低浓度时难闻的气味或刺激眼睛，直到在较高浓度时的严重中毒甚至死亡。因此，对在可能导致大气中硫化氢浓度超过危害性浓度地区工作的人员必须制定一套完整的实用的人身安全防护措施，并保证有效实施。

一、硫化氢的人身安全防护

（一）硫化氢的特性

硫化氢是一种无色气体；比空气重，其相对密度为1.1906(空气相对密度为1)，易积聚于低洼处；具有剧毒(几乎与氰化氢有同等的毒性)，麻痹人的呼吸系统，使呼吸作用受到阻滞，令受害者窒息而死，即使少量的硫化氢，也对人的健康造成危害；低浓度时具有臭鸡蛋的恶臭气味，稍高浓度(少量)时则具有令人呕吐的甜味，高浓度时因迅速麻痹人的嗅觉神经，使人丧失嗅觉，反而闻不到味道；燃烧时呈蓝色火焰并产生二氧化硫。二氧化硫比硫化氢的毒性稍弱，当二氧化硫的浓度为10×10^{-6}(wt%)时，很多人有明显的鼻、咽、眼部受刺激的感觉。当二氧化硫的浓度为100×10^{-6}(wt%)时，人只能忍受几分钟。二氧化硫的浓度超过500×10^{-6}(wt%)时，有极端的刺激性并在呼吸时就形成窒息的感觉；当与空气相混，其体积浓度在4.3%~46%之间时，可行成易爆炸的混合气体；可溶于水和油中，当流体温度升高时其溶解度降低；溶于水的硫化氢对铁基金属有较强的腐蚀性。

（二）人对硫化氢的反应

人的鼻子对硫化氢的臭味极其敏感，可闻到0.13×10^{-6}(wt%)的硫化氢，但决不容许依靠嗅觉来检测硫化氢；浓度增加到4.6×10^{-6}(wt%)时嗅觉钝化；在8h内可接受的最高浓度为10×10^{-6}(wt%)，要求使用防毒面具；在工作时最高允许接触的浓度，10min内不得超过50×10^{-6}(wt%)；浓度达100×10^{-6}(wt%)时，能刺激眼睛、咽、喉，引起咳嗽；浓度达200×10^{-6}(wt%)时，嗅觉失灵，眼睛、咽喉有灼烧感；浓度达500×10^{-6}(wt%)时，眩晕、丧失平衡、呼吸困难；浓度达700ppm时，失去知觉，可能导致停止呼吸；浓度达1000×10^{-6}(wt%)时，立即失去知觉，造成死亡或永久性脑损伤神经衰弱；浓度达2000×10^{-6}(wt%)时，吸一口可立即致死。

人吸入硫化氢的生理过程和症状，眼刺痛、鼻嗅觉钝化、喉咳嗽；肺->血->人身各器官->神经：头晕、丧失平衡、呼吸困难，甚至死亡；心脏：缺氧导致死亡。

在低浓度[100×10^{-6}(wt%)]下长时间的接触，可能造成咳嗽，眼部烧灼或疼痛，咽喉刺激以及昏睡等。在硫化氢浓度高于700×10^{-6}(wt%)时，几秒钟的接触就可能停止呼吸。这将形成如气喘、心跳、脸色苍白、痉挛、瞳孔放大及丧失说话能力等症状。由于呼吸器官麻痹，心跳停止，可能很快出现死亡。只要呼吸一次浓度为2000×10^{-6}(wt%)硫化氢就可能造成死亡。

硫化氢中毒的抢救措施硫化氢含量高导致中毒者停止呼吸和心跳时，必须立即采取措施进行抢救，帮助中毒者恢复呼吸和心跳。否则，中毒者将会在短时间内死亡。切记：中毒者不会自动恢复心跳和呼吸。

（三）硫化氢中毒抢救措施

进入毒气区救人之前，自己应先戴上防毒面具；立即把中毒者从硫化氢分布的现场抬到空气新鲜的地方；保持中毒者处于休息状态。若中毒者已停止呼吸和心跳，应立刻进行人工呼吸和胸外心脏按压，直至呼吸和心跳恢复或者医生到达。有条件的可使用回生器(又叫“恢复正常呼吸器”)代替人工呼吸；若中毒者没有停止呼吸，应保持中毒者处于休息状态。有条件的给予输氧，注意保持中毒者的体温；若中毒者呼吸和心跳恢复后，可给中毒者喂兴奋性饮料，如咖啡或浓茶，应有专人护理；若眼睛受到轻微损害，可用干净水彻底清洗，也可进行冷敷；在医生证明中毒者已恢复健康可返回工作岗位之前，还应使中毒者继续处于医疗监护之下；在心跳停止之前，当把中毒者转移到新鲜空气区立即恢复呼吸者，可认为中毒者已恢复正常；在轻微中毒的情况下，中毒者没有完全失去知觉，若经短暂休息后本人要求回岗位继续工作时，医生一般不要同意，应休息1~2天。

二、人身安全防护

H_2S作业现场应安装H_2S报警系统，该系统应能声、光报警，并能确保整个作业区域的人员都能看见和听到。第一级报警值应设置在阈限值[H_2S含量$15mg/m^3$($10×10^{-6}$(wt%))]，达到此浓度时启动报警，提示现场作业人员H_2S的浓度超过阈限值，应采取相应措施；第二级报警值应设置在安全临界浓度[H_2S含量$30mg/m^3$($20×10^{-6}$(wt%))]，达到此浓度时，现场作业人员应佩戴正压式空气呼吸器，并采取相应措施；第三级报警值应设置在危险临界浓度[H_2S含量$150mg/m^3$($100×10^{-6}$(wt%))]，报警信号应与二级报警信号有明显区别，应立即组织现场人员撤离作业现场。

（一）人员培训

至少应包括如下内容：

1. 硫化氢的来源、特性及其危害，特别是不同硫化氢浓度对人身的反应；
2. 防护设备，包括呼吸保护设备、安全服装、安全绳及其他辅助设备的使用、注意事项和维护；
3. 人工呼吸法和胸外心脏按压法的急救知识并经常进行实习训练；
4. 硫化氢探测和监测装置的使用，注意事项及限制；
5. 紧急情况处理程序，即一旦因事故硫化氢发生泄漏，应遵守的各项紧急处理程序；
6. 通风的重要性，包括使用风向标决定风向等措施，以及正确使用人工通风等。

（二）硫化氢的检测

1. 化学方法

①醋酸铅试纸法：将醋酸铅试液涂在白色的滤纸(或涂片)上，滤纸(或涂片)仍为白色，当与硫化氢气体接触时会变成棕色或黑色。让试纸(或涂片)与被测定区空气接触3~5min，根据色谱带对照试纸(或涂片)改变颜色的深度可判断硫化氢的浓度。

②安碚瓶法：在玻璃瓶内装有白色醋酸铅颗粒，瓶口由海绵塞住，硫化氢通过海绵浸入瓶内与醋酸铅反应，使醋酸铅颜色变黑，与试纸法一样，是一种定性半定量测量方法。

③碘量法：碘量法对天然气中硫化氢含量是一种定量的化学方法，其测定范围为0~$500mg/m^3$(相当于标准状态下0~$325×10^{-6}$(质量分数))。该方法是用过量的乙酸锌溶液吸收气样中的硫化氢，生成硫化锌沉淀，加入过量的碘溶液以氧化生成的硫化锌，剩余的碘用硫

代硫酸钠标准溶液滴定。此法可参阅中华人民共和国国家标准《天然气中硫化氢含量的测定—碘量法》(GB 11060.1—2010)。

2. 电子探测仪测定法

① 可携式硫化氢电子探测报警器;

② 固定式硫化氢探测系统。在生产的油气中含有硫化氢气体的平台，为了监测硫化氢的存在，保护操作人员的安全，平台上一般安装有硫化氢探测系统，以探测硫化氢的泄漏并发出警报。

该系统的传感器内装有一种称为 MOS 的感应物质来检测硫化氢气体，这种物质充满于两电极之间，在没检测到硫化氢气体的状态下，两电极间的电阻是非常大的(在兆欧以上)。当这种物质吸收到硫化氢气体时，两电极间的电阻急剧下降(达到千兆左右)。电阻的下降与所吸收的硫化氢气体的多少有极大的关系，吸收的硫化氢气体愈多，电阻下降就愈大，反之，愈小。这种电阻的改变在输入电路中被转换成电压信号并进行放大，被放大了的模拟信号被传送到模/数转换器上，转换为数字信号，再被传送到微处理器中进行数字处理，最后显示出所检测的硫化氢浓度，与此同时，经过微处理器的信号又进行数/模转换为 4~20mA 的输出信号到报警卡上。由于 4~20mA 的输出是相对于所检测到的硫化氢气体浓度的多少，根据这个电流来设定高、低浓度报警，当检测到硫化氢气体存在时，报警卡上就会有浓度数字显示，并伴有声音报警。

硫化氢泄漏时的个人防护用品:

① 自持式呼吸器(SCBA);

② 带滤毒罐的防护面罩。

维护保养：定期对探测器进行检查、清洁，每月对该系统进行一次功能试验。

(三) 人身防护设备对于在有硫化氢的封闭空间环境中工作或在可能对健康或生命有危险的浓度中工作的人员必须使用防毒面具或呼吸器

1. 过滤式防毒面具

过滤式防毒面具由头盔面罩、导气管、滤毒罐三部分组成，其作用是把染毒的空气滤净后，供操作人员呼吸，并保持操作人员的眼睛、呼吸道和面部皮肤免受毒气的直接损害。过滤式防毒面具只适合在空气中含氧量正常或基本正常(氧气不低于 18%)，有害有毒气体的浓度不太高的环境中使用。

2. 正压自持呼吸器(SCBA)

正压自持呼吸器是一种在有毒、有害气体浓度较高或浓度不清楚的环境中最为理想的防护装置。正压式即操作人员穿戴的面罩内气压为正压，无论环境中有毒气体浓度有多高，即使面罩密封不严，发生泄漏，由于面罩内气压高于大气压，有毒气体不能进入面罩内。

正压式空气呼吸器装置配有小容积高压气瓶，呼吸器支持的时间，取决于用户耗气率，范围较广，可以 20~100L/min，时间 5~60min。

3. 正压供气系统

该系统有平台仪表系统提供 0.7MPa 压缩空气，集中供气，操作人员工作时也不必背负沉重的气瓶，而只要将面罩的快速接头插入气源分配器的快速接头即可进行工作，而且工作时间不受限制。但是，气管线的长度限制了操作者的距离。同样，操作者需从原路返回。

第五节　集输系统的安全保护

集输系统的安全保护包括集输管线和集输站场的安全保护，安全保护内容包括防火、防爆和防毒等。防毒方面的内容已在上节做了介绍，下面介绍集输管线与站场的防火、防爆安全保护。

一、集输管线的安全保护

（一）集输管线的防火安全保护

集输管线的防火安全保护主要是防止管线破裂和放空不当引起火灾。主要方法是采取防火安全措施，以实现安全生产。安全措施的内容包括两方面：

1. 管线选材正确并具有足够的强度；

2. 管线同其他建筑物、构筑物、道路、桥梁、公用设施及企业等保持一定的安全距离。

管道的强度设计应符合有关规程、规范的规定；管道施工必须保证焊接质量并符合现行标准规范的要求，同时采取强度试压和严密性试压来认定；在生产过程中应对管道进行定期测厚，并保持良好的维护管理以保证管道的安全运行。

（二）集输管线的防爆安全保护

主要应防止管线泄漏，避免泄漏气体的燃烧和在封闭的空间内产生爆炸。因此集输管线的防爆安全保护，应通过管道设计时材料选择和强度计算的正确、施工质量的确认和生产过程中定期巡线检漏工作来保证。

（三）集输管线的限压保护和放空

1. 采气管线的限压保护

采气管线的限压保护一般通过井场装置的安全阀来实现。天然气集气站进站前管线上设置的紧急放空阀和超压报警设施，对采气管线的安全也能起保证作用。

2. 集气管线的限压保护

集气管线的限压保护通常由出站管线上安全阀的泄压功能来实现，同时集气管线应有自身系统的截断和放空设施。

集气支管可在集气站的天然气出站阀之后设置集气支管放空阀；长度超过 1km 的集气支管，司在集气支管与集气干管相连接处设置支管截断阀。

集气干管末端，在进入外输首站或天然气净化厂的进站（厂）截断阀之前，可设置集气干管放空阀，并在该处设置高、低压报警设施，该报警设施一般设在站内由站内操作人员管理维护。

二、集输站场的安全保护

（一）集输站场的防火防爆措施

1. 集输站场的位置及与周围建筑物的距离、集输站场的总图布置等应符合防火规范的规定；

2. 工艺装置和工艺设备所在的建筑物内，应具有良好的通风条件；凡可能有天然气散发的建筑物内应安装可燃气体报警仪。

（二）集输站场的限压保护和放空

1. 井场装置的限压保护。井场装置的限压保护如图 10-3 所示。各种限压保护设备的作用是：

① 高低压安全截断阀。如图 10-3 中的 3 所示，它是一种以气体为动力的活塞式高低压截断阀。当采气管线的压力高于上限或低于下限时，安全截断阀 3 即自动关闭。采气管道超过上限压力，一般是因为采气管线堵塞或集气站事故情况下紧急关闭进站截断阀而造成的。采气管线低于下限压力，一般是因为采气管线发生事故破裂所致。

② 弹簧安全阀。如图 10-3 中 5、8 所示，是一种超压泄放设备。管线系统具有不同压力等级时，为防止上一级压力失控，保护下一级压力系统的设备和管线，一般须装设泄压安全阀。

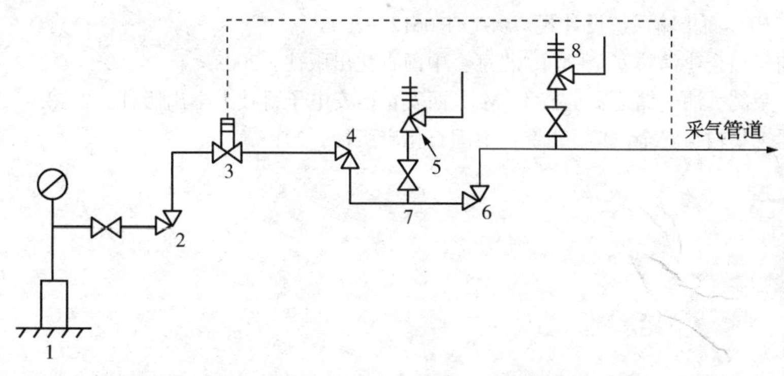

图 10-3　井场装置限压保护图

1—采气树；2—采气树针形阀；3—高低压安全截断阀；
4—气井产量调节控制节流阀；5、8—压力泄放安全阀；6—气体压力调节控制节流阀；7—截断阀

2. 集气站的限压保护。通常集气站中的节流阀将全站操作压力分成两个等级。凡有压力变化的系统，在低一级的压力系统应设置超压泄放安全阀。安全阀与系统之间应安装有截节阀，以便检修或拆换安全阀时不影响正常生产。在正常操作时，安全阀之前的截断阀应处于常开状态，并加铅封。

常温分离单井集气站，在进、出站的截断阀之间，可在高压系统或在中压系统设一个紧急放空兼作检修时卸压放空的放空阀。放空气体应引出站外安全地段放空。

常温分离多井集气站的多组平行生产装置，在设置安全阀的管段附近，应同时设置一个检修泄压放空阀，并汇同安全阀的放空气体，合并引出站外放空管放空。在多组平行生产装置的汇气管上装设一个紧急放空阀，作为全站超压泄放之用。

低温分离集气站中，高压分离器和低温分离器之前分别设有节流阀，故有压力等级的变化，因此在高压分离器和低温分离器的前或后的管段上，应分别设置超压泄放安全阀。设在分离器进口管段上的安全阀，其泄放介质应考虑为气液混相，设在分离器出口管段上的安全阀，其泄放介质则为气相。

参　考　文　献

[1] 何英勇，等 . 天然气集输井站安全系统设置[J]. 天然气工业，2008，28(10).

[2] 雷婷 . 高含硫天然气田集气站火灾事故应急响应技术研究[D]. 中国石油大学 . 2010.

[3] 刘扬，张艳，李广良，等 . 天然气输气站场的风险管理[J]. 大庆石油学院学报 . 2007，01.

[4] 杨筱蘅 . 油气管道安全工程[M]. 北京：中国石化出版社，2005.

[5] 中国安全生产协会注册安全工程师工作委员会 . 安全生产管理知识：2008 年版[M]. 北京：中国大百

科全书出版社，2008.
[6] 中国安全生产协会注册安全工程师工作委员会．安全生产技术：2008 年版[M]．北京：中国大百科全书出版社，2008.
[7] 王来忠，史有刚．油田生产安全技术：第 2 版[M]．北京：中国石化出版社，2007.
[8] 张德义．石油化工危险化学品使用手册[M]．北京：中国石化出版社，2006.
[9] 危险化学品重大危险源辨识(GB 18218—2009).
[10] 杜艳，谢英，等．天然气管道事故分析[J]．管道技术与设备．2009，2：16-18.
[11] 王玉梅，郭书平．国外天然气管道事故分析[J]．油气储运，2000(1)：5-10.
[12] 石油天然气钻井、开发、储运防火防爆安全生产技术规程(SY/T 5225—2005).
[13] 高含 H_2S 气田地面集输系统设计规范(SY/T 0612—2008).
[14] 张志春．油气田企业消防安全[M]．北京：中国石化出版社，2008.
[15] 张乃禄，肖荣鸽．油气储运安全技术[M]．西安：西安电子科技大学出版社，2013.
[16] 刘祎．天然气集输与安全[M]．北京：中国石化出版社，2010.